21世纪高校机电类规划教材

机械原理

主　编　郑甲红　朱建儒　刘喜平
参　编　周志明　王宁侠
主　审　梁兆兰

机械工业出版社

本书是根据教育部机械基础课程教学指导委员会批准的机械原理教学基本要求编写的。编写过程中，注意取材的先进性与实用性，以及现代内容与传统内容的相互渗透与融合，着重培养学生的创新意识与工程实践能力。全书共分十三章，主要内容为：绪论，机构的结构分析，平面机构的运动分析，平面连杆机构及其设计，凸轮机构及其设计，齿轮机构及其设计，轮系及其设计，其他常用机构及其设计，机械运动方案的设计，平面机构的力分析，机械效率，机械动力学基础，机械的平衡。

本书可作为高等院校机械类及近机械类专业的教材或参考书，也可供非机械类学生和有关工程技术人员使用或参考。

图书在版编目（CIP）数据

机械原理/郑甲红等主编. —北京：机械工业出版社，2006.1（2023.1 重印）

21 世纪高校机电类规划教材

ISBN 978-7-111-18291-7

Ⅰ. 机… Ⅱ. 郑… Ⅲ. 机构学-高等学校-教材 Ⅳ. TH111

中国版本图书馆 CIP 数据核字（2005）第 160769 号

机械工业出版社（北京市百万庄大街 22 号 邮政编码 100037）

策划编辑：倪少秋

责任编辑：邓海平 赵亚敏 版式设计：冉晓华 责任校对：程俊巧

封面设计：陈 沛 责任印制：郜 敏

北京盛通商印快线网络科技有限公司印刷

2023 年 1 月第 1 版 · 第 7 次印刷

180mm×235mm · 21.75 印张 · 472 千字

标准书号：ISBN 978-7-111-18291-7

定价：49.00 元

电话服务	网络服务
客服电话：010-88361066	机 工 官 网：www.cmpbook.com
010-88379833	机 工 官 博：weibo.com/cmp1952
010-68326294	金 书 网：www.golden-book.com
封底无防伪标均为盗版	机工教育服务网：www.cmpedu.com

21 世纪高校机电类规划教材

编 审 委 员 会

序

为了适应我国制造业迅速发展的需要，培养大批素质高、应用能力与实践能力强的应用综合型人才已成为当务之急，这对高等教育的办学理念、体制、模式、机制和人才培养等方面提出了全新的要求。

为了打通新形势下高等教育和社会需求之间的瓶颈，中国机械工业教育协会机电类学科教学委员会和机械工业出版社联合成立了“21世纪高校机电类规划教材”编审委员会，本着“重基本理论、基本概念，淡化过程推导，突出工程应用”的原则，组织教材编写工作，并力求使本套教材突出以下特点：

（1）科学定位。本套教材主要面向应用的综合型人才的培养，既不同于培养研究型人才的教材，也不同于一般应用型本科的教材；在保持高学术水准的基础上，突出工程应用，强调创新思维。

（2）品种齐全。这套教材设有“力学”、“制图”、“设计”、“数控”、“控制”、“实训”、“材料”“双语”等模块，方便学校选用。

（3）立体化程度高。教材均要求配备CAI课件和相关的教辅材料，并在网站上为本套教材开设研讨专栏。

机械工业出版社是我国成立最早、规模最大的科技出版社之一，是国家级优秀出版社，是国家高等教育的教材出版基地之一，在机电类教材出版领域具有很高的地位。相信这套教材在中国机械工业教育协会机电类学科委员会和机械工业出版社的精心组织下，通过全国几十所学校老师的仔细认真的编写，一定能够为我国高等教育应用综合型人才的培养提供更好用、更实用的教材。

教育部·机械工程及自动化专业分教学指导委员会·主任
中国机械工业教育协会·高等学校机械工程及自动化学科教学委员会·主任
李培根　院士
于华中科技大学

前　言

根据国家教育部机械基础课程教学指导委员会对机械原理课程教学的基本要求，为加强技术基础理论课的教学，结合机械原理课程在培养高素质人才及其经济建设中的重要作用，按照高等院校进行的课程教学改革和21世纪普通高等教育机电类规划教材建设的精神，编写了这本教材。

本教材强调对机械原理的基本概念、基本理论和机构分析与综合基本方法的理解和掌握，以机构通用的基础理论知识和主要传动机构的分析综合为重点，精选编排了教学内容。在保证学生掌握基本知识、基本理论、基本技能的前提下，不强调理论分析，淡化公式推导，突出工程应用，努力提高学生解决实际问题的能力，高度重视培养学生的创新意识和创新能力，适度增加了适应科技发展的新知识和新技术。为便于学生学习，各章均编写了较多的思考题和练习题。

本书可作为高等院校机械类、近机械类专业的教材，也可供非机械类专业选择使用。

参加本书编写的人员有：陕西科技大学的郑甲红（第一、二、八、九、十一章）、周志明（第五、六、七章）、王宁侠（第十章），太原科技大学的朱建儒（第三、十二章），黑龙江工程学院的刘喜平（第四、十三章）。由郑甲红、朱建儒、刘喜平担任主编，西北农林科技大学梁兆兰教授主审。

由于编者水平有限，错误之处在所难免，欢迎读者批评指正。

编　者

目　　录

第一章　绪　论

第一节　机械原理课程的研究对象和内容

一、机械原理课程的研究对象

“机械”是“机器”和“机构”的总称。“机械原理”是一门以机器和机构为研究对象的学科。

在现代社会中，人们对机器并不陌生。所谓机器，是指根据某种使用要求而设计的一种执行机械运动的装置，可以用来变换或传递能量、物流和信息。如电动机或发电机用来变换能量，加工机械用来变换物料的状态，起重运输机械用来传递物料，计算机用来变换信息等。

机器的种类繁多，其构造、性能和用途等也各不相同。如图1-1所示为单缸四冲程内燃机，它是由气缸体1、活塞2、气门杆3、连杆4、凸轮轴5、曲轴6等所组成。活塞的往复移动通过连杆变为曲轴的连续转动。凸轮和顶杆是用来启闭进气阀和排气阀的。齿轮用来保证进、排气阀和活塞之间形成有一定节奏的动作。又如图1-2所示为一具有6个自由度可用于点焊、弧焊和搬运的工业机器人。它是由腰部1、大臂2、小臂3、手腕4、5和6、机座7组成。其中腰部1作回转运动；大小臂2、3与腰部一起确定末端执行器在空间的位置；通过手腕4、5和6的俯仰、摆动和旋转，用以确定末端执行器在空间的姿态，最后实现对焊接或搬运作业位置和姿态的控制。

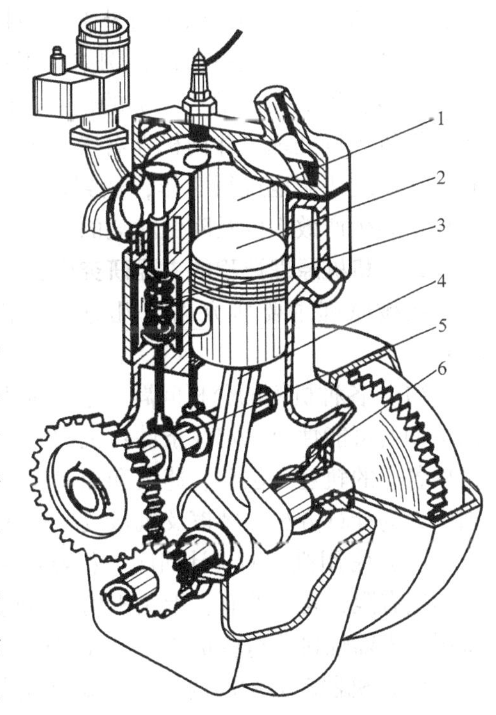

图1-1　内燃机

1—气缸体　2—活塞　3—气门杆　4—连杆　5—凸轮轴　6—曲轴

从以上两个实例以及日常生活中所接触过的其他机器可以看出，虽然各种机器的构造、用途和性能各不相同，但是从它们的组成、运动确定性以及功、能关系来看，却都具有以下几个共同的特征：

（1）它们都是由各种材料做成的制造单元（通常称为零件）经装配而成的各个运动单元（通常称为构件）的组合体；

（2）组成它们的各个运动单元之间都具有确定的相对运动；

（3）能够完成有用的机械功或转换机械能与电能。

只具有前两个特征的构件组合，通常称为机构。机构是由构件组成，而且具有一定的相对运动关系。因此，构件是机构运动分析的基本单元。

通常，一台完善的现代化机器具有4个组成部分，即原动机、传动机构、执行机构和控制系统。原动机可将其他形式的能量转换为机械能，如内燃机、蒸汽机、电动机等；传动机构将运动和动力传递给执行机构，如齿轮、丝杠等；执行机构用于实现机器的功能，如机床的刀架、机器人的手爪等；控制系统则用于处理机器各组成部分之间的工作协调，以及与外部其他机器或原动机之间的关系协调，例如，用各种传感器收集机器内部、外部的信息，输入计算机进行处理，并向机器各部分发出指令，使之协调地进行工作，达到提高工作质量和生产效率以及降低能耗的目的。

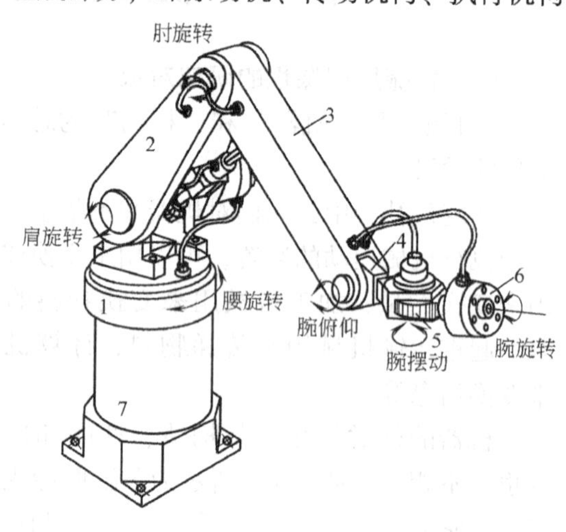

图1-2 工业机器人

1—腰部 2—大臂 3—小臂 4、5、6—手腕 7—机座

二、机械原理课程的主要研究内容

机械原理主要研究以下几方面的内容：

（1）各种机构的分析问题 它包括机构的结构分析，即研究机构的组成原理、机构运动的可能性及确定性条件；机构的运动分析，即研究在给定原动件运动的条件下，机构各点的轨迹、位移、速度和加速度等运动特性；机构的力分析，即研究机构各运动副中力的计算方法、摩擦及机械效率等问题。

（2）常用机构的设计问题 机器的种类虽然极其繁多，但构成各种机器的机构类型却很有限，常用的有：齿轮机构、凸轮机构、连杆机构，还有各种间歇机构等。本书将用很大篇幅讨论这些机构的设计理论和设计方法。

（3）机器动力学问题 它主要研究在已知力作用下机械的真实运动规律；机器运转过程中速度波动的调节问题以及机械运转过程中所产生的惯性力系的平衡问题。

（4）机械运动方案设计 这部分内容的重点是机械执行系统的原理方案设计，主要包括：根据机械预期实现的功能，确定机械的工作原理；根据工艺动作的分解，确定机械的运动方案；合理地选择机构的形式并将其恰当地组合起来，实现机械的预期动作；根据工艺动作的要求，使各机构协调配合工作等。

第二节 学习本课程的目的

在介绍了本课程研究的内容之后，对于学习本课程的目的就不难理解了。首先，机械类各专业的同学，在以后的学习和工作中总要遇到许多关于机械的设计和使用方面的问题，而本课程所学的内容乃是研究现有机械的运动及工作性能和设计新机械的知识基础。正因为如此，所以它成为机械类各专业必修的一门重要的技术基础课程。通过本课程的学习，使学生为以后学习机械设计和有关机械类的专业课程以及掌握新的科学技术成果打好工程技术理论基础。

其次，机械制造业是国民经济的支柱产业。随着科学技术的发展和市场经济体制的建立，在机械制造业中，多数产品的商业寿命正在逐渐缩短，品种需求增多，这就使产品的生产要从传统的单一品种大批量生产逐渐向多品种小批量柔性生产过渡，以经验设计和仿照设计为主的传统设计方法已越来越不适应生产的发展。要使所设计的产品在国际市场上具有竞争能力，就需要制造出大量种类繁多、性能优良的新机械。而要完成这一任务，有关机械原理的知识是必不可少的。一般工业产品的设计需要经历以下 4 个阶段：规划设计阶段、总体方案设计阶段、结构技术设计阶段、生产施工设计阶段。而产品是否具有创新性，在很大程度上取决于总体方案设计，而这正是机械原理课程所研究的主要内容。

另一方面，对于使用机械的工作人员来讲，要想充分地发挥机械设备的潜力，关键在于了解机械的性能。通过学习机械原理这门课，掌握机构和机器的分析方法，才能进而了解机械的性能和更合理地使用机械；掌握机构和机器的设计方法，才能对现行机械的革新改造提出方案。改革开放以来，我们引进了大量国外的先进技术和设备，要使这些技术和设备更好地为国民经济建设服务，关键在于消化和吸收。而在这方面，机械原理的知识又是必不可少的。

总之，本课程所学的内容，一方面是有关的专业课程的基础，而课程本身也是一个工科学生所应具备的关于机械的一般基础知识。

第三节 如何进行本课程的学习

在本课的学习过程中，要用到数学、物理、理论力学、机械制图以及金属工艺学等课程的知识，其中与本课联系得最密切的是理论力学。因此，要适时回顾先修课中的有关内容（如刚体的平面运动、点的复合运动、力系的特征量、力系的简化与平衡、动能定理、达朗伯原理等），避免由于基本概念和基础理论的生疏而影响学习的深入。但同时应注意，本课程在应用先修课基本理论研究机构的实际问题时，也形成了自己的体系和方法。因此，要注意掌握本课程中不同于先修课的一些方法，即使是各种物理量的代表字符，也要努力适应本课程的惯例。

本课程无论在课堂上还是在教材中，机构大都用简图来表示，初学者若缺乏对实际机械的感性认识，可能会觉得抽象。所以同学们应该利用一切机会注意观察机械实物，以弥补感性知识的不足。这样做将对学好本课程有很大作用。

机构和运动这两个概念总是联系在一起的。面对一幅机构简图，如果只看成是几段静止不动的线条就不能学好本课程。学习本课程除了要运用抽象思维，更应注意形象思维。一般来说，看到机构简图就要想它的各个构件是怎样“动”的，要练习运用形象思维能力把静止画面中的机构看得“动”起来，在脑中现出动的表象。

随手勾画与机构有关的图形并力求大体成比例，这对于学好本课也是很有用的。对于一些关系式，如果是死记硬背而不能由图形推出或用图形表达，就不能说是学到了手。能够相当准确地徒手画出表达设计意图的图形，是工程师必须具备的能力。

本学科有许多很好的教材和参考书，但对初学者来说，宜以一种教材为主来钻研，系统掌握其基本思路后，再借助其他书籍的对照和补充使学业得以拓宽和提高。不然，很可能会感到思路繁多，陡增学习难度。

希望各位同学根据不同条件运用以上提供的参考学习方法，以饱满的热情和充沛的精力学好本课程，同时学好其他有关课程，为发展自己在机械学方面的创造性能力而下一番苦功，以便能很好地为祖国现代化事业多做贡献。

第四节　机械原理学科的发展趋势

当今世界正经历着一场新的技术革命。新概念、新理论、新方法、新工艺不断出现。作为向各工业部门提供装备的机械工业，也得到迅猛发展。

现代机械工业日益向高速、重载、高精度、高效率、低噪声等方向发展。对机械提出的要求也越来越苛刻。有的需用于宇宙空间，有的要在深海作业，有的小到能沿人体血管爬行，有的又是庞然大物，有的速度数倍于声速，有的又要作微米级的微位移，如此等等。处于机械工业发展前沿的机械原理学科，为了适应这种情况，新的研究课题与日俱增，新的研究方法日新月异。

为适应生产发展的需要，当前在自控机构、机器人机构、广义机构、微机构、仿生机构、变胞机构、柔性及弹性机构和机电气液综合机构等的研制上有很大进展。在对机械的分析与综合中，研究内容涉及高速、重载、高精度下的运动学和动力学性能，包括控制性能，以及影响实际系统运动状态的诸多因素，甚至间隙冲击、摩擦、润滑以及构件柔弹性等等。研究的层次则贯穿机构结构类型综合与优选、尺度型优选、尺度方案优选、惯性参数优选以及新型构件（如运动副与构件功能合一的柔性构件，微型机械的可控形变构件等）和新型运动副（如柔性运动副）等。

在连杆机构方面，重视了对空间连杆机构、多杆多自由度机构、连杆机构的弹性动力学和连杆机构的动力平衡的研究；在齿轮机构方面，发展了齿轮啮合原理，提出了许多性能优异的新型齿廓曲线和新型传动，加速了对高速齿轮、精密齿轮、微型齿轮的研制；在凸轮机构方面，十分重视对高速凸轮机构的研究。为了获得动力性能好的凸轮机构，对凸轮机构推杆运动规律的开发、选择和组合上作了很多工作。此外，为了适应现代机械高速度、高节拍、高性能的需要，还发展了高速高定位精度的分度机构、具有优良综合性能的组合机构以及各种机构的变异和组合等等。

目前，计算机辅助机构设计系统及专家系统成为现代化机构分析与综合的主要手段。机构学概念、知识、理论、方法和专家经验与计算机系统的逻辑推理、分析判断、数优处理、图形显示等功能密切结合，以简单、直观、快速、最优的形式完成设计任务，逐步生成用于产品设计的通用程序库和软件包。在这一背景下，一些用于复杂机构分析的功能强大的软件相继问世，如数学处理软件 MatLab、Mathematica、Mathcad，非线性复杂分析与设计的专用软件 UG、ADAMS、ANSYS，机器人分析和仿真软件 ROBCAD、IGRIP、CimStation 等。计算机技术改变了机构学传统的研究方法，使原来不可能求解的机构变为可能，数学也成为机构学理论不断完善的基础。此外，随着现代科学技术的发展，测试手段的日臻完备，也加强了对机械的实验研究。

总之，作为机械原理学科，其研究领域十分广阔，内涵非常丰富。在机械原理的各个领域，每年都有大量的内容新颖的文献资料涌现。但是，作为一门技术基础课程，根据教学要求，我们将只研究有关机械的一些最基本的原理及最常用的机构分析和综合的方法。这些内容也都是进一步研究机械原理课题所必须的知识基础。

第五节　机械原理与创新设计

社会的发展、科技的进步，都离不开机械的创新。创新设计是指在设计中，工程技术人员通过自己的创造性思维，采用新技术、新原理和新手段，设计出新颖独特的产品。显然，创新设计是机械设计的灵魂。爱因斯坦曾说过：“想象力比知识更重要，因为知识是有限的，而想象力概括着世界上的一切，推动着社会的进步，并且是知识化的源泉。严格地说，想象力是科学研究中的实在因素。”所以，一个人的想象力决定了他的创新和创造能力。

机械的创新首先是机械运动方案的创新设计。它是提高机械产品性能、质量和竞争力的一个关键环节，对于设计师是具有魅力的挑战。设计师的创新能力包括创新思维、知识积累、创新方法和创新毅力 4 个方面。设计师创新能力的形成是一个系统工程，是一个积累的过程。机械原理课程在培养学生的机械创新能力方面处于十分重要的地位。在创新能力中，知识积累是创新的基石。学生通过学习掌握本课程的内容是基本的要求。为了培养学生的创新性逻辑思维与科学的创新方法，在本课程的教学中着重加强以下内容：

1）机构分析与设计中的几何建模与数学建模的理论与方法。

2）理论与方法的发展及其条件性和实用性。

3）机构及其运动副在运动学与动力学上的条件性等效变换原理与方法。

4）方案设计中建模与优选的方法。

创新性思维中的非逻辑思维，即无序思维在创新设计中是极其重要的，它往往是创新的先导。创新性无序思维的特征是凭直觉、联想、发散式思维。从而产生灵感或预感，然后通过逻辑的理性推演产生出新的方案。创新性无序思维可以从机构的变换过程与创新范例中领悟和在设计实践中培养。至于创新需要毅力是不言而喻的，因为创新是对已有的挑战，缺乏勇气的人会望而却步，意志柔弱者会半途而废。有为的设计师应当是创新的实践人与推动者。

第二章 机构的结构分析

第一节 机构结构分析的内容和目的

机构是具有确定运动的实物组合体。作无规则运动或不能产生运动的实物组合均不能成为机构。了解机构的组成和结构特点，掌握机构组成的一般规律，无论对于分析已有的机构还是着手创新设计新机械，都具有重要的指导意义。机构结构分析研究的主要内容及目的是：

（1）研究机构的组成及机构运动简图的画法 由于本课程研究的主要对象是机构，所以首先必须知道机构是怎样组成的。另外，为了对机构进行分析与综合，还必须研究如何用简单的图形把机构的结构状况表示出来，即画出其机构运动简图。

（2）了解机构具有确定运动的条件 由于机构是用来传递运动及动力的，显然它必须具有确定的运动，因而我们必须知道在什么条件下它的运动才是确定的。

（3）研究机构的组成原理及结构分类 机构的形式是很多的，然而根据机构运动确定性的要求，各种机构的组成都应满足机构组成的基本原理。研究机构的组成原理，将各种机构进行结构分类，也有利于对机构进行运动分析及动力分析。

第二节 机构的组成

一、构件

从制造、加工的角度看，任何机器都是由若干加工制造的单元体——零件组装而成。例如图1-1所示的内燃机，就是由单独加工的气缸、活塞、连杆体、连杆头、曲轴、齿轮等一系列零件组装而成的。

与零件不同，构件是具有独立运动的单元体，即组成构件的各部分之间没有相对运动，它们是一个运动整体。构件可以是一个独立运动的零件，但有时为了结构和工艺上的需要，常将几个零件刚性地联接在一起组成构件。如图2-1所示的连杆，是由连杆体1、连杆盖2、轴瓦3、螺栓4、轴套6等零件组成。这些零件分别加工制造，然后装配成连杆。这时它是一个运动整体，组成构件的连杆体、连杆盖、轴瓦、螺栓、轴套之间没有相对运动。

二、运动副

当由构件组成机构时，需要以一定的方式把各个构件彼此联接起来，而且每个构件至少必须与另一构件相联接。不过，这种联接不能是刚性的，被联接的两构件间应仍能产生某些相对运动。我们把这种由两个构件直接接触而组成的可动联接称为运动副。而把两构件上能够参与接触而构成运动副的表面称为运动副元素。如图 2-2 所示的轴承 1 与轴 2 间的联接，图 2-3 所示的滑块 1 与导轨 2 的接触，图 2-4a 所示的凸轮与推杆的接触、图 2-4b 所示的两齿轮轮齿的啮合都构成了运动副。

构件所具有的独立运动数目（或是确定构件位置所需要的独立参变量数目）称为构件的自由度。一个构件在未与其他构件联接前，在空间可产生 6 个独立运动，也就是说有 6 个自由度。

两个构件直接接触构成运动副后，构件的某些独立运动将受到限制，自由度随之减少，构件之间只能产生某些相对运动。我们把对构件的独立运动所加的限制称为约束。运动副每引入一个约束，构件便失去一个自由度。两构件间形成的运动副引入了多少个约束，限制了构件的哪些独立运动，完全取决于运动副的类型。

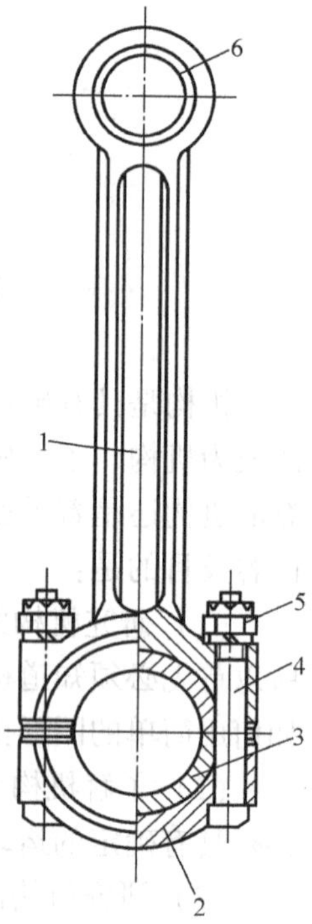

运动副有多种分类方法。

（1）按运动副的接触形式分类　凡两构件通过点或线接触而构成的运动副统称为高副（如图 2-4a、b 所示的运动副），两构件通过面接触而构成的运动副则统称为低副（如图 2-2、图 2-3 所示的运动副）。

图 2-1　连杆
1—连杆体　2—连杆盖
3—轴瓦　4—螺栓
5—螺母　6—轴套

（2）按相对运动的形式分类　构成运动副的两构件之间的相对运动若为平面运动则称为平面运动副，若为空间运动则称为空间运动副。两构件间只作相对转动的运动副称为转动副或回转副，也称铰链（图 2-2），两构件之间只作相对移动的运动副称为移动副（图 2-3）。

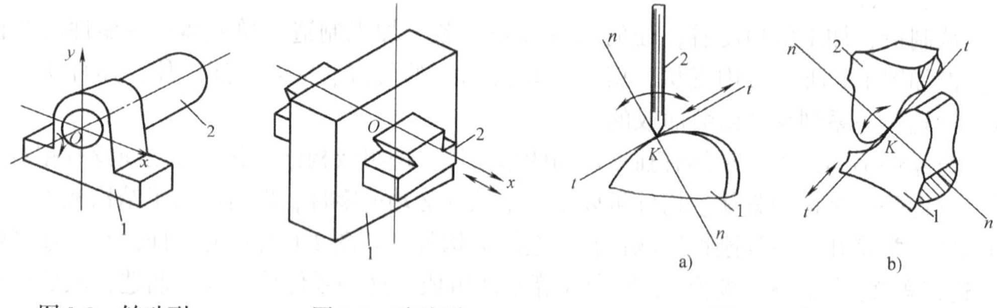

图 2-2　转动副　　图 2-3　移动副　　图 2-4　高副

（3）按运动副引入的约束数分类　引入 1 个约束的运动副称为Ⅰ级副、引入 2 个约束的运动副称为Ⅱ级副，以此类推，还有Ⅲ级副、Ⅳ级副、Ⅴ级副。

（4）按接触部分的几何形状分类　根据组成运动副两构件在接触部分的几何形状，

可分为圆柱副、平面与平面副、球面副、螺旋副、球面与平面副、球面与圆柱副、圆柱与平面副等。

三、运动链

构件通过运动副的联接而构成的相对可动的系统称为运动链。如果运动链中各构件构成首末封闭的系统，如图 2-5a、b 所示，称其为闭式运动链，简称闭链。如果运动链中各构件未构成首末封闭的系统，如图 2-5c、d 所示，则称为开式运动链，简称开链。闭链广泛应用于各种机构中，少数机构（如机械手、挖掘机等）采用开链。

此外，根据运动链中各构件间的相对运动为平面运动还是空间运动，也可把运动链分为平面运动链和空间运动链两类，分别如图 2-5、图 2-6 所示。

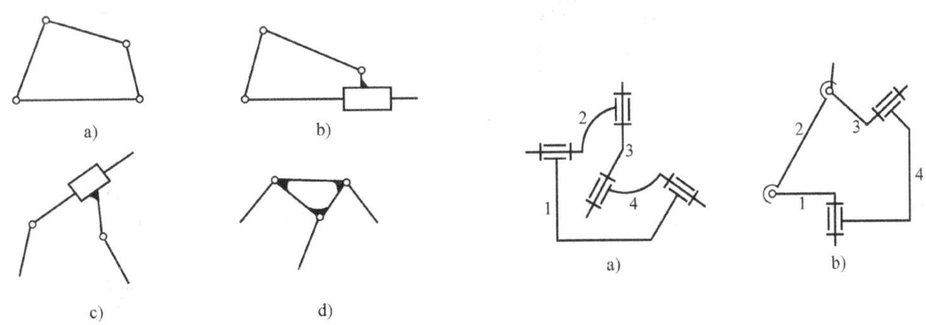

图 2-5　平面运动链　　　　图 2-6　空间运动链

四、机构

在运动链中，如果将其某一构件固定成机架，则该运动链成为机构。机架是研究机构中各构件相对运动的参考坐标系，通常选择运动链中与地面相对固定的构件为机架。如果机构安装在运动的物体（如车、飞机等）上，机架相对于该物体固定不动，但相对于地面则可能是运动的。机构中按给定的已知运动规律独立运动的构件称为原动件；而其余活动构件则称为从动件。从动件的运动规律取决于原动件的运动规律、机构的结构和构件的尺寸。

根据组成机构的各构件之间的相对运动为平面运动或空间运动，机构可分为平面机构和空间机构两类。其中平面机构应用最广泛。

第三节　平面机构运动简图

为了便于研究机构的运动，可将与运动无关的因素撇开，用规定的符号和简单的线条表示运动副和构件，并按一定比例表示各运动副间的相对位置，绘制机构的简单图形，这种能准确表达机构运动特性的简单图形称为机构运动简图。机构运动简图能反映机构中各构件间真实的相对运动关系，因而可用于图解法求机构的速度和加速度。只为表明机构的结构状况时，也可以不按比例绘制简图，通常把这种简图称为机构示意图。

一、运动副和构件的代表符号

为了便于绘制机构运动简图，运动副常常用简单的符号来表示，表示方法如表 2-1 所示。其中高副应画出两构件在接触处的实际曲线轮廓。

表 2-1 常用运动副的符号

运动副名称		运动副符号	
		两构件构成的运动副	两构件之一为机架时的运动副
平面运动副	转动副	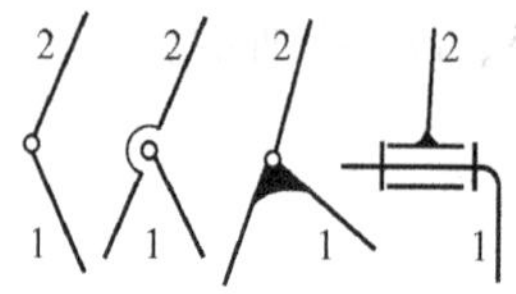	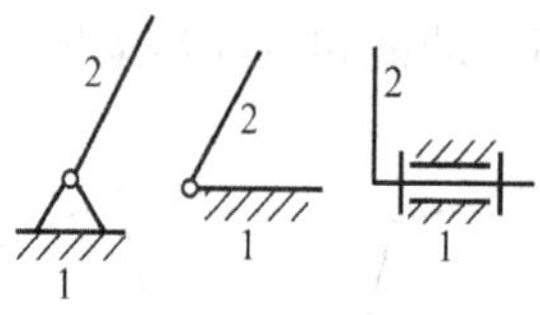
	移动副	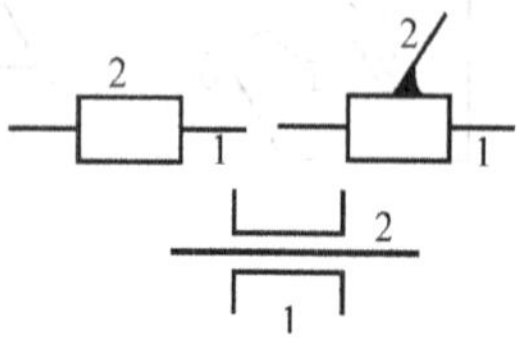	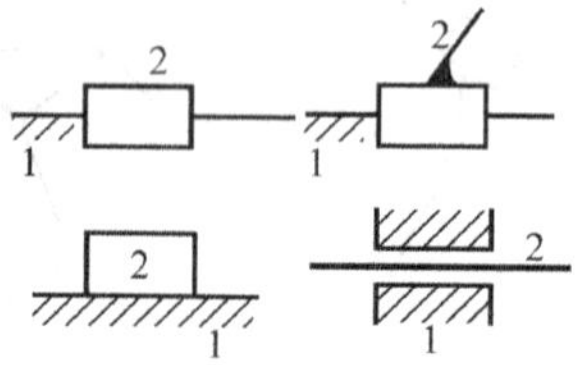
	平面高副	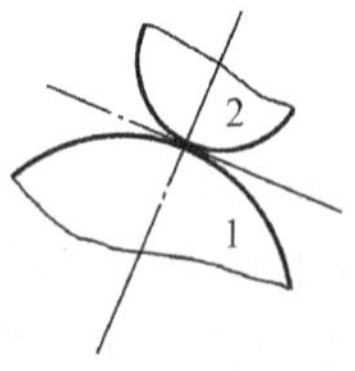	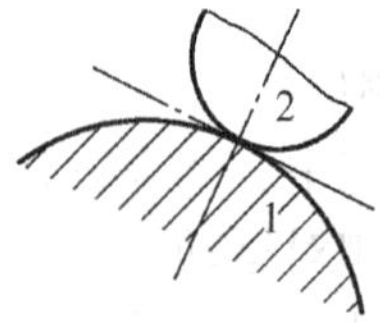
空间运动副	螺旋副	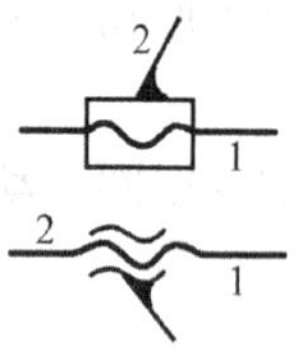	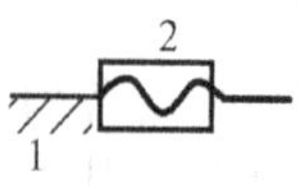
	球面副及球销副	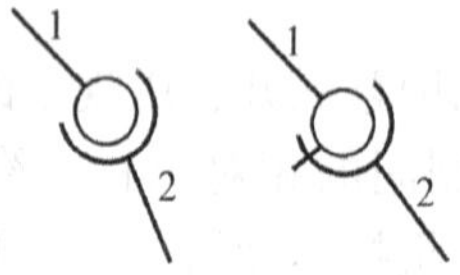	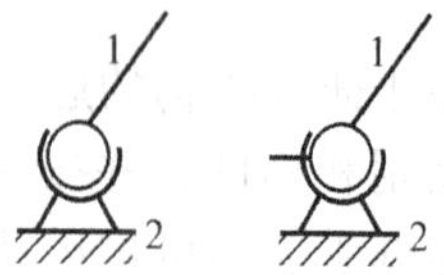

平面机构中的构件不论其形状如何复杂，都用简单的线条表示，表示方法如表 2-2 所示。

表 2-2 一般构件的常用表示法

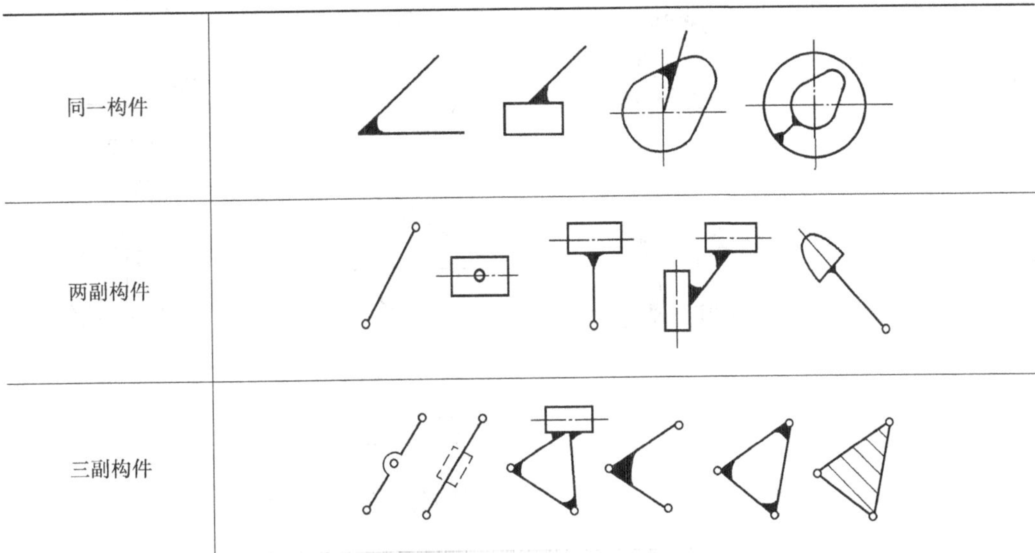

同一构件	
两副构件	
三副构件	

国家标准 GB/T 4460—1984 对机构运动简图有更详细明确的规定，表 2-3 给出了常用机构运动简图的代表符号。

表 2-3 常用机构的运动简图符号

机构名称		立体图形	基本符号	可用符号
齿轮传动	圆柱齿轮机构			
	锥齿轮机构			
	蜗杆蜗轮机构			

(续)

机构名称		立体图形	基本符号	可用符号
齿轮传动	齿轮齿条机构		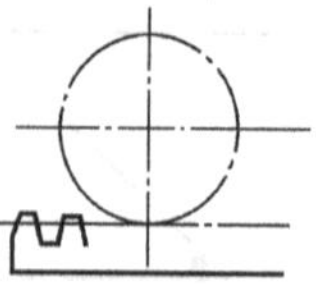	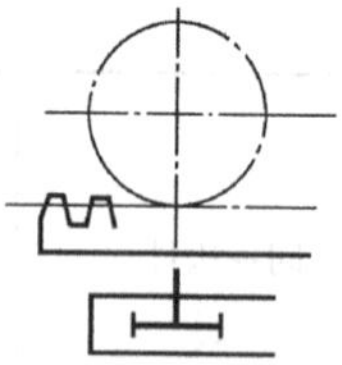
平面凸轮机构	盘形凸轮	槽凸轮 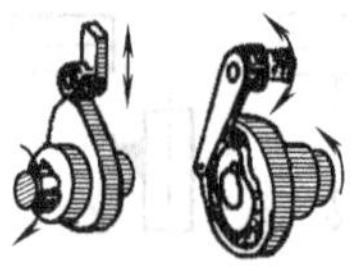	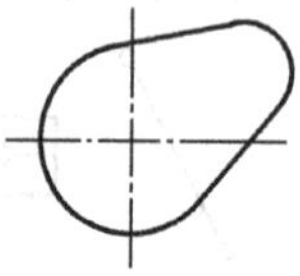	槽凸轮 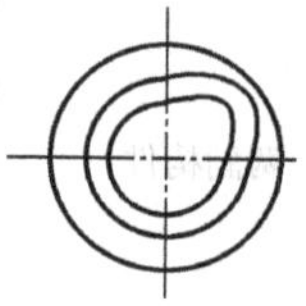
	移动凸轮		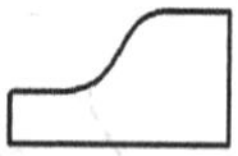	
槽轮机构	一般符号		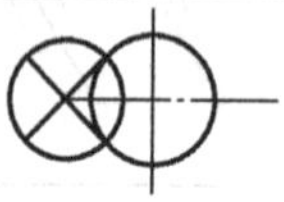	
	外啮合		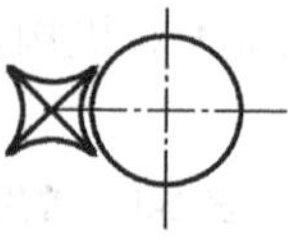	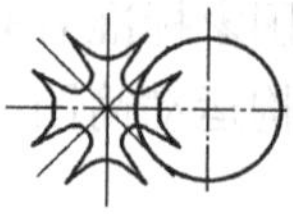
	内啮合			
棘轮机构	外啮合			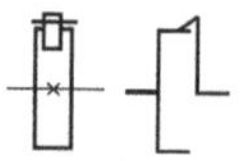
	内啮合			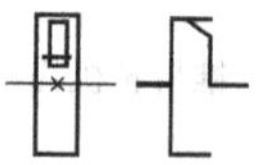
原动机			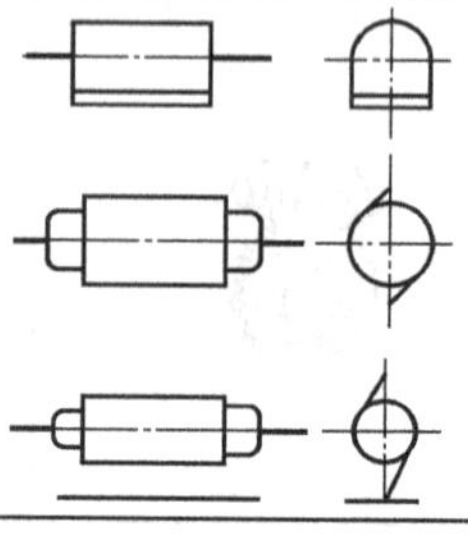	

二、机构运动简图的画法

一般按照以下步骤绘制机构运动简图

1）确定构件的作用和类型。为了使机构运动简图能正确无误地表达机构的结构和运动情况，首先要把整台机器的结构和动作原理搞清楚，然后分清要画的机构构件的类型和数目，即确定出机构中哪个是机架、哪些是原动件、哪些是从动构件。

2）沿运动和动力传递路线逐一分析相联接构件间的相对运动关系，确定各运动副类型及各构件的运动尺寸。对于移动副应明确其移动副导路方向；对于转动副应明确其回转中心位置；对于高副，则需画出两高副元素的形状。

3）选择适当的视图。视图的选择以能够完整表达机构的组成关系及运动情况为原则，通常选择机构中多数构件的运动平面为视图平面，必要时可辅以其他视图平面，并将其展开到同一视图平面内。

4）选择合适的比例尺μ_L，按国家标准规定的符号绘图。定义长度比例尺为：

$$\mu_L = \frac{\text{实际尺寸（m）}}{\text{图上长度（mm）}}$$

并在图上标注清楚长度比例尺。然后选择原动构件的一个位置，按运动和动力传递的路径，按照国家标准规定的符号依次画出各构件和运动副，并标明原动件的运动，必要时还要对各运动参数进行说明。

例 2-1　绘制图 2-7a 所示冲床的机构运动简图。

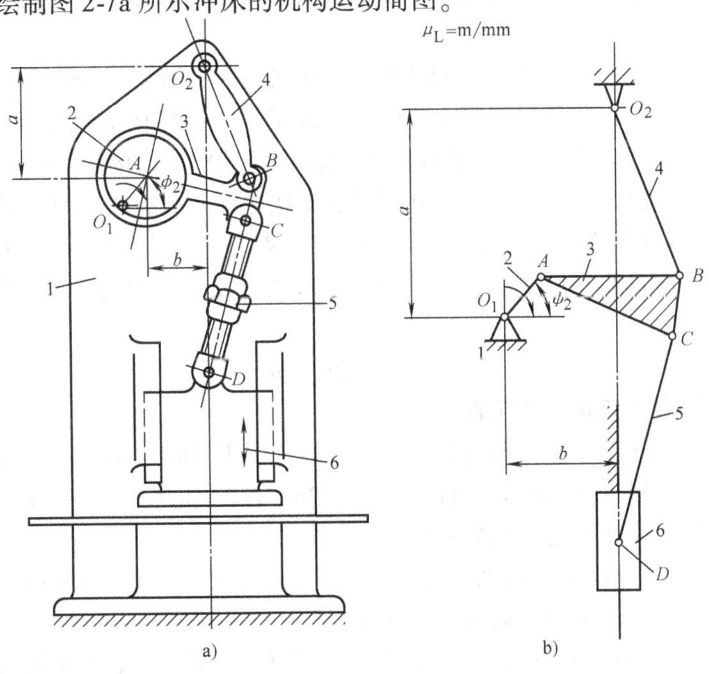

图 2-7　冲床机构

1—机座　2—偏心轮　3—连杆　4—摇杆　5—连杆　6—冲头

解 该机构的动作原理是当偏心轮 2 在电动机带动下作顺时针旋转时，通过构件 3、4、5 带动构件 6（滑块即冲头）作上下往复移动完成冲压工艺动作，机构由机架 1、原动件 2、从动件 3、4、5、6 组成，共 6 个构件，属于平面六杆机构。

机构中构件 1、2，构件 2、3，构件 3、4，构件 4、1，构件 3、5，构件 5、6 之间的相对运动为转动，即两构件间形成转动副，转动副中心分别位于点 O_1、A、B、O_2、C、D；构件 6、1 之间的相对运动为移动，即两构件间形成移动副，移动副导路方向与 O_2D 重合。

选择与各构件运动平面平行的平面作为绘制机构运动简图的视图平面。

选择比例尺 μ_L，分别量出各构件的运动尺寸，绘出机构的运动简图，并标明原动件及其转动方向，如图 2-7b 所示。

第四节　平面机构的自由度

一、平面机构自由度的计算

在机构中，机架是机构运动的参考坐标系，为了按照一定要求进行运动的传递和变换，不仅机构的各构件要相对于机架能运动，而且当给定一个或数个独立运动时各构件的运动必须是确定的。我们把机构相对于机架所能产生的独立运动数目称为机构的自由度。显然机构的自由度与构件总数、运动副的类型和数量有关，以下仅讨论平面机构的自由度。

作平面运动的自由构件有 3 个自由度，而每个平面低副（转动副和移动副）各提供 2 个约束，每个平面高副只提供 1 个约束。设某一平面机构除机架外共有 n 个构件，即所谓的活动构件。又有 p_L 个低副和 p_H 个高副，它们把活动构件之间、活动构件与机架之间联接起来。这 n 个活动构件未在运动副联接之前共具有 $3n$ 个自由度，当用 p_L 个低副和 p_H 个高副联接之后，便受到 $2p_L + p_H$ 个约束。显然，各构件相对于机架的独立运动数，亦即机构的自由度，应为活动构件自由度总数与运动副引入的约束总数之差，即

$$F = 3n - 2p_L - p_H \tag{2-1}$$

二、机构具有确定运动的条件

上式不仅可以用于计算机构的自由度，还经常用于判断运动链的可动性。

（1）$F=0$　如图 2-8a 所示三杆闭链，$F = 3n - 2p_L - p_H = 3\times2 - 2\times3 - 0 = 0$，说明该运动链是不能产生相对运动的静定桁架。

（2）$F<0$　如图 2-8b 所示四杆双环闭链，$F = 3n - 2p_L - p_H = 3\times3 - 2\times5 - 0 = -1$，说明该运动链是不能产生相对运动的超静定桁架。

（3）$F>0$　$F>0$ 是运动链成为机构的必要条件。如图 2-8c 所示铰链四杆机构，$F = 3n - 2p_L - p_H = 3\times3 - 2\times4 - 0 = 1$。若任取一个构件为原动件，如取构件 1 为原动件，参变量 φ_1 表示构件 1 的独立转动，由图可见，当 φ_1 给定后，构件 2 和 3 均有惟一确定

的位置与之对应。这说明自由度为 1 的机构，任取某一活动构件为原动件，并给定其运动规律，其他活动构件的运动也随之确定。又如图 2-8d 所示的铰链五杆机构，$F=3n-2p_L-p_H=3\times4-2\times5-0=2$。若仅构件 1 为原动件，当 φ_1 给定后，由于 φ_4 不确定，构件 2、3 既可处于实线所示的位置，也可以处于双点画线所示位置或其他位置，表明各构件间无确定的相对运动。若同时取构件 1、4 为原动件，由图可见，每给定一组 φ_1 和 φ_4 的数值，从动件 2、3 便有确定的相应位置。这说明对自由度为 2 的机构，在有两个原动件时运动是确定的。

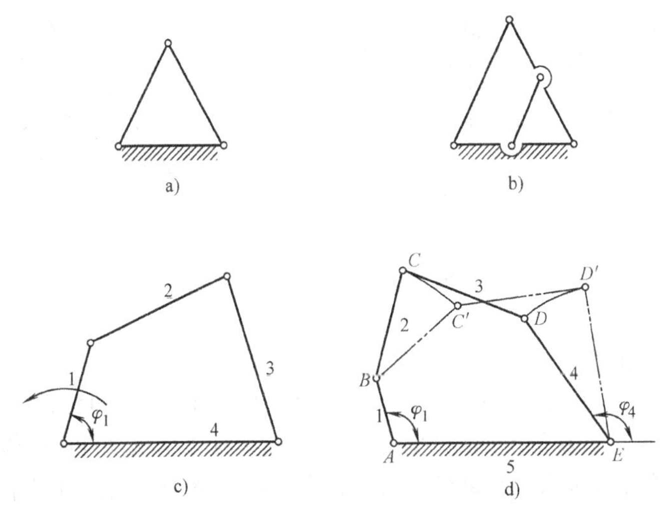

图 2-8 运动链可动性判别

因此可以得出机构具有确定运动的条件为：机构中原动件的个数应等于机构的自由度。

三、计算平面机构自由度时应注意的事项

在运用式（2-1）计算机构的自由度时还应注意以下特殊问题：

（一）复合铰链

若两个以上的构件在同一处以转动副相联接，便构成复合铰链。如图 2-9a 所示，构件 1 同时与构件 2、3 沿同一轴线组成两个转动副，即构成复合铰链（简图见图 2-9b）。显然，由 m 个构件汇成的复合铰链应当包含 $m-1$ 个转动副。计算自由度时应注意找出复合铰链并确定其实际包含的转动副数目。尤其是图 2-10 所示的几种情况更要引起重视。因为 3 个构件中有的是机架，有的是滑块或齿轮，往往不易分辨而被忽略。

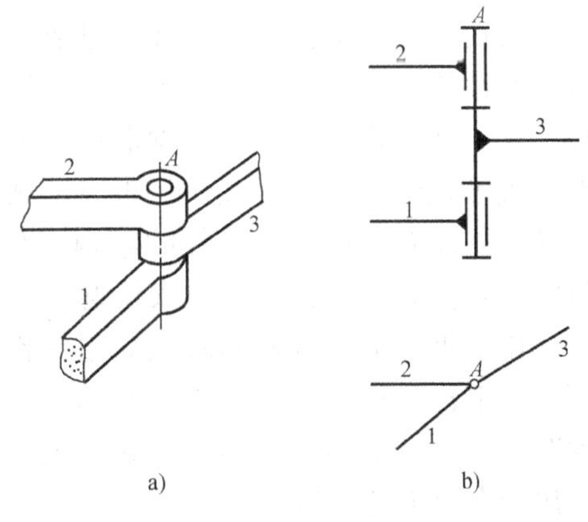

图 2-9 复合铰链

例 2-2 试计算图 2-11 所示直线机构的自由度。

解 此机构 B、C、D、F 四处都是由三个构件组成的复合铰链，各具有两个转动副。故 $n=7$，$p_L=10$，$p_H=0$，由式（2-1）得

$$F=3n-2p_L-p_H=3\times7-2\times10-0=1$$

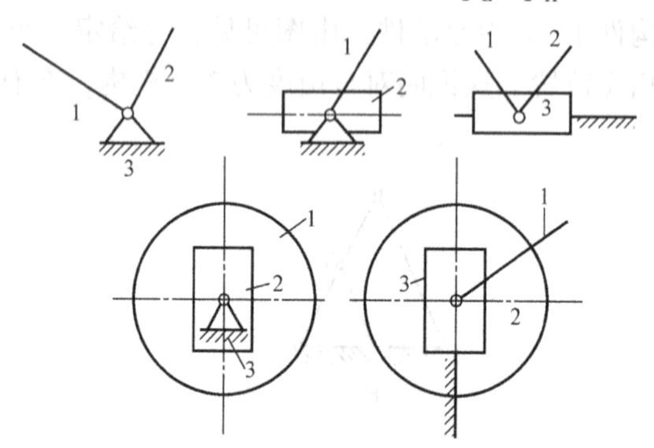

图 2-10 几种复合铰链

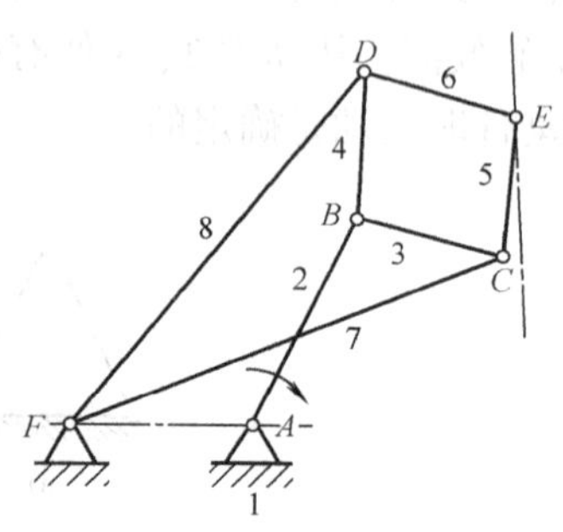

图 2-11 直线机构

（二）局部自由度

在图 2-12a 所示的凸轮机构中，凸轮 1 是原动件，滚子 3 和推杆 2 是从动件。凸轮机构的功用是使推杆 2 获得预期的输出运动，因此推杆 2 是从动件中的输出构件，而滚子 3 只是为了减小磨损而加入的从动件。可以看出，圆形滚子 3 绕其自身轴心的自由转动丝毫不影响输出件的运动。这种机构中个别构件所具有的，不影响其他构件运动，并和整个机构运动无关的自由度，称为局部自由度。在计算机构自由度时应将它除去不计。

滚子是平面机构中局部自由度最常见的形式。为了防止计算差错，在计算自由度时，可以设想滚子与安装滚子的构件焊成一体（图 2-12b），预先排除局部自由度，然后进行计算。

（三）虚约束

机构的运动不仅与构件和运动副的数量和性质有关，而且与转动副间的距离、移动副导路的方向、高副曲率中心的位置等几何条件密切相关。但是，式（2-1）并没有考虑几何条件的影响。在特定的几何条件下，有些约束所起的限制作用是重复的。这种不起独立限制作用的约束称为虚约束。在计算机构自由度时，虚约束应当除去不计。虚约束通常出现在以下几种情况。

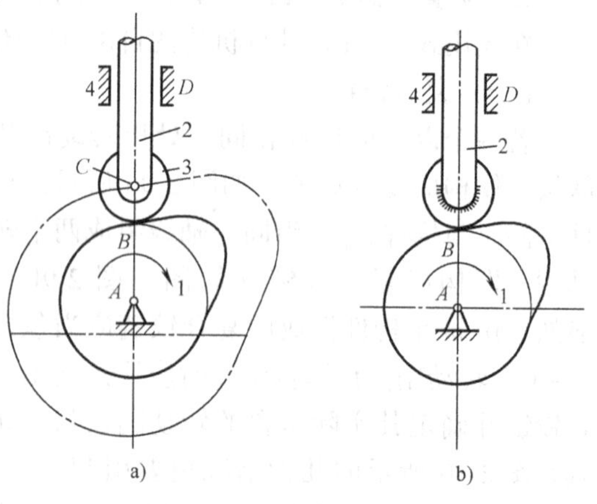

图 2-12 局部自由度

1）当不同构件上两点间的距离保

持恒定时，若在两点间加上一个构件和两个转动副，虽不改变机构运动，但却引入一个虚约束。如图 2-13b 所示的蒸汽机车的车轮联动机构中，$l_{AB}=l_{CD}=l_{EF}$、$l_{AD}=l_{BC}$、$l_{BE}=l_{AF}$，按活动构件 $n=4$，$p_L=6$ 计算，$F=3n-2p_L-p_H=3\times4-2\times6-0=0$，表明机构不能运动，显然与实际情况不符。因为当该机构运动时，动点 E 与机架上的点 F 之间的距离始终不变，用构件 EF 及两个转动副将 E、F 联接，其形成的约束并不影响该机构的运动，故为虚约束。计算自由度时应解除点 E、F 之间引入的虚约束，如图 2-13c 所示，即 $F=3n-2p_L-p_H=3\times3-2\times4-0=1$，则与实际相符。

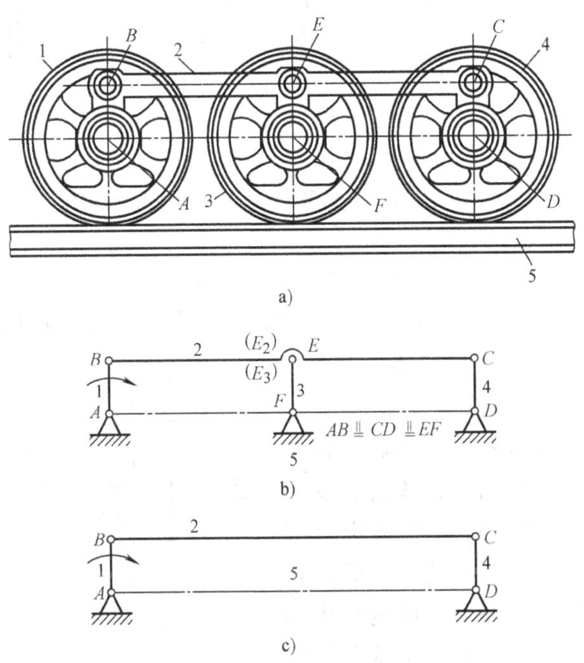

图 2-13　车轮联动机构

与此相仿，当构件上某点的轨迹为直线时，若在该点铰接一个滑块并使其导路与该直线重合，虽不改变机构运动，也将引入一个虚约束。如图 2-14 所示的椭圆仪机构中，$l_{AB}=l_{BC}=l_{BD}$，滑块 4 对连杆 CD 的约束是虚约束。

2）在下列情况下只有一个运动副起作用，其余运动副均为虚约束：两构件构成多个转动副且其轴线互相重合（图 2-15a 中齿轮 3 上面的两个转动副）；两构件构成多个移动副且其导路互相平行（图 2-15b 中构件 4 与机架 1 间的两个移动副）；构成高副两元素的公法线重合（图 2-15c 中构件 2、3 间的两个高副 D、D'）。

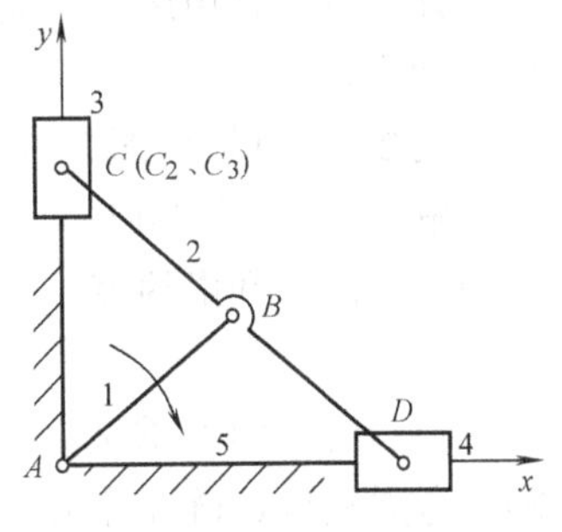

图 2-14　椭圆仪机构

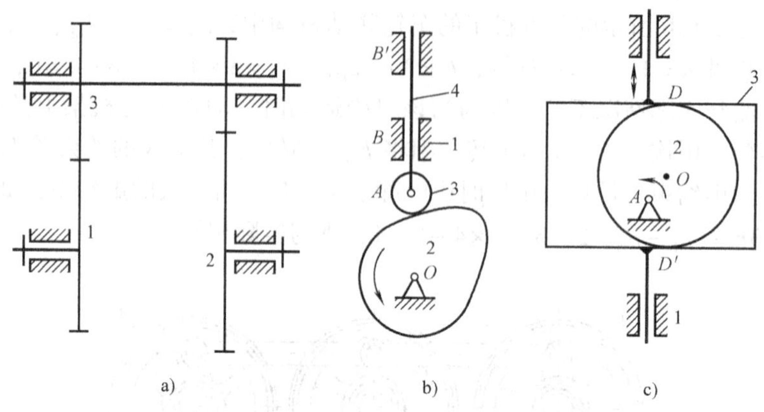

图 2-15　两构件组成多个运动副时引入的虚约束

3）在机构中，不影响机构运动传递的重复部分所带入的约束为虚约束。图 2-16 所示的周转轮系中，为了受力均衡而采用三个行星轮对称布置，从传递运动的角度来看，只要一个行星轮 2 即可，行星轮 2′、2″引入的约束为虚约束。

在实际机构中，虚约束虽然不影响机构的运动，但可增加构件的刚性，改善其受力状况，或保证机构顺利通过某些特殊位置等，因而在结构设计中被广泛使用。必须指出，只有在特定的几何条件下才能构成虚约束，如果加工误差过大，满足不了这些特定的几何条件（如两构件组成两个移动副而导路不平行、两构件组成两个转动副而轴线不重合，或在 2-13b 中 $BE \neq AF$ 等），虚约束就会成为实际约束，从而使机构失去运动的可能性。

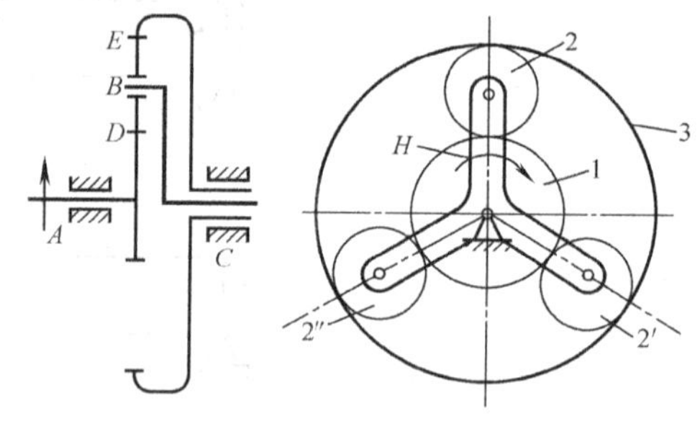

图 2-16　对称结构引入的虚约束

计算机构自由度时，应仔细分析机构中是否存在虚约束，如有则应先去除虚约束再进行计算。

例 2-3　试计算图 2-17a、b 所示机构的自由度。

解　1）在图 2-17a 所示机构中，B 和 B' 处为局部自由度，G'（或 G）为虚约束，除去局部自由度和虚约束，则 $n=7$，$p_L=8$，$p_H=4$，因此自由度为

$$F=3n-2p_L-p_H=3\times7-2\times8-4=1$$

2）在图 2-17b 所示机构中，G 处为局部自由度，D 点是三个构件相铰接的复合铰链，考虑复合铰链并除去局部自由度，则 $n=9$，$p_L=12$，$p_H=2$，因此自由度为

$$F=3n-2p_L-p_H=3\times9-2\times12-2=1$$

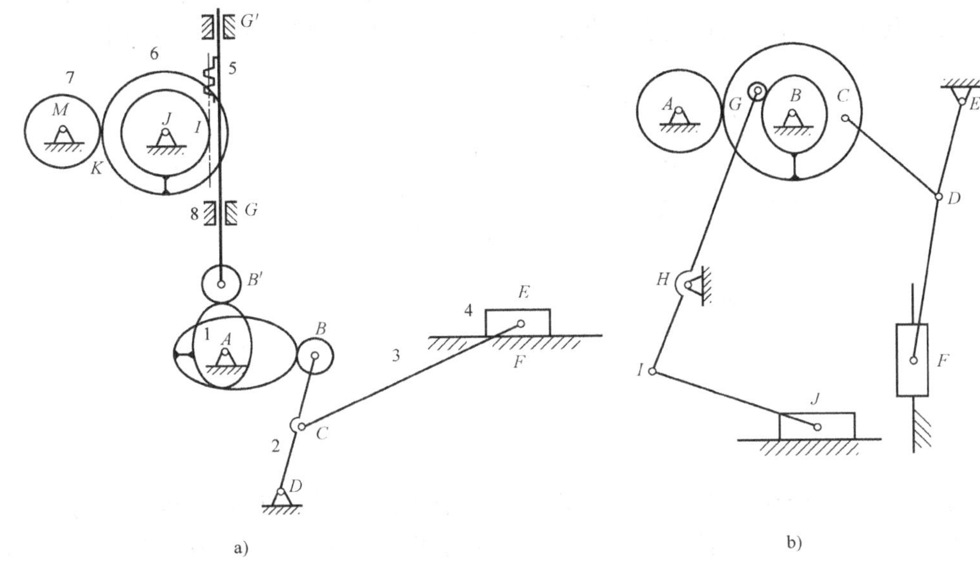

图 2-17　组合机构

第五节　平面机构的组成原理和结构分析

一、平面机构的高副低代

为了便于对平面机构进行结构分析、运动分析和力分析，并使平面机构的分析方法有一个统一模式，有助于开拓机构的设计思路，我们可以通过平面高副元素和平面低副元素之间的内在联系，把机构中的高副根据一定的条件用虚拟的低副来等效地代替。这种高副以低副来代替的方法称为高副低代。

进行高副低代必须满足的条件是：

1）代替前后机构的自由度完全相同。

2）代替前后机构的瞬时速度和瞬时加速度完全相同。

因为在平面机构中，一个高副仅提供 1 个约束，而一个低副却提供 2 个约束，所以不能简单地用一个低副直接代替一个高副，而应该用一个带两个低副的构件来代替一个高副，使它们产生的约束数均为 1，这样才能保证代替前后整个机构的自由度保持不变。

如图 2-18a 所示的平面高副机构中，圆盘 1、2 在 C 点接触组成高副。O_1、O_2 分别为两个圆盘的几何中心，r_1、r_2 分别为两圆盘半径。在机构运动时，两圆连心线 O_1O_2 的长度保持不变，同时 AO_1 及 BO_2 的长度也保持不变，两圆心连线始终为两圆弧高副接触点 C 处的公法线。因此，若去掉高副 C，而在 O_1、O_2 间加上一个虚拟构件，并分别与构件 1、2 在点 O_1 和 O_2 构成转动副，得到图 2-18b 所示铰链四杆机构 AO_1O_2B。这样代替对机构运动并不发生任何改变，也就是说它能满足高副低代的第二个条件。而且，在此代替中，机构自由度也没有改变，亦即满足了高副低代的第一个条件。

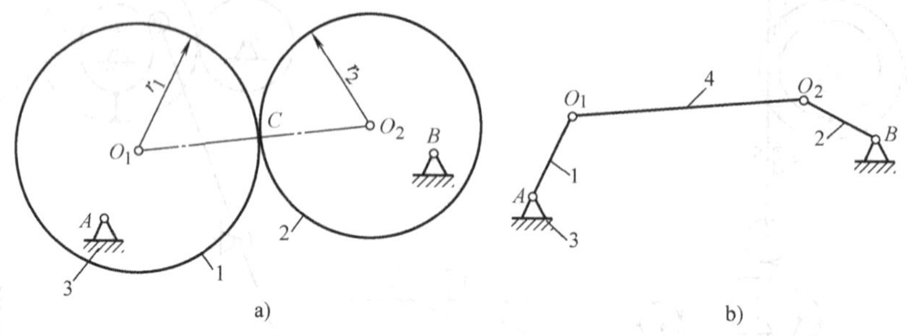

图 2-18　双偏心轮机构及其代替机构

上述方法可以推广应用于各种平面高副。如图 2-19a 所示任意曲线轮廓的高副机构，可以过接触点 C 作公法线 $n—n$，在公法线上找出两轮廓曲线在接触处的曲率中心 O_1 和 O_2，再用两个转动副 O_1、O_2 将构件 4 和构件 1、2 分别相联，便可得到它的代替机构 AO_1O_2B，如图 2-19b 所示。由图可见，轮廓各处曲率中心的位置是不同的，当机构运动时，随着接触点的改变，O_1 和 O_2 相对于构件 1 和 2 的位置也发生变化，O_1 和 O_2 间的距离也发生变化。因此，对于一般的高副机构，上述代替是瞬时代替，代替机构的尺寸将随机构位置不同而不同。

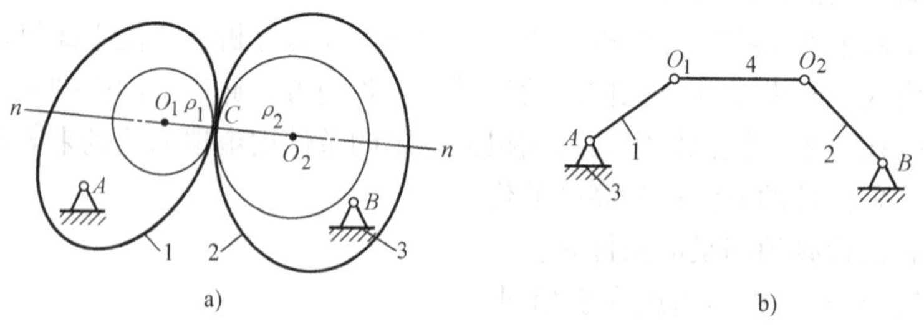

图 2-19　高副机构及其代替机构

如果高副两元素之一为直线（如图 2-20a 所示），因直线曲率中心趋于无穷远，所以相应的转动副演化为移动副，其代替机构如图 2-20b 所示。该代替机构也可以将滑块中心移动到点 O_1，如图 2-20c 所示。

如果高副两元素之一为一个点（如图 2-21a 所示），由于点的曲率半径为零，曲率中心与接触点重合，其代替机构如图 2-21b 所示。

既然平面机构中的高副可以用低副代替，那么在下面的平面机构的结构分类中，可以只研究平面低副机构。

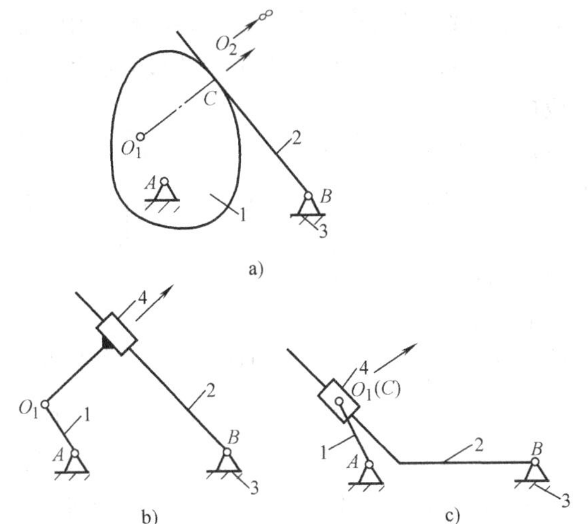

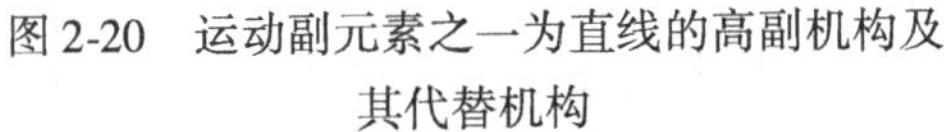

图 2-20　运动副元素之一为直线的高副机构及其代替机构

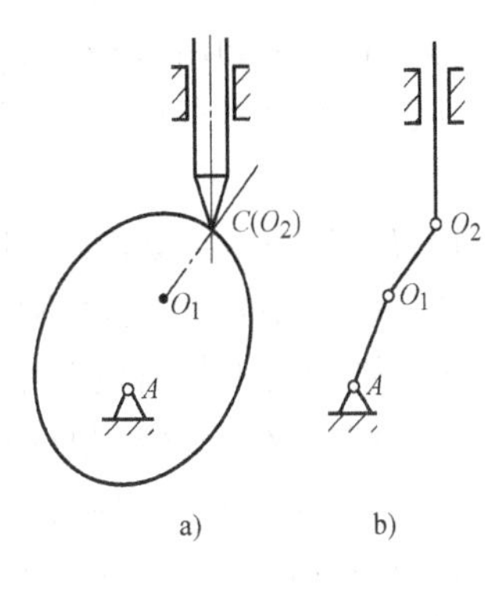

图 2-21　运动副元素之一为一个点的高副机构及其代替机构

二、平面机构组成原理

任何机构都包含机架、原动件和从动件系统三个部分。由于每个原动件具有一个自由度，且原动件数与机构自由度相等，因此，从动件系统的自由度必为零。从动件系统还可分解为若干不可再分的、自由度为零的运动链，这些运动链称为基本杆组。

对于平面机构，由式（2-1）可知，全部为低副的基本杆组必须满足下述条件

$$F = 3n - 2p_{\mathrm{L}} = 0$$

或

$$p_{\mathrm{L}} = \frac{3}{2}n \tag{2-2}$$

由于构件数 n 和运动副数 p_{L} 都必须是整数，所以 n 应是 2 的倍数，p_{L} 应是 3 的倍数，它们的组合有 $n=2$、$p_{\mathrm{L}}=3$；$n=4$、$p_{\mathrm{L}}=6$、$n=6$，$p_{\mathrm{L}}=9$；…。最简单的基本杆组是 $n=2$，$p_{\mathrm{L}}=3$ 的杆组，我们把这种基本杆组称为Ⅱ级组。Ⅱ级组有 5 种不同的类型，如图 2-22 所示。

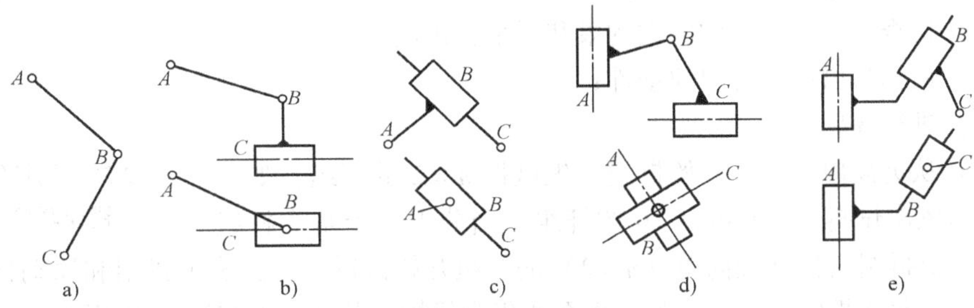

图 2-22　Ⅱ级杆组

生产实际中采用的机构绝大多数都是由Ⅱ级组构成的。在比较复杂的机构中，除了Ⅱ级组外还有其他较高级别的杆组形式。杆组的级别是由杆组中包含的最高级别封闭多边形来确定的。例如由 $n=4$、$p_L=6$ 组成的基本杆组，若其包含的封闭多边形是三角形，就属于Ⅲ级组，如图2-23a 所示；若其包含的封闭多边形是四边形，则属于Ⅳ级组，如图2-23b 所示。

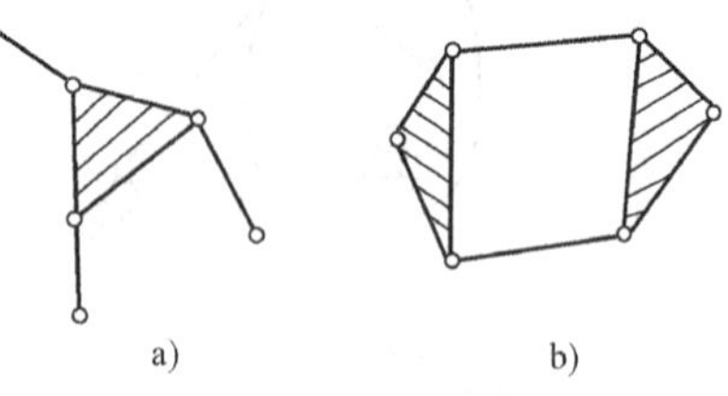

图 2-23　Ⅲ级杆组和Ⅳ级杆组

在同一机构中可以包含不同级别的基本杆组，而机构的级别则是由其所包含最高级别的基本杆组确定的。我们把仅由机架和原动件组成的机构（如斜面机构、杠杆机构等）称为Ⅰ级机构；把仅含Ⅱ级组的机构称为Ⅱ级机构；把最高级别为Ⅲ级组的机构称为Ⅲ级机构，依此类推。Ⅲ级及Ⅲ级以上的机构称为高级机构。

按照杆组的观点，任何机构都可以用零自由度的杆组依次联接到原动件和机架上的方法来组成。如在图2-24 中，将图 b 所示Ⅱ级组 2、3 并接在图 a 所示原动件 1 和机架 4 上便得到图 c 所示四杆机构；再将图 d 所示Ⅲ级组 5、6、7、8 并接在Ⅱ级组和机架上，即得图 e 所示八杆机构。继续运用这种方法可以获得更为复杂的机构。但是必须指出，杆组的各个外接运动副不能全部并接在同一个构件上，因为这样并接会使杆组与被并接构件组成桁架，达不到添加杆组的目的，如图 2-25 所示。

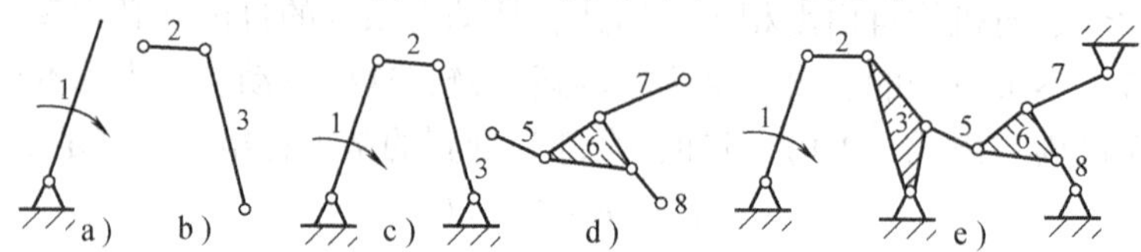

图 2-24　机构组成原理

三、平面机构的结构分析

对已有的机构进行运动分析和动力分析前，往往先要进行机构的结构分析。机构的结构分析就是将已知机构分解为原动件、机架和若干基本杆组，并确定机构的级别。它与杆组扩展形成机构的过程刚好相反，一般是从远离原动件的构件开始拆组。机构结构分析的内容和步骤为：

（1）检查并除去机构中的虚约束和局部自由度；

（2）计算自由度，确定原动件；

（3）进行高副低代；

（4）从远离原动件处开始拆组，先试拆 $n=2$ 的杆组，如不可能，再依次试拆 $n=4$ 和 $n=6$ 的杆组。当分出一个基本杆组后，第二次拆组时仍从最简单（$n=2$）的杆组开始试拆，直到剩下机架和原动件为止。但应注意，每次拆组后，剩下的构件系统仍为机构，其自由度与原机构相同；

（5）根据所拆出杆组的最高级别确定机构的级别。

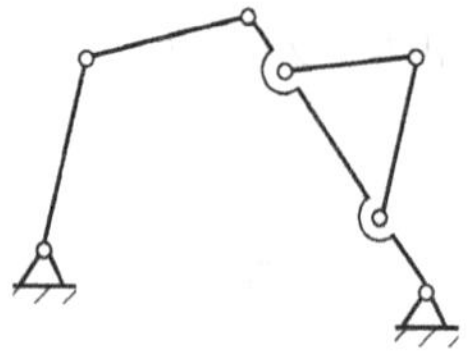

图 2-25　两杆组的错误联接

例 2-4 试分析图 2-26a 所示平面机构并确定机构的级别。

解 （1）去除机构中的虚约束和局部自由度 从图 2-26a 可以看出，F 处为局部自由度，D'（或 D）为虚约束，分别予以去除。

（2）计算机构的自由度 除去局部自由度和虚约束后，则 $n=6$，$p_L=8$，$p_H=1$，因此自由度为

$$F=3n-2p_L-p_H=3\times6-2\times8-1=1$$

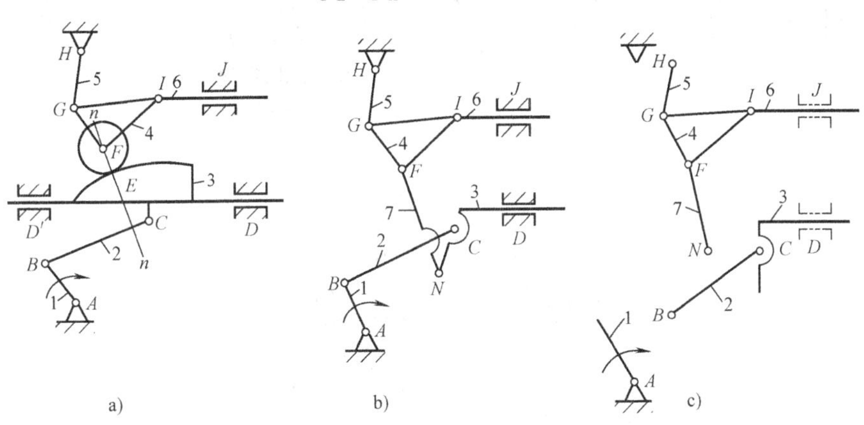

图 2-26 机构结构分析示例

（3）高副低代 高副低代后的机构如图 2-26b 所示。

（4）分解杆组 如图 2-26c 所示，机构由原动件、机架、一个Ⅱ级组和一个Ⅲ级组组成。

（5）确定机构的级别 由于组成该机构基本杆组的最高级别为Ⅲ级，所以该机构为Ⅲ级机构。

思考题与练习题

2-1 举例说明什么是构件、零件？

2-2 什么是运动副、运动副元素、运动链？运动副是如何分类的？

2-3 机构具有确定运动的条件是什么？

2-4 既然虚约束对于机构的运动实际上不起约束作用，那么在实际机械中为什么又常常存在虚约束？

2-5 杆组具有什么特点？如何确定机构的级别？选择不同的原动件对机构的级别有无影响？

2-6 高副低代必须满足哪些条件？

2-7 画出图 2-27 所示各机构的运动简图。

2-8 图 2-28 所示为一小型压力机。其中齿轮 1 与偏心轮 1′为同一构件，绕固定轴 O 连续转动。在齿轮 5 上开有凸轮凹槽，摆杆 4 上的滚子 6 嵌在凹槽中，从而使摆杆 4 绕 C 轴上、下摆动。同时又通过偏心轮 1′、连杆 2 和滑块 3 使 C 轴上下移动。最后通过在摆杆 4 的叉槽中的滑块 7 和转动副 G，使冲头 8 实现冲压运动。试绘制该机构的机构运动简图，并计算自由度。

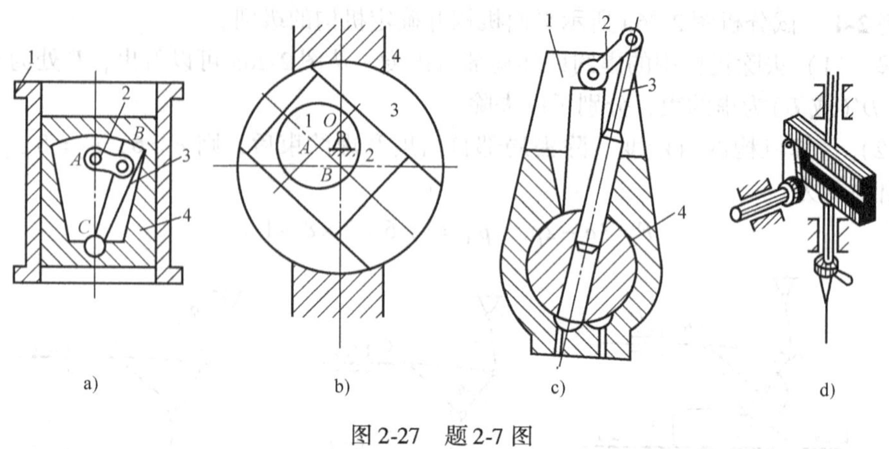

图 2-27 题 2-7 图

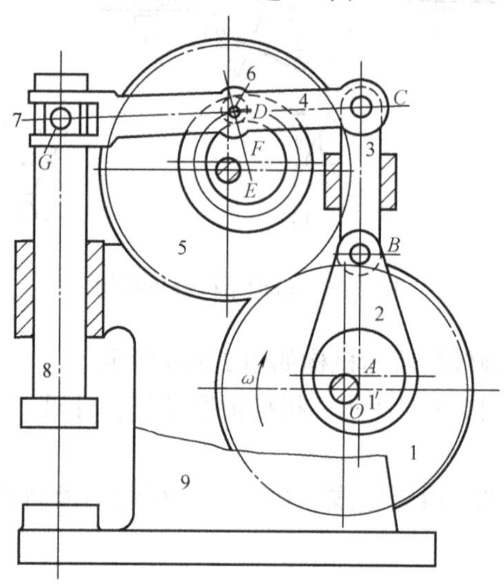

图 2-28 小型压力机

1—齿轮 1′—偏心轮 2—连杆 3—滑杆 4—摆杆

5—齿轮 6—滚子 7—滑块 8—冲头 9—机架

2-9 图 2-29 所示为一机构的初拟设计方案，试从机构自由度的概念分析其设计是否合理，并提出修改措施。

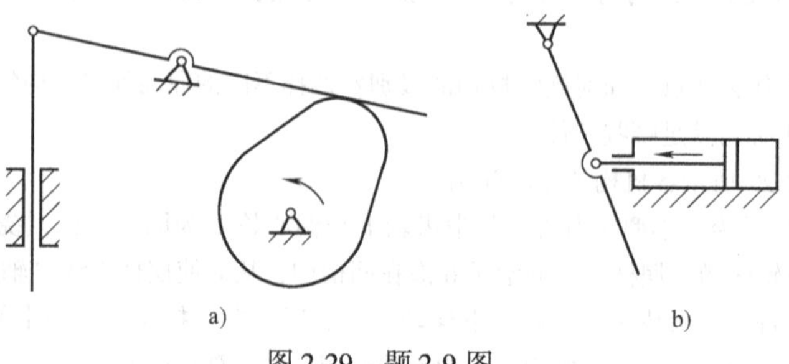

图 2-29 题 2-9 图

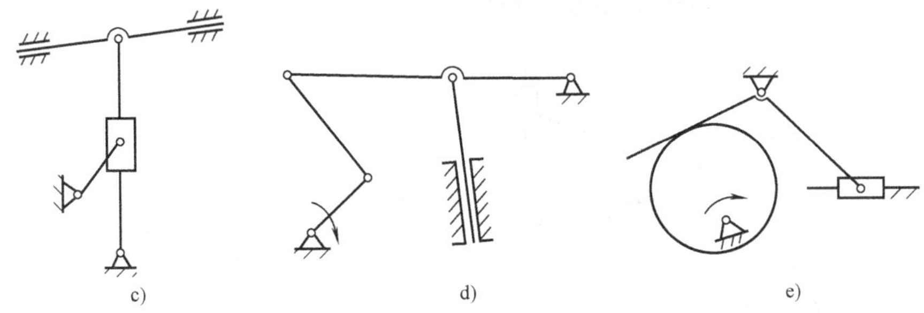

c)　　d)　　e)

图 2-29　题 2-9 图（续）

2-10　计算图 2-30 所示机构的自由度，并指出复合铰链、局部自由度和虚约束。

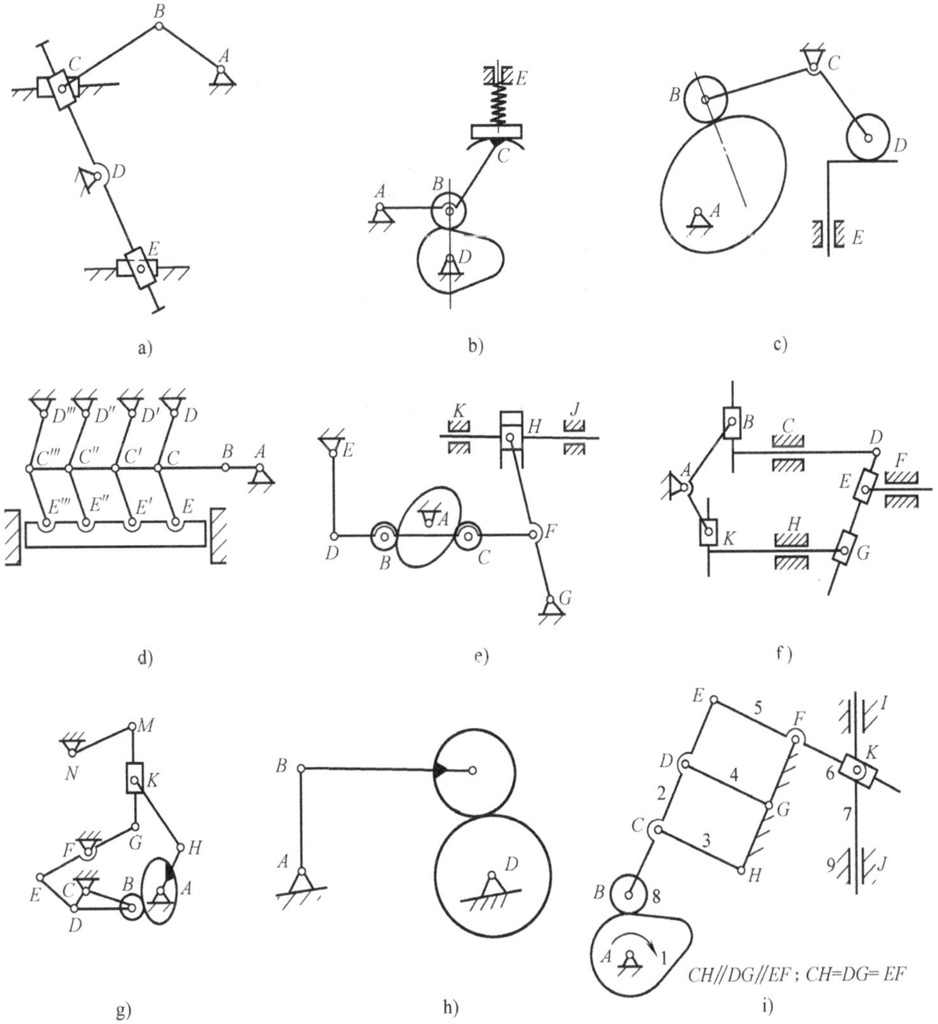

a)　　b)　　c)

d)　　e)　　f)

g)　　h)　　i)

CH//DG//EF；CH=DG=EF

图 2-30　题 2-10 图

2-11　计算图 2-31 所示机构的自由度，并对机构进行高副低代，确定机构的级别。

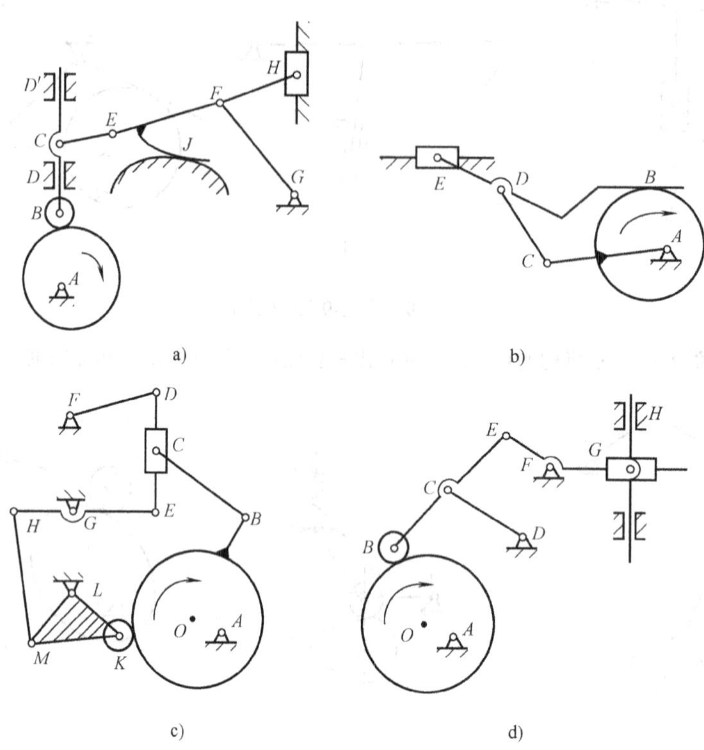

图 2-31　题 2-11 图

第三章　平面机构的运动分析

第一节　研究机构运动分析的目的和方法

一、机构运动分析的目的

机构运动分析是在几何参数为已知的机构中，不考虑引起机构运动的外力的影响，同时也不考虑机构各构件的弹性变形和各运动副的间隙对机构运动的影响，仅从几何关系上根据机构原动件的已知运动规律来分析构件上各点的轨迹、位移、速度和加速度，以及构件的角位移、角速度和角加速度。

机构运动分析的目的是为机械运动性能和动力性能研究提供必要的依据，是了解、剖析现有机械，优化、综合新机械的重要内容。

通过对机构的位移和轨迹分析，可考察某构件或构件上某点能否实现预定的位置和轨迹要求，并可确定从动件的行程所需的运动空间，据此判断运动中是否产生干涉或确定机器的外壳尺寸。

通过对机构进行速度分析，可以了解从动件的速度变化规律能否满足工作要求。此外，机构的速度分析还是进行加速度分析的必要前提。

通过对机构进行加速度分析，可以确定各构件及构件上某些点的加速度，了解机构加速度的变化规律。这是计算构件惯性力、研究机械动力性能以及构件的强度计算的必要前提。

二、机构运动分析的方法

机构运动分析的方法主要有图解法和解析法。

图解法的特点是形象直观，但精度不高，且只能就机构某一个位置的运动进行分析，就机构的一系列位置进行分析时需要反复作图。因此，只能静止地看运动，并不能反映机构在整个运动过程中各构件的运动变化。图解法又可分为速度瞬心法、相对运动图解法和运动线图法等。

解析法的特点是把机构中已知的尺寸参数和运动变量与未知的运动变量之间的关系用数学式表达出来，然后求解，因此可以得到很高的计算精度。而且还便于把机构分析问题和机构综合问题联系起来。随着计算机应用的普及，解析法的应用日益广泛。

第二节　平面机构的位置图

当用图解法进行机构的运动分析和力分析时，必须首先用选定的长度比例尺 μ_L，绘出机构的位置图（简称机构图）。

机构中一旦原动件的位置确定了，其他构件的位置也就随之确定了。因此，作出原动件的位置后，其他构件的相应位置以及构件上各点的相应位置也就可以作出。作图时，通常利用各构件的杆长，用圆弧与圆弧、圆弧与直线相交的方法确定各运动副的位置。

以图 3-1 所示的机构为例，已知各构件上两转动副间的距离（构件的杆长），滑块移动导路方向与 A、D 两转动副的连线平行，距离为 h，作图步骤如下：

1）确定绘制机构运动简图的长度比例尺 μ_L。

2）按各固定转动副的相对位置定下各固定转动副的位置，标出所有与机架组成的移动副的导路位置以及导路的方向线。这样就确定了 A、D 的位置以及距 A、D 连线距离为 h 的移动副导路的位置。

3）作出原动件的位置。本题中原动件与机架上 A、D 连线的夹角为 φ_1。

4）按各构件上两转动副间的距离（以 l 表示，下角标表示对应的两点）为半径作圆弧，交点为两构件所组成的转动副的位置。从 A 开始，以 A 为圆心，l_{AB} 为半径作圆弧，与原动件交点为 B；再分别以 B、D 为圆心，以 l_{BC}、l_{CD} 为半径作圆弧，交点为 C；再分别以 C、D 为圆心，以 l_{CE}、l_{DE} 为半径作圆弧，交点为 E；再以 E 为圆心，以 l_{EF} 为半径作圆弧，交移动副导路于 F。至此，各转动副位置全部求出。

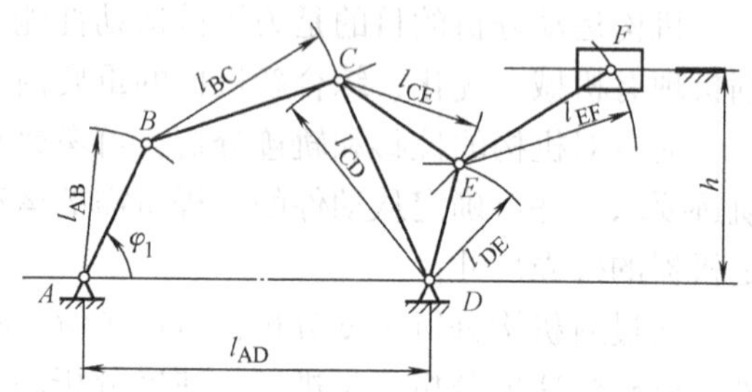

图 3-1 机构位置图的作法

机构的位置图确定后，各构件上任意点的位置可仿照求 E 点的方法获得。只要根据该点与构件上其他运动副的相对位置即可求得。

如果要求某构件上一个点的运动轨迹，则只需将一系列机构位置图作出，并将各位置图中该点的一系列位置连接成平滑的曲线，即为该点的运动轨迹。这种运动轨迹通称为“连杆曲线”，在该轨迹上相邻两点间的路程即为该点在此时间间隔内的位移。连杆曲线常被应用在各种机械上来产生已知轨迹的运动。

一般Ⅱ级机构的位置图均可用此法作出。

对于原动件为非连架杆的机构，由于原动件不与机架相联，难以从原动件开始作图，此时可以设定某一连架杆为原动件。这种改换原动件的方法不会影响机构运动中各构件的相对运动关系。

第三节 速度瞬心法及其在机构速度分析中的应用

如果已知机构（例如四杆机构、齿轮机构、凸轮机构）的构件数目较少时，对其运动构件进行速度分析可采用一种简易的方法，即速度瞬心法（简称瞬心法）。

一、速度瞬心的意义

如图3-2所示，任一构件2相对于另一构件1作平面运动时，在任一瞬时，其相对运动都可以看作是绕该两构件某一重合点的转动。该重合点称为两构件的瞬时回转中心或称为速度瞬心，简称瞬心，用P_{12}表示。如果知道作平面运动的两构件上的重合点A_1、A_2及B_1、B_2的相对速度$\boldsymbol{v}_{A_2A_1}$和$\boldsymbol{v}_{B_2B_1}$的方向时，那么过A点和B点分别作$\boldsymbol{v}_{A_2A_1}$和$\boldsymbol{v}_{B_2B_1}$的垂线，它们的交点P_{12}即为其瞬心。由上所述，速度瞬心具有下列特点：

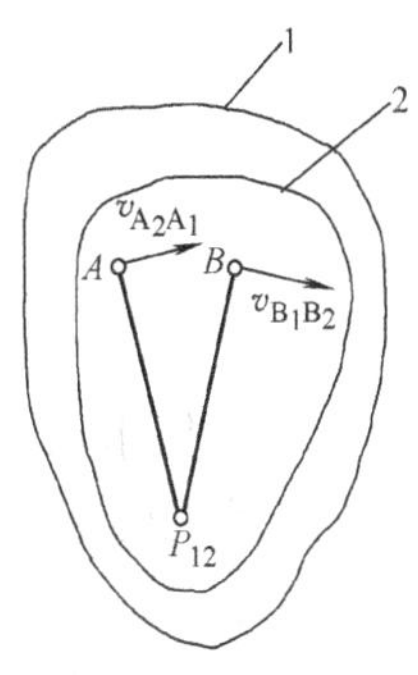

图3-2　两构件的速度瞬心

1）瞬心是两构件在任一瞬时相对速度为零的重合点。

2）瞬心是两构件在任一瞬时绝对速度相同的重合点。

3）如果两构件都是运动的，其瞬心称为相对瞬心。

4）如果两构件中有一个是静止的，其瞬心称为绝对瞬心。绝对瞬心是运动刚体上瞬时绝对速度为零的一点（因静止刚体的绝对速度始终为零）；

因此瞬心的定义可以概括为：瞬心是相对运动两刚体上瞬时相对速度为零的重合点，也就是具有同一的瞬时绝对速度的重合点。

二、瞬心的数目

用速度瞬心法研究机构的速度时，首先要确定机构中应有的瞬心数目。因为发生相对运动的任意两构件之间具有一个瞬心，所以根据排列组合的原理，如果一个机构是由N个构件所组成，那么它的瞬心的总数为K：

$$K=N(N-1)/2 \tag{3-1}$$

由式（3-1）可知，二杆机构有1个瞬心，三杆机构有3个瞬心，四杆机构有6个瞬心，六杆机构有15个瞬心。当机构构件数增加时，其瞬心数目增加很快。

三、瞬心的求法

1. 直接观察法

当两构件直接组成运动副时，其瞬心的位置便可根据瞬心的定义求出。

1）当两构件组成转动副时，由于构件1相对于构件2总是绕转动副的中心转动，则该转动副的中心便是它们的瞬心P_{12}，见图3-3a。

2）当两构件组成移动副时，由于它们的所有重合点的相对速度方向都平行于移动的导路方向，所以其瞬心位于垂直于移动的导路方向的无穷远处，见图3-3b。

3）当两构件组成纯滚动的高副时，接触点的相对速度为零，所以接触点就是其瞬心。见图3-3c。

4）当两构件组成滑动兼滚动的高副时，由于接触点的相对速度不为零且其方向系沿切线方向，因此，其瞬心应位于过接触点的公法线n—n上。不过因为滚动和滑动的数值尚不知，所以还不能确定它是在法线上哪一点，见图3-3d。

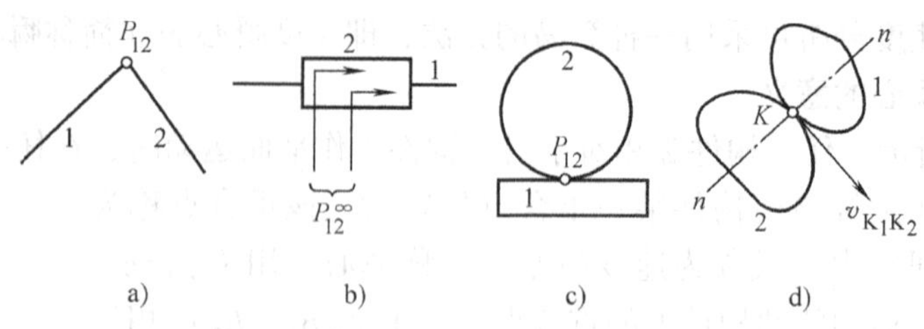

图 3-3　两个直接组成运动副的构件的瞬心

2. 间接求法——三心定理

当求机构中任意两个不直接组成运动副的构件之间的瞬心时，可借助三心定理来确定。该定理是：彼此作平面运动的 3 个构件共有 3 个瞬心，它们必位于同一直线上。现用反证法证明如下：

由式（3-1）可知，3 构件互作平面运动，共有 3 个瞬心。由图 3-4 可知，构件 1、2 和 3 彼此作平面相对运动，它们的瞬心分别为 P_{12}、P_{23}和 P_{13}。为讨论方便，设构件 3 固定不动，构件 1、2 与构件 3 组成转动副。由前述可知，其回转中心 O_1、O_2 分别是构件 1 和 3、构件 2 和 3 的瞬心 P_{13}和 P_{23}。现假定构件 1 和 2 的瞬心在 K 点，K 点不在 P_{13}和 P_{23}的连线上。由瞬心是绝对速度相等的重合点可知，在重合点 K 处，应有$\boldsymbol{v}_{K_1}=\boldsymbol{v}_{K_2}$。但由图可知，$\boldsymbol{v}_{K_1}$垂直于$\overline{O_1K}$，$\boldsymbol{v}_{K_2}$垂直于$\overline{O_2K}$，且$\boldsymbol{v}_{K_1}=\overline{O_1K}\omega_1$，$\boldsymbol{v}_{K_2}=\overline{O_2K}\omega_2$，故得$\boldsymbol{v}_{K_1}\neq\boldsymbol{v}_{K_2}$，因此点 K 不可能是构件 1 和 2 的相对速度瞬心。只有当它位于直线 $P_{13}P_{23}$上时，该两重合点的速度矢量才能相等，所以瞬心 P_{12}必位于 P_{13}和 P_{23}的连线上。至于 P_{12}在直线$P_{13}P_{23}$上那一点，只有当构件 1 和 2 的运动完全已知时才可以确定。因此证明：3 个构件的 3 个瞬心必在一直线上。

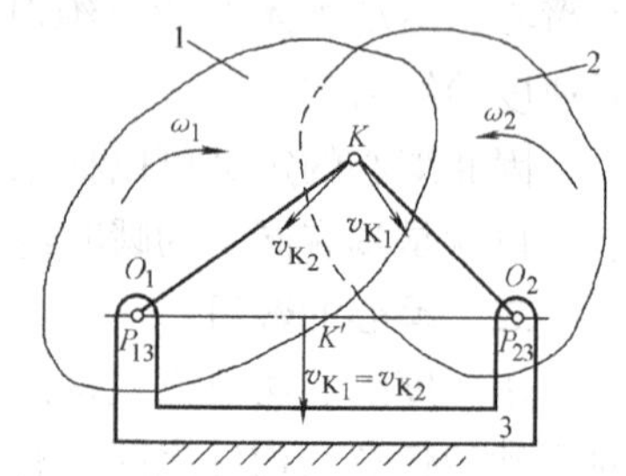

图 3-4　三心定理证明

从理论上说，有了直接观察法和三心定理便可确定机构的全部瞬心位置。但是，对于多杆机构，由于瞬心数目多，不大方便。为此，可根据上述两种方法的原理结合瞬心多边形来求取瞬心，比较方便。

利用瞬心多边形的瞬心求法是：

1）画一个圆，然后按机构构件数分割该圆，并在各分割点标上构件号，再将已知其瞬心位置的两构件的分割点用实线相连，则此实线即代表已知的该两构件间的瞬心。

2）画完全部代表已知瞬心的实线后，观察在圆中尚未连线的分割点，将能连成两个三角形的公共边的点用虚线连结，则此虚线即代表可以求取的未知瞬心。

3）在以虚线为公共边的两个三角形中，每个三角形的 3 条边代表 3 个构件的瞬心。根据三心定理，每个三角形的 3 条边代表的 3 个瞬心必位于同一直线上。现每个三角形的除公共虚边以外的另外两个实边代表的两个瞬心已知，在机构图上用直线连接该两个实边代表的两个已知瞬心，则公共虚边代表的未知瞬心必位于这一直线上。这样，两个三角形的各两个实边代表的各两个已知瞬心共作出两条直线，则公共虚边代表的未知瞬心必位于这两条直线的交点上。

4）此公共虚边代表的未知瞬心确定后，代表它的公共虚边就可画成实边，代表此瞬心为已知的，可以用以确定其他未知瞬心。

重复2）以后的步骤，直到瞬心多边形的各分割点间的连线都变成实边为止，则全部瞬心都确定了。

例 3-1　求图 3-5a 所示的铰链四杆机构的瞬心。

解　该机构的瞬心数目为 $K=N(N-1)/2=4(4-1)/2=6$。

由图 3-5a 可知，该机构的转动副 A、B、C、D 分别为瞬心 P_{14}、P_{12}、P_{23}及 P_{34}。由瞬心多边形可知，边 24（代表要求的 P_{24}）是△124 和△234 的公共虚边，且边 12、边 14 和边 23、边 34 是实边，代表瞬心 P_{12}、P_{14}、P_{23}及 P_{34}已知。根据三心定理，构件 1、2、4 的 3 个瞬心 P_{12}、P_{14}、P_{24}应位于同一直线上，构件 2、3、4 的 3 个瞬心 P_{23}、P_{34}、P_{24}也应位于同一直线上（图 3-5b）。因此，该两直线 $P_{14}P_{12}$、$P_{34}P_{23}$的交点就是瞬心 P_{24}。

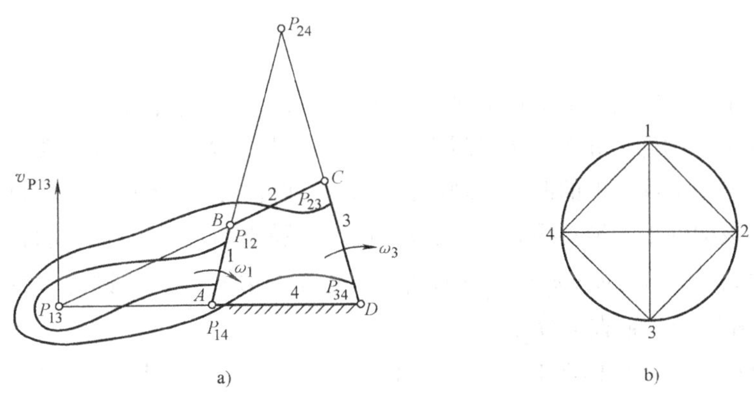

图 3-5　例 3-1 图

同理，直线 $P_{34}P_{14}$和直线 $P_{23}P_{12}$的交点就是瞬心 P_{13}。

因为构件 4 是机架，所以瞬心 P_{14}、P_{24}、P_{34}是绝对速度瞬心；而瞬心 P_{13}、P_{12}、P_{23}则是相对速度瞬心。

四、速度瞬心法在机构速度分析中的应用

当对一些简单的平面机构进行速度分析时，采用瞬心法分析很方便，下面举例说明。

例 3-2　一铰链四杆机构如图 3-6 所示。设已知原动件 1 以 ω_1 等角速度顺时针回转，各构件的尺寸已知，试用瞬心法求 C 点的速度$\boldsymbol{v}_C$、构件 2 和 3 的角速度 ω_2 和 ω_3 以及构件 1 和 3 的角速度比 ω_1/ω_3。

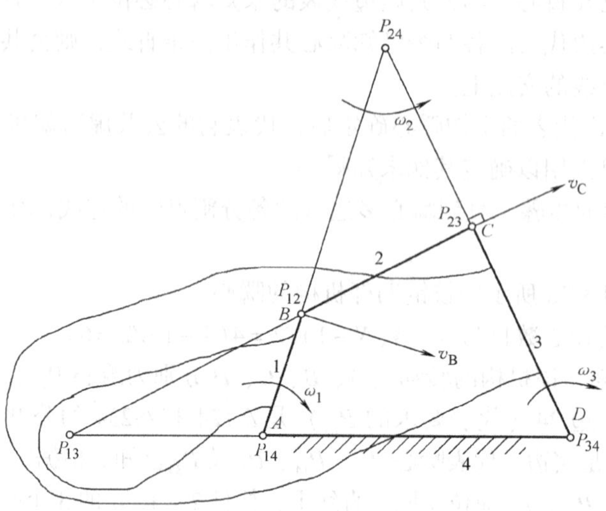

图 3-6 例 3-2 图

解 1. 求$\boldsymbol{v}_C$

由已知条件可得构件 1 上点 B 的速度为 $v_B=\omega_1 l_{AB}=\overline{AB}\mu_L\omega_1$（m/s）。

由于点 B 是构件 1 和 2 的相对瞬心，而点 C 是构件 2 和 3 的相对瞬心。因此，可把 B 和 C 都看成是构件 2 上的两点。现已知点 B 的速度$\boldsymbol{v}_B$，要求另一点 C 的速度$\boldsymbol{v}_C$。一般地说，利用该构件 2 的绝对瞬心 P_{24}比较方便。由瞬心的定义可知，构件 2 此时绕它的绝对瞬心 P_{24}转动，故 $\omega_2=v_B/l_{BP_{24}}=v_C/l_{CP_{24}}$或 $v_B/v_C=\overline{BP_{24}}/\overline{CP_{24}}$，则 $v_C=(\overline{CP_{24}}/\overline{BP_{24}})v_B$，方向如图 3-6 所示，垂直于$\overline{CP_{24}}$。

也可以把 B 点看作构件 1 上的点，而把 C 点看作构件 3 上的点。要求 v_C，可利用该两构件的相对瞬心 P_{13}，由于 P_{13}是构件 1 和 3 的绝对速度相同的点，有 $v_{P_{13}}=\omega_1 l_{P_{14}P_{13}}=\omega_3 l_{P_{34}P_{13}}$，故 $\omega_3=(\overline{P_{14}P_{13}}/\overline{P_{34}P_{13}})\omega_1$，则 $v_C=\omega_3 l_{CP_{34}}=(\overline{P_{14}P_{13}}/\overline{P_{34}P_{13}})\overline{CP_{34}}\mu_L\omega_1$。方向如图 3-6 所示，垂直于$\overline{CP_{34}}$。

2. 求 ω_2 和 ω_3

要求某一构件的角速度，通常利用该构件的绝对瞬心比较方便。现为了求 ω_2，可利用构件 2 的绝对瞬心 P_{24}，则 $\omega_2=v_B/l_{BP_{24}}=v_C/l_{CP_{24}}$，方向为逆时针方向，如图 3-6 所示。同理可得 $\omega_3=v_C/l_{CP_{34}}$，方向为顺时针，如图 3-6 所示。

也可用下述方法求取：

因点 B 为 P_{12}，故 $v_{B_1}=v_{B_2}$。P_{24}为构件 2 和 4 的绝对瞬心，故 $v_{B_2}=\overline{BP_{24}}\mu_L\omega_2$；$P_{14}$为构件 1 和 4 的绝对瞬心，故 $v_{B_1}=\overline{BP_{14}}\mu_L\omega_1$。解上三式得：$\omega_2=\overline{BP_{14}}/\overline{BP_{24}}\omega_1$。

又因点 C 为 P_{23}，故 $v_{C_2}=v_{C_3}$。P_{24}为构件 2 和 4 的绝对瞬心，故 $v_{C_2}=\overline{CP_{24}}\mu_L\omega_2$；$P_{34}$

为构件 3 和 4 的绝对瞬心，故 $v_{C_3}=\overline{CP_{34}}\mu_L\omega_3$。解上三式得：$\omega_3=\overline{CP_{24}}/\overline{CP_{34}}\omega_2$。它们的方向如图 3-6 所示。

3. 求角速度比 ω_1/ω_3

为了求角速度比，可利用构件 1 和 3 的相对瞬心 P_{13}，由于 P_{13}是构件 1 和 3 的绝对速度相同的点，即 $v_{P_{13}}=\omega_1 l_{P_{14}P_{13}}=\omega_3 l_{P_{34}P_{13}}$，故 $\omega_1/\omega_3=\overline{P_{34}P_{13}}/\overline{P_{14}P_{13}}$。

上式表明两构件的角速度与其绝对速度瞬心至相对速度瞬心的距离成反比。如图 3-6 所示，P_{13}在 P_{34}和 P_{14}的同一侧，因此 ω_1 和 ω_3 的方向相同；若 P_{13}在 P_{34}和 P_{14}之间，则 ω_1 与 ω_3 的方向相反。

应用相同的方法也可以求得该机构其他任意两构件的角速度比的大小和角速度的方向。

例 3-3　图 3-7 所示为曲柄滑块机构。已知构件 l_{AB}、l_{BC}的长度，$\varphi_1=45°$，曲柄 AB 以等角速度 ω_1 顺时针回转。试用瞬心法求滑块 C 的速度 v_C 和连杆 BC 的角速度 ω_2。

解　1）取长度比例尺 μ_L 作机构图，如图 3-7 所示。

2）确定机构的瞬心数目及位置，见图 3-7。

3）求速度 $\boldsymbol{v}_C$

根据瞬心的定义，P_{13}是构件 1 与 3 的绝对速度相等的重合点。因滑块 3 作直线移动，其上任一点速度的大小、方向均相同，即 $\boldsymbol{v}_C=v_{P_{13}}=\overline{AP_{13}}\mu_L\omega_1$，方向向右。

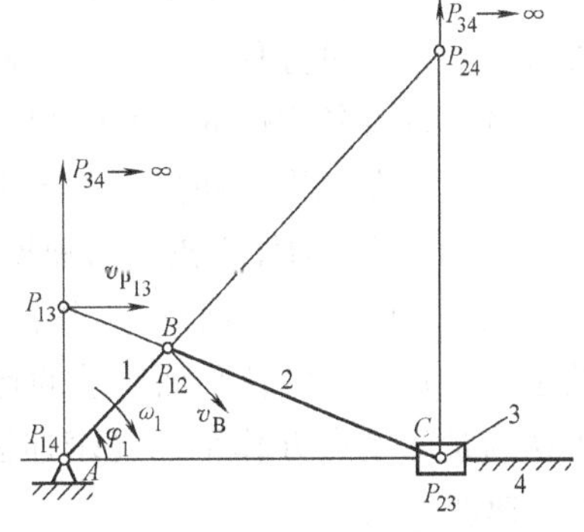

图 3-7　例 3-3 图

4）求角速度 ω_2

P_{24}是构件 2 的绝对瞬心，故构件 2 上 B 点的速度 $v_{B_2}=\overline{BP_{24}}\mu_L\omega_2$；构件 1 上 B 点的速度 $v_{B_1}=\overline{AB}\mu_L\omega_1$。

由于点 B 是构件 1 和 2 的相对瞬心，故 $v_{B_2}=v_{B_1}$，即 $\overline{BP_{24}}\mu_L\omega_2=\overline{AB}\mu_L\omega_1$，则 $\omega_2=(\overline{AB}/\overline{BP_{24}})\omega_1$，由 v_B 知 ω_2 逆时针转动。

例 3-4　在图 3-8 所示平底直动从动件盘形凸轮机构中，已知凸轮 1 的角速度 ω_1 的大小、方向和各构件尺寸。试用瞬心法求机构在图示位置时从动件 2 的速度。

解　这是一个由三个构件组成的高副机构，共有三个瞬心 P_{12}、P_{23}和 P_{13}。其中，凸轮 1 的轴心 A 处为 P_{13}，从动件 2 在导路 3 中移动时，瞬心 P_{23}在垂直于移动导路的无穷远处。凸轮 1 与从动件 2 高副接触时的瞬心 P_{12}的位置，由三心定理可知，应位于过 P_{13}所作的垂直于导路的直线与高副接触处公法线 $n—n$ 的交点处。由于 P_{12}是凸轮 1 和从动件 2 的等速重合点，故有 $v_{P_{12}}=v_{P_1}=v_{P_2}=v_2$，则 v_2

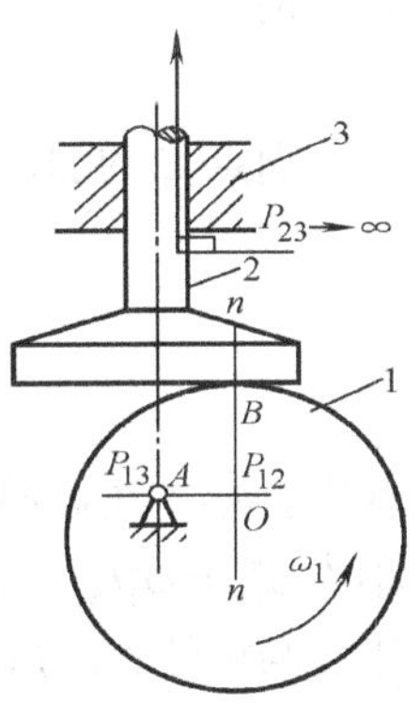

图 3-8　例 3-4 图

$=\omega_1 l_{AP_{12}}$。

五、瞬心法的优、缺点

如前所述，用瞬心法来求简单机构的速度是很方便的。但对构件数目繁多的复杂机构，由于瞬心数目很多，求解就比较复杂，且作图时它的某些瞬心的位置往往会落在图样范围之外。同时这种方法不便用于求解机构的加速度问题。

*第四节　用相对运动图解法求机构的速度和加速度

一、相对运动图解法的基本原理和方法

相对运动图解法（又称矢量方程图解法）是应用理论力学中有关刚体的平面运动和点的复合运动的基本原理，根据速度合成定理和加速度合成定理列出机构各构件上相应点之间的相对运动矢量方程式，并按一定的比例尺、用作矢量多边形的方法求解运动参数。一个矢量方程可求解两个未知数，从而可用作图法求出构件上各指定点的速度和加速度，以及各构件的角速度和角加速度。其优点是直观、概念清楚，且具有一定的精度。下面就在机构运动分析中所遇到的两种不同情况对其基本原理和方法加以说明。

（一）同一构件上点间的速度、加速度的关系

在图3-9a所示的平面机构中，设已知各构件尺寸及原动件1的运动规律，则B点的运动已知。由刚体平面运动的运动合成原理可知，连杆上任一点（如点C）的运动可认为是随基点B作平动（牵连运动）与绕基点B作转动（相对运动）所合成，故点C的速度$\boldsymbol{v}_C$为：

$$\begin{array}{lcccccc} & \boldsymbol{v}_C & = & \boldsymbol{v}_B & + & \boldsymbol{v}_{CB} \\ \text{大小} & ? & & \surd & & ? \\ \text{方向} & xx & & \surd & & \perp BC \end{array} \tag{3-2}$$

式中，$\boldsymbol{v}_{CB}$为点C相对于点B的相对速度，其大小等于构件2的角速度ω_2与B、C两点之间的实际距离l_{BC}的乘积，即$v_{CB}=\omega_2 l_{BC}$，而方向垂直于BC连线，指向与ω_2的转向一致。

而点C的加速度$\boldsymbol{a}_C$为：

$$\begin{array}{lcccccccc} & \boldsymbol{a}_C & = & \boldsymbol{a}_B & + & \boldsymbol{a}_{CB}^n & + & \boldsymbol{a}_{CB}^t \\ \text{大小} & ? & & \surd & & \omega_2^2 l_{BC} & & ? \\ \text{方向} & xx & & \surd & & C\to B & & \perp BC \end{array} \tag{3-3}$$

式中，$\boldsymbol{a}_{CB}^n$、$\boldsymbol{a}_{CB}^t$分别为点C相对于点B的相对法向加速度和相对切向加速度。$\boldsymbol{a}_{CB}^n$的大小为$a_{CB}^n=\omega_2^2 l_{BC}$，其方向沿$CB$，且$C\to B$；$a_{CB}^t$的大小为$a_{CB}^t=\alpha_2 l_{BC}$，其方向垂直于$BC$，指向与构件2的角加速度$\alpha_2$转向一致。

由于点B的速度$\boldsymbol{v}_B$和加速度$\boldsymbol{a}_B$已知，$\boldsymbol{v}_C$、$\boldsymbol{v}_{CB}$和$\boldsymbol{a}_C$、$\boldsymbol{a}_{CB}^t$的方向已知，仅大小未知，而a_{CB}^n在对机构作过速度分析之后也为已知。故上两式中各只有两个未知数，可用作图

法求解。具体求解过程如下。

速度分析如图 3-9b 所示：

1）选取速度比例尺 μ_v，即图中单位长度所代表的速度大小，单位为(m/s)/mm。

2）从任一点 p 作代表 $\boldsymbol{v}_B$ 的矢量 $\boldsymbol{pb}$（$/\!/\boldsymbol{v}_B$，且 $\overline{pb}=v_B/\mu_v$），再分别过 b 点和 p 点作代表 $\boldsymbol{v}_{CB}$ 的方向线 bc（$\perp BC$）和代表 $\boldsymbol{v}_C$ 的方向线 pc（$/\!/xx$），两者交于点 c，则 $\boldsymbol{v}_C=\mu_v\overline{pc}$(m/s)，$\boldsymbol{v}_{CB}=\mu_v\overline{bc}$(m/s)。连杆 2 的角速度 $\omega_2=\boldsymbol{v}_{CB}/l_{BC}=\mu_v\overline{bc}/(\mu_L\overline{BC})$(rad/s)，其方向可如下确定：将代表 $\boldsymbol{v}_{CB}$ 的矢量 $\boldsymbol{bc}$ 平移至机构图上的 C 点，其绕 B 点的转向即 ω_2 的方向（逆时针）。

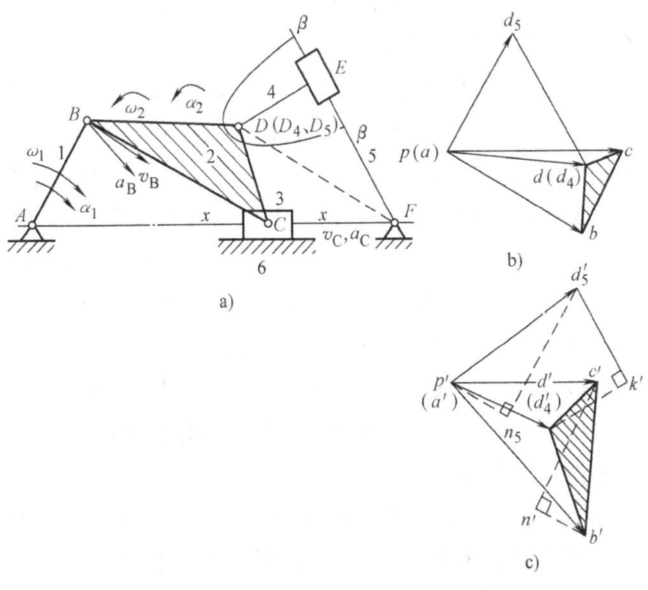

图 3-9　同一构件上点间的速度、加速度的关系

a）机构运动分析　b）速度多边形　c）加速度多边形

加速度分析如图 3-9c 所示：

1）选取加速度比例尺 μ_a，即图中单位长度所代表的加速度大小，单位为(m/s²)/mm。

2）从任一点 p' 作代表 $\boldsymbol{a}_B$ 的矢量 $\boldsymbol{p'b'}$（$/\!/\boldsymbol{a}_B$，且 $\overline{p'b'}=a_B/\mu_a$），过 b' 点作代表 $\boldsymbol{a}^n_{CB}$ 的矢量 $\boldsymbol{b'n'}$（$/\!/BC$，方向由 C 指向 B，且 $\overline{b'n'}=a^n_{CB}/\mu_a$）；再过 n' 点作代表 $\boldsymbol{a}^t_{CB}$ 的方向线 $n'c'$（$\perp BC$）；最后过 p' 点作代表 $\boldsymbol{a}_C$ 的方向线 $p'c'$（$/\!/xx$），其与方向线 $n'c'$ 交于点 c'，则得 $a_C=\mu_a\overline{p'c'}$(m/s²)。连杆 2 的角加速度 $\alpha_2=a^t_{CB}/l_{BC}=\mu_a\overline{n'c'}/(\mu_L\overline{BC})$(rad/s²)，其方向可如下确定：将代表 $\boldsymbol{a}^t_{CB}$ 的矢量 $\boldsymbol{n'c'}$ 平移至机构图上的 C 点，其绕 B 点的转向即 α_2 的方向（逆时针）。

图 3-9b 所示图形称为速度多边形（或速度图），p 点称为速度多边形的极点，它表

示绝对速度为零的点。在速度多边形中，由极点 p 向外放射的矢量，代表构件上相应点的绝对速度，而连接两绝对速度矢端的矢量，则代表构件上相应两点间的相对速度，例如 $\boldsymbol{bc}$ 代表$\boldsymbol{v}_{CB}$，方向由 b 指向 c，指向与相对速度符号中的角标相反。

图 3-9c 所示图形称为加速度多边形（或加速度图），p'点称为加速度多边形的极点，它表示绝对加速度为零的点。与速度多边形相类似，由极点 p'向外放射的矢量代表构件上相应点的绝对加速度，而连接两绝对加速度矢端的矢量代表构件上相应两点间的相对加速度。而相对加速度又可分解为相对法向加速度和相对切向加速度。例如 $\boldsymbol{b'c'}$代表 $\boldsymbol{a}_{CB}$，方向由 b'指向 c'，指向与相对加速度符号中的角标相反。而 $\boldsymbol{a}_{CB}$又由相对法向加速度 $\boldsymbol{a}_{CB}^{n}$($\boldsymbol{b'n'}$表示)和相对切向加速度 $\boldsymbol{a}_{CB}^{t}$($\boldsymbol{n'c'}$表示)合成。

在连杆 2 上 B、C 两点的速度已知后，为了求点 D 的速度 v_D，可利用 D 与 B 和 D 与 C 之间的速度关系，列出矢量方程$\boldsymbol{v}_D=\boldsymbol{v}_B+v_{DB}=\boldsymbol{v}_C+\boldsymbol{v}_{DC}$，再用图解法求解。为此，如图 3-9b 所示，分别过点 b、c 作$\boldsymbol{v}_{DB}$的方向线 $bd(\perp BD)$和$\boldsymbol{v}_{DC}$的方向线 $cd(\perp CD)$，两者相交于点 d，则 $\boldsymbol{pd}$ 即代表$\boldsymbol{v}_D$。由图可见，由于$\triangle bcd$ 与$\triangle BCD$ 的对应边相互垂直，故两者相似，且其顶点字母的顺序方向也一致。所以，我们把图形 bcd 称为构件图形 BCD 的速度影像。当已知构件上两点的速度时，则构件上其他任一点的速度便可利用速度影像原理求出。例如当 bc 作出后，以 bc 为边作$\triangle bcd\backsim\triangle BCD$，且两者顶点字母的顺序方向一致，即可求得点 d 和 v_D，而不需再列矢量方程求解。

在加速度关系中也存在和速度影像原理一致的加速度影像原理。因此，欲求 D 点的加速度 $\boldsymbol{a}_D$ 时，可以 $b'c'$为边作$\triangle b'c'd'\backsim\triangle BCD$（如图 3-9c 所示），且其顶点字母顺序方向一致，即可求得点 d'和 $\boldsymbol{a}_D$。

这里需要强调说明的是，速度影像和加速度影像原理只适用于构件，即构件的速度图及加速度图和其几何形状是相似的，而不适用于整个机构，由图中不难看出，图 3-9a、图 3-9b、图 3-9c 三图总体上并不相似。

（二）两构件重合点间的速度、加速度关系

1. 牵连运动为转动时

如图 3-9a 所示，构件 5 与 4 组成移动副，现研究此两构件上的重合点 D 的运动。当取构件 4 为动参考系（或构件 5 为动参考系），构件 5 上点 D_5 的运动可认为是其跟随点 D_4 一道运动的牵连运动（牵连运动含有转动）和点 D_5 相对于点 D_4 的相对运动所合成。由点的复合运动的合成原理可写出如下速度、加速度矢量方程式：

	$\boldsymbol{v}_{D_5}$	=	$\boldsymbol{v}_{D_4}$	+	$\boldsymbol{v}_{D_5D_4}$	(3-4)
大小	?		√		?	
方向	$\perp DF$		√		$//\beta\beta$	

$\boldsymbol{a}_{D_5}$	=	$\boldsymbol{a}_{D_5}^{n}$	+	$\boldsymbol{a}_{D_5}^{t}$	=	$\boldsymbol{a}_{D_4}$	+	$\boldsymbol{a}_{D_5D_4}^{k}$	+	$\boldsymbol{a}_{D_5D_4}^{r}$	(3-5)
大小		$\omega_5^2 l_{DF}$		?		√		$2\omega_4 v_{D_5D_4}$		?	
方向		$D\to F$		$\perp DF$		√		$\perp\beta\beta$		$//\beta\beta$	

式中，$v_{D_5D_4}$为点 D_5 相对点 D_4 的相对速度，方向沿移动副导路方向 $\beta\beta$；$\boldsymbol{a}^{r}_{D_5D_4}$为点 D_5 相对于点 D_4 的相对加速度，方向沿移动副导路方向 $\beta\beta$；$\boldsymbol{a}^{k}_{D_5D_4}$为点 D_5 相对于点 D_4 的哥氏加速度，大小为 $a^{k}_{D_5D_4}=2\omega_4 v_{D_5D_4}$，方向为：将相对速度$\boldsymbol{v}_{D_5D_4}$在讨论的重合点 D 沿牵连构件 4 的角速度 ω_4 的转向转过 90°后的方向。

由前分析已知$\boldsymbol{v}_{D_4}$(即$\boldsymbol{v}_{D_2}$)，$\boldsymbol{a}_{D_4}$(即 $\boldsymbol{a}_{D_2}$)，不难看出，各式只有两个未知数，故可用作图法求解。但用式（3-4）和式（3-5）求解较方便，因为这时方程两边各只有一个未知数，作图时画每个矢量都是从已知矢端按实际指向作出，最后才作出两个未知矢量的方向线，便自然交出一点。

下面以式（3-4）和式（3-5）的求解为例。对于式（3-4′）和式（3-5′）的求解，具体作图步骤就不再赘述了，读者可自行完成并可对比结果是否一样。

以式（3-4）和式（3-5）求解的速度图和加速度图分别如图 3-9b、图 3-9c 所示。其具体作图步骤就不再赘述了。

2. 牵连运动为平动时

当作牵连运动的构件作平动时，速度合成定理与牵连运动为转动时的一样，这里就不再赘述了。而加速度合成定理可表述为：动点的绝对加速度等于其牵连加速度和相对加速度的矢量和，即 $\boldsymbol{a}_a=\boldsymbol{a}_e+\boldsymbol{a}_r$。

在图 3-10a 所示正弦机构中，已知 l_{AB}、角速度 ω_1。试用相对运动图解法求构件 3 的加速度 $\boldsymbol{a}_3$。

由图 3-10a 可知，构件 2 与 3 在 B 处组成移动副，3 在导路 4 中水平移动，故知构件 3 的加速度 $\boldsymbol{a}_3=\boldsymbol{a}_{B_3}$。现取构件 2 为动参考系，知其作平动，因此可写出加速度矢量方程：

$$\boldsymbol{a}_3=\boldsymbol{a}_{B_3} = \boldsymbol{a}_{B_2} + \boldsymbol{a}_{B_3B_2} \tag{3-6}$$

	$\boldsymbol{a}_3=\boldsymbol{a}_{B_3}$	$\boldsymbol{a}_{B_2}$	$\boldsymbol{a}_{B_3B_2}$
大小	?	$\omega_1^2 l_{AB}$	?
方向	水平	$B\to A$	铅垂

由图 3-10a 可知，构件 1、2 通过 B 点铰链相连，故 $\boldsymbol{a}_{B_1}=\boldsymbol{a}_{B_2}$，而 $a_{B_1}=\omega_1^2 l_{AB}$，其方向 $B\to A$。该方程中仅有两个未知量，故可以用矢量多边形求解。

如图 3-10b 所示，任取一点 p'，取矢量 $\boldsymbol{p'b'_2}$，代表 $\boldsymbol{a}_{B_2}$，方向平行于 AB 且 $B\to A$。加速度比例尺 $\mu_a=a_{B_2}/\overline{p'b'_2}$，单位为(m/s²)/mm。过 b'_2作铅垂线，表示 $\boldsymbol{a}_{B_3B_2}$的方向线；再过 p'作出 $\boldsymbol{a}_{B_3}$的方向线，两方向线交于点 b'_3。所以，$a_{B_3}=\mu_a\overline{p'b'_3}$，方向水平向左，此时构件 3 作减速运动。

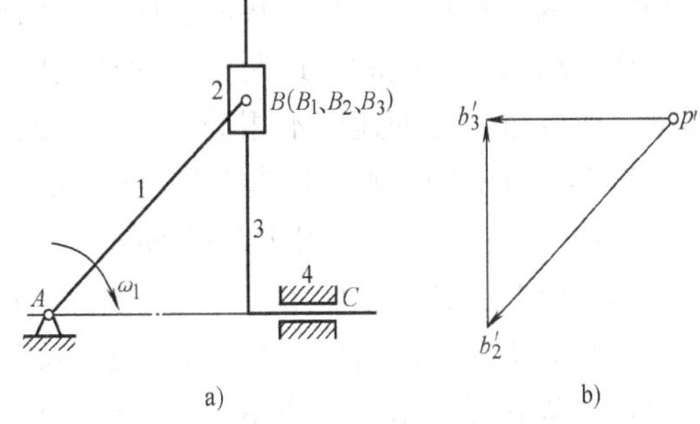

图 3-10 牵连运动为平动时的加速度合成

3. 其他情况时

图 3-11a 所示为一风扇摇头机构，电动机 M 固装在构件 1 上，其运动是通过电动机轴上的蜗杆 1′带动固装于构件 2 上的蜗轮 2′，故构件 2 为四杆机构 $ABCD$ 的原动件。而构件 2 不与机架相连，已知的也是原动件 2 相对于构件 1 的相对角速度 ω_{21}，设已知各构件的尺寸。试求机构在图示位置时的 ω_1 与 ω_3。

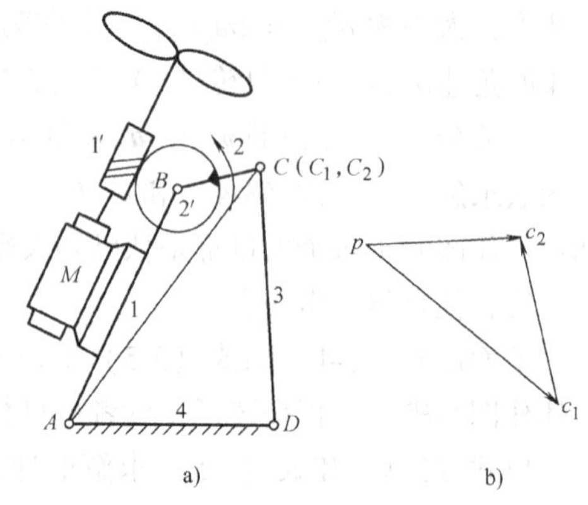

图 3-11 其他情况时的速度合成

由给定条件可知，在矢量方程 $\boldsymbol{v}_C = \boldsymbol{v}_B + \boldsymbol{v}_{CB}$ 中，$\boldsymbol{v}_C$、$\boldsymbol{v}_B$ 及 $\boldsymbol{v}_{CB}$ 的大小均未知，故不可解。但如选取点 C 为构件 1、2 间的重合点，因 B 点为构件 1、2 间的相对瞬心，构件 1、2 上的同名重合点 C_1、C_2 此瞬时绕其作相对转动，故利用运动合成原理及瞬心的性质，有

$$
\begin{array}{llll}
 & \boldsymbol{v}_{C_2} = & \boldsymbol{v}_{C_1} + & \boldsymbol{v}_{C_2C_1} \\
\text{大小} & ? & ? & \omega_{21} l_{BC} \\
\text{方向} & \perp CD & \perp AC & \perp BC
\end{array} \tag{3-7}
$$

上式可用图解法求解（见图 3-11b），在选定比例尺 μ_v 后，先作出 c_1c_2，再分别过 c_1、c_2 作 $\boldsymbol{v}_{C_1}$ 及 $\boldsymbol{v}_{C_2}$ 的方向线 c_1p 及 c_2p，两方向线的交点 p 就是速度多边形的极点，故 $\omega_1 = v_{C_1}/l_{AC} = \mu_v \overline{pc_1}/l_{AC}$（顺时针）；$\omega_3 = v_{C_2}/l_{CD} = \mu_v \overline{pc_2}/l_{CD}$（顺时针）。

二、相对运动图解法在机构的速度和加速度分析中的应用

用相对运动图解法对机构进行速度和加速度分析时，首先分析清楚机构的组成，然后从运动规律已知的构件开始，按组成的各杆组依次进行分析，直到最后的杆组。而对每个杆组进行分析时，先求取外副点（杆组中与其他杆组相连接的运动副）的运动参数，再根据外副点的运动求取内副点（杆组中的各构件相连接的运动副）的运动参数。

另外要注意，当两构件组成转动副时，转动中心（重合点）的速度相等，加速度也相等。因两构件间有相对转动，所以这两构件的角速度不相等，角加速度也不相等。而两构件组成移动副时，这两构件的角速度相等，角加速度也相等。因两构件间有相对移动，所以重合点的速度不相等，加速度也不相等。

例 3-5 图 3-12 所示是含有导杆的刨床平面六杆机构的一个位置图，已知原动件 1 以等角速度 ω_1 回转，试用相对运动图解法求从动件 5（刨刀）移动的速度和加速度。

解 由图 3-12 可知，该六杆机构由两个Ⅱ级杆组 2、3 和 4、5 依次加到原动件 1 和机架 6 上所组成。所以，此题的解题步骤应是：先分析杆组 2、3，根据其外副点 B_2 和 C 的已知运动求取内副点 B_3 的运动；再分析杆组 4、5 时，先分析其外副点 D 的运动，然后分析内副点 E（从动件刨刀 5）的运动。

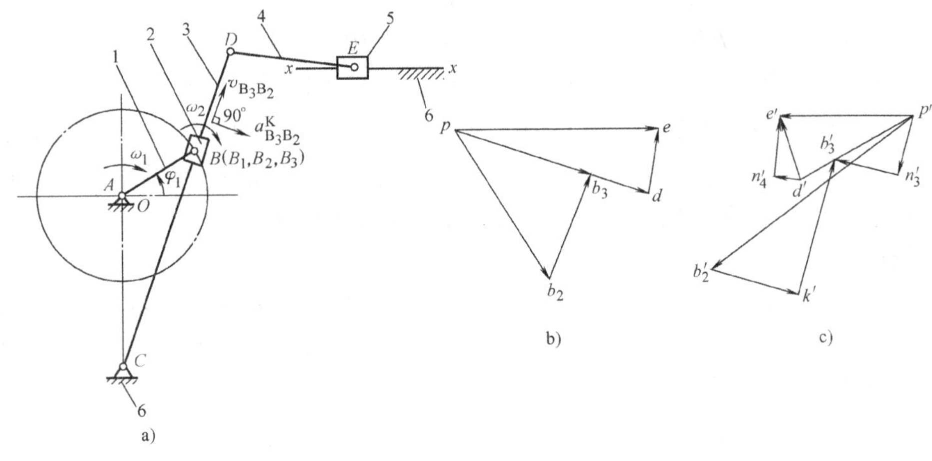

图 3-12 例 3-5 图

1. 速度分析

(1) 求$\boldsymbol{v}_{B_3}$ 由于构件 1 和构件 2 在 B 处组成转动副，故有 $v_{B_1}=v_{B_2}=\omega_1 l_{AB}$。构件 2 与 3 在 B 处组成移动副，现取构件 2 为动参考系（牵连运动含有转动），根据两构件重合点间的速度关系，可写出如下矢量方程式

	$\boldsymbol{v}_{B_3}$	=	$\boldsymbol{v}_{B_2}$	+	$\boldsymbol{v}_{B_3B_2}$
大小	?		$\omega_1 l_{AB}$		?
方向	$\perp BC$		$\perp AB$		$/\!/ BC$

上式中，$\boldsymbol{v}_{B_3}$为构件 3 上 B 点的绝对速度；$\boldsymbol{v}_{B_2}$为其牵连速度；$\boldsymbol{v}_{B_3B_2}$为其相对于构件 2 上的 B 点的相对速度。式中只包含两个未知数，故可用速度多边形求解。其作图步骤如下：任取一点 p 为速度多边形的极点，取矢量 $\boldsymbol{pb}_2$ 代表$\boldsymbol{v}_{B_2}$，速度比例尺 $\mu_v=v_{B_2}/\overline{pb_2}$，单位为 (m/s)/mm。过 b_2 点作直线 b_2b_3 平行于 BC，代表$\boldsymbol{v}_{B_3B_2}$的方向线；再过 p 点引 pb_3 线，代表$\boldsymbol{v}_{B_3}$的方向线，两方向线交于 b_3 点，则 $\boldsymbol{pb}_3$ 代表$\boldsymbol{v}_{B_3}$，$v_{B_3}=\mu_v\overline{pb_3}$。由于构件 3 绕 C 点转动，并且构件 2 与构件 3 一起转动，所以 $\omega_2=\omega_3=v_{B_3}/l_{BC}=(\mu_v\,\overline{pb_3})/(\mu_L\,\overline{BC})$，将代表$\boldsymbol{v}_{B_3}$的矢量 $\boldsymbol{pb}_3$ 平移至机构图上构件 3 的 B 点，其绕 C 点的转向即 ω_3、ω_2 的方向，可知为顺时针方向。代表$\boldsymbol{v}_{B_3B_2}$的矢量为 $\boldsymbol{b}_2\boldsymbol{b}_3$，且 $v_{B_3B_2}=\mu_v\,\overline{b_2b_3}$。

(2) 求 D 点的速度$\boldsymbol{v}_D$ 由于构件 3 上 C 点速度$\boldsymbol{v}_C=0$，B_3 点的速度$\boldsymbol{v}_{B_3}$已知，欲求 D 点的速度$\boldsymbol{v}_D$，可以利用构件 3 的速度影像来求。方法是：在速度图上延长 $\boldsymbol{pb}_3$ 到 d 点，使得$\overline{pd}/\overline{pb_3}=\overline{CD}/\overline{CB}$，于是可求得 $v_D=\mu_v\,\overline{pd}$。

(3) 求$\boldsymbol{v}_E$ D、E 是同一构件 4 上的点，根据同一构件上点间的速度关系，于是有

$$\begin{array}{llll} & \boldsymbol{v}_E = & \boldsymbol{v}_D + & \boldsymbol{v}_{ED} \\ \text{大小} & ? & \mu_v \overline{pd} & ? \\ \text{方向} & /\!/ xx & \perp CD & \perp DE \end{array}$$

过速度图中 d 作垂直于 ED 的方向线 de，代表$\boldsymbol{v}_{ED}$的方向线，过 p 作平行 xx 的方向线 pe 代表$\boldsymbol{v}_E$ 的方向线，两方向线交于 e 点，见图 3-12b。由此可知$\boldsymbol{v}_E=\mu_v\overline{pe}$。又根据$\boldsymbol{v}_{ED}=\omega_4 l_{DE}$，可得 $\omega_4=v_{ED}/l_{DE}=(\mu_v\overline{de})/(\mu_L\overline{DE})$；将代表 v_{ED}的矢量 $\boldsymbol{de}$ 平移至机构图上构件 4 的 E 点，其绕 D 点的转向即 ω_4 的方向，可知为逆时针方向。

2. 加速度分析

（1）求 $\boldsymbol{a}_{B_3}$　由于构件 1 和构件 2 在 B 处组成转动副，故有 $a_{B_1}=a_{B_2}=\omega_1^2 l_{AB}$，方向由 $B\to A$。构件 2 与 3 在 B 点组成移动副，现取构件 2 为动参考系，根据两构件重合点间的加速度关系，可写出如下矢量方程式

$$\begin{array}{llllll} \boldsymbol{a}_{B_3} = & \boldsymbol{a}_{B_3}^n + & \boldsymbol{a}_{B_3}^t = & \boldsymbol{a}_{B_2} + & \boldsymbol{a}_{B_3B_2}^k + & \boldsymbol{a}_{B_3B_2}^r \\ \text{大小} & \omega_3^2 l_{BC} & ? & \omega_1^2 l_{AB} & 2\omega_2 v_{B_3B_2} & ? \\ \text{方向} & B\to C & \perp BC & B\to A & \perp BC\ \text{向右} & /\!/ BC \end{array}$$

上式矢量方程中只有两个未知量，可用矢量图求解。其作图步骤如下：取一点 p'为加速度多边形的极点。取矢量 $\boldsymbol{p'b_2'}$代表 $\boldsymbol{a}_{B_2}$，加速度比例尺 $\mu_a=a_{B_2}/\overline{p'b_2'}$，单位为(m/s²)/mm，方向由 $B\to A$。过 b_2'作矢量 $\boldsymbol{b_2'k'}$表示 $\boldsymbol{a}_{B_3B_2}^k$，过 k'作平行于 BC 的方向线表示 $\boldsymbol{a}_{B_3B_2}^r$ 的方向；再从 p'作 $\boldsymbol{p'n_3'}$表示 $\boldsymbol{a}_{B_3}^n$，过 n_3'点作垂直于 BC 的方向线代表 $\boldsymbol{a}_{B_3}^t$的方向线，该线与 $\boldsymbol{a}_{B_3B_2}^r$方向线交于 b_3'，$\boldsymbol{p'b_3'}$代表 $\boldsymbol{a}_{B_3}=\boldsymbol{a}_{B_3}^n+\boldsymbol{a}_{B_3}^t$，而 $\boldsymbol{k'b_3'}$代表 $\boldsymbol{a}_{B_3B_2}^r$。

（2）求构件 3 上 D 点的 $\boldsymbol{a}_D$　同理，可以利用构件 3 的加速度影像来求。方法是：在加速度图上延长 $\boldsymbol{p'b_3'}$到 d'点，使得$\overline{p'd'}/\overline{p'b_3'}=\overline{CD}/\overline{CB}$，于是可求得 $a_D=\mu_a\overline{p'd'}$。

（3）求 $\boldsymbol{a}_E$　D、E 是同一构件 4 上的点，根据同一构件上点间的加速度关系，于是有

$$\begin{array}{lllll} & \boldsymbol{a}_E = & \boldsymbol{a}_D + & \boldsymbol{a}_{ED}^n + & \boldsymbol{a}_{ED}^t \\ \text{大小} & ? & \mu_a\overline{p'd'} & \omega_4^2 l_{ED} & ? \\ \text{方向} & /\!/ xx & p'\to d' & E\to D & \perp ED \end{array}$$

在加速度多边形中，自 d'点作 $\boldsymbol{d'n_4'}$代表 $\boldsymbol{a}_{ED}^n$，过 n_4'作 $\boldsymbol{a}_{ED}^t$的方向线，再从 p'作 $\boldsymbol{a}_E$的方向线，这两条方向线的交点为 e'，则 $a_E=\mu_a\overline{p'e'}$，其方向向左，与$\boldsymbol{v}_E$ 的方向相反，表示构件刨刀 5 作减速运动。

第五节　用解析法求机构的位置、速度和加速度

根据分析过程的不同，机构运动分析的解析法可分为两种。一种是杆组法，即首先

把组成机构的基本杆组作为研究对象，分别建立各个基本杆组的子程序。由于平面连杆机构都是由原动件、机架和不同的基本杆组组成的，所以对其进行运动分析时，只需根据其组成原理和特点，编一个正确调用所需基本杆组子程序的主程序。另一种是整体分析法，即把所研究的机构放在直角坐标系中，自始至终都把整个机构作为研究对象，由已知数据求出待求参数。因后者有较系统的理论，且应用范围更广泛，更适用于机构的运动综合和对其进行更深入的研究，故本章只讨论后者。用这种解析方法进行机构的运动分析，一般是先建立机构的位置方程，然后将位置方程对时间求导即可得机构的速度方程和加速度方程。由于所用的数学工具（如代数、三角、矢量、复数、矩阵等）的不同，解析法有直角坐标解析法、复数法、矢量方程解析法、复数矢量法、矩阵法等。这里将介绍三种比较容易掌握且便于应用的方法——复数矢量法、矢量方程解析法和矩阵法。现分别介绍如下。

一、复数矢量法

（一）平面矢量的复数表示

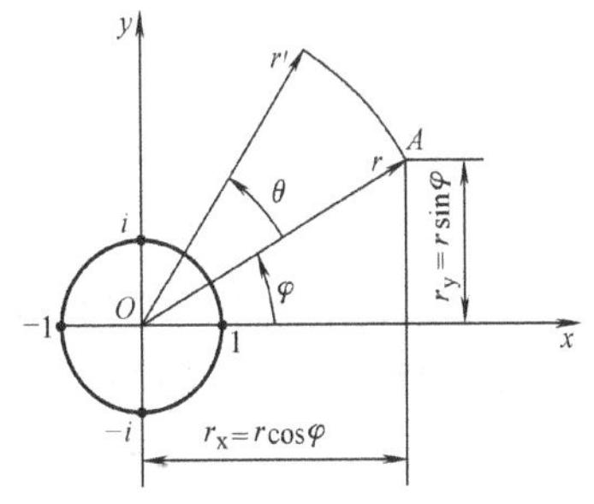

图 3-13　平面矢量 $\boldsymbol{r}$ 的复数表示

如图 3-13 所示，若平面矢量 $\boldsymbol{r}$ 用复数表示，则 $\boldsymbol{r} = r_x + \mathrm{i}r_y$，其中 r_x、r_y 分别为复数矢量的实部和虚部，根据复数定义 $\mathrm{i} = \sqrt{-1}$ 或 $\mathrm{i}^2 = -1$。矢量 $\boldsymbol{r}$ 还可以写为 $\boldsymbol{r} = r(\cos\varphi + \mathrm{i}\sin\varphi)$，其中 φ 称为幅角，由 x 轴的正向逆时针为正，顺时针为负；$r = |\boldsymbol{r}|$，是矢量的模（大小）。利用欧拉公式 $\mathrm{e}^{\mathrm{i}\varphi} = \cos\varphi + \mathrm{i}\sin\varphi$，还可将矢量用指数形式表示 $\boldsymbol{r} = r\mathrm{e}^{\mathrm{i}\varphi}$。式中 $\mathrm{e}^{\mathrm{i}\varphi}$ 是一个单位矢量，它表示矢量的方向；$|\mathrm{e}^{\mathrm{i}\varphi}| = \sqrt{\cos^2\varphi + \sin^2\varphi} = 1$，即 $\mathrm{e}^{\mathrm{i}\varphi}$ 表示一个以原点为圆心、以 1 为半径的圆周上的点。与坐标轴重合的单位矢量如表 3-1 和图 3-13 所示。

表 3-1　与坐标轴重合的单位矢量

φ	$\mathrm{e}^{\mathrm{i}\varphi}$	代表的矢量
0	$\mathrm{e}^{\mathrm{i}0} = \cos0 + \mathrm{i}\sin0 = 1$	指向 x 轴正向的单位矢量
$\pi/2$	$\mathrm{e}^{\mathrm{i}\pi/2} = \cos\dfrac{\pi}{2} + \mathrm{i}\sin\dfrac{\pi}{2} = \mathrm{i}$	指向 y 轴正向的单位矢量
π	$\mathrm{e}^{\mathrm{i}\pi} = \cos\pi + \mathrm{i}\sin\pi = -1$	指向 x 轴负向的单位矢量
$3\pi/2$	$\mathrm{e}^{\mathrm{i}3\pi/2} = \cos\dfrac{3\pi}{2} + \mathrm{i}\sin\dfrac{3\pi}{2} = -\mathrm{i}$	指向 y 轴负向的单位矢量

（二）矢量的旋转

单位矢量 $\mathrm{e}^{\mathrm{i}\theta}$ 乘以矢量 $\boldsymbol{r} = r\mathrm{e}^{\mathrm{i}\varphi}$ 可得一新的矢量 $\boldsymbol{r}' = r\mathrm{e}^{\mathrm{i}\varphi}\mathrm{e}^{\mathrm{i}\theta} = r\mathrm{e}^{\mathrm{i}(\varphi+\theta)}$。由此可知，若矢量 $\mathrm{e}^{\mathrm{i}\theta}$ 乘以矢量 $\boldsymbol{r}$，相当于把矢量 $\boldsymbol{r}$ 绕原点旋转了 θ 角。因 $\mathrm{e}^{\mathrm{i}\varphi}\mathrm{e}^{-\mathrm{i}\varphi} = \mathrm{e}^{\mathrm{i}(\varphi-\varphi)} = 1$，故 $\mathrm{e}^{\mathrm{i}\varphi}$ 与 $\mathrm{e}^{-\mathrm{i}\varphi}$ 互为共轭复数。表3-2列出了单位矢量旋转的几种特殊情况。

表 3-2 单位矢量 $e^{i\varphi}$ 旋转的几种特殊情况

被乘数	结 果	作 用
i	$ie^{i\varphi}=e^{i(\varphi+\pi/2)}$	相当于矢量转过 π/2 角
i^2	$i^2e^{i\varphi}=-e^{i\varphi}=e^{i(\varphi+\pi)}$	相当于矢量转过 π 角
i^3	$i^3e^{i\varphi}=-ie^{i\varphi}=e^{i(\varphi+3\pi/2)}=e^{i(\varphi-\pi/2)}$	相当于矢量逆时针方向转 3π/2 角或顺时针方向转 π/2 角

(三) 矢量的微分

矢量的微分和普通复合函数的微分方法上是一样的。

1）变长矢量 $\boldsymbol{r}=re^{i\varphi}$，对时间的一阶导数为：

$$\frac{d\boldsymbol{r}}{dt}=\frac{dr}{dt}e^{i\varphi}+r\frac{d}{dt}(e^{i\varphi})=\dot{r}e^{i\varphi}+r\frac{d\varphi}{dt}(ie^{i\varphi})=\dot{r}e^{i\varphi}+r\dot{\varphi}e^{i(\varphi+\pi/2)} \tag{3-8}$$

方向：	$e^{i\varphi}$	$e^{i(\varphi+\pi/2)}$
大小：	$\dot{r}$	$r\dot{\varphi}$
意义：	相对速度	牵连速度

式中，$\dot{r}$ 是矢量大小的变化率；$\dot{\varphi}=\omega$ 是角速度；$r\dot{\varphi}$ 是线速度。

对时间的二阶导数为

$$\frac{d^2\boldsymbol{r}}{dt^2}=\ddot{r}e^{i\varphi}+2\dot{r}\dot{\varphi}e^{i(\varphi+\pi/2)}+r\dot{\varphi}^2e^{i(\varphi+\pi)}+r\ddot{\varphi}e^{i(\varphi+\pi/2)} \tag{3-9}$$

方向：	$e^{i\varphi}$	$e^{i(\varphi+\pi/2)}$	$e^{i(\varphi+\pi)}$	$e^{i(\varphi+\pi/2)}$
大小：	$\ddot{r}$	$2\dot{r}\dot{\varphi}$	$r\dot{\varphi}^2$	$r\ddot{\varphi}$
意义：	相对加速度	哥氏加速度	牵连法向加速度	牵连切向加速度

式中，$\ddot{\varphi}=\alpha$ 是角加速度。

2）对定长矢量 $\boldsymbol{r}=re^{i\varphi}$，即它的模（大小）保持不变，则有

$$\frac{d\boldsymbol{r}}{dt}=r\frac{d}{dt}(e^{i\varphi})=r\frac{d\varphi}{dt}(ie^{i\varphi})=r\dot{\varphi}e^{i(\varphi+\pi/2)} \tag{3-10}$$

$$\frac{d^2\boldsymbol{r}}{dt^2}=r\dot{\varphi}^2e^{i(\varphi+\pi)}+r\ddot{\varphi}e^{i(\varphi+\pi/2)} \tag{3-11}$$

3）对定向矢量 $\boldsymbol{r}=re^{i\varphi}$，即它的方向保持不变，则有

$$\frac{d\boldsymbol{r}}{dt}=\frac{dr}{dt}e^{i\varphi}=\dot{r}e^{i\varphi}=ve^{i\varphi} \tag{3-12}$$

$$\frac{d^2\boldsymbol{r}}{dt^2}=\frac{d^2r}{dt^2}e^{i\varphi}=\ddot{r}e^{i\varphi}=ae^{i\varphi} \tag{3-13}$$

式中：v 是速度；a 是加速度。

(四) 示例

1. 铰链四杆机构的运动分析

在图 3-14 所示铰链四杆机构中，已知各杆的长度和原动件 AB 的等角速度 $\dot{\varphi}_1=\omega_1$

和转角 φ_1，要求确定连杆 BC 和摇杆 CD 的转角 φ_2 和 φ_3、角速度 $\dot{\varphi}_2(\omega_2)$ 和 $\dot{\varphi}_3(\omega_3)$ 以及角加速度 $\ddot{\varphi}_2(\alpha_2)$ 和 $\ddot{\varphi}_3(\alpha_3)$。

1）位置分析时，将铰链四杆机构 $ABCD$ 看作一封闭矢量多边形，如图 3-14 所示，可得 $\boldsymbol{l}_1+\boldsymbol{l}_2=\boldsymbol{l}_4+\boldsymbol{l}_3$，即

$$l_1 e^{i\varphi_1}+l_2 e^{i\varphi_2}=l_4 e^{i0}+l_3 e^{i\varphi_3} \tag{a}$$

按欧拉公式展开得

$$l_1(\cos\varphi_1+i\sin\varphi_1)+l_2(\cos\varphi_2+i\sin\varphi_2)=l_4+l_3(\cos\varphi_3+i\sin\varphi_3)$$

取该方程式的实部和虚部分别相等可得

$$l_1\cos\varphi_1+l_2\cos\varphi_2=l_4+l_3\cos\varphi_3 \tag{b}$$

$$l_1\sin\varphi_1+l_2\sin\varphi_2=l_3\sin\varphi_3 \tag{c}$$

为了消去 φ_2，把上二式变换为

$$l_2\cos\varphi_2=l_4+l_3\cos\varphi_3-l_1\cos\varphi_1$$

$$l_2\sin\varphi_2=l_3\sin\varphi_3-l_1\sin\varphi_1$$

平方后相加可得

$$l_2^2=(l_4+l_3\cos\varphi_3-l_1\cos\varphi_1)^2+(l_3\sin\varphi_3-l_1\sin\varphi_1)^2$$

将上式改写为如下的三角方程：

$$A\sin\varphi_3+B\cos\varphi_3+C=0 \tag{d}$$

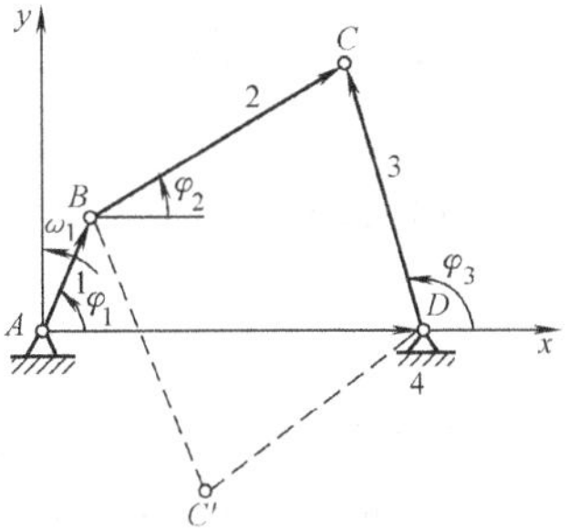

图 3-14　铰链四杆机构

式中，$A=-\sin\varphi_1$；$B=(l_4/l_1)-\cos\varphi_1$；

$$C=(l_4^2+l_3^2+l_1^2-l_2^2)/(2l_1l_3)-(l_4\cos\varphi_1)/l_3$$

为了便于用代数法求解 φ_3，令 $x=\tan(\varphi_3/2)$，于是

$$\sin\varphi_3=2x/(1+x)^2,\ \cos\varphi_3=(1-x^2)/(1+x^2)$$

从而式(d)可化为下列二次方程式

$$(B-C)x^2-2Ax-(B+C)=0$$

由上式解出 x，可得

$$\varphi_3=2\arctan x=2\arctan\frac{A\pm\sqrt{A^2+B^2-C^2}}{B-C}$$

式中根号前的“±”可按所给机构的装配方案或从动件运动的连续性来选择，“+”号适用于图示机构 $ABCD$ 位置的装配方案；“-”号适用于机构 $ABC'D$ 位置的装配方案。若根号内数值小于零，则表示机构相应位置无法实现。

构件 2 的角位移 φ_2 可由式（b）、（c）求得

$$\varphi_2=\arctan\frac{l_3\sin\varphi_3-l_1\sin\varphi_1}{l_4+l_3\cos\varphi_3-l_1\cos\varphi_1}$$

2）速度分析时，可将式（a）对时间求导数得

$$l_1\dot{\varphi}_1 e^{i(\varphi_1+\pi/2)}+l_2\dot{\varphi}_2 e^{i(\varphi_2+\pi/2)}=l_3\dot{\varphi}_3 e^{i(\varphi_3+\pi/2)} \tag{e}$$

方向：$e^{i(\varphi_1+\pi/2)}$ $e^{i(\varphi_2+\pi/2)}$ $e^{i(\varphi_3+\pi/2)}$

大小：$l_1\dot{\varphi}_1=l_1\omega_1$ $l_2\dot{\varphi}_2$ $l_3\dot{\varphi}_3$

意义：$\boldsymbol{v}_B$ + $\boldsymbol{v}_{CB}$ = $\boldsymbol{v}_C$

为了消去 $\dot{\varphi}_2$，将上式两边分别乘以 $e^{-i(\varphi_2+\pi/2)}$ 得

$$l_1\dot{\varphi}_1e^{i(\varphi_1-\varphi_2)}+l_2\dot{\varphi}_2=l_3\dot{\varphi}_3e^{i(\varphi_3-\varphi_2)}$$

按欧拉公式展开，取虚部得

$$\omega_3=\dot{\varphi}_3=\dot{\varphi}_1\frac{l_1\sin(\varphi_1-\varphi_2)}{l_3\sin(\varphi_3-\varphi_2)}=\omega_1\frac{l_1\sin(\varphi_1-\varphi_2)}{l_3\sin(\varphi_3-\varphi_2)}$$

同理，为了消去 $\dot{\varphi}_3$，将式(e)两边分别乘以 $e^{-i(\varphi_3+/2\pi)}$ 得

$$l_1\dot{\varphi}_1e^{i(\varphi_1-\varphi_3)}+l_2\dot{\varphi}_2e^{i(\varphi_2-\varphi_3)}=l_3\dot{\varphi}_3$$

同样按欧拉公式展开，取虚部得

$$\omega_2=\dot{\varphi}_2=\dot{\varphi}_1\frac{l_1\sin(\varphi_1-\varphi_3)}{l_2\sin(\varphi_3-\varphi_2)}=\omega_1\frac{l_1\sin(\varphi_1-\varphi_3)}{l_2\sin(\varphi_3-\varphi_2)}$$

角速度为正表示逆时针方向；为负表示顺时针方向。

3）加速度分析时，将式(e)对时间求导数得

$$l_1\dot{\varphi}_1^2e^{i(\varphi_1+\pi)}+l_2\dot{\varphi}_2^2e^{i(\varphi_2+\pi)}+l_2\ddot{\varphi}_2e^{i(\varphi_2+\pi/2)}=l_3\dot{\varphi}_3^2e^{i(\varphi_3+\pi)}+l_3\ddot{\varphi}_3e^{i(\varphi_3+\pi/2)} \tag{f}$$

方向：$e^{i(\varphi_1+\pi)}$ $e^{i(\varphi_2+\pi)}$ $e^{i(\varphi_2+\pi/2)}$ $e^{i(\varphi_3+\pi)}$ $e^{i(\varphi_3+\pi/2)}$

大小：$l_1\dot{\varphi}_1^2$ $l_2\dot{\varphi}_2^2$ $l_2\ddot{\varphi}_2$ $l_3\dot{\varphi}_3^2$ $l_3\ddot{\varphi}_3$

意义：$\boldsymbol{a}_B^n$ + $\boldsymbol{a}_{CB}^n$ + $\boldsymbol{a}_{CB}^t$ = $\boldsymbol{a}_C^n$ + $\boldsymbol{a}_C^t$

为了消去 $\ddot{\varphi}_2$，将上式两边分别乘以 $e^{-i(\varphi_2+\pi/2)}$ 得

$$l_1\dot{\varphi}_1^2e^{i(\varphi_1-\varphi_2+\pi/2)}+l_2\dot{\varphi}_2^2e^{i(\pi/2)}+l_2\ddot{\varphi}_2=l_3\dot{\varphi}_3^2e^{i(\varphi_3-\varphi_2+\pi/2)}+l_3\ddot{\varphi}_3e^{i(\varphi_3-\varphi_2)}$$

按欧拉公式展开，取虚部得

$$\alpha_3=\ddot{\varphi}_3=\frac{l_1\dot{\varphi}_1^2\cos(\varphi_1-\varphi_2)+l_2\dot{\varphi}_2^2-l_3\dot{\varphi}_3^2\cos(\varphi_3-\varphi_2)}{l_3\sin(\varphi_3-\varphi_2)}$$

$$=\frac{l_1\omega_1^2\cos(\varphi_1-\varphi_2)+l_2\omega_2^2-l_3\omega_3^2\cos(\varphi_3-\varphi_2)}{l_3\sin(\varphi_3-\varphi_2)}$$

同理，为了消去 $\ddot{\varphi}_3$，将式(f)两边分别乘以 $e^{-i(\varphi_3+\pi/2)}$ 得

$$l_1\dot{\varphi}_1^2e^{i(\varphi_1-\varphi_3+\pi/2)}+l_2\dot{\varphi}_2^2e^{i(\varphi_2-\varphi_3+\pi/2)}+l_2\ddot{\varphi}_2e^{i(\varphi_2-\varphi_3)}=l_3\dot{\varphi}_3^2e^{i(\pi/2)}+l_3\ddot{\varphi}_3$$

同样，按欧拉公式展开，取虚部得

$$\alpha_2=\ddot{\varphi}_2=\frac{l_1\dot{\varphi}_1^2\cos(\varphi_1-\varphi_3)+l_2\dot{\varphi}_2^2\cos(\varphi_3-\varphi_2)-l_3\dot{\varphi}_3^2}{l_3\sin(\varphi_3-\varphi_2)}$$

$$=\frac{l_1\omega_1^2\cos(\varphi_1-\varphi_3)+l_2\omega_2^2\cos(\varphi_3-\varphi_2)-l_3\omega_3^2}{l_3\sin(\varphi_3-\varphi_2)}$$

角加速度的正、负号可表明角速度的变化趋势，角加速度与速度同号时表示加速；反之则为减速。

2. 导杆机构的运动分析

在图 3-15 所示的导杆机构中，已知曲柄的长度 l_1、转角 φ_1、等角速度 ω_1 及中心距 l_4，要求确定导杆的转角 φ_3、角速度 ω_3 和角加速度 α_3，以及滑块在导杆上的位置 s、滑动速度 $\boldsymbol{v}_{B_2B_3}$ 及加速度 $\boldsymbol{a}_{B_2B_3}$。

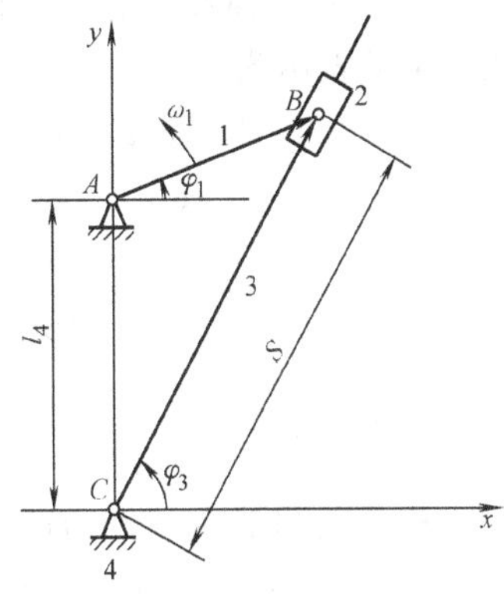

图 3-15 导杆机构

1）位置分析时，如图 3-15 所示，该机构的封闭矢量方程式为：$\boldsymbol{l}_4+\boldsymbol{l}_1=\boldsymbol{s}$，即

$$l_4 e^{i\pi/2}+l_1 e^{i\varphi_1}=s e^{i\varphi_3} \tag{g}$$

展开后分别取实部和虚部：

$$l_1\cos\varphi_1=s\cos\varphi_3;\ l_4+l_1\sin\varphi_1=s\sin\varphi_3$$

两式相除得：$\varphi_3=\arctan\dfrac{l_1\sin\varphi_1+l_4}{l_1\cos\varphi_1}$　　$s=\dfrac{l_1\cos\varphi_1}{\cos\varphi_3}$

2）速度分析时，将式（g）对时间求导数得

$$l_1\dot{\varphi}_1 e^{i(\varphi_1+\pi/2)}=s\dot{\varphi}_3 e^{i(\varphi_3+\pi/2)}+\dot{s}e^{i\varphi_3} \tag{h}$$

方向：	$e^{i(\varphi_1+\pi/2)}$	$e^{i(\varphi_3+\pi/2)}$	$e^{i\varphi_3}$
大小：	$l_1\dot{\varphi}_1=l_1\omega_1$	$s\dot{\varphi}_3$	$\dot{s}$
意义：	$\boldsymbol{v}_{B_2}$ =	$\boldsymbol{v}_{B_3}$ +	$\boldsymbol{v}_{B_2B_3}$

两边分别乘以 $e^{-i\varphi_3}$ 后展开，并取实部和虚部得

$$v_{B_2B_3}=\dot{s}=-l_1\dot{\varphi}_1\sin(\varphi_1-\varphi_3)=-l_1\omega_1\sin(\varphi_1-\varphi_3)$$

$$\omega_3=\dot{\varphi}_3=\frac{l_1\dot{\varphi}_1\cos(\varphi_1-\varphi_3)}{s}=\frac{l_1\omega_1\cos(\varphi_1-\varphi_3)}{s}$$

3）加速度分析时，将式(h)对时间求导数得

$$l_1\dot{\varphi}_1^2 e^{i(\varphi_1+\pi)}=s\dot{\varphi}_3^2 e^{i(\varphi_3+\pi)}+s\ddot{\varphi}_3 e^{i(\varphi_3+\pi/2)}+2\dot{s}\dot{\varphi}_3 e^{i(\varphi_3+\pi/2)}+\ddot{s}e^{i\varphi_3}$$

方向：	$e^{i(\varphi_1+\pi)}$	$e^{i(\varphi_3+\pi)}$	$e^{i(\varphi_3+\pi/2)}$	$e^{i(\varphi_3+\pi/2)}$	$e^{i\varphi_3}$
大小：	$l_1\dot{\varphi}_1^2$	$s\dot{\varphi}_3^2$	$s\ddot{\varphi}_3$	$2\dot{s}\dot{\varphi}_3$	$\ddot{s}$
意义：	$\boldsymbol{a}_{B_2}^{n}$ =	$\boldsymbol{a}_{B_3}^{n}$ +	$\boldsymbol{a}_{B_3}^{t}$ +	$\boldsymbol{a}_{B_2B_3}^{k}$ +	$\boldsymbol{a}_{B_2B_3}^{r}$

两边分别乘以 $e^{-i\varphi_3}$ 后展开，并取实部和虚部得

$$a_{B_2B_3}^{r}=\ddot{s}=s\dot{\varphi}_3^2-l_1\dot{\varphi}_1^2\cos(\varphi_1-\varphi_3)=s\omega_3^2-l_1\omega_1^2\cos(\varphi_1-\varphi_3)$$

$$\alpha_3=\ddot{\varphi}_3=-\frac{2\dot{s}\dot{\varphi}_3+l_1\dot{\varphi}_1^2\sin(\varphi_1-\varphi_3)}{s}=-\frac{2v_{B_2B_3}\omega_3+l_1\omega_1^2\sin(\varphi_1-\varphi_3)}{s}$$

二、矢量方程解析法

(一)矢量分析的有关知识

如图3-16所示,设构件OA的长度为l,其方位角为φ,$\boldsymbol{l}$为此构件的杆矢量(即$\boldsymbol{l}=\overrightarrow{OA}$)。并分别用$\boldsymbol{e}$、$\boldsymbol{e}^{t}$、$\boldsymbol{e}^{n}$表示杆矢量的单位矢、切向单位矢及法向单位矢。而$x$轴及$y$轴的单位矢分别为$\boldsymbol{i}$及$\boldsymbol{j}$,则构件的杆矢量$\boldsymbol{l}$可表示为

$$\boldsymbol{l}=l\angle\varphi=l\boldsymbol{e}=l(\boldsymbol{i}\cos\varphi+\boldsymbol{j}\sin\varphi) \tag{3-14}$$

$$\boldsymbol{e}=e\angle\varphi=\boldsymbol{i}\cos\varphi+\boldsymbol{j}\sin\varphi \tag{3-15}$$

$$\boldsymbol{e}^{t}=\boldsymbol{e}'=\frac{d\boldsymbol{e}}{d\varphi}=-\boldsymbol{i}\sin\varphi+\boldsymbol{j}\cos\varphi \tag{3-16}$$

$$\boldsymbol{e}^{n}=(\boldsymbol{e}^{t})'=\boldsymbol{e}''=\frac{d^{2}\boldsymbol{e}}{d\varphi^{2}}=-\boldsymbol{i}\cos\varphi-\boldsymbol{j}\sin\varphi=-\boldsymbol{e} \tag{3-17}$$

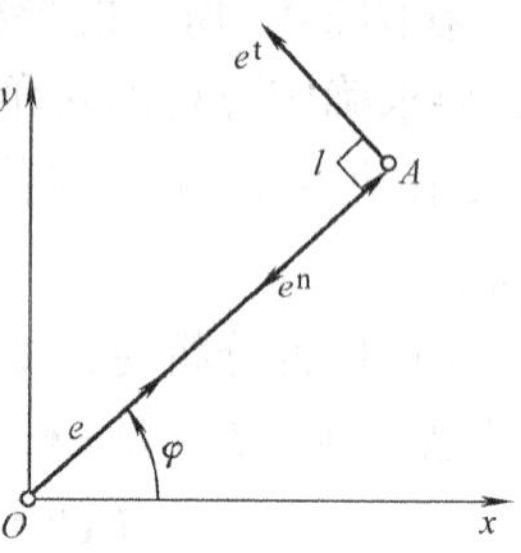

图3-16 矢量的表示

根据矢量导数的性质可知:

1)对定长杆矢量$\boldsymbol{l}=l\boldsymbol{e}$,对时间$t$分别取一次及二次导数,即可得杆矢量$\boldsymbol{l}$的终点$A$相对于始点$O$的相对速度$\boldsymbol{v}_{AO}$及相对加速度$\boldsymbol{a}_{AO}$。

$$\frac{d\boldsymbol{l}}{dt}=l\frac{d\boldsymbol{e}}{dt}=l\dot{\boldsymbol{e}}=l\frac{d\boldsymbol{e}}{d\varphi}\cdot\frac{d\varphi}{dt}=l\dot{\varphi}\boldsymbol{e}^{t} \tag{3-18}$$

即

$$\boldsymbol{v}_{AO}=l\omega\boldsymbol{e}^{t}$$

$$\frac{d^{2}\boldsymbol{l}^{2}}{dt^{2}}=l\frac{d^{2}\boldsymbol{e}}{dt^{2}}=l\ddot{\boldsymbol{e}}=l\frac{d\left(\frac{d\boldsymbol{e}}{dt}\right)}{dt}=l\ddot{\varphi}\boldsymbol{e}^{t}+l\dot{\varphi}^{2}\boldsymbol{e}^{n} \tag{3-19}$$

即

$$\boldsymbol{a}_{AO}=\boldsymbol{a}_{AO}^{t}+\boldsymbol{a}_{AO}^{n}=l\alpha\boldsymbol{e}^{t}+l\omega^{2}\boldsymbol{e}^{n}$$

2)对变长杆矢量$\boldsymbol{s}=s\boldsymbol{e}$,有

$$\dot{\boldsymbol{s}}=\frac{d\boldsymbol{s}}{dt}=\frac{d(s\boldsymbol{e})}{dt}=\dot{s}\boldsymbol{e}+s\frac{d\boldsymbol{e}}{dt}=\dot{s}\boldsymbol{e}+s\dot{\boldsymbol{e}}=\dot{s}\boldsymbol{e}+s\dot{\varphi}\boldsymbol{e}^{t} \tag{3-20}$$

$$\ddot{\boldsymbol{s}}=\frac{d^{2}\boldsymbol{s}}{dt^{2}}=\frac{d\dot{\boldsymbol{s}}}{dt}=s\dot{\varphi}^{2}\boldsymbol{e}^{n}+s\ddot{\varphi}\boldsymbol{e}^{t}+2\dot{s}\dot{\varphi}\boldsymbol{e}^{t}+\ddot{s}\boldsymbol{e} \tag{3-21}$$

3)对定向矢量$\boldsymbol{s}=s\boldsymbol{e}$,有

$$\dot{\boldsymbol{s}}=\frac{d\boldsymbol{s}}{dt}=\frac{d(s\boldsymbol{e})}{dt}=\left(\frac{ds}{dt}\right)\boldsymbol{e}=\dot{s}\boldsymbol{e}=v\boldsymbol{e}=\boldsymbol{v} \tag{3-22}$$

$$\ddot{\boldsymbol{s}}=\frac{d^{2}\boldsymbol{s}}{dt^{2}}=\frac{d\dot{\boldsymbol{s}}}{dt}=\left(\frac{d\dot{s}}{dt}\right)\boldsymbol{e}=\ddot{s}\boldsymbol{e}=a\boldsymbol{e}=\boldsymbol{a} \tag{3-23}$$

此外,矢量方程解析法还用到下列关系(图3-17)

$$\boldsymbol{e}_{1}\cdot\boldsymbol{e}_{2}=\cos\alpha_{12}=\cos(\varphi_{2}-\varphi_{1}) \tag{3-24}$$

$$\boldsymbol{e}\cdot\boldsymbol{i}=e_{i}=\cos\varphi \tag{3-25}$$

$$\boldsymbol{e}\cdot\boldsymbol{j}=e_{j}=\sin\varphi \tag{3-26}$$

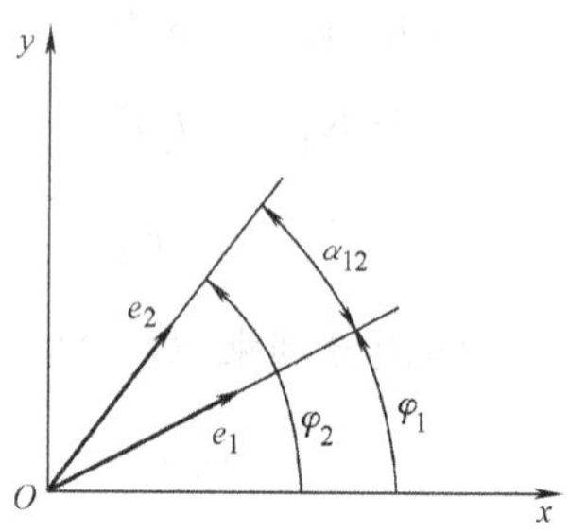

图3-17 矢量的运算

$$e \cdot e = e^2 = 1 \tag{3-27}$$

$$e \cdot e^t = 0 \tag{3-28}$$

$$e \cdot e^n = -1 \tag{3-29}$$

$$e_1 \cdot e_2^t = -\sin(\varphi_2 - \varphi_1) \tag{3-30}$$

$$e_1 \cdot e_2^n = -\cos(\varphi_2 - \varphi_1) \tag{3-31}$$

（二）示例

1. 铰链四杆机构的运动分析

仍以图 3-14 所示铰链四杆机构为例。

为了对机构进行运动分析，先如图 3-14 建立一直角坐标系，并将各构件表示为杆矢量（坐标系和各杆矢量方向的选取与解题结果无关。为方便计，取 x 轴与 $\boldsymbol{l}_{AD}$ 一致，各杆矢量的方位角 φ 均由 x 轴开始，沿逆时针方向计量为正）。

1）位置分析时，如图 3-14，可写出机构各杆矢所构成的封闭矢量方程

$$\boldsymbol{l}_1 + \boldsymbol{l}_2 = \boldsymbol{l}_4 + \boldsymbol{l}_3 \tag{a}$$

由此矢量方程可求得两个未知方位角 φ_2、φ_3。当要求解 φ_3 时，应将 φ_2 消去，为此将上式改写为

$$\boldsymbol{l}_2 = \boldsymbol{l}_4 + \boldsymbol{l}_3 - \boldsymbol{l}_1 \tag{b}$$

将此等式两端各自点积，即 $\boldsymbol{l}_2 \cdot \boldsymbol{l}_2 = (\boldsymbol{l}_4 + \boldsymbol{l}_3 - \boldsymbol{l}_1) \cdot (\boldsymbol{l}_4 + \boldsymbol{l}_3 - \boldsymbol{l}_1)$，并利用式（3-24）—式（3-31）可得

$$l_2^2 = l_3^2 + l_4^2 + l_1^2 + 2l_3 l_4 \cos\varphi_3 - 2l_1 l_3 \cos(\varphi_3 - \varphi_1) - 2l_1 l_4 \cos\varphi_1$$

经整理可得：

$$A\sin\varphi_3 + B\cos\varphi_3 + C = 0 \tag{c}$$

式中，$A = 2l_1 l_3 \sin\varphi_1$；$B = 2l_3\ (l_1\cos\varphi_1 - l_4)$；

$$C = l_2^2 - l_1^2 - l_3^2 - l_4^2 + 2l_1 l_4 \cos\varphi_1$$

解之可得

$$\varphi_3 = 2\arctan\frac{A + \sqrt{A^2 + B^2 - C^2}}{B - C} \tag{d}$$

式（d）有两个解，可根据机构的初始安装情况和机构运动的连续性来确定式中“±”号的选取。在求得了 φ_3 后，可利用式（b）求得 φ_2。

2）速度分析时，将式（a）改写为：$\boldsymbol{l}_3 = \boldsymbol{l}_1 + \boldsymbol{l}_2 - \boldsymbol{l}_4$

将式（a）对时间 t 取导数，并利用式（3-18），得

$$l_3\dot{\varphi}_3 \boldsymbol{e}_3^t = l_1\dot{\varphi}_1 \boldsymbol{e}_1^t + l_2\dot{\varphi}_2 \boldsymbol{e}_2^t \tag{e}$$

上式是 $\boldsymbol{v}_C = \boldsymbol{v}_B + \boldsymbol{v}_{CB}$ 的另一种表达形式。为了消去式中的 $\dot{\varphi}_2$，可用 $\boldsymbol{e}_2$ 点积上式，则

$$l_3\dot{\varphi}_3 \boldsymbol{e}_3^t \cdot \boldsymbol{e}_2 = l_1\dot{\varphi}_1 \boldsymbol{e}_1^t \cdot \boldsymbol{e}_2$$

利用式（3-30），得

$$\omega_3=\dot{\varphi}_3=\dot{\varphi}_1\frac{l_1\sin(\varphi_1-\varphi_2)}{l_3\sin(\varphi_3-\varphi_2)}=\omega_1\frac{l_1\sin(\varphi_1-\varphi_2)}{l_3\sin(\varphi_3-\varphi_2)}$$

同理，用 $\boldsymbol{e}_3$ 点积式（e），可求得

$$\omega_2=\dot{\varphi}_2=\dot{\varphi}_1\frac{l_1\sin(\varphi_1-\varphi_3)}{l_2\sin(\varphi_3-\varphi_2)}=\omega_1\frac{l_1\sin(\varphi_1-\varphi_3)}{l_2\sin(\varphi_3-\varphi_2)}$$

3）加速度分析时，再将式（e）对时间 t 取导数，并利用式（3-19），得

$$l_3\dot{\varphi}_3^2\boldsymbol{e}_3^{\mathrm{n}}+l_3\ddot{\varphi}_3\boldsymbol{e}_3^{\mathrm{t}}=l_1\dot{\varphi}_1^{\ 2}\boldsymbol{e}_1^{\mathrm{n}}+l_2\dot{\varphi}_2^2\boldsymbol{e}_2^{\mathrm{n}}+l_2\ddot{\varphi}_2\boldsymbol{e}_2^{\mathrm{t}}$$

上式是 $\boldsymbol{a}_{\mathrm{C}}^{\mathrm{n}}+\boldsymbol{a}_{\mathrm{C}}^{\mathrm{t}}=\boldsymbol{a}_{\mathrm{B}}^{\mathrm{n}}+\boldsymbol{a}_{\mathrm{CB}}^{\mathrm{n}}+\boldsymbol{a}_{\mathrm{CB}}^{\mathrm{t}}$ 的另一种表达形式。为了消去式中的 $\ddot{\varphi}_2$，可用 $\boldsymbol{e}_2$ 点积上式，得

$$l_3\dot{\varphi}_3^2\boldsymbol{e}_3^{\mathrm{n}}\cdot\boldsymbol{e}_2+l_3\ddot{\varphi}_3\boldsymbol{e}_3^{\mathrm{t}}\cdot\boldsymbol{e}_2=l_1\dot{\varphi}_1^2\boldsymbol{e}_1^{\mathrm{n}}\cdot\boldsymbol{e}_2+l_2\dot{\varphi}_2^2\boldsymbol{e}_2^{\mathrm{n}}\cdot\boldsymbol{e}_2$$

利用式（3-30）、（3-31），得

$$\begin{aligned}\alpha_3=\ddot{\varphi}_3&=\frac{l_1\dot{\varphi}_1^{\ 2}\cos(\varphi_1-\varphi_2)+l_2\dot{\varphi}_2^2-l_3\dot{\varphi}_3^2\cos(\varphi_3-\varphi_2)}{l_3\sin(\varphi_3-\varphi_2)}\\&=\frac{l_1\omega_1^{\ 2}\cos(\varphi_1-\varphi_2)+l_2\omega_2^{\ 2}-l_3\omega_3^{\ 2}\cos(\varphi_3-\varphi_2)}{l_3\sin(\varphi_3-\varphi_2)}\end{aligned}$$

同理得：

$$\begin{aligned}\alpha_2=\ddot{\varphi}_2&=\frac{l_1\dot{\varphi}_1^{\ 2}\cos(\varphi_1-\varphi_3)+l_2\dot{\varphi}_2^{\ 2}\cos(\varphi_3-\varphi_2)-l_3\dot{\varphi}_3^{\ 2}}{l_3\sin(\varphi_3-\varphi_2)}\\&=\frac{l_1\omega_1^{\ 2}\cos(\varphi_1-\varphi_3)+l_2\omega_2^{\ 2}\cos(\varphi_3-\varphi_2)-l_3\omega_3^{\ 2}}{l_3\sin(\varphi_3-\varphi_2)}\end{aligned}$$

2. 导杆机构的运动分析

仍以图 3-15 所示导杆机构为例。

1）位置分析时，如图 3-15 所示，该机构的封闭矢量方程式为：

$$\boldsymbol{l}_4+\boldsymbol{l}_1=\boldsymbol{s}\tag{f}$$

分别用 $\boldsymbol{i}$ 和 $\boldsymbol{j}$ 点积上式两端（相当于向 x、y 轴投影），得

$$l_1\cos\varphi_1=s\cos\varphi_3\qquad l_4+l_1\sin\varphi_1=s\sin\varphi_3$$

两式相除得：$\varphi_3=\arctan\dfrac{l_1\sin\varphi_1+l_4}{l_1\cos\varphi_1}\qquad s=\dfrac{l_1\cos\varphi_1}{\cos\varphi_3}$

2）速度分析时，将式（f）对时间求导数得

$$l_1\dot{\varphi}_1\boldsymbol{e}_1^{\ \mathrm{t}}=s\dot{\varphi}_3\boldsymbol{e}_3^{\ \mathrm{t}}+\dot{s}\boldsymbol{e}_3\tag{g}$$

上式是 $\boldsymbol{v}_{\mathrm{B_2}}=\boldsymbol{v}_{\mathrm{B_3}}+\boldsymbol{v}_{\mathrm{B_2B_3}}$ 的另一种表达形式。用 $\boldsymbol{e}_3$ 点积上式两端以消去 $\dot{\varphi}_3$，得

$$v_{\mathrm{B_2B_3}}=\dot{s}=-l_1\dot{\varphi}_1\sin(\varphi_1-\varphi_3)=-l_1\omega_1\sin(\varphi_1-\varphi_3)$$

用 $\boldsymbol{e}_3^{\mathrm{t}}$ 点积式(g)两端以消去 $\dot{s}$，得

$$\omega_3=\dot{\varphi}_3=\frac{l_1\dot{\varphi}_1\cos(\varphi_1-\varphi_3)}{s}=\frac{l_1\omega_1\cos(\varphi_1-\varphi_3)}{s}$$

3）加速度分析时，将式（g）对时间求导数得

$$l_1\dot{\varphi}_1^2\boldsymbol{e}_1^{\mathrm{n}}=s\dot{\varphi}_3^2\boldsymbol{e}_3^{\mathrm{n}}+s\ddot{\varphi}_3\boldsymbol{e}_3^{\mathrm{t}}+2\dot{s}\dot{\varphi}_3\boldsymbol{e}_3^{\mathrm{t}}+\ddot{s}\ \boldsymbol{e}_3$$

上式是 $\boldsymbol{a}_{\mathrm{B_2}}^{\mathrm{n}}=\boldsymbol{a}_{\mathrm{B_3}}^{\mathrm{n}}+\boldsymbol{a}_{\mathrm{B_3}}^{\mathrm{t}}+\boldsymbol{a}_{\mathrm{B_2B_3}}^{\mathrm{k}}+\boldsymbol{a}_{\mathrm{B_2B_3}}^{\mathrm{r}}$ 的另一种表达形式。分别用 $\boldsymbol{e}_3$ 和 $\boldsymbol{e}_3^{\mathrm{t}}$ 点积上式两端，得

$$a_{\mathrm{B_2B_3}}^{\mathrm{r}}=\ddot{s}=s\dot{\varphi}_3^2-l_1\dot{\varphi}_1^2\cos(\varphi_1-\varphi_3)=s\omega_3{}^2-l_1\omega_1{}^2\cos(\varphi_1-\varphi_3)$$

$$\alpha_3=\ddot{\varphi}_3=-\frac{2\dot{s}\dot{\varphi}_3+l_1\dot{\varphi}_1{}^2\sin(\varphi_1-\varphi_3)}{s}=-\frac{2v_{\mathrm{B_2B_3}}\omega_3+l_1\omega_1{}^2\sin(\varphi_1-\varphi_3)}{s}$$

三、矩阵法

仍以图 3-14 所示铰链四杆机构为例。

将铰链四杆机构 *ABCD* 看作一封闭矢量多边形，如图所示，可得

$$\boldsymbol{l}_1+\boldsymbol{l}_2=\boldsymbol{l}_4+\boldsymbol{l}_3$$

1）位置分析时，将上式投影到 x 轴和 y 轴上得位置方程式

$$\left.\begin{aligned}l_1\cos\varphi_1+l_2\cos\varphi_2&=l_4+l_3\cos\varphi_3\\l_1\sin\varphi_1+l_2\sin\varphi_2&=l_3\sin\varphi_3\end{aligned}\right\}\tag{3-32}$$

将位置方程式（3-32）中不含未知量的项移到方程式的右边，得

$$\left.\begin{aligned}l_2\cos\varphi_2-l_3\cos\varphi_3&=l_4-l_1\cos\varphi_1\\l_2\sin\varphi_2-l_3\sin\varphi_3&=-l_1\sin\varphi_1\end{aligned}\right\}\tag{3-33}$$

和复数矢量法中的解法相同，解此方程即可求得二未知量 φ_2、φ_3。

2）速度分析时，将式（3-33）对时间取一次导数，得

$$\left.\begin{aligned}-l_2\omega_2\sin\varphi_2+l_3\omega_3\sin\varphi_3&=l_1\omega_1\sin\varphi_1\\l_2\omega_2\cos\varphi_2-l_3\omega_3\cos\varphi_3&=-l_1\omega_1\cos\varphi_1\end{aligned}\right\}\tag{3-34}$$

该式为一线性方程式组，故可按矩阵形式写成

$$\begin{bmatrix}-l_2\sin\varphi_2 & l_3\sin\varphi_3\\ l_2\cos\varphi_2 & -l_3\cos\varphi_3\end{bmatrix}\begin{bmatrix}\omega_2\\ \omega_3\end{bmatrix}=\omega_1\begin{bmatrix}l_1\sin\varphi_1\\ -l_1\cos\varphi_1\end{bmatrix}\tag{3-35}$$

此式即为该机构的速度分析关系式。

3）加速度分析时，将式（3-34）再对时间取一次导数，即得机构的加速度分析关系式为

$$\begin{bmatrix}-l_2\sin\varphi_2 & l_3\sin\varphi_3\\ l_2\cos\varphi_2 & -l_3\cos\varphi_3\end{bmatrix}\begin{bmatrix}\alpha_2\\ \alpha_3\end{bmatrix}=-\begin{bmatrix}-l_2\omega_2\cos\varphi_2 & l_3\omega_3\cos\varphi_3\\ -l_2\omega_2\sin\varphi_2 & l_3\omega_3\sin\varphi_3\end{bmatrix}\begin{bmatrix}\omega_2\\ \omega_3\end{bmatrix}+\omega_1\begin{bmatrix}l_1\omega_1\cos\varphi_1\\ l_1\omega_1\sin\varphi_1\end{bmatrix}\tag{3-36}$$

在矩阵法中，为便于书写和记忆，速度分析关系式可表示为

$$\boldsymbol{A\omega} = \omega_1 \boldsymbol{B}$$

式中，$\boldsymbol{A}$ 是机构从动件的位置参数矩阵，$\boldsymbol{\omega}$ 是机构从动件的速度列阵，$\boldsymbol{B}$ 是机构原动件的位置参数列阵，ω_1 是机构原动件的速度。

而加速度分析的关系式则可表示为

$$\boldsymbol{A}\alpha = -\dot{\boldsymbol{A}}\omega + \omega_1 \dot{\boldsymbol{B}}$$

式中，α 是机构从动件的加速度列阵；$\boldsymbol{A} = \frac{\mathrm{d}\boldsymbol{A}}{\mathrm{d}t}$；$\dot{B} = \frac{\mathrm{d}\boldsymbol{B}}{\mathrm{d}t}$。

矩阵形式的速度分析和加速度分析关系式，可在计算机上调用线性方程组高斯消元的方法求解结果。

通过上述对四杆机构进行运动分析的过程可见，用解析法作机构运动分析的关键是位置方程的建立和求解。至于其速度分析和加速度分析只不过是对其位置方程作进一步的数学运算而已。位置方程的求解需解非线性方程组，难度较大；而速度方程和加速度方程的求解，则只需解线性方程组，相对而言较容易。上述方法对于复杂的机构同样适用。

第六节　机构的运动线图

以上各节仅就机构在某一位置时来研究其运动情况，但是实际上常常要求知道在整个运动循环中机构的运动变化规律。为此可以用解析法或图解法求出机构在彼此相距很近的一系列位置时的位移、速度和加速度或角位移、角速度和角加速度，然后将所得的这些值相对于时间或原动件之位移作成曲线，这些曲线图便称为运动线图。画运动线图比图表更直观，它可以查得任一瞬时的机构的运动参数，并可以清楚地看出机构的运动变化情形。

图 3-18 所示为一曲柄滑块机构及其滑块 C 的运动线图的作法。设曲柄以等角速度 ω 转动。首先将图 3-18a 中的曲柄销 B 的轨迹分成若干等分（图中为 12 等分），并用作图法求出与它对应的点 C 的一系列位置。这样，距离 C_1C_2、C_1C_3、…便是曲柄在各位置时（亦即每一一定时间内）滑块 C 自其起始位置 C_1 的位移。其次，如图 3-18b 所示，作两个坐标轴，以纵坐标代表滑块销 C 的位移，其位移比例尺 μ_s 等于机构图的比例尺 μ_L。并在横轴上截取长 L（mm）的线段来代表曲柄回转一整周的时间 T，那么其时间比例尺 $\mu_t = T/L = 60/$（nL）（s/mm），式中 n 为曲柄每分钟的转数。

然后将线段 L 分为 12 等分作横坐标，并将图 3-18a 中点 C 的位移投影在各个对应纵坐标上，最后将所得各点连成一光滑曲线，即为点 C 位移对时间的位移曲线 s_C。

又因曲柄以等角速度回转，所以横坐标也代表曲柄 AB 的转角 φ，这时其比例尺为

$$\mu_\varphi = \frac{2\pi}{L}\ (\mathrm{rad/mm})$$

图 3-18 中速度的正、负表示滑块运动方向的不同，速度为正，滑块向上运动；反

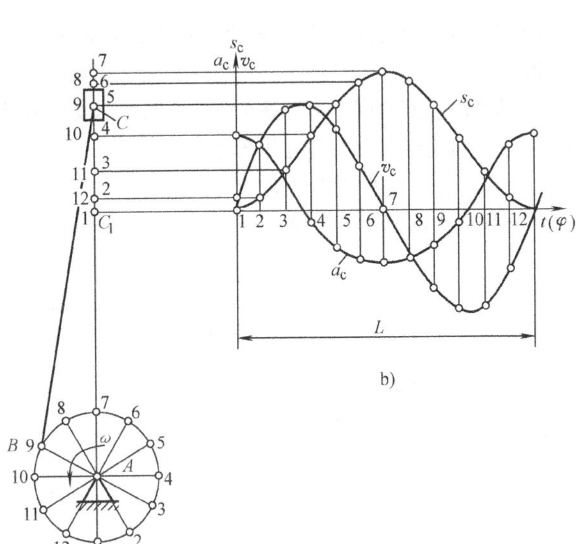

图 3-18　曲柄滑块机构运动线图的绘制

之，则向下运动。当加速度与速度位于横坐标同侧时，滑块作加速运动；反之，作减速运动。由此可见，利用运动线图，可以清楚地看出机构的位移、速度、加速度的变化规律，从而全面地了解机构的运动特性。

至于速度线图和加速度线图的绘制，可以用前述的图解法或解析法求出原动件在各个位置时点 C 的速度和加速度，然后如图所示进行作图。也可用电子计算机进行数字微分或用图解微分的方法直接作出该机构相应的速度和加速度线图。同样，如给出的是加速度线图，则可用数字积分或图解积分的方法求出机构相应的速度线图和位移线图。这里就不再介绍了。

思考题与练习题

3-1　为什么要进行机构的运动分析？运动分析包括哪些内容？

3-2　什么叫速度瞬心？相对瞬心与绝对瞬心的区别是什么？两构件在速度瞬心处的相对加速度是否一定等于零？

3-3　怎样确定组成转动副、移动副、高副的两构件的瞬心？怎样确定机构中不组成运动副的两构件的瞬心？

3-4　在同一构件上两点的速度和加速度之间有什么关系？组成移动副两平面运动构件在瞬时重合点上的速度和加速度之间有什么关系？

3-5　平面机构的速度和加速度多边形有何特性？什么叫“速度影像”和“加速度影像”，它在速度和加速度分析中有何用处？

3-6　机构运动时，在什么情况下有哥氏加速度出现？它的大小及方向如何决定？

3-7 如何根据速度和加速度多边形确定构件的角速度和角加速度的大小和方向？如何确定构件上某点法向加速度的大小和方向？

3-8 当某一机构改换原动件时，其速度多边形是否改变？其加速度多边形是否改变？

3-9 什么叫运动线图？它在机构运动分析时有什么优点？

3-10 试比较瞬心法、相对运动图解法和解析法各有何特点。各适用于什么场合。

3-11 试求出图3-19所示机构中的所有速度瞬心。

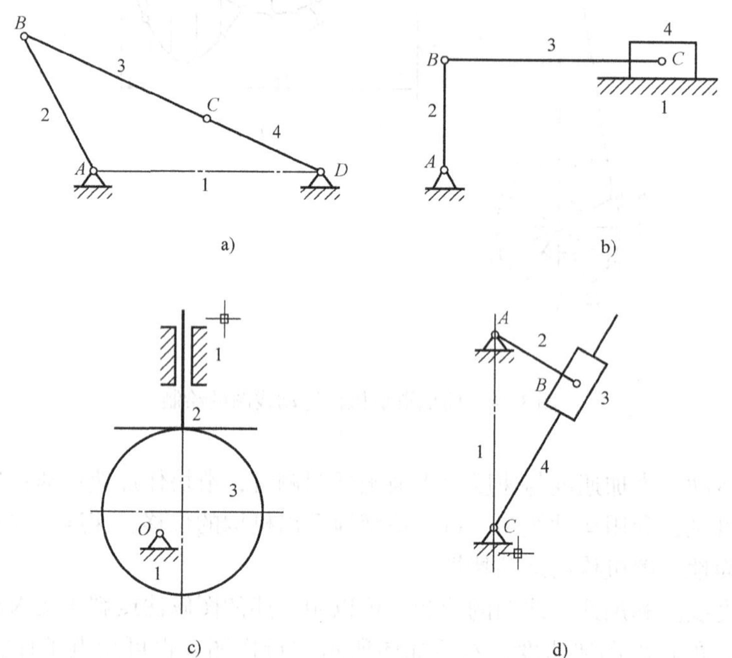

图3-19 题3-11图

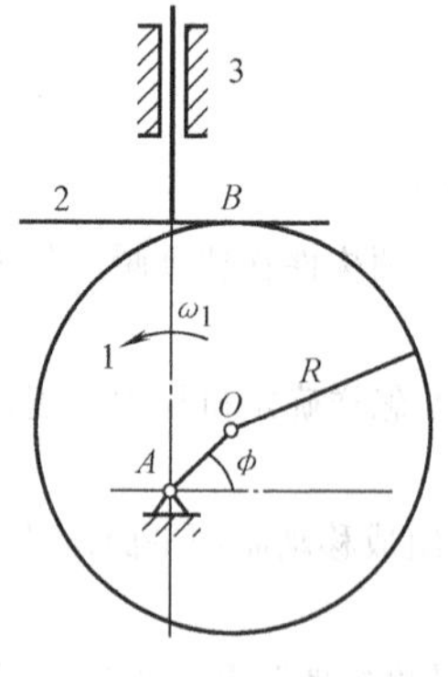

图3-20 题3-12图

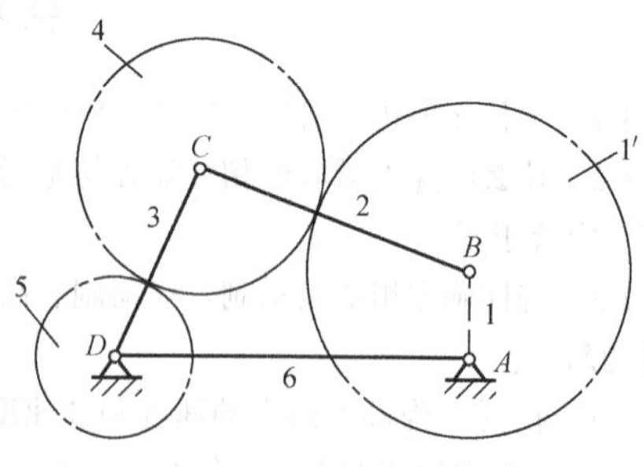

图3-21 题3-13图

3-12　图 3-20 所示凸轮机构，凸轮角速度 $\omega_1=10\text{rad/s}$，$R=50\text{mm}$，$l_{AO}=20\text{mm}$，试求当 $\varphi=0°$、45°及 90°时，构件 2 的速度 v。

3-13　图 3-21 所示机构，由曲柄 1、连杆 2、摇杆 3 及机架 6 组成铰链四杆机构，轮 1′与曲柄 1 固接，其轴心为 B，轮 4 分别与轮 1′和轮 5 相切，轮 5 活套于轴 D 上。各相切轮之间作纯滚动。试用速度瞬心法确定曲柄 1 与轮 5 的角速比 ω_1/ω_5。

3-14　图 3-22 所示四杆机构中，已知：$l_{AB}=65\text{mm}$，$l_{CD}=90\text{mm}$，$l_{AD}=l_{BC}=125\text{mm}$，$\omega_1=10\text{rad/s}$，顺时针转动。试用瞬心法求：1）当 $\varphi=15°$时，点 C 的速度 v_C；2）当 $\varphi=15°$时，构件 BC 上（即 BC 线上或其延长线上）速度最小的一点 E 的位置及其速度值；3）当 $v_C=0$ 时角 φ 的值。

3-15　图 3-23 所示颚式破碎机中，已知：$x_D=260\text{mm}$，$y_D=480\text{mm}$，$x_G=400\text{mm}$，$y_G=200\text{mm}$，$l_{AB}=l_{CE}=100\text{mm}$，$l_{BC}=l_{BE}=500\text{mm}$，$l_{CD}=300\text{mm}$，$l_{EF}=400\text{mm}$，$l_{GF}=685\text{mm}$，$\varphi_1=45°$，$\omega_1=30\text{rad/s}$，逆时针。求 ω_5、α_5。

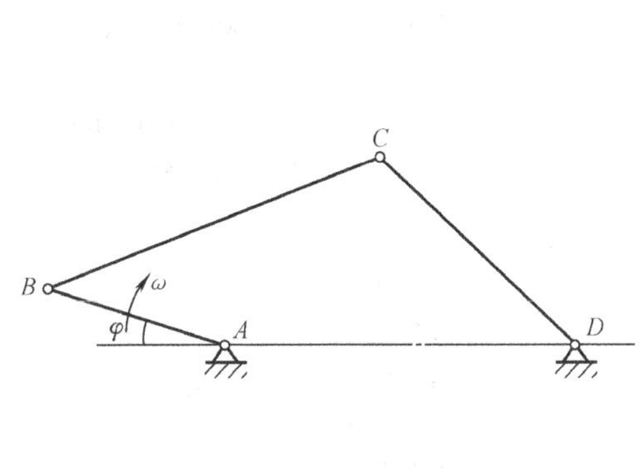

图 3-22　题 3-14 图

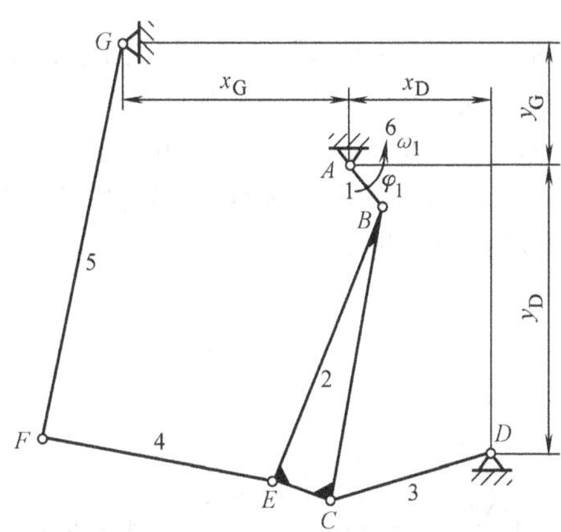

图 3-23　题 3-15 图

3-16　图 3-24 所示曲柄摇块机构，$l_{AB}=30\text{mm}$，$l_{AC}=100\text{mm}$，$l_{BD}=50\text{mm}$，$l_{DE}=40\text{mm}$，$\varphi_1=45°$，等角速度 $\omega_1=10\text{rad/s}$，求点 E、D 的速度和加速度，构件 3 的角速度和角加速度。

3-17　图 3-25 所示正弦机构，曲柄 1 长度 $l_1=0.05\text{m}$，角速度 $\omega_1=20\text{rad/s}$（常数），试分别用图解法和解析法确定该机构在 $\varphi_1=45°$时导杆 3 的速度 $\boldsymbol{v}_3$ 与加速度 $\boldsymbol{a}_3$。

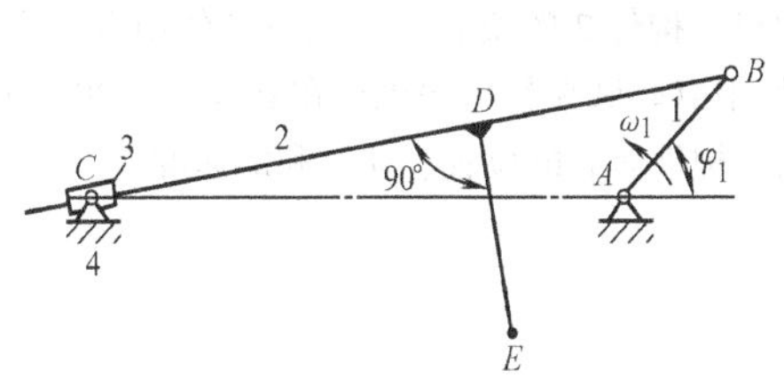

图 3-24　题 3-16 图

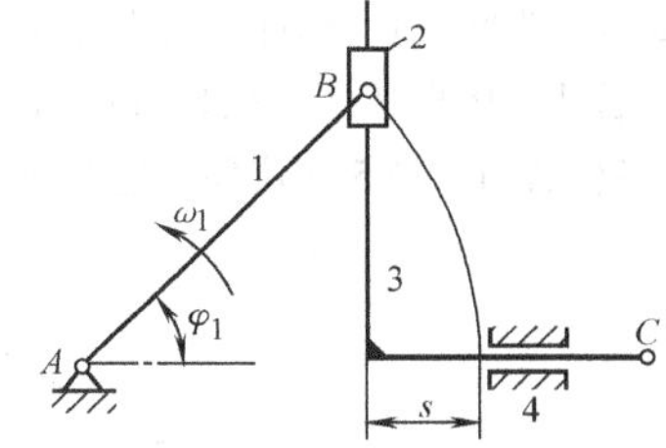

图 3-25　题 3-17 图

3-18　在图 3-26 所示机构中，已知 $l_{AE}=70\text{mm}$，$l_{AB}=40\text{mm}$，$l_{EF}=70\text{mm}$，$l_{DE}=35\text{mm}$，$l_{CD}=75\text{mm}$，$l_{BC}=50\text{mm}$，$\varphi_1=60°$，构件 1 以等角速度 $\omega_1=10\text{rad/s}$ 逆时针方向转动，试求点 C 的速度和加速度。

3-19 图 3-27 所示机构中，已知 $l_{AB}=60\text{mm}$，$l_{BC}=120\text{mm}$，$x_D=65\text{mm}$，$\varphi_1=60°$，原动件 1 以等角速度 $\omega_1=10\text{rad/s}$ 顺时针方向转动，试求构件 5 的速度和加速度。

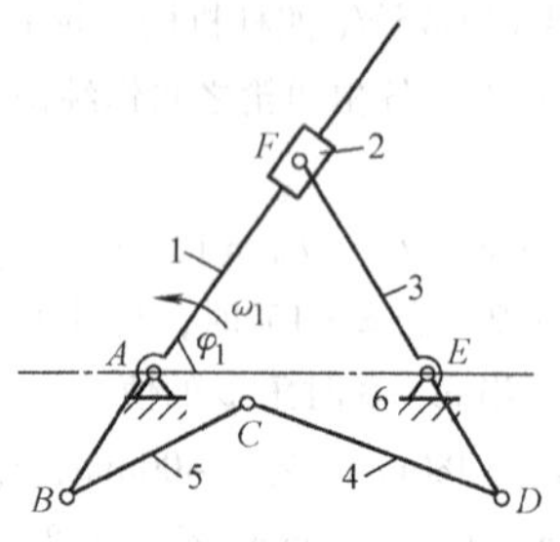

图 3-26 题 3-18 图

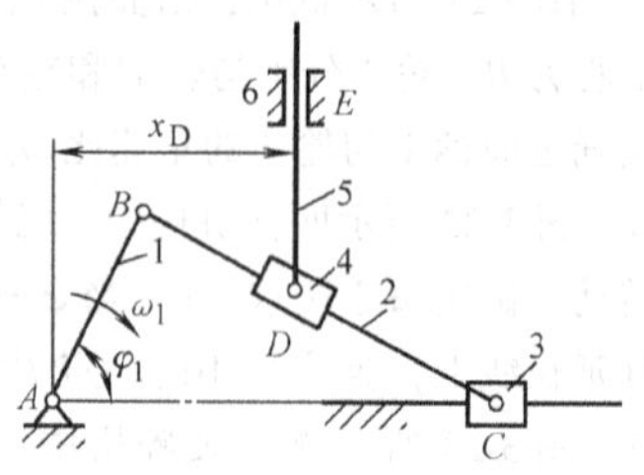

图 3-27 题 3-19 图

3-20 图 3-28 所示曲柄滑块机构中，已知：$l_{AB}=0.1\text{m}$，$l_{BC}=0.33\text{m}$，$n_1=1500\text{r/min}$，$\varphi_1=60°$。试用解析法求滑块 3 的速度和加速度。

3-21 图 3-29 所示冲床机构中，已知 $l_{AB}=0.1\text{m}$，$l_{BC}=0.4\text{m}$，$l_{CD}=0.125\text{m}$，$l_{CE}=0.54\text{m}$，$h=0.35\text{m}$，$\omega_1=10\text{rad/s}$（为常数），转向如图；当 $\varphi_1=30°$时，BC 杆处于水平位置。试用解析法求点 E 的速度和加速度规律。

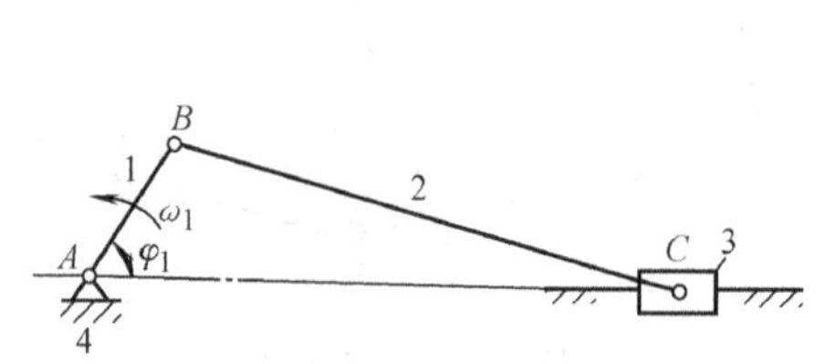

图 3-28 题 3-20 图

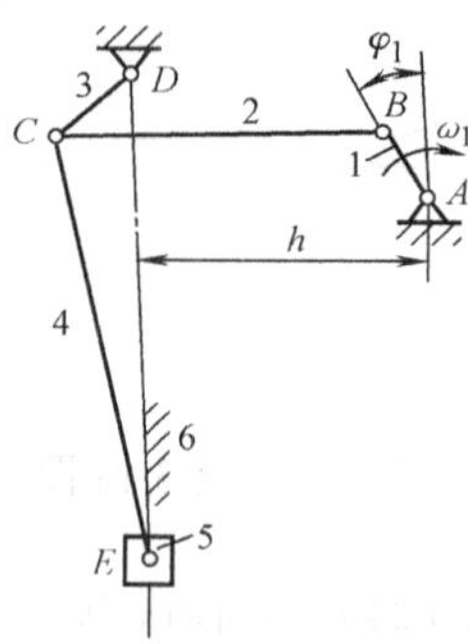

图 3-29 题 3-21 图

3-22 图 3-30 所示机构中，已知 $l_{AB}=0.08\text{m}$，$l_{BC}=0.26\text{m}$，$l_{DE}=0.4\text{m}$，$l_{CE}=0.1\text{m}$，$l_{EF}=0.46\text{m}$，$\omega_1=10\text{rad/s}$（为常数）；构件 1 的质心 S_1 位于 AB 的中点，构件 2 的质心 S_2 位于 BC 的中点，构件 3 的质心 S_3 位于 CD 的中点，构件 4 的质心 S_4 位于 EF 的中点。试编程求解机构在 $\varphi_1=0°$，30°，60°，…，360°各位置时构件 5 的位移、速度和加速度，以及各构件质心的位置、速度和加速度。

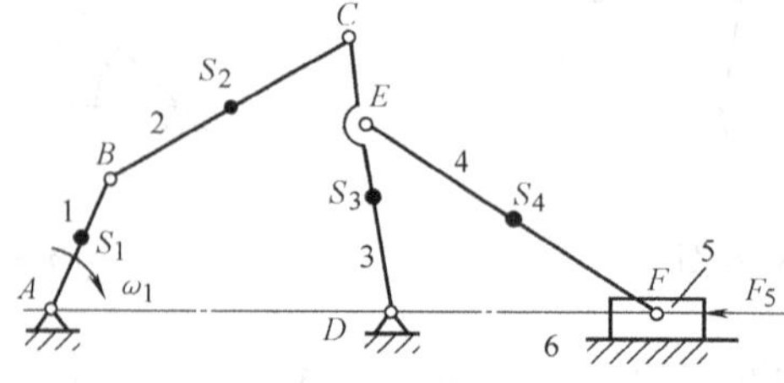

图 3-30 题 3-22 图

第四章　平面连杆机构及其设计

第一节　概　　述

连杆机构是用低副联接若干构件而成的，故连杆机构又称为低副机构。

连杆机构中各构件间的相对运动为平面运动时，称为平面连杆机构，为空间运动时则称为空间连杆机构。平面连杆机构广泛应用于各种机器、仪表及操纵控制设备中。

图 4-1 所示为振动筛机构，它将原动件 1 的回转运动转变为筛子 6 的水平变速运动。

图 4-2 所示为雷达天线俯仰机构。当主动曲柄 1 回转时，从动摇杆 3 作往复摆动，使固定于其上的雷达天线作俯仰运动，以进行搜索。

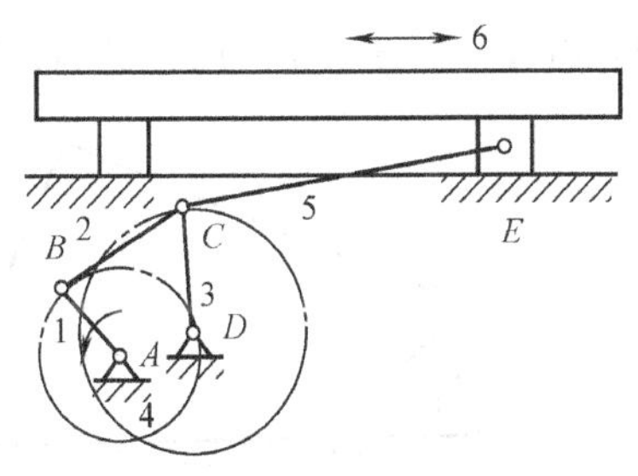

图 4-1　振动筛机构

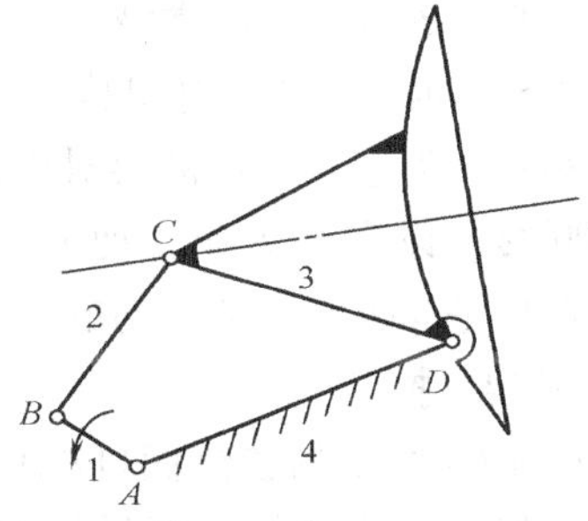

图 4-2　雷达天线调整机构

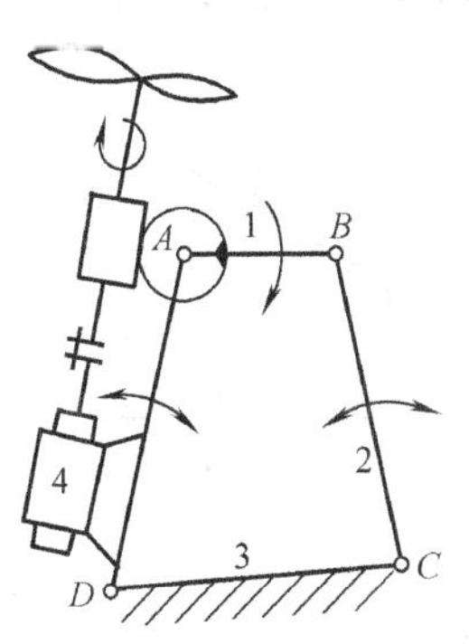

图 4-3　电风扇摇头机构

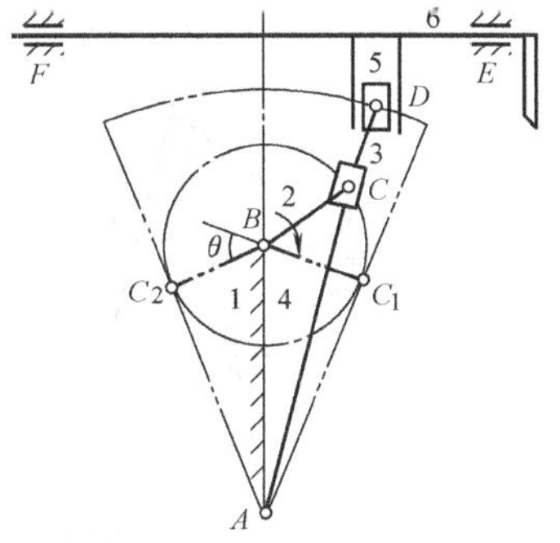

图 4-4　牛头刨床机构

图 4-3 为电风扇摇头机构。该机构可将连杆 *AB* 相对于连架杆 *AD* 的转动转换为连架杆的往复摆动，实现风扇的摇头动作。

图 4-4 为牛头刨床主运动机构。该机构首先将曲柄 2 的连续转动变换成导杆 4 的摆动，再通过构件 5 将运动传递到刨刀 6，最终实现构件 6 的往复移动。

平面连杆机构中构件的基本形状是杆状，故常将构件称为杆。含有四个构件的机构称为平面四杆机构，含有六个构件的机构称为平面六杆机构等。平面四杆机构的组成构件最少，结构最简单，且是构成多杆机构的基础，因此在机械中应用特别广泛。本章将重点讨论平面四杆机构的应用、基本类型、特性及其设计方法等方面的内容。

一、平面连杆机构的特点

在连杆机构中，由于各运动副均为低副，故接触面间压强小，磨损轻，因此承载能力大，而且，低副的运动副元素多为平面或圆柱面，故制造比较简单。另外，在连杆机构的设计中，通过改变构件的数目或长度等，可实现较复杂的预期运动规律。

但是，组成平面连杆机构的构件多，设计中待定尺寸参数多，若已知条件较多时，一般难于求出精确的设计结果。运动副磨损后运动副间隙难以补偿。连杆机构的连杆作平面复合运动，其惯性力（矩）不易平衡，所以平面连杆机构只适用于运动要求不太严格的场合。

二、平面连杆机构的类型

图 4-5 所示为铰链四杆机构。其中杆 4 为机架；杆 1、杆 3 分别与机架以转动副相联接，称它们为连架杆；机架对面的杆2与两个连架杆相联接，以实现运动和动力的传递，称其为连杆，连杆是作平面复杂运动的。

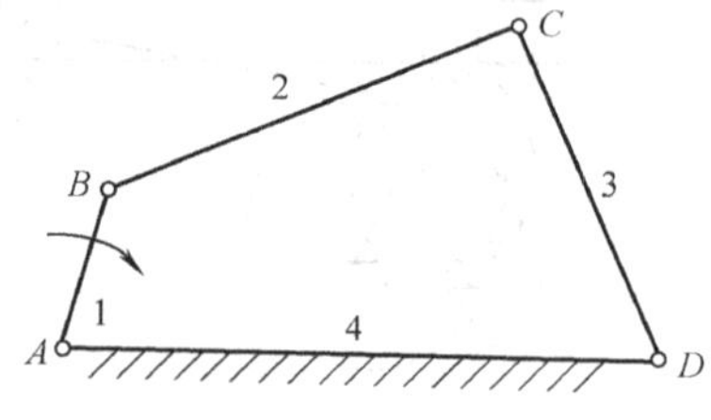

图 4-5 铰链四杆机构

1. 机架置换

在图 4-6a 所示的铰链四杆机构中，能作整周回转的连架杆称为曲柄，而只能在一定角度范围内摇摆的连架杆称为摇杆。*AB* 杆能绕机架作整周运动，*CD* 杆只能绕机架作一定角度范围内摇摆，该机构称为曲柄摇杆机构。

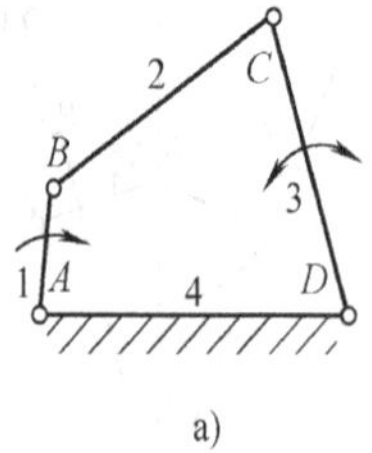

a)

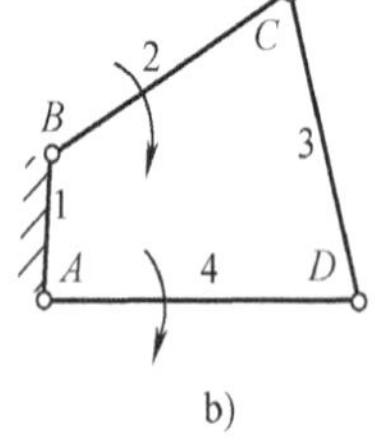

b)

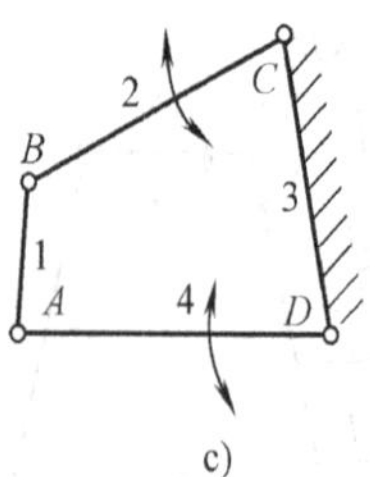

c)

图 4-6 铰链四杆机构的三种形式

a）曲柄摇杆机构 b）双曲柄机构 c）双摇杆机构

对连杆机构而言，若组成转动副的两构件之间能作整周相对转动，则该转动副称为周转副，而不能整周相对转动的则称为摆转副。

转动副是周转副还是摆转副，只与组成铰链四杆机构的构件尺寸有关，而与哪一个构件为机架无关。图4-6a所示的曲柄摇杆机构，若取*AB*杆为机架，由于*A*、*B*为周转副，则该机构演变成为图4-6b所示的双曲柄机构；若取*CD*杆为机架，由于*C*、*D*为摆转副，则该机构演变成为图4-6c所示的双摇杆机构。

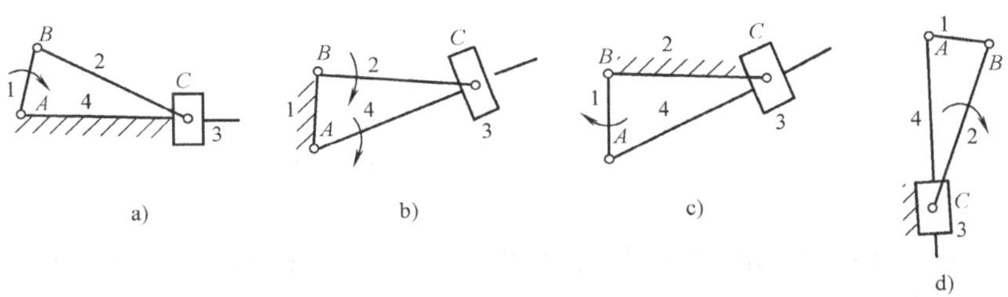

图4-7 对心曲柄滑块机构的演化

a）曲柄滑块机构 b）摆动导杆机构 c）曲柄摆块机构 d）移动导杆机构

又如图4-7a所示的曲柄滑块机构，*AB*杆为曲柄，*A*、*B*两转动副是周转副，*C*为摆转副。若取*AB*为机架，则机构演变成为图4-7b所示转动导杆机构；若取*BC*杆为机架，则机构演变成为如图4-7c所示的曲柄摆块机构；若取构件3（滑块）为机架，则机构演变成为如图4-7d所示的移动导杆机构。

可见，对同一个闭式运动链，若取不同的构件为机架，可获得不同的机构。这种利用改变机架而演化的机构称为原机构的倒置机构。机构置换后，机构中各构件的绝对运动随之而改变，但各构件的相对运动仍保持不变。

2. 尺寸改变，转动副演变成移动副

在一个机构中，当某些构件长度改变时，从动件的运动就会改变。

如图4-8a所示，若将曲柄摇杆机构中摇杆3的长度增至无穷大，则铰链*C*的运动轨迹$\overset{\frown}{mm}$将变成直线，如图4-8b所示，摇杆3演化成直线运动的滑块，转动副*D*转化成移动副，曲柄摇杆机构则演化成为如图4-9所示的曲柄滑块机构。其中图4-9a所示机构中滑块导路通过曲柄转动中心*A*，称为对心

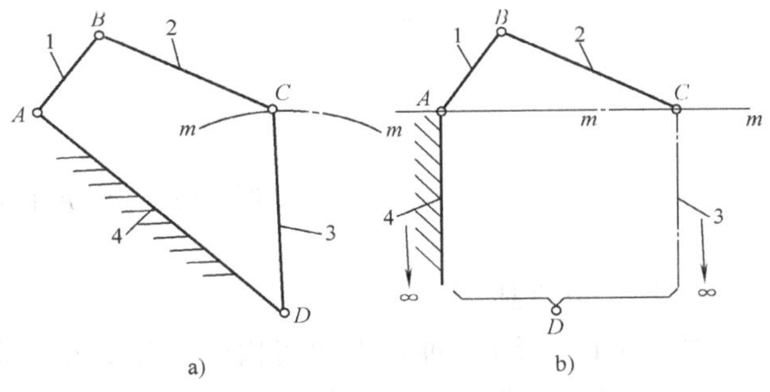

图4-8 曲柄摇杆机构的演化

a）演化前 b）演化后

曲柄滑块机构；图4-9b所示机构，滑块导路至曲柄回转中心有一偏距$e(e\neq0)$，则称为偏置曲柄滑块机构。

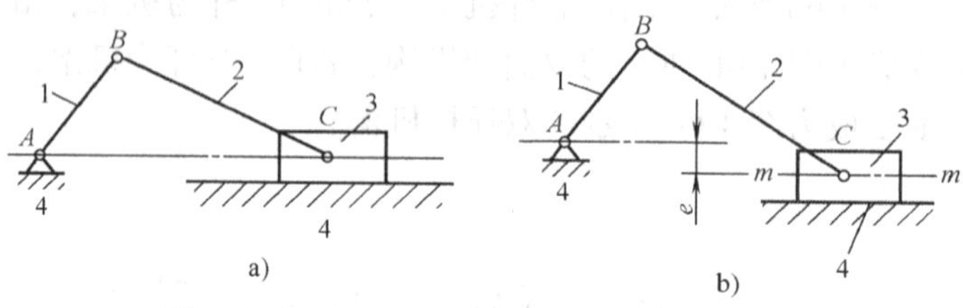

图4-9 曲柄滑块机构

a）对心曲柄滑块机构 b）偏置曲柄滑块机构

此外，在图4-9a所示的曲柄滑块机构中，由于铰链B相对于铰链C的运动轨迹为以C为圆心，以BC为半径的圆弧，所以，若将连杆2作为滑块形式，并使之沿圆弧导轨$\overset{\frown}{\alpha\alpha}$运动，如图4-10a所示，显然，其运动性质仍未发生改变，所生成的机构称为双滑块机构。若将图4-10a所示的双滑块机构中圆弧导轨$\overset{\frown}{\alpha\alpha}$曲率半径增至无穷大，则圆弧导轨$\overset{\frown}{\alpha\alpha}$将成为一直线，于是该机构将演化成双滑块机构中的一个特殊机构——正弦机构，如图4-10b所示。在此机构中，从动件3的位移s与原动件1的转角φ的正弦成正比，即$s=l_{AB}\sin\varphi$。

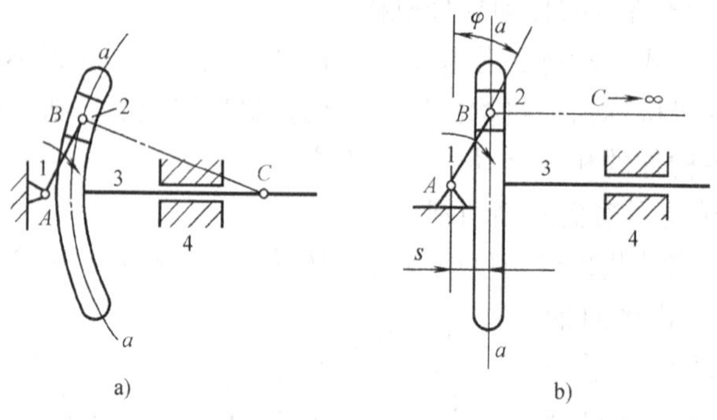

图4-10 双滑块机构

3. 扩大转动副

如图4-11a所示的曲柄滑块机构中，若增大转动副B的尺寸，使其半径大于曲柄AB的长度尺寸，则曲柄将变成为一个几何中心与其回转中心不重合的圆盘，如图4-11b所示，称此圆盘为偏心轮。此偏心轮的回转中心A，即为原曲柄的回转中心，而其几何中心B则为铰链B的几何中心。A、B两中心的距离e称为偏心距，此偏心距实际上就是原曲柄的长度。这种机构称为偏心轮机构。显然，演化生成的偏心轮机构与图 4-11a 所示的原曲柄滑块机构的运动特性相同。

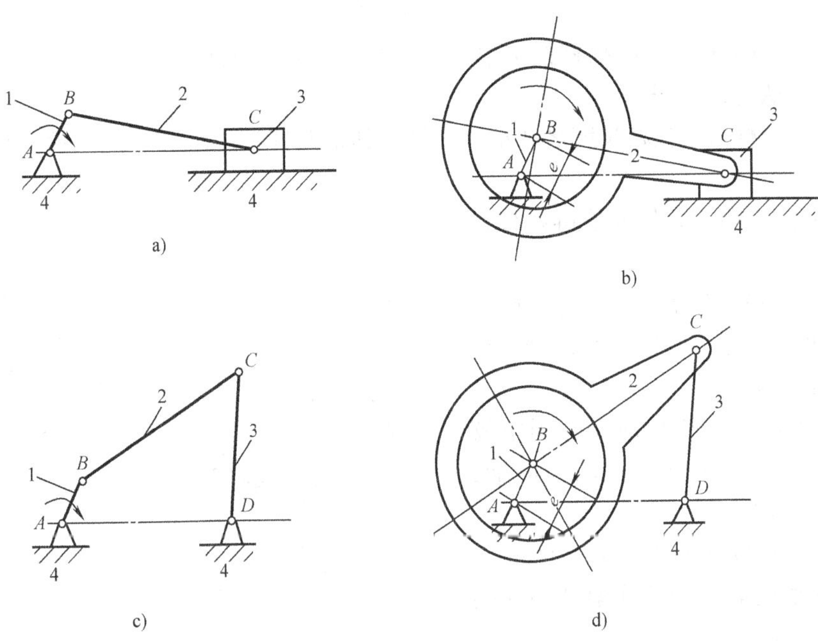

图 4-11　偏心轮机构

a）曲柄滑块机构　b）曲柄滑块机构演化的偏心轮机构

c）曲柄摇杆机构　d）曲柄摇杆机构演化的偏心轮机构

同理，曲柄摇杆机构也可演化生成偏心轮机构，如图 4-11c、d 所示。

第二节　铰链四杆机构曲柄存在的条件

平面连杆机构中，是否存在曲柄，取决于机构中各构件间的相对尺寸关系和机架的选择。下面对常用机构进行分析。

图 4-12 所示为铰链四杆机构，图中各杆长度分别为 a、b、c、d。杆 1 为曲柄，杆 4 为机架。当曲柄转动一周时，曲柄与连杆出现两次共线，其相应机构位置分别为 AB_1C_1D 和 AB_2C_2D，根据三角形的边长关系能得出机构各杆长度之间的关系。

在 $\triangle AC_1D$ 中，　$(b-a)+d \geqslant c$ 及 $(b-a)+c \geqslant d$

即
$$\left.\begin{aligned} c+a &\leqslant b+d \\ d+a &\leqslant b+c \end{aligned}\right\} \tag{4-1}$$

在 $\triangle AC_2D$ 中，有
$$b+a \leqslant c+d \tag{4-2}$$

将式（4-1）、式（4-2）中三式两两相加并化简得：

$$\left.\begin{aligned} a &\leqslant b \\ a &\leqslant c \\ a &\leqslant d \end{aligned}\right\} \tag{4-3}$$

因此，可以得出曲柄摇杆机构中各杆长度应满足的条件：

1）曲柄为最短杆。

2）最短杆与最长杆长度之和小于或等于其余两杆长度之和。此条件又称为杆长和的条件。

满足杆长和的条件的铰链四杆机构：

1）当最短杆为连架杆时，最短杆即为曲柄，另一连架杆为摇杆，得曲柄摇杆机构。

2）当最短为机架时，两固定铰链均为周转副，两连架杆均为曲柄，得双曲柄机构。

3）当最短杆为连杆时，两固定铰链均为摆转副，即两连架杆均为摇杆，得双摇杆机构。

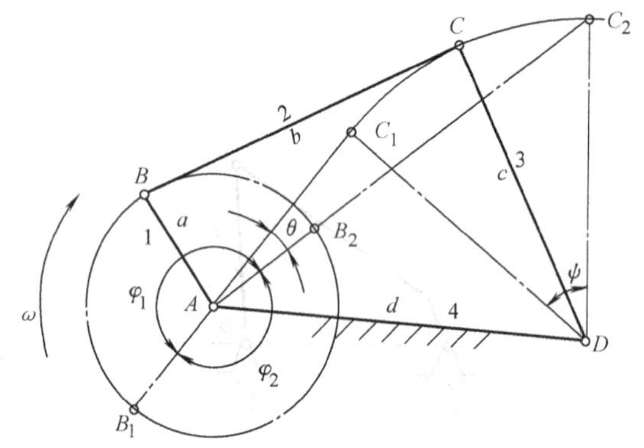

图 4-12　曲柄存在条件分析

当最短杆长度与最长杆长度之和大于其他两杆长度之和时，无论取何构件为机架都不会有曲柄存在，只能构成双摇杆机构。

如图 4-13a 所示的曲柄滑块机构，若 AB 为曲柄，曲柄滑块机构的曲柄存在条件是：$a+e\leqslant b$。当 $a+e>b$ 时，则为摇杆滑块机构，如图 4-13b 所示；当 $e=0$ 时，得对心滑块机构，其存在曲柄的条件 $a\leqslant b$。

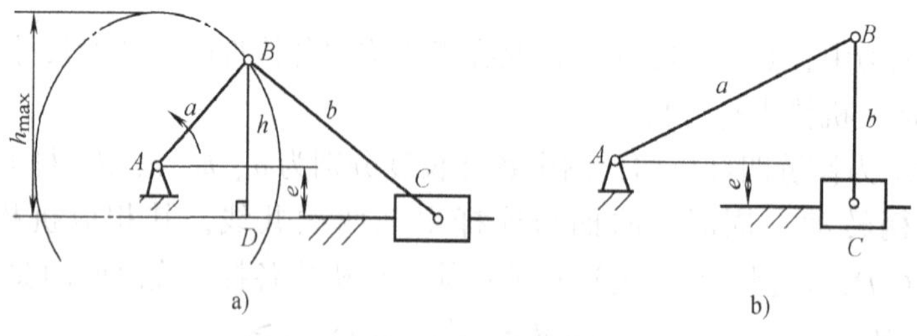

图 4-13　曲柄滑块与摇杆滑块的杆长条件

a）曲柄滑块机构　b）摇杆滑块机构

第三节　平面四杆机构的基本工作特性

一、急回特性

如图 4-12 所示曲柄摇杆机构中，曲柄 AB 在转动一周的过程中，有两次与连杆 BC 共线，即在曲柄处于 AB_1 和 AB_2 位置时，铰链中心 A 至 C 点的距离 AC_1 和 AC_2 为最短和最长，并使摇杆分别处于极限位置 C_1D 和 C_2D。摇杆在两极限位置之间作往复摆动的角 ψ 称为工作摆角。曲柄在两相应位置 AB_1 和 AB_2 之间所夹的锐角 θ，称为极位夹角。

当曲柄 AB 等角速度顺时针由位置 AB_1 转动角度 φ_1（$\varphi_1 = 180° + \theta$）至 AB_2 时，摇杆 CD 由 C_1D 摆过角度 ψ 至 C_2D，对应的时间为 t_1，则 C 点的平均速度 $v_1 = \overset{\frown}{c_1c_2}/t_1$；当曲柄继续转过 φ_2（$\varphi_2 = 180° - \theta$）时，摇杆自 C_2D 摆回到 C_1D，摆角仍为 ψ，对应的时间为 t_2，而 C 点的平均速度为 $v_2 = \overset{\frown}{c_1c_2}/t_2$。由于等角速度转动的曲柄所对应的转角不等，即 $\varphi_1 > \varphi_2$，所以必然有 $t_1 > t_2$。而往复摆动的摇杆摆角相同，则 $v_2 > v_1$。一般用慢速行程作工作行程，快速行程作返回行程，输出构件的这种快速返回的运动特性称为急回特性。急回的程度用行程速比系数 K 表示，即

$$K = \frac{v_2}{v_1} = \frac{\overset{\frown}{c_1c_2}/t_2}{\overset{\frown}{c_1c_2}/t_1} = \frac{t_1}{t_2} = \frac{\psi_1}{\psi_2} = \frac{180° + \theta}{180° - \theta} \tag{4-4}$$

式（4-4）表明，曲柄摇杆机构是否存在急回特性，取决于它是否存在极位夹角 θ，θ 角越大，K 值越大，急回特性越明显，但从动件加速度越大，惯性力越大，机构稳定性差。一般机械 $K \leqslant 2$。当 $\theta = 0$ 时，$K = 1$，则 $v_1 = v_2$，机构无急回特性。

偏置曲柄滑块机构和摆动导杆机构均有急回特性。

二、压力角和传动角

在生产中，不仅要求连杆机构能实现预定的运动规律，而且希望运转轻便、效率高。

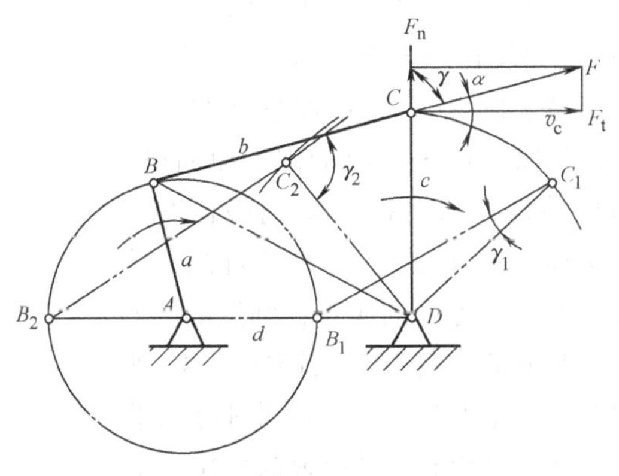

图 4-14　曲柄摇杆机构的压力角和传动角

如图 4-14 所示的曲柄摇杆机构中，若不计各杆质量及运动副中的摩擦，则由原动件曲柄 AB 通过连杆 BC 传递到从动件摇杆 CD 上的力 F，应是沿着 BC 方向作用的。该力作用方向与力作用点 C 的绝对速度方向之间所夹锐角，称为压力角 α；而 γ（$\gamma = 90° - \alpha$）是压力角的余角，称为传动角。由图可见，力 F 在 C 点速度方向的分力 $F_t = F\cos\alpha = F\sin\gamma$，是驱动从动件 CD 运动的有

效分力；而沿摇杆 CD 方向的分力 $F_n = F\sin\alpha = F\cos\gamma$，在铰链 C 和 D 中产生的径向压力，只能在运动副中产生摩擦且损耗功率。显然，γ 角越大，有效分力 F_t 越大，机构的传力性能越好。所以，在连杆机构中，常以传动角 γ 的大小来表示机构的传力性能。为了保证机构的传力特性，对机构传动角 γ 的最小值 γ_{min} 通常给以限制，设计时一般取 $\gamma_{min} \geqslant 40°$，传递大功率的机构，要求 $\gamma_{min} \geqslant 50°$。

由图 4-14 可知，在△ABD 中

$$\overline{BD}^2 = a^2 + d^2 - 2ad\cos\angle BAD$$

在△BCD 中

$$\overline{BD}^2 = b^2 + c^2 - 2bc\cos\angle BCD$$

故

$$\angle BCD = \arccos(b^2 + c^2 - a^2 - d^2 + 2ad\cos\angle BAD)/2bc$$

当时 $\angle BAD = 0°$ 时

$$\angle BCD_{min} = \arccos[b^2 + c^2 - (d - a)^2]/2bc$$

当 $\angle BAD = 180°$ 时

$$\angle BCD_{max} = \arccos[b^2 + c^2 - (a + d)^2]/2bc$$

又因传动角是锐角，所以，当 $\angle BCD \leqslant 90°$ 时，$\angle BCD = \gamma_1$；而当 $\angle BCD > 90°$ 时，$\gamma_2 = 180° - \angle BCD$。可见，最小传动角 γ_{min} 总是出现在图示的两双点划线位置之一，即曲柄与机架的两个共线位置之一。因此，只需比较这两个位置时的两个传动角，取小的就是曲柄摇杆机构以曲柄为原动件时的最小传动角 γ_{min}。

图 4-15 所示偏置曲柄滑块机构，当曲柄为原动件时，机构的最小传动角 γ_{min} 出现在图中虚线 $AB'C'$ 位置。

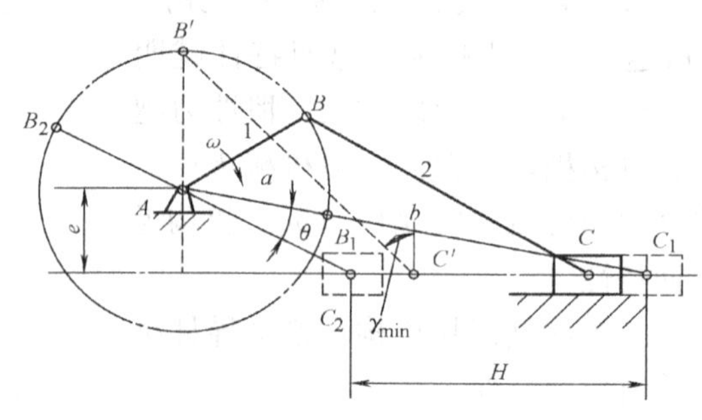

图 4-15　曲柄滑块机构 γ_{min} 分析

对于图 4-12 所示曲柄摇杆机构中，如以摇杆 3 为原动件，而曲柄 1 为从动件，则当摇杆摆到极限位置 C_1D 和 C_2D 时，连杆 2 与曲柄 1 共线。若不计各杆的质量，则这时连杆加给曲柄的力将通过铰链中心 A。此力对 A 点不产生力矩，因此不能使曲柄转动。机构的这种位置称为死点位置。死点位置会使机构的从动件出现卡死或运动不确定现象。为了消除死点位置的不良影响，可以对从动曲柄施加外力，或利用飞轮及构件自身的惯性作用，使机构通过死点位置。

图 4-16a 所示为缝纫机的踏板机构，图 4-16b 为其机构运动简图。踏板 1 为原动件，往复摆动，通过连杆 2 驱使曲柄 3 作整周转动，再经过带传动使机头主轴转动。在实际使用中，缝纫机有时会出现踏不动或倒车现象，这就是由于机构处于死点位置引起的。在正常运转时，借助安装在机头主轴上的飞轮（带轮）的惯性作用，可以使缝纫机踏

板机构的曲柄冲过死点位置。机构具有死点位置对传动是有害的，应设法避免。

机构静止于死点位置时，若不改变原动件，机构具有保持原位置永远不变的特性。机构的这一特性常被用来实现一定的工作要求。图 4-17 所示为机床夹具的夹紧机构。图示位置为夹紧状态，机构 $ABCD$ 处于死点位置，工件反力 F_Q 不能使机构运动，故工件不会松脱。当需要放开时，在连杆 BC 的手柄上加一反力 F_P 即可。

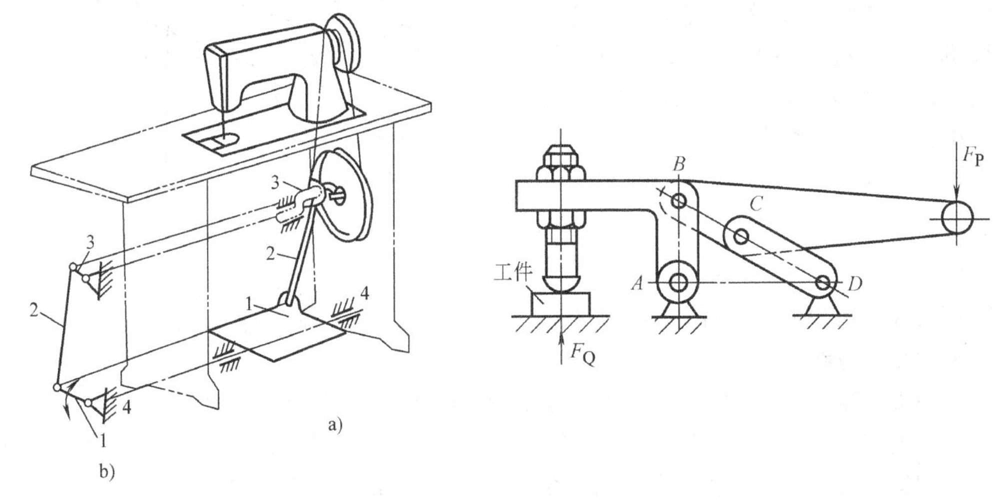

图 4-16 缝纫机踏板机构
a) 踏板机构 b) 机构运动简图

图 4-17 夹紧机构

具有死点位置的机构，多数在改变原动件时，机构死点位置随之消失，所以机构是否具有死点位置一般取决于原动件的选择。

第四节 平面四杆机构的设计

平面四杆机构设计，主要是根据给定的运动条件，确定机构尺寸参数。有时为了使机构设计得可靠、合理，还要考虑几何条件和动力条件等。一般来讲，连杆机构的设计中常常遇到两类问题：(1) 按给定运动规律设计四杆机构，连杆机构的运动规律一般是指主动件与输出构件之间的运动关系或对应位置关系、行程和行程速比系数的要求等。(2) 按照给定点的运动轨迹设计四杆机构。

平面四杆机构的设计方法有图解法、解析法和实验法三种。图解法直观，实验法简便，但精度都不高。随着计算机的普及，解析法是设计方法的方向。但图解法求解过程中已知条件与设计量之间清晰的几何关系，将为计算机求解建立数学模型时采用。因此图解法在平面四杆机构设计中仍起着重要作用。

一、按连杆的给定位置设计平面四杆机构

按给定连杆位置设计四杆机构的实质在于确定连架杆与机架组成的转动副中心的位

置。

如图 4-18 所示，已知连杆长度 BC 及连杆的三个给定位置 B_1C_1、B_2C_2、B_3C_3，设计四杆机构。

由于连杆 BC 上的两个活动铰链中心 B 及 C 的位置已被确定，只需确定它的两个固定铰链中心 A 及 D 的位置。由于四杆机构的铰链中心 B 和 C 的运动轨迹分别是以 A 和 D 为圆心的圆弧，所以由 B_1、B_2、B_3 可求 A 点；由 C_1、C_2、C_3 可求 D 点。为此，连接 B_1 与 B_2、B_2 与 B_3、C_1 与 C_2、C_2 与 C_3，分别作$\overline{B_1B_2}$、$\overline{B_2B_3}$的垂直平分线 b_{12} 及 b_{23}，其交点就是固定铰链 A 点的位置；同样，作出$\overline{C_1C_2}$、$\overline{C_2C_3}$的垂直平分线 c_{12} 及 c_{23}，交点为固定铰链中心 D。连接 AB_1、DC_1 得设计机构 AB_1C_1D。设计结果是惟一的。

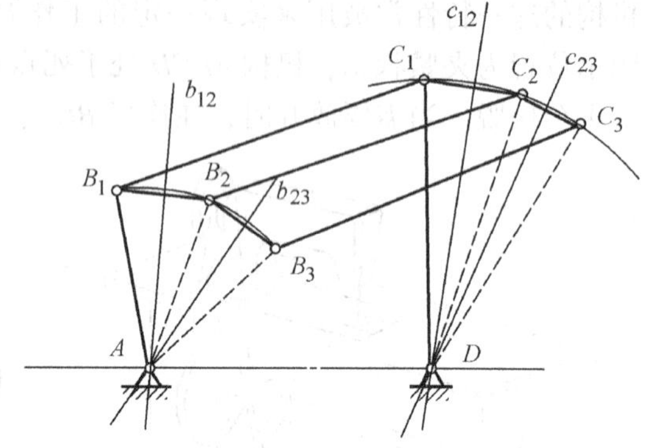

图 4-18　按连杆的给定位置设计平面四杆机构

若给定连杆两个位置，则 A、D 不能惟一确定，设计结果有无穷多。必须给定辅助条件，如构件尺寸、最小传动角或机架位置等，才能惟一确定 A、D 位置。

二、按两连架杆给定位置设计四杆机构

图 4-19a 所示，已知连架杆、机架长度分别为 AB、AD，两连架杆 AB、CD 三组对应位置为 AB_1、AB_2、AB_3 及 DE_1、DE_2、DE_3，相应转角为 φ_1、φ_2、φ_3 以及 ψ_1、ψ_2、ψ_3。试设计平面四杆机构。

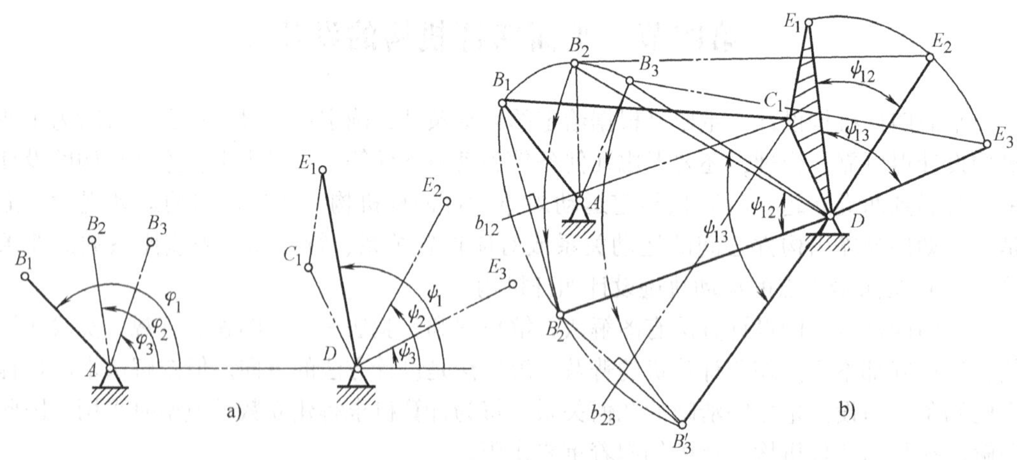

图 4-19　给定两连架杆三组对应位置设计四杆机构

设计此机构的关键是确定铰链 C 点的位置。可以假想 DE 为机架，AB 为连杆，将原已知条件转化为给定连杆（AB）三个位置的设计问题。设计步骤为：

1）机构倒置。改取 DE_1 为机架，则 AB 为连杆（图 4-19b）。

2）刚化搬移（转动）。求出连杆 AB 上动铰点 B 相对于 C_1 运动的三个位置。为此，刚化 $\triangle DE_2B_2$、$\triangle DE_3B_3$，以逆时针的方向，绕 D 点分别转过角 $\psi_{12}(\psi_{12}=\psi_1-\psi_2)$、$\psi_{13}(\psi_{13}=\psi_1-\psi_3)$ 将 DE_2、DE_3 转至 DE_1 处，得 B_2'、B_3' 两点。

3）求中垂线交点。作 $\overline{B_1B_2'}$ 和 $\overline{B_2'B_3'}$ 的中垂线 b_{12} 和 b_{23}，交于 C_1 点。AB_1C_1D 就是要设计的四杆机构。

如果只给定连架杆的两组对应位置，C_1 点可在 b_{12} 上任意选定。至于选在 b_{12} 上何处最合适，须根据其他辅助条件来确定。如果 B、C 两点均未已知时，则 AB 与 CD 可以任意选定一个长度，再按上述方法求解。

例 4-1　图 4-20a 所示，曲柄长度为 AB，其给定位置由转角 φ_1、φ_2、φ_3 确定，相应滑块 C 的位置标线为 Ⅰ′、Ⅱ′、Ⅲ′，s_{12}、s_{13} 为滑块位移量。试设计曲柄滑块机构。

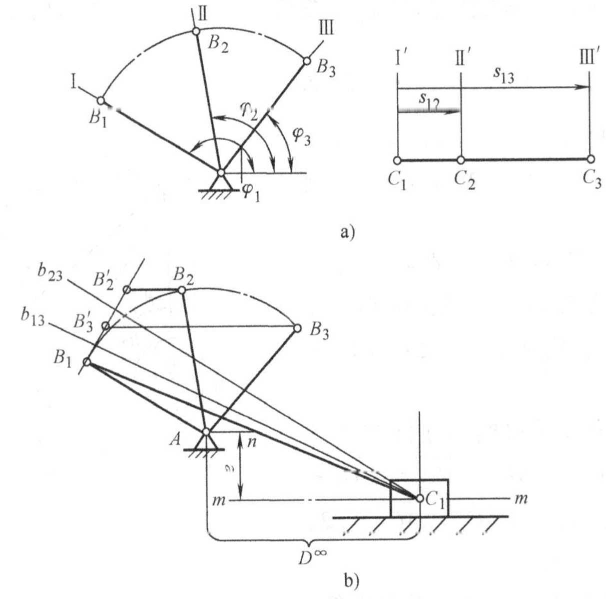

图 4-20　曲柄滑块机构设计

a）题图　b）图解

解　滑块 C 可以认为是铰链中心 D 点在无穷远的连架杆 CD，CD 杆反向转动可以认为是滑块 C 反向移动。

1）水平线 An 及 $\angle nAB_1$、$\angle nAB_2$、$\angle nAB_3$ 分别为 φ_1、φ_2、φ_3，并取 $AB_1=AB_2=AB_3=AB$。

2）如图 b 中过 B_2、B_3 点分别作水平线，并取 $B_2B_2'=s_{12}$、$B_3B_3'=s_{13}$。

3）连接 B_1B_3' 与 $B_2'B_3'$，并分别作它们的垂直平分线 b_{13}、b_{23} 交于 C_1。

4）过 C_1 作水平线 mm，即为滑块的移动导路。

5）连接 B_1C_1，得所要设计的曲柄滑块机构 AB_1C_1。

三、按给定的行程速比系数 *K* 设计四杆机构

在设计具有急回特性的四杆机构时，通常按实际需要先给定行程速比系数 K 的数值，然后根据机构在极限位置的几何关系，再结合有关辅助条件，以确定机构运动的尺寸参数。

1. 曲柄摇杆机构

已知行程速比系数 K，摇杆长度 CD 及其摆角 ψ，试设计四杆机构。

设计的实质是确定曲柄 AB 的固定铰链中心 A 点的位置，然后确定其余三杆的尺寸长度。设计步骤如下：

1）由给定的行程速比系数 K，计算极位夹角 $\theta = 180° \dfrac{K-1}{K+1}$。

2）如图 4-21 所示，确定比例尺 μ_L。按角 ψ 和 CD 杆长作出摇杆的两极限位置 C_1D 和 C_2D。

3）连接 C_1 和 C_2，并过 C_1 点作 $\overline{C_1C_2}$ 的垂线 $\overline{C_1M}$，过 C_2 点作与 $\overline{C_1C_2}$ 成 $\angle C_1C_2N = 90° - \theta$ 的直线 $\overline{C_2N}$，交 $\overline{C_1M}$ 于点 P，则 $\angle C_1PC_2 = \theta$。

4）作 $\triangle C_1PC_2$ 的外接圆，在圆上任选一点 A 作为曲柄与机架的固定铰链中心，并分别与 C_1、C_2 点相连，得 $\angle C_1AC_2 = \angle C_1PC_2 = \theta$。

5）由在极限位置时曲柄与连杆共线的关系可知：$\overline{AC_1} = \overline{B_1C_1} - \overline{AB_1}$，$\overline{AC_2} = \overline{B_2C_2} + \overline{AB_2}$，从而得，$L_{AB} = \mu_L\ (\overline{AC_2} - \overline{AC_1})\ /2$，$L_{BC} = \mu_L\ (\overline{AC_1} + \overline{AC_2})\ /2$。

由于点 A 是任选的，所以有无穷多解，为了获得良好的传动性能，可按照最小传动角或其他辅助条件，使其设计具有确定解。

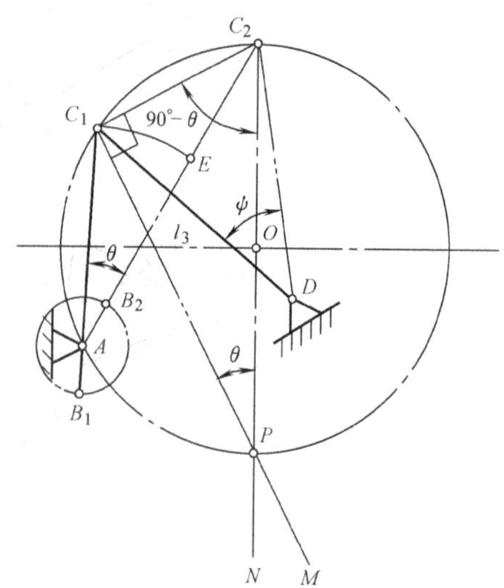

图 4-21　按 *K* 值设计曲柄摇杆机构

2. 导杆机构

已知条件：机架长度 l_4、行程速比系数 K。

由图 4-22 可知，导杆机构的极位夹角 θ 等于导杆摆角 ψ，所需确定的尺寸是曲柄长度。

设计步骤如下：

1）由已知条件 K 可求得 θ

$$\theta=\psi=180°\frac{K-1}{K+1}$$

2）任选固定铰链中心 D，以夹角 ψ 作出导杆两极限位置 Dn 和 Dm。

3）作摆角 ψ 的平分线 AD，并在线上取 $AD=l_4$，得固定铰链中心的位置。

4）过 A 点作导杆极限位置的垂线 AB_1（或 AB_2）即得曲柄长度 $l_1=AB_1$。

例 4-2　设计一曲柄滑块机构。已知条件：行程速比系数 K，滑块的行程 H，偏距 e。

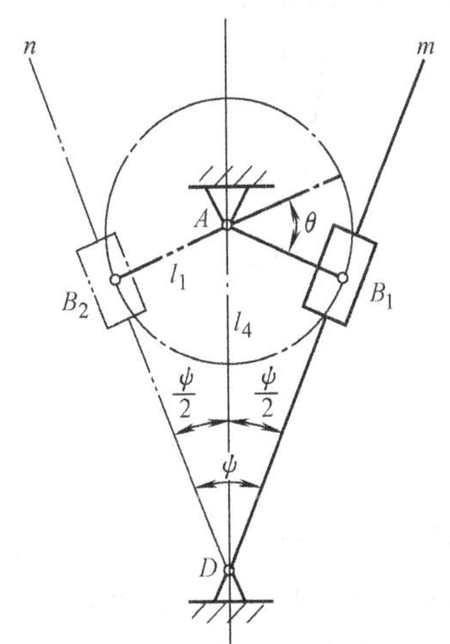

图 4-22　按 K 值设计摆动导杆机构

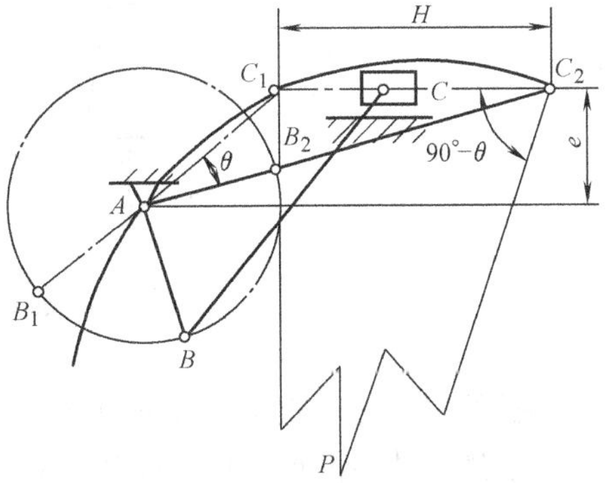

图 4-23　按 K 值设计曲柄滑块机构

解　如图 4-23 所示。设计步骤如下：

1）由已知条件 K 可求得 θ

$$\theta=180°\frac{K-1}{K+1}$$

2）作直线 $\overline{C_1C_2}=H$，分别过 C_1、C_2 点作 $\angle C_2C_1P=90°$，$\angle C_1C_2P=90°-\theta$，交点 P，以 C_2P 为直径作 $\triangle C_2C_1P$ 的外接圆。

3）作一直线平行直线 C_1C_2，且距离为 e，此直线交外接圆于 A，则 $\angle C_1AC_2=\theta$。

4）则 AC_1 与 AC_2 为曲柄与连杆共线位置，固有 $\overline{AC_1}=\overline{B_1C_1}-\overline{AB_1}$，$\overline{AC_2}=\overline{B_2C_2}+\overline{AB_2}$，从而得 $L_{AB}=\mu_L(\overline{AC_2}-\overline{AC_1})/2$，$L_{BC}=\mu_L(\overline{AC_1}+\overline{AC_2})/2$。得曲柄滑块机构 ABC。

四、用实验法设计平面四杆机构

平面四杆机构中，两连架杆的运动形式不外乎是连续回转、往复摆动和往复移动，所以连架杆上各点运动的轨迹是不同半径的同心圆弧或是互相平行的直线；而连杆是作平面运动的构件，根据分析可知，连杆上各点的运动轨迹是一条封闭的六次代数曲线，这些曲线称为连杆曲线。连杆曲线的形状随连杆上点的位置和机构中各杆长度的不同而变化，因此连杆曲线可以满足多种要求。

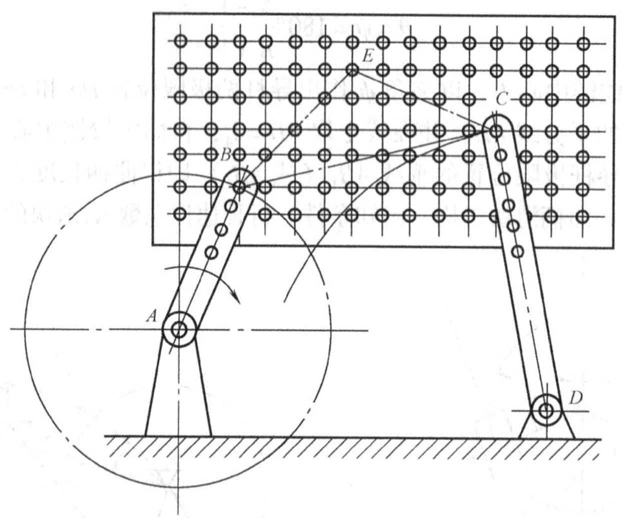

图 4-24　描绘连杆曲线的模型机构

根据给定的运动轨迹设计四杆机构时，可以直接使用连杆曲线图谱。如图 4-24 所示为描绘连杆曲线图谱的仪器模型，各杆的相对长度制成可调的，在连杆上固定一块不透明的多孔薄板。当机构运动时，板上每个孔的运动轨迹都是连杆曲线，孔的位置不

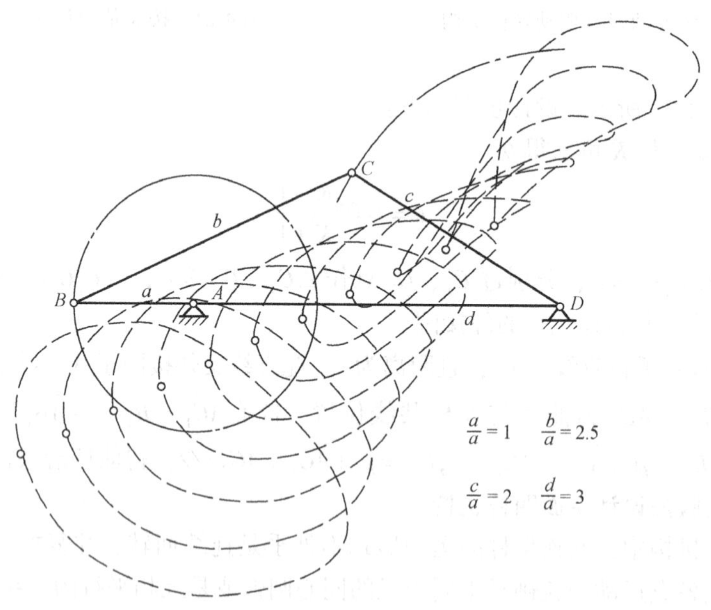

图 4-25　连杆曲线图谱

同，连杆曲线形状各异。利用光束照射的办法把这些曲线印在感光纸上，就可以得到一组连杆曲线。图 4-25 即为图谱中的一张。从图谱中查出与给定曲线形状相似的连杆曲线及描绘该连杆曲线的机构中各构件的相对长度。然后用缩放尺，求出图谱中的连杆曲线和所要求的轨迹曲线之间相差的倍数，即可得出四杆机构各杆的实际尺寸。

也可以采用实验试凑法。

如图 4-26 所示，要求设计一个四杆机构，使连杆 BC 上某点 M 的轨迹为 mm。设计时可先任意假定曲柄转动中心 A 点的位置和曲柄 AB 的长度，过 B 点作与 BM 刚性固联、但长度与方向各不相同的杆 b_1、b_2、b_3……。令 M 点沿已知轨迹 mm 运动，则各杆端点 C_1、C_2、C_3……也画出轨迹 m_1m_1、m_2m_2、m_3m_3……，在这些不同的轨迹中选择出一个最接近圆弧的轨迹（图中 m_2m_2），求出其圆心 D，则 $ABCD$ 即为所求的四杆机构。若所得的轨迹族中没有接近圆弧的曲线，可以改变杆件 b 的长度或另作出若干 b 杆，也可改变 A 点的位置和 AB 之长，重新实验，直至获得满意结果为止。

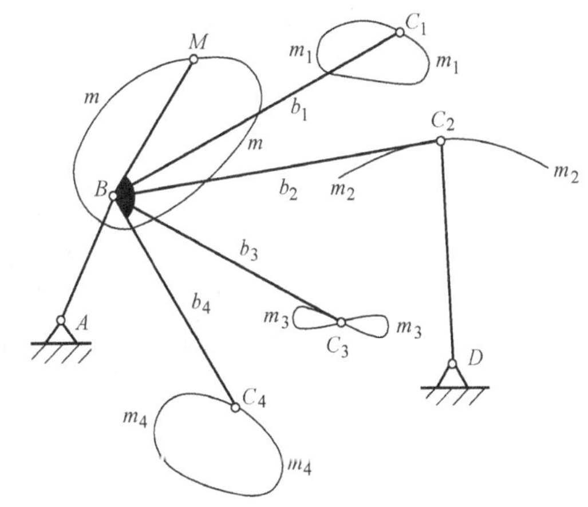

图 4-26　按给定运动轨迹设计四杆机构

按两连架杆给出三对以上对应位置设计平面四杆机构，用图解法求解较难得出满意的设计结果。在这种条件下采用实验法可以求得近似解。在试凑得当时，可以得到满意的设计结果。故被工程实际中所采用。

图 4-27 中，图 a、b 所示为两连架杆的 5 对对应位置，试设计实现上述运动要求的四杆机构。用实验的方法设计步骤如下：

1）适当选取 AB 长度。在图 a 中，以 A 为圆心，AB 长为半径画弧与 $A1$、$A2$、$A3$、$A4$、$A5$、交于 B_i（$i=1$、2、3、4、5）点。

2）适当选取连杆 BC 的长度，分别以点 B_i 为圆心，BC 为半径画弧 K_i。

3）在透明纸上画图 b，并以 D 为圆心作一系列同心圆弧。

4）将透明纸上的图 b 覆盖在图 a 上进行试凑，如图 4-27c 所示，若圆弧 K_i 分别与直线 $D1$、$D2$、……的交点均位于以 D 为圆心的某一圆上，则所设计的四杆机构的尺寸就确定了，图 c 中 AB_3C_3D 即为所求机构。若难以使各个交点位于同一圆弧上，则可另选 AB 或 BC 的长度，重复以上过程，直至获得满意的结果。

五、用解析法设计四杆机构

所谓用解析法设计四杆机构，就是要建立包含机构的尺寸参数和运动参数的数学方程式，然后再根据已知的运动参数求解所需机构的尺寸参数。但是，由于四杆机构待定尺寸参数是有限的，所以用四杆机构来实现预期的运动规律或运动轨迹，只是在某些个

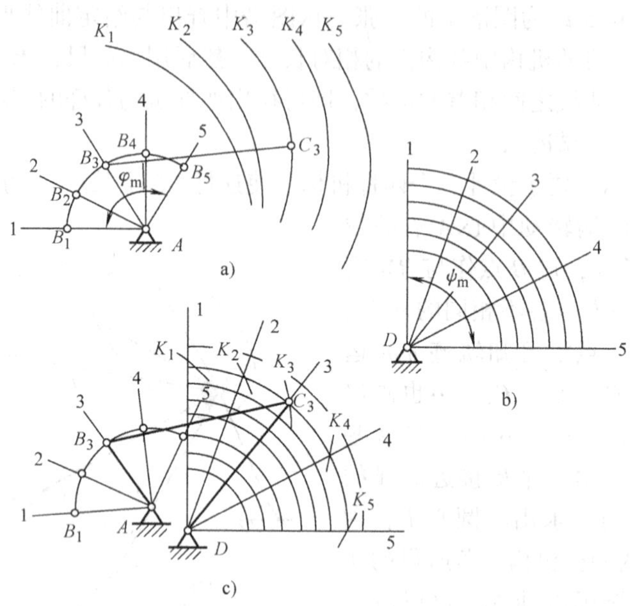

图 4-27 实现多对对应位置的实验法设计四杆机构

a）铰链 A 连架杆位置 b）铰链 D 连架杆位置 c）覆盖试凑

别的情况下才有可能准确实现，而在多数情况下，只能近似地得到满足。

如图 4-28 所示铰链四杆机构中，各杆长度分别用 a、b、c、d 表示。连架杆 AB 和 CD 的转角分别为 φ 和 ψ。建立如图所示的坐标系，各矢量在 x 和 y 轴上的投影有如下关系式：

$$\left.\begin{aligned} a\cos\varphi + b\cos\delta &= d + c\cos\psi \\ a\sin\varphi + b\sin\delta &= c\sin\psi \end{aligned}\right\} \tag{4-5}$$

设各杆的相对长度为：$a/a=1$、$b/a=m$、$c/a=n$、$d/a=l$ 代入上式，得

$$\left.\begin{aligned} m\cos\delta &= l + n\cos\psi - \cos\varphi \\ m\sin\delta &= n\sin\psi - \sin\varphi \end{aligned}\right\} \tag{4-6}$$

消去 δ 角，整理得

$$\cos\varphi = p_1\cos\psi + p_2(\psi - \varphi) + p_3 \tag{4-7}$$

其中

$$p_1 = n, p_2 = -\frac{n}{l}, p_3 = \frac{l^2 + n^2 + 1 - m^2}{2l} \tag{4-8}$$

上式即为铰链四杆机构中待定尺寸参数与杆 AB、CD 运动关系即对应位置之间的方程式，它包含三个待定参数 P_1、P_2 和 P_3。若给定 φ 与 ψ 的三对对应关系值，则代入式(4-7)，可得

$$\left.\begin{aligned}\cos\varphi_1 &= P_1\cos\psi_1 + P_2\cos(\psi_1-\varphi_1)+P_3\\ \cos\varphi_2 &= P_1\cos\psi_2 + P_2\cos(\psi_2-\varphi_2)+P_3\\ \cos\varphi_3 &= P_1\cos\psi_3 + P_2\cos(\psi_3-\varphi_3)+P_3\end{aligned}\right\}\tag{4-9}$$

解式（4-9），可得 P_1、P_2、P_3，再由式（4-8）可求得各杆相对长度 m、n 和 l。然后根据使用需要选定连架杆 AB 的长度 a 后，则机构其他杆的长度 b、c、d 便可确定。

如果给定两连架杆的两组对应位置，则在待定参数 P_1、P_2、P_3 中有一个可以任意选定，因此这种给定条件下有无穷多解。这时可再考虑其他辅助条件，以定出机构各待定尺寸参数。

如果给定两连架杆的 n 对对应位置，初始角度为 φ_0 和 ψ_0，可得一般表达式：

$$\cos(\varphi_i+\varphi_0)=p_1\cos(\psi_i+\psi_0)+p_2[(\psi_i+\psi_0)-(\varphi_i+\varphi_0)]+p_3 \quad (i=1,2,3,\cdots,n)\tag{4-10}$$

若据此建立的方程式数目多于机构待定尺寸参数数目，则设计问题成为不可解或只有近似解。

若给定两连架杆之间某种连续的运动规律，如 $\psi=f(\varphi)$，用连杆机构一般是不能精确实现的，只能将 $\psi=f(\varphi)$ 关系中选定 n 组 ψ_i-φ_i 对应值，即将该关系离散为，$\psi_i=f(\varphi_i)$（$i=1$，$2\cdots$，n），$n\leqslant5$，将其代入 (4-10)，求解出的机构在这 n 个位置上能精确实现给定的运动规律，在其余位置上将存在一定误差。

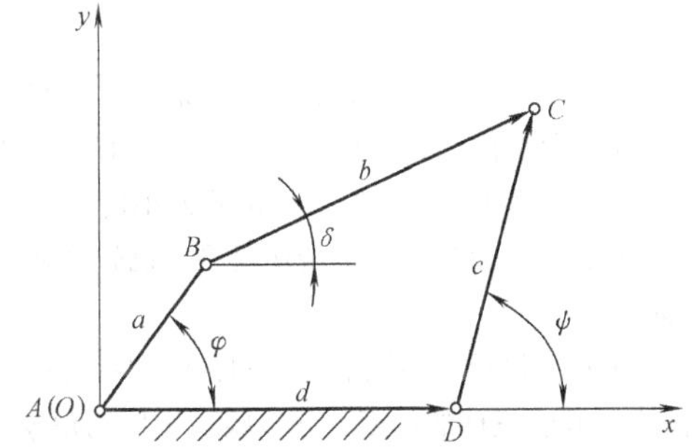

图 4-28　解析法求四杆机构尺寸

总之，在给定连续运动规律或多于五组连架杆的对应位置时，可以采用近似逼近理论和最优化方法，获得最优的近似解。

曲柄滑块机构等机构的待定尺寸参数与构件运动参数之间的方程式的建立原理与铰链四杆机构类似，这里不再介绍。

思考题与练习题

4-1　平面四杆机构分为哪些基本类型？你在哪些机械中见到它们的应用？

4-2　何谓曲柄？不同形式的平面四杆机构具有曲柄的条件是否相同？试举例说明。

4-3　具有行程速比系数 K 的机构有什么特性？试分析 K 值大小对机构工作的影响。

4-4　压力角、传动角表示机构的什么特性？铰链四杆机构、曲柄滑块机构的最小传动角各出现在机构的什么位置？机构的原动件改变时，最小传动角的大小是否变化？举例说明。

4-5　在曲柄摇杆机构和摆动导杆机构中，当以曲柄为原动件，两机构是否都一定存在急回运动，且一定无死点？为什么？

4-6　在铰链四杆机构中，转动副成为周转副的条件是什么？什么条件下四个转动副都是周转副？

4-7　按给定连杆位置或按给定两连架杆位置用解析法设计四杆机构时，各分别最多能精确满足几个或几组位置？

4-8　如图4-29所示的铰链四杆机构中，已知 $l_{BC}=50mm$，$l_{CD}=35mm$，$l_{AD}=30mm$。求：

1）若此机构为曲柄摇杆机构，且 AB 杆为曲柄，求 l_{AB} 的最大值；

2）若此机构为双曲柄机构，求 l_{AB} 的取值范围；

3）若此机构为双摇杆机构，求 l_{AB} 的取值范围；

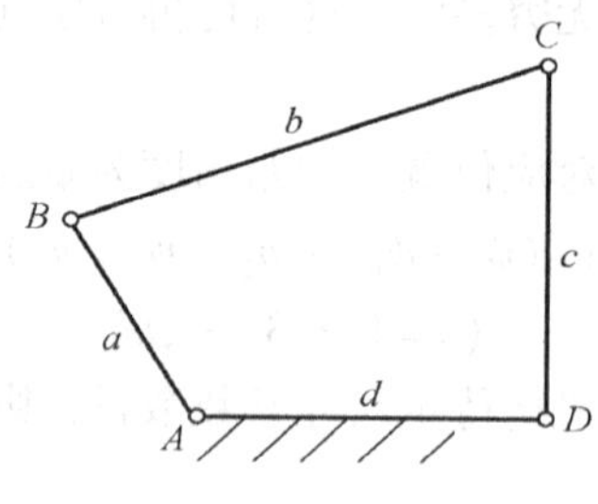

图4-29　题4-8图

4-9　一偏置曲柄滑块机构的曲柄 $l_{AB}=25mm$，连杆 $l_{BC}=75mm$，偏距 $e=10mm$ 试作图求：

1）滑块行程 H 和极位夹角 θ，并计算机构行程速比系数 K 值。

2）曲柄为原动件时，机构的最小传动角 γ_{min}。

4-10　试设计一曲柄滑块机构，已知滑块的行程速比系数 $K=1.5$，滑块行程 $H=50mm$，偏距 $e=20mm$。

4-11　设计一曲柄摇杆机构，已知行程速比系数 $K=1.25$，摇杆长度为400mm，其摆角 $\psi=30°$。试确定其余三杆的长度，并校验最小传动角 γ_{min}。

4-12　设计一曲柄摇杆机构，已知其摇杆长度 $l_{CD}=75mm$，机架长度 $l_{AD}=100mm$，摇杆的一极限位置与机架间的夹角 $\psi=45°$，如图4-30所示，行程速比系数 $K=1.5$。试确定曲柄长度 l_{AB} 和连杆长度 l_{BC}，并比较两个设计结果的最小传动角 γ_{min} 的大小。

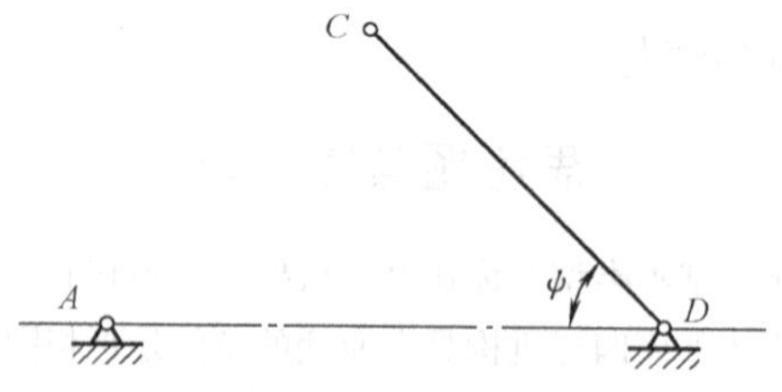

图4-30　题4-12图

4-13　如图4-31所示两连架杆的三对对应位置 $\varphi_1=55°$，$\psi_1=60°$；$\varphi_2=75°$，$\psi_2=85°$；$\varphi_3=95°$，$\psi_3=100°$。1）取连架杆长度 $l_{AB}=60mm$，机架长度 $l_{AD}=210mm$，试用图解法确定铰链四杆机构其余

两杆的长度；2）取 $l_{AB}=60mm$，试用解析法设计铰链四杆机构。

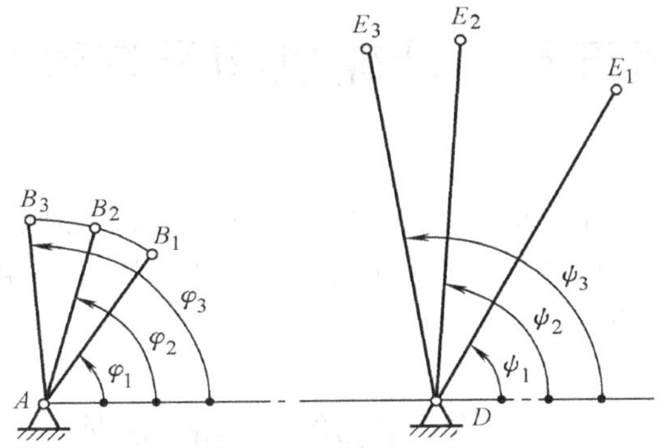

图 4-31　题 4-13 图

4-14　如图 4-32 所示，设计一摇杆滑块机构，已知滑块与摇杆的三对对应位置为，$x_1=60mm$，$\varphi_1=135°$；$x_2=78mm$，$\varphi_2=90°$；$x_3=117mm$，$\varphi_3=45°$，又已知偏距 $e=15mm$，试用图解法确定机构的摇杆长度 l_{AB}、连杆长度 l_{BC}。

4-15　某铰链四杆机构中，原动件 AB 逆时针方向转过 0°、10°、25°、45°、70°时，从动连架杆 CD 顺时针分别转过 0°、20°、40°、60°、80°。试设计该机构。

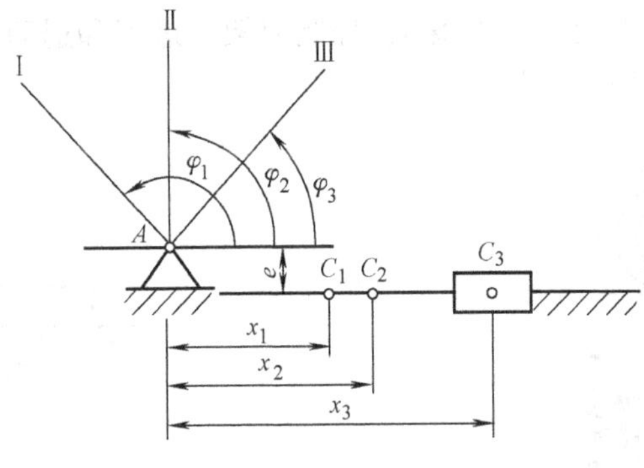

图 4-32　题 4-14 图

第五章　凸轮机构及其设计

凸轮机构是机械中常用机构之一，它是由具有特殊曲线轮廓或凹槽的构件，通过高副接触使从动件实现预期的任意运动规律的一种高副机构。凸轮机构广泛应用于各种机械，尤其是自动机械和自动控制装置中。

第一节　凸轮机构的类型

一、机构的组成

图 5-1 所示为内燃机的配气机构。图中具有曲线轮廓的构件 1 叫做凸轮。当它等速转动时，其曲线轮廓通过与气阀 2 的平底接触，使气阀有规律地开启和闭合。工作时对气阀的动作程序及速度和加速度都有严格的要求，这些要求都是通过凸轮 1 的轮廓曲线来实现的。

图 5-2 所示为自动机床的进刀机构。图中具有曲线凹槽的构件叫做凸轮，当它等速转动时，其上曲线凹槽的侧面推动从动件 2 绕固定点 O 作往复摆动，通过固结在构件 2 上的扇形齿轮和固结在刀架上的齿条 3，控制刀架作进刀和退刀运动。刀架的运动规律取决于凸轮 1 上曲线凹槽的形状。

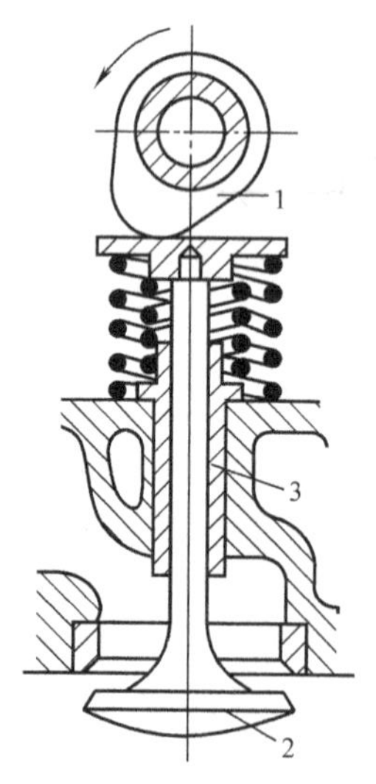

图 5-1　内燃机配气机构

1—凸轮　2—气阀　3—套筒

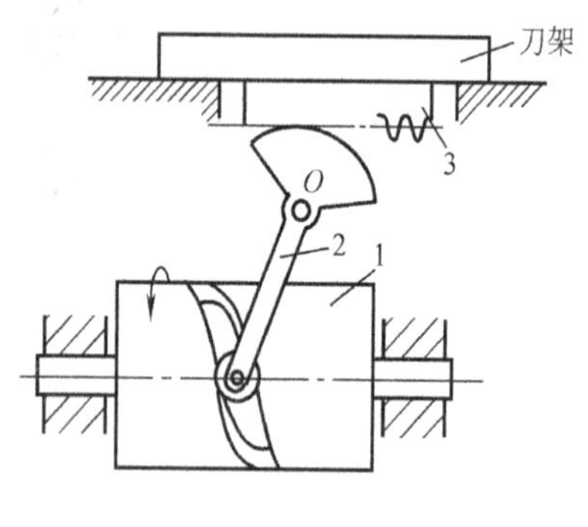

图 5-2　自动机床进刀机构

1—凸轮　2—摆动从动件　3—齿条

由以上两个实例可以看出：凸轮是一个具有曲线轮廓或凹槽的构件，当它运动时，通过其上的曲线轮廓与从动件的高副接触，使从动件获得预期的运动。所以凸轮机构是由凸轮、从动件和机架这三个基本构件组成的一种高副机构。

二、凸轮机构的类型

凸轮机构的种类很多，通常按以下几个不同的方法进行分类。

1. 按照凸轮的形状分类

（1）盘形凸轮　它是一个绕固定轴线转动并且向径变化的盘状零件，如图 5-1 所示。盘形凸轮是凸轮的基本形状，其他形状的凸轮都是由盘形凸轮演化而来。

（2）移动凸轮　当盘形凸轮的回转半径趋向无穷大、凸轮回转中心趋于无穷远时，凸轮轮廓相对机架作直线移动，这种凸轮称为移动凸轮。图 5-3 中的构件 1 即为移动凸轮，作为车削母线为曲线的回转零件的靠模。

以上两种凸轮机构中，凸轮与从动件之间的相对运动均为平面运动，故又称平面凸轮机构。

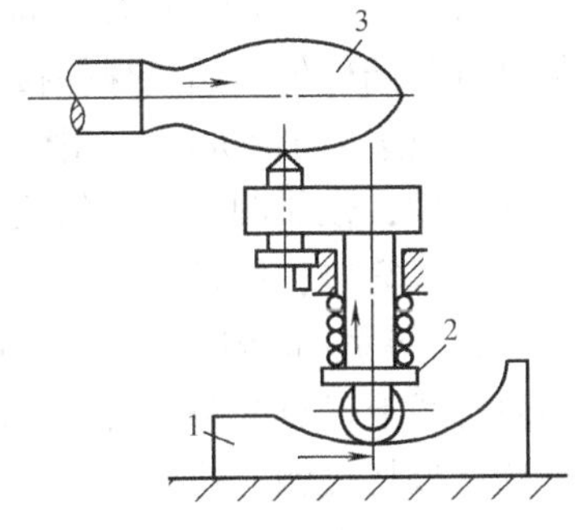

图 5-3　移动凸轮机构
1—移动凸轮　2—刀架　3—工件

（3）圆柱凸轮　它可以看作把移动凸轮卷成圆柱状演化而成，如图 5-2 所示。在这种凸轮机构中，凸轮与从动件之间的相对运动是空间运动，所以它属于空间机构。

2. 按从动件的结构形式分类

（1）尖底从动件　该从动件的底部为尖底如图 5-4a 所示。从动件的尖底能与任意复杂的凸轮轮廓保持接触，从而使从动件能实现任意预期的运动规律。这种从动件结构最简单，但尖底处易磨损，故只适用于速度较低和传力不大的场合。

（2）曲面从动件　为了克服尖底从动件的缺点，可把从动件的底部做成曲面形状，如图 5-4b 所示，这种结构形式的从动件称为曲面从动件。

（3）滚子从动件　在从动件的底部装一滚子，即成为滚子从动件，如图 5-4c 所示。滚子与凸轮之间的摩擦为滚动摩擦，摩擦阻力小，不易磨损，且可承受较大载荷。

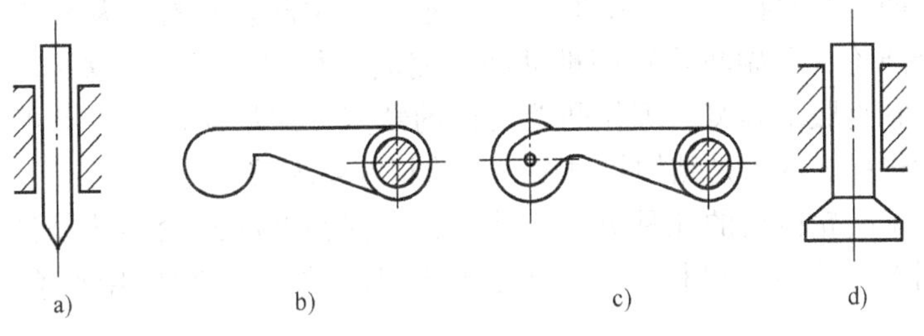

图 5-4　从动件的类型
a）尖底从动件　b）曲面从动件　c）滚子从动件　d）平底从动件

（4）平底从动件　从动件的底部为平面，如图 5-4d 所示。从动件与凸轮轮廓之间为线接触，接触处易形成油膜，便于润滑。此外，在不计摩擦时，凸轮对从动件的作用力始终垂直于从动件的平底，故受力平稳，传动效率高，适用于高速场合。缺点是要求与其相配的凸轮轮廓必须全部为外凸形状。

3. 按从动件的运动形式分类

（1）直动从动件　如图 5-4a、d 所示，机构中的从动件作往复直线移动。

（2）摆动从动件　如图 5-4b、c 所示，机构中的从动件作往复摆动。

4. 按从动件与凸轮保持高副接触的方式分类

（1）力锁合的凸轮机构　所谓力封闭，是指利用重力、弹簧力或其他外力使从动件与凸轮轮廓始终保持接触。图 5-1 所示的凸轮机构，就是利用了弹簧力保持从动件与凸轮的高副接触。

（2）几何封闭的凸轮机构　所谓几何封闭，是指利用高副元素本身的几何形状使从动件与凸轮轮廓始终保持接触。常用的几何封闭方法有以下几种：

1）槽型凸轮机构　如图 5-2、图 5-5a 所示，凸轮轮廓做成凹槽，从动件的滚子置于凹槽中，依靠凹槽两侧的轮廓曲线使从动件与凸轮在运动过程中始终保持接触。这种封闭方式简单，但是加大了凸轮的尺寸和重量。

2）等宽凸轮机构　在图 5-5b 所示的凸轮机构中，从动件做成了矩形框架形式，而凸轮廓线上任意两条平行切线间的距离都等于框架内侧的宽度，因此凸轮轮廓与从动件可始终保持接触。缺点是从动件运动规律的选择受到一定的限制，即当 180°范围内的凸轮廓线根据从动件的运动规律确定以后，其余 180°范围内的凸轮廓线必须根据等宽的条件来确定。

3）等径凸轮机构　如图 5-5c 所示的凸轮机构，从动件上安装了两个滚子，而通过凸轮回转中心的任一径向线都相等，恒等于两滚子之间的距离，因而可使凸轮轮廓与两滚子始终保持接触。这种凸轮机构的缺点与等宽凸轮机构相同，即当 180°范围内的凸轮廓线根据从动件的运动规律确定后，另外 180°范围内的凸轮廓线必须根据等径的原则确定，因此从动件运动规律的选择受到一定的限制。

4）共轭凸轮机构　在图 5-5d 所示的凸轮机构中，从动件上安装的两个滚子分别与固结在一起的两个凸轮接触，其中的一个凸轮（称主凸轮）推动从动件完成正行程的运动，另一个凸轮（称副凸轮）则推动凸轮完成反行程的运动，这种凸轮机构称为共轭凸轮机构。它克服了等宽、等径凸轮机构的缺点，使从动件的运动规律可以在 360°的范围内任意选择。缺点是结构较复杂，制造精度要求较高。

以上介绍了凸轮机构的几种分类方法。将不同类型的凸轮和从动件组合起来，就可以得到不同形式的凸轮机构。设计时，可根据工作要求和使用场合的不同加以选择。

三、凸轮机构的特点

凸轮机构的主要优点是：机构中的构件很少，而且占据的空间较小，是一种结构十

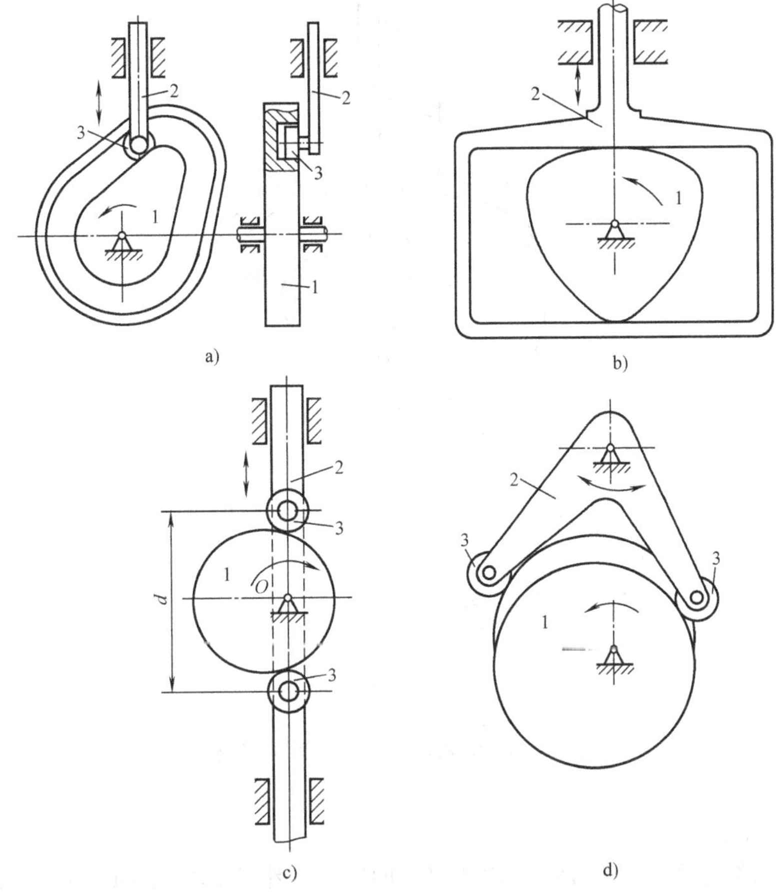

图 5-5　凸轮机构的几何封闭方式

a）槽型凸轮机构　b）等宽凸轮机构　c）等径凸轮机构　d）共轭凸轮机构

分简单、紧凑的机构；凸轮机构的应用非常灵活，只要适当地设计凸轮的轮廓曲线，就可以实现从动件任意预期的运动规律。

凸轮机构的缺点在于：凸轮轮廓与从动件之间是点或线接触的高副，易于磨损，故多用于传力不大的场合。

第二节　凸轮机构的基本名词术语

1. 基圆

图 5-6a 所示为一偏置尖底直动从动件盘形凸轮机构，从动件轴线偏置于凸轮转动中心的距离 e 称为偏距。以凸轮轮廓上的最小向径 r_0 为半径所做的圆称为凸轮的基圆，r_0 称为基圆半径。基圆是设计凸轮轮廓曲线的基准。

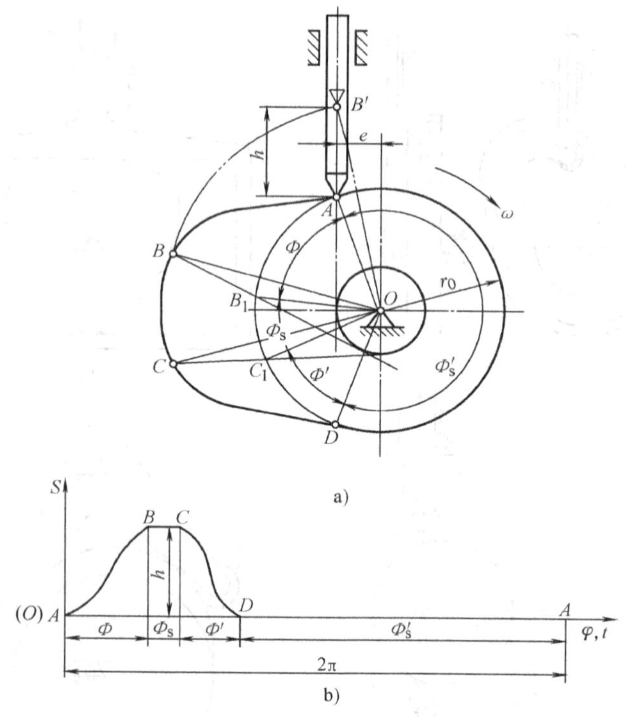

图 5-6 偏置尖底直动从动件盘形凸轮机构

2. 推程和推程运动角

图中凸轮的轮廓由 *AB*、*BC*、*CD* 和 *DA* 四段曲线组成，而且 *BC*、*DA* 两段为圆弧，*A* 点为基圆与轮廓 *AB* 的连接点，当凸轮与从动件尖顶在 *A* 点接触时，从动件位于离凸轮回转中心最近的位置。当凸轮以等角速度 ω 顺时针方向转动时，从动件在凸轮轮廓 *AB* 的推动下由离凸轮回转中心最近的位置移动到离凸轮回转中心最远的位置 B' 点，从动件运动的这一过程称为推程，凸轮相应的转角 $\varPhi$ 称为推程运动角。

3. 远休止和远休止角

当从动件到达离凸轮回转动中心最远位置后，凸轮继续转动 $\varPhi_s$ 角度时，凸轮以圆心位于 *O* 点的圆弧轮廓 *BC* 与从动件接触，从动件在最远位置静止不动，这一过程称为远休止，对应远休止凸轮转过的角度 $\varPhi_s$ 称为远休止角。

4. 回程和回程运动角

凸轮继续转过 $\varPhi'$ 角度时，由于凸轮的向径逐渐减小，从动件在与凸轮轮廓 *CD* 段接触的过程，由离凸轮回转中心最远的位置返回到初始位置，这一过程称为回程，凸轮相应转角 $\varPhi'$ 称为回程运动角。

5. 近休止和近休止角

当凸轮继续转过 $\varPhi_s'$ 时，凸轮以基圆上的圆弧轮廓 *DA* 与从动件接触，则从动件在最近位置静止不动，这一过程称为近休止，对应近休止凸轮转过的角度 Φ_s' 称为近休止角。

需要注意的是：对于偏置直动从动件盘形凸轮机构来说，其推程运动角 $\Phi = \angle BOB' = \angle AOB_1$，而对于对心直动从动件盘形凸轮机构而言，则 $\Phi = \angle BOA$；同样，对于偏置直动从动件盘形凸轮机构，其回程运动角 $\Phi' = \angle C_1OD$，而对于对心直动从动件盘形凸轮机构，则回程运动角 $\Phi' = \angle COD$。远休止角 $\Phi_s = \angle BOC = \angle B_1OC_1$，近休止角 $\Phi_s' = \angle DOA$，它们分别对应凸轮轮廓曲线的圆弧段 $\overset{\frown}{BC}$ 和 $\overset{\frown}{DA}$。

凸轮机构的一个运动循环凸轮转一周，即 $\Phi + \Phi_s + \Phi' + \Phi_s' = 360°$。当凸轮继续转动，从动件又重复上升—停止—下降—停止的运动循环。在一个运动循环中，远休止和近休止的过程根据机构的工作要求可有可无，但推程和回程是必不可少的。

6. 凸轮转角

凸轮绕其转动中心转过的角度，以 φ 表示。凸轮转角通常以从动件行程的起始点开始在基圆上计量。

7. 从动件位移

凸轮转过 φ 角时，从动件移动的距离，以 s 表示。从动件的位移是从离凸轮转动中心最近的距离算起。

8. 行程

从动件在整个推程或回程中移动的最大距离 h 称为行程。

9. 从动件的运动线图

从动件的运动规律是指机构在运动时，从动件的位移 s、速度 v 和加速度 a 随时间 t 的变化规律。由于凸轮一般为等速转动，其转角 φ 与时间 t 成正比，所以从动件运动规律又常表示成凸轮转角 φ 的函数，即

$$s = f(\varphi)$$

$$v = \frac{\mathrm{d}s}{\mathrm{d}t} = \frac{\mathrm{d}s}{\mathrm{d}\varphi}\frac{\mathrm{d}\varphi}{\mathrm{d}t} = \omega\frac{\mathrm{d}s}{\mathrm{d}\varphi}$$

$$a = \frac{\mathrm{d}v}{\mathrm{d}t} = \frac{\mathrm{d}^2 s}{\mathrm{d}t^2} = \frac{\mathrm{d}^2 s}{\mathrm{d}\varphi^2}\frac{\mathrm{d}\varphi^2}{\mathrm{d}t^2} = \omega^2\frac{\mathrm{d}^2 s}{\mathrm{d}\varphi^2}$$

式中的 ω 为凸轮的角速度。由于 ω 为常数，则 $\frac{\mathrm{d}s}{\mathrm{d}\varphi}$ 和 $\frac{\mathrm{d}^2 s}{\mathrm{d}\varphi^2}$ 随凸轮转角 φ 的变化规律与速度 v 和加速度 a 相同，故 $\frac{\mathrm{d}s}{\mathrm{d}\varphi}$ 和 $\frac{\mathrm{d}^2 s}{\mathrm{d}\varphi^2}$ 分别称为类速度和类加速度。

图 5-6b 所示为从动件的位移 s 随凸轮转角 φ 变化的线图，称为位移线图。同样也可绘制出从动件的速度 v 和加速度 a 随凸轮转角 φ 变化的线图（有时用类速度和类加速度线图表示）。位移线图、速度线图、加速度线图统称为从动件的运动线图。

第三节　从动件的常用运动规律

一、从动件的常用运动规律

设计凸轮机构时，首先应根据实际工作要求确定从动件的运动规律，然后根据运动规律设计凸轮的轮廓曲线。由于工作要求是多种多样的，因此从动件的运动规律有很多形式。根据所用数学表达式的不同，从动件常用的运动规律主要有多项式运动规律和三角函数运动规律两大类。下面分别作以介绍。

1. 多项式运动规律

多项式运动规律位移方程的一般表达式为

$$s = C_0 + C_1\varphi + C_2\varphi^2 + \cdots + C_n\varphi^n \tag{5-1}$$

式中 φ 为凸轮转角；s 为从动件位移；C_0、C_1、C_2、$\cdots C_n$ 为（$n+1$）个待定系数，可根据对运动规律提出的 $n+1$ 个边界条件等来确定。一般来说，对从动件的运动提的要求越多，相应多项式的方次 n 越高。从理论上讲，多项式的方次和所能满足的给定条件是不受限制的，但方次越高，凸轮加工误差对从动件运动规律的影响越显著，$n \geqslant 10$ 的多项式运动规律实际中使用的很少，常用的是 n 为 1、2、5 次的多项式。下面分别作以介绍。

（1）一次多项式运动规律　设凸轮以等角速度 ω 转动，在推程阶段，凸轮的运动角为 Φ，从动件的行程为 h，则一次多项式运动规律的运动方程式的表达形式为

$$\left.\begin{aligned} s &= C_0 + C_1\varphi \\ v &= \frac{\mathrm{d}s}{\mathrm{d}t} = C_1\omega \\ a &= \frac{\mathrm{d}v}{\mathrm{d}t} = 0 \end{aligned}\right\} \tag{5-2}$$

设定边界条件为

在起点处　$\varphi = 0$，$s = 0$。

在终点处　$\varphi = \Phi$，$s = h$。

由式（5-2）得 $C_0 = 0$，$C_1 = h/\Phi$，则从动件推程运动方程为

$$\left.\begin{aligned} s &= \frac{h}{\Phi}\varphi \\ v &= \frac{h}{\Phi}\omega \\ a &= 0 \end{aligned}\right\} \tag{5-3a}$$

在回程阶段，凸轮的转角为 Φ'，从动件位移 s 是由 h 逐渐减小到零。根据回程的边界条件：$\varphi = 0$，$s = h$；$\varphi = \Phi'$，$s = 0$，得 $C_0 = h$，$C_1 = -h/\Phi'$，则从动件回程运动方程为

$$\left.\begin{aligned}s &= h\left(1-\frac{\varphi}{\Phi'}\right)\\ v &= -\frac{h}{\Phi'}\omega\\ a &= 0\end{aligned}\right\}\tag{5-3b}$$

式中凸轮的转角 φ 应从此段运动规律的起始位置计算起。

由上述可知，从动件的速度是常数，故这种运动规律又称为等速运动规律。图 5-7 所示为等速运动规律推程的运动线图。由图可知，从动件在运动起始和终止的瞬时，速度有突变，所以理论上从动件的加速度由零突变为无穷大，从而产生无穷大的惯性力。在实际中，由于材料的弹性等因素使惯性力达不到无穷大，但仍将使凸轮机构受到极大的冲击，这种冲击称为刚性冲击。这种运动规律适用于轻载、低速运转的凸轮机构。

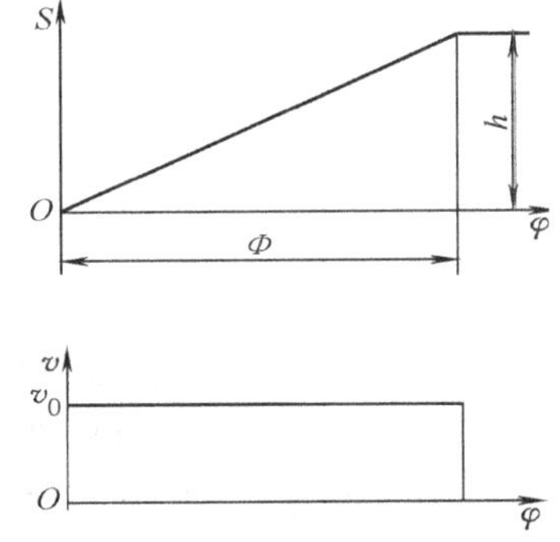

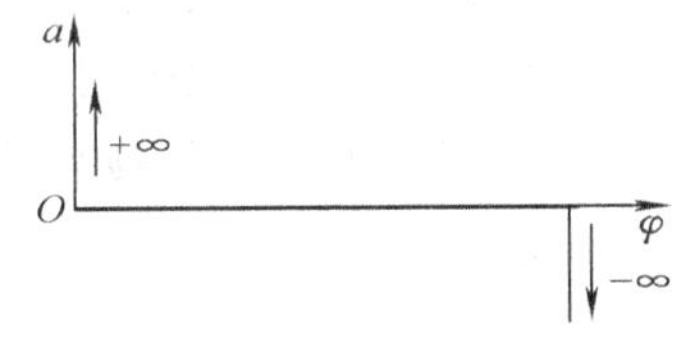

图 5-7　等速运动规律

（2）二次多项式运动规律　二次多项式运动规律的运动方程表达形式为

$$\left.\begin{aligned}s &= C_0+C_1\varphi+C_2\varphi^2\\ v &= C_1\omega+2C_2\omega\varphi\\ a &= 2C_2\omega^2\end{aligned}\right\}\tag{5-4}$$

由上式可见，这种运动规律从动件的加速度为常数。为了使从动件的运动比较平稳，通常使从动件先作加速运动，后作减速运动，故这种运动规律又称作等加速等减速运动规律。通常从动件在一个行程 h 的前半段 $h/2$ 作等加速运动，后半段 $h/2$ 作等减速运动，且加速度与减速度的绝对值相等（根据需要，两者也可不相等，此时前后半段行程不等）。在推程时的加速度段，其边界条件为

在起点处　$\varphi=0$，$s=0$，$v=0$。

在终点处　$\varphi=\dfrac{\Phi}{2}$，$s=\dfrac{h}{2}$。

将其代入式（5-4）中，求得 $C_0=C_1=0$，$C_2=\dfrac{2h}{\Phi^2}$，从动件等加速段的运动方程为

$$\left.\begin{aligned}s &= \frac{2h}{\Phi^2}\varphi^2\\ v &= \frac{4h\omega}{\Phi^2}\varphi\\ a &= \frac{4h\omega^2}{\Phi^2}\end{aligned}\right\}\left(0\leqslant\varphi\leqslant\frac{\Phi}{2}\right)\tag{5-5a}$$

推程等减速段的边界条件为

在起点处　$\varphi=\dfrac{\Phi}{2}$，$s=\dfrac{h}{2}$，$v=\dfrac{2h\omega}{\Phi}$。

在终点处　$\varphi=\Phi$，$s=h$，$v=0$。

将其代入式（5-4）中，可得 $C_0=-h$，$C_1=4h/\Phi$，$C_2=-2h/\Phi^2$，则从动件等减速段的运动方程为

$$\left.\begin{aligned} s&=h-\frac{2h}{\Phi^2}(\Phi-\varphi)^2\\ v&=\frac{4h\omega}{\Phi^2}(\Phi-\varphi)\\ a&=-\frac{4h\omega^2}{\Phi^2}\end{aligned}\right\}\left(\frac{\Phi}{2}\leqslant\varphi\leqslant\Phi\right)\tag{5-5b}$$

图 5-8 所示为等加速等减速运动规律推程的运动线图。由图可知，这种运动规律在 O、A、B 三点处从动件的加速度有突变，导致从动件的惯性力发生突变，但突变值为有限值，故引起的冲击较小，这种冲击称为柔性冲击。等加速等减速运动规律适用于中速运转的凸轮机构。

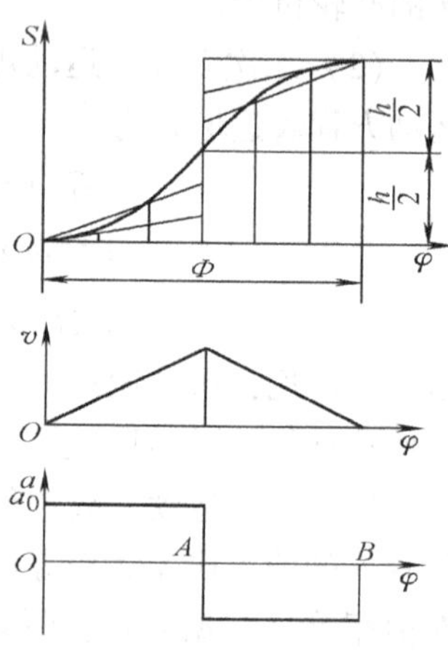

图 5-8　等加速等减速运动规律

回程时的等加速等减速运动规律的运动方程为

等加速段：

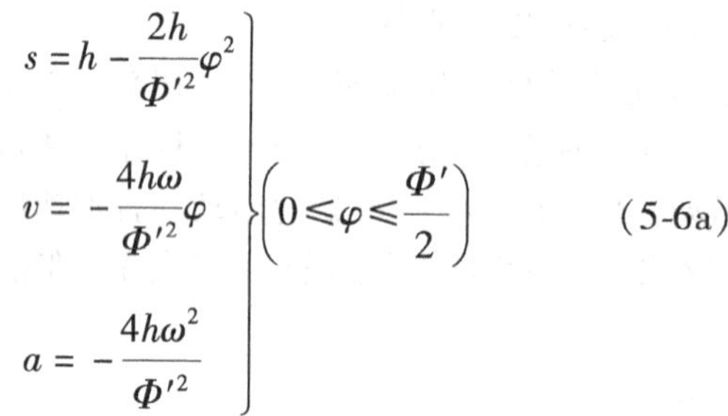

$$\left.\begin{aligned} s&=h-\frac{2h}{\Phi'^2}\varphi^2\\ v&=-\frac{4h\omega}{\Phi'^2}\varphi\\ a&=-\frac{4h\omega^2}{\Phi'^2}\end{aligned}\right\}\left(0\leqslant\varphi\leqslant\frac{\Phi'}{2}\right)\tag{5-6a}$$

等减速段：

$$\left.\begin{aligned} s&=\frac{2h}{\Phi'^2}(\Phi'-\varphi)^2\\ v&=-\frac{4h\omega}{\Phi'^2}(\Phi'-\varphi)\\ a&=\frac{4h\omega^2}{\Phi'^2}\end{aligned}\right\}\left(\frac{\Phi'}{2}\leqslant\varphi\leqslant\Phi'\right)\tag{5-6b}$$

（3）五次多项式运动规律　五次多项式运动规律的运动方程表达式为

$$\left.\begin{aligned}s&=C_0+C_1\varphi+C_2\varphi^2+C_3\varphi^3+C_4\varphi^4+C_5\varphi^5\\v&=C_1\omega+2C_2\omega\varphi+3C_3\omega\varphi^2+4C_4\omega\varphi^3+5C_5\omega\varphi^4\\a&=2C_2\omega^2+6C_3\omega^2\varphi+12C_4\omega^2\varphi^2+20C_5\omega^2\varphi^3\end{aligned}\right\}\tag{5-7}$$

以上方程组中有 6 个待定系数，故设定 6 个边界条件。在推程时的条件分别为

在起点处：$\varphi=0$，$s=0$，$v=0$，$a=0$。

在终点处：$\varphi=\Phi$，$s=h$，$v=0$，$a=0$。

代入方程式（5-7）中，可解得 $C_0=C_1=C_2=0$，$C_3=10h\left(\frac{1}{\Phi}\right)^3$，$C_4=-15h\left(\frac{1}{\Phi}\right)^4$，$C_5=6h\left(\frac{1}{\Phi}\right)^5$，故得推程时的运动方程为

$$\left.\begin{aligned}s&=h\left[10\left(\frac{\varphi}{\Phi}\right)^3-15\left(\frac{\varphi}{\Phi}\right)^4+6\left(\frac{\varphi}{\Phi}\right)^5\right]\\v&=\frac{h\omega}{\Phi}\left[30\left(\frac{\varphi}{\Phi}\right)^2-60\left(\frac{\varphi}{\Phi}\right)^3+30\left(\frac{\varphi}{\Phi}\right)^4\right]\\a&=\frac{h\omega^2}{\Phi^2}\left[60\left(\frac{\varphi}{\Phi}\right)-180\left(\frac{\varphi}{\Phi}\right)^2+120\left(\frac{\varphi}{\Phi}\right)^3\right]\end{aligned}\right\}\tag{5-8a}$$

同理，可得回程时的运动方程为

$$\left.\begin{aligned}s&=h\left[1-10\left(\frac{\varphi}{\Phi'}\right)^3+15\left(\frac{\varphi}{\Phi'}\right)^4-6\left(\frac{\varphi}{\Phi'}\right)^5\right]\\v&=-\frac{h\omega}{\Phi'}\left[30\left(\frac{\varphi}{\Phi'}\right)^2-60\left(\frac{\varphi}{\Phi'}\right)^3+30\left(\frac{\varphi}{\Phi'}\right)^4\right]\\a&=-\frac{h\omega^2}{\Phi'^2}\left[60\left(\frac{\varphi}{\Phi'}\right)-180\left(\frac{\varphi}{\Phi'}\right)^2+120\left(\frac{\varphi}{\Phi'}\right)^3\right]\end{aligned}\right\}\tag{5-8b}$$

由于位移方程中只含有 3、4、5 次方的项，所以该运动规律又称为 3-4-5 多项式运动规律。

图 5-9 所示为五次多项式运动规律推程段的运动线图。由图可知，该运动规律加速度的变化是连续的。因此，机构在运转的过程中既无刚性冲击又无柔性冲击，运动平稳性好，适合于中载、高速运转的凸轮机构。

2. 三角函数运动规律

（1）简谐运动规律　当质点在圆周上作等速运动时，它在直径上的投影点的运动称为简谐运动。从动件作简谐运动时，其加速度按余弦规律变化，故又称余弦加速度运动规律。

根据简谐运动的定义，可推导出推程时运动方程为

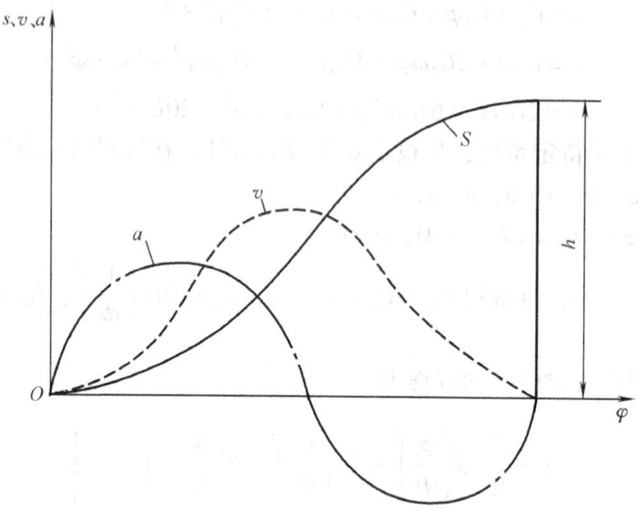

图 5-9　五次多项式运动规律

$$\left.\begin{aligned} s &= \frac{h}{2}\left[1-\cos\left(\frac{\pi}{\Phi}\varphi\right)\right] \\ v &= \frac{h\pi\omega}{2\Phi}\sin\left(\frac{\pi}{\Phi}\varphi\right) \\ a &= \frac{h\pi^2\omega^2}{2\Phi^2}\cos\left(\frac{\pi}{\Phi}\varphi\right) \end{aligned}\right\} \tag{5-9a}$$

同理，可得回程时的运动方程为

$$\left.\begin{aligned} s &= \frac{h}{2}\left[1+\cos\left(\frac{\pi}{\Phi'}\varphi\right)\right] \\ v &= -\frac{h\pi\omega}{2\Phi'}\sin\left(\frac{\pi}{\Phi'}\varphi\right) \\ a &= -\frac{h\pi^2\omega^2}{2\Phi'^2}\cos\left(\frac{\pi}{\Phi'}\varphi\right) \end{aligned}\right\} \tag{5-9b}$$

从动件按简谐运动规律运动时，其推程运动线图如图 5-10 所示。由图可知，简谐运动规律的加速度在行程的起始和终止位置有一定的突变，因而会引起柔性冲击。这种运动规律适用于中载、中速运转的凸轮机构。

（2）摆线运动规律　当一滚圆沿纵轴作匀速滚动时，圆周上一点的轨迹为一条摆线，此时该点在纵轴上的投影点的运动称为摆线运动。当从动件作摆线运动时，其加速度按正弦规律变化，故又称正弦加速度运动规律。

根据摆线运动的定义，推得推程时的运动方程为

$$\left.\begin{aligned}s &= h\left[\frac{\varphi}{\Phi}-\frac{1}{2\pi}\sin\left(\frac{2\pi}{\Phi}\varphi\right)\right]\\ v &= \frac{h\omega}{\Phi}\left[1-\cos\left(\frac{2\pi}{\Phi}\varphi\right)\right]\\ a &= \frac{2h\pi\omega^2}{\Phi^2}\sin\left(\frac{2\pi}{\Phi}\varphi\right)\end{aligned}\right\} \tag{5-10a}$$

同样，可推出回程时的运动方程为

$$\left.\begin{aligned}s &= h\left[1-\frac{\varphi}{\Phi'}+\frac{1}{2\pi}\sin\left(\frac{2\pi}{\Phi'}\varphi\right)\right]\\ v &= -\frac{h\omega}{\Phi'}\left[1-\cos\left(\frac{2\pi}{\Phi'}\varphi\right)\right]\\ a &= -\frac{2h\pi\omega^2}{\Phi'^2}\sin\left(\frac{2\pi}{\Phi'}\varphi\right)\end{aligned}\right\} \tag{5-10b}$$

从动件按摆线运动规律运动时，其推程时的运动线图如图 5-11 所示。由图可知，从动件的加速度连续变化，无突变值，因此机构在运动过程中无冲击现象。这种运动规律适合于轻载、高速运转的凸轮机构。

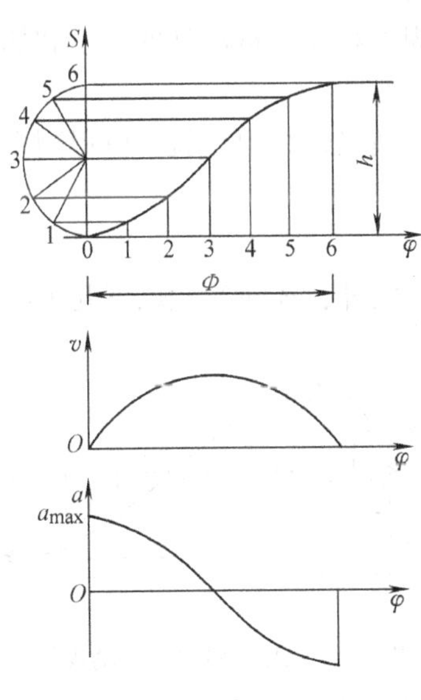

图 5-10 简谐运动规律

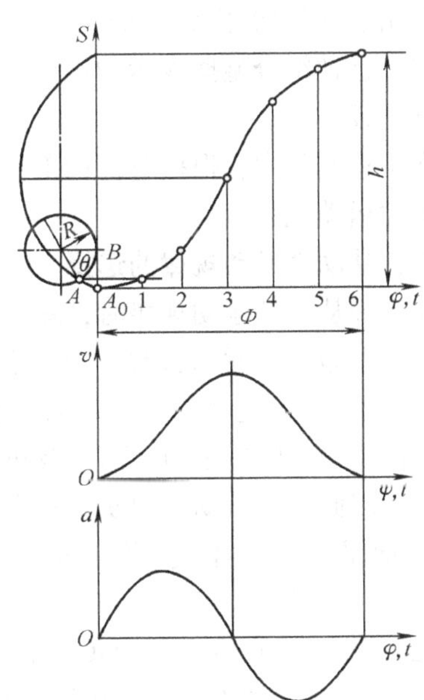

图 5-11 摆线运动规律

3. 组合型的运动规律

多项式运动规律和三角函数运动规律是凸轮机构从动件常用的基本运动规律。但是，随着生产技术的发展，对机器的运动特性和动力特性的要求越来越高，对凸轮机构

从动件的运动规律的要求也越来越严格，单一形式的运动规律已不能满足工程的需要。为此，将几种基本形式的运动规律组合起来，形成组合型的运动规律，以满足工程实际的需要。例如，为了解决从动件按等速运动规律运动时，在起始和终止位置的刚性冲击的问题，可将等速运动规律加以修正，即在起始和终止位置的附近，用其他运动规律来代替，从而将刚性冲击改变成柔性冲击或者无冲击。这时，从动件的运动规律即为一种组合型的运动规律。

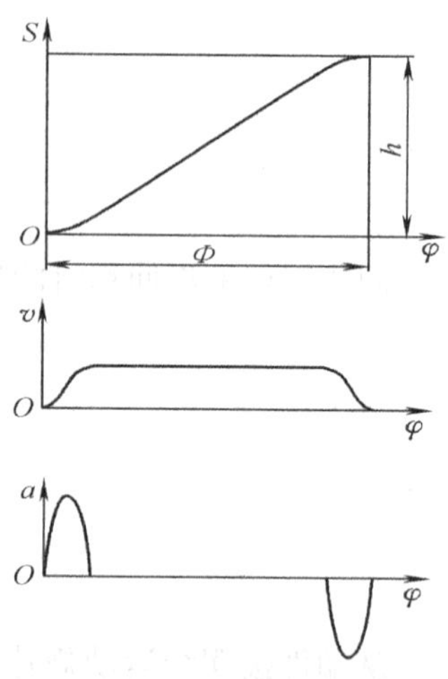

图 5-12　摆线运规律与等速运动规律的组合

图 5-12 所示为等速运动规律与摆线运动规律组合后形成的组合型运动规律。由于速度和加速度都是连续变化的，因而消除了冲击，改善了机构的运动和动力特性。

随着加工技术的提高，组合型运动规律的使用也越来越广泛。图 5-13 所示为一种组合型摆线运动规律的加速度线图。它是以周期为 $3\Phi/2$ 的半个周期的正弦波作为主运动规律，而在运动的起始和终止位置分别采用了周期等于 $\Phi/2$ 的 1/4 波的正弦加速度运动规律。这种组合型摆线运动规律与基本摆线运动规律相比，从动件的速度和加速度的幅值都比较小。

在工程实际中，根据对机构工作和性能的要求，适当进行组合就可以得到多种形式的从动件运动规律。

二、从动件运动规律的选择

在选择从动件运动规律时，除了要考虑冲击特性之外，还应注意以下几个问题：

（1）从动件的最大速度　从动件的 v_{max} 越大，其动量 mv 越大。当从动件突然被阻止，会产生极大的冲击力，而危及机器和人身安全。因此，当从动件的质量较大时，为了减小动量，应选择 v_{max} 值较小的运动规律。

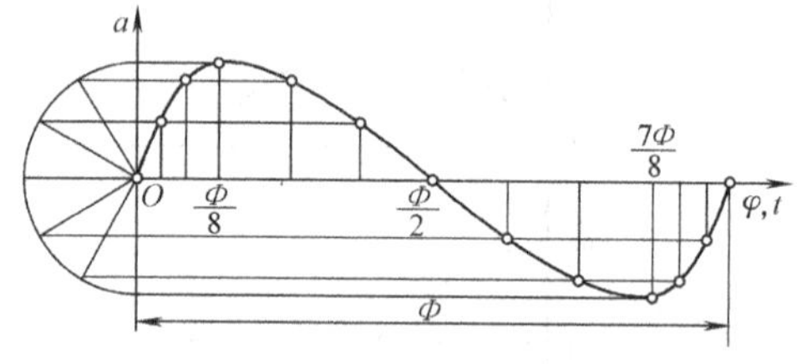

图 5-13　组合型摆线运动规律

（2）从动件的最大加速度　从动件的 a_{max} 越大，产生的惯性力 ma 越大，作用在高副接触处的接触应力也越大，这将影响到机构的强度，并将加剧运动副间的磨损。因此对于高速凸轮机构，为了减小惯性力的危害，应选择 a_{max} 值较小的运动规律。

表 5-1 列出了几种常用运动规律的的特性和适用场合，可供设计凸轮机构时参考。

对于摆动从动件凸轮机构，其运动线图的横坐标表示凸轮转角，纵坐标则分别表示从动件的角位移、角速度和角加速度。这类运动线图具有的运动特性与上述相同。

表 5-1　几种常用运动规律的特性比较

运动规律	v_{max} $(h\omega/\Phi)\times$	a_{max} $(h\omega^2/\Phi^2)\times$	冲击	适用场合
等速运动	1.00	∞	刚性	低速、轻载
等加速等减速	2.00	4.00	柔性	中速、轻载
五次多项式	1.88	5.77	无	高速、中载
简谐运动（余弦加速度）	1.57	4.93	柔性	中速、中载
摆线运动（正弦加速度）	2.00	6.28	无	高速、轻载
组合型摆线运动	1.76	5.53	无	高速、重载

第四节　凸轮机构的轮廓设计

当根据工作要求和结构条件选定凸轮机构形式、从动件运动规律和凸轮转向，并确定凸轮基圆半径等基本尺寸之后，就可以进行凸轮轮廓的设计了。凸轮轮廓的设计方法有图解法和解析法。图解法直观、简便，但精度较低，适用于精度要求不高的场合；解析法精度高，适用于精度要求较高的场合。用解析法设计的凸轮便于在数控机床上加工，且有利于实现 CAD/CAM 一体化。所以，当采用不同的加工方法时，凸轮轮廓的设计方法也不相同。但两种设计方法的基本原理都是相同的。

一、凸轮轮廓设计方法的基本原理

凸轮机构工作时，凸轮和从动件都在运动。为了在图样上绘制出凸轮的轮廓曲线，希望凸轮相对于图样平面保持静止不动，为此可采用反转法。下面介绍这种方法的基本原理。

图 5-14 所示为一对心尖底直动从动件盘形凸轮机构，当凸轮以等角速度 ω 逆时针转动时，从动件将按预定的运动规律运动。现假设给整个机构加上一个公共的角速度 $-\omega$，使其绕凸轮轴心 O 作反向转动。根据相对运动原理可知，机构中各构件之间的相对运动关系不变，但凸轮静止不动，而从动件一方面随其导路以等角速度 $-\omega$ 绕 O 转动，另一方面在其导路内按预定的运动规律移动。由于机构在运动的过程中，从动件尖底始终与凸轮轮廓保持接触，所以从动件的尖底的位置点也就是凸轮轮廓曲线上的点。因此，机构在反转的过程中，凸轮静止不动，从动件尖底的运动轨迹即为凸轮轮廓曲线。

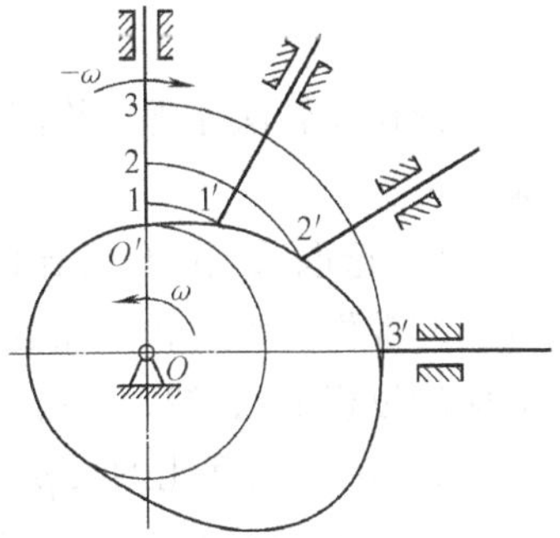

图 5-14　反转法设计凸轮轮廓

这种方法是假定凸轮固定不动而使从动件连同导路一起反转，所以称为反转法。

二、用图解法设计凸轮轮廓曲线

（一）直动从动件盘形凸轮机构

1. 尖底从动件

图5-15a所示为一偏置尖底直动从动件盘形凸轮机构。设已知凸轮的基圆半径 r_0，从动件轴线偏置于凸轮轴心的左侧，偏距为 e，凸轮以等角速度 ω 顺时针方向转动，从动件的位移曲线如图5-15b所示，试设计凸轮的轮廓曲线。

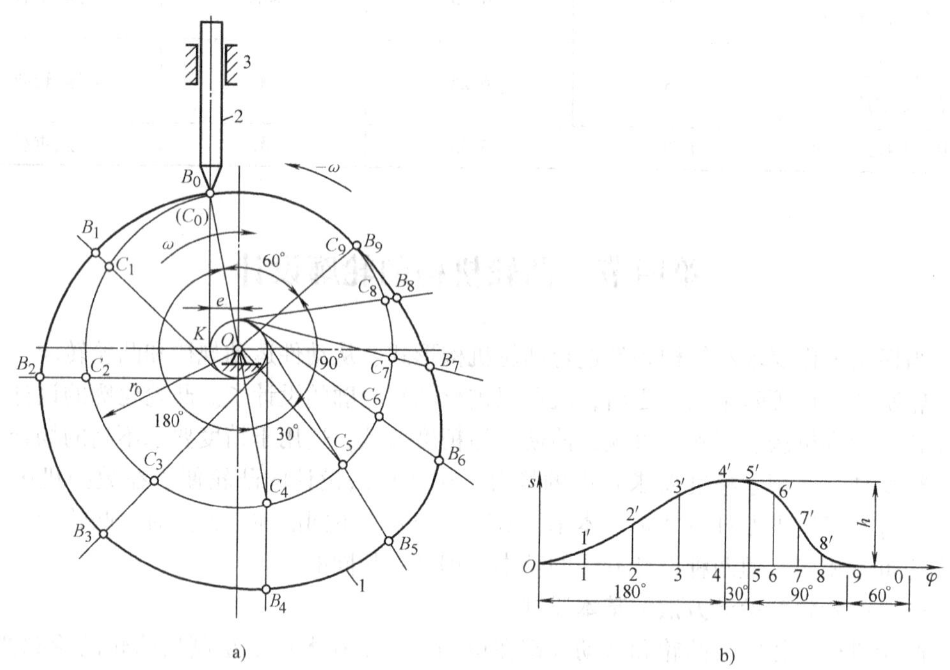

图5-15　偏置尖底直动从动件盘形凸轮的设计

a）机构　b）位移曲线

依据反转法原理，绘制直动尖底从动件盘形凸轮机构凸轮轮廓曲线的具体方法和步骤如下：

1）选取适当的位移比例尺 μ_s，作出从动件的位移线图，如图5-15b所示。将位移线图的推程运动角和回程运动角分成若干等份（图中各为4等份），得各分点处从动件对应的位移11′，22′，…。

2）选取长度比例尺 $\mu_L=\mu_s$，以 O 为圆心 r_0 为半径作基圆，并根据从动件的偏置方位画出从动件的工作位置线，该位置线与基圆的交点 B_0（C_0），便是从动件尖底的初始位置。以 O 为圆心、$OK=e$ 为半径作偏距圆，该圆与从动件的起始位置线切于 K 点。

3）自 OC_0 开始，沿 $-\omega$ 的方向分出推程运动角（180°）、远休止角（30°）、回程运动角（90°）、近休止角（60°）。将推程运动角和回程运动角分成和图 5-15b 对应的等份，得等分点 C_1、C_2、C_3、C_4 和 C_5、C_6、C_7、C_8、C_9。

4）过各等分点作偏距圆的切射线，这些线代表从动件在反转过程中的位置线。

5）在上述切射线上，从基圆起向外截取线段，使其分别等于图 5-15b 中从动件对应位置的位移量，即取线段 $\overline{B_1C_1}=\overline{11'}$，$\overline{B_2C_2}=\overline{22'}$，…，得反转过程中从动件尖底的一系列位置 B_1、B_2、…。

6）将点 B_0、B_1、B_2、…连成光滑的曲线（图中 B_4，B_5 间和 B_8，B_9 间均为以 O 为圆心的圆弧），即得所求的凸轮轮廓曲线。

2. 滚子从动件

对于图 5-16 所示的偏置滚子直动从动件盘形凸轮机构，当用反转法使凸轮固定不动后，从动件的滚子在反转过程中，始终与凸轮轮廓保持接触，而滚子中心将描绘出一条与凸轮廓线法向等距的曲线 η。由于滚子中心 B 是从动件上的一个铰接点，所以它的运动规律就是从动件的运动规律，即曲线 η 可以根据从动件的位移曲线作出。一旦作出了这条曲线，就可以顺利地绘制出凸轮的轮廓曲线了。具体作图步骤如下：

1）将滚子中心 B 假想为尖底从动件的尖底，按照上述尖底从动件凸轮轮廓曲线的设计方法作出曲线 η，这条曲线是反转过程中滚子中心的运动轨迹，称为凸轮的理论轮廓曲线。

2）以理论轮廓曲线上的点为圆心，以滚子半径 r_r 为半径，作一系列滚子圆，然后作这族滚子圆的内包络线 η'，它便是凸轮的实际轮廓曲线，或称为工作轮廓曲线。很显然，实际轮廓曲线是理论轮廓曲线的法向等距曲线，其距离为滚子半径 r_r。

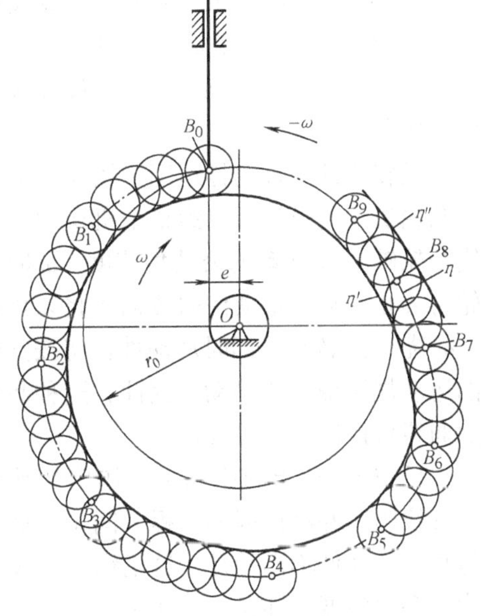

图 5-16　滚子直动从动件盘形凸轮的设计

若同时作出这族滚子圆的内、外包络线 η' 和 η''，则形成图 5-5a 所示的槽形凸轮的轮廓曲线。

由上述作图过程可知，在滚子从动件盘形凸轮机构的设计中，r_0 指的是理论轮廓曲线的基圆半径。需要指出的是，在滚子从动件的情况下，从动件的滚子与凸轮实际轮廓曲线的接触点是变化的。

若偏距 $e=0$，则得对心直动从动件盘形凸轮机构。其凸轮的设计，是将以上两图中偏距圆变为点 O，而所作偏距圆的切射线变为过点 O 的径向射线，其他设计方法与上述相同。

3. 平底从动件

平底从动件盘形凸轮机构凸轮轮廓曲线的设计方法的基本思路与上述滚子从动件盘形凸轮机构相似。如图 5-17 所示，将从动件的平底与导路中线的交点 B 作为参考点，将它看作尖底从动件的尖底，运用尖底从动件盘形凸轮的设计方法确定出参考点的一系列位置 B_0、B_1、B_2、…；过这些点画出从动件相应的平底直线，得一直线族；然后作该直线族的包络线，即得凸轮的实际轮廓曲线。由图可见，平底上与凸轮实际轮廓曲线相切的点是随机构位置变化的。因此，为了保证在所有位置从动件的平底都能与凸轮轮廓曲线相切，凸轮的所有轮廓曲线都必须是外凸的，并且平底左、右两侧的宽度必须分别大于导路中心至左、右最远切点的距离 b' 和 b''。

（二）摆动从动件盘形凸轮机构

图 5-18a 所示为一尖底摆动从动件盘形凸轮机构。已知凸轮的轴心与从动件的摆动轴心之间的中心距为 a，凸轮基圆半径为 r_0，从动件的长度为 l，从动件的最大摆角 ψ_{max}，凸轮以等角速度 ω 顺时针转动，从动件的运动规律如图 5-18b 所示。设计该凸轮的轮廓曲线。

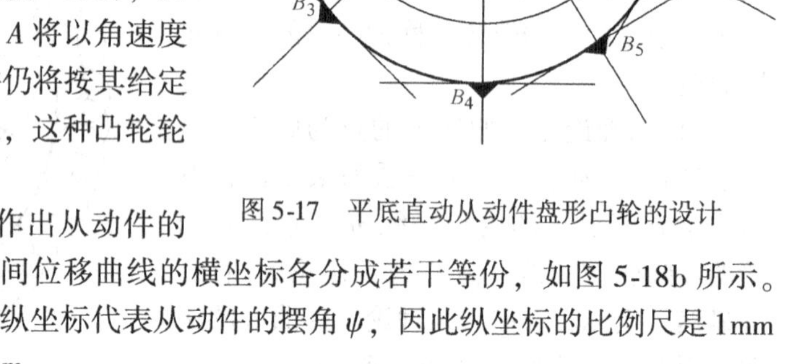

图 5-17 平底直动从动件盘形凸轮的设计

反转法的原理同样适用于摆动从动件盘形凸轮机构的设计。当给整个机构加上一个绕凸轮轴心 O 转动的公共角速度 $-\omega$ 时，凸轮将静止不动，从动件的转轴 A 将以角速度 $-\omega$ 绕 O 点转动，同时从动件仍将按其给定的运动规律绕轴 A 摆动。因此，这种凸轮轮廓曲线可按以下步骤设计：

1）选取适当的比例尺，作出从动件的位移线图，并将推程和回程区间位移曲线的横坐标各分成若干等份，如图 5-18b 所示。与直动从动件不同的是，这里纵坐标代表从动件的摆角 ψ，因此纵坐标的比例尺是 1mm 代表多少角度，即 $\mu_\psi = (°)/\text{mm}$。

2）以 O 为圆心、以 r_0 为半径作出基圆，并根据已知的中心距 a，确定从动件转轴 A 的位置 A_0。然后以 A_0 为圆心，以从动件杆长 l 为半径作圆弧，交基圆于 C_0 点。A_0C_0 即代表从动件的初始位置，C_0 即为从动件尖底的初始位置。

3）以 O 为圆心，以 $\overline{OA_0} = a$ 为半径作转轴圆，并自 A_0 点开始沿着 $-\omega$ 方向将该圆分成与图 5-18b 中横坐标对应的区间和等份，得点 A_1、A_2、…A_9。这些点代表反转过程中从动件转轴 A 的一系列位置。

4）以上述各点为圆心，以从动件杆长 l 为半径，分别作圆弧，交基圆于 C_1、C_2、…各点，得线段 A_1C_1、A_2C_2、…；根据图 5-18b 中对应的角位移，分别以 A_1C_1、A_2C_2、…为一边，作$\angle C_1A_1B_1=\overline{11'}\mu_\psi$，$\angle C_2A_2B_2=\overline{22'}\mu_\psi$，…，得线段$\overline{A_1B_1}$、$\overline{A_2B_2}$…。这些线段即代表反转过程中从动件依次所据的位置。B_1，B_2，…即为反转过程中从动件尖底的运动轨迹。

5）将点B_0，B_1，B_2，…连成光滑曲线，即得凸轮的轮廓曲线。

由图中可以看出，该廓线与线段AB在某些位置已经相交。故在考虑机构的具体结构时，应将从动件做成弯杆形式，以避免机构运动过程中凸轮与从动件发生干涉。

若采用滚子或平底从动件，则上述连B_0，B_1，B_2，…各点所得的光滑曲线为凸轮的理论轮廓曲线。过这些点作一系列滚子圆或平底直线，然后作它们的包络线即可求得凸轮的实际轮廓曲线。

（三）圆柱凸轮轮机构

圆柱凸轮机构是一种空间凸轮机构。其轮廓曲线为一条空间曲线，不能直接在平面上表示。但是圆柱面可以展开成平面。圆柱凸轮展开后便成为平面移动凸轮。平面移动凸轮是盘形凸轮的一个特例，它可以看作转动中心在无穷远处的盘形凸轮。因此，可以应用前述盘形凸轮轮廓曲线设计的原理和方法，来绘制圆柱凸轮轮廓曲线的展开图。下面以图5-19a所示的摆动从动件圆柱凸轮机构为例，来说明圆柱凸轮轮廓曲线的设计方法。

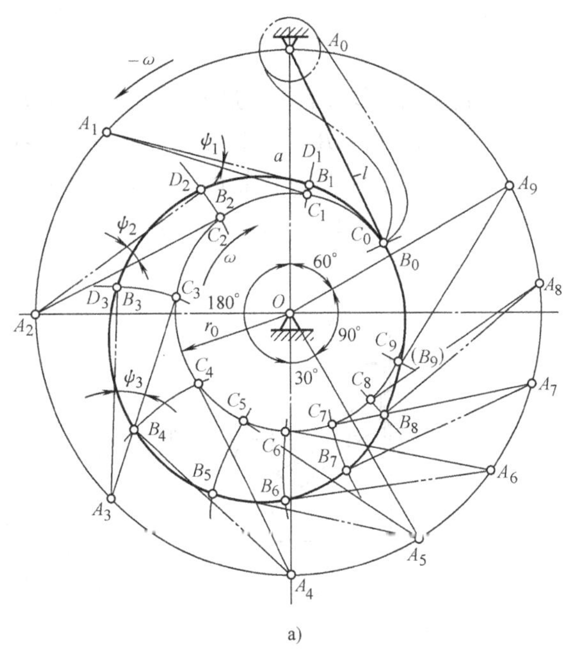

a)

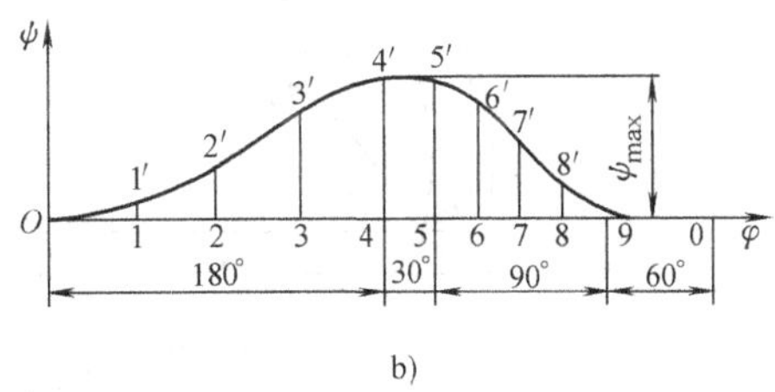

b)

图5-18　尖底摆动从动件盘形凸轮的设计
a）机构　b）位移曲线

设凸轮的平均圆柱半径为r_m，从动件长度为l，滚子半径为r_r，从动件的最大摆角ψ_{max}，凸轮转动方向如图所示，从动件运动规律如图5-19b所示，则该凸轮轮廓曲线的展开图可按下述步骤设计：

1）作一以$2\pi r_m$为底边的矩形，如图5-19c所示。该矩形代表以r_m为半径的圆柱面的展开面。

2）作O—A直线垂直于凸轮的回转轴线，并作$\angle OAB_0=\dfrac{1}{2}\psi_{max}$，从而得到从动件

的初始位置AB_0。再根据图5-19b的角位移线图画出从动件的各个位置AB'_1、AB'_2、AB'_3、…。

3）取线段B_0B_0的长度为$2\pi r_m$，并沿$-v_1$方向将B_0B_0分成与位移曲线横坐标对应的区间和等份，得点C_1、C_2、C_3、…，过这些点画一系列中心在O—A直线上、半径等于l的圆弧。

4）自B'_1点作水平线交过C_1点的圆弧于B_1点，…，得B_1、B_2、…诸点。

5）将B_0、B_1、B_2、…各点连成光滑的曲线，即得凸轮展开图的理论轮廓曲线，如图5-19c所示。然后以理论轮廓曲线上的点为圆心作滚子圆，再作滚子圆族的两条包络线，即得圆柱凸轮展开图的实际轮廓曲线。

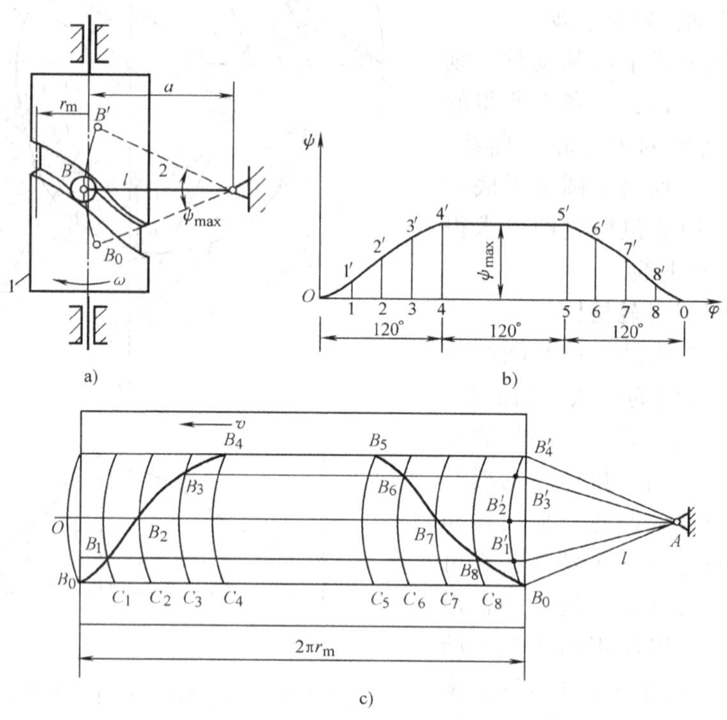

图5-19 摆动从动件圆柱凸轮的设计

a）机构 b）角位移线图 c）展开图

对于摆动从动件圆柱凸轮机构来说，由于从动件滚子的摆动圆弧位于一平面中，而凸轮轮廓曲线位于圆柱曲面上，因此从动件在摆动的过程中滚子在凸轮槽中的深度不同。但是上述设计过程并没有考虑该问题，所以这种设计方法是一种近似设计方法。按上述方法设计的凸轮机构，从动件实际的运动规律与预期运动规律存在着误差，而且摆角越大，误差也越大。若从动件的摆角过大，滚子甚至可能从圆柱凸轮槽中滑出。因此，这种机构不宜用在摆角过大的场合。为了减小设计误差，可采用如下方法：

1）减小从动件最大摆角 ψ_{max}。

2）使从动件的中间位置与凸轮轴线交错垂直（图 5-19a 所示）。

3）取从动件摆动轴线与凸轮轴线之间的距离为 $a=\frac{l}{2}\left(1+\cos\frac{\psi_{max}}{2}\right)$。

直动从动件圆柱凸轮机构可看作是摆动从动件圆柱凸轮机构的特例，其凸轮轮廓曲线的设计方法与上述方法类似，但从动件的运动规律不会产生上述的误差。

三、用解析法设计凸轮轮廓曲线

所谓用解析法设计凸轮轮廓曲线，就是根据工作所要求的从动件的运动规律和已知的机构参数，求出凸轮轮廓曲线的方程式，并精确地计算出凸轮轮廓曲线上各点的坐标值。随着机械不断朝着高速、精密、自动化方向发展，以及计算机和各种数控加工机床在生产中的广泛应用，解析法越来越受到重视，并且越来越广泛地用于生产。下面以几种常用的盘形凸轮机构为例来介绍凸轮轮廓曲线设计的解析法。

（一）滚子从动件盘形凸轮机构

1. 理论轮廓曲线方程

（1）直动从动件盘形凸轮机构　图 5-20 所示为一偏置滚子直动从动件盘形凸轮机构。已知偏距 e，基圆半径 r_0，从动件运动规律 $s=s(\varphi)$。现以凸轮转动中心 O 为原点，从动件运动方向为 y 轴的正向，建立右手直角坐标系 xOy。如图所示，图中 B_0 点为从动件处于起始位置时滚子中心所处的位置。在图 5-20a 中，从动件偏置于 x 轴的负侧，并且凸轮顺时针转动。当凸轮顺时针转过 φ 角后，从动件移动距离 s，滚子中心到达点 $B'(-e,s+s_0)$。根据反转法原理，将点 B' 沿凸轮转动的相反方向转过 φ 角，此时滚子中心将位于 B 点处，该点即为凸轮理论轮廓曲线上的对应点，其坐标为

$$\begin{bmatrix} x \\ y \end{bmatrix}=\begin{bmatrix} \cos\varphi & -\sin\varphi \\ \sin\varphi & \cos\varphi \end{bmatrix}\begin{bmatrix} -e \\ s+s_0 \end{bmatrix}$$

即

$$\left.\begin{aligned} x&=-e\cos\varphi-(s+s_0)\sin\varphi \\ y&=-e\sin\varphi+(s+s_0)\cos\varphi \end{aligned}\right\}$$

在图 5-20b 中，从动件偏置于轴 x 的正侧，若凸轮逆时针转动，这时凸轮理论轮廓曲线上点的坐标为

$$\begin{bmatrix} x \\ y \end{bmatrix}=\begin{bmatrix} \cos(-\varphi) & -\sin(-\varphi) \\ \sin(-\varphi) & \cos(-\varphi) \end{bmatrix}\begin{bmatrix} e \\ s+s_0 \end{bmatrix}$$

即

$$\left.\begin{aligned} x&=e\cos\varphi+(s+s_0)\sin\varphi \\ y&=-e\sin\varphi+(s+s_0)\cos\varphi \end{aligned}\right\}$$

为了将以上两组公式统一起来，引入凸轮转向系数 η 和从动件偏置方向系数 δ，并规定：当凸轮顺时针转动时 $\eta=1$，逆时针转动时 $\eta=-1$；从动件偏置于 x 轴正侧时

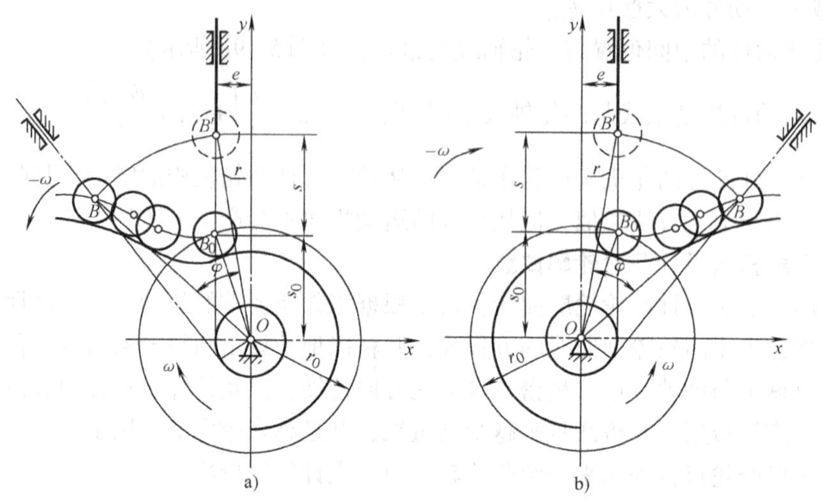

图 5-20　滚子直动从动件盘形凸轮机构

$\delta=1$,偏置于 x 轴负侧时 $\delta=-1$。则以上两式可表示为

$$\begin{bmatrix} x \\ y \end{bmatrix}=\begin{bmatrix} \cos(\eta\varphi) & -\sin(\eta\varphi) \\ \sin(\eta\varphi) & \cos(\eta\varphi) \end{bmatrix}\begin{bmatrix} \delta e \\ s+s_0 \end{bmatrix}$$

即

$$\left.\begin{aligned} x &= \delta e\cos(\eta\varphi)-(s+s_0)\sin(\eta\varphi) \\ y &= \delta e\sin(\eta\varphi)+(s+s_0)\cos(\eta\varphi) \end{aligned}\right\} \tag{5-11}$$

式（5-11）即为直动滚子从动件盘形凸轮理论轮廓曲线的方程式。式中

$$s_0=\sqrt{r_0^2-e^2}$$

（2）摆动从动件盘形凸轮机构　图 5-21 所示为摆动滚子从动件盘形凸轮机构。已知基圆半径 r_0，从动件长度 l，中心距 a，从动件运动规律 $\psi=\psi(\varphi)$。现以凸轮转动中心 O 为原点，$O\to A$ 为 x 轴正向，建立右手直角坐标系 xOy。同样，为使公式统一，引入凸轮转向系数 η 和从动件推程摆动方向系数 δ，并规定：当凸轮顺时针转动时 $\eta=1$，逆时针转动时 $\eta=-1$；从动件推程摆动方向为顺时针时 $\delta=1$，逆时针时

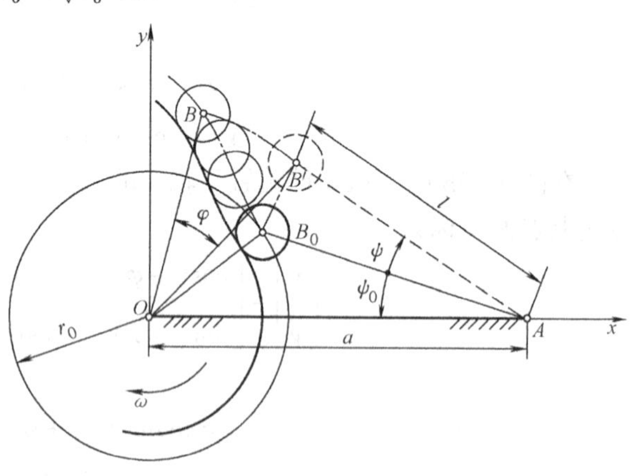

图 5-21　滚子摆动从动件盘形凸轮机构

$\delta=-1$。当凸轮自初始位置转过 φ 角时，从动件摆过角 ψ，滚子中心由起始位置 B_0 到达 $B'\{a-l\cos[\delta(\psi_0+\psi)],l\sin[\delta(\psi_0+\psi)]\}$。根据反转法的原理，将点 B'沿凸轮转动的相反方向转过 φ 角，即可得到凸轮理论轮廓曲线上的对应点 B，其坐标为

$$\begin{bmatrix} x \\ y \end{bmatrix}=\begin{bmatrix} \cos(\eta\varphi) & -\sin(\eta\varphi) \\ \sin(\eta\varphi) & \cos(\eta\varphi) \end{bmatrix}\begin{bmatrix} a-l\cos[\delta(\psi_0+\psi)] \\ l\sin[\delta(\psi_0+\psi)] \end{bmatrix}$$

即

$$\left.\begin{aligned} x &= a\cos(\eta\varphi)-l\cos[\delta(\psi_0+\psi)-\eta\varphi] \\ y &= a\sin(\eta\varphi)+l\sin[\delta(\psi_0+\psi)-\eta\varphi] \end{aligned}\right\} \tag{5-12}$$

式（5-12）即为摆动滚子从动件盘形凸轮理论轮廓曲线的方程式。式中

$$\psi_0=\arccos\frac{a^2+l^2-r_0^2}{2al},\quad \psi_0>0$$

由式（5-11）和式（5-12）可知，当凸轮机构的基本尺寸确定以后，凸轮理论轮廓曲线上点的坐标（x，y）是凸轮转角 φ 的函数。所以，凸轮理论轮廓曲线上点的直角坐标参数方程一般可表示为

$$\left.\begin{aligned} x &= x(\varphi) \\ y &= y(\varphi) \end{aligned}\right\}$$

2. 实际轮廓曲线方程

由凸轮轮廓设计的图解法可知，滚子从动件盘形凸轮机构中的凸轮的实际轮廓曲线，是以理论轮廓曲线上各点为圆心所作一系列滚子圆的包络线。根据微分几何的知识，可得以 φ 为参数的曲线族的包络线隐式方程为

$$\left.\begin{aligned} & f(X,Y,\varphi)=0 \\ & \frac{\partial}{\partial\varphi}f(X,Y,\varphi)=0 \end{aligned}\right\} \tag{5-13}$$

其中的$f(X,Y,\varphi)=0$ 是曲线族的方程，X、Y 是包络线上的点的直角坐标。

按式（5-13），对于半径为 r_r、圆心在理论轮廓曲线上的圆族的包络线，可写出如下方程

$$\left.\begin{aligned} & (X-x)^2+(Y-y)^2-r_r^2=0 \\ & (X-x)\frac{dx}{d\varphi}+(Y-y)\frac{dy}{d\varphi}=0 \end{aligned}\right\}$$

两式联立求解，即得滚子从动件盘形凸轮实际轮廓曲线上点的直角坐标

$$\left.\begin{aligned} X &= x\pm r_r\frac{dy/d\varphi}{\sqrt{\left(\dfrac{dx}{d\varphi}\right)^2+\left(\dfrac{dy}{d\varphi}\right)^2}} \\ Y &= y\mp r_r\frac{dx/d\varphi}{\sqrt{\left(\dfrac{dx}{d\varphi}\right)^2+\left(\dfrac{dy}{d\varphi}\right)^2}} \end{aligned}\right\} \tag{5-14}$$

上式表示内外两条包络线。式中，上面的一组加、减号表示一条外包络线，下面的一组

加、减号表示另一条内包络线。

3. 刀具中心轨迹方程

当在数控铣床上铣削凸轮或在凸轮磨床上磨削凸轮时，通常需要给出刀具中心的直角坐标值。对于滚子从动件盘形凸轮，当采用直径和滚子相同的刀具时，刀具中心轨迹与凸轮理论轮廓曲线重合，凸轮理论轮廓曲线的方程即为刀具中心轨迹方程。所以，在凸轮工作图上只需标注或附有理论轮廓曲线和实际轮廓曲线的坐标值，以供加工与检验时使用。如果在机床上采用直径大于滚子的铣刀或砂轮来加工凸轮轮廓曲线，或在线切割机床上采用钼丝（直径远小于滚子）来加工凸轮轮廓曲线时，刀具中心将不在理论轮廓曲线上，所以还需要在凸轮工作图上标注或附有刀具中心轨迹的坐标值，供加工时使用。

由图 5-22a 可以看出，当刀具半径 r_c 大于滚子半径 r_r 时，刀具中心的运动轨迹 η_c 为凸轮理论轮廓曲线 η 的等距曲线。它相当于以 η 上各点为圆心、以（r_c-r_r）为半径所作一系列滚子圆的外包络线。由图 5-22b 可以看出，当刀具半径 r_c 小于滚子半径时，刀具中心的运动轨迹 η_c 相当于以理论轮廓曲线 η 上各点为圆心、以（r_r-r_c）为半径所作一系列滚子圆的内包络线。因此，只要用 $|r_c-r_r|$ 代替 r_r，就可由式（5-14）得到刀具中心轨迹的参数方程

$$\left.\begin{aligned} X_c &= x \pm |r_c-r_r| \frac{\mathrm{d}y/\mathrm{d}\varphi}{\sqrt{\left(\dfrac{\mathrm{d}x}{\mathrm{d}\varphi}\right)^2+\left(\dfrac{\mathrm{d}y}{\mathrm{d}\varphi}\right)^2}} \\ Y_c &= y \mp |r_c-r_r| \frac{\mathrm{d}x/\mathrm{d}\varphi}{\sqrt{\left(\dfrac{\mathrm{d}x}{\mathrm{d}\varphi}\right)^2+\left(\dfrac{\mathrm{d}y}{\mathrm{d}\varphi}\right)^2}} \end{aligned}\right\} \tag{5-15}$$

当 $r_c>r_r$ 时，取上面一组加、减号；当 $r_c<r_r$ 时，取下面一组加、减号。

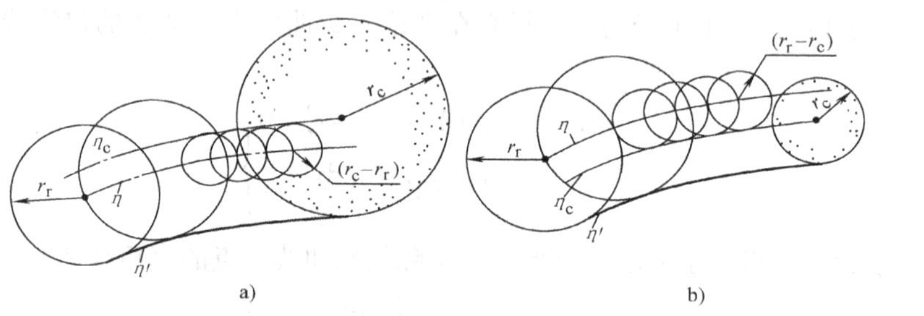

图 5-22　凸轮加工刀具中心轨迹

（二）平底从动件盘形凸轮机构

1. 凸轮实际轮廓曲线方程

图 5-23 所示为一平底直动从动件盘形凸轮机构。已知凸轮基圆半径 r_0，从动件运

动规律 $s=s(\varphi)$。选取凸轮转动中心为坐标原点，从动件推程运动方向为 y 轴的正向，建立右手直角坐标系 xOy，并使导路中心与 y 轴重合。同样，引入凸轮转向系数 η，并规定凸轮顺时针转动时 $\eta=1$，逆时针转动时 $\eta=-1$。当凸轮由起始位置转过 φ 角后，从动件的平底与导路中心的交点自 B_0 移动距离 s 后到达 B' 点。按反转法原理，将 B' 点沿凸轮转动的相反方向绕原点转过 φ 角，即可得出反转后从动件平底直线与导路中心交点的对应点位置 B，其坐标为

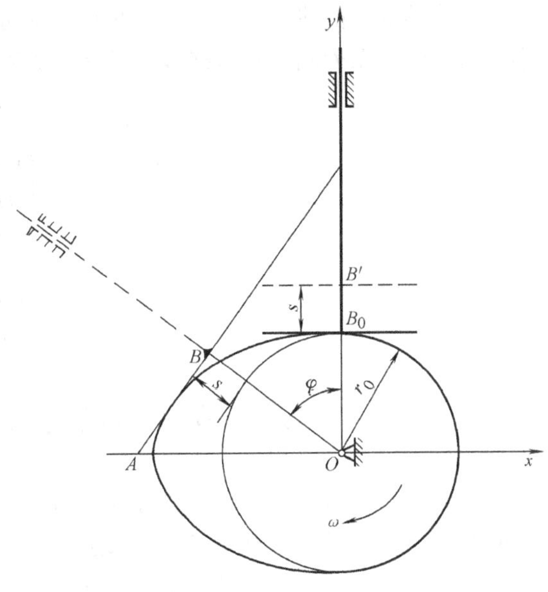

图 5-23　平底直动从动件盘形凸轮机构

$$\begin{bmatrix} x \\ y \end{bmatrix} = \begin{bmatrix} \cos(\eta\varphi) & -\sin(\eta\varphi) \\ \sin(\eta\varphi) & \cos(\eta\varphi) \end{bmatrix} \begin{bmatrix} 0 \\ r_0+s \end{bmatrix}$$

即

$$\left.\begin{aligned} x &= -(r_0+s)\sin(\eta\varphi) \\ y &= (r_0+s)\cos(\eta\varphi) \end{aligned}\right\} \quad (5\text{-}16)$$

由图可知，过 B 点的平底直线族方程为

$$Y-(r_0+s)\cos(\eta\varphi)=k[X+(r_0+s)\sin(\eta\varphi)]$$

式中 k 为平底直线的斜率，X、Y 为平底直线与凸轮轮廓相切点的坐标。由图可知：$k=\tan(\eta\varphi)$，将 k 代入上式，得

$$f(X,Y,\varphi)=Y\cos(\eta\varphi)-X\sin(\eta\varphi)-(r_0+s)=0 \quad (a)$$

而

$$\frac{\partial}{\partial\varphi}f(X,Y,\varphi)=-Y\eta\sin(\eta\varphi)-X\eta\cos(\eta\varphi)-\frac{ds}{d\varphi}=0 \quad (b)$$

联立（a）、（b）两式求解，即得直动平底从动件盘形凸轮实际轮廓曲线的直角坐标参数方程

$$\left.\begin{aligned} X &= -(r_0+s)\sin(\eta\varphi)-\frac{1}{\eta}\frac{ds}{d\varphi}\cos(\eta\varphi) \\ Y &= (r_0+s)\cos(\eta\varphi)-\frac{1}{\eta}\frac{ds}{d\varphi}\sin(\eta\varphi) \end{aligned}\right\} \quad (5\text{-}17)$$

2. 刀具中心轨迹方程

平底直动从动件盘形凸轮的轮廓曲线可以用砂轮的端面磨削，也可以用砂轮、铣刀或钼丝的外圆加工，如图 5-24 所示。当用砂轮的端面加工时，刀具

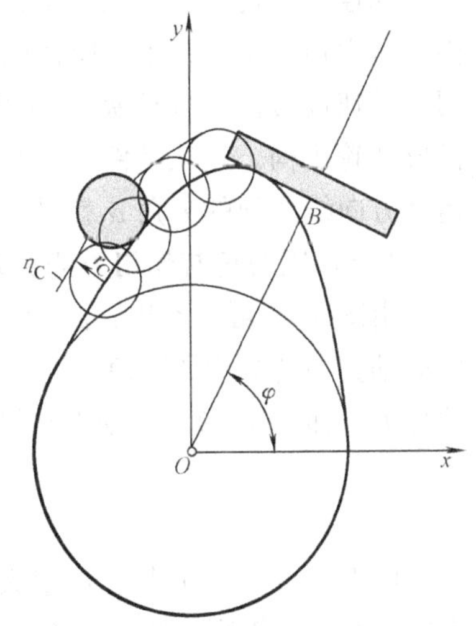

图 5-24　凸轮的磨削加工

上 B 点的轨迹方程如式（5-16）；当用刀具的外圆加工时，刀具中心轨迹 η_c 是凸轮实际轮廓曲线的等距曲线，即为以式（5-17）表示的曲线上各点为圆心，以刀具半径 r_c 为半径所作的一系列圆的外包络线，其参数方程可根据式（5-15）求得如下

$$\left.\begin{aligned} X_c &= X + r_c \frac{\mathrm{d}Y/\mathrm{d}\varphi}{\sqrt{\left(\dfrac{\mathrm{d}X}{\mathrm{d}\varphi}\right)^2 + \left(\dfrac{\mathrm{d}Y}{\mathrm{d}\varphi}\right)^2}} \\ Y_c &= Y - r_c \frac{\mathrm{d}X/\mathrm{d}\varphi}{\sqrt{\left(\dfrac{\mathrm{d}X}{\mathrm{d}\varphi}\right)^2 + \left(\dfrac{\mathrm{d}Y}{\mathrm{d}\varphi}\right)^2}} \end{aligned}\right\} \tag{5-18}$$

第五节　凸轮机构基本参数的确定

由上节介绍的凸轮设计方法可以看出，无论是用作图法还是解析法，在设计凸轮轮廓曲线之前，除了需要根据工作要求选定从动件的运动规律外，还需要确定凸轮机构的一些基本参数，如凸轮基圆半径 r_0、直动从动件的偏距 e 或摆动从动件与凸轮的中心距 a、滚子半径 r_r 和平底的尺寸 b 等。一般来讲，这些参数的选择，除应保证使从动件能够准确地实现预期的运动规律外，还应当使机构具有良好的传力性能和紧凑的结构尺寸。如果这些参数选择不当，就会影响机构的工作性能。本节将从凸轮机构的传力性能、运动的准确性以及结构性等方面，讨论凸轮机构基本参数确定的原则和方法。

一、凸轮机构的压力角及其许用值

和连杆机构一样，压力角也是衡量凸轮机构传力性能好坏的一个重要参数。凸轮机构的压力角，是指在不计摩擦的情况下，凸轮对从动件作用力的方向线与从动件上力作用点的速度方向之间所夹的锐角，用 α 表示。对于图 5-25 所示的偏置尖底直动从动件盘形凸轮机构，过从动件尖底和凸轮接触点所作凸轮轮廓曲线的法线 $n—n$ 与从动件的运动方向线之间的夹角 α 就是机构在图示位置时的压力角。

（一）压力角与作用力的关系

由图 5-25 可以看出，凸轮对从动件的作用力 F 可以分解成两个分力，即沿着从动件运动方向的分力 F' 和垂直于运动方向的分力 F''。其中 F' 是推动从动件克服载荷的有效分力，而 F'' 是增大从动件与导路间的滑动摩擦的有害分力。由可知

$$F' = F\cos\alpha$$

$$F'' = F\sin\alpha$$

由上式可知，压力角 α 越大，有害分力越大；当压力角增大到一定值时，有害分力所引起的摩擦阻力将大于有效分力 F'，这时无论凸轮给从动件的作用力有多大，都不能推动从动件运动，这种现象称为机构自锁现象。因此，为使机构具有良好的传力性能，并避免机构出现自锁，则压力角 α 越小越好。

(二) 压力角与机构尺寸以及凸轮转向的关系

设计凸轮机构时，除了应使机构具有良好的传力性能外，还希望机构结构紧凑，而这主要是由凸轮的大小来确定。凸轮尺寸的大小则取决于凸轮基圆半径的大小。在从动件的运动规律相同的情况下，基圆半径愈大，凸轮的尺寸也愈大。因此，要获得轻便紧凑的凸轮机构，就应当使基圆半径尽可能地小。但是基圆半径的大小又和凸轮机构的压力角有直接关系，下面就来分析其间的这种关系。

1. 直动从动件盘形凸轮机构

图 5-25 所示为一尖底直动从动件盘形凸轮机构。在该图中，过从动件与凸轮轮廓接触点 B 的公法线 n—n，与过凸轮轴心 O 所作从动件导路的垂线交于 P 点，由瞬心定义可知，该点即为凸轮与从动件在此位置时的相对速度瞬心，且 $l_{OP}=\dfrac{v}{\omega}=\dfrac{ds}{d\varphi}$。于是，由图中几何关系可得直动从动件盘形凸轮机构压力角计算公式

$$\tan\alpha=\frac{\left|\dfrac{ds}{d\varphi}+\eta\delta e\right|}{s+s_0}=\frac{\left|\dfrac{ds}{d\varphi}+\eta\delta e\right|}{s+\sqrt{r_0^2-e^2}} \tag{5-19}$$

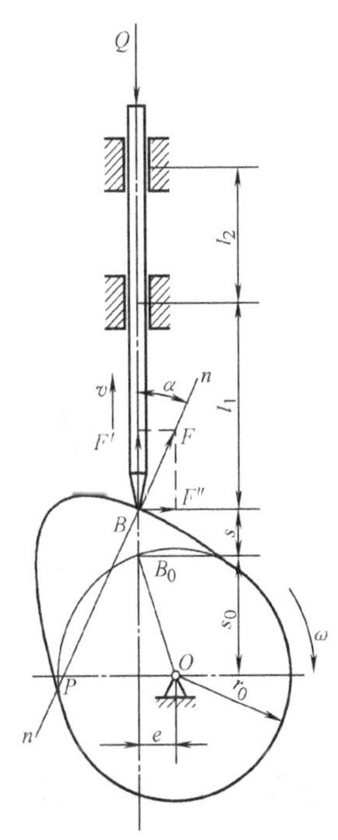

图 5-25　凸轮机构的压力角

式中 η、δ 分别为凸轮转向系数和从动件偏置方位系数，其取值与前述相同。由上式可以看出，在其他条件不变的前提下，适当地增大偏距 e 既可使压力角增大也可使压力角减小。压力角增大还是减小，取决于凸轮的转动方向和从动件的偏置方向。因推程时 $\dfrac{ds}{d\varphi}\geqslant 0$，回程的 $\dfrac{ds}{d\varphi}\leqslant 0$，因此，当凸轮顺时针转动，从动件偏置于凸轮中心左侧；或凸轮逆时针转动，从动件偏置于凸轮中心的右侧，即凸轮机构按 $\eta\delta=-1$ 配置时，可减小推程压力角，但同时使回程压力角增大；反之，若按 $\eta\delta=1$ 配置可减小回程压力角，但却使推程压力角增大。在力锁合式的凸轮机构中，回程不会出现自锁，故一般应采用 $\eta\delta=-1$ 配置，以减小推程压力角。

由式 (5-19) 可以得出

$$r_0=\sqrt{\left(\frac{\left|\dfrac{ds}{d\varphi}+\eta\delta e\right|}{\tan\alpha}-s\right)^2+e^2} \tag{5-20}$$

由式 (5-20) 可以看出，在其他条件不变的情况下，压力角 α 越大，基圆半径越小，从而凸轮的尺寸越小。因此，从使机构结构紧凑的观点来看，压力角 α 越大越好。

2. 尖底 (滚子) 摆动从动件盘形凸轮机构

在图 5-26 所示的摆动从动件凸轮机构中，过接触点做法线 n—n，交连心线于点 P，

该点即为凸轮和从动件的相对速度瞬心，且

$$\frac{d\psi}{d\varphi}=\eta\delta\frac{\omega_2}{\omega_1}=\eta\delta\frac{l_{AP}-a}{l_{AP}} \tag{a}$$

式中，η、δ 分别为凸轮转向系数和从动件推程摆动方向系数，其取值与前述相同。由直角三角形 BDP 得

$$\tan\alpha=\frac{l_{BD}}{l_{PD}}=\frac{|l_{AB}-l_{AD}|}{l_{PD}}=\frac{|l-l_{AP}\cos(\psi_0+\psi)|}{l_{AP}\sin(\psi_0+\psi)} \tag{b}$$

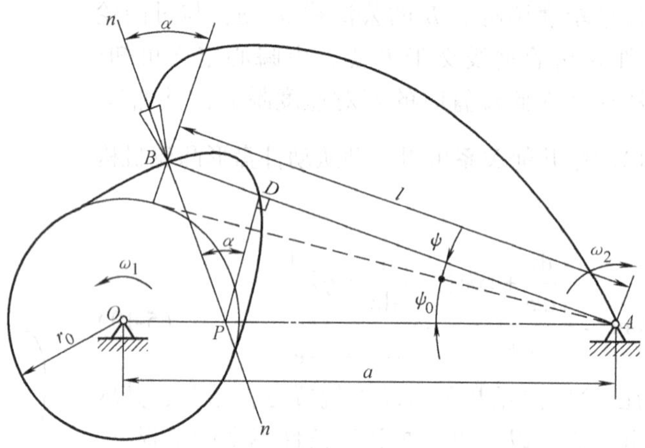

图 5-26　摆动从动件盘形凸轮机构的压力角

综合（a）、（b）两式，得到计算任意位置压力角的一般公式：

$$\tan\alpha=\frac{\left|\eta\delta l\dfrac{d\psi}{d\varphi}+a\cos(\psi_0+\psi)-l\right|}{a\sin(\psi_0+\psi)} \tag{5-21}$$

式中 ψ_0 为从动件的初始位置角，可由下式确定：

$$\psi_0=\arccos\left(\frac{a^2+l^2-r_0^2}{2al}\right) \tag{5-22}$$

由以上两式可以看出，影响压力角 α 的因素较多，且关系较复杂。但当 $\eta\delta=-1$ 且 $a\cos(\psi_0+\psi)>l$，或者 $\eta\delta=1$ 且 $a\cos(\psi_0+\psi)<l$，可减小推程压力角。

（三）许用压力角

在一般情况下，总希望所设计的凸轮机构既有较好的传力性能，又具有较紧凑的结构尺寸。但由以上分析可知，这两者是互相制约的，因此，在设计凸轮机构时，应兼顾两者，统筹考虑。实际设计中，为了使机构不出现自锁，而且具有较高的效率，规定了压力角的许用值［α］。设计时，在满足 $\alpha\leqslant[\alpha]$ 的条件下，选取尽可能小的基圆半径。根据工程实践的经验，推荐推程时许用压力角取以下数值：直动从动件，$[\alpha]=30°$ ~

38°；摆动从动件，[α] =40° ~50°。滚子从动件、润滑良好、支撑有较好的刚性时取数值的上限；否则取下限。

对于力锁合式的凸轮机构，从动件的回程是由弹簧等外力驱动的，而不是由凸轮驱动的，所以不会出现自锁。因此，力锁合式的凸轮机构的回程许用压力角可取得大些，通常取[α′] =70° ~80°。

二、凸轮基圆半径的确定

如前所述，凸轮的基圆半径应在满足 $\alpha \leqslant [\alpha]$ 的前提下选择。由于在机构的运转过程中，压力角的值是随凸轮与从动件的接触点位置的不同而变化的，即压力角是机构位置的函数。因此，设计时应在 $\alpha_{max} \leqslant [\alpha]$ 的条件下，选取尽可能小的凸轮基圆半径。

当已知凸轮的转动方向和从动件的运动规律时，满足给定推程许用压力角 [α] 和回程许用压力角 [α′] 的最小基圆半径可利用式（5-20）和（5-21）及（5-22）通过数值法求得，但求解过程很复杂。下面介绍一种简便适用的几何法。

1. 直动从动件盘形凸轮机构

图 5-27a 所示为偏置尖底直动从动件盘形凸轮机构在推程的一个位置。过接触点 B 作凸轮轮廓的法线，与过凸轮转动中心 O 且垂直于从动件导路的直线交于点 P，该点为凸轮与从动件的相对速度瞬心，α_B 为 B 点压力角。过凸轮回转中心 O，作 BP 的平行线与过 B 点垂直于导路的直线交于点 A，则 $\overline{AB} = \overline{OP} = \frac{v}{\omega} = \frac{ds}{d\varphi}$，$\angle BAO = 90° - \alpha_B$。图 5-27b 为凸轮机构在回程的一个位置，用同样的分析方法，得到 $\overline{A'B} = \overline{OP} = \frac{ds}{d\varphi}$，$\angle BA'O = 90° - \alpha'_B$。

凸轮与从动件在不同点接触时，其压力角不同，若使其最大压力角 α_{max} 小于或等于许用压力角，就可得到满足许用压力角的凸轮基圆半径。为此，以从动件尖底的初始位置 B_0 为坐标原点，建立 $\frac{ds}{d\varphi}$-s 直角坐标系。取从动件推程方向为 s 轴正向，s 轴正向沿凸轮转动方向转过 90° 为 $\frac{ds}{d\varphi}$ 的正向。根据从动件的运动规律，作出从动件各位置的 $\frac{ds}{d\varphi}$ 值，即 B_1A_1、B_2A_2、…如图 5-27c 所示。过 A_1、A_2、…作 $\angle\beta = 90° - [\alpha]$（[α] 为推程许用压力角），得一系列直线，显然当凸轮回转中心 O 点的位置选在各直线中最左一条直线 L_1 上或它的左下方，则满足推程中 $\alpha_{max} \leqslant [\alpha]$ 的条件。同理，回程阶段 $\frac{ds}{d\varphi}$ 的对应线段 $B_1A'_1$、$B_2A'_2$…过 A'_1、A'_2、…作 $\angle\beta = 90° - [\alpha']$（[α′]为回程许用压力角），也可得一系列直线，同样，当选凸轮转动中心 O 点位置在各直线中最右一条直线 L_2 上或它的右下方，则满足回程中 $\alpha_{max} \leqslant [\alpha']$ 的条件。由此可见，当凸轮转动中心 O 选在直线 L_1、L_2 之间的阴影线区域内，推程和回程的压力角都不会超过许用值，而所选点与 B_0 之间的距离即为凸轮基圆半径。当凸轮转动中心选在阴影区域内的 s 轴上时，得对心直动从动件凸轮机构凸轮的基圆半径；若选在 s 轴之外，则得到的是偏置直动从动件凸轮机构凸轮的基圆半径，所选点至 s 轴的距离即为偏距 e。由图可见，若转动中心选在 O 或 O' 点，则分别得到对心和偏置凸轮机构凸轮最小基圆半径。

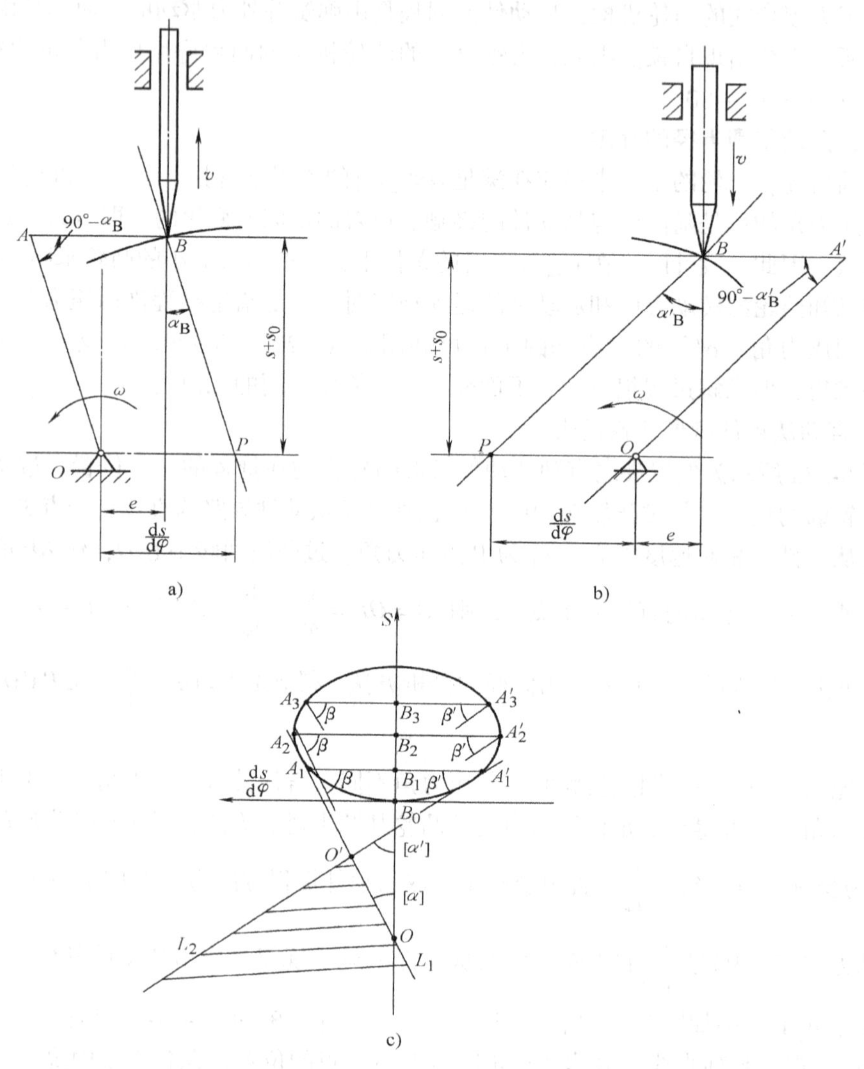

图 5-27　直动从动件盘形凸轮机构凸轮基圆半径的确定

a）推理　b）回程　c）确定转动中心

2. 摆动从动件盘形凸轮机构

图 5-28a 所示为尖底摆动从动件盘形凸轮机构在推程的一个位置。过凸轮与从动件的接触点 B 作凸轮轮廓的法线，交中心线于点 P，该点为此位置时凸轮与从动件相对速度瞬心，α_B 为压力角。过 O_1 点作 BP 的平行线 L 交 O_2B 延长线于 D 点，由于 $\frac{\overline{DB}}{\overline{O_2B}}=$

$\dfrac{\overline{O_1P}}{\overline{O_2P}}=\dfrac{d\psi}{d\varphi}$，即$\overline{DB}=\overline{O_2B}\dfrac{d\psi}{d\varphi}$，直线 L 与 DB 所夹锐角 $\beta=90°-\alpha_B$。若取 $\alpha_B=[\alpha]$，则凸轮转动中心 O 应取在直线 L 上或其左侧。同理，回程时如图 5-28b 所示，凸轮转动中心 O 应在直线 L'上或在其右侧。

当已知凸轮的角速度 ω_1、摆杆长 l 以及从动件的运动规律 $\psi=\psi(\delta)$，如图 5-28c 所示，可按前述方法，依次求出相应于摆杆各位置的 D 点，在推程和回程分别作 $\angle\beta=90°-[\alpha]$ 和 $\angle\beta'=90°-[\alpha']$ 的一系列直线 L 和 L'，凸轮转动中心 O 应在图示的阴影区域内选取。若取图中 O_1 点为凸轮转动中心，则 O_1 点到 B_0 之间的距离即为凸轮最小基圆半径。

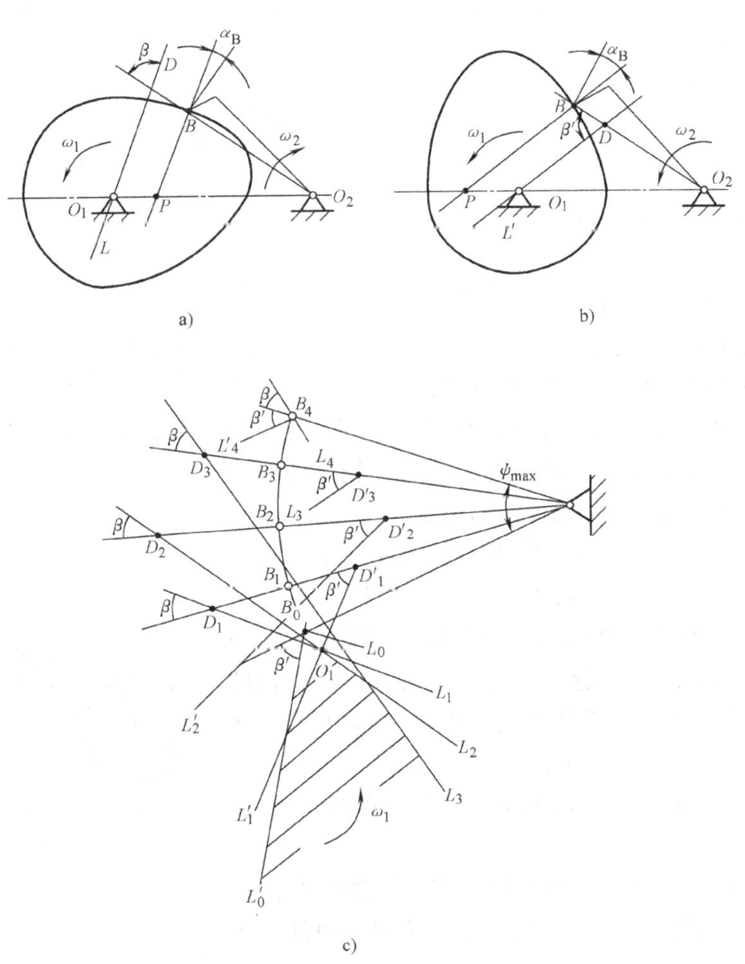

图 5-28　摆动从动件盘形凸轮机构凸轮基圆半径的确定

a）推程　b）回程　c）确定转动中心

3. 圆柱凸轮机构

圆柱凸轮机构中圆柱凸轮平均圆柱的半径 r_m 也可以根据许用压力角来确定。

图 5-29 所示为摆动从动件圆柱凸轮机构凸轮理论轮廓曲线的展开图。在图中所示的速度三角形中有

$$v_1 \sin\beta = v_1 \sin[\alpha + (\psi_{max}/2 - \psi)] = v_B \cos\alpha$$

式中 $v_1 = \omega_1 r_m$，$v_B = \omega_1 l_{AB} |\mathrm{d}\psi/\mathrm{d}\varphi|$。将 v_1、v_B 代入上式得

$$\tan\alpha = \frac{l_{AB} |\mathrm{d}\psi/\mathrm{d}\varphi|}{r_m \cos(\psi_{max}/2 - \psi)} - \tan(\psi_{max}/2 - \psi) \tag{5-23}$$

由上式可知，在其他条件一定的情况下，压力角 α 随平均圆柱半径 r_m 的增大而减小。

对于直动从动件圆柱凸轮机构，根据从动件的运动特点，由上式可得其压力角的计算式

$$\tan\alpha = \frac{1}{r_m}\left|\frac{\mathrm{d}s}{\mathrm{d}\varphi}\right| \tag{5-24}$$

将 $\alpha_{max} \leqslant [\alpha]$ 的条件代入上式中，即得

$$r_m \geqslant \frac{1}{\tan[\alpha]}\left|\frac{\mathrm{d}s}{\mathrm{d}\varphi}\right|_{max} \tag{5-25}$$

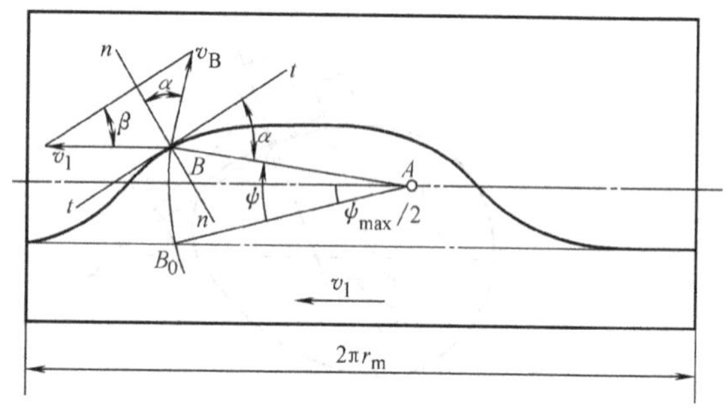

图 5-29 摆动从动件圆柱凸轮机构基本参数的确定

三、滚子半径的选择

滚子从动件盘形凸轮的实际轮廓曲线，是以理论轮廓曲线上的点为圆心所作的一系列滚子圆的包络线。当理论轮廓曲线确定后，若滚子的半径选择不当，其实际轮廓曲线也会出现过度切削而导致从动件运动失真。

如图 5-30 所示，ρ 为凸轮理论轮廓曲线上某点的曲率半径，ρ'为实际轮廓曲线上对应点的曲率半径，r_r 为滚子半径。当理论轮廓曲线内凹时，如图中所示 A 点处，$\rho' = \rho + r_r$，则 r_r 越大 ρ'越大，故可得出正常的实际轮廓曲线。当理论轮廓曲线外凸时，如图中所示 B 点处，$\rho' = \rho - r_r$。这有三种情况：

1）$\rho > r_r$，$\rho' > 0$，可得出正常的实际轮廓曲线。

2）$\rho = r_r$，$\rho' = 0$，这时凸轮的实际轮廓曲线出现尖点，这种轮廓曲线极易磨损，很快导致从动件运动失真。

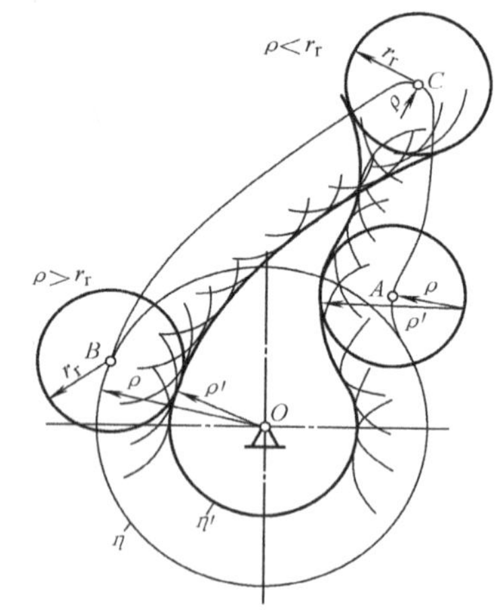

图 5-30 滚子半径的确定

3）$\rho < r_r$，如图中所示 C 点处，这时 $\rho' < 0$，凸轮实际轮廓曲线已经相交，交点以外的曲线实际上是不存在的，这种轮廓曲线已不能使从动件实现预期的运动规律。

由以上分析得知，滚子半径 r_r 必须小于理论轮廓曲线外凸部分的最小曲率半径 ρ_{min}。设计时，为了降低接触应力、减小磨损，建议取 $r_r \leqslant 0.8\rho_{min}$。

由高等数学可知，以参数方程 $x=x(\varphi)$、$y=y(\varphi)$ 表示的凸轮理论轮廓曲线，其曲率半径计算公式为

$$\rho=\frac{\left[\left(\frac{dx}{d\varphi}\right)^2+\left(\frac{dy}{d\varphi}\right)^2\right]^{3/2}}{\left(\frac{dx}{d\varphi}\right)\left(\frac{d^2y}{d\varphi^2}\right)-\left(\frac{d^2x}{d\varphi^2}\right)\left(\frac{dy}{d\varphi}\right)} \tag{5-26}$$

用计算机对凸轮理论轮廓曲线逐点计算其曲率半径，即可获得 ρ_{min}。

滚子半径的选择除了考虑机构的工作性能之外，还要兼顾结构尺寸的协调性。从这方面考虑，一般滚子半径 $r_r \leqslant 0.4r_0$。

四、平底直动从动件盘形凸轮机构凸轮基圆半径的确定

1. 运动失真现象及其避免方法

图 5-31 所示为一平底直动从动件盘形凸轮机构的设计图。从图中可以看出，凸轮的实际轮廓曲线出现交叉。这种凸轮在加工时，轮廓曲线中交叉的部分都会被刀具切去，而产生过度切削现象，从而导致从动件的运动失真。出现这种现象的原因有两个：一是从动件的行程 h 过大且相应推程运动角 Φ 太小；二是凸轮基圆半径太小。因此，要避免从动件出现运动失真现象，可采用两种方法：一种方法是减小从动件的行程 h 和适当增大相应转角 Φ，但是，如果工作所要求的 h 和 Φ 不允许改变时，显然不能采用这种方法；另一种方法是在不改变 h 和 Φ 的情况下，采用较大的基圆半径。

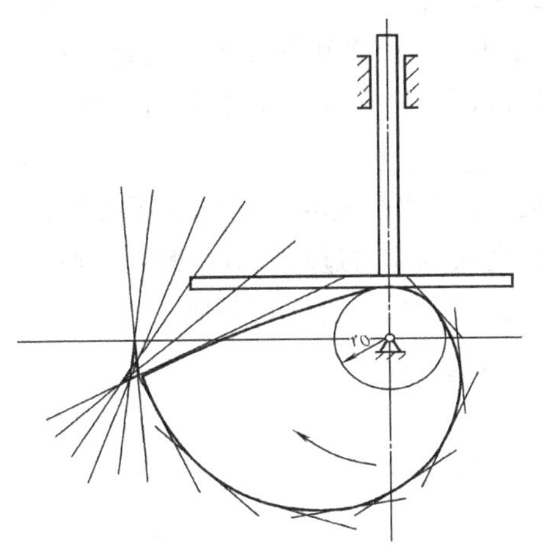

图 5-31　平底从动件运动失真现象

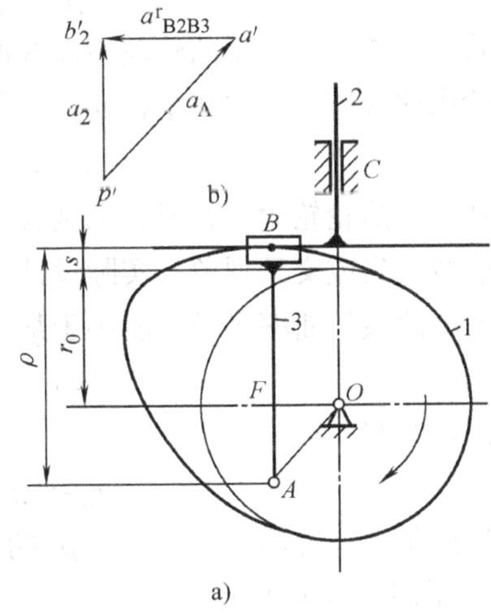

图 5-32　凸轮基圆半径的确定

2. 凸轮基圆半径的确定

平底直动从动件盘形凸轮机构，当从动件的平底与其移动导路垂直时，凸轮轮廓曲线与从动件平底接触处的公法线始终与平底垂直，机构的压力角恒等于零。所以，这种机构凸轮的基圆半径不能按许用压力角来确定，只能按从动件的运动不失真的条件来确定凸轮基圆半径。

如图 5-31 所示，当凸轮轮廓曲线出现交叉时，其曲率半径将改变负号，由正变为负。若凸轮轮廓曲线上某处处于临界交叉状态时，该处凸轮轮廓曲线将变为一尖点，其曲率半径 $\rho=0$。因此，为了避免对凸轮的过度切削而导致从件运动失真，所取凸轮的基圆半径必须要大到足以使凸轮轮廓曲线上各点的曲率半径 $\rho>0$。下面就来分析凸轮轮廓曲线曲率半径与基圆半径的关系。

如图 5-32a 所示，设凸轮轮廓曲线与从动件的平底在点 B 处相接触，轮廓曲线在 B 点的曲率中心为 A，则曲率半径为 $\rho=l_{AB}$。用高副低代的方法作出机构在该瞬时的低副替代机构 $OABC$。该机构从动件的加速度为

$$a_2=a_{B_2}=a_{B_3}+a_{B_2B_3}=a_A+a_{B_2B_3}$$

凸轮等速转动时，$a_A=a_A^n$。作加速度多边形，如图 5-32b 所示。因 $\Delta p'a'b_2'\backsim\Delta AOF$，所以，

$$\frac{l_{AF}}{l_{AO}}=\frac{\overline{p'b_2'}}{p'a'}=\frac{|a_2|}{|a_A|}=\frac{d^2s/dt^2}{l_{AO}\omega^2}=\frac{d^2s/d\varphi^2}{l_{AO}}$$

由上式可得

$$l_{AF}=d^2s/d\varphi^2$$

故曲率半径

$$\rho=l_{AB}=d^2s/d\varphi^2+s+r_0 \tag{5-27}$$

式（5-27）表达了凸轮轮廓曲线曲率半径与基圆半径之间的关系。由该式可看出，凸轮轮廓曲线的最小曲率半径 ρ_{min} 必发生在（$d^2s/d\varphi^2+s$）为最小的位置处，即

$$\rho_{min}=(d^2s/d\varphi^2+s)_{min}+r_0 \tag{5-28}$$

在设计凸轮轮廓曲线时，只要保证 $\rho_{min}>0$，就可使凸轮轮廓曲线全部外凸，而不出现廓线变尖或交叉现象。实际设计时，为了避免接触应力过高和减小磨损，通常规定凸轮轮廓曲线的曲率半径不能小于某一许用值 $[\rho]$。因此，上式可写成

$$\rho_{min}=(d^2s/d\varphi^2+s)_{min}+r_0\geqslant[\rho]$$

当取凸轮基圆半径

$$r_0\geqslant[\rho]-(d^2s/d\varphi^2+s)_{min} \tag{5-29}$$

就可保证所有位置都能满足 $\rho\geqslant[\rho]$ 的要求。

3. 平底宽度的确定

在设计平底从动件盘形凸轮机构时，为了保证机构在运转过程中，从动件的平底与凸轮轮廓始终保持正常接触，还得确定适当的平底宽度。参照图 5-33a，当从动件上升

时，其与凸轮轮廓的接触点 T' 在导路右侧，$ds/d\varphi>0$，T' 点的极右位置对应 $(ds/d\varphi)_{max}$；如图 5-33b 所示，从动件下降时，接触点 T'' 在导路的左侧，$ds/d\varphi<0$，T'' 点的极左位置对应与 $(ds/d\varphi)_{min}$，因此，平底左、右两侧的宽度 b' 和 b'' 应为

$$\left.\begin{aligned} b' &= (ds/d\varphi)_{max}+\Delta b \\ b'' &= (ds/d\varphi)_{min}+\Delta b \end{aligned}\right\} \tag{5-30}$$

平底总宽度 $b=b'+b''$。其中 Δb 为考虑加工和安装误差而附加的宽度，通常根据具体结构取 $\Delta b=5\sim7\text{mm}$。

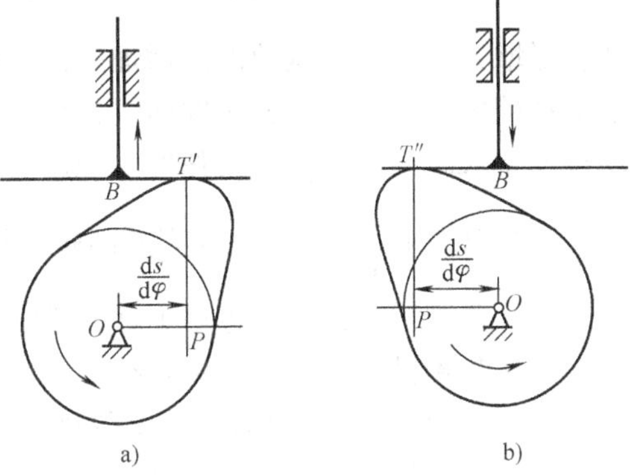

图 5-33 平底从动件平底宽度的确定

为了减少磨损，平底从动件与机架间的移动副常做成圆柱体和圆柱孔，以便从动件在移动的同时还能绕自身轴线转动。在这种结构中，平底为一圆盘。圆盘的直径为

$$d=2\left(\left|\frac{ds}{d\varphi}\right|_{max}+\Delta b\right) \tag{5-31}$$

第六节 高速凸轮机构简介

前面在讨论凸轮机构的设计时，把机构中的各构件看作是绝对刚体，而不考虑构件的弹性变形对机构运动的影响。这时从动件上各点的运动规律相同，由凸轮的轮廓曲线决定，即从动件的实际运动与预期运动规律一致。以上设计方法适合于速度较低的凸轮机构。但对于运转速度较高、构件的刚性较低的凸轮机构，由于运动过程中产生较大惯性力，造成构件过大的弹性变形，使从动件输出的运动与预期运动出现较大误差；另外惯性力和其他激振力产生的冲击和振动，使从动件和凸轮产生瞬时脱离，导致从动件运动畸变，停歇位置不准确；同时机构的振动产生大的动载荷，使构件的磨损加剧，机构使用寿命降低。因此，在设计高速凸轮机构时，不仅要考虑从动件的运动规律，而且还要考虑构件的刚度、质量、运动特性等因素对机构运动的影响。即将机构视为一弹性振动系统来处理。

对一凸轮机构是否按高速凸轮机构进行设计，不能单纯依据凸轮转速的高低，而应根据系统的刚度、质量、从动件的运动规律以及凸轮的转速等因素综合考虑来确定。工程中常用从动件系统的固有频率 ω_c 与凸轮的角速度 ω 之比来确定机构的速度高低，即：

（1）当 $15<\dfrac{\omega_c}{\omega}<\infty$ 时，为低速凸轮机构 此时凸轮机构系统的弹性变形很小，从动件实际运动与预期运动规律的误差很小，可忽略不计。

（2）当$6 \leqslant \frac{\omega_c}{\omega} \leqslant 15$时，为中速凸轮机构　这时从动件系统惯性力增大，构件的弹性变形增大，从动件运动误差增加。但增加值的多少与从动件运动规律、类型有关。对于运动精度要求不高、加速度曲线连续变化的凸轮机构，可按刚性系统处理。但对于运动精度要求高的机构，应按弹性系统进行设计。

（3）当$0 < \frac{\omega_c}{\omega} < 6$时，为高速凸轮机构　此时惯性力引起的弹性变形很大，从动件的运动误差剧增，已不能忽略不计，必须按弹性振动系统处理。

高速凸轮机构的设计大致含有以下内容：

1）建立机构的弹性动力学模型及其运动方程；

2）解运动方程，求出从动件输出端的真实运动规律；

3）解决振动对从动件行程两端的位置影响；

4）选择从动件输出运动规律，按弹性系统求出从动件输入运动规律，以此设计凸轮的轮廓曲线；

5）对于以弹簧力锁合的凸轮机构，要正确设计弹簧，防止从动件与凸轮的瞬间跳脱以及凸轮受力过大。

关于高速凸轮机构动态设计的具体方法可参阅有关文献。

思考题与练习题

5-1　什么是凸轮的理论轮廓曲线、实际轮廓曲线？两者之间有什么关系？

5-2　在凸轮机构设计中，有哪几种常用的从动件运动规律？这些运动规律各有什么特点以及适用场合？在选择从动件运动规律时应考虑哪些主要因素？

5-3　发生刚性冲击的凸轮机构，其运动线图上有什么特征？如发生柔性冲击时又有什么特征？

5-4　图5-34所示为从动件在推程时的部分运动规律，其远、近休止角均不等于零。试根据s、v和a之间的关系定性地补全该运动线图，并指出何处存在刚性冲击，何处存在柔性冲击？

5-5　何谓凸轮机构的压力角？为什么要规定许用压力角？回程许用压力角为什么可以取得大一些？

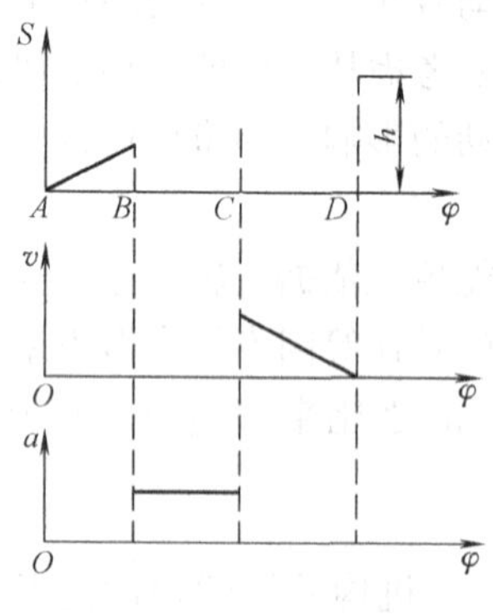

图5-34　题5-4图

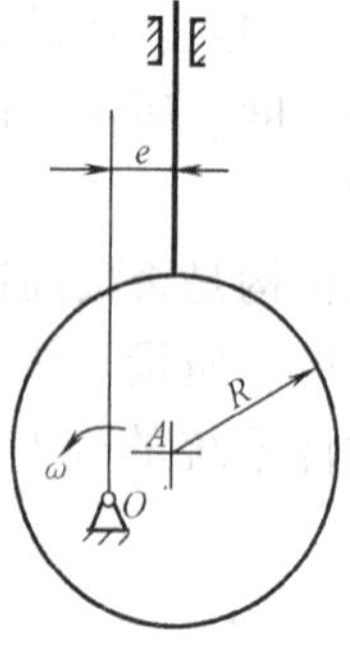

图5-35　题5-6图

5-6 在图 5-35 所示尖底直动从动件圆盘凸轮机构中，凸轮作逆时针转动，试从减小推程压力角方面考虑从动件导路相对于凸轮回转中心的偏置方向是否合理。若将凸轮转向改为顺时针，从动件运动规律是否发生改变？为什么？

5-7 利用“反转法”设计凸轮轮廓曲线所依据的基本原理是什么？

5-8 试问将同一轮廓曲线的凸轮与不同形式的从动件相配使用，各种从动件运动规律是否相同？又同一从动件运动规律，使用不同形式的从动件，设计出的凸轮轮廓曲线是否一样？

5-9 何谓凸轮机构的“失真”现象？失真现象在什么情况下发生？如何避免失真现象的发生？

5-10 一凸轮机构滚子从动件已损坏，要调换一个新的滚子从动件，但没有与原尺寸相同的滚子。试问用该不同尺寸的滚子行吗？为什么？

5-11 设计一偏置直动滚子从动件盘形凸轮机构，凸轮回转方向及从动件初始位置如图 5-36 所示。已知偏距 $e = 10\text{mm}$，基圆半径 $r_0 = 40\text{mm}$，滚子半径 $r_r = 15\text{mm}$，从动件运动规律为：$\Phi = 150°$，$\Phi_s = 30°$，$\Phi' = 120°$，$\Phi'_s = 60°$，从动件在推程以简谐运动规律上升，行程 $h = 25\text{mm}$；回程以等加速等减速运动规律返回原处，试绘制从动件位移线图及凸轮轮廓曲线。

5-12 设计一对心平底直动从动件盘形凸轮机构，从动件的平底与导路的中心线垂直，凸轮的转向与从动件的初始位置如图 5-37 所示。已知凸轮基圆半径 $r_0 = 60\text{mm}$，从动件的运动规律为：$\Phi = 120°$，$\Phi_s = 0°$，$\Phi' = 150°$，$\Phi'_s = 90°$，从动件在推程以简谐运动规律上升 30mm，又以简谐运动规律回到原位，试绘制从动件位移线图与凸轮轮廓曲线。

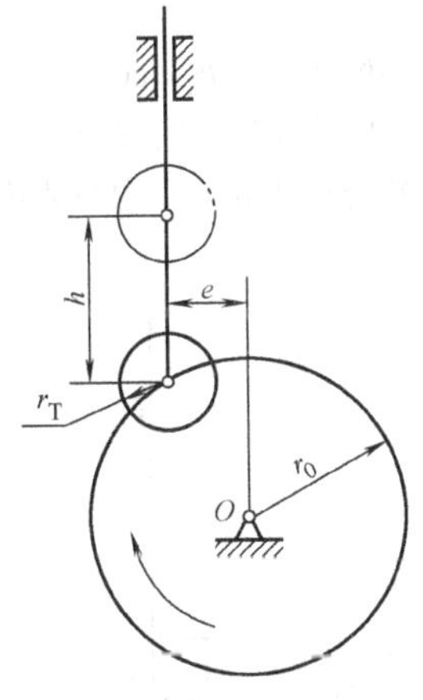

图 5-36 题 5-11 图

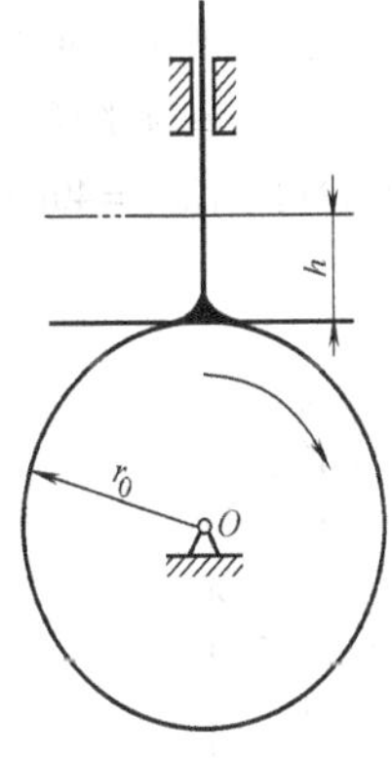

图 5-37 题 5-12 图

5-13 设计一尖底摆动从动件凸轮机构，凸轮回转方向和从动件的初始位置如图 5-38 所示。已知 $l_{OA} = 80\text{mm}$，$l_{AB} = 60\text{mm}$，$r_0 = 35\text{mm}$，从动件运动规律为：$\Phi = 180°$，$\Phi_s = 0°$，$\Phi' = 120°$，$\Phi'_s = 60°$；从动件推程以简谐运动规律顺时针摆动，最大摆角 $\psi_{max} = 15°$；回程以等加速等减速运动规律返回原处。试绘出从动件位移线图及凸轮轮廓曲线。

5-14 设计一平底摆动从动件盘形凸轮机构，凸轮回转方向和从动件的初始位置如图 5-39 所示。已知 $l_{OA} = 80\text{mm}$，$r_0 = 35\text{mm}$，从动件运动规律如下：$\Phi = 180°$，$\Phi_s = 0°$，$\Phi' = 180°$，$\Phi'_s = 0°$；从动件推程以简谐运动规律顺时针摆动，最大摆角 $\psi_{max} = 15°$；回程以等加速等减速运动规律返回原处。试绘制凸轮轮廓曲线并确定从动件的长度。

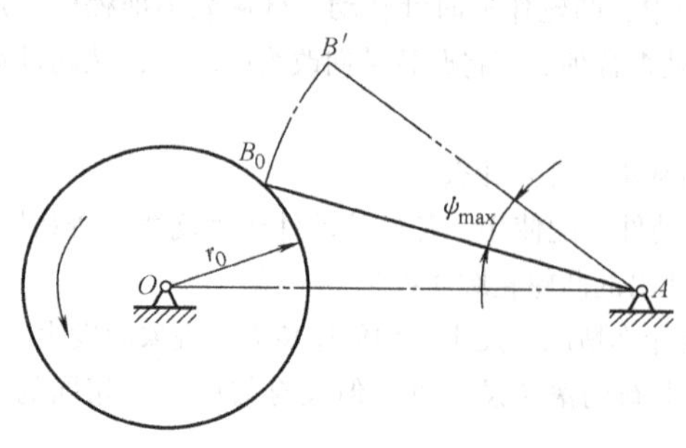

图 5-38　题 5-13 图

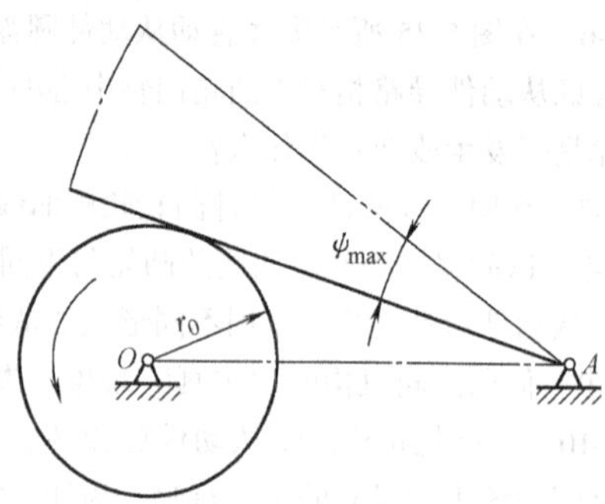

图 5-39　题 5-14 图

5-15　设计一滚子摆动从动件圆柱凸轮机构，凸轮回转方向和从动件的初始位置如图 5-40 所示。已知凸轮的平均圆柱半径 $r_m=50\text{mm}$，从动件的长度 $l_{AB}=80\text{mm}$，最大摆角 $\psi_{max}=20°$，滚子半径 $r_r=10\text{mm}$，从动件运动规律同题 5-13。试绘出该机构凸轮理论轮廓曲线和实际轮廓曲线的展开图。

5-16　设计一对心直动滚子从动件盘形凸轮机构。已知凸轮顺时针匀速转动，基圆半径 $r_0=40\text{mm}$，从动件的行程 $h=40\text{mm}$，滚子半径 $r_r=10\text{mm}$，推程运动角 $\Phi=120°$，从动件推程作简谐运动。试用解析法计算凸轮转角 $\varphi=30°$时，凸轮理论轮廓曲线和实际轮廓曲线上对应点的直角坐标值，并计算该位置时机构的压力角。

5-17　设计图 5-41 所示平底直动从动件盘形凸轮机构。已知 $\Phi=90°$，$\Phi_s=60°$，$\Phi'=90°$，$\Phi'_s=120°$，行程 $h=10\text{mm}$，基圆半径 $r_0=30\text{mm}$，从动件推程和回程均作简谐运动，凸轮转向为顺时针。若取磨削凸轮的砂轮半径 $r_c=40\text{mm}$，试计算 $\varphi=30°$时凸轮实际轮廓曲线和刀具中心轨迹上对应点的坐标。

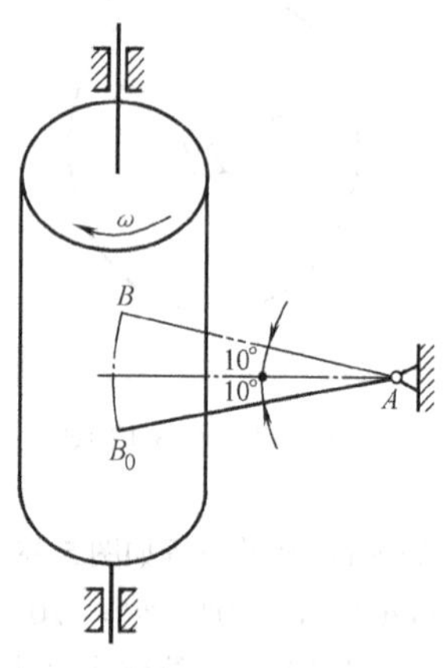

图 5-40　题 5-15 图

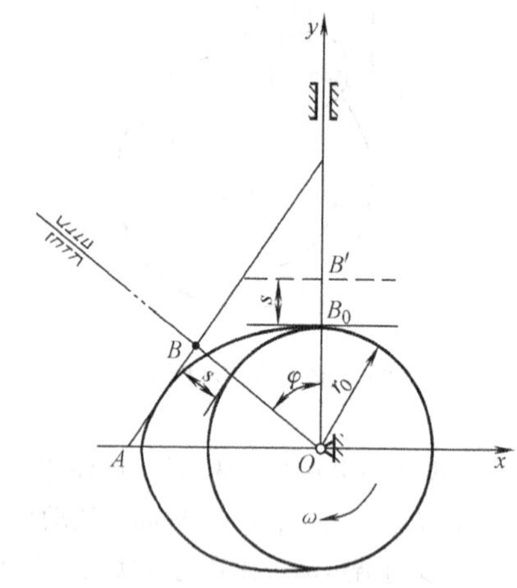

图 5-41　题 5-17 图

5-18　如图 5-42 所示，有一偏置直动从动件盘形凸轮机构，凸轮是一个以 A 为圆心、$R=50\text{mm}$ 为半径的偏心圆盘，偏心距 $l_{OA}=25\text{mm}$。凸轮回转中心为 O，偏距 $e=15\text{mm}$。

（1）根据图 a 及上述条件确定：

1）Φ、Φ_s、Φ'、Φ'_s；

2）凸轮基圆半径 r_0，从动件的行程 h，从动件与凸轮分别在 B、C、D、E 点接触时的压力角 α_B、α_C、α_D、α_E 及位移 s_B、s_C、s_D、s_E；

（2）若凸轮的几何尺寸不变，仅将从动件的尖底改为滚子，如图 b 所示，滚子半径 $r_r=10\text{mm}$。试确定：

1）Φ、Φ_s、Φ'、Φ'_s；

2）凸轮基圆半径 r_0，从动件的行程 h，从动件与凸轮分别在 B、C、D、E 点接触时的压力角 α_B、α_C、α_D、α_E 及位移 s_B、s_C、s_D、s_E；

（3）试比较以上参数哪些发生了变化，哪些未发生变化。

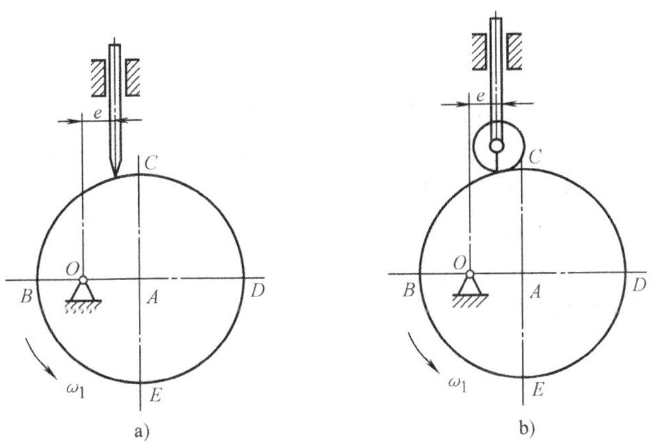

图 5-42　题 5-18 图

a）尖底从动件　b）滚子从动件

5-19　图 5-43 所示尖底偏置直动从动件盘形凸轮机构，凸轮轮廓上 AFB、CD 段为圆弧，AD、BC 为直线。A、B 为直线与圆弧 AFB 的切点。已知 $e=8\text{mm}$，$r_0=15\text{mm}$，$OC=OD=20\text{mm}$，$\angle COD=30°$。试求：

（1）从动件的行程 h，凸轮推程运动角 Φ、回程运动角 Φ'及近休止角 Φ'_s；

（2）凸轮与从动件在 A、D、C、B 点接触时机构的压力角 α_A、α_D、α_C、α_B；

（3）推程最大压力角 α_{max}的数值及出现的位置；

（4）回程最大压力角 α'_{max}的数值及出现的位置；

5-20　图 5-44 所示为一摆动滚子从动件盘形凸轮机构。凸轮为偏心圆盘，转向如图所示。已知 $R=30\text{mm}$，$l_{OA}=10\text{mm}$，$r_r=5\text{mm}$，$l_{OB}=50$，$l_{BC}=40\text{mm}$。E、F 为凸轮与滚子的两个接触点。试在图上标出：

（1）从 E 点接触到 F 点接触凸轮所转过的角度 φ；

（2）F 点接触时的机构压力角 α_F；

（3）从 E 点接触到 F 点接触从动件的位移 ψ；

（4）画出凸轮理论轮廓曲线，并计算基圆半径 r_0；

（5）找出推程出现最大压力角 α_{max} 的机构位置，并标出 α_{max}。

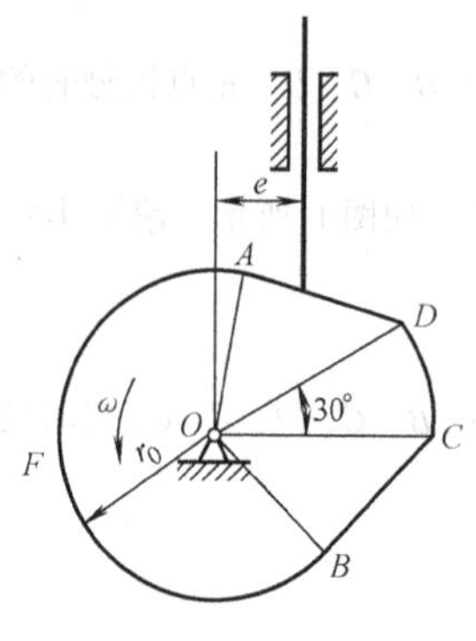

图 5-43　题 5-19 图

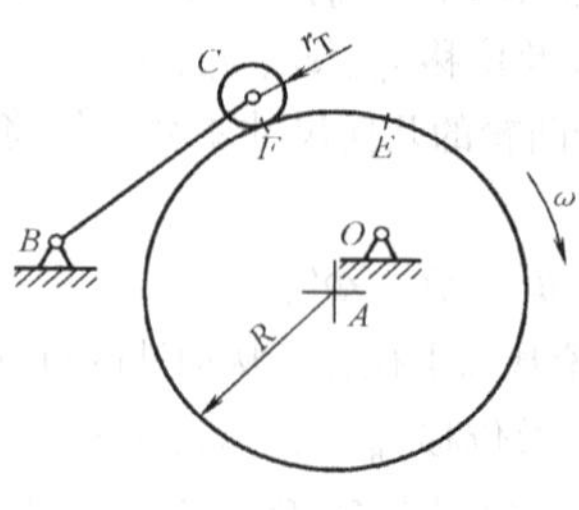

图 5-44　题 5-20 图

5-21　设计一尖底偏置直动从动件盘形凸轮机构。已知凸轮顺时针匀速转动，从动件运动规律为：$\Phi=120°$，$\Phi_s=30°$，$\Phi'=90°$，$\Phi'_s=120°$，从动件推程和回程均作简谐运动，行程 $h=30\text{mm}$。今给定推程许用压力角$[\alpha]=30°$，回程许用压力角$[\alpha']=70°$。试求满足许用压力角的凸轮最小基圆半径 $r_{0\min}$及最佳偏距 e_0。又若采用对心直动从动件，则凸轮的最小基圆半径为多少？

5-22　试用解析法设计题 5-11 中的凸轮机构，编写程序每隔 5°计算并打印凸轮理论轮廓曲线与实际轮廓曲线上点的直角坐标和压力角的数值。

第六章　齿轮机构及其设计

第一节　齿轮机构的应用和分类

齿轮机构是机械中最主要、应用最广泛的传动机构。它可以传递空间任意两轴之间的运动和动力，以及改变运动速度和方向。齿轮机构的类型很多，按照一对齿轮传动的传动比是否恒定，可将齿轮机构分为两大类：一类是定传动比的齿轮机构，齿轮是圆形的，又称圆形齿轮机构，这是机械中使用最广泛的类型；另一类是变传动比的齿轮机构，齿轮一般是非圆形的，又称非圆齿轮机构，这种齿轮机构通常用于一些具有特殊要求的机械中。本章仅介绍圆形齿轮机构。

圆形齿轮机构的类型也很多。按照一对齿轮在传动时的相对运动是平面运动还是空间运动，圆形齿轮机构可分为平面齿轮机构和空间齿轮机构两类。

一、平面齿轮机构

平面齿轮机构用于传递两平行轴之间的运动和动力。根据轮齿排列方向的不同，平面齿轮机构又分为如下几类：

1. 直齿圆柱齿轮机构

直齿圆柱齿轮简称为直齿轮，其轮齿的齿向与轴线平行。直齿圆柱齿轮机构又可分为三种：

（1）外啮合直齿圆柱齿轮机构　两齿轮的转动方向相反（图 6-1a）。

（2）内啮合直齿圆柱齿轮机构　两齿轮的转动方向相同（图 6-1b）。

（3）齿轮齿条机构　当其中一个齿轮的半径无限大时，齿轮演变为齿条（图 6-1c）。齿轮和齿条传动时，齿轮转动，齿条作直线移动。

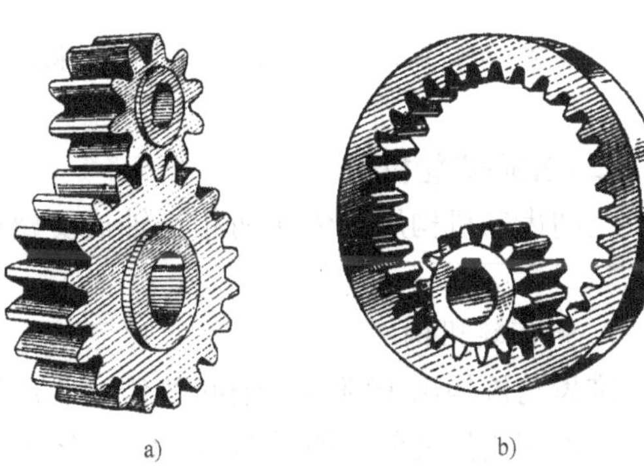

a)　　b)

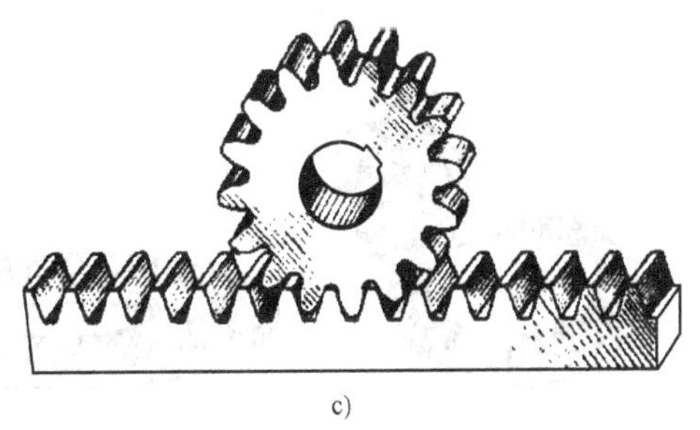

c)

图 6-1　直齿圆柱齿轮机构

2. 平行轴的斜齿圆柱齿轮机构

斜齿圆柱齿轮简称为斜齿轮，其轮齿的齿向相对于齿轮的轴线倾斜一定的角度，该角称为螺旋角。平行轴的斜齿圆柱齿轮机构也有外啮合、内啮合和齿轮齿条机构之分。图 6-2a 所示为外啮合的斜齿轮机构。

3. 人字齿齿轮机构

人字齿齿轮的齿形如“人”字，它相当于两个螺旋角大小相等，但齿的倾斜方向相反的斜齿轮拼在一起而形成的，如图 6-2b 所示。

4. 曲线齿圆柱齿轮机构

曲线齿圆柱齿轮简称为曲线齿轮，其轮齿沿轴线成弯曲的弧面，如图 6-3 所示。

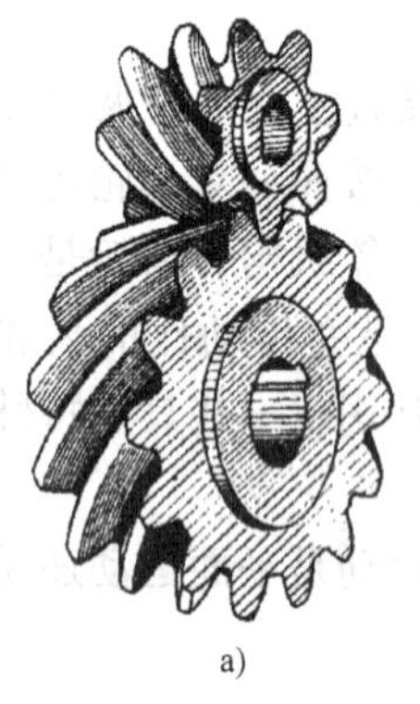

a)

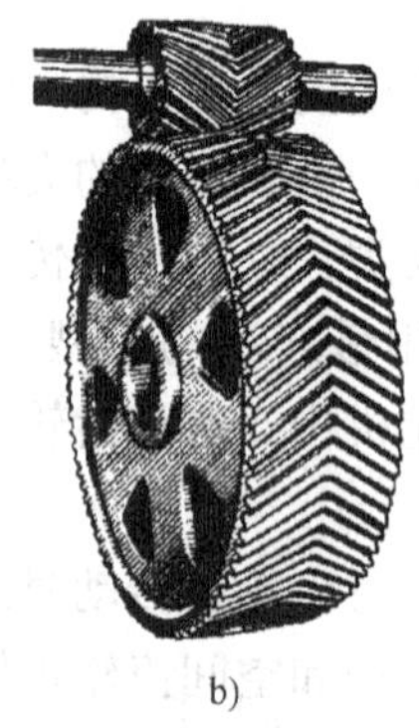

b)

图 6-2　平行轴斜齿圆柱齿轮和人字齿轮机构

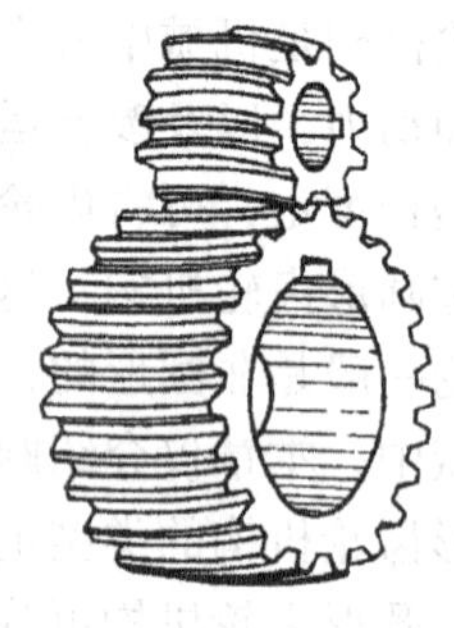

图 6-3　曲线齿圆柱齿轮机构

二、空间齿轮机构

空间齿轮机构用来传递两相交轴或交错轴之间的运动和动力。常见类型有以下几种：

1. 锥齿轮机构

锥齿轮机构用于两相交轴间的传动。齿轮的轮齿排列在截圆锥体的表面上，有直齿、斜齿和曲齿之分，如图 6-4a、b、c 所示。

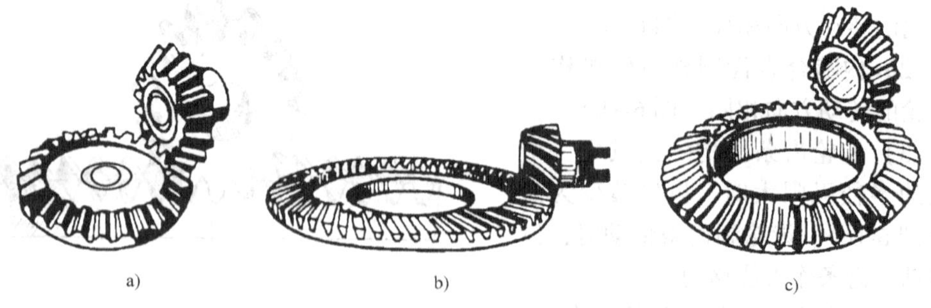

a)　b)　c)

图 6-4　锥齿轮机构

2. 交错轴斜齿轮机构

交错轴的斜齿轮机构是由两个斜齿轮组成的两轮轴线成空间交错的齿轮机构，如图6-5a 所示。

3. 蜗杆蜗轮机构

蜗杆蜗轮机构一般用于两轴垂直交错的传动，如图 6-5b 所示。

4. 准双曲面齿轮机构

如图 6-5c 所示，这种齿轮机构通常也是用于两轴垂直交错的传动。

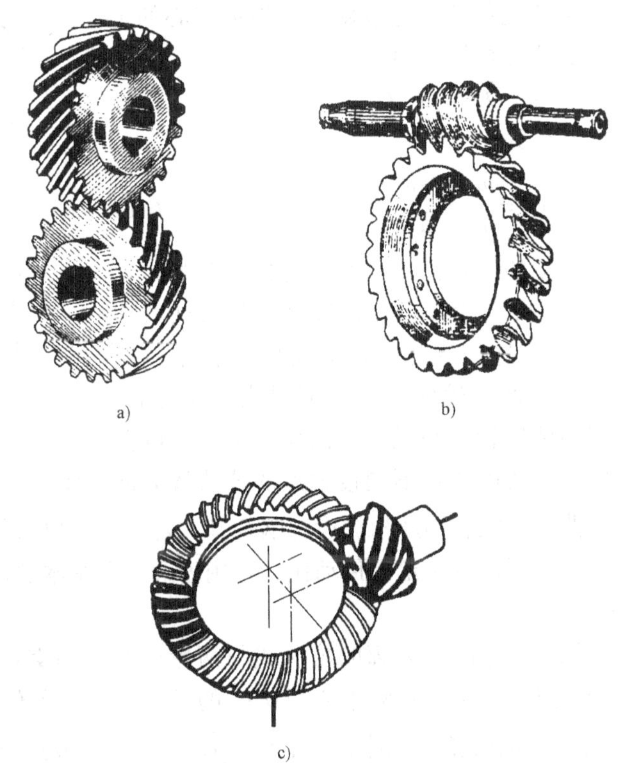

图 6-5　交错轴齿轮机构

第二节　齿廓啮合基本定律

一、共轭齿廓

一对齿轮传动是依靠主动轮轮齿的齿廓，推动从动轮轮齿的齿廓来实现的。两齿轮的瞬时角速度比称为传动比，表示为 $i_{12}=\frac{\omega_1}{\omega_2}$。若两齿轮的齿廓互相接触传动，并能实现传动比的预定变化规律，这样的一对齿廓称为共轭齿廓，齿廓曲线称为共轭曲线。

齿轮传动比的变化规律与轮齿的齿廓曲线有关，本节讨论如何按给定传动比的变化规律来确定齿轮齿廓曲线的问题。

二、齿廓啮合基本定律

图 6-6 所示为一对互相啮合传动的齿轮。主动轮以角速度 ω_1 转动，并推动从动轮以角速度 ω_2 反向转动，O_1、O_2 分别为两轮的回转中心。两轮轮齿的齿廓 c_1、c_2 在任意点 K 接触。过接触点 K 作两齿廓 c_1、c_2 的公法线 nn 与两轮的连心线 O_1O_2 交于点 P。由三心定理可知，点 P 是这对齿轮的相对速度瞬心。根据瞬心的定义，两齿轮在该点处的速度相等，即

$$v_P = \omega_1 \overline{O_1P} = \omega_2 \overline{O_2P}$$

由此可得两齿轮的传动比为

$$i_{12} = \frac{\omega_1}{\omega_2} = \frac{\overline{O_2P}}{\overline{O_1P}} \tag{6-1}$$

该式表明：相互啮合传动的一对齿轮，在任意位置时的传动比，都与其连心线 O_1O_2 被其啮合齿廓在接触点的公法线所分成的两段长度成反比。这一规律，称为齿廓啮合基本定律。根据这一定律可知：两齿轮的齿廓在不同位置啮合时，过其接触点的公法线与两齿轮连心线交点的位置不同，则两齿轮的传动比也不同。而两齿廓在不同接触点的公法线方向取决于两齿轮的齿廓曲线形状，因此根据齿廓啮合基本定律，可以求得齿廓曲线与齿轮传动比的关系；反之，也可以按给定的传动比，利用齿廓啮合基本定律求得两轮轮齿的共轭齿廓曲线。

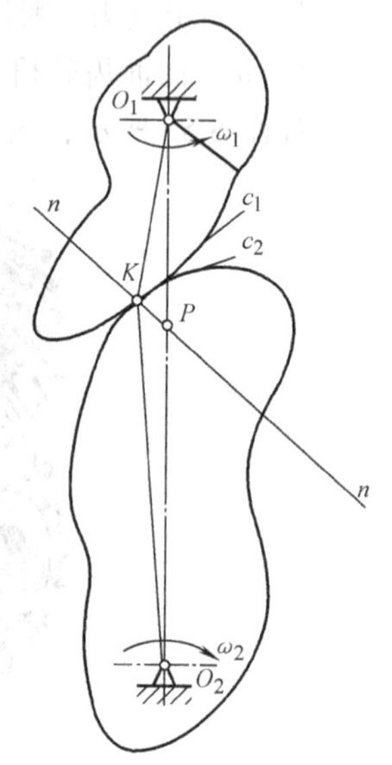

图 6-6 齿廓啮合基本定律

过两啮合齿廓接触点所作的两齿廓的公法线与两轮连心线的交点 P 称为两轮齿廓的啮合节点，简称为节点。由于两轮的中心距$\overline{O_1O_2}$的长是定值，若传动比 i_{12} 按给定规律变化，则节点 P 的位置也按相应规律在连心线$\overline{O_1O_2}$上移动。节点 P 在每个齿轮的运动平面上的轨迹称为节曲线。对于变传动比的齿轮传动，两轮的节曲线一般是两条非圆曲线，所以齿轮为非圆齿轮，如图 6-7a 所示；对于定传动比的齿轮传动，节点 P 在两轮连心线$\overline{O_1O_2}$上的位置固定不动，所以两轮的节曲线是两个圆，称为节圆，这种齿轮为圆形齿轮，如图 6-7b 所示。

对于圆形齿轮传动，即定传动比齿轮传动，齿廓啮合基本定律又可表述为：两轮齿廓在任何位置啮合接触时，过接触点所作的两齿廓的公法线必须通过按给定传动比确定的固定节点。

由于两轮在节点 P 处的相对速度等于零，故一对齿轮齿廓的啮合传动过程相当于两轮节曲线的纯滚动。圆形齿轮的传动则可以视为其节圆的纯滚动。若设两轮节圆半径分别为 r_1' 和 r_2'，则其传动比为

$$i_{12}=\frac{\omega_1}{\omega_2}=\frac{\overline{O_2P}}{\overline{O_1P}}=\frac{r_2'}{r_1'}=\text{常数} \tag{6-2}$$

图6-6和图6-7b所示的齿廓都能满足i_{12}=常数的要求。在图6-6中，一对齿廓曲线在任何位置啮合时，过啮合接触点的公法线是一条定直线，所以通过连心线$\overline{O_1O_2}$上的定点P。而在图6-7b中，一对齿廓曲线在不同位置啮合时，过啮合接触点的公法线不是一条定直线，但每一条公法线都通过连心线$\overline{O_1O_2}$上的定点P。

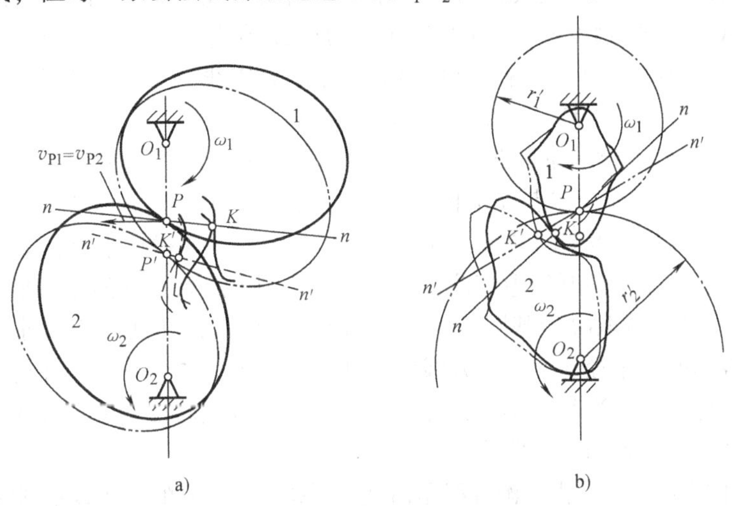

图6-7 齿廓曲线与齿轮的形状

a）非圆齿轮 b）圆形齿轮

三、齿廓曲线的选择

一般来说只要给出一条齿廓曲线，就可根据齿廓啮合基本定律求出与其共轭的另一条齿廓曲线。因此从理论上说，能满足一定传动比要求的共轭齿廓曲线有很多。但在生产实践中，选择齿廓曲线，不仅要考虑传动比的要求，而且必须从设计、制造、安装和使用等方面予以综合考虑。目前最常用的齿廓曲线是渐开线，其次是摆线和变态摆线。此外，近年来还有圆弧曲线和抛物线等齿廓。

由于渐开线齿廓具有良好的传动性能，而且便于制造、安装、测量和互换使用，所以目前绝大多数的齿轮都采用渐开线齿廓。本章将主要介绍渐开线齿轮。

第三节 渐开线及渐开线齿廓

一、渐开线及其性质

1. 渐开线的形成

如图6-8所示，当一直线n-n沿一个圆的圆周作纯滚动时，直线上任意一点K的轨迹AK称为该圆的渐开线。这个圆称为渐开线的基圆，其半径用r_b表示；直线n-n称为渐开线的发生线，角 θ_K（$=\angle AOK$）称为渐开线 AK 段的展角。

2. 渐开线的性质

由渐开线的形成过程可知，渐开线具有下列性质：

1）发生线沿基圆滚过的长度，等于基圆上被滚过的弧长。由于发生线在基圆上作纯滚动，故由图 6-8 可知 $\overline{KN}=\overset{\frown}{AN}$。

2）渐开线上任一点的法线恒与基圆相切。当发生线 AK 沿基圆作纯滚动时，它与基圆的切点 N 为其速度瞬心，所以发生线上的点 K 的速度方向与渐开线在该点的切线 t-t 的方向重合，即发生线 n-n 就是渐开线在点 K 的法线。又由于发生线恒切于基圆，故可得出结论：渐开线上任一点的法线恒与基圆相切。

3）渐开线上离基圆愈远的部分，其曲率半径愈大，渐开线愈平直。由于发生线与基圆的切点 N 也是渐开线在点 K 的曲率中心，而线段 $\overline{NK}$ 是渐开线在点 K 的曲率半径。由图 6-8 可知，渐开线离基圆愈远，其曲率半径愈大，渐开线愈平直；渐开线离基圆愈近，其曲率半径愈小，渐开线愈弯曲；渐开线在基圆上起始点处的曲率半径为零。

4）渐开线的形状取决于基圆的大小。如图 6-9 所示，在展角相同处，基圆半径愈小，其渐开线的曲率半径愈小，渐开线愈弯曲；基圆半径愈大，其渐开线的曲率半径也愈大，渐开线愈平直。当基圆半径为无穷大时，其渐开线将成为垂直于 $\overline{N_3K}$ 的直线。它就是后面将介绍的齿条的齿廓曲线。

5）基圆内无渐开线。由于渐开线是由基圆开始向外展开的，所以基圆内无渐开线。

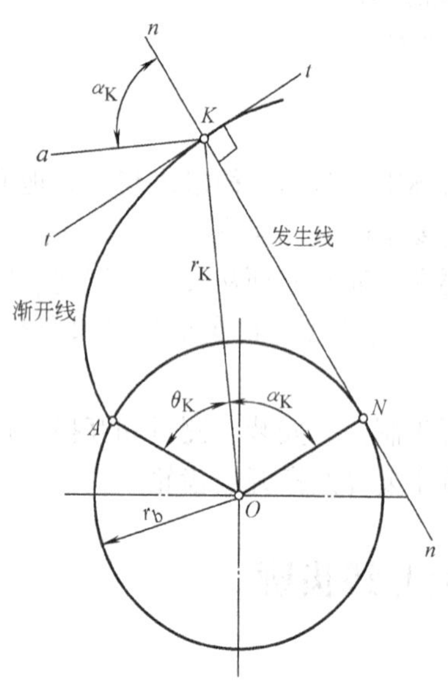

图 6-8 渐开线的形成

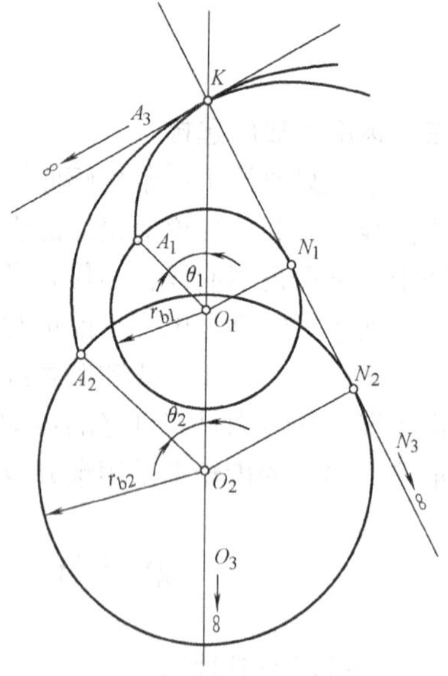

图 6-9 渐开线的形状与基圆大小的关系

3. 渐开线方程

如图 6-8 所示，点 A 为渐开线在基圆上的起始点，点 K 为渐开线上任意一点，它的向径用 r_K 表示，展角用 θ_K 表示。若以该段渐开线作为齿轮的齿廓，当另一齿轮的齿廓同该齿廓在点 K 啮合时，该齿廓在点 K 所受的正压力应沿齿廓在该点的法线方向。当该齿轮绕点 O 转动时，齿廓上点 K 的速度方向应垂直于直线 OK，我们把法线 NK 与点 K 速度方向线之间所夹的锐角称为渐开线在该点的压力角，记为 α_K，且由图可知 $\alpha_K = \angle KON$。

由 $\triangle OKN$ 中的关系可得

$$r_K = \frac{r_b}{\cos\alpha_K} \tag{a}$$

又因
$$\tan\alpha_K = \frac{\overline{NK}}{\overline{ON}} = \frac{\overset{\frown}{AN}}{r_b} = \frac{r_b(\alpha_K + \theta_K)}{r_b} = \alpha_K + \theta_K$$

故得
$$\theta_K = \tan\alpha_K - \alpha_K$$

由上式可知，展角 θ_K 是压力角 α_K 的函数，故称其为渐开线函数，工程上用 $\mathrm{inv}\alpha_K$ 表示，即

$$\theta_K = \mathrm{inv}\alpha_K = \tan\alpha_K - \alpha_K \tag{b}$$

为了方便，工程中已将不同压力角的渐开线函数 $\mathrm{inv}\alpha_K$ 计算出来列成表格（见表 6-1），以备查用。

将（a）、（b）两式联立，即得渐开线极坐标参数方程

$$\left.\begin{aligned} r_K &= \frac{r_b}{\cos\alpha_K} \\ \theta_K &= \mathrm{inv}\alpha_K = \tan\alpha_K - \alpha_K \end{aligned}\right\} \tag{6-3}$$

同样，由图 6-10 可推导出渐开线直角坐标参数方程

$$\left.\begin{aligned} x_K &= r_b \sin u_K - r_b u_K \cos u_K \\ y_K &= r_b \cos u_K + r_b u_K \sin u_K \end{aligned}\right\} \tag{6-4}$$

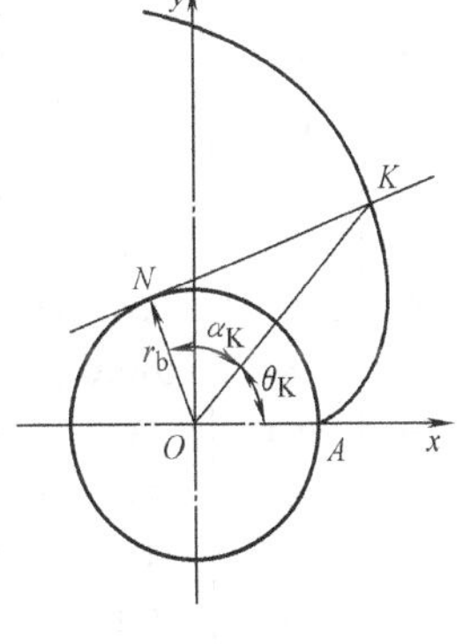

图 6-10　渐开线方程

式中，u_K 为渐开线在点 K 的滚动角，$u_K = \theta_K + \alpha_K$。

表 6-1　渐开线函数

分(′)	度(°)										
	11	12	13	14	15	16	17	18	19	20	21
0	0.0023941	0.0031171	0.0039754	0.0049819	0.0061498	0.007493	0.009025	0.010760	0.012715	0.014904	0.017345
1	0.0024051	302	909	0.0050000	707	517	052	791	750	943	388
2	161	434	0.0040065	182	917	541	079	822	784	982	431
3	272	567	221	364	0.0062127	565	107	853	819	0.015020	474
4	383	699	377	546	337	589	134	884	854	059	517
5	495	832	534	729	548	613	161	915	888	098	560
6	607	966	692	912	760	637	189	946	923	137	603

(续)

分(′)	度(°)										
	11	12	13	14	15	16	17	18	19	20	21
7	719	0.0032100	849	0.0051096	972	661	216	977	958	176	647
8	831	234	0.0041008	280	0.0063184	686	244	0.011008	993	215	690
9	944	369	166	465	397	710	272	039	0.013028	254	734
10	0.0025057	504	325	650	611	735	299	071	063	293	777
11	171	639	485	835	825	759	327	102	098	333	821
12	285	775	644	0.0052022	0.0064039	784	355	133	134	372	865
13	399	911	805	208	254	808	383	165	169	411	908
14	513	0.0033048	965	395	470	833	411	196	204	451	952
15	628	185	0.0042126	582	686	857	439	228	240	490	996
16	744	322	288	770	902	882	467	260	275	530	0.018040
17	859	460	450	958	0.0065119	907	495	291	311	570	084
18	975	598	612	0.0053147	337	932	523	323	346	609	129
19	0.0026091	736	775	336	555	957	552	355	382	649	173
20	208	875	938	526	773	982	580	387	418	689	217
21	325	0.0034014	0.0043102	716	992	0.008007	608	419	454	729	262
22	443	154	266	917	0.0066211	032	637	451	490	769	306
23	560	294	430	0.0054098	431	057	665	483	526	809	351
24	678	434	595	290	652	082	694	515	562	850	395
25	797	575	760	482	873	107	722	547	598	890	440
26	916	716	926	674	0.0067094	133	751	580	634	930	485
27	0.0027035	858	0.0044092	867	316	158	780	612	670	971	530
28	154	0.0035000	259	0.0055060	539	183	808	644	707	0.016011	575
29	274	142	426	254	762	209	837	677	743	052	620
30	394	285	593	448	985	234	866	709	779	092	665
31	515	428	761	643	0.0068209	260	895	742	816	133	710
32	636	572	928	838	434	285	924	775	852	174	755
33	757	716	0.0045098	0.0056034	659	311	953	807	889	215	800
34	879	860	267	230	884	337	982	840	926	255	846
35	0.0028001	0.0036005	437	427	0.0069110	362	0.010012	873	963	296	891
36	123	150	607	624	337	388	041	906	999	337	937
37	246	296	777	822	564	414	070	939	0.014036	379	983
38	369	441	948	0.0057020	791	440	099	972	073	420	0.019028
39	493	588	0.0046120	218	0.0070019	466	129	0.012005	110	461	074
40	616	735	291	417	248	492	158	038	148	502	120
41	741	882	464	617	477	518	188	071	185	544	166
42	875	0.0037029	636	817	706	544	217	105	222	585	212
43	990	177	809	0.0058017	936	571	247	138	259	627	258
44	0.0029115	326	983	218	0.0071167	597	277	172	297	669	304
45	241	474	0.0047157	420	398	623	307	205	334	710	350

（续）

分(′)	度(°)										
	11	12	13	14	15	16	17	18	19	20	21
46	367	623	331	622	630	650	336	239	372	752	397
47	494	773	506	824	862	676	366	272	409	794	443
48	620	923	681	0.0059028	0.0072095	702	396	306	447	836	490
49	747	0.0038073	857	230	328	729	426	340	485	878	536
50	875	224	0.0048033	434	561	756	456	373	523	920	583
51	0.0030003	375	210	638	796	782	486	407	560	962	630
52	131	527	387	843	0.0073030	809	517	441	598	0.017004	676
53	260	679	564	0.0060048	266	836	547	475	636	047	723
54	389	831	742	254	501	863	577	509	674	089	770
55	518	984	921	460	738	889	608	543	713	132	817
56	648	0.0039137	0.0049099	667	975	916	638	578	751	174	864
57	778	291	279	874	0.0074212	943	669	612	789	217	912
58	908	445	458	0.0061081	450	970	699	646	827	259	959
59	0.0031039	599	639	289	688	998	730	681	866	302	0.020007
60	171	754	819	498	927	0.009025	760	715	904	345	054

分(′)	度(°)											
	22	23	24	25	26	27	28	29	30	31	32	33
0	0.020054	0.023049	0.026350	0.029975	0.033947	0.038287	0.043017	0.048164	0.053751	0.059809	0.066364	0.073449
1	101	102	407	0.030039	0.034016	362	100	253	849	914	478	572
2	149	154	465	102	086	438	182	348	946	0.060019	591	695
3	197	207	523	166	155	514	264	432	0.054043	124	705	818
4	244	259	581	229	225	590	347	522	140	230	819	941
5	292	312	639	293	294	666	430	612	238	335	934	0.074064
6	340	365	697	357	364	742	513	702	336	441	0.067048	188
7	388	418	756	420	434	818	596	792	433	547	163	312
8	436	471	814	484	504	894	679	883	531	653	277	435
9	484	524	872	545	574	971	762	973	629	759	392	559
10	533	577	931	613	644	0.039047	845	0.049064	728	866	507	684
11	581	631	989	677	714	124	929	154	826	972	622	808
12	629	684	0.027048	741	785	201	0.044012	245	924	0.061079	738	932
13	678	738	107	806	855	278	096	336	0.055023	186	853	0.075057
14	726	791	166	870	926	355	180	427	122	292	969	182
15	775	845	225	935	997	432	264	518	221	400	0.068084	307
16	824	899	284	0.031000	0.035067	509	348	609	320	507	200	432
17	873	952	343	065	138	586	432	701	419	614	316	557
18	921	0.024006	402	130	209	664	516	792	518	721	432	683
19	970	060	462	195	280	741	601	884	617	829	549	808
20	0.021019	114	521	260	352	819	685	976	717	937	665	934

（续）

分(′)	度(°)											
	22	23	24	25	26	27	28	29	30	31	32	33
21	069	169	591	325	423	897	770	0.050068	817	0.062045	782	0.076060
22	118	223	640	390	494	974	855	160	917	153	899	186
23	167	277	700	456	566	0.040052	939	252	0.056016	261	0.069016	312
24	217	332	760	521	637	131	0.045024	344	116	369	133	439
25	266	386	820	587	709	209	110	437	217	478	250	565
26	316	441	880	653	781	287	195	529	317	586	367	692
27	365	495	940	718	853	366	280	622	417	695	485	819
28	415	550	0.028000	784	925	444	366	715	518	804	602	946
29	465	605	060	850	997	523	451	808	619	913	720	0.077073
30	514	660	121	917	0.036069	602	537	901	720	0.063022	838	200
31	564	715	181	983	142	680	623	994	821	131	951	328
32	614	770	242	0.032049	214	759	709	0.051087	922	241	0.070075	455
33	665	825	302	116	287	839	795	181	0.057023	350	193	583
34	715	881	363	182	359	918	881	274	124	460	312	711
35	765	936	424	249	432	997	967	368	226	570	430	839
36	815	992	485	315	505	0.041076	0.046054	462	328	680	549	968
37	866	0.025047	546	382	578	156	140	556	429	790	668	0.078096
38	916	103	607	449	651	236	227	650	531	901	787	225
39	967	159	668	516	724	316	313	744	633	0.064011	907	354
40	0.022018	214	729	583	798	395	400	838	736	122	0.071026	483
41	068	270	791	651	871	475	487	933	838	232	146	612
42	119	326	852	718	945	556	575	0.052027	940	343	266	741
43	170	382	914	785	0.037018	636	662	122	0.058043	454	386	871
44	221	439	976	853	092	716	749	217	146	565	506	0.079000
45	272	495	0.029037	920	166	797	837	312	249	677	626	130
46	234	551	090	988	240	877	924	407	352	788	747	260
47	375	608	161	0.033056	314	958	0.047012	502	455	900	867	390
48	426	664	223	124	388	0.042039	100	597	558	0.065012	988	520
49	478	721	285	192	462	120	188	693	662	123	0.072109	651
50	529	778	348	260	537	201	276	788	765	236	230	781
51	581	834	410	328	611	282	364	884	869	348	351	912
52	633	891	472	397	686	363	452	980	973	460	473	0.080043
53	684	948	535	465	761	444	541	0.053076	0.059077	573	594	174
54	736	0.026005	598	534	835	526	630	172	181	685	716	306
55	788	062	660	602	910	607	718	268	285	798	838	437
56	840	120	723	671	985	689	807	365	390	911	959	569
57	892	277	786	740	0.038060	771	896	461	494	0.066024	0.073082	700
58	944	235	849	809	135	853	985	558	599	137	204	832
59	997	292	912	878	211	935	0.048074	655	704	250	326	964
60	0.023049	350	975	947	287	0.043017	164	751	809	364	449	0.081097

（续）

分(′)	度(°)											
	34	35	36	37	38	39	40	41	42	43	44	45
0	0.081097	0.089342	0.09822	0.10778	0.11806	0.12911	0.14097	0.15370	0.16737	0.18202	0.19774	0.21460
1	229	485	838	795	824	930	117	392	760	228	802	489
2	362	628	353	811	842	949	138	414	784	253	829	518
3	494	771	869	828	859	968	158	436	807	278	856	548
4	627	914	884	844	877	987	179	458	831	304	883	577
5	760	0.090058	899	861	895	0.13006	200	480	855	329	910	606
6	894	201	915	878	913	025	220	503	879	355	938	635
7	0.082027	345	930	894	931	045	241	525	902	380	965	665
8	161	489	946	911	949	064	261	547	926	406	992	694
9	294	633	961	928	957	083	282	569	950	431	0.20020	723
10	428	777	977	944	985	102	303	591	974	457	047	753
11	562	922	992	961	0.12003	122	324	614	998	482	075	782
12	697	0.091067	0.10008	978	021	141	344	636	0.17022	508	102	812
13	831	211	024	995	039	160	365	658	045	834	130	841
14	966	356	039	0.11011	057	180	386	680	069	559	157	871
15	0.083100	502	055	028	075	199	407	703	093	585	185	900
16	235	647	070	045	093	219	428	725	117	611	212	930
17	371	793	086	062	111	238	448	748	142	637	240	960
18	506	938	102	079	129	258	469	770	166	662	268	989
19	641	0.092084	118	096	147	277	490	793	190	688	296	0.22019
20	777	230	133	113	165	297	511	815	214	714	323	049
21	913	377	149	130	184	316	532	838	238	740	351	079
22	0.084049	523	165	146	202	336	553	860	262	766	379	108
23	185	670	181	163	220	355	574	883	286	792	407	138
24	321	816	196	180	238	375	595	905	311	818	435	168
25	457	963	212	197	257	395	616	928	335	844	463	198
26	594	0.093111	228	215	275	141	638	950	359	870	490	228
27	731	254	244	232	293	434	659	973	383	896	518	258
28	868	406	260	249	312	454	680	996	408	922	546	288
29	0.085005	553	276	266	330	473	701	0.16019	432	948	575	318
30	142	701	292	283	348	493	722	041	457	975	603	348
31	280	849	308	300	367	513	743	064	481	0.19001	631	378
32	418	998	323	317	385	533	765	087	506	027	659	409
33	555	0.094146	339	334	404	553	786	110	530	053	687	439
34	693	295	355	352	422	572	807	133	555	080	715	469
35	832	443	381	369	441	592	829	156	579	106	743	499
36	970	592	388	386	459	612	850	178	604	132	772	530
37	0.086108	742	404	403	478	632	871	201	628	159	800	560
38	247	891	420	421	496	652	893	224	653	185	828	590
39	386	0.095041	436	438	515	672	914	247	678	212	857	621

（续）

分(′)	度(°)											
	34	35	36	37	38	39	40	41	42	43	44	45
40	525	190	452	455	534	692	936	270	702	238	885	651
41	554	340	468	473	552	712	957	293	727	365	914	682
42	804	490	484	490	571	732	979	317	752	391	942	712
43	943	641	500	507	590	752	0.15000	340	777	318	971	743
44	0.087083	791	516	525	608	772	022	363	801	344	999	773
45	223	942	533	542	627	792	043	386	826	371	0.21028	804
46	363	0.096093	549	560	646	812	065	409	851	398	056	835
47	503	244	565	577	664	833	087	432	876	424	085	865
48	644	395	581	595	683	853	108	456	901	461	114	896
49	784	546	598	612	702	873	130	479	926	478	142	927
50	925	698	614	630	721	893	152	502	951	505	171	958
51	0.088066	850	630	647	740	913	173	525	976	532	200	989
52	207	0.097002	647	665	759	934	195	549	0.18001	558	229	0.23020
53	348	154	663	682	778	954	217	572	026	585	257	050
54	490	306	679	700	797	974	239	596	051	612	286	081
55	631	459	696	718	815	995	261	619	076	639	315	112
56	773	611	712	735	834	0.14015	282	642	101	666	344	043
57	915	764	729	753	858	035	304	666	127	693	373	174
58	0.089057	917	745	771	872	056	326	689	152	820	402	206
59	200	0.098071	762	788	891	076	348	713	177	747	431	237
60	342	224	778	806	911	097	370	737	202	774	460	268

二、渐开线齿廓

1. 渐开线齿廓满足定传动比的要求

如图6-11a所示，两齿轮上一对渐开线齿廓 c_1、c_2 在任意点 K 啮合，过点 K 作这对齿廓的公法线 N_1N_2，根据渐开线的性质可知，公法线 N_1N_2 必同时与两轮基圆相切，即公法线 N_1N_2 为两轮基圆的一条内公切线。又两轮基圆的大小和安装位置均固定不变，因此两基圆一侧的内公切线 N_1N_2 是惟一的一条直线，所以两齿廓在任意点（如点 K 和 K'）啮合的公法线 N_1N_2 是一条定直线，其与连心线的交点 P 是固定点，点 P 即为固定节点，则两轮的传动比 i_{12} 是常数。由图中所示可知 $\triangle O_1N_1P \backsim \triangle O_2N_2P$，故两轮的传动比为

$$i_{12}=\frac{\omega_1}{\omega_2}=\frac{\overline{O_2P}}{\overline{O_1P}}=\frac{r_2'}{r_1'}=\frac{r_{b2}}{r_{b1}}=\text{常数} \tag{6-5}$$

式中 r_1' 和 r_2' 为两轮的节圆半径。上式表明两渐开线齿轮啮合时，其传动比 i_{12} 不仅与两轮的节圆半径成反比，而且也与两轮的基圆半径成反比。

2. 渐开线齿廓啮合的特点

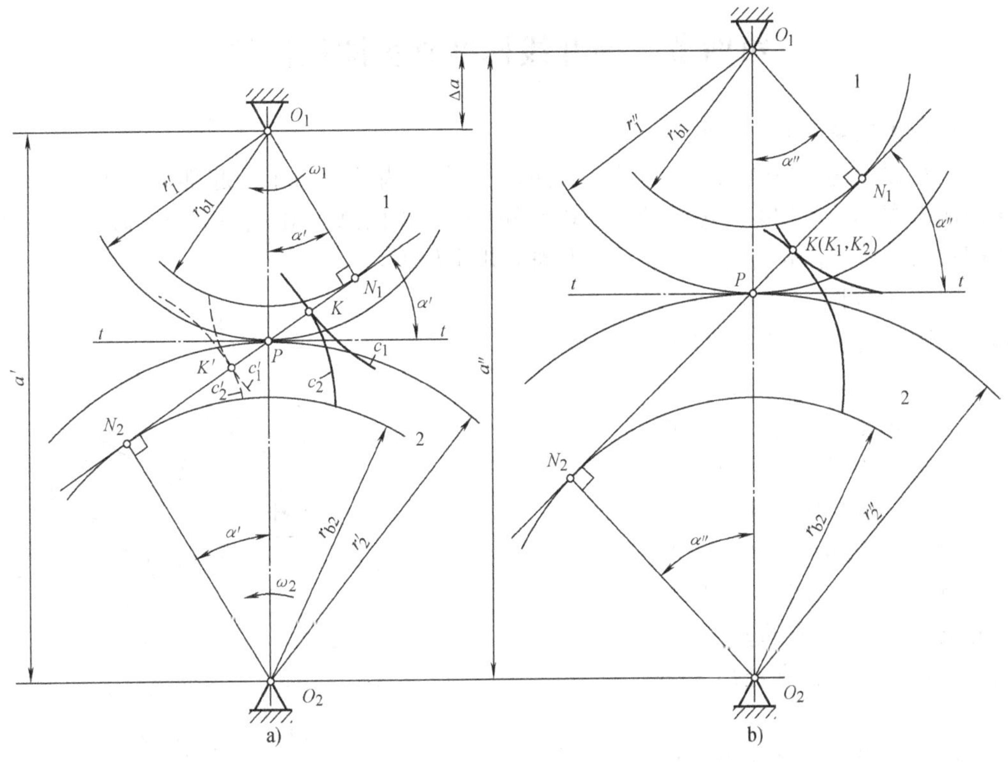

图 6-11　渐开线齿廓的啮合特性

(1) 啮合线为一条定直线　一对齿廓在啮合传动过程中，啮合点的轨迹称为这对齿廓的啮合线。由图 6-11 可知，对于渐开线齿廓的啮合，其啮合线是直线 N_1N_2。而且一对渐开线齿廓的啮合线、啮合点的公法线以及两轮基圆的内公切线三线重合。

(2) 齿廓间正压力的方向不变　在图 6-11 中，啮合线 N_1N_2 与两节圆公切线 t-t 之间所夹的锐角 α'，称为啮合角，它的大小标志着啮合线的倾斜程度。由图 6-11a 可知，啮合角 α'等于两齿廓的节圆压力角$\angle N_1O_1P$ 和$\angle N_2O_2P$。

由于一对渐开线齿廓啮合的啮合线 N_1N_2 和啮合点的公法线是同一条定直线，故齿廓在啮合过程中，啮合角始终不变。在齿轮传动中，两齿廓间正压力的方向是沿其接触点的公法线方向，该方向随啮合角的改变而变化。而渐开线齿廓啮合的啮合角不变，因此齿廓间正压力的方向也不变，这对于齿轮传动的平稳性十分有利。

(3) 中心距具有可分性　由式 (6-5) 可知，一对渐开线齿廓啮合的传动比取决于其基圆的大小，而齿轮一经设计加工好之后，其基圆的大小也就固定不变了。因此，当两齿轮的中心距略有改变时（如图 6-11b 所示），仍能保持原传动比，此特点称为渐开线齿廓啮合的可分性。这一特点对渐开线齿轮的制造、安装和使用都非常有利。

第四节 渐开线标准直齿圆柱齿轮

一、齿轮各部分的名称

图 6-12 所示为一渐开线直齿外齿轮的一部分。齿轮上每个凸起部分称为齿，每个齿两侧齿廓都是对称的。齿轮的齿是均匀分布的，齿的总数用 z 表示。相邻两齿之间的空间称为齿槽。齿轮各部分的名称及其符号规定如下：

（1）齿顶圆 过所有轮齿顶端的圆称为齿顶圆，其半径用 r_a 表示，直径用 d_a 表示。

（2）齿根圆 过所有齿槽底部的圆称为齿根圆，其半径用 r_f 表示，直径用 d_f 表示。

（3）分度圆 齿顶圆和齿根圆之间的一个圆，是作为齿轮几何尺寸计算的基准圆，其半径用 r 表示，直径用 d 表示。

（4）基圆 形成渐开线的圆，其半径用 r_b 表示，直径用 d_b 表示。

（5）齿顶高 分度圆与齿顶圆之间的径向距离称为齿顶高，用 h_a 表示。

（6）齿根高 分度圆与齿根圆之间的径向距离称为齿根高，用 h_f 表示。

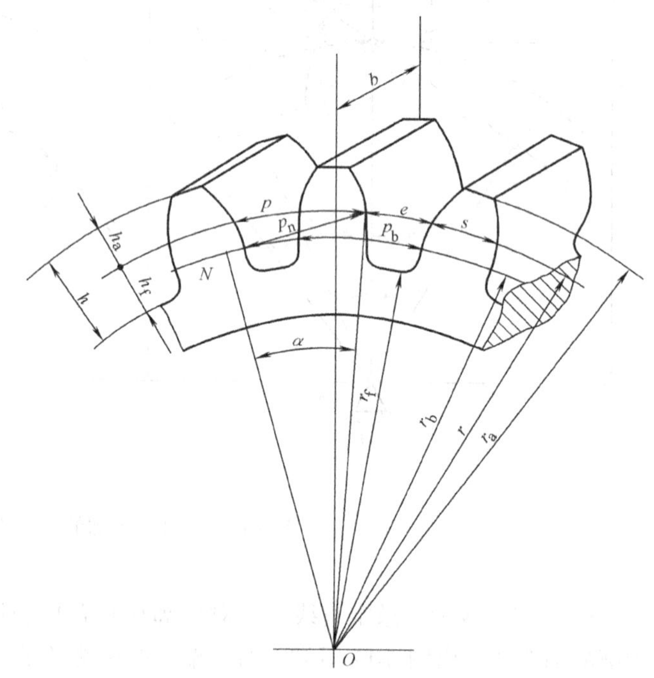

图 6-12 渐开线直齿圆柱外齿轮

（7）全齿高 齿顶圆与齿根圆之间的径向距离称为全齿高，用 h 表示，显然 $h = h_a + h_f$。

（8）齿厚 一个轮齿两侧齿廓间的圆周弧长称为齿厚。在半径为 r_K 的圆周上度量的轮齿两侧齿廓间的弧长称为该圆上的齿厚，用 s_K 表示。分度圆上的齿厚用 s 表示。

（9）齿槽宽 齿槽在圆周上的弧长称为齿槽宽。在半径为 r_K 的圆周上度量的齿槽的弧长称为该圆上的齿槽宽，用 e_K 表示。分度圆上的齿槽宽用 e 表示。

（10）齿距 相邻两轮齿同侧齿廓间的圆周弧长称为齿距。在半径为 r_K 的圆周上度量的相邻两轮齿同侧齿廓间的弧长称为该圆上的齿距，用 p_K 表示，显然 $p_K = s_K + e_K$。分度圆上的齿距用 p 表示，且 $p = s + e$。基圆上的齿距又称基节，用 p_b 表示。

(11) 法向齿距　相邻两轮齿同侧齿廓间在法线方向上的距离称为法向齿距，用 p_n 表示。由渐开线的性质可知：$p_n = p_b$。

(12) 齿宽　齿轮沿轴向的厚度称为齿宽，用 b 表示。

二、基本参数

(1) 齿数 z

(2) 模数 m　齿轮分度圆周长为 $\pi d = pz$，则分度圆直径

$$d = \frac{p}{\pi}z$$

由于 π 是无理数，给齿轮的设计、制造和检测带来不便。为此，人为地将比值 p/π 取为简单的有理数，并称之为模数，用 m 表示，

即
$$m = \frac{p}{\pi} \tag{6-6}$$

则分度圆齿距为
$$p = \pi m \tag{6-7}$$

而分度圆直径为
$$d = zm \tag{6-8}$$

模数的单位为 mm。

模数 m 是决定齿轮尺寸的一个基本参数。齿数相同的齿轮，模数愈大，其尺寸也愈大，如图 6-13 所示。

为了设计、制造、检测及使用的方便，齿轮的模数值已标准化，模数的国家标准见表 6-2 。

(3) 分度圆压力角 α　在第三节中已给渐开线齿廓的压力角下过定义，并由式 (6-3) 可得

$$\cos\alpha_K = \frac{r_b}{r_K}$$

由上式可知，对于同一渐开线齿廓，不同圆周上的压力角是不同的，基圆上的压力角等于零，离基圆愈远的圆，半径愈大，该圆上的压力角也愈大。齿轮分度圆上的压力角简称为齿轮的压力角，用 α 表示。由上边关系式可得

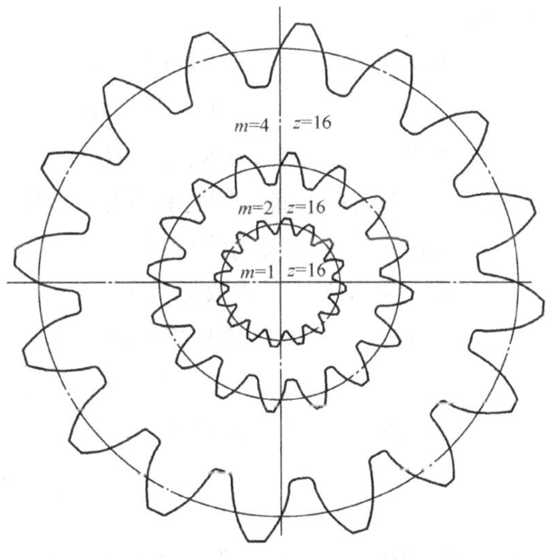

图 6-13　模数与齿轮尺寸的关系

$$r_b = r\cos\alpha = \frac{mz}{2}\cos\alpha \tag{6-9}$$

上式表明，模数 m 和齿数 z 相同的齿轮，其分度圆大小相同，若其压力角 α 不同，基圆的大小也随之不同，则其渐开线齿廓的形状也就不同。因此，压力角 α 是决定渐开线齿廓形状的一个基本参数。我国规定分度圆压力角的标准值为 20°。但在某些场合也有

采用 $\alpha = 14.5°$、15°、22.5°及25°等的齿轮。

表 6-2　标准模数（GB/T 1357—1987）

第一系列	0.1	0.12	0.15	0.2	0.25	0.3	0.4	0.5	0.6	0.8	1
	1.25	1.5	2	2.5	3	4	5	6	8	10	12
	16	20	25	32	40	50					
第二系列	0.35	0.7	0.9	1.75	2.25	2.75	(3.25)	3.5	(3.75)	4.5	5.5
	(6.5)	7	9	(11)	14	18	22	28	(30)	36	45

注：1. 优先选用第一系列，括号内的模数尽可能不用。
2. 对斜齿轮是指法向模数。

至此，我们可以给分度圆下一个完整的定义：分度圆是齿轮上具有标准模数和标准压力角的圆。

（4）齿顶高系数 h_a^* 和顶隙系数 c^*　用于确定齿顶高与齿根高的参数。

齿轮的齿顶高为　$h_a = h_a^* m$

齿轮的齿根高为　$h_f = (h_a^* + c^*)m$

式中的 h_a^* 和 c^* 分别称为齿顶高系数和顶隙系数。GB/T 1356—2001 规定了 h_a^* 和 c^* 的标准值：

1）正常齿制　当 $m \geqslant 1\text{mm}$ 时，$h_a^* = 1$，$c^* = 0.25$

当 $m < 1\text{mm}$ 时，$h_a^* = 1$，$c^* = 0.35$

2）短齿制　$h_a^* = 0.8$，$c^* = 0.3$

三、渐开线标准直齿圆柱齿轮的几何尺寸

1. 渐开线标准直齿轮的特征

1）m、α、h_a^*、c^* 均取标准值；

2）具有标准的齿顶高和齿根高，即

$$h_a = h_a^* m, h_f = (h_a^* + c^*)m$$

3）分度圆齿厚等于齿槽宽，即

$$s = e = \frac{p}{2} = \frac{\pi m}{2}$$

凡不具备上述特征的齿轮称为非标准齿轮。

2. 渐开线标准直齿轮的几何尺寸

渐开线标准直齿轮的几何尺寸计算公式见表 6-3。

表 6-3　标准直齿圆柱齿轮几何尺寸的计算公式

名称	符号	计 算 公 式
分度圆直径	d	$d_1 = mz_1$　　$d_2 = mz_2$
齿顶高	h_a	$h_a = h_a^* m$
齿根高	h_f	$h_f = (h_a^* + c^*)m$

（续）

名称	符号	计算公式
全齿高	h	$h=h_a+h_f=(2h_a^*+c^*)m$
齿顶圆直径	d_a	$d_{a1}=d_1+2h_a=(z_1+2h_a^*)m$;　$d_{a2}=d_2\pm2h_a=(z_2\pm2h_a^*)m$
齿根圆直径	d_f	$d_{f1}=d_1-2h_f=(z_1-2h_a^*-2c^*)m$,　$d_{f2}=d_2\mp2h_f=(z_1\mp2h_a^*\mp2c^*)m$
基圆直径	d_b	$d_{b1}=d_1\cos\alpha=mz_1\cos\alpha$;　$d_{b2}=d_2\cos\alpha=mz_2\cos\alpha$
齿距	p	$p=\pi m$
齿厚	s	$s=\pi m/2$
齿槽宽	e	$e=\pi m/2$
中心距	a	$a=\frac{1}{2}(d_2\pm d_1)=\frac{m}{2}(z_2\pm z_1)$
顶隙	c	$c=c^*m$
基圆齿距	p_b	$p_b=p\cos\alpha=\pi m\cos\alpha$

注：凡含“±”或“∓”的公式，上面符号用于外啮合，下面符号用于内啮合。

四、内齿轮和齿条

1. 内齿轮

图6-14所示为一渐开线直齿内齿轮的一部分。由图可以看出内齿轮与外齿轮的不同点是：

1）齿轮的轮齿是内凹的，其齿厚和齿槽宽分别对应于外齿轮的齿槽宽和齿厚。

2）内齿轮的齿顶圆小于分度圆，而齿根圆大于分度圆。

3）为了使整个齿廓为渐开线，以保证内啮合齿轮传动的正确啮合，内齿轮的齿顶圆必须大于基圆。

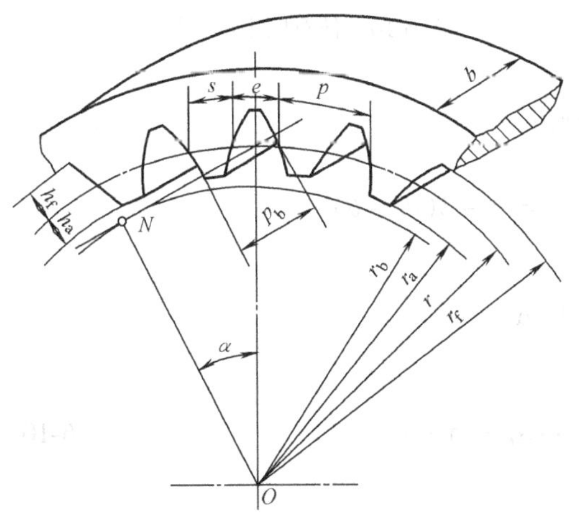

图6-14　内齿轮

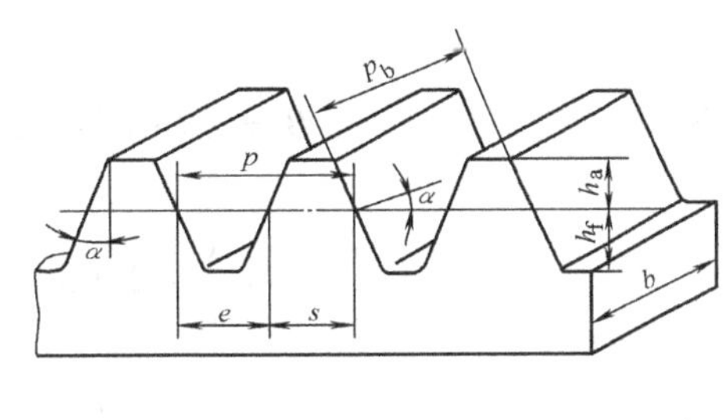

图6-15　齿条

2. 齿条

图 6-15 所示为一标准齿条。当标准齿轮的齿数趋于无穷多时，其基圆和其他圆的半径也趋于无穷大。齿轮各圆均变成互相平行的直线，同侧渐开线齿廓也变成了互相平行的斜直线齿廓，这样就形成了标准齿条。齿条具有以下特点：

1）齿条直线齿廓上各点具有相同的压力角，且等于齿廓的倾斜角，此角称为齿形角，其标准值为 20°。

2）与齿顶线平行的各条直线上的齿距都相等，且有 $p=\pi m$。

3）与齿顶线平行且齿厚和齿槽宽相等的一条直线称为分度线，它是确定齿条齿部尺寸的基准线。

标准齿条的齿部尺寸 $h_a=h_a^* m, h_f=(h_a^*+c^*)m$，与标准直齿轮相同。

五、任意圆上齿厚

在设计和检验齿轮时，常常需要知道某一圆周上的齿厚。例如，为了检验齿顶强度，需要知道齿顶圆上的厚度，或为了确定齿侧间隙，需要知道节圆上的齿厚等。

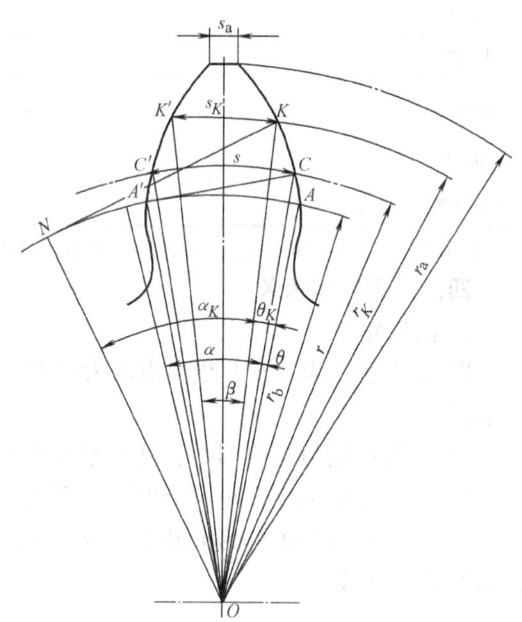

图 6-16　任意圆上的齿厚

图 6-16 所示的是外齿轮的一个齿，图中 r、s、α、θ 分别为分度圆的半径、齿厚、压力角和渐开线展角，r_K、s_K、α_K、θ_K 则分别为任意圆的半径、齿厚、压力角和渐开线展角。由图可知齿厚 s_K 为

$$s_K=r_K\beta$$

因为

$$\beta=\angle COC'-2\angle COK=\frac{s}{r}-2(\theta_K-\theta)$$

$$=\frac{s}{r}-2\left(\mathrm{inv}\alpha_K-\mathrm{inv}\alpha\right)$$

故得

$$s_K=s\frac{r_K}{r}-2r_K(\mathrm{inv}\alpha_K-\mathrm{inv}\alpha) \tag{6-10}$$

式中

$$\alpha_K=\arccos\frac{r_b}{r_K}$$

计算齿顶圆、节圆及基圆上的齿厚时，只要把式中的 r_K、和 α_K 换成相应圆的半径及压力角即可。

第五节　渐开线直齿圆柱齿轮的啮合传动

以上是对单个渐开线齿轮的讨论，下面研究一对渐开线齿轮啮合传动的情况。

一、渐开线齿轮的正确啮合条件

由前面的分析可知，一对渐开线齿廓能够满足定传动比传动，但这并不表明任意两个渐开线齿轮都可以搭配起来正确地进行啮合传动。一对渐开线齿轮要能正确地啮合传动，还必须要满足一定的条件。在啮合过程中，一对渐开线齿轮工作侧的啮合点都应在啮合线上。若有一对以上轮齿同时参加啮合，则各对轮齿工作侧齿廓的啮合点都必须同时在啮合线上。图 6-17 为一对渐开线齿轮同时有两对齿啮合，两轮齿工作侧的啮合点分别为 K 和 K'。由于线段 KK' 同时是两轮相邻两齿同侧齿廓沿公法线上的齿距，故称为法向齿距。由图可知，实现定传动比的正确啮合条件是两轮的法向齿距相等。由渐开线的性质可知，齿轮的法向齿距等于基圆齿距。因此，正确啮合的条件又可表示为两轮的基圆齿距相等，即

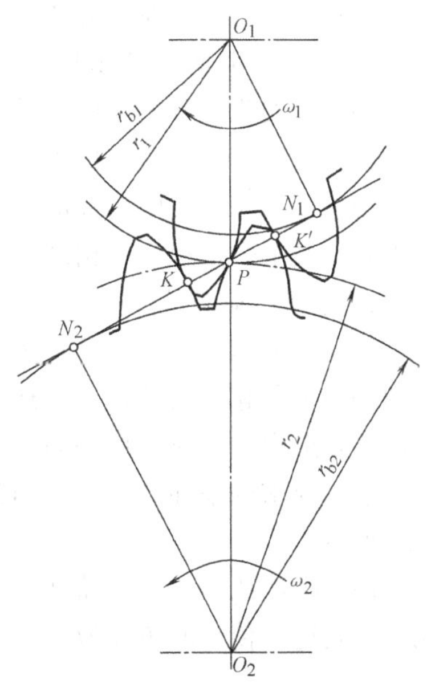

图 6-17　渐开线齿轮正确啮合条件

$$p_{b1}=p_{b2} \tag{6-11}$$

因
$$p_b=\frac{\pi d_b}{z}=\frac{\pi}{z}d\cos\alpha=p\cos\alpha=\pi m\cos\alpha \tag{6-12}$$

则
$$p_{b1}=\pi m_1\cos\alpha_1,\ p_{b2}=\pi m_2\cos\alpha_2$$

代入式（6-11）中，得

$$m_1\cos\alpha_1=m_2\cos\alpha_2$$

式中 m_1、m_2 和 α_1、α_2 分别为两轮的模数和压力角。由于齿轮的模数和压力角都已经标准化，要使上式成立，则必须取

$$\left.\begin{aligned}m_1=m_2=m\\ \alpha_1=\alpha_2=\alpha\end{aligned}\right\} \tag{6-13}$$

才能保证两轮的法向齿距相等。所以，渐开线直齿圆柱齿轮传动正确啮合的条件又可表述为：两轮的模数和压力角两两相等。

二、连续传动条件

1. 轮齿的啮合过程

图 6-18 所示为一对渐开线齿轮的啮合过程。轮 1 为主动轮，轮 2 为从动轮。当主动轮顺时针转动时，推动从动轮作逆时针转动。一对齿轮的齿廓啮合的起始点是从动轮的齿顶圆与啮合线 N_1N_2 的交点 B_2，这时主动轮的齿根与从动轮的齿顶接触，两轮开始

进入啮合。随着啮合传动的进行，两齿廓的啮合点沿啮合线 N_1N_2 移动，直到主动轮的齿顶圆与啮合线的交点 B_1，主动轮的齿顶与从动轮的齿根即将脱离接触，两齿轮的齿廓脱离啮合，B_1 点为两轮齿廓啮合的终止点。线段 B_1B_2 为啮合点的实际轨迹线，称为实际啮合线段。当两轮的齿顶圆增大时，点 B_1、B_2 分别趋近于 N_1、N_2，实际啮合线将加长。由于基圆内没有渐开线，则点 B_1、B_2 不会超过点 N_1、N_2。点 N_1、N_2 称为啮合极限点，而线段 N_1N_2 称为理论啮合线段。

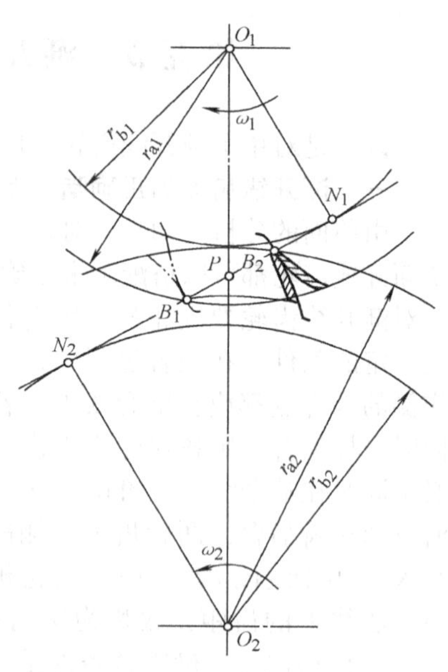

图 6-18　齿廓啮合过程

齿轮的齿廓啮合时，并不是全部齿廓都参加工作，如图 6-18 中画有阴影线的部分所示，实际参加啮合的这一段齿廓称为齿廓工作段，不参加啮合的部分称为齿廓非工作段。以上为一对齿轮一侧齿廓的啮合过程。齿轮反向转动时，则轮齿的另一侧齿廓啮合，其啮合过程完全相同。

2. 连续传动的条件

要使一对齿轮以定传动比连续传动，在满足两轮的法向齿距相等的条件下，还必须保证在前一对轮齿还未退出啮合时，后一对轮齿已进入啮合。而实现这一要求的条件是实际啮合线段 $\overline{B_1B_2}$ 必须大于或至少等于齿轮的法向齿距，如图 6-19 所示。

通常把 $\overline{B_1B_2}$ 与 p_b 的比值用 ε_α 表示，称为重合度。因此，齿轮连续传动的条件为

$$\varepsilon_\alpha = \frac{\overline{B_1B_2}}{p_b} \geqslant 1 \tag{6-14}$$

从理论上讲，重合度 $\varepsilon_\alpha = 1$ 就能保证齿轮传动的连续。但由于齿轮的制造和安装不可避免地存在着误差，为确保齿轮传动的连续，重合度 ε_α 应大于 1。在实际应用中，ε_α 的值应大于或等于许用值 $[\varepsilon_\alpha]$，即

$$\varepsilon_\alpha \geqslant [\varepsilon_\alpha]$$

许用重合度 $[\varepsilon_\alpha]$ 的值是随齿轮传动的使用要求和制造精度而定的，常用的推荐值见表 6-4。

3. 重合度的计算

由图 6-20a 所示的几何关系可知，$\overline{B_1B_2} = \overline{B_1P} + \overline{PB_2}$，而

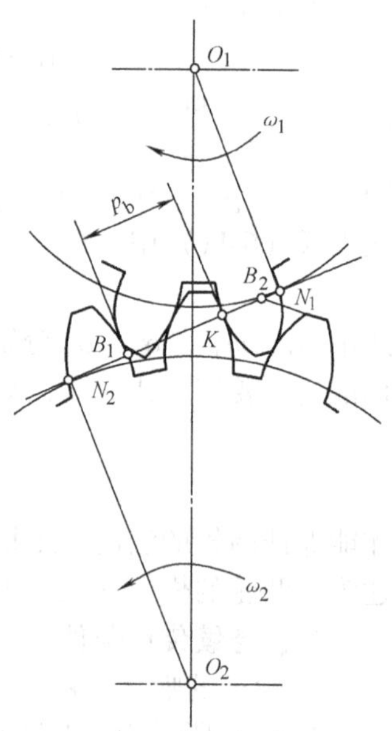

图 6-19　连续传动的条件

$$\overline{B_1P}=r_{b1}(\tan\alpha_{a1}-\tan\alpha')=\frac{1}{2}mz_1\cos\alpha(\tan\alpha_{a1}-\tan\alpha')$$

$$\overline{PB_2}=r_{b2}(\tan\alpha_{a2}-\tan\alpha')=\frac{1}{2}mz_2\cos\alpha(\tan\alpha_{a2}-\tan\alpha')$$

表 6-4　$[\varepsilon_\alpha]$ 的推荐值

使用场合	汽车拖拉机	金属切削机床	纺织机械制造业	一般机械制造业
$[\varepsilon_\alpha]$	1.1~1.2	1.3	1.3~1.4	1.4

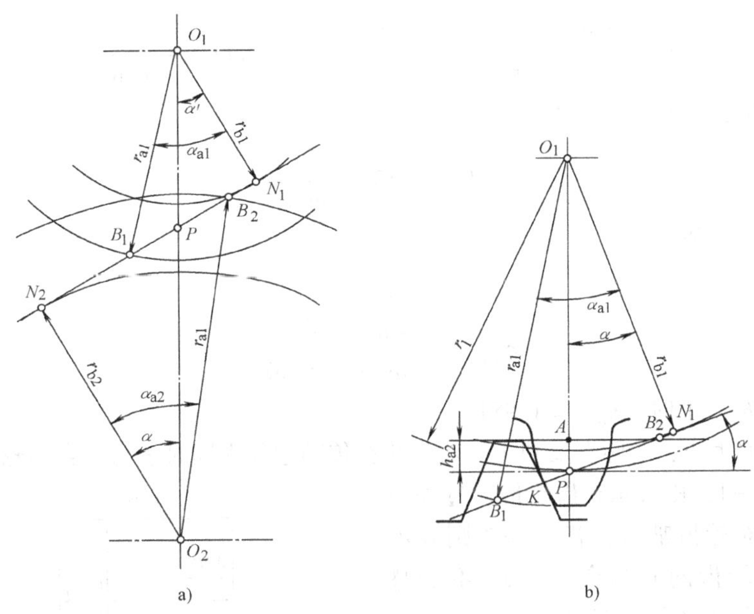

图 6-20　重合度的计算

于是可得

$$\varepsilon_\alpha=\frac{\overline{B_1B_2}}{p_b}=\frac{\overline{B_1P}+\overline{PB_2}}{\pi m\cos\alpha}$$

$$=\frac{1}{2\pi}[z_1(\tan\alpha_{a1}-\tan\alpha')+z_2(\tan\alpha_{a2}-\tan\alpha')] \qquad (6\text{-}15)$$

式中 α' 为啮合角，α_{a1} 和 α_{a2} 分别为齿轮 1 和 2 的齿顶圆压力角，其值可按下式计算：

$$\alpha'=\arccos\frac{r_b}{r'}$$

$$\alpha_{a1}=\arccos\frac{r_{b1}}{r_{a1}}$$

$$\alpha_{a2} = \arccos \frac{r_{b2}}{r_{a2}}$$

由式（6-15）可以看出，重合度 ε_α 的大小和模数无关，但随齿数的增加而增大；当中心距增大时，啮合角 α' 亦增大，则重合度 ε_α 减小。

如图 6-20b 所示，当齿轮和齿条啮合时，则

$$\overline{B_1P} = r_{b1}(\tan\alpha_{a1} - \tan\alpha) = \frac{1}{2}mz_1\cos\alpha(\tan\alpha_{a1} - \tan\alpha')$$

而

$$\overline{PB_2} = \frac{h_a^* m}{\sin\alpha}$$

所以

$$\varepsilon_\alpha = \frac{\overline{B_1B_2}}{p_b} = \frac{\overline{B_1P} + \overline{PB_2}}{\pi m\cos\alpha} = \frac{z_1}{2\pi}(\tan\alpha_{a1} - \tan\alpha) + \frac{2h_a^*}{\pi\sin2\alpha} \tag{6-16}$$

若齿轮的齿数趋于无穷大时，则

$$\overline{B_1P} = \overline{PB_2} = \frac{h_a^* m}{\sin\alpha}$$

重合度趋于极限值 $\varepsilon_{\alpha\max}$：

$$\varepsilon_{\alpha\max} = \frac{2\dfrac{h_a^* m}{\sin\alpha}}{\pi m\cos\alpha} = \frac{4h_a^* m}{\pi\sin2\alpha} \tag{6-17}$$

当 $\alpha = 20°$，$h_a^* = 1$ 时，$\varepsilon_{\alpha\max} = 1.981$

重合度的大小，实际上反映了一对齿轮在传动过程中同时参与啮合的轮齿对数的多少。如果 $\varepsilon_\alpha = 1$，则表示在齿轮传动过程中始终只有一对轮齿啮合；若 $\varepsilon_\alpha = 2$ 则表示始终有两对轮齿同时啮合。若 ε_α 不是整数，实际啮合区将分为双对齿啮合区和一对齿啮合区，如图 6-21 所示 $\varepsilon_\alpha = 1.3$ 时的情形。ε_α 的值愈大，表明同时啮合的轮齿对数愈多，传动愈平稳，每对轮齿承受的载荷愈小。因此，重合度是衡量齿轮传动性能的重要指标之一。

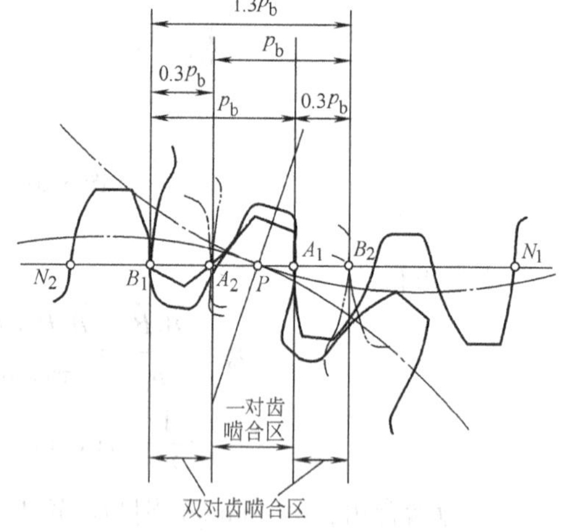

图 6-21 重合度的物理意义

三、无侧隙啮合条件

1. 无侧隙啮合条件

一对齿轮传动时，为了便于在相互啮合的齿廓间进行润滑，避免由于制造和安装误差，以及轮齿受力变形和因摩擦发热而膨胀所引起的挤轧现象，在两轮的齿廓间必须留有一定的间隙，此间隙称为齿侧间隙，简称为侧隙。由于侧隙的存在会产生齿间的冲击，影响齿轮传动的平稳性。所以，这种侧隙应该很小，而且是由制造公差来保证

的。因此，在齿轮的运动设计中，仍按无侧隙的要求进行设计。下面分析无侧隙啮合的几何条件。

如图 6-22 所示，两轮轮齿的两侧齿廓分别在节点 P 及点 K 接触，则两轮处于无侧隙啮合状态。当轮 1 的齿廓 c_1 和轮 2 的齿廓 c_2 的接触点沿着啮合线 $\overline{N_1N_2}$ 由点 K 移动到节点 P 时，两齿廓在节圆上的对应点 A_1 和 A_2 应同时到达节点 P。因两节圆作纯滚动，故 $\widehat{A_1P}=\widehat{A_2P}$，而 $\widehat{A_1P}=e_1'$，$\widehat{A_2P}=s_2'$，所以 $e_1'=s_2'$。因为

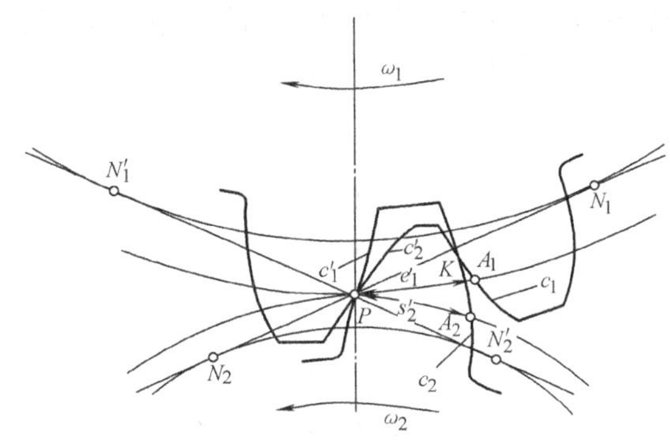

图 6-22　无侧隙啮合条件

$$d_b=d'\cos\alpha'$$

则有
$$p_b=\frac{\pi d_b}{z}=\frac{\pi}{z}d'\cos\alpha'=p'\cos\alpha' \tag{6-18}$$

式中 p' 称为节圆齿距。由于 $p_{b1}=p_{b2}$，故两轮节圆齿距相等，于是得：

$$e_1'=s_2' \text{ 及 } s_1'=e_2'$$

从而可得两齿轮传动无侧隙啮合的条件是：一个齿轮节圆上的齿槽宽等于另一个齿轮节圆上的齿厚。

2. 标准齿轮的标准安装

一对满足正确啮合条件的外啮合标准直齿圆柱齿轮，若安装成两轮的分度圆相切的形式，则两轮的节圆与分度圆重合。由于分度圆的齿厚等于齿槽宽，则

$$s_1'=s_1=e_1=e_1'=\frac{\pi m}{2}=s_2'=s_2=e_2=e_2',$$

所以能满足齿廓无侧隙啮合条件。标准齿轮按无侧隙啮合条件安装称为标准安装。此时，中心距称为标准中心距。图 6-23a 所示为一对标准安装的标准直齿圆柱齿轮，由图可知啮合角 α' 等于分度圆上的压力角 α，而标准中心距为

$$a=r_1'+r_2'=r_1+r_2=\frac{m}{2}(z_1+z_2) \tag{6-19}$$

由于标准齿轮齿顶圆半径和齿根圆半径分别为

$$r_{a1}=r_1+h_a^* m$$
$$r_{f2}=r_2-(h_a^*+c^*)m$$

则 $r_1=r_{a1}-h_a^* m, r_2=r_{f2}+(h_a^*+c^*)m$，代入标准中心距得

$$\begin{aligned}a&=r_1+r_2=r_{a1}-h_a^* m+r_{f2}+(h_a^*+c^*)m\\&=r_{a1}+r_{f2}+c^* m\end{aligned}$$

同理也可得
$$a=r_{a2}+r_{f1}+c^* m$$

即
$$a = r_{a1} + r_{f2} + c^* m = r_{a2} + r_{f1} + c^* m \tag{6-20}$$
上式说明在一轮齿顶与另一轮的齿根之间有一径向间隙 $c^* m$，该间隙称为顶隙。顶隙的作用是为了避免一轮的齿顶与另一轮的齿槽底相抵触，同时又有一定空间储存润滑油以润滑齿廓表面。这也是标准齿轮的齿根高比齿顶高大 $c^* m$ 的原因。$c = c^* m$ 称为标准顶隙。

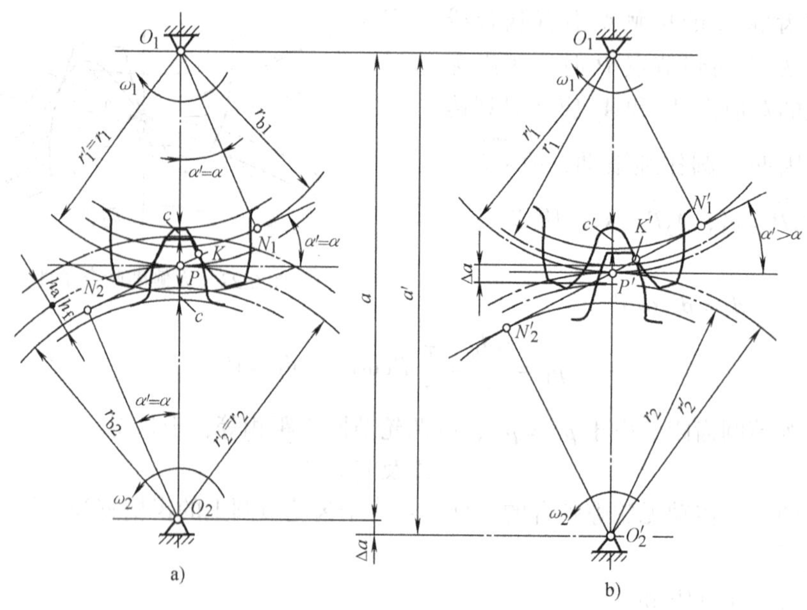

图 6-23　标准齿轮的安装

a）标准安装　b）非标准安装

当一对标准齿轮的实际安装中心距不等于标准中心距时，这种安装称为非标准安装。显然，非标准安装的中心距大于标准中心距即 $a' > a$。此时，两轮分度圆与节圆分离。由于两轮节圆半径为

$$r_1' = \frac{r_{b1}}{\cos\alpha'} = r_1 \frac{\cos\alpha}{\cos\alpha'} \qquad r_2' = \frac{r_{b2}}{\cos\alpha'} = r_2 \frac{\cos\alpha}{\cos\alpha'}$$

则非标准中心距 a' 为

$$a' = r_1' + r_2' = (r_1 + r_2)\frac{\cos\alpha}{\cos\alpha'} = a \frac{\cos\alpha}{\cos\alpha'} \tag{6-21}$$

由式（6-21）和图 6-23b 可知：由于 $a' > a$，则 $r_1' > r_1$，$r_2' > r_2$，$\alpha' > \alpha$，$c > c^* m$ 存在侧隙。但由于渐开线齿轮传动具有中心距的可分性，因此传动比仍为

$$i_{12} = \frac{\omega_1}{\omega_2} = \frac{r_2'}{r_1'} = \frac{r_2}{r_1} = \frac{r_{b2}}{r_{b1}} = \frac{z_2}{z_1} = 常数$$

3. 标准齿轮与齿条的安装

图 6-20b 所示为标准齿轮与齿条的啮合。由于标准齿轮分度圆上的齿厚等于齿槽宽，标准齿条分度线上的齿厚也等于齿槽宽，而且都等于 $\pi m/2$。按无侧隙啮合条件标准安装时，齿轮的分度圆与齿条的分度线相切，则齿轮的分度圆与节圆重合，齿条的分度线与节线重合，啮合角 α' 等于齿轮分度圆压力角 α，即齿条的齿形角。

由于齿条齿廓各点的压力角都相等，当非标准安装时，啮合线不会改变，所以啮合角 α' 也不变，总是等于齿轮分度圆的压力角 α；由于啮合线没变，节点位置不变，故齿轮的节圆和分度圆总是重合，但齿条的分度线与节线不再重合，而且出现了侧隙。

第六节　渐开线齿轮的切削加工及根切现象

一、齿轮加工原理

齿轮的加工方法很多，如铸造法、冲压法、热轧法及切削法等。其中切削法是齿轮加工的主要方法。根据加工原理的不同，齿轮的切削加工方法又分为两大类：仿形法和展成法。下面简要介绍这两种方法。

1. 仿形法

用仿形法切削加工齿轮时，采用的刀具有盘状铣刀和指状铣刀。图 6-24a 为盘状铣刀切削加工齿轮的情形。盘状铣刀的刀刃形状为被切齿轮齿槽的形状。加工时，铣刀转动，同时轮坯沿本身轴线方向进给，切出一个齿槽，然后轮坯退回到原来位置，分度机构将轮坯转过 $360°/z$，再切第二个齿槽。依次不断切削，直至切削出所有的齿槽为止。图 6-24b 为指状铣刀加工齿轮的情形，加工过程与盘状铣刀的加工相同。指状铣刀主要用于加工大模数的齿轮以及人字齿轮。

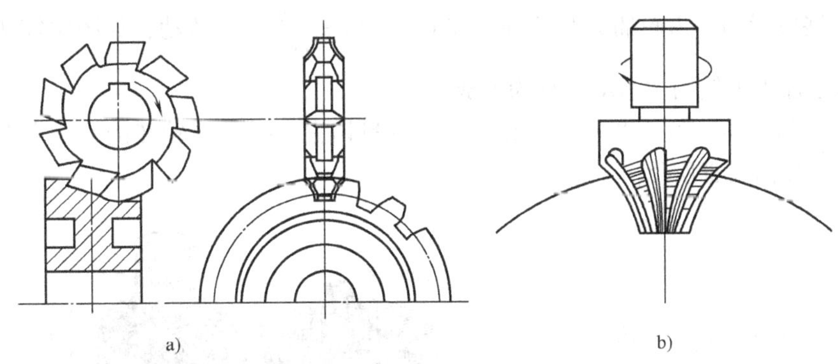

图 6-24　仿形法加工齿轮

由于渐开线齿廓的形状取决于基圆的大小，而基圆的半径 $r_b = mz\cos\alpha/2$，所以当 m、α 一定时，渐开线齿廓的形状则取决于齿数的多少。因此，要切出完全准确的渐开线齿廓，在加工 m、α 相同而齿数 z 不同的齿轮时，每一齿数的齿轮都需要一把铣刀，显然这是做不到的。在生产中用仿形法加工 m、α 相同的齿轮时，根据不同的齿数范围，一般只备有 8 把（或 15 把）铣刀，每一把铣刀可以加工不同齿数的几个齿轮。表 6-5 所示为 8 把一套的铣刀中各号铣刀加工齿轮的齿数范围。

表 6-5 各号铣刀加工齿轮的齿数范围

铣刀号	1 号	2 号	3 号	4 号	5 号	6 号	7 号	8 号
齿数范围	12 ~ 13	14 ~ 16	17 ~ 20	21 ~ 25	26 ~ 34	35 ~ 54	55 ~ 134	≥135

由于铣刀的号数有限，所以用这种方法加工的齿轮其齿形多数有误差，同时轮齿的分度也存在着误差，因此精度较低。另外，由于加工过程不连续，故生产率低。一般来说，这种加工方法不宜用于大量生产。但它可以在普通铣床上加工，因此，可用于修配或小量生产中。

2. 展成法

展成法是目前齿轮加工的主要方法。它是利用一对齿轮的齿廓互为包络线的原理加工齿轮的一种方法。

如图 6-25a 所示，一对齿轮传动时两节圆作纯滚动，齿轮 1 的节圆在齿轮 2 的节圆上作纯滚动的过程中，齿轮 1 的齿廓相对于齿轮 2 将占据一系列位置，这一系列位置的齿廓线的包络线即为齿轮 2 的齿廓。如果将齿轮 1 制成刀具，即在齿轮 1 上磨出刀刃，就可以用它加工齿轮 2。如图 6-25b 所示，1 是磨出刀刃的齿轮，称为齿轮插刀，2 是轮坯，由专用的插齿机的传动系统保证插刀和轮坯之间的相对转动，如同一对相当齿轮的相对转动。这样，插刀的刀刃在轮坯上留下连续的刀刃廓线族，其包络线即为被加工齿轮的齿廓。由于一对渐开线齿廓曲线互为包络线，当插刀的刀刃廓线为渐开线时，加工出的齿轮的齿廓线也为渐开线。当用插齿机加工齿轮时，插刀与轮坯之间的相对运动有：

（1）展成运动　齿轮插刀与轮坯以定传动比 $i=\dfrac{\omega_{刀}}{\omega_{坯}}=\dfrac{z_{坯}}{z_{刀}}$ 转动，如图中箭头 Ⅰ、Ⅱ 所示。这是加工齿轮的主运动，称为展成运动。

（2）切削运动　为了将齿轮齿槽部分的材料切去，插刀沿轮坯的轴线方向所作的往复移动，如箭头Ⅲ所示。

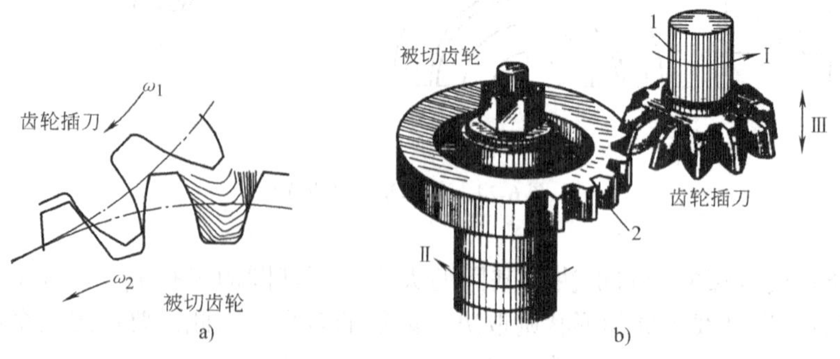

图 6-25　用齿轮插刀加工齿轮

(3) 进给运动　为了切出全齿高，插刀沿轮坯径向所作的移动。

(4) 让刀运动　插刀在做切削运动时，为了避免插刀上行时刀刃擦伤已形成的齿面，轮坯沿径向作微让运动，称为让刀运动。当插刀下行至轮坯前时，轮坯又回到原来位置。

图6-26所示为用齿条插刀加工齿轮的情况。齿条插刀与轮坯的展成运动相当于齿条与齿轮的啮合运动，其速度比为

$$\frac{v_{刀}}{\omega_{坯}} = r = \frac{mz}{2}$$

式中　r、z、m 为被切齿轮的分度圆半径、齿数和模数。齿条插刀的刀刃为直线齿廓。因为齿轮的渐开线齿廓与齿条的直线齿廓为共轭齿廓，其互为包络。所以，当刀刃为直线齿廓时，切制出来的齿轮齿廓一定是渐开线。用齿条插刀切制齿轮的原理与齿轮插刀加工齿轮的原理相同。但在实际加工中，刀具只作切削运动，不作展成运动，轮坯在以角速度 $\omega_{坯}$ 转动的同时，又以速度 $v_{刀}$ 相对刀具作反方向的展成运动，如图中 $-v_{刀}$ 箭头所示。

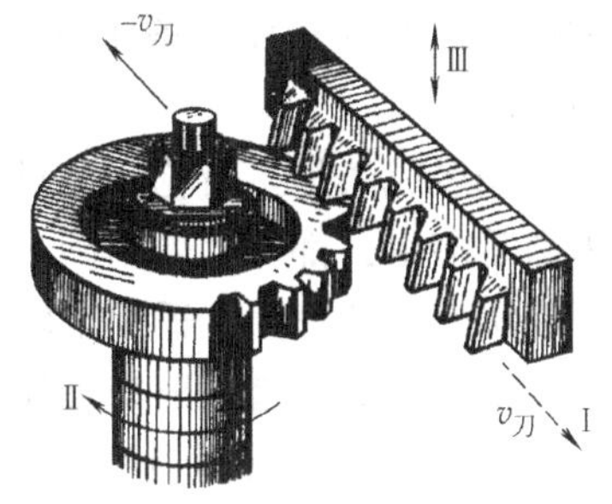

图6-26　用齿条插刀加工齿轮

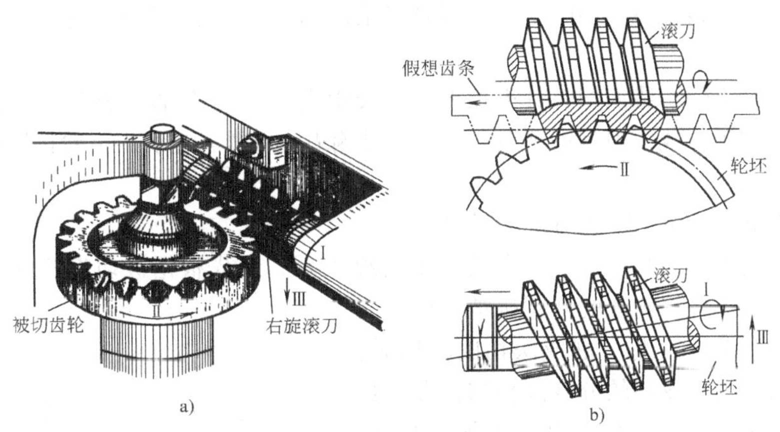

图6-27　用滚刀加工齿轮

不论是用齿轮插刀还是用齿条插刀加工齿轮，它们的切削运动都是不连续的，因此，生产率较低。目前生产中广泛采用齿轮滚刀来加工齿轮，如图6-27所示。滚刀的形状像一个开有纵向刀口的螺旋（如图b所示）。加工时，滚刀轴线与轮坯端面之间有一夹角，该角等于滚刀螺旋的导程角 λ。这样，在切削处滚刀螺旋的切线方向与被切齿轮的齿向相同。而滚刀在轮坯端面上的投影为一齿条，当滚刀转动时，一方面产生连续的切削运动，另一方面则相当于一齿条作连续移动，即相当于齿轮与齿条的啮合运动。

所以用滚刀切制齿轮的原理与用齿条插刀切制齿轮的原理基本相同。为了切出具有一定轴向齿宽的轮齿，滚刀在转动的同时，还需沿轮坯轴线方向作进给运动。由于用滚刀切制齿的切削运动是连续的，所以滚刀加工齿轮的生产率高。

由上述可知，用展成法切削齿轮，常用的刀具可分为齿轮形刀具（如齿轮插刀）和齿条形刀具（如齿条插刀、滚刀）两大类。齿条形刀具只能加工外齿轮，不能加工内齿轮。

用展成法加工齿轮时，只要刀具与被加工齿轮的 m、α 相同，则不论被加工齿轮的齿数是多少，都可以采用同一把刀具，而且齿形精确，生产率高，适用于较大批量的生产。

二、用标准齿条形刀具加工标准齿轮

1. 标准齿条形刀具

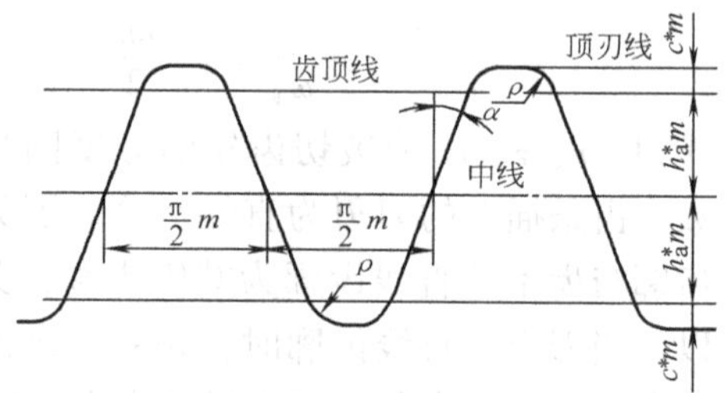

图 6-28　标准齿条刀具的齿形

图 6-28 所示为标准齿条形刀具的齿形。它与标准齿条基本相同，只是齿顶部增高了 $c^* m$ 的高度。刀具上与齿条的分度线对应的直线等分刀具的齿高，故称为刀具的**中线**。刀具的顶刃和侧刃之间用圆弧角光滑过度。加工齿轮时，刀具的顶刃切出齿轮的齿根圆，而侧刃切出渐开线齿廓，圆弧角刀刃则切出齿根部的非渐开线齿廓过渡曲线。在正常情况下，齿廓过渡曲线是不参加啮合的。刀具齿根部的 $c^* m$ 段高度为刀具与轮坯之间的顶隙。

为了讨论方便，我们把刀具齿顶部到中线距离为 $h_a^* m$ 的直线称为刀具齿顶线，以区别于刀具的顶刃线。刀具齿顶线以下的刀具侧刃为直线，它切出齿轮齿廓的渐开线部分。

2. 用标准齿条形刀具加工标准齿轮

用标准齿条形刀具加工标准齿轮如图 6-29 所示，首先根据被切齿轮的基本参数选择相应的刀具，并将轮坯的外圆按被切齿轮的齿顶圆直径预先加工好。展成法切削轮齿时，应将刀具的中线与轮坯的分度圆相切，即刀具中线为加工节线，轮坯的分度圆为加工节圆。用这样的方法展成加工的齿轮和刀具具有相同的模数和压力角，而且齿轮的齿顶高为 $h_a^* m$，齿根高为 $(h_a^* + c^*)m$。又因展成运动相当于无侧隙啮合，所以加工的齿轮的齿厚等于刀具的齿槽宽，而齿轮的齿槽宽等于刀具的齿厚，并且均为 $\pi m/2$。

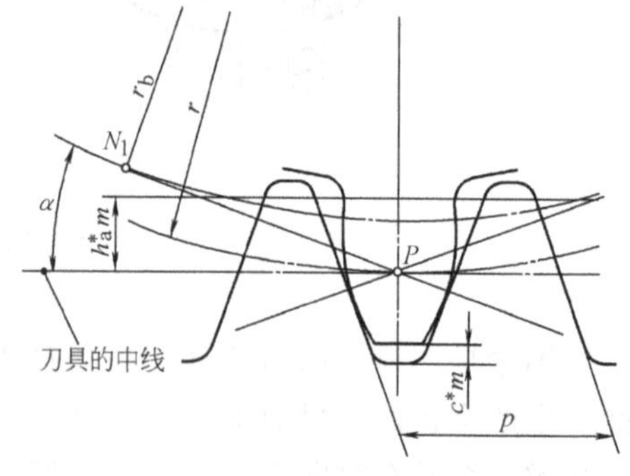

图 6-29　用齿条形刀具加工标准齿轮

三、渐开线齿廓的根切现象及无根切的最少齿数

1. 根切现象

用展成法加工齿轮时，若刀具的齿顶线或齿顶圆与啮合线的交点超过被切齿轮的极限点，则刀具的齿顶会将被切齿轮齿根的渐开线齿廓切去一部分，这种现象称为根切现象，如图 6-30 所示。根切的齿廓将使轮齿的弯曲强度降低，而且当根切侵入渐开线齿廓工作段时，将引起重合度的下降。根切严重时，还会影响传动的连续性，故应力求避免根切。

现以齿条刀具的加工为例来证明根切现象的发生。如图 6-31 所示，齿条刀具的中线与被切齿轮的分度圆切于节点 P，而刀具的齿顶线 MM' 与啮合线的交点 B_2 已超过了啮合的极限点 N。图中点 B_1 为被切齿轮齿顶圆与啮合线的交点。当刀具齿廓从 B_1 点开始向右进给到通过点 N 的位置 L 时，刀具齿廓的 NF 段便切出轮坯的渐开线齿廓 NE。在这一段切削过程中，刀具的齿顶没有切入轮坯齿根的渐开线齿廓。但是，当机床的传动链按恒定传动比强制刀具与轮坯继续作展成运动即刀具继续向右移动时，便开始出现根切现象，直至达到点 B_2 为止。现设刀具移动的距离为 $r\varphi$，因刀具的中线与轮坯的分度圆作纯滚动，故轮坯转过的角度为 φ，这时轮坯和刀具的齿廓分别位于位置 c' 和 L'。刀具的齿廓和啮合线垂直交于点 K，故

$$\overline{NK} = r\varphi\cos\alpha = r_b\varphi$$

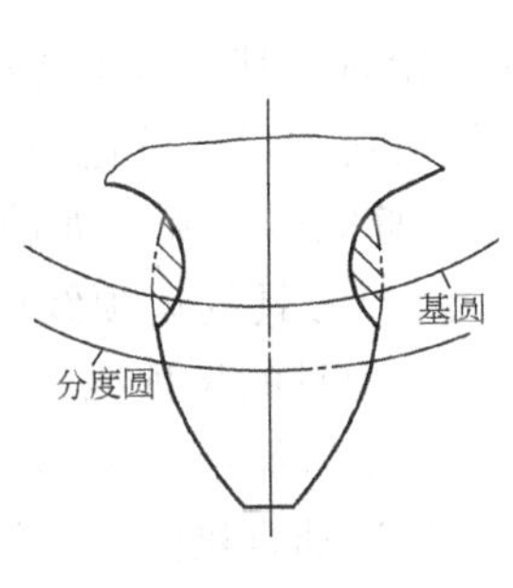

图 6-30　轮齿的根切现象

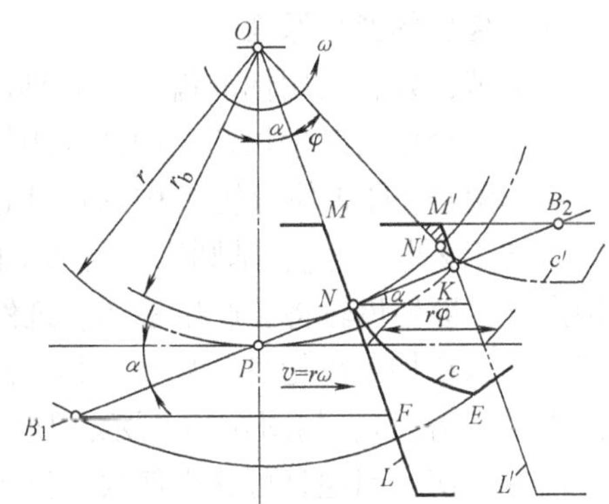

图 6-31　轮齿根切的原因

这时轮坯上的点 N 转过的弧长为 $\overset{\frown}{NN'} = r_b\varphi$，所以

$$\overset{\frown}{NN'} = \overline{NK}$$

由于 $\overline{NK}$ 为点 N 到直线齿廓 L' 的垂直距离，而 $\overset{\frown}{NN'}$ 为圆弧，所以点 N' 必在齿廓 L' 的左边。又因 N' 点是齿廓 c' 在基圆上的起始点，所以刀具的齿顶必定切入轮坯的齿根，而且基圆以外的渐开线齿廓也被切去了一部分，即齿廓发生了根切现象。

2. 标准齿轮无根切的最少齿数

由前述可知，只要刀具的齿顶线不超过啮合的极限点 N，轮齿将不发生根切。如图 6-32 所示，切制渐开线标准齿轮时，不发生根切的条件为

$$\overline{PB_2} \leqslant \overline{PN}$$

而 $\overline{PB_2} = h_a^* m/\sin\alpha$；$\overline{PN} = r\sin\alpha = (mz\sin\alpha)/2$

代入不根切的条件式中，得

$$z \geqslant \frac{2h_a^*}{\sin^2\alpha}$$

因此，渐开线标准齿轮不根切的最少齿数为

$$z_{\min} = \frac{2h_a^*}{\sin^2\alpha} \tag{6-22}$$

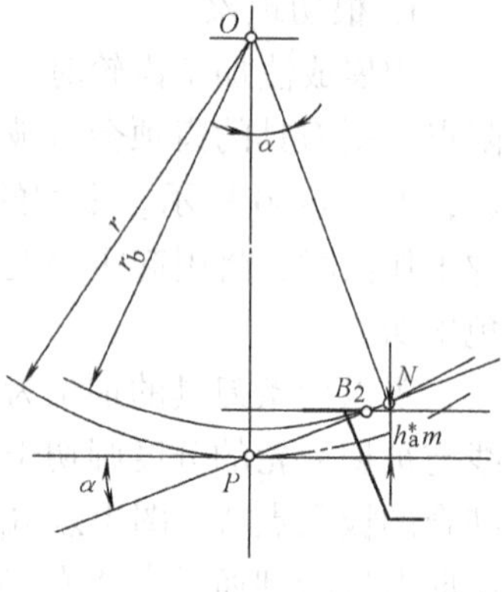

图 6-32 不根切的条件

用标准齿条形刀具切制标准齿轮时，由于 $h_a^* = 1$，$\alpha = 20°$，故不根切的最少齿数为 $z_{\min} = 17$。而当 $h_a^* = 0.8$，$\alpha = 20°$时，则不根切的最少齿数为 $z_{\min} = 14$。

第七节 变 位 齿 轮

一、齿轮的变位原理

由上节已知，当用标准齿条形刀具加工渐开线标准齿轮时，其齿数不能小于不根切最少齿数，否则会产生根切。因此采用标准齿轮时，齿轮机构的尺寸欲进一步缩小将受到一定的限制。能否使齿轮机构的尺寸进一步缩小而又可避免根切呢？如前图 6-31 所示，当加工 z 小于 $z_{\min}$、基圆半径为 ON 的标准齿轮时，由于刀具的齿顶线已超过啮合极限点 N，被切齿轮将会产生根切。既然产生根切的原因是刀具的齿顶线超过了啮合极限点，那么在加工齿轮时，只要刀具远离轮坯一段距离 xm（为保证全齿高，轮坯的齿顶圆也相应增大），如图 6-33 所示，使刀具的齿顶线不再超过啮合极限点，被切齿轮就不会出现根切，问题就可获得解决。这种用改变刀具与轮坯的相对位置来加工齿轮的方法称为变位法。采用变位法加工所得齿轮称为变位齿轮。以加工标准齿轮的位置为基准，刀具所移动的距离 xm 称为变位量或移距量，其中 m 为模数，x 称为变位系数或移距系数；并且规定刀具远离轮坯中心的变位系数为正，反之为负，对应于 $x>0$、$x=0$、$x<0$ 的变位分别称为正变位、零变位和负变位。

加工变位齿轮时，所用的刀具及展成运动的传动比与加工标准齿轮时是一样的，因此加工节圆仍是被加工齿轮的分度圆，但加工节线改变了。对于正变位，其节线为刀具齿顶部与中线的距离等于 xm 的一条平行线；对于负变位，其节线为刀具齿根部与中线的距离等于 $|xm|$ 的一条平行线。由此可知，变位齿轮与相应的标准齿轮相比较，其模数、压力角、分度圆、齿距和基圆都相同。由于基圆不变，所以变位齿轮的齿廓曲线和相应的标准齿轮的齿廓曲线是由相同基圆展成的渐开线，只是所截取的部位不同。如

图 6-34 所示，由于变位齿轮齿廓渐开线所截取的部位不同，所以要引起变位齿轮某些尺寸参数的改变，如齿厚、齿顶高和齿根高等。

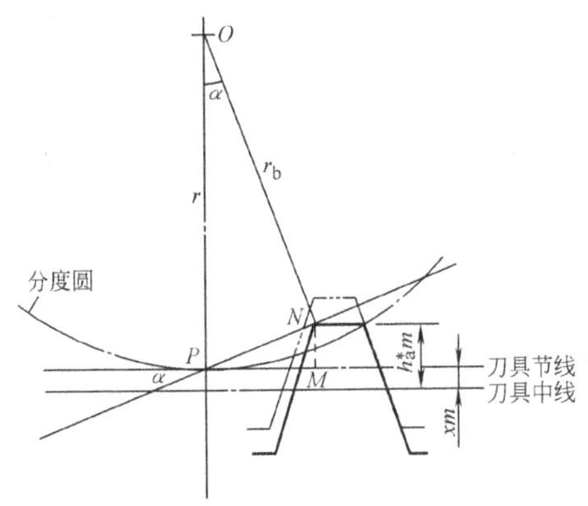

图 6-33　不根切的最小变位系数

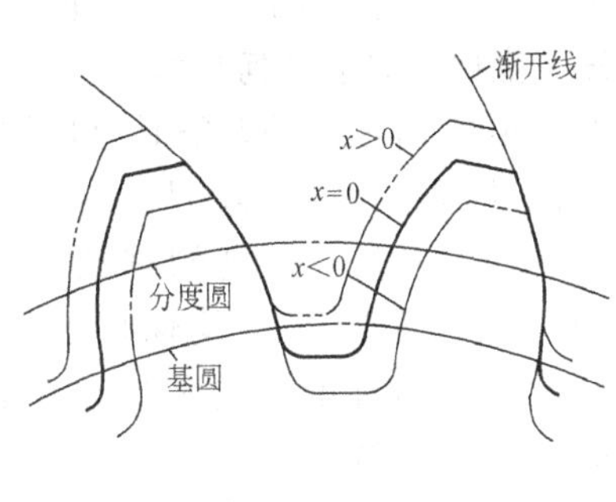

图 6-34　标准齿轮与变位齿轮

二、避免根切的最小变位系数

如前所述，用展成法加工齿数少于最少齿数的齿轮时，为了避免根切，刀具需要作正变位切削，而且变位量越大，根切的程度越轻。当刀具的齿顶线刚好通过轮坯的极限点时，切制的齿轮就不会有根切，如图 6-33 所示。图中刀具的变位量是为了避免根切所必需的最小变位量，用 $x_{min}m$ 表示，x_{min} 即为避免根切的变位系数最小值，简称最小变位系数。x_{min} 的值可由刀具的齿顶线刚好通过轮坯的极限点 N 这一条件求出。如图 6-33 所示，不发生根切的条件是

$$h_a^* m - xm \leqslant \overline{MN}$$

$$\overline{MN} = \overline{PN}\sin\alpha = \overline{OP}\sin^2\alpha = \frac{mz}{2}\sin^2\alpha$$

式中的 z 为被加工齿轮的齿数。联立以上两式，消去 m 后得

$$x \geqslant h_a^* - \frac{z}{2}\sin^2\alpha$$

又由用标准齿条形刀具加工标准齿轮的最少齿数公式（6-22）可得 $\frac{\sin^2\alpha}{2} = \frac{h_a^*}{z_{min}}$，故上式可为

$$x \geqslant h_a^* \frac{z_{min} - z}{z_{min}}$$

从而得最小变位系数为

$$x_{min} = h_a^* \frac{z_{min} - z}{z_{min}} \tag{6-23}$$

对于 $\alpha = 20°$，$h_a^* = 1$ 的标准齿条形刀具，被加工齿轮的最少齿数 $z_{min} = 17$，故最小变位系数为

$$x_{\min} = \frac{17 - z}{17} \tag{6-24}$$

由式（6-23）可知，当齿轮的齿数 $z < z_{\min}$ 时，$x_{\min}$ 为正值，说明为了避免根切，该齿轮应采用正变位，其变位系数 $x \geqslant x_{\min}$；反之，当 $z > z_{\min}$ 时，$x_{\min}$ 为负值，说明该齿轮在 $x \geqslant x_{\min}$ 的条件下采用负变位也不会发生根切。

三、变位齿轮的几何尺寸

如图 6-35 所示，是齿条形刀具加工变位齿轮的情形。图中，xm 是刀具的变位量。与加工标准齿轮比较，除刀具有一个变位量之外，刀具、刀具的移动速度 v、轮坯的转动角速度 ω 均保持不变。可见变位齿轮与标准齿轮相比，必然有某些尺寸和参数没有变化，但也有一些尺寸和参数发生了变化。下面对变位齿轮的尺寸和参数进行讨论。

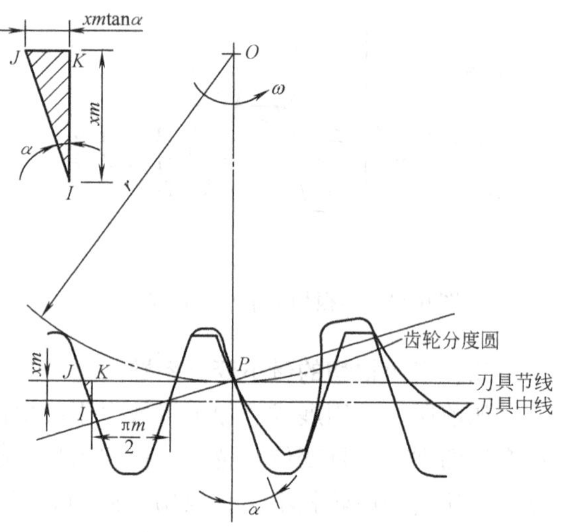

图 6-35 变位齿轮的几何尺寸

由于加工时 v 与 ω 均保持不变，所以仍然是被切齿轮分度圆上的线速度等于刀具的移动速度，即分度圆虽然不再与中线相切并相互纯滚动，但是却与刀具节线相切纯滚。刀具节线与中线是平行的，对齿条形刀具而言，节线上的齿距与中线上的齿距相等，都等于 p；节线上的模数与中线上的模数相等，都是刀具的标准模数 m。既然变位齿轮的分度圆与刀具节线相切并相互纯滚动，那么被切齿轮的模数就仍然是刀具的模数，并不因变位而变化。被加工齿轮的节圆没有变化，仍为分度圆，其半径 $mz/2$，而 m 又未变，自然在被加工齿轮节圆上仍然分得原来的齿数 z。由图 6-35 不难看出，分度圆压力角仍等于刀具角 α。我们知道，$r_b = r\cos\alpha$，其中 r，α 都没有变化，基圆半径 r_b 也就没有变化。总起来看，以下几个尺寸和参数没有因变位而变化：模数 m、齿数 z、分度圆压力角 α、分度圆半径 r、基圆半径 r_b。下面讨论发生了变化的尺寸。

1. 齿厚和任意圆上的齿厚

由图 6-35 可以看出，刀具节线上的齿槽宽较中线上的齿槽宽加大了 $2\overline{KJ}$，因而变位齿轮分度圆齿厚也加大了 $2\overline{KJ}$，而齿轮齿槽宽则因刀具节线上的齿厚减少而减小了 $2\overline{KJ}$。由图上三角形 $\triangle IJK$ 得 $\overline{KJ} = xm\tan\alpha$，因此可得被切齿轮分度圆齿厚为

$$\left.\begin{aligned} s &= \frac{\pi m}{2} + 2\overline{KJ} = \frac{\pi m}{2} + 2xm\tan\alpha \\ e &= \frac{\pi m}{2} - 2\overline{KJ} = \frac{\pi m}{2} - 2xm\tan\alpha \end{aligned}\right\} \tag{6-25}$$

若为负变位，则上式中的 x 为负值。与标准齿轮相比较，正变位时，齿厚增大、齿

槽宽减小；负变位时，齿厚减小、齿槽宽增大。

变位齿轮任意圆上的齿厚也发生变化，其值仍可用式（6-10）求出。需强调指出：对于正变位齿轮，过大的正变位量可能引起齿顶变尖（$s_a=0$）或齿顶厚过薄的现象，导致齿轮传动因齿顶强度不足而失效。因此在设计计算变位齿轮时，对于正变位的齿轮必须校核齿顶厚，一般建议 $s_a=(0.25\sim0.40)m$。

2. 齿顶高和齿根高

变位齿轮的齿根高 h_f 等于刀具节线到其顶刃线之间的距离。对于正变位齿轮，如图 6-35 所示，刀具节线为刀具齿顶部内距其中线为 xm 的一条直线，因此正变位齿轮的齿根高比相应标准齿轮的齿根高减小了一段 xm，即

$$h_f=(h_a^*+c^*)m-xm=(h_a^*+c^*-x)m \tag{6-26}$$

负变位时，由于 x 为负值，其 h_f 较标准齿轮增加了 $|xm|$。因此，变位齿轮的齿根圆直径为

$$d_f=d-2h_f=zm-2(h_a^*+c^*-x)m=(z-2h_a^*-2c^*+2x)m \tag{6-27}$$

为了保证全齿高为标准值$(2h_a^*+c^*)m$,对于正变位齿轮其齿顶高 h_a 较标准齿轮的齿顶高增大一段 xm,即

$$h_a=h_a^*m+xm=(h_a^*+x)m \tag{6-28}$$

相反,负变位时,x 为负值,其 h_a 较标准齿轮减少了一段$|xm|$。因此,在保证全齿高不变的条件下,变位齿轮齿顶圆直径应该为

$$d_a=d+2h_a=zm+2(h_a^*+x)m=(z+2h_a^*+2x)m \tag{6-29}$$

3. 变位齿轮的应用

由上面的分析可知，齿轮变位的提出是为了解决齿数 $z<z_{min}$ 的齿轮根切的问题。但是齿轮正变位后，由于齿厚增加，将使齿轮的弯曲强度得到提高；由于齿根圆、齿顶圆都加大，与标准齿轮比较，所采用的渐开线是更远离基圆的一段，这将使齿轮的齿廓曲率半径加大，接触强度得到提高。因而，工程中采用变位齿轮已不仅仅是为了避免根切，而往往是为了改善齿轮传动的质量。

另外，在两轴间的距离受到其他条件的限制，而比标准齿轮的中心距小时，若采用标准齿轮，安装时是挤不进去的。若两轴间距离比标准齿轮的中心距大时，仍采用标准齿轮，又会造成齿侧间隙过大，以致引起冲击和噪声。由于变位后齿轮的齿厚、齿槽宽有所变化，因而可以利用变位齿轮来满足两轴间的距离以及无侧隙安装的要求，即可利用变位齿轮来配凑中心距。

四、变位齿轮传动的参数和几何尺寸

1. 啮合角 α'

如图 6-36 所示，设有一对变位系数分别为 x_1，x_2 的正变位齿轮，它们按无齿侧间隙安装，由于两个齿轮的分度圆齿厚都增加了，因而两个分度圆不能相切，而是分开一段距离。所以中心距 a' 必大于标准中心距 a。此时这对齿轮啮合过程中将有两个大于分

度圆的节圆相切并作纯滚动。两轮的基圆也远离了，啮合线变陡了，因而啮合角 α'必大于分度圆压力角 α。变位齿轮的啮合角 α'可根据无侧隙啮合的条件求出。在啮合过程中，两轮的节圆相切于节点 P，并作纯滚动。两轮又是无侧隙啮合，因而一个齿轮的节圆齿厚必等于另一齿轮的节圆齿槽宽，即

$$s_1' = e_2' \text{或} s_2' = e_1'$$

因此，两轮的节圆齿距亦必相等，且

$$p' = s_1' + e_1' = s_2' + e_2' \tag{6-30}$$

由式（6-10）可得

$$s_1' = s_1 \frac{r_1'}{r_1} - 2r_1' \ (\text{inv}\alpha' - \text{inv}\alpha)$$

$$s_2' = s_2 \frac{r_2'}{r_2} - 2r_2' \ (\text{inv}\alpha' - \text{inv}\alpha)$$

式中

$$s_1 = \left(\frac{\pi}{2} + 2x_1 \tan\alpha\right)m、s_2 = \left(\frac{\pi}{2} + 2x_2 \tan\alpha\right)m$$

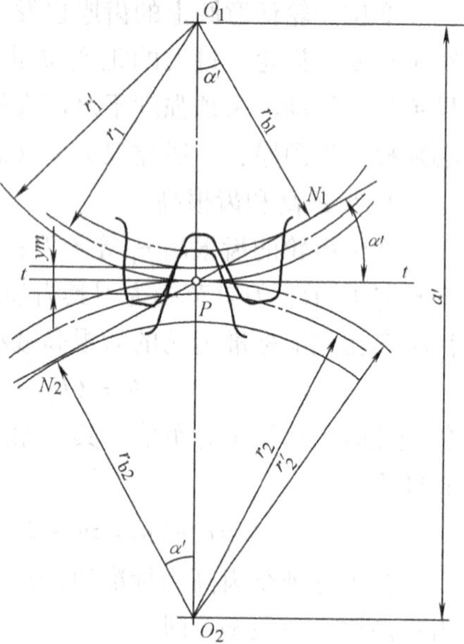

图 6-36　变位齿轮传动的几何参数

又因

$$r_b = r'\cos\alpha' = r\cos\alpha、p_b = p'\cos\alpha' = p\cos\alpha$$

所以

$$\frac{r_1'}{r_1} = \frac{\cos\alpha}{\cos\alpha'} \qquad \frac{r_2'}{r_2} = \frac{\cos\alpha}{\cos\alpha'} \qquad \frac{p'}{p} = \frac{\cos\alpha}{\cos\alpha'}$$

而

$$p = \pi m \qquad r_1 = \frac{z_1 m}{2} \qquad r_2 = \frac{z_2 m}{2}$$

将以上各式代入式（6-30）并化简后得

$$\text{inv}\alpha' = \frac{2\ (x_1 + x_2)}{z_1 + z_2}\tan\alpha + \text{inv}\alpha \tag{6-31}$$

即

$$\text{inv}\alpha' = \frac{2x_\Sigma}{z_\Sigma}\tan\alpha + \text{inv}\alpha \tag{6-31$'$}$$

上式中 $z_\Sigma = z_1 + z_2$ 为两齿轮的齿数和；$x_\Sigma = x_1 + x_2$ 为两齿轮变位系数的和。式（6-31）称为无侧隙啮合方程式。该式表明了一对变位齿轮在无侧隙啮合时，其啮合角 α'与变位系数和 x_Σ 之间的关系。若 $x_\Sigma \neq 0$，则其啮合角 α'将不等于分度圆压力角 α；若 $x_\Sigma = 0$，则其啮合角 α'等于分度圆压力角 α。

2. 中心距 a'

由图6-36可得一对变位齿轮无侧隙啮合中心距

$$a'=r'_1+r'_2=(r_1+r_2)\frac{\cos\alpha}{\cos\alpha'}=a\frac{\cos\alpha}{\cos\alpha'} \tag{6-32}$$

式(6-31)和式(6-32)是无侧隙啮合变位齿轮传动设计的基本计算式。由该两式可知，一对作无侧隙啮合传动的齿轮，若其变位系数和 x_Σ 不等于零时，其啮合角 α' 将不等于分度圆的压力角 α，两轮的实际中心距 a' 也不等于标准中心距 a。

若以 ym 表示两轮实际中心距 a' 与标准中心距的差，则有

$$ym=a'-a=a\left(\frac{\cos\alpha}{\cos\alpha'}-1\right)=\frac{mz_\Sigma}{2}\left(\frac{\cos\alpha}{\cos\alpha'}-1\right) \tag{6-33}$$

所以

$$y=\frac{z_\Sigma}{2}\left(\frac{\cos\alpha}{\cos\alpha'}-1\right) \tag{6-34}$$

上式中的 y 称为中心距变动系数。故实际中心距又可表示为

$$a'=a+ym=\frac{m}{2}(z_\Sigma+y) \tag{6-35}$$

由上述可知，若 $a'>a$，$y>0$，则两轮的分度圆分离；若 $a'<a$，$y<0$，则两轮的分度圆相交；若 $a'=a$，$y=0$，则两轮的分度圆相切，即两轮的节圆分别与其分度圆相等。

3. 齿顶高 h_a 与齿顶高降低系数 Δy

在图6-37中，假想有一齿条形刀具，它可以同时双面切削两个齿轮，两齿轮均作正变位，其变位量分别为 x_1m 和 x_2m。刀具的顶刃切出两齿轮的齿根圆，而两齿轮的齿顶圆均按标准全齿高确定，刀具与两齿轮的顶隙均为标准值。这时两轮齿廓与刀具侧刃的接触点分别为点 K_1、M_1 和 K_2、M_2，而且轮1上的点 K_1 和轮2上的点 K_2 分别在刀刃两侧不同处接触，对于点 M_1 和 M_2 亦是如此。刀具与两轮的啮合节点分别为 P_1 和 P_2。当加工齿轮后将刀具抽去，同时两齿轮按图6-37安装在一起时，它们的中心距应为

$$a''=r_1+r_2+(x_1+x_2)m=a+z_\Sigma m \tag{6-36}$$

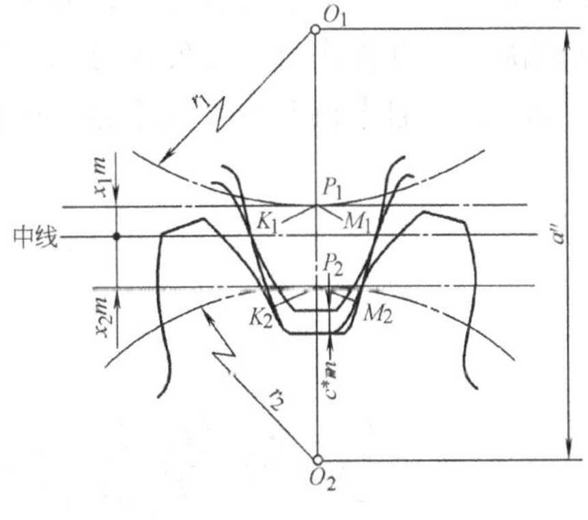

图6-37 变位齿轮传动中心距的变动

此时，两轮的顶隙是标准值，但却出现了侧隙。

为了实现无侧隙啮合，两轮的实际安装中心距为 a'。设中心距由 a'' 缩短到 a' 的缩短量为 Δym。由于两轮凑近了 Δym，故顶隙减小了 Δym，已非标准值。因此，如果两轮既要保证无侧隙啮合，又要保证具有标准顶隙，则两轮的齿顶必须都削去 Δym 的高

度。于是得齿顶高为

$$h_a = (h_a^* + x - \Delta y)\ m \tag{6-37}$$

由于齿顶高减小了 Δym，相应齿顶圆半径也减小 Δym，即

$$r_a = r + h_a = r + (h_a^* + x - \Delta y)\ m \tag{6-38}$$

但 Δym 对于齿根高和齿根圆却无影响，故 Δym 称为齿顶高降低量，而 Δy 称为齿顶高降低系数。由式（6-35）和式（6-36）可得齿顶高降低量为

$$\Delta ym = a'' - a' = x_\Sigma m - ym$$

故齿顶高降低系数为

$$\Delta y = x_\Sigma - y \tag{6-39}$$

上面仅就两齿轮均作正变位进行了分析，但是可以证明，对于任何一对作无侧隙外啮合传动的变位齿轮，只要其 $x_\Sigma \neq 0$，为了保证齿顶间隙为标准值，都必须将齿顶削去一段 Δym。并且 x_Σ 必大于 y，即齿顶高降低系数 Δy 恒为正；而当 $x_\Sigma = 0$ 时，则 $y = 0$，$\Delta y = 0$。

五、变位齿轮传动的类型

根据一对齿轮变位系数和 x_Σ 的不同，可将变位齿轮传动分为三种类型。

1. 零传动

所谓零传动是指 $x_\Sigma = 0$。零传动又可分为下列两种情况：

（1）零变位传动　当两轮的 $x_\Sigma = 0$、且 $x_1 = x_2 = 0$ 时，称为零变位齿轮传动，即标准齿轮传动。为了避免根切，必须满足 $z_1 \geqslant z_{min}$ 和 $z_2 \geqslant z_{min}$ 的条件。由于 $x_\Sigma = 0$，所以由无侧隙啮合方程式及有关公式可知，标准齿轮传动的啮合特点为：$\alpha' = \alpha$，$a' = a$，$y = 0$，$\Delta y = 0$，且节圆与分度圆重合，所有尺寸均为标准值，如图 6-38a 所示。

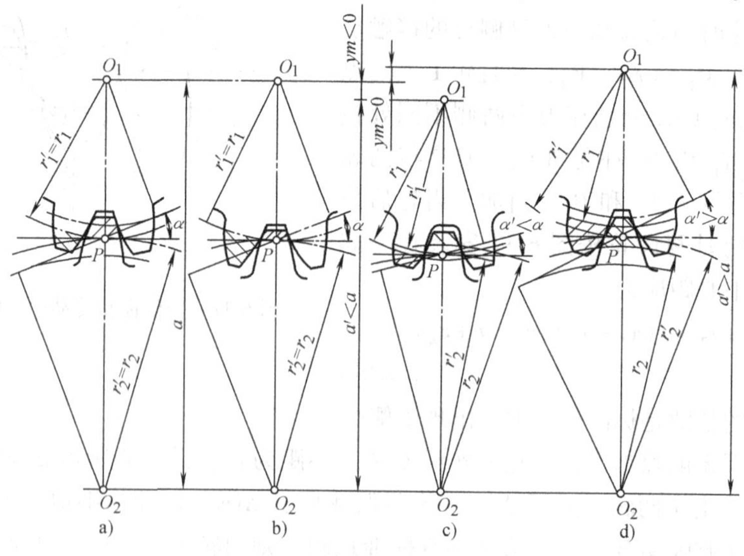

图 6-38　变位齿轮传动的类型

（2）等变位齿轮传动　当两轮的 $x_\Sigma=0$、但 $x_1=-x_2\neq0$ 时，为等变位齿轮传动。由于小齿轮齿数较少、易根切，所以小齿轮应取正变位，而大齿轮则应取负变位。又两齿轮都不应发生根切，所以必须使

$$x_1\geqslant h_a^*\frac{z_{\min}-z_1}{z_{\min}}\text{及}\ x_2\geqslant h_a^*\frac{z_{\min}-z_2}{z_{\min}}$$

则

$$x_\Sigma=x_1+x_2\geqslant\frac{h_a^*}{z_{\min}}\left[2z_{\min}-(z_1+z_2)\right]\tag{6-40}$$

由于 $x_\Sigma=0$，故得

$$z_\Sigma=z_1+z_2\geqslant2z_{\min}\tag{6-41}$$

由于 $x_\Sigma=0$，所以等变位齿轮传动的啮合特点是：$\alpha'=\alpha$，$a'=a$，$y=0$，$\Delta y=0$，并且节圆与分度圆重合。与标准齿轮传动相比较，由于小齿轮取正变位，齿厚增加，而且齿根圆和齿顶圆都增大了；大齿轮取负变位，齿厚减薄，齿根圆和齿顶圆减小。由于两轮都有变位，故齿顶高、齿根高都不是标准值，所以工程上又称这种齿轮传动为高度变位齿轮传动，如图 6-38b 所示。

等变位齿轮传动的主要优点是：只要适当选择变位系数，就能使大、小两轮的弯曲强度大致相等，相对地提高了齿轮传动的承载能力；因中心距为标准中心距，故可以成对地替换标准齿轮及修复旧齿轮。

等变位齿轮传动的主要缺点是：必须成对地设计、制造和使用；小齿轮为正变位，齿顶易变尖；重合度略有减小。

2. 正传动

正传动是指 $x_\Sigma>0$。由于 x_Σ 大于零，由式（6-40）可知，两轮的齿数和 z_Σ 可以小于 $2z_{\min}$。正传动的啮合特点是：$\alpha'>\alpha$，$a'>a$，$y>0$，$\Delta y>0$，节圆大于分度圆。因 $\Delta y>0$，所以两齿轮的全齿高都比标准齿轮降低 Δym，如图 6-38d。

正传动的主要优点是：由于 z_Σ 可以小于 $2z_{\min}$，故机构的尺寸和重量可以减小；由于取正变位时，齿厚增加，弯曲强度得以提高；且采用的渐开线是更远离基圆的一段，接触强度也得以提高；在 $a'>a$ 的场合，可用于配凑中心距。

正传动的主要缺点是：必须成对设计、制造和使用；由于 $\alpha'>\alpha$，重合度将下降；齿顶易变尖。

3. 负传动

负传动是指 $x_\Sigma<0$。因为 $x_\Sigma<0$，由式（6-40）可知，必须有

$$z_\Sigma>2z_{\min}\tag{6-42}$$

负传动的啮合特点是：$\alpha'<\alpha$，$a'<a$，$y<0$，$\Delta y>0$，节圆小于分度圆。由于 $\Delta y>0$，所以两齿轮的全齿高都比标准齿轮降低 Δym，如图 6-38c 所示。

负传动的优点是：由于 $a'<a$，重合度将会增加；在 $\alpha'<\alpha$ 的场合，可用于配凑中心距。

负传动的缺点是：齿轮的弯曲强度与接触强度都将降低；必须成对设计、制造和使用。

由于正传动与负传动的啮合角都不等于分度圆压力角，即啮合角都发生了变化，故工程上又将这两种传动统称为角度变位齿轮传动。

总之，上述各种齿轮传动各有优、缺点，正传动的优点较多，工程中用得较多。负传动缺点较多，除用于配凑中心距外，一般用得很少。在标准中心距时，用等变位齿轮传动代替标准齿轮传动，可提高齿轮传动的质量。

现将外啮合直齿圆柱齿轮机构的诸计算公式列于表 6-6 中，以便于设计计算时使用。

表 6-6　外啮合直齿圆柱齿轮机构的计算公式

名称	符号	零传动		正传动与负传动（$x_\Sigma \neq 0$）
		标准齿轮传动	零传动	
变位系数	x	$x_1 = x_2 = 0$	$x_1 = -x_2 \neq 0$	$x_1 \neq -x_2$
分度圆直径	d	$d = zm$		
基圆直径	d_b	$d_b = d\cos\alpha = zm\cos\alpha$		
啮合角	α'	$\alpha' = \alpha$		$\text{inv}\alpha' = \dfrac{2x_\Sigma}{z_\Sigma} = \tan\alpha + \text{inv}\alpha$ $\cos\alpha' = \dfrac{a}{a'}\cos\alpha$
节圆直径	d'	$d' = d$		$d' = d\dfrac{\cos\alpha}{\cos\alpha'}$
中心距变动系数	y	$y = 0$		$y = \dfrac{z_\Sigma}{2}\left(\dfrac{\cos\alpha}{\cos\alpha'} - 1\right)$
齿顶高降低系数	Δy	$\Delta y = 0$		$\Delta y = z_\Sigma - y$
齿顶高	h_a	$h_a = h_a^* m$	$h_a = (h_a^* + x) \times m$	$h_a = (h_a^* + x - \Delta y)\ m$
齿根高	h_f	$h_f = (h_a^* + c^*)\ m$	$h_f = (h_a^* + c^* - x)\ m$	
全齿高	h	$h = (2h_a^* + c^*)\ m$		$h = (2h_a^* + c^* - \Delta y)\ m$
齿顶圆直径	d_a	$d_a = d + 2h_a$		
齿根圆直径	d_f	$d_f = d - 2h_f$		
分度圆齿厚	s	$s = \dfrac{\pi m}{2}$	$s = \dfrac{\pi m}{2} + 2xm\tan\alpha$	
分度圆齿槽宽	e	$e = \dfrac{\pi m}{2}$	$e = \dfrac{\pi m}{2} - 2xm\tan\alpha$	
分度圆周节	p	$p = s + e = \pi m$		
中心距	a	$a = \dfrac{1}{2}(d_1 + d_2) = \dfrac{m}{2}(z_1 + z_2)$		$a' = \dfrac{1}{2}(d_1' + d_2') = a + ym$ 或 $a' = a\dfrac{\cos\alpha}{\cos\alpha'}$

第八节　斜齿圆柱齿轮机构

一、斜齿圆柱齿轮齿廓曲面的形成与啮合特点

前面讨论直齿轮时，是仅就轮齿的端面加以研究的，因而说齿轮的齿廓是发生线绕基圆作纯滚动时，发生线上一点 K 形成的渐开线。但是，齿轮实际上是有宽度的，如图 6-39a 所示，齿宽用 b 表示。故上述的基圆应是基圆柱，发生线应是发生面，K 点应是一条平行于齿轮轴线的直线 KK。应该说，当发生面沿基圆柱作纯滚动时，直线 KK 展成一渐开线柱面，它就是直齿轮的齿廓曲面。

当一对直齿轮啮合时，两轮齿面的瞬时接触线为平行于轴线的直线，如图 6-39b 所示。所以两轮轮齿的啮合情况是沿着齿宽同时进入啮合和同时退出啮合。这种进入啮合和退出啮合的方式，比较突然，使得直齿轮机构在传动时容易产生冲击、振动和噪声。为了克服直齿轮传动的缺点，人们在工程实践中创造了斜齿轮。

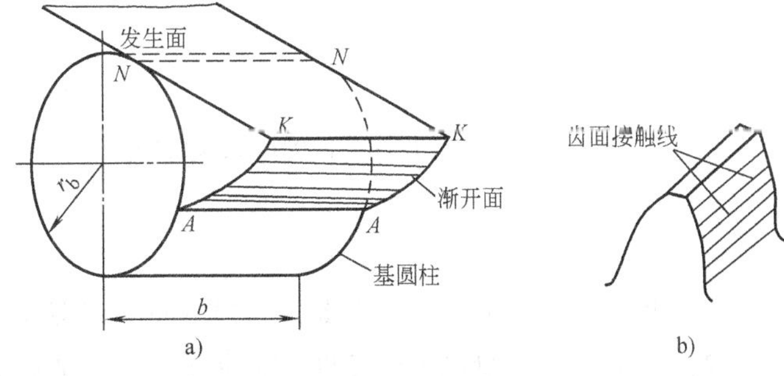

图 6-39　直齿轮齿廓曲面的形成及其啮合特点

斜齿轮齿廓曲面的形成方法与直齿轮相同，只是展成曲面的直线 KK 不平行于齿轮的轴线，而倾斜于轴线一个角度 β_b。如图 6-40a 所示，当发生面沿基圆柱作纯滚动时，斜直线 KK 上每一点的轨迹都是渐开线，这些渐开线起点的集合 AA 是基圆柱上的一条螺旋线，而斜直线 KK 展成的曲面称为渐开线螺旋面。它在齿顶圆柱和基圆柱之间的部分构成斜齿轮的齿廓曲面。由渐开线螺旋面的形成可知渐开线螺旋面齿廓具有以下特点：

1）相切于基圆柱的平面与齿廓曲面的交线为斜直线，它与基圆柱轴线的夹角总是 β_b。

2）端面（垂直于齿轮轴线的平面）与齿廓曲面的交线为渐开线。

3）基圆柱面以及和它同轴线的圆柱面与齿廓曲面的交线都是螺旋线。各圆柱面上螺旋线的切线与轴线的夹角称为该圆柱面上的螺旋角。不同圆柱面上的螺旋角不相等，基圆柱面上螺旋角用 β_b 表示；分度圆柱面上的螺旋角简称为螺旋角，用 β 表示。

图 6-41 所示为一对平行轴斜齿轮齿廓曲面的形成情况。发生面是两基圆柱的内公切面，当发生面沿两基圆柱纯滚动时，发生面上的斜直线 KK 将分别展成两轮的齿廓曲面。由图可见，这两齿廓曲面沿着斜直线 KK 接触。所以一对斜齿轮齿廓曲面啮合时，具有以下特点：

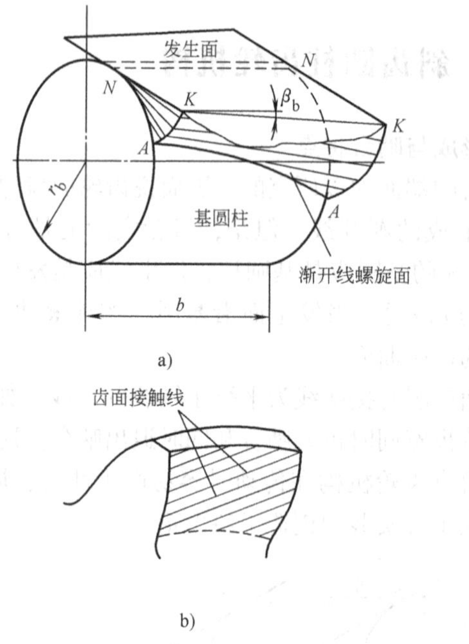

图 6-40 斜齿轮齿廓曲面的形成及其特点

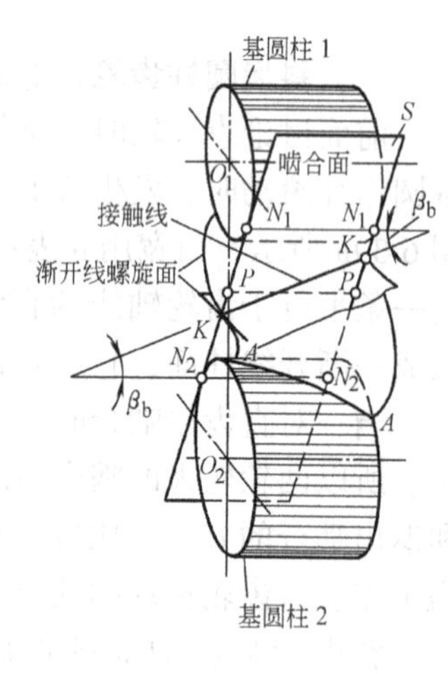

图 6-41 一对斜齿轮齿廓曲面的形成

1）两斜齿齿廓的公法面既是两基圆柱的内公切面，又是传动的啮合面。

2）两齿廓的接触线 KK 与两轮轴线的夹角总是 β_b，且 $\beta_{b1}=-\beta_{b2}$。

一对平行轴斜齿轮齿廓曲面啮合时，两轮齿齿面上的接触线是斜直线，它由短变长而后又由长变短，直至退出啮合，如图 6-40b 所示。由于斜齿轮进入啮合与退出啮合都是逐渐进行的，不像直齿轮那样突然，因而斜齿轮机构的冲击、振动和噪声都小，传动平稳。

二、斜齿轮的基本参数

由斜齿轮齿廓曲面的形成可知，斜齿轮在端面上具有渐开线齿形，但由于斜齿轮的轮齿是螺旋形的，故在垂直于轮齿螺旋线方向，即法平面上，其齿形与端面上是不同的。加工斜齿轮时，刀具是沿垂直于法面的螺旋线方向进刀，所以斜齿轮的法面参数与刀具相同，即法面参数为标准值。但斜齿轮的几何尺寸又需要按端面参数进行计算，所以必须建立法面参数与端面参数的换算关系。

1. 斜齿轮的螺旋角 β

图 6-42 所示为斜齿轮分度圆柱面的展开图。图中阴影线部分为轮齿，空白部分为齿槽，β 为分度圆柱上螺旋角。由图可得

$$\tan\beta=\frac{\pi d}{p_z}$$

式中，p_z 为螺旋线的导程，即螺旋线绕行一周时沿轴线方向移动的距离。

因为斜齿轮各个圆柱面上的螺旋线的导程相同，所以基圆柱面上的螺旋角 β_b 应为

$$\tan\beta_b = \frac{\pi d_b}{p_z}$$

由以上两式可得

$$\frac{\tan\beta_b}{\tan\beta} = \frac{d_b}{d} = \cos\alpha_t$$

即

$$\tan\beta_b = \tan\beta\cos\alpha_t \tag{6-43}$$

式中，α_t 为斜齿轮的端面压力角。

2. 法向模数 m_n 和端面模数 m_t

如图 6-42 所示，斜齿轮的法向齿距与端面齿距之间具有以下关系

$$p_n = p_t\cos\beta$$

式中 p_n 为法向齿距，p_t 为端面齿距。因 $p_n = \pi m_n$、$p_t = \pi m_t$，故得

$$m_n = m_t\cos\beta \tag{6-44}$$

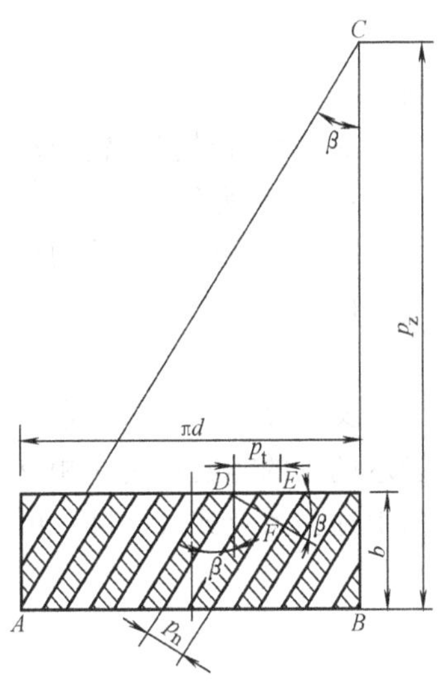

图 6-42　斜齿轮的螺旋角 β

3. 法向压力角 α_n 和端面压力角 α_t

这里，用斜齿条来分析比较方便。在图 6-43 所示的斜齿条中，平面 abc 是斜齿条的端面，平面 $a'b'c'$ 是法面，$\angle aa'c = 90°$。由图可知

$$\tan\alpha_t = \frac{\overline{ac}}{\overline{ab}}$$

$$\tan\alpha_n = \frac{\overline{a'c}}{\overline{a'b'}}$$

由于斜齿轮的齿高在端面和法面内都是相等的，即 $\overline{ab} = \overline{a'b'}$，并且 $\overline{a'c} = \overline{ac}\cos\beta$，所以由上两式可得

$$\tan\alpha_n = \tan\alpha_t\cos\beta \tag{6-45}$$

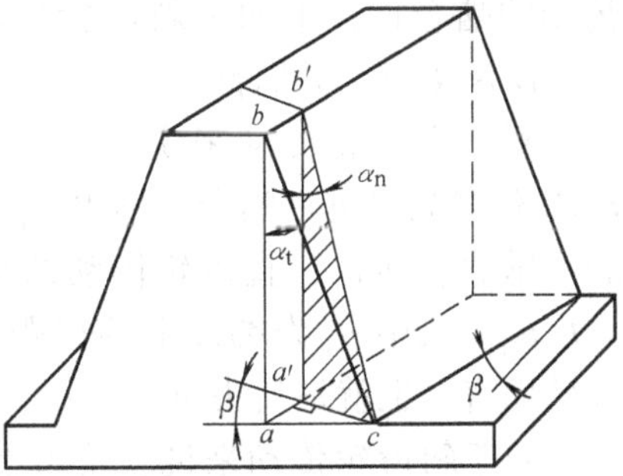

图 6-43　斜齿条

4. 齿顶高系数 h_{an}^* 和 h_{at}^* 及顶隙系数 c_n^* 和 c_t^*

斜齿轮的齿顶高和齿根高在端面和法面内都是相等的，顶隙也是相等的，即

$$h_{an}^* m_n = h_{at}^* m_t \text{ 及 } c_n^* m_n = c_t^* m_t$$

将式（6-44）代入上两式中即得

$$\left.\begin{aligned}h_{at}^* &= h_{an}^*\cos\beta \\ c_t^* &= c_n^*\cos\beta\end{aligned}\right\}\tag{6-46}$$

5. 法面变为系数 x_n 和端面变为系数 x_t

与齿高相同，斜齿轮的变位量在法面和端面内也都应该相等，即

$$x_n m_n = x_t m_t$$

故得

$$x_t = x_n\cos\beta\tag{6-47}$$

三、平行轴斜齿轮传动的正确啮合条件和重合度

1. 正确啮合条件

一对平行轴斜齿轮的啮合在端面内相当于直齿轮的啮合，所以斜齿轮传动在端面内的正确啮合条件为

$$m_{t1} = m_{t2}\text{和}\ \alpha_{t1} = \alpha_{t2}$$

又因 $\beta_{b1} = \mp\beta_{b2}$，则由式（6-43）和上式得 $\beta_1 = \mp\beta_2$。式中“－”号用于外啮合，表示两轮的螺旋角旋向相反；“＋”号用于内啮合，表示两轮的螺旋角旋向相同。于是由上述关系及式（6-44）可得平行轴斜齿轮传动的正确啮合条件为

$$\left.\begin{aligned}m_{n1} &= m_{n2} \\ \alpha_{n1} &= \alpha_{n2} \\ \beta_1 &= \mp\beta_2\end{aligned}\right\}\text{或}\left.\begin{aligned}m_{t1} &= m_{t2} \\ \alpha_{t1} &= \alpha_{t2} \\ \beta_1 &= \mp\beta_2\end{aligned}\right\}\tag{6-48}$$

2. 重合度

由一对平行轴斜齿轮齿廓曲面的形成及啮合特点可知，在端面内，斜齿轮的啮合与直齿轮完全相同。但由于斜齿轮的轮齿沿齿宽方向倾斜了 β 角度，所以在计算重合度时必须考虑螺旋角的影响。图 6-44 所示为两个端面参数完全相同的直齿圆柱齿轮传动和斜齿圆柱齿轮传动的啮合面。上图为直齿轮传动的啮合面，下图为斜齿轮传动的啮合面，B_1B_1 B_2B_2 为啮合区。

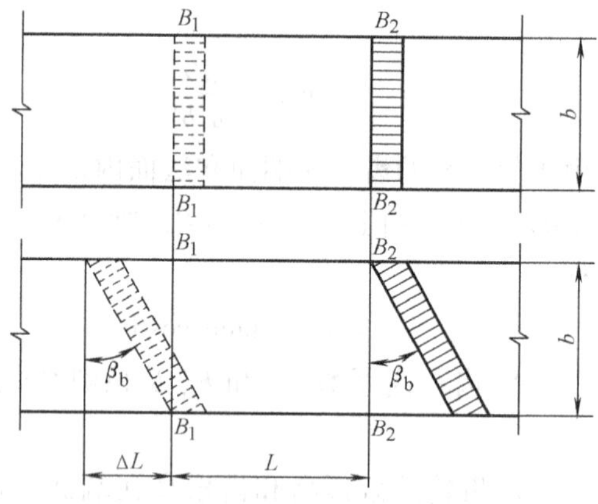

图 6-44 啮合过程

对于直齿轮传动来说，轮齿沿齿宽在 B_2B_2 位置同时进入啮合，到 B_1B_1 位置同时脱离啮合，所以，直齿轮传动的重合度 $\varepsilon_\alpha = L/p_{bt}$。式中 p_{bt} 为端面上的齿距，对于直齿轮而言，也就是其法向齿距。

对于斜齿轮传动来说，轮齿在 B_2B_2 位置开始进入啮合，但不是沿整个齿宽同时进入啮合，而是由轮齿的一端先进入啮合，另一端尚未进入啮合，在 B_1B_1 位置时由先进入啮合的一端首先脱离啮合，直到另一端也到达 B_1B_1 的位置（图中虚线位置），这对轮齿才完成整个啮合过程。因此，一对斜齿轮的实际啮合区比直齿轮传动增大了 $\Delta L = b\tan\beta_b$。这样，一对斜齿轮传动的重合度为

$$\varepsilon_{\gamma}=\frac{L+\Delta L}{p_{bt}}=\varepsilon_{\alpha}+\varepsilon_{\beta}$$

式中 ε_{α} 为端面重合度，ε_{β} 为轴向重合度。可将斜齿轮的端面参数代入式（6-15）中求得 ε_{α}，

即
$$\varepsilon_{\alpha}=\frac{1}{2\pi}\left[z_1\left(\tan\alpha_{at1}-\tan\alpha_t'\right)+z_2\left(\tan\alpha_{at2}-\tan\alpha_t'\right)\right] \tag{6-49}$$

轴向重合度为

$$\varepsilon_{\beta}=\frac{\Delta L}{p_{bt}}=\frac{b\tan\beta_b}{p_{bt}}$$

因
$$\tan\beta_b=\tan\beta\cos\alpha_t;\quad p_{bt}=p\cos\alpha_t=\frac{\pi m_n}{\cos\beta}\cos\alpha_t$$

故
$$\varepsilon_{\beta}=\frac{b\sin\beta}{\pi m_n} \tag{6-50}$$

由以上分析可知：斜齿轮传动的重合度大于直齿轮传动的重合度，并且随着齿宽 b 和螺旋角 β 的增大而增大。它可达到相当大的数值，这是斜齿轮传动运转平稳、承载能力较高的主要原因之一。

四、斜齿圆柱齿轮的当量齿数

用仿形法加工斜齿轮时，铣刀是沿螺旋齿槽的方向进刀的，所以必须要按轮齿的法向齿廓选择铣刀的刀号。另外，在计算斜齿轮轮齿的强度时，由于力是作用在法面内的，所以也必须要知道法向齿廓。要确定法向的精确齿廓是很复杂的，通常是采用近似齿廓。

如图 6-45 所示为斜齿轮分度圆柱，过任一轮齿的齿厚中点 P 作该轮齿的法平面 n-n 将齿轮剖开，得一椭圆形截面。在此截面上，齿厚中点 P 附近的齿形可以认为是斜齿轮的法向齿廓。如以斜齿轮的法向模数 m_n 为模数，以法面压力角 α_n 为压力角，以法面和斜齿轮分度圆柱面的椭圆截线短轴处的曲率半径 ρ 为分度圆半径，可得一假想的渐开线直齿轮。这个假想渐开线直齿轮的渐开线齿形与上述截面上的法向齿廓很接近。于是工程上，近似认为这个假想齿轮的渐开线齿形就是斜齿轮的法向齿廓。这个假想的渐开线直齿轮称为斜齿轮的当量齿轮，其齿数称为当量齿数，用 z_v 表示，可如下求出：

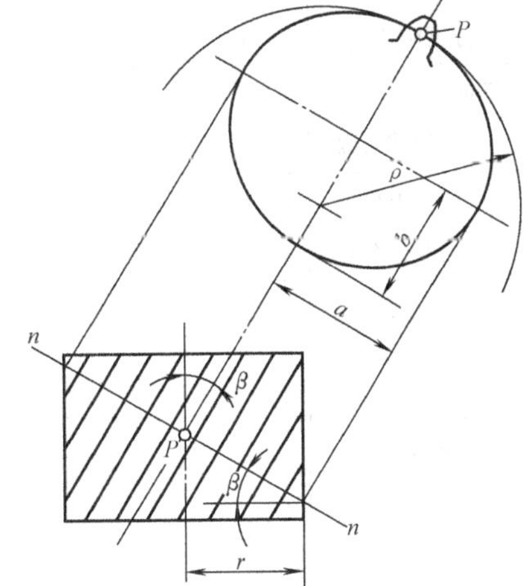

图 6-45 斜齿轮的当量齿轮

由图可知，椭圆的长半轴 $a=r/\cos\beta$，短半轴 $b=r$，而

$$\rho-\frac{a^2}{b}=\left(\frac{r}{\cos\beta}\right)^2\frac{1}{r}=\frac{r}{\cos^2\beta}$$

故当量齿数 z_v 为

$$z_v = \frac{2\rho}{m_n} = \frac{2r}{m_n\cos^2\beta} = \frac{2}{m_n\cos^2\beta}\left(\frac{m_t z}{2}\right)$$

$$= \frac{z}{m_n\cos^2\beta}\left(\frac{m_n}{\cos\beta}\right) = \frac{z}{\cos^3\beta} \tag{6-51}$$

由式（6-51）可得斜齿轮的实际齿数 $z = z_v\cos^3\beta$，故可知标准斜齿轮不发生根切的最少齿数为

$$z_{min} = z_{vmin}\cos^3\beta \tag{6-52}$$

式中，z_{vmin}为当量直齿标准齿轮不根切的最少齿数。

由于 $\cos^3\beta < 1$，故由上述可知斜齿轮的实际齿数 z 必小于当量齿数 z_v，而标准斜齿轮不发生根切的最少齿数 z_{min} 也将小于其当量直齿轮的最少齿数 z_{vmin}。

当量齿数除用于强度计算及铣刀刀号的选择外，在斜齿轮变位系数的选择及齿厚测量等方面也要用到。

五、平行轴斜齿轮的几何尺寸计算

平行轴斜齿轮在端面内的几何尺寸关系与直齿轮相同，因此几何尺寸计算应在端面内进行，只要将端面参数代入直齿轮尺寸计算公式中，即得斜齿轮尺寸计算公式。为了计算方便，现将斜齿圆柱齿轮几何尺寸计算公式列于表 6-7 中。

表 6-7　斜齿圆柱齿轮几何尺寸计算公式

名 称	符号	计 算 公 式
端面模数	m_t	$m_t = m_n/\cos\beta$
端面压力角	α_t	$\tan\alpha_t = \tan\alpha_n/\cos\beta$
分度圆齿距	p_t	$p_t = p_n/\cos\beta = \pi m_n/\cos\beta$
端面齿顶高系数	h_{at}^*	$h_{at}^* = h_{an}^*\cos\beta$
端面顶隙系数	c_t^*	$c_t^* = c_n^*\cos\beta$
当量齿数	z_v	$z_v = z/\cos^3\beta$
端面变位系数	x_t	$x_t = x_n\cos\beta$
最少齿数	z_{min}	$z_{min} = z_{vmin}\cos^3\beta$
分度圆直径	d	$d_1 = z_1 m_t = \dfrac{z_1 m_n}{\cos\beta}$；$d_2 = z_2 m_t = \dfrac{z_2 m_n}{\cos\beta}$
标准中心距	a	$a = \dfrac{1}{2}(d_2 + d_1) = \dfrac{m_t}{2}(z_2 + z_1) = \dfrac{m_n}{2\cos\beta}(z_2 + z_1)$
啮合角	α_t'	$\mathrm{inv}\alpha_t' = \mathrm{inv}\alpha_t + \dfrac{2(x_{t1} + x_{t2})}{z_1 + z_2}\tan\alpha_t$
实际中心距	a'	$a' = a\dfrac{\cos\alpha_t}{\cos\alpha_t'}$
中心距变动系数	y_t	$y_t = (a' - a)/m_t$
齿顶高降低系数	Δy_t	$\Delta y_t = x_{t1} + x_{t2} - y_t$

（续）

名称	符号	计算公式
齿顶高	h_a	$h_{a1}=(h_{at}^*+x_{t1}-\Delta y_t)m_t$；$h_{a2}=(h_{at}^*+x_{t2}-\Delta y_t)m_t$
齿根高	h_f	$h_{f1}=(h_{at}^*+c_t^*-x_{t1})m_t$；$h_{f2}=(h_{at}^*+c_t^*-x_{t2})m_t$
全齿高	h	$h=h_{a1}+h_{f1}=h_{a2}+h_{f2}=(2h_{at}^*+c_t^*-\Delta y_t)m_t$
齿顶圆直径	d_a	$d_{a1}=d_1+2h_{a1}$；$d_{a2}=d_2+2h_{a2}$
齿根圆直径	d_f	$d_{f1}=d_1-2h_{f1}$；$d_{f2}=d_2-2h_{f2}$
基圆直径	d_b	$d_{b1}=d_1\cos\alpha_t$；$d_{b2}=d_2\cos\alpha_t$
节圆直径	d'	$d_1'=d_{b1}/\cos\alpha_t'$；$d_2'=d_{b2}/\cos\alpha_t'$
重合度	ε_γ	$\varepsilon_\gamma=\frac{1}{2\pi}[z_1(\tan\alpha_{at1}-\tan\alpha_t')+z_2(\tan\alpha_{at2}-\tan\alpha_t')]+\frac{b\sin\beta}{\pi m_n}$

六、斜齿轮传动的优缺点

与直齿轮传动相比较，平行轴斜齿轮传动主要具有以下优点：

1）重合度大，齿面接触情况好，因此运转平稳，承载能力高。适合于高速、重载传动。

2）无根切的最少齿数较直齿轮少，故可使机构更紧凑。

3）斜齿轮的加工成本与直齿轮相同。

由于以上优点，斜齿轮被广泛地用于高速、重载的传动中。

平行轴斜齿轮传动的主要缺点是运转时会产生轴向力，如图 6-46a 所示，这对传动不利。由图可知，轴向力为

$$F_a=F_t\tan\beta$$

当圆周力 F_t 一定时，轴向力 F_a 随螺旋角 β 的增大而增大。为了使轴向力不致过大，螺旋角 β 应取小些；但 β 太小，斜齿轮的各项优点将不突出。因而 β 要取得适当，设计时一般取 $\beta=8°\sim20°$。

为了克服轴向力，可以采用人字齿轮（图 6-46b）。人字齿轮的轮齿左右完全对称，所产生的轴向力将互相抵消，故其螺旋角可达 25°～40°。但人字齿轮制造较困难，常用于高速大功率的传动中。

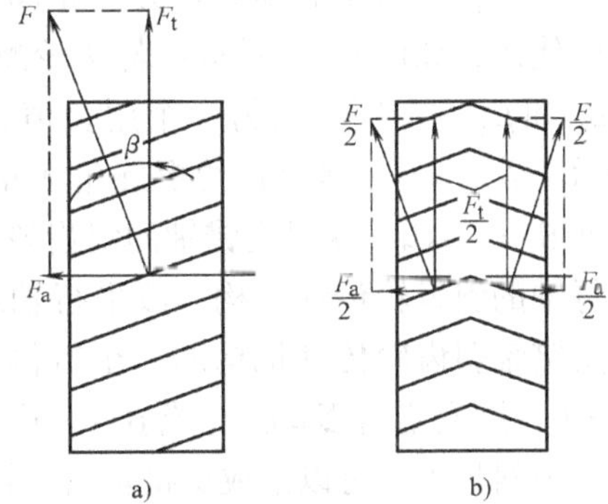

图 6-46　斜齿轮与人字齿轮的受力

七、交错轴斜齿轮机构

交错轴斜齿轮机构是用来传递既不平行又不相交的两轴（交错轴）之间的运动。两齿轮轴线之间的夹角 Σ 称为两轴交错角。仅就单个齿轮而言，它仍然是斜齿圆柱齿

轮，只是两齿轮螺旋角不满足平行轴斜齿轮传动的螺旋角条件。平行轴斜齿轮机构两轮的工作齿面为线接触，但交错轴斜齿轮机构两轮的工作齿面为点接触。

1. 交错角 Σ 和螺旋角 β_1、β_2

图 6-47 所示为一交错轴斜齿轮机构。两轮的分度圆柱面相切于 P 点，所以 P 点在两轴线的公垂线上，该公垂线的长度即为两轮的中心距 a。过点 P 作两分度圆柱的公切面，两轮轴线在公切面上投影的夹角即为两轴的交错角 Σ。过点 P 在公切面上作两分度圆柱上螺旋线的公切线 t—t，t—t 线与两轮轴线之间的夹角分别为两轮的螺旋角 β_1、β_2。则螺旋角 β_1、β_2 与交错角 Σ 的关系为

$$\Sigma = \beta_1 + \beta_2 \tag{6-53}$$

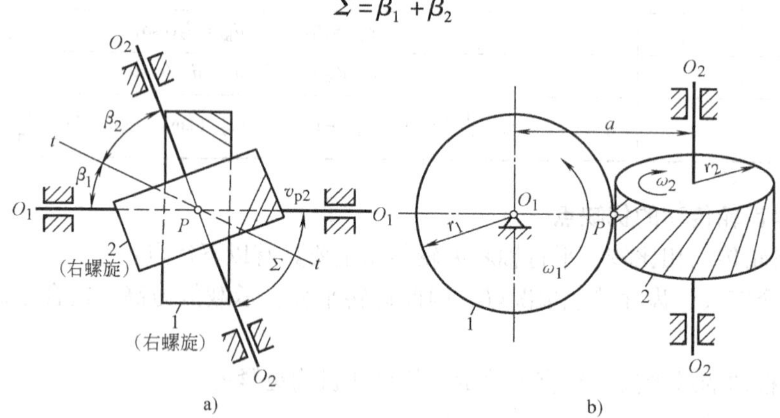

图 6-47　交错轴斜齿轮传动

上式中，当两轮的螺旋角方向相同时，β_1、β_2 均用正值代入，如图 6-47 所示；若两轮螺旋角方向相反时，β_1 和 β_2 一个用正值另一个用负值代入，如图 6-48 所示。若 $\Sigma = 0$，则两轮的螺旋角大小相等、方向相反，即 $\beta_1 = -\beta_2$。这时交错轴的斜齿轮传动机构变成了平行轴的斜齿轮传动机构，故平行轴斜齿轮传动机构是交错轴斜齿轮传动机构的一个特例。又当 β_1（或 β_2）$=0$，则交错角 $\Sigma = \beta_2$（或 β_1）。这表明一个直齿轮和一个斜齿轮也可以组成交错轴斜齿轮传动机构。

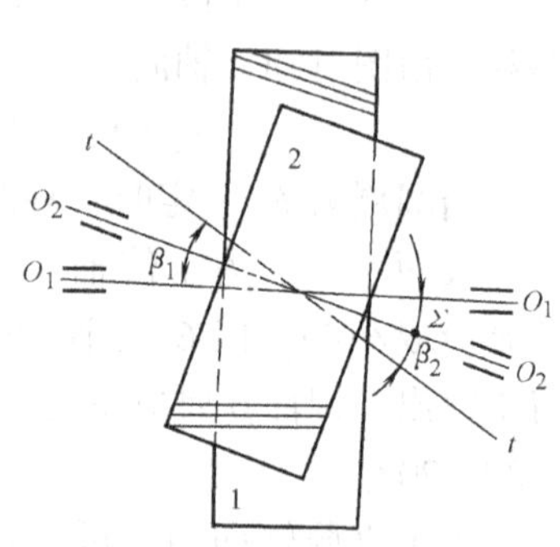

图 6-48　两轮螺旋角方向相反

2. 正确啮合条件

由于一对交错轴斜齿轮的轮齿仅在法面内啮合，所以其正确啮合条件为

$$\left.\begin{aligned} m_{n1} = m_{n2} = m_n \\ \alpha_{n1} = \alpha_{n2} = \alpha_n \end{aligned}\right\} \tag{6-54}$$

由于一对交错轴斜齿轮的螺旋角 β_1、β_2 的大小不一定相等，因而两轮的端面模数、端面压力角也不一定相等，这是交错轴斜齿轮机构与平行轴斜齿轮机构的不同之处。

3. 几何尺寸

交错轴斜齿轮的几何尺寸计算与平行轴斜齿轮相同，两轮分度圆直径为

$$\left.\begin{aligned} d_1 = z_1 m_{t1} = \frac{z_1 m_n}{\cos\beta_1} \\ d_2 = z_2 m_{t2} = \frac{z_2 m_n}{\cos\beta_2} \end{aligned}\right\} \tag{6-55}$$

由图6-47可知交错轴斜齿轮传动的中心距为

$$a = \frac{1}{2}(d_1 + d_2) = \frac{1}{2}(z_1 m_{t1} + z_2 m_{t2}) = \frac{m_n}{2}\left(\frac{z_1}{\cos\beta_1} + \frac{z_2}{\cos\beta_2}\right) \tag{6-56}$$

式中，z_1，z_2 分别为斜齿轮 1，2 的齿数。

4. 传动比及从动轮转向

1）传动比

由式（6-55）可得一对交错轴斜齿轮传动的传动比为

$$i_{12} = \frac{\omega_1}{\omega_2} = \frac{z_2}{z_1} = \frac{d_2 \cos\beta_2}{d_1 \cos\beta_1} \tag{6-57}$$

显然，交错轴斜齿轮机构的传动比同时由分度圆直径及螺旋角两参数来确定。

2）从动轮转向

对于交错轴斜齿轮传动，若已知主动轮的回转方向，其从动轮的转向可由速度矢量图解法确定。如图6-49a 所示，$\boldsymbol{v}_{P1}$为轮 1 上点 P 的速度，而轮 2 上点 P 的速度$\boldsymbol{v}_{P2}$为

$$\boldsymbol{v}_{P2} = \boldsymbol{v}_{P1} + \boldsymbol{v}_{P2P1}$$

式中，$\boldsymbol{v}_{P2P1}$为轮 2 上点 P 相对于轮 1 上点 P 的相对速度，其方向应平行于两轮分度圆柱螺旋线在点 P 的公切线 t—t。由图中的速度矢量三角形即可求得$\boldsymbol{v}_{P2}$，并由$\boldsymbol{v}_{P2}$的方向判断出从动轮 2 的转向。

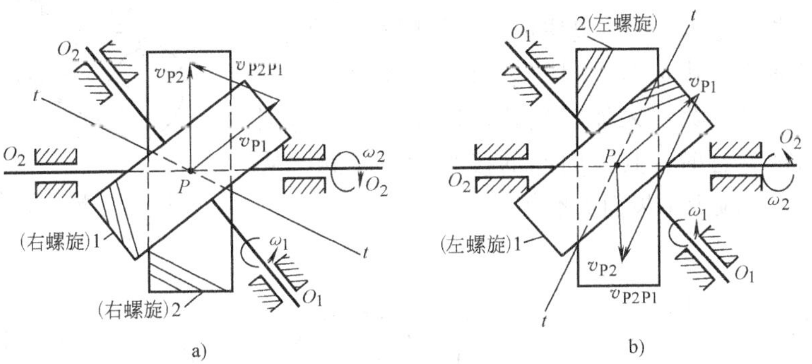

图6-49　从动轮回转方向的确定

图6-49b 所示的传动，其布置形式和主动轮的转向与图6-49a 所示的相同，只是改变了两轮的螺旋角方向，从动轮的回转方向就发生了改变。

5. 交错轴斜齿轮机构的特点和应用

1）在设计交错轴斜齿轮机构时，可通过改变螺旋角的大小来调整中心距、改变传动比；改变螺旋角的方向可改变从动轮的转向。如图 6-49a 和图 6-49b 所示的交错轴斜齿轮机构，其两轴结构位置相同，主动轮的转向也相同，只是将两轮的右旋齿改为左旋齿，则从动轮的转向相反，从而使设计具有较大的灵活性。

2）与前述齿轮机构相比，交错轴斜齿轮传动除沿齿高方向有相对滑动外，沿齿向也存在着相对滑动，轮齿易磨损，效率较低。

3）与平行轴斜齿轮传动相同，传动时会产生轴向力，所以不能用于传动较大功率。

由于螺旋齿轮机构具有以上特点，故不宜用于大功率和高速传动的场合。但是，交错轴斜齿轮机构的啮合原理在齿轮加工中却常获得应用，如剃齿、珩齿等。

第九节　蜗 杆 机 构

蜗杆机构用于传递空间两交错轴之间的运动，通常其交错角 $\Sigma=90°$。

一、蜗杆蜗轮的形成

如图 6-50 所示为一对交错轴斜齿轮，若轮 1 的螺旋角 β_1 取得很大，而分度圆半径却取得较小，轴向长度取得较大，轮齿在分度圆柱面上的螺旋线能绕一周以上，则其外形象一个螺杆，称为蜗杆。与蜗杆相啮合的轮 2 的螺旋角 β_2 很小，分度圆半径比较大，轴向宽度较小，像一个斜齿轮，称为蜗轮。如此形成的蜗杆蜗轮两齿面间仍然是点接触。为了改善两齿面的接触状况，可将轮 2 圆柱表面的直母线改为圆弧线，使其部分地包住蜗杆，如图 6-51 所示。并且采用与蜗杆形状基本相同的滚刀（外径较蜗杆略大，以便加工出顶隙）来加工蜗轮，这样加工所得到的蜗轮与蜗杆啮合时，其齿面间的接触为线接触，从而降低了压力，减少了齿面的磨损。

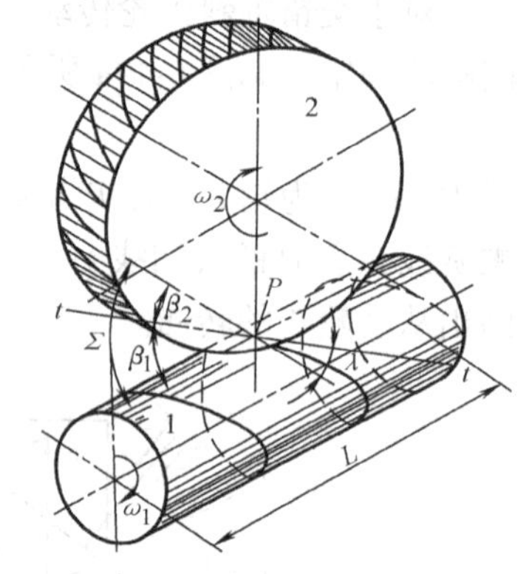

图 6-50　蜗杆蜗轮的形成

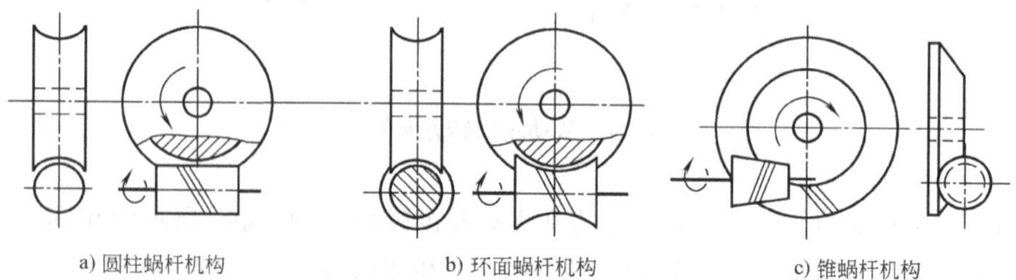

a) 圆柱蜗杆机构　　b) 环面蜗杆机构　　c) 锥蜗杆机构

图 6-51　蜗杆机构的类型

蜗杆与螺杆一样，也有右旋、左旋之分，一般采用右旋蜗杆。由图6-50可以看出，蜗杆分度圆柱面上螺旋线的导程角 $\lambda=90°-\beta_1$。当 $\Sigma=90°$时，则 $\lambda=\beta_2$，且蜗杆蜗轮齿的旋向相同。蜗杆的齿数就是螺旋线的线数，也称为头数。

二、蜗杆机构的类型

蜗杆机构有多种类型。按照蜗杆的不同形状它们可分为：圆柱蜗杆机构（图6-51a）、环面蜗杆机构（图6-51b）和锥蜗杆机构（图6-51c）。

圆柱蜗杆机构又可分为普通圆柱蜗杆机构和圆弧圆柱蜗杆机构两类。

普通圆柱蜗杆可用直线刀刃加工，根据刀具加工位置和加工方法的不同，可加工出不同齿廓曲面的蜗杆，如图6-52所示。按其齿廓曲面的不同，普通圆柱蜗杆又可分为：

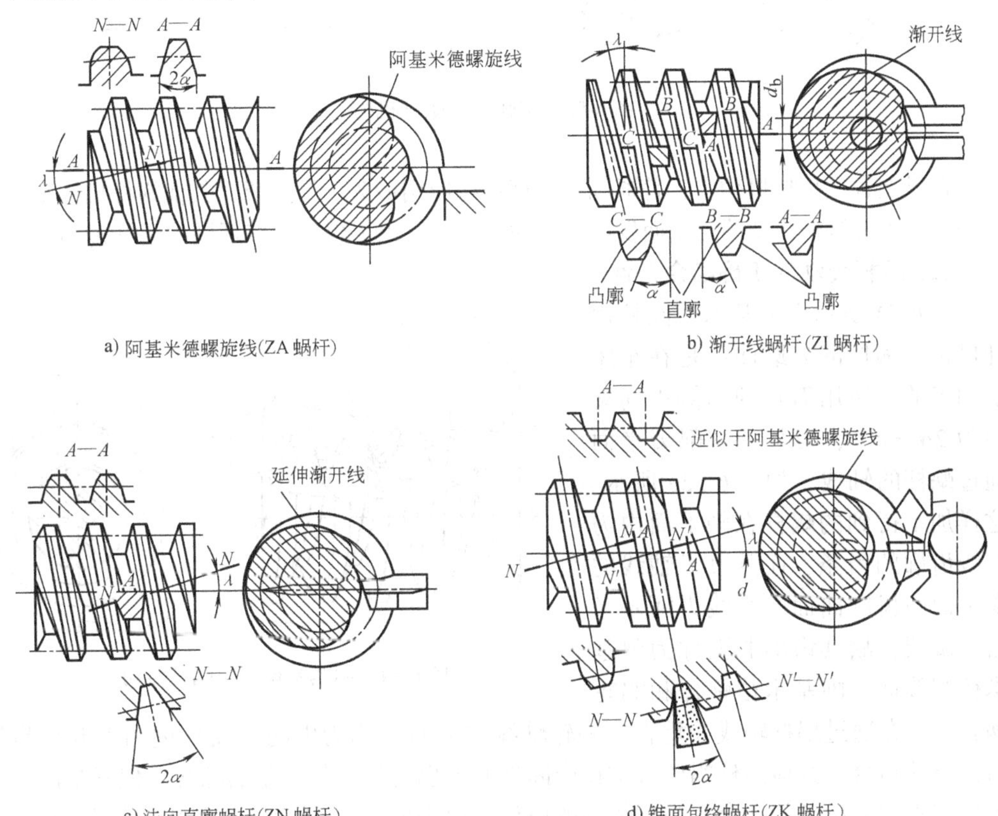

图6-52　普通圆柱蜗杆机构

1）阿基米德蜗杆，简称ZA蜗杆。

2）渐开线蜗杆，简称ZI蜗杆。

3）法向直廓蜗杆，简称ZN蜗杆。

4）锥面包络圆柱蜗杆，简称ZK蜗杆。

圆弧圆柱蜗杆机构如图 6-53 所示，这种机构的蜗杆在轴面内的齿形为内凹圆弧，而与其啮合的蜗轮齿形为外凸圆弧。这种蜗杆传动机构的主要特点是：传动效率高，承载能力大，体积和质量小，结构紧凑。

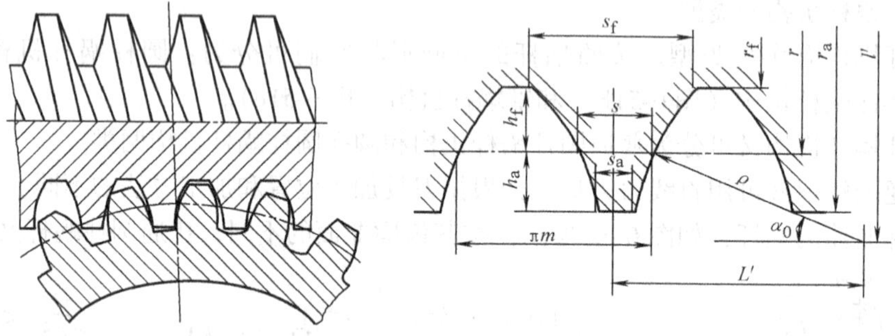

图 6-53 圆弧圆柱蜗杆机构

在以上各类蜗杆机构中，普通圆柱蜗杆机构应用最久、最广泛，其他蜗杆机构则是为了进一步改善蜗杆传动的质量而发展起来的。所以，以下仅讨论普通圆柱蜗杆传动机构。

三、蜗杆传动的正确啮合条件

图 6-54 所示为阿基米德圆柱蜗杆机构，蜗杆的齿廓曲面是在车床上加工的，所用刀具的两侧刃间夹角为 $2\alpha=40°$，刀具的切削刃平面通过蜗杆的轴线，如图 6-52a 所示。这样加工得到的蜗杆在轴平面内为直线齿廓的齿条，而垂直于轴线的端平面与齿廓曲面的交线为阿基米德螺旋线，故其齿廓曲面称为阿基米德螺旋面。阿基米德蜗杆和蜗轮啮合时，在通过蜗杆轴线并垂直于蜗轮轴线的平面（称为中间平面）内为渐开线齿轮与齿条的啮合。其他圆柱蜗杆机构在中间平面内也是齿轮与齿条的啮合，但不是渐开线齿轮与直齿廓齿条的啮合。蜗杆传动的设计是以中间平面内的参数和几何关系为基准，而中间平面对蜗杆来说是轴面，对蜗轮来说则是端面。设 m_{a1} 和 α_a 分别为蜗杆的轴面模数和轴面压力角，m_{t2} 和 α_{t2} 分别为蜗轮的端面模数和端面压力角。可知蜗杆与蜗轮正确啮合的条件为

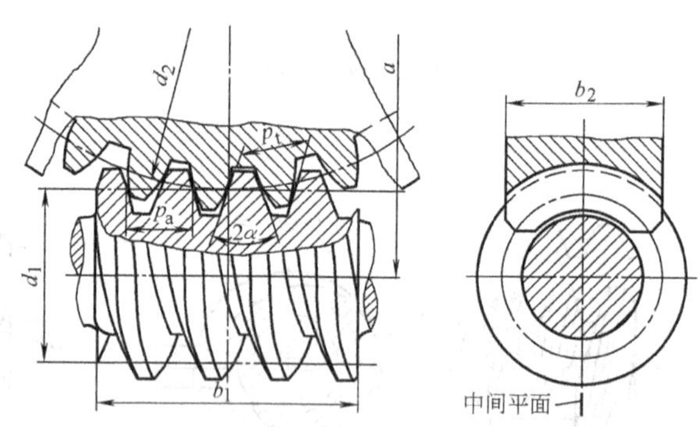

图 6-54 阿基米德圆柱蜗杆传动

$$\left.\begin{aligned}m_{a1}&=m_{t2}=m\\\alpha_{a1}&=\alpha_{t2}=\alpha\\\lambda&=\beta_2\end{aligned}\right\}\qquad(6\text{-}58)$$

四、蜗杆传动的主要参数

1. 模数 m

蜗杆的模数系列与齿轮的模数系列不同，GB/T 10088—1988《圆柱蜗杆模数和直径》对蜗杆模数的规定值见表6-8。

表6-8　蜗杆的基本参数（$\Sigma=90°$）

模数 m/mm	蜗杆直径 d_1/mm	蜗杆头数 z_1	直径系数 q	m^2d_1	模数 m/mm	蜗杆直径 d_1/mm	蜗杆头数 z_1	直径系数 q	m^2d_1
1	18	1	18.000	18	6.3	(80)	1，2，4	12.698	3175
1.25	20	1	16.000	31		112	1	17.778	4445
	22.4	1	17.92	35	8	(63)	1，2，4	7.875	4032
1.6	20	1，2，4	12.500	51		80	1，2，4，6	10.000	5120
	28	1	17.500	72		(100)	1，2，4	12.500	6400
2	(18)	1，2，4	9.000	72		140	1	17.500	8960
	22.4	1，2，4	11.200	89.6	10	(71)	1，2，4	7.100	7100
	(28)	1，2，4	14.000	112		90	1，2，4，6	9.000	9000
	35.5	1	17.750	142		(112)	1，2，4	11.200	11200
2.5	(22.4)	1，2，4	8.960	140		160	1	16.000	16000
	28	1，2，4，6	11.200	175	12.5	(90)	1，2，4	7.200	14062
	(35.5)	1，2，4	14.200	222		112	1，2，4	8.960	17500
	45	1	18.000	281		(140)	1，2，4	11.200	21875
3.15	(28)	1，2，4	8.889	278		200	1	16.000	31250
	35.5	1，2，4，6	11.270	352	16	(112)	1，2，4	7.000	28672
	(45)	1，2，4	14.286	447		140	1，2，4	8.750	35840
	56	1	17.778	556		(180)	1，2，4	11.250	46080
4	(31.5)	1，2，4	7.875	504		250	1	15.625	64000
	(40)	1，2，4，6	10.000	640	20	(140)	1，2，4	7.000	56000
	(50)	1，2，4	12.500	800		160	1，2，4	8.000	64000
	71	1	17.750	1136		(224)	1，2，4	11.200	89600
5	(40)	1，2，4	8.000	1000		315	1	15.750	126000
	50	1，2，4，6	10.000	1250	25	(180)	1，2，4	7.200	112500
	(63)	1，2，4	12.600	1575		200	1，2，4	8.000	125000
	90	1	18.000	2250		(280)	1，2，4	11.200	175000
6.3	(50)	1，2，4	7.936	1984		400	1	16.000	250000
	63	1，2，4，6	10.000	2500					

注：1. 本表摘自GB/T 100085—1988《圆柱蜗杆传动基本参数》。表中模数 m 和蜗杆分度圆直径 d_1 均属第一系列。

2. 模数和分度圆直径均应优先选用第一系列。表中带括号的蜗杆直径尽可能不用。

2. 压力角 α

GB/T 10087—1988《圆柱蜗杆基本齿廓》规定，阿基米德蜗杆压力角的标准值为 $\alpha=20°$。另外又规定，在动力传动中，当导程角 $\lambda>30°$时，推荐采用 $\alpha=25°$；在分度机构中，推荐采用 $\alpha=15°$或 $12°$。

3. 齿顶高系数 h_a^* 和顶隙系数 c^*

齿顶高系数：$h_a^*=1$；

顶隙系数：$c^*=0.2$。

4. 蜗杆分度圆直径 d_1 和直径系数 q

用展成法加工蜗轮时，蜗轮滚刀除了外径稍大一些外，其余尺寸都和与蜗轮相啮合的蜗杆相同。由于同一模数的蜗杆，可以有许多不同的蜗杆直径。而对于每一直径的蜗杆，都应配备相应的蜗轮滚刀，这样就造成滚刀的数量很多，给设计和制造带来不便。所以，为了减少蜗轮滚刀的数量、便于滚刀的标准化，国家标准规定将蜗杆的直径标准化，且与其模数相搭配，并将其分度圆直径与模数的比值称为蜗杆的直径系数 q，即

$$q=\frac{d_1}{m} \tag{6-59}$$

故

$$d_1=qm \tag{6-60}$$

蜗杆分度圆直径 d_1 及直径系数 q 的标准值见表 6-8。

5. 蜗杆导程角 λ

蜗杆的形成与螺杆相同，故其导程角可按螺纹的形成原理求得。设蜗杆的头数为 z_1，螺旋线的导程为 p_z，轴面齿距为 p_a，则有 $p_z=z_1p_a=z_1\pi m$。故由图 6-55 可知蜗杆分度圆柱面上螺旋线的导程角为

$$\tan\lambda=\frac{z_1p_a}{\pi d_1}=\frac{z_1m}{d_1}=\frac{z_1}{q} \tag{6-61}$$

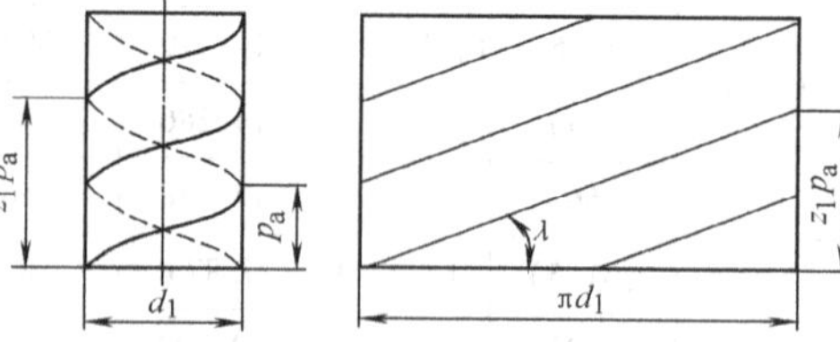

图 6-55　蜗杆导程角

由上式可知，当 z_1、m 一定时，蜗杆分度圆直径不同，则导程角 λ 不同。

6. 蜗杆头数 z_1 和蜗轮的齿数 z_2

蜗杆头数推荐值为 $z_1=1$、2、4、6。当要求传动比大时，z_1 取小值；要求机构自锁时，z_1 取 1；要求传动效率高时，z_1 取大值。用于动力传动时，蜗轮齿数一般取 $z_2=28\sim80$。用于分度机构时，蜗轮齿数 z_2 不受限制。

7. 蜗杆蜗轮的传动比及其转动方向的判断

由于蜗杆传动是由交错角为 90°的交错轴斜齿轮传动演化而来的，所以其传动比可由式（6-57）推得：

$$i_{12}=\frac{\omega_1}{\omega_2}=\frac{z_2}{z_1}=\frac{d_2\cos\beta_2}{d_1\cos\beta_1}=\frac{d_2}{d_1}\tan\beta_1=\frac{d_2}{d_1\tan\lambda} \tag{6-62}$$

蜗杆蜗轮的转动方向可按交错轴斜齿轮传动来判断，也可借助于螺旋方向相同的螺杆螺母来确定。可把蜗杆看作螺杆，蜗轮看作被切去一部分的螺母。当螺杆只转动而不作轴向移动时，螺母移动的方向即表示蜗轮圆周速度的方向，从而确定了蜗轮的转动方向。

五、蜗杆蜗轮的几何尺寸计算

蜗轮的分度圆直径为

$$d_2 = z_2 m_{t2} = z_2 m \tag{6-63}$$

蜗杆蜗轮的齿顶高、齿根高、全齿高、齿顶圆直径和齿根圆直径，可仿照直齿轮的计算公式。

由图6-54可知，蜗杆机构的标准中心距为

$$a = \frac{1}{2}(d_1 + d_2) = \frac{m}{2}(q + z_2) \tag{6-64}$$

蜗杆传动也可通过变位来凑中心距。但为了蜗轮滚刀的标准化，通常蜗杆不变位，仅使蜗轮变位。关于蜗杆传动的变位可参阅有关文献。

六、蜗杆机构的特点和应用

1. 蜗杆机构的特点

1）传动比大，结构紧凑。在动力传动中，一般传动比 $i_{12} = 5 \sim 80$；在分度机构或手动机构中，i_{12}可达300；若只传递运动时，i_{12}可达1000。由于传动比大，构件数少，因而结构十分紧凑。

2）传动平稳，噪声小。由于蜗杆齿是连续不断的螺旋齿，它与蜗轮齿是逐渐进入啮合又逐渐退出啮合，而且蜗轮的圆弧齿包住蜗杆，使啮合线较长；同时啮合齿的对数多，因而蜗杆蜗轮机构传动平稳，振动、噪声小。

3）可具有自锁性能。当蜗杆的导程角小于轮齿间当量摩擦角时，蜗杆机构将自锁，这时只能由蜗杆带动蜗轮，而不能由蜗轮带动蜗杆。这种自锁蜗杆机构常用在需要单向传动的场合，例如用在起重装置中，可起安全保护作用。

4）传动效率低，磨损较严重。与交错轴斜齿轮传动相似，蜗杆传动轮齿之间相对滑动速度大，易磨损，易发热，故其效率较低，一般效率 $\eta = 0.7 \sim 0.8$，自锁蜗杆机构的效率 $\eta < 0.5$。为了减小磨损，蜗轮常需采用价格较贵的减磨材料，故成本较高。

5）蜗杆的轴向力较大，使轴承摩擦损失较大。

2. 蜗杆机构的应用

由于蜗杆机构具有以上特点，被广泛用于两轴交错、传动比大但结构要求紧凑、传递的功率不太大的场合。此外，由于可具有自锁性，常用在各种起重机械中，起安全保护作用。

第十节 锥齿轮机构

一、概述

锥齿轮机构用于传递两相交轴之间的运动和动力。如图6-4所示，锥齿轮的轮齿是

均匀分布在一个圆锥面上的。与圆柱齿轮机构类似,一对锥齿轮的传动相当于一对节圆锥的纯滚动。除了节圆锥以外,锥齿轮上还有分度圆锥、齿顶圆锥和齿根圆锥。锥齿轮有直齿、斜齿和曲齿三种类型。图 6-56a 中的锥齿轮为直齿锥齿轮。由于直齿锥齿轮的设计、制造及安装较容易,所以应用最广。本节只讨论直齿锥齿轮传动机构。

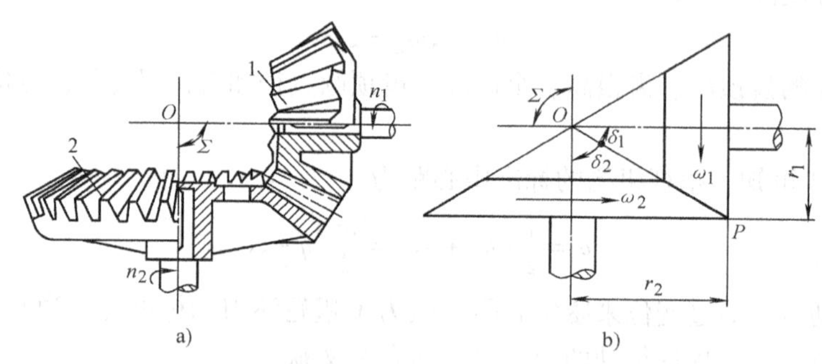

图 6-56 直齿锥齿轮传动

如图所示,锥齿轮有大端和小端之分,其齿形由大端到小端逐渐减小。锥齿轮的几何计算是以大端为基准,例如:模数即指大端模数;分度圆直径即指大端分度圆直径。这是因为大端尺寸大,计算和测量时相对误差较小;另外也便于确定齿轮机构的外形尺寸。

图 6-56b 表示为一对正确安装的标准直齿锥齿轮,其节圆锥与分度圆锥重合。设 δ_1 和 δ_2 分别为小齿轮和大齿轮的分度圆锥角,r_1 和 r_2 分别为两轮大端分度圆半径,z_1 和 z_2 分别为两轮的的齿数,Σ 为两轮轴线的交角,且 $\Sigma=\delta_1+\delta_2$,则两轮的传动比为

$$i_{12}=\frac{\omega_1}{\omega_2}=\frac{r_2}{r_1}=\frac{z_2}{z_1}$$

又因为

$$r_1=\overline{OP}\sin\delta_1 \qquad r_2=\overline{OP}\sin\delta_2$$

所以

$$i_{12}=\frac{\omega_1}{\omega_2}=\frac{r_2}{r_1}=\frac{\sin\delta_2}{\sin\delta_1}=\frac{\sin(\Sigma-\delta_1)}{\sin\delta_1}=\sin\Sigma\cot\delta_1-\cos\Sigma \tag{6-65}$$

由上式可得

$$\left.\begin{aligned}\cot\delta_1&=\frac{i_{12}+\cos\Sigma}{\sin\Sigma}\\ \delta_2&=\Sigma-\delta_1\end{aligned}\right\} \tag{6-66}$$

当 $\Sigma=90°$时,传动比为

$$i_{12}=\frac{\omega_1}{\omega_2}=\cot\delta_1=\tan\delta_2$$

设计锥齿轮机构时,可根据给定的传动比由式(6-66)确定出两齿轮的分度圆锥角。

二、直齿锥齿轮的背锥和当量齿数

1. 直齿锥齿轮齿面的形成

直齿锥齿轮齿廓曲面的形成如图 6-57 所示。一圆平面 S 为发生面，S 与基圆锥相切于 ON。ON 既是圆平面 S 的半径 R'，又是基圆锥的锥距 R，圆平面 S 的圆心 O 又是基圆锥的锥顶。当发生面 S 沿基圆锥面作纯滚动时，其上任一过圆心 O 的直线 OB 在空间展开一渐开锥面。该渐开锥面即为直齿圆锥齿轮的齿廓曲面。且该曲面与以 O 为球心的球面的交线 AB 为球面渐开线。

如上所述，锥齿轮的齿廓曲线在理论上是球面渐开线。但是球面不能展成平面，球面渐开线也不能在平面上展开，这给锥齿轮的设计与制造带来很大的困难。所以，在工程中通常采用一种近似的方法来解决锥齿轮的齿廓曲线。

2. 锥齿轮的背锥和当量齿数

如图 6-58 所示，OAB 为锥齿轮的分度圆锥，过分度圆锥上的点 A 作球面的切线，与分度圆锥的轴线交于 O_1 点。以 OO_1 为轴线、AO_1 为母线作圆锥 O_1AB，该圆锥称为背锥。由图可见，背锥与球面相切于锥齿轮大端的分度圆上。在点 A 和 B 附近背锥面与球面非常接近。现将球面上的齿廓向背锥上投影，a、b 点的投影为 a'、b' 点，则 $ab \approx a'b'$，即背锥上的齿高近似等于球面上的齿高，背锥上的齿形近似于球面上齿形，故可用背锥上的齿形代替球面上的齿形。由于背锥面可以展成平面，这样，就不难设计和制造锥齿轮了。

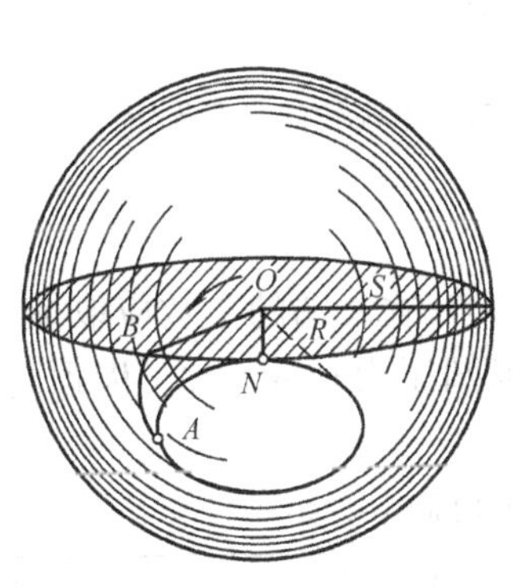

图 6-57　球面渐开线的形成

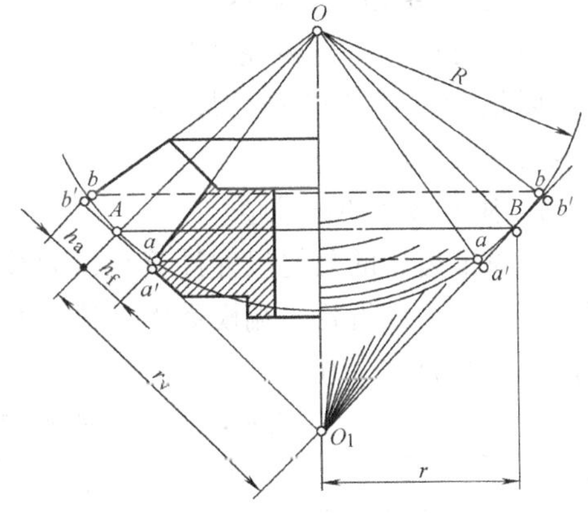

图 6-58　圆锥齿轮的背锥

图 6-59 所示为一对相啮合的锥齿轮。现将两锥齿轮的背锥展成平面，即得两个扇形齿轮。该扇形齿轮的模数、压力角、齿顶高、齿根高及齿数为锥齿轮的相应参数，扇形齿轮的分度圆半径 r_{v1} 和 r_{v2} 为背锥的锥距。将两扇形齿轮补足为完整的圆柱齿轮，这两个圆柱齿轮被称为圆锥齿轮的当量齿轮，其齿数称为当量齿数，用 z_v 表示。由图 6-59 可得

$$r_{v1} = \frac{r_1}{\cos\delta_1} = \frac{z_1 m}{2\cos\delta_1}$$

又
$$r_{v1}=\frac{z_{v1}m}{2}$$
所以
$$z_{v1}=\frac{z_1}{\cos\delta_1} \tag{6-67}$$
同理得
$$z_{v2}=\frac{z_2}{\cos\delta_2}$$

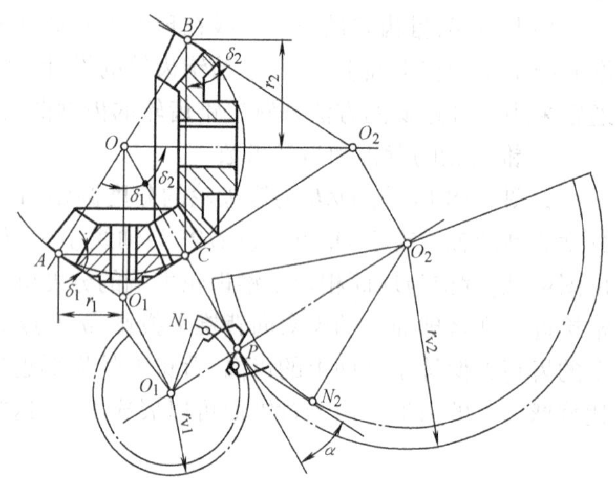

图 6-59　锥齿轮的当量齿轮

由上式可得锥齿轮的齿数 $z=z_v\cos\delta$。由于 $\cos\delta<1$，故可知锥齿轮的齿数小于其当量齿数。

根据上述关系式可知标准直齿锥齿轮不根切的最少齿数为
$$z_{min}=z_{vmin}\cos\delta \tag{6-68}$$
当 $h_a^*=1$，$\alpha=20°$ 时，$z_{min}=17\cos\delta$。由此可以看出，直齿锥齿轮的最少齿数比直齿圆柱齿轮少，机构的结构可更紧凑。

三、直齿锥齿轮的啮合传动

引入背锥和当量齿轮的概念，就可以把圆柱齿轮的啮合原理近似地用到锥齿轮上。

1. 基本参数的标准值

直齿锥齿轮的几何尺寸计算是以大端的参数为基准，故大端的参数应取标准值。国家标准规定的锥齿轮大端模数的标准值见表 6-9，分度圆压力角 $\alpha=20°$，齿顶高系数 $h_a^*=1$，顶隙系数 $c^*=0.2$。

表 6-9　锥齿轮模数系列（摘自 GB/T 12368—1990）

0.9	1	1.125	1.25	1.375	1.5	1.75	2	2.25	2.5	2.75	3	3.25
3.5	3.75	4	4.5	5	5.5	6	6.5	7	8	9	10	11
12	14	16	18	20	22	25	28	30	32	36	40	45

2. 正确啮合条件

由于一对直齿锥齿轮的啮合相当于一对当量齿轮的啮合，所以根据当量齿轮正确啮合条件，可得其正确啮合条件为：两锥齿轮大端的模数和压力角应分别相等，即
$$\left.\begin{aligned}m_1=m_2=m\\ \alpha_1=\alpha_2=\alpha\end{aligned}\right\} \tag{6-69}$$

3. 重合度

锥齿轮的啮合相当于当量齿轮的啮合,故其重合度按当量齿轮来进行计算。

四、直齿锥齿轮的几何尺寸计算

通常直齿锥齿轮轮齿是由大端到小端逐渐收缩的,这种齿轮称为收缩齿圆锥齿轮。收缩齿锥齿轮按顶隙的不同,可分为不等顶隙收缩齿锥齿轮和等顶隙收缩齿锥齿轮两种。图 6-60a 表示一对不等顶隙收缩齿的标准直齿锥齿轮传动。由图可见,不等顶隙锥齿轮的齿顶圆锥、齿根圆锥与分度圆锥的锥顶重合,顶隙由大端到小端逐渐减小。这种齿轮的缺点是齿根圆角半径和齿顶厚也由大端到小端逐渐减小,使轮齿强度降低。等顶隙锥齿轮齿根圆锥和分度圆锥的锥顶重合,但不和齿顶圆锥的锥顶重合。如图 6-60b 所示,齿顶圆锥的母线与相啮合的另一齿轮的齿根圆锥的母线平行,因此这种齿轮的顶隙由大端到小端都相等。采用等顶隙齿圆锥齿轮可克服不等顶隙齿轮的缺点,从而可提高轮齿的强度。所以,国家标准 GB/T 12369—1990 规定采用等顶隙收缩齿锥齿轮传动。不等顶隙收缩齿与等顶隙收缩齿在几何尺寸上的主要区别在齿顶角 θ_a,即

不等顶隙收缩齿　$\theta_{a1}=\theta_{a2}=\arctan(h_a/R)$;

等顶隙收缩齿　$\theta_{a1}=\theta_{f2},\theta_{a2}=\theta_{f1}=\arctan(h_f/R)$。

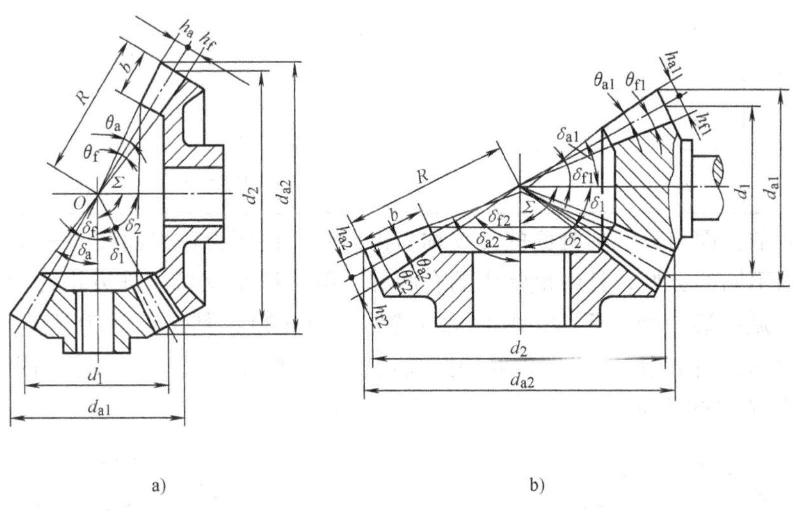

图 6-60　圆锥齿轮的几何尺寸

标准直齿锥齿轮的各部分名称和几何尺寸计算公式见表 6-10。

五、曲齿锥齿轮简介

与直齿圆柱齿轮类似,直齿锥齿轮的承载能力和传动的平稳性均较差,不能满足高速重载的要求,因而出现了各种类型的曲齿锥齿轮。

表 6-10　标准直齿锥齿轮的几何尺寸计算公式（$\Sigma=90°$）

名称	符号	计算公式
分度圆锥角	δ	$\delta_1=\text{arccot}i_{12}$；$\delta_2=90°-\delta_1$
齿顶高	h_a	$h_a=h_a^* m$
齿根高	h_f	$h_f=(h_a^*+c^*)m$
顶隙	c	$c=c^* m$；$c^*=0.2$
分度圆直径	d	$d_1=z_1m$；$d_2=z_2m$
齿顶圆直径	d_a	$d_{a1}=d_1+2h_a\cos\delta_1$；$d_{a2}=d_2+2h_a\cos\delta_2$
齿根圆直径	d_f	$d_{f1}=d_1-2h_f\cos\delta_1$；$d_{f2}=d_2-2h_f\cos\delta_2$
锥距	R	$R=\frac{1}{2}\sqrt{d_1^2+d_2^2}$
齿宽	b	$b\leqslant\frac{R}{3}$
齿顶角	θ_a	不等顶隙收缩齿：$\theta_{a1}=\theta_{a2}=\arctan(h_a/R)$
		等顶隙收缩齿：$\theta_{a1}=\theta_{f2}$；$\theta_{a2}=\theta_{f1}$
齿根角	θ_f	$\theta_{f1}=\theta_{f2}=\arctan(h_f/R)$
齿顶圆锥角	δ_a	$\delta_{a1}=\delta_1+\theta_{a1}$；$\delta_{a2}=\delta_2+\theta_{a2}$
齿根圆锥角	δ_f	$\delta_{f1}=\delta_1-\theta_{f1}$；$\delta_{f2}=\delta_2-\theta_{f2}$
分度圆齿厚	s	$s=\pi m/2$
当量齿数	z_v	$z_v=\frac{z}{\cos\delta}$
传动比	i_{12}	$i_{12}=\frac{z_2}{z_1}=\cot\delta_1=\tan\delta_2$

锥齿轮的齿面与分度圆锥面的交线称为齿面线。按照齿轮齿面线的不同，曲齿锥齿轮可以分为不同的类型。其中最常用的有两种。第一种是圆弧齿锥齿轮（图 6-61），其齿面线为圆弧；第二种是延伸外摆线锥齿轮（图 6-62），其齿面线为延伸外摆线的一段，如图中的 AB 曲线段。所谓延伸外摆线是滚圆 O 在导圆 C 上滚动时，固连在滚圆外的一点 M 所描出的轨迹。

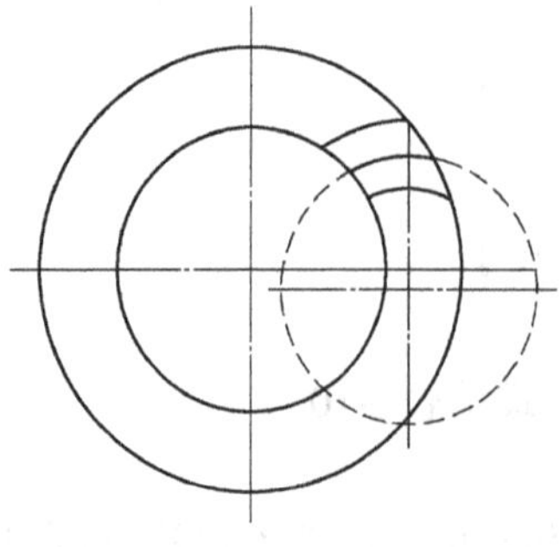

图 6-61　圆弧齿锥齿轮

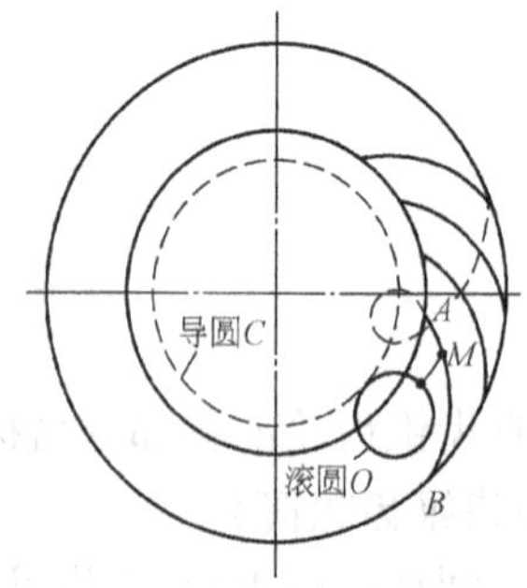

图 6-62　延伸外摆线锥齿轮

曲齿锥齿轮与直齿锥齿轮相比，主要有以下优点：

1）重合度大，因而传动平稳，冲击和噪声较小。

2）由于重合度大，同时啮合齿的对数多，使每对齿分担的负荷较低，因而提高了承载能力，延长了使用寿命。

3）小齿轮的齿数可以很少而不致产生根切，例如可取 $z_1=5$，因而可获得较大的传动比和较小的机构尺寸。

4）加工时，可以通过机床及刀盘的调整以获得齿面上满意的接触区。

但曲齿锥齿轮加工时，机床的调整比较复杂。

由于上述特点，曲齿锥齿轮多用于高速重载的传动中。

第十一节　其他曲线齿廓的齿轮机构简介

一、摆线齿轮机构简介

目前绝大部分机械中所应用的齿轮是渐开线齿轮，但是对于某些特殊机械，特别是钟表中，却仍然采用摆线齿轮，因此有必要介绍一些摆线齿轮的基本知识。

1. 摆线齿轮齿廓的形成

在图6-63中，摆线齿轮1和2的节圆分别为圆Ⅰ和Ⅱ，圆 η_1 和 η_2 为两个滚圆。当滚圆 η_1 沿节圆Ⅰ作内切纯滚动时，η_1 与节点 P 重合的一点在轮1的平面上展出一条内摆线 PD_1，它就是轮1齿根的齿廓曲线；又当滚圆 η_2 沿节圆Ⅰ作外切纯滚动时，η_2 上与节点 P 重合的一点在轮1的平面上展出一条外摆线 PA_1，它就是轮1齿顶的齿廓曲线。同理，当滚圆 η_2 和 η_1 沿节圆Ⅱ分别作内切和外切纯滚动时，滚圆 η_2 和 η_1 上与节点 P 重合的点在轮2的平面上分别展出内摆线 PD_2 和外摆线 PA_2，PD_2 和 PA_2 分别为轮2齿根和齿顶的齿廓曲线。由此可知，摆线外齿轮的齿廓是由外摆线和内摆线所组成的。啮合时，一个齿轮的外摆线齿廓总是与另一个齿轮的内摆线齿廓啮合。

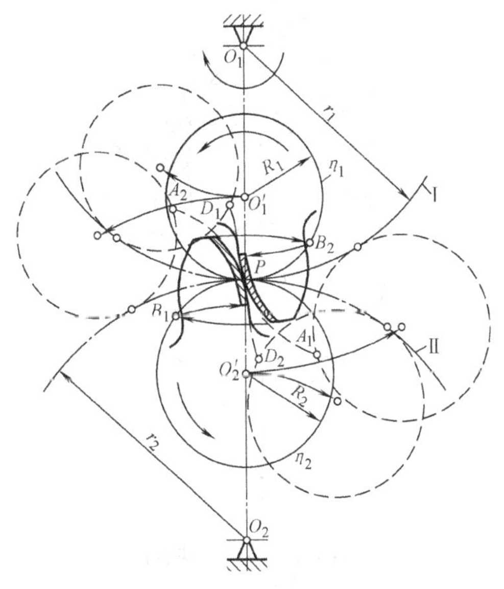

图6-63　摆线齿廓的形成

2. 摆线齿轮的啮合特点

（1）摆线齿廓满足齿廓啮合的基本定律　图6-64为一对外啮合摆线齿轮。当滚圆 η_1 分别在轮1节圆内侧和轮2节圆外侧作纯滚动时，其上点 K 和点 K' 在轮1平面上展出内摆线 KA 和 $K'A'$ 及在轮2平面上展出外摆线 KB 和 $K'B'$。内摆线 KA 和外摆线 KB 即为两轮齿廓的一段，并在 K 点啮合。又因为节点 P 是滚圆 η_1 在两节圆上作纯滚动时的瞬心，所以直线 PK 为两齿廓在点 K 啮合时的齿廓公法线。令滚圆 η_1 绕中心 O'_1 随两轮节圆同时作纯滚动，当两节圆对滚过一段弧长 $\overset{\frown}{AA'}=\overset{\frown}{BB'}$ 时，滚圆亦滚过 $\overset{\frown}{KK'}$，且有 $\overset{\frown}{KK'}=\overset{\frown}{AA'}=\overset{\frown}{BB'}$，则这时两齿廓在滚圆 η_1 上的点 K' 处啮合，而且两齿廓过点 K' 的公法线亦过节点 P。所以两轮齿廓的 KA 和 KB 段是共轭齿廓。同理可证，轮 1 齿顶和轮 2 齿根部的齿廓也是共轭齿廓。因此，摆线齿廓满足齿廓啮合基本定律，保证定传动比传动。

（2）啮合线和啮合角　如图 6-63 和 6-64 所示，两轮的齿顶圆与两滚圆 η_1 和 η_2 的交点 B_2 和 B_1 就是两轮轮齿的开始啮合和终止啮合的接触点，故圆弧 $\overset{\frown}{B_2P}+\overset{\frown}{PB_1}$ 为实际啮合线。摆线齿轮共轭齿廓上对应的接触点和齿廓工作段的求法与渐开线齿轮相同，如图 6-63 所示。

与渐开线齿轮相同，过接触点的齿廓公法线与节圆公切线所夹锐角为摆线齿轮的啮合角。因为齿廓公法线的方向随两轮齿廓啮合过程而连续变化，所以摆线齿轮的啮合角也是连续变化的。接触点愈接近节点 P，其啮合角愈小；在点 P 接触时，啮合角为零。

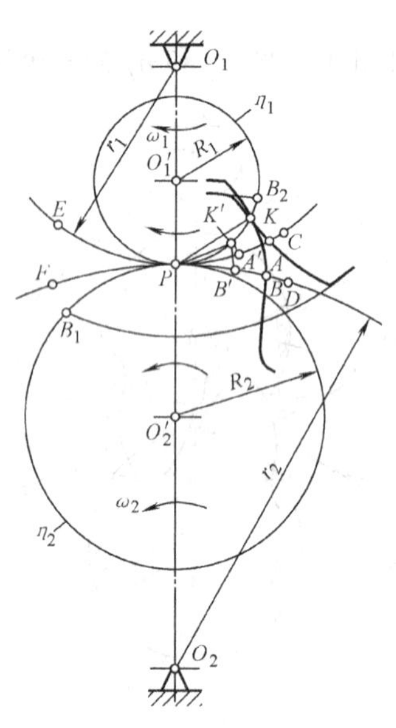

图 6-64　一对外啮合的摆线齿轮

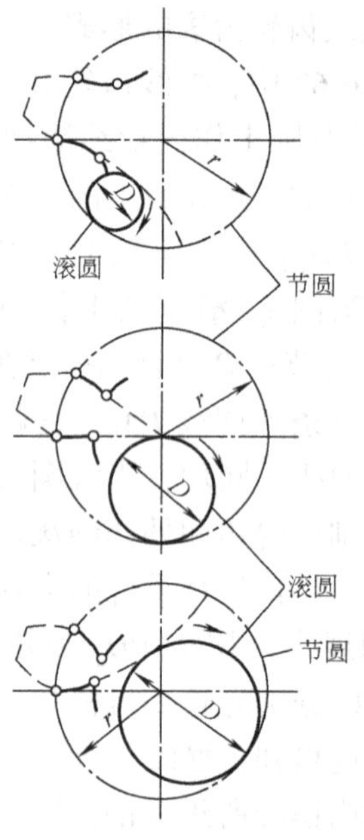

图 6-65　滚圆大小对齿根的影响

（3）重合度　如图 6-64 所示，设两轮节圆上的弧 $\overset{\frown}{CE}$ 和弧 $\overset{\frown}{DF}$ 为作用弧。因摆线齿轮啮合时，滚圆 η_1 和 η_2 分别绕 $O_1{}'$ 和 $O_2{}'$ 随两轮节圆同时作纯滚动，因此作用弧长与实际啮合线长相等，即$\overset{\frown}{DF}$（或$\overset{\frown}{CE}$）$=\overset{\frown}{B_2P}+\overset{\frown}{PB_1}$。故摆线齿轮的重合度$\varepsilon_\alpha$为

$$\varepsilon_\alpha=\overset{\frown}{DF}/p'=(\overset{\frown}{B_2P}+\overset{\frown}{PB_1})/p'$$

式中　p'为节圆齿距。

由图6-64可知，滚圆的直径愈大，实际的啮合线就愈长，重合度则愈大，因此滚圆直径应取大一些。但是随滚圆直径的增大，齿轮根圆齿厚却减小，如图6-65所示。因此摆线齿轮的滚圆直径受齿根弯曲强度的限制。

3. 摆线齿轮机构的主要优缺点

主要优点为：①摆线齿轮传动的重合度较大；②两轮啮合时，因是一轮齿顶的外凸齿廓与另一轮齿根内凹齿廓接触，故其接触应力较小；③两轮齿廓的磨损比较均匀；④无根切现象，故机构可以更为紧凑。

主要缺点为：①两轮的中心距必须十分准确，否则不能保证定传动比传动；②由于啮合角是变化的，齿廓间的作用力也是变化的，影响传动的平稳性；③展成加工的刀具制造较困难。

二、圆弧齿轮机构简介

近几十年，人们在探索新的啮合原理及新型齿轮传动方面做了大量工作。圆弧点啮合齿轮传动就是其中成功的一例。下面扼要介绍圆弧齿轮机构的啮合特点。

1. 圆弧齿轮的齿廓形成

圆弧齿轮机构是一种平行轴斜齿轮机构，其端面齿廓或法向齿廓为圆弧。小齿轮的齿廓曲面为凸圆弧螺旋面，大齿轮的齿廓曲面为凹圆弧螺旋面，如图6-66所示。

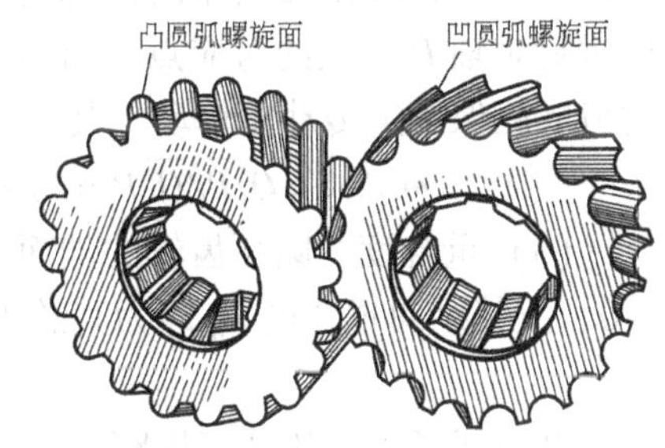

图6-66　圆弧齿轮传动

圆弧齿轮齿廓的形成如图6-67所示。首先按给定的传动比作两轮的节圆柱（与分度圆柱重合，见图6-67a），其半径分别为r_1和r_2，P_0P为两节圆柱的切线（见图5-67b），亦即该对齿轮的瞬时轴；在轮2节圆柱内的适当位置作直线$K_0K//P_0P$，以$r_{k_1}=\overline{O_1K}$和$r_{k_2}=\overline{O_2K}$为半径及以两轮的回转轴线为轴线作两个圆柱面h_1和h_2；又当两轮节圆柱作纯滚动时，令点K_0以某一相应速度沿直线K_0K向上作等速移动，则点K_0在圆柱面上形成的轨迹为螺旋线$C'K$和$C''K$；图示表明，这两条螺旋线在上端平面的点K处接触，这样就可以在该面上作出两轮齿的端面齿廓曲线。如图6-67a，先以节点P为圆心，以$\rho_1=\overline{PK}$为半径作圆弧，则该圆弧为轮1凸齿的端面齿廓曲线；再以ρ_2（它比ρ_1稍大一些）为半径、以KP延长线上点Q为圆心作圆弧与凸齿圆弧切于点K，该圆弧为轮2凹齿的端面齿廓曲线。然后，将两圆弧分别沿螺旋线$C'K$和$C''K$作绕其轴线的螺旋运动（见图6-67b），于是凸圆弧形成了轮1的圆弧螺旋齿廓曲面g_1，而凹圆弧形成了轮2的圆弧螺旋齿廓曲面g_2。两轮齿廓曲面g_1和g_2在各端平面内的齿形

均为圆弧，而且凸圆弧齿廓曲线的圆心总是在相应的节圆周上。

2. 圆弧齿轮的啮合特点

（1）圆弧齿轮一对齿的啮合过程　如图6-67b所示，这对齿开始啮合时，两齿廓螺旋线$C'K$和$C''K$位于下端平面上的对应点C'和C''在点K_0进入啮合，两齿廓在点K_0形成点接触。在该点一经啮合后即分离。然后两齿廓螺旋线$C'K$和$C''K$在每一个端平面上的对应点转到直线K_0K上的对应位置，自下而上地依次连续地进入啮合，啮合点沿线K_0K向上作等速移动。当啮合点移动到上端平面上的点K时，该对齿廓结束啮合并分离。图中还示出在点E、F啮合时，两条螺旋线上的对应点E'和E''以及F'和F''。

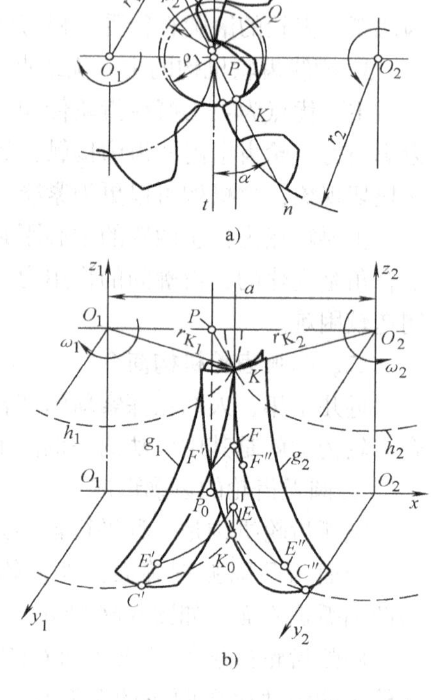

图6-67　圆弧齿轮齿廓的形成

综上所述，圆弧齿轮在啮合时，齿廓曲面是点接触，直线K_0K为啮合线，螺旋线$C'K$和$C''K$为两齿廓曲面的接触迹线。

（2）圆弧齿轮的齿廓保证定传动比传动　由上述可知，当两齿廓在啮合线K_0K上任一点啮合时，过接触点作两齿廓的公法线均通过瞬时轴P_0P上的对应点，所以圆弧齿轮的齿廓能保证定传动比传动，其传动比为

$$i_{12}=\omega_1/\omega_2=\overline{O_2P}/\overline{O_1P}=r_2/r_1$$

（3）重合度　圆弧齿轮的端面重合度$\varepsilon_\alpha=0$，故其纵向重合度ε_β即为其总重合度ε_γ，由式（6-50）可得

$$\varepsilon_\gamma=\varepsilon_\beta=b\sin\beta/\pi m_n>1$$

又因圆弧齿轮的轴面齿距$p_a=p_n/\sin\beta=\pi m_n/\sin\beta$，故上式可表示为

$$\varepsilon_\gamma=\varepsilon_\beta=b/p_a>1$$

以上两式中b为齿轮宽度，m_n为法向模数，β为分度圆柱螺旋角，β一般在10°～20°的范围内选取。

（4）正确连续传动的条件　对于一对圆弧齿轮传动，只要两轮的模数相等、分度圆柱（节圆柱）上的螺旋角相等且方向相反及齿宽大于轴向齿距，两轮就可以实现正确连续的传动。

3. 圆弧齿轮机构的优缺点

主要优点为：

1）圆弧齿轮理论上是点接触，但经充分磨合后两齿面之间沿齿高方向形成一条线接触，而且在加载变形的条件下为面接触，在垂直于接触线的截面内，齿形的曲率半径

比渐开线平行轴斜齿轮大得多，因而其允许的接触强度比渐开线齿轮大得多。

2）圆弧齿轮的线接触是经磨合后形成的，因此它制造误差和变形不敏感，适应受载的情况。

3）圆弧齿轮啮合过程中，啮合点沿轴向等速移动，形成两齿廓曲面之间的相对滚动，而且滚动速度很大，有利于充分磨合后齿面间油膜的形成，因此其磨损小，效率高。

4）圆弧齿轮在端面中沿齿高方向的相对滑动速度基本不变，故齿面磨损均匀，磨合性能好。

5）圆弧齿轮没有根切问题，小齿轮的齿数可以很少，故机构紧凑。

主要缺点为：

1）圆弧齿轮的中心距及切齿深度的偏差会引起齿轮在齿高方向接触位置的改变，由此导致其承载能力的显著下降。

2）因为载荷不是分布在整个齿宽上，而是集中在接触线附近的区域，因此单圆弧齿轮（指上述的圆弧齿轮）的弯曲强度并不理想。

3）凸齿和凹齿的圆弧齿轮要分别用不同的刀具加工。

为了进一步提高圆弧齿轮的承载能力及改善其工艺性，又采用了双圆弧齿轮（图6-68）。它的齿顶为凸齿，齿根为凹齿。相啮合的齿轮具有相同的齿廓，因此可以用同一把刀具加工。在啮合时，从一个端面看，先是主动轮的凹部推动从动轮的凸部（图中点 K_T），推一下即离开，然后又以它的凸部推动对方的凹部（图中点 K_A）。因此就整个齿宽而言，一对齿有两个接触点，这两个接触点沿各自的啮合线移动。又因它的齿宽一般总是大于轴向齿距，故实际上齿轮是多齿多点接触。因此，双圆弧齿轮的承载能力和传动的平稳性明显的提高了，但对中心距和切齿深度的偏差仍有一定的敏感性。

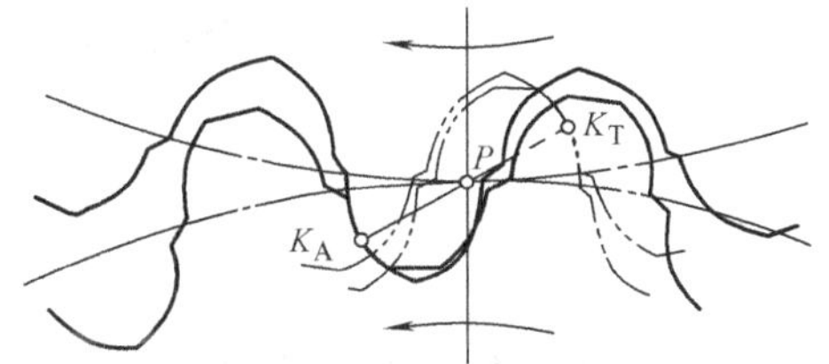

图6-68　双圆弧齿轮传动

思考题与练习题

6-1　何谓齿廓啮合基本定律？为什么渐开线齿轮能保证瞬时传动比恒定不变？

6-2　渐开线具有哪些重要性质？渐开线齿轮传动具有哪些特点？

6-3　渐开线标准直齿轮的基本参数有哪些？它们与齿轮的几何尺寸有何关系？

6-4　试根据渐开线的性质说明一对模数相等、压力角相等、但齿数不等的渐开线标准直齿圆柱齿轮，其分度圆齿厚和齿根圆齿厚是否相等？哪一个大？

6-5　标准齿轮的标准安装和非标准安装各有何特点？

6-6　何谓重合度？重合度的大小与齿轮的哪些基本参数有关？

6-7　齿轮齿条啮合有何特点？

6-8　节圆与分度圆、啮合角与压力角各有什么区别？

6-9　满足正确啮合条件的一对直齿圆柱齿轮，是否一定满足连续传动的条件？

6-10　何谓齿轮的根切现象？标准齿轮不根切的条件是什么？

6-11　什么叫标准齿轮？什么叫变位齿轮？参数相同的标准齿轮与变位齿轮有哪些不同？

6-12　用标准齿条形刀具加工直齿轮，试问，变位系数 $x=0$ 的齿轮一定是标准齿轮吗？为什么？

6-13　试述一对直齿圆柱齿轮，一对斜齿圆柱齿轮，一对直齿锥齿轮以及蜗杆传动的标准参数和正确啮合条件。

6-14　什么是斜齿圆柱齿轮与直齿锥齿轮的当量齿轮？其作用是什么？

6-15　什么是蜗杆的直径系数？为什么要规定蜗杆的直径和直径系数的标准值？

6-16　试证明图 6-69a 所示同一基圆展成的两条异侧渐开线，或图 b 所示两条同侧渐开线上任何点处的法向距离都相等，即 $\overline{A_1B_1}=\overline{A_2B_2}$。

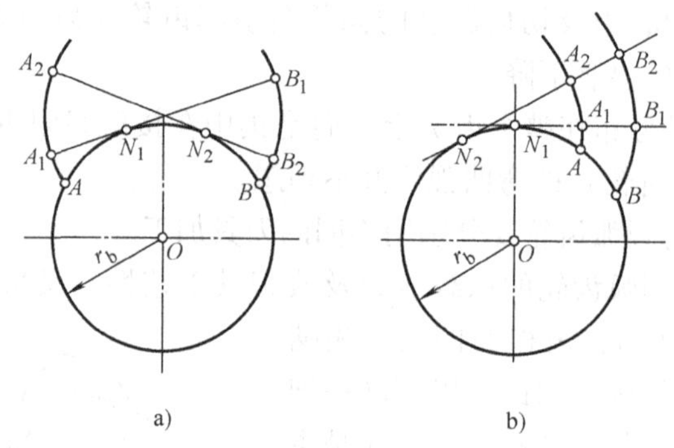

图 6-69　题 6-16 图

6-17　在半径 $r_b=40$mm 的基圆上，展成一条渐开线。试求：

1）该渐开线在向径 $r_K=50$mm 的点 K 处的曲率半径 ρ_K、压力角 α_K、及展角 θ_K；

2）$\alpha=20°$处的曲率半径 ρ 以及向径 r。

6-18　已知一对直齿圆柱齿轮的中心距 $a=140$mm，两轮的基圆直径 $d_{b_1}=84.57$ mm，$d_{b_2}=169.15$ mm，试求两轮的节圆半径 r'_1 和 r'_2、啮合角 α'、两轮齿廓在节点 P 的展角 θ_P 及两齿廓在节点处的曲率半径 ρ_{P_1}、ρ_{P_2}。

6-19　如图 6-70 所示，有一渐开线直齿圆柱齿轮，用卡尺测量其两个齿和三个齿得公法线长度分别为 $W_2=38.11$mm 和 $W_3=61.73$mm，齿顶圆直径 $d_a=208$mm，齿根圆直径 $d_f=172$mm，数得其齿数 $z=24$。试求：

1）该齿轮的模数 m、分度圆压力角 α、齿顶高系数 h_a^* 和顶隙系数 c^*；

2）分度圆直径 d、基圆直径 d_b、齿厚 s 及齿顶厚 s_a。

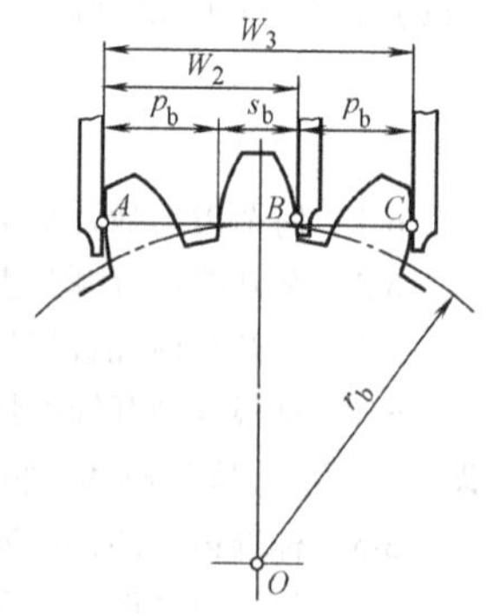

图 6-70　题 6-19 图

6-20　一对渐开线直齿圆柱齿轮的齿廓沿实际啮合线段 $\overline{B_1B_2}$ 啮合，啮合节点为 P。设两轮分别以等角速度 ω_1 和 ω_2 转动，试证明：

1）两轮齿廓接触点 K 沿啮合线（即齿廓公法线）的移动速度相

等，并且为常数；

2）两齿廓在节点 K 处的相对滑动速度 $v_{K_2K_1}=\overline{PK}\,(\omega_1+\omega_2)$。

6-21　已知一对直齿轮传动的大齿轮为标准齿轮，其 $\alpha=20°$，$h_a^*=1$，$c^*=0.25$，齿数 $z_2=52$，$d_{a_2}=135\text{mm}$，中心距 $a=112.5\text{mm}$。试计算小齿轮的模数、齿数、分度圆直径、齿顶圆直径和齿根圆直径。

6-22　试问渐开线标准直齿圆柱齿轮的齿根圆与基圆重合时，其齿数是多少？若其齿数大于所求得的齿数值时，齿根圆与基圆那个大？

6-23　已知一对外啮合渐开线标准直齿圆柱齿轮传动，其 $m=4\text{mm}$，$\alpha=20°$，$h_a^*=1$，$c^*=0.25$，$z_1=21$，$z_2=45$。试求：

1）传动的主要几何尺寸（r_b，r，r_a，r_f，a）以及重合度 ε_α，并作图标出一对齿啮合区和两对齿啮合区的位置（比例尺 $\mu_L=0.5\text{mm/mm}$）；

2）将中心距增加到刚好保证连续传动（$\varepsilon_\alpha=1$）时，啮合角 α'、中心距 a'、节圆半径 r'、节点啮合时两轮齿廓的曲率半径 ρ'、顶隙 c' 以及节圆齿侧隙 j'。

6-24　有三个正常齿制且 $\alpha=20°$ 的标准直齿圆柱齿轮，它们的模数和齿数分别为：$m_1=2\text{mm}$，$z_1=20$；$m_2=2\text{mm}$，$z_2=50$；$m_3=4\text{mm}$，$z_3=20$。试说明这三个齿轮的齿形（指渐开线齿廓弯曲程度、齿高、齿厚）有何不同。是否可用同一把仿形铣刀加工？可以用同一把滚刀加工吗？为什么？

6-25　用模数 $m=2\text{mm}$ 的标准齿条刀具切制齿数 $z=90$ 的齿轮，轮坯的角速度 $\omega=\dfrac{1}{22.5}\text{rad/s}$。

1）试求切制标准齿轮时，刀具中线到轮坯中心的距离 L 和刀具移动的速度 $v_刀$；

2）如果刀具的位置和移动速度不变，而被切齿轮的角速度为 $\omega=\dfrac{1}{23.5}\text{rad/s}$，被切齿轮的齿数 z =？分度圆半径 r =？是标准齿轮还是变位齿轮？

6-26　用标准齿条刀具切制直齿轮，已知齿轮参数 $z=35$，$h_a^*=1\alpha=20°$。欲使齿轮齿廓的渐开线起始点在基圆上，是否需要变位？如需变位，其变位系数应取多少？

6-27　有一对使用日久磨损严重的标准直齿圆柱齿轮需要修复。已知 $z_1=24$，$z_2=96$，$m=4\text{mm}$，$\alpha=20°$。按磨损情况，拟将小齿轮报废，修复大齿轮。修复后的大齿轮齿顶圆半径要减小 4 mm。试计算修复后的大齿轮的几何尺寸和新配的小齿轮的几何尺寸。

6-28　有一对变位的直齿圆柱齿轮与齿条。已知 $m=3\text{mm}$，齿数 $z_1=12$，$\alpha=20°$，$h_a^*=1$，$c^*=0.25$。为了避免发生过度根切，取正变位量为 0.4 mm。求该变位齿轮的分度圆直径 d_1、齿顶圆直径 d_{a1}、齿根圆直径 d_{f1}、齿顶厚 s_{a1} 以及该齿轮齿条传动的重合度 ε_α。

6-29　在图6-71 所示齿轮机构中，已知直齿圆柱齿轮的模数均为 2mm，$z_1=15$，$z_2=32$，$z_3=20$，$z_4=30$，要求 1、4 轮同轴线。试问：

(1) 有几种方案可供选择？哪一种方案较合理？所选方案的啮合角 α' 是多少？

(2) 若采用齿轮 3、4 为标准直齿圆柱齿轮，齿轮 1、2 为标准斜齿轮来凑中心距，则当齿数和模数不变时，斜齿轮的螺旋角 β 应为多少？当量齿数各是多少？

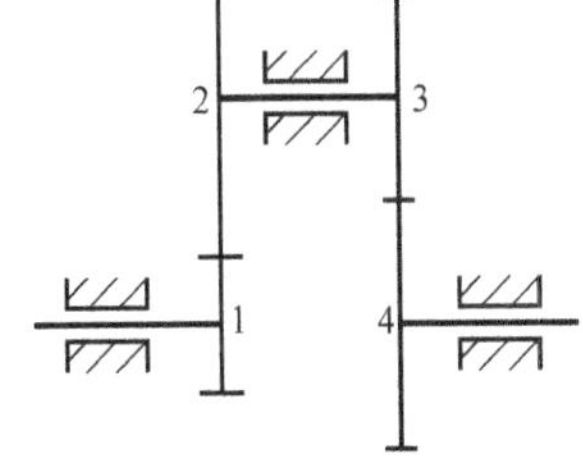

图 6-71　题 6-29 图

(3) 若已知这对斜齿轮的参数为 $\alpha_n=20°$，$h_{an}^*=1$，$c_n^*=0.25$，

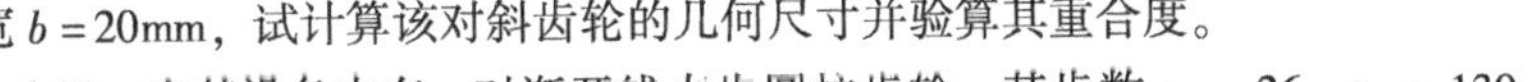
齿宽 $b=20\text{mm}$，试计算该对斜齿轮的几何尺寸并验算其重合度。

6-30　在某设备中有一对渐开线直齿圆柱齿轮，其齿数 $z_1=26$，$z_2=130$，$m=3\text{mm}$，$\alpha=20°$，

$h_a^*=1$，$c^*=0.25$。在技术改造中，提高了原动机的转速，为改善传动的平稳性，要求在不降低强度、不改变中心距和传动比的条件下，将直齿轮改为斜齿轮，并希望分度圆螺旋角$\beta\leqslant20°$，重合度$\varepsilon_\gamma\geqslant3$。试确定$z_1$、$z_2$、$m_n$和齿宽$b$。

6-31　一对交错轴斜齿轮的参数为：$z_1=10$（左旋），$z_2=20$（左旋），$m_n=2.5$mm，$\Sigma=90°$，$\beta_1=\beta_2$，轮1的转速$n_1=150$r/min。试计算：

1）中心距和两轮的其他几何尺寸；

2）两轮齿廓在节点P处沿齿向的相对滑动速度。

6-32　一蜗杆蜗轮传动，已知蜗轮的端面模数$m_{t2}=10$ mm，端面压力角$\alpha_{t2}=20°$，$z_1=2$，$z_2=36$。试求蜗杆的导程角λ及传动的中心距a。

6-33　已知一齿数为$z_2=40$，分度圆直径$d=252$mm的蜗轮与单头蜗杆啮合，试计算这对蜗杆蜗轮的几何尺寸。

6-34　一对直齿锥齿轮，其$\Sigma=75°$，$i_{12}=1.5$。试求两轮的分度圆锥角δ_1和δ_2。

6-35　有一对等顶隙标准直齿锥齿轮传动。已知$m=3$mm，$z_1=17$，$z_2=75$，$\alpha=20°$，$h_a^*=1$，$c^*=0.2$，$\Sigma=90°$。试计算该对锥齿轮的几何尺寸（按表6-11计算）。

第七章　轮系及其设计

第一节　轮系及其分类

在工程实际中，为了满足各种不同的工作要求、经常采用若干个彼此啮合的齿轮进行传动。这种由一系列齿轮组成的传动系统称为轮系。它通常介于原动机和执行机构之间，把原动机的运动和动力传递给执行机构。

根据轮系在运转过程中各轮几何轴线在空间的相对位置关系是否变动，轮系可分为以下两大类：

1. 定轴轮系

在图 7-1 所示的轮系中，运动由齿轮 1 输入，通过一系列齿轮传动，带动从动齿轮 5 转动。在这个轮系中虽然有多个齿轮，但运转过程中，每个齿轮几何轴线的位置都是固定不变的。这种所有齿轮几何轴线的位置在运转过程中均固定不变的轮系，称为定轴轮系，又称为普通轮系。

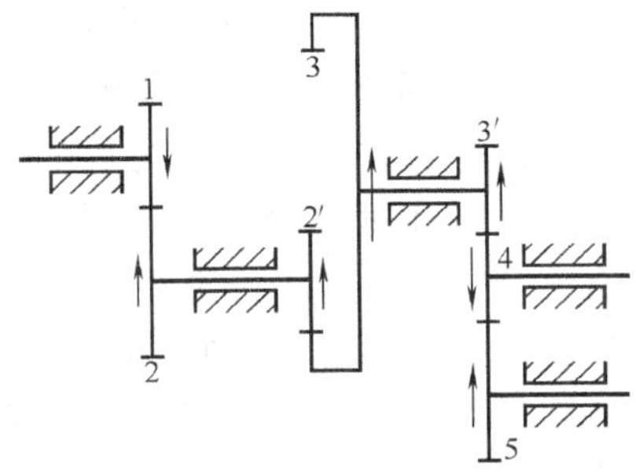

图 7-1　平面定轴轮系

2. 周转轮系

在图 7-2 所示的轮系中，齿轮 1、3 的轴线相重合，它们均为定轴齿轮，而齿轮 2 的转轴装在构件 H 的端部，在构件 H 的带动下，它可以绕齿轮 1、3 的轴线作转动。这种在运转过程中至少有一个齿轮几何轴线的位置不固定，而是绕着其他定轴齿轮轴线转动的轮系，称为周转轮系。由于齿轮 2 既绕自己的轴线作自转，又绕定轴齿轮 1、3 的轴线作公转，犹如行星绕着太阳运行一样，故称其为行星轮；带动行星轮 2 作公转的构件 H 则称为行星架（转臂或系杆）；而行星轮所绕之作公转的定轴齿轮 1 和 3 则称为中心轮。

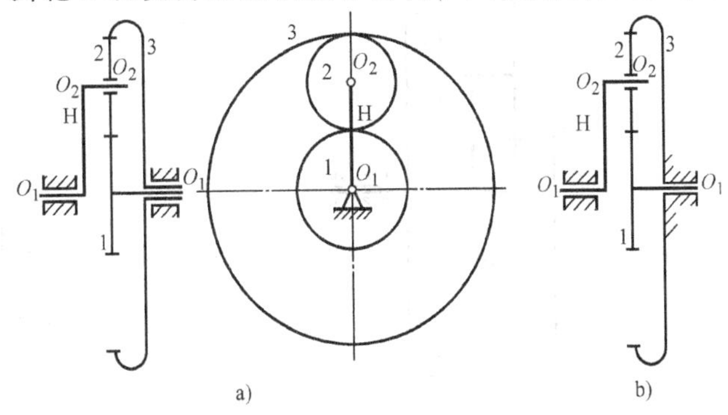

图 7-2　周转轮系

由于中心轮 1、3 和系杆 H 的回转轴线的位置均固定且重合，通常以它们作为运动的输入或输出构件，故称其为周转轮系的基本构件。

根据周转轮系所具有的自由度数目的不同周转轮系又可分为以下两类：

（1）行星轮系　在图7-2b所示的周转轮系中，若将中心轮3（或1）固定，则整个轮系的自由度为1。这种自由度为1的周转轮系称为行星轮系。为了确定该轮系的运动，只需要输入一个独立的运动，即有一个原动件即可。

（2）差动轮系　在图7-2a所示的周转轮系中，若中心轮1和3均转动，则整个轮系的自由度为2。这种自由度为2的周转轮系称为差动轮系。为了使其具有确定的运动，需要两个原动件。

此外，根据周转轮系中基本构件的不同，周转轮系还可以分为以下两类：

（1）2K—H型周转轮系　这里，符号K表示中心轮，H表示行星架。图7-3所示为2K—H型周转轮系的几种不同形式，其中a为单排形式，b和c为双排形式。

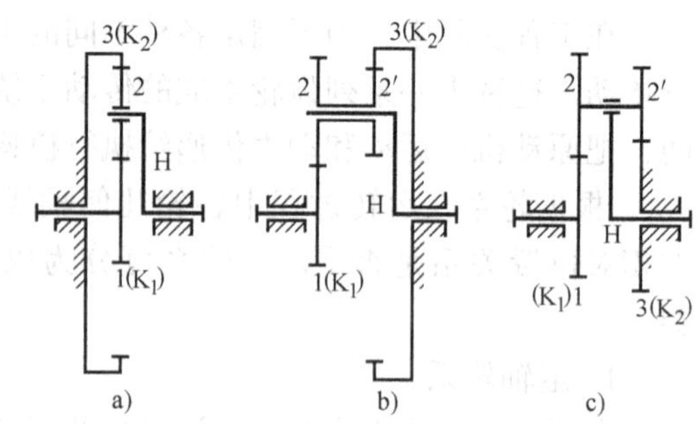

图7-3　2K—H型周转轮系

（2）3K型周转轮系　图7-4所示为具有三个中心轮的周转轮系。由于在此轮系中，其基本构件是三个中心轮，而行星架H则只起支承行星轮使其与中心轮保持啮合的作用，不起传力作用，故在轮系的型号中不含“H”。

3. 复合轮系

在工程实际中，除了采用单一的定轴轮系和单一的周转轮系外，还常采用既含定轴轮系部分又含周转轮系部分，或者由几部分基本周转轮系所组成的复杂轮系，通常把这种轮系称为复合轮系（或混合轮系）。图7-5所示就是复合轮系的一个例子。其中，由中心轮1、3、行星轮2和行星架H组成的是一个自由度为2的差动轮系；而左边的定

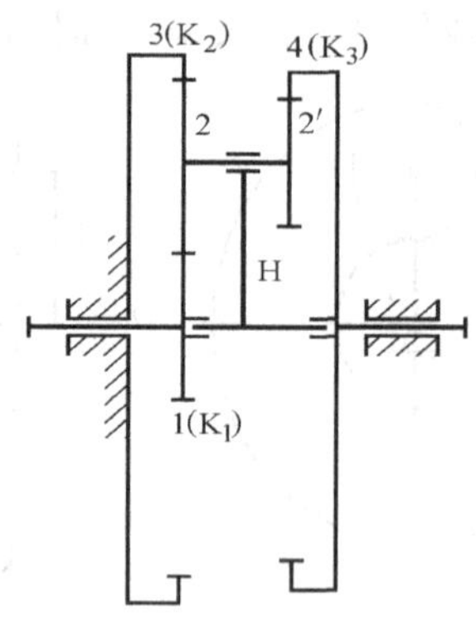

图7-4　3K型行星轮系

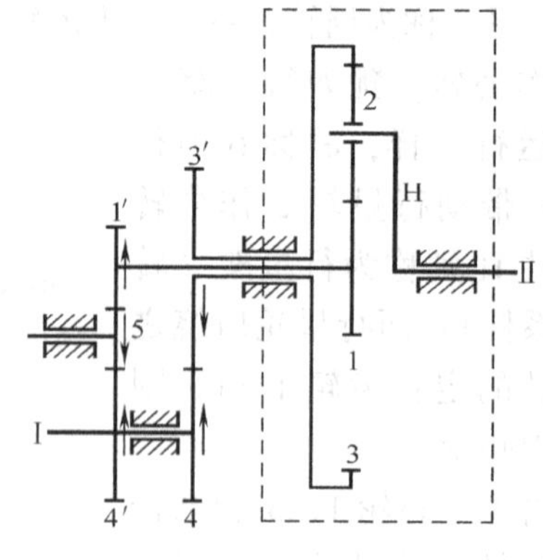

图7-5　复合轮系

轴轮系把差动轮系中的中心轮 1 和 3 联接起来，这时整个轮系的自由度变为 1。通常把这种联接称为封闭，而把所得到的自由度为 1 的轮系称为封闭差动轮系。图 7-6 所示是复合轮系的又一个例子，它是由两部分基本周转轮系所组成，其特点是两个周转轮系不共用一个行星架。

下面介绍各类轮系传动比的确定。

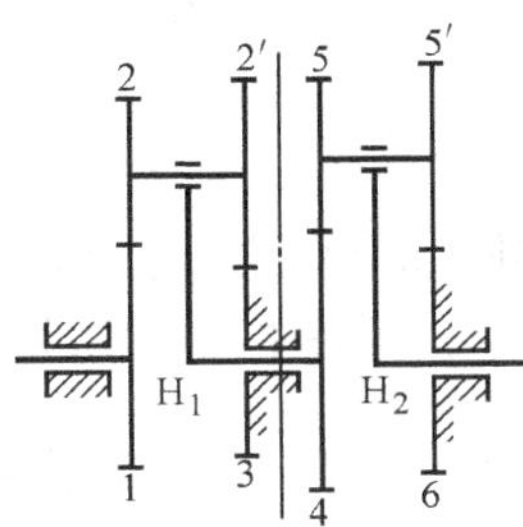

图 7-6 复合轮系

第二节 定轴轮系的传动比

一、轮系传动比的定义

当轮系运动时，其输入轴与输出轴的角速度（或转速）之比称为该轮系的传动比。例如若轮系的输入轴为 A，输出轴为 B，则该轮系的传动比为

$$i_{AB}=\frac{\omega_{\mathrm{A}}}{\omega_{\mathrm{B}}}=\frac{n_{\mathrm{A}}}{n_{\mathrm{B}}}$$

式中 ω 和 n 分别为轴的角速度和转速。

轮系传动比的确定，包含两个内容：一是计算传动比数值的大小；二是确定输入、输出轴之间的转向关系。下面介绍确定定轴轮系传动比的方法。

二、定轴轮系的传动比

（一）平面定轴轮系

1. 传动比的计算

现以图 7-1 所示的轮系为例，来讨论定轴轮系传动比的计算方法。设齿轮 1 为主动轮，齿轮 5 为最后的从动轮，则该轮系的总传动比为

$$i_{15}=\frac{\omega_1}{\omega_5}=\frac{n_1}{n_5}$$

下面来计算该传动比的大小。

由图可见，主动轮 1 到从动轮 5 之间的传动，是通过 4 对齿轮依次啮合来实现的。为此，首先求出该轮系中各对啮合齿轮的传动比：

$$i_{12}=\frac{\omega_1}{\omega_2}=\frac{z_2}{z_1} \tag{a}$$

$$i_{2'3}=\frac{\omega_{2'}}{\omega_3}=\frac{\omega_2}{\omega_3}=\frac{z_3}{z_{2'}} \tag{b}$$

$$i_{3'4}=\frac{\omega_{3'}}{\omega_4}=\frac{\omega_3}{\omega_4}=\frac{z_4}{z_{3'}} \tag{c}$$

$$i_{45}=\frac{\omega_4}{\omega_5}=\frac{z_5}{z_4} \tag{d}$$

由上述各式可以看出：主动轮1的角速度ω_1出现在式（a）的分子中，从动轮5的角速度ω_5出现在式（d）的分母中，而各中间齿轮的角速度ω_2、ω_3、ω_4在这些式子的分子和分母中均各出现一次。因此，为了求得整个轮系的传动比$i_{15}=\dfrac{\omega_1}{\omega_5}$，可将上述各式两边分别连乘起来。于是有

$$i_{12}\cdot i_{2'3}\cdot i_{3'4}\cdot i_{45}=\frac{\omega_1}{\omega_2}\cdot\frac{\omega_2}{\omega_3}\cdot\frac{\omega_3}{\omega_4}\cdot\frac{\omega_4}{\omega_5}=\frac{\omega_1}{\omega_5}=\frac{z_2z_3z_4z_5}{z_1z_{2'}z_{3'}z_4}$$

即

$$i_{15}=\frac{\omega_1}{\omega_5}=i_{12}\cdot i_{2'3}\cdot i_{3'4}\cdot i_{45}=\frac{z_2z_3z_4z_5}{z_1z_{2'}z_{3'}z_4}$$

上式表明平面定轴轮系的传动比等于组成该轮系的各对啮合齿轮传动比的连乘积；其大小等于各对啮合齿轮中从动轮齿数的乘积与主动轮齿数的乘积之比。

2. 主动轮与从动轮的转向关系

平面定轴轮系是工程实际中最为常见的轮系。组成这种轮系的所有齿轮均为直齿或斜齿圆柱齿轮。由于一对内啮合圆柱齿轮的转向相同，而一对外啮合圆柱齿轮的转向相反，所以每经过一对外啮合就改变一次转向，故可用轮系中外啮合的对数来确定轮系中主、从动轮的转向关系。即若用m来表示轮系中外啮合的对数，则可用$(-1)^m$来确定轮系传动比的正负号。若计算结果为正，则说明主、从动轮转向相同；若结果为负，则说明主、从动轮转向相反。对于图7-1所示的轮系，$m=3$，所以其传动比为

$$i_{15}=\frac{\omega_1}{\omega_5}=(-1)^3\frac{z_2z_3z_4z_5}{z_1z_{2'}z_{3'}z_4}=-\frac{z_2z_3z_5}{z_1z_{2'}z_{3'}}$$

传动比为负，说明从动轮5的转向与主动轮1的转向相反。

轮系传动比的正、负号也可以用画箭头的方法来确定，如图7-1所示。

由图7-1可以看出，齿轮4同时与齿轮3′和齿轮5啮合，对于齿轮3′来讲，它是从动轮，对于齿轮5来讲，它又是主动轮。因此，其齿数在传动比计算式的分子、分母中同时出现，可以约去。这表明齿轮4的齿数的多少并不影响该轮系传动比的大小，这样的齿轮被称为惰轮（或过桥轮）。惰轮虽然不影响轮系传动比的大小，但却能改变传动比的正、负号。由图可见，如果没有齿轮4，齿轮3′直接与齿轮5啮合，则齿轮5的转

动方向与齿轮1的相同。

由以上所述可知，任何平面定轴轮系的输入轴 A 与输出轴 B 的传动比为

$$i_{AB}=\frac{\omega_A}{\omega_B}=(-1)^m\frac{\text{所有各对齿轮的从动轮 齿数的乘积}}{\text{所有各对齿轮的主动轮 齿数的乘积}} \tag{7-1}$$

（二）空间定轴轮系

轮系中若含有几何轴线不平行的齿轮，这类轮系称为空间轮系。如图 7-7 所示的轮系即为空间轮系。在这类轮系中，既含有圆柱齿轮也含有锥齿轮。这种轮系传动比的大小仍用式（7-1）来计算。

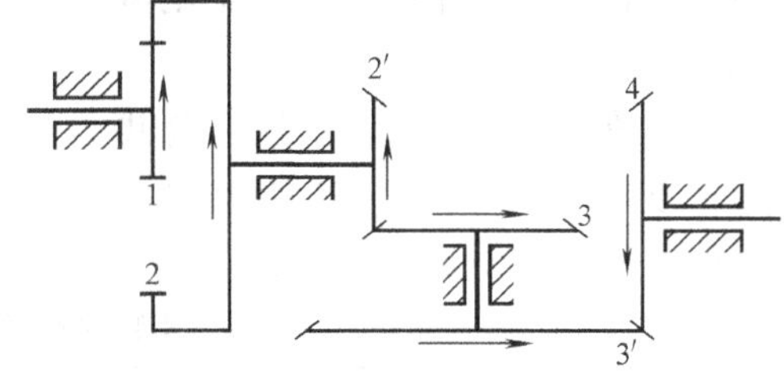

图 7-7 空间定轴轮系

在图 7-7 所示轮系中，齿轮 2′和齿轮 3 的几何轴线不平行，它们的转向无所谓相同或相反，同样，齿轮 3′和齿轮 4 的几何轴线也不平行，它们的转向也无所谓同向或反向。在这种情况下，可在图上用箭头来表示各轮的转向。但是，该轮系中首、尾两轮（齿轮 1 和 4）的轴线互相平行，所以仍可在传动比的计算结果中加上“+”“-”号，来表示主、从动轮的转向关系。如图所示，主动轮 1 和从动轮 4 的转向相反，故其传动比为

$$i_{14}=\frac{\omega_1}{\omega_4}=-\frac{z_2z_3z_4}{z_1z_{2'}z_{3'}}$$

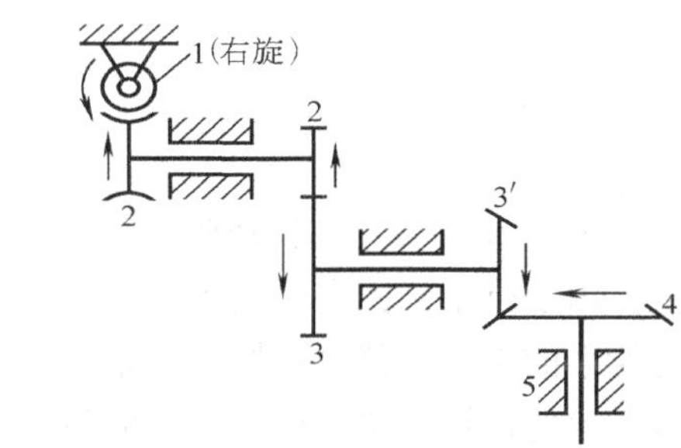

图 7-8 空间定轴轮系

在图 7-8 所示的轮系中，主动轮 1（蜗杆）和从动轮 4（锥齿轮）的几何轴线不平行，它们分别在两个不同的平面内转动，转向无所谓相同或相反，因此不能采用在传动比的计算结果中加“+”“-”号的方法来表示主、从动轮的转向关系，其转向关系只能用箭头的指向在图上表示。

第三节 周转轮系的传动比

在周转轮系中，由于其行星轮的运动不是绕定轴的简单转动，因此其传动比的计算不能像定轴轮系那样，直接以简单的齿数反比的形式来表示。

一、周转轮系传动比计算的基本思路

周转轮系与定轴轮系的根本区别在于周转轮系中有一个转动着的行星架，使行星轮既作自转又作公转。如果能够设法使行星架固定不动，那么周转轮系就可转化成一个定轴轮系。为此，假想给整个轮系加上一个公共的角速度（$-\omega_H$），根据相对运动原理可知，各构件之间的相对运动关系并不改变，但此时行星架的角速度就变成了 $\omega_H-\omega_H=0$，

即行星架可视为静止不动。于是，周转轮系就转化成了一个假想的定轴轮系，通常称这个假想的定轴轮系为周转轮系的转化机构。

下面以图 7-9 所示的单排 2K-H 型周转轮系为例，来说明当给整个轮系加上一个（$-\omega_H$）的公共角速度后，各构件角速度的变化情况。

如图，当给整个轮系加上公共用速度（$-\omega_H$）后，其各构件的角速度变化情况如表 7-1 所示。

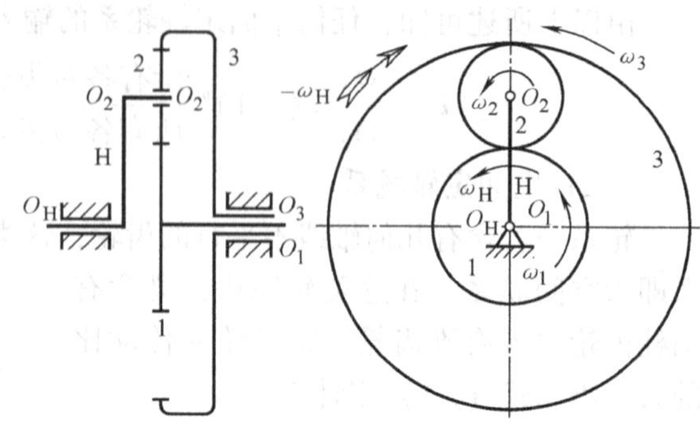

图 7-9　周转轮系与定轴轮系的区别

表 7-1　周转轮系转化机构中各构件的角速度

构件代号	原来的角速度	转化机构中的角速度（即相对于行星架的角速度）
1	ω_1	$\omega_1^H=\omega_1-\omega_H$
2	ω_2	$\omega_2^H=\omega_2-\omega_H$
3	ω_3	$\omega_3^H=\omega_3-\omega_H$
H	ω_H	$\omega_H^H=\omega_H-\omega_H=0$

表中 ω_1^H、ω_2^H、ω_3^H 分别表示行星架固定后所得到的转化机构中齿轮 1、2、3 的角速度。由于行星架固定后上述周转轮系就转化成了如图 7-10 所示的定轴轮系，因此该转化轮系的传动比就可以按照定轴轮系传动比的计算方法来计算。下面将会看到，通过该转化机构传动比的计算，就可以得到周转轮系中各构件的真实角速度之间的关系，进而求得周转轮系的传动比。

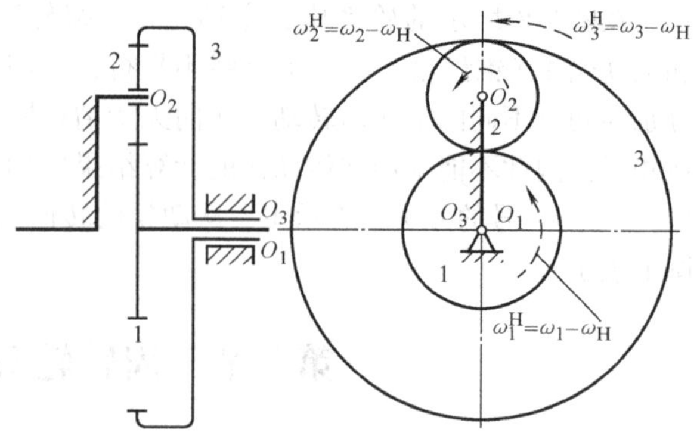

图 7-10　周转轮系的转化机构

二、周转轮系传动比的计算方法

首先求转化机构的传动比。由传动比的概念可知

$$i_{13}^H=\frac{\omega_1^H}{\omega_3^H}=\frac{\omega_1-\omega_H}{\omega_3-\omega_H}$$

式中，i_{13}^H 表示在转化机构中主动轮 1 和从动轮 3 的传动比。由于转化机构为一定轴轮系，因此其传动比的大小为

$$i_{13}^H=\frac{\omega_1^H}{\omega_3^H}=\frac{\omega_1-\omega_H}{\omega_3-\omega_H}=-\frac{z_3}{z_1}$$

式中齿数比前的“－”号表示在转化机构中齿轮1和齿轮3的转向相反。

根据上述原理，不难写出周转轮系转化机构传动比的一般公式。设周转轮系中两个中心轮分别为A和B，行星架为H，则其转化机构的传动比i_{AB}^{H}可表示为

$$i_{AB}^{H}=\frac{\omega_{A}^{H}}{\omega_{B}^{H}}=\frac{\omega_{A}-\omega_{H}}{\omega_{B}-\omega_{H}}=f(z) \tag{7-2}$$

若一个周转轮系转化机构的传动比为“＋”，则称其为正号机构；为“－”，则称其为负号机构。

虽然我们的目的并非求转化机构的传动比，但是由上式可以看出，在各轮齿数均为已知的情况下，i_{AB}^{H}总可以求出。因此，只要给定了ω_A、ω_B和ω_H三者中任意两个参数，由上式就可以求出第三个参数，从而可以方便地求得周转轮系中任意两个构件之间的传动比i_{AB}、i_{AH}、i_{BH}。

在利用上式计算周转轮系传动比时，需要注意以下几点：

1）式中i_{AB}^{H}是转化机构中A轮主动、B轮从动时的传动比，其大小和正负完全按定轴轮系来处理。在具体计算时，要特别注意转化机构传动比i_{AB}^{H}的正负号，它不仅表明在转化机构中轮A和轮B转向之间的关系，而且将直接影响到周转轮系传动比的大小和正负号。

2）ω_A、ω_B和ω_H是周转轮系中各基本构件的真实角速度。对于差动轮系来说，因其有两个自由度，因此在三个基本构件中，必须有两个的运动规律已知，机构才具有确定的运动，即ω_A、ω_B、ω_H三者中必须有两个是已知的，才能求出第三者。若已知的两个转动方向相反，则在代入上式求解时，必须一个代正值，另一个代负值，第三个转速的方向，则根据计算结果的正负号来确定。

3）对于行星轮系来说，由于其中一个中心轮是固定的（例如中心轮B固定，即$\omega_B=0$），这时由式（7-2）可得

$$i_{AB}^{H}=\frac{\omega_{A}-\omega_{H}}{\omega_{B}-\omega_{H}}=\frac{\omega_{A}-\omega_{H}}{0-\omega_{H}}=1-i_{AB}=f(z)$$

故得

$$i_{AH}=1-i_{AB}^{H}=1-f(z) \tag{7-3}$$

上式表明：活动齿轮A对行星架H的传动比等于1减去行星架固定时活动齿轮A对中心轮B的传动比。利用上式可以很方便地直接求得行星轮系的传动比。

4）式（7-2）可以用来求周转轮系中任意两个轴线与行星架轴线平行的齿轮之间的传动比。例如图7-9中的齿轮2与齿轮3或齿轮1与齿轮2的角速度关系，由上式可得

$$i_{12}^{H}=\frac{\omega_{1}-\omega_{H}}{\omega_{2}-\omega_{H}}=-\frac{z_{2}}{z_{1}}$$

$$i_{23}^{H}=\frac{\omega_{2}-\omega_{H}}{\omega_{3}-\omega_{H}}=\frac{z_{3}}{z_{2}}$$

三、周转轮系传动比计算实例

为了进一步理解和掌握周转轮系传动比的计算方法，下面举几个实例。

例 7-1 图 7-11 所示一大传动比的减速器。已知各轮齿数为：$z_1=100$，$z_2=101$，$z_2'=100$，$z_3=99$。求输入构件 H 对输出构件 1 的传动比 iH1。

解 当构件 H 转动时，带动齿轮 2′在固定齿轮 3 上滚动，从而使齿轮 2 带动齿轮 1 转动。故可知双联齿轮 2—2′为行星轮，3 为固定中心轮，1 为活动的中心轮，H 为行星架，所以该轮系为一行星轮系。由式（7-3）得

$$i_{H1}=\frac{1}{i_{H1}}=\frac{1}{1-i_{13}^{H}}=\frac{1}{1-(-1)^2\dfrac{z_2z_3}{z_1z_2'}}=\frac{1}{1-\dfrac{101\times 99}{100\times 100}}=10\ 000$$

i_{H1}为正，说明行星架 H 与齿轮 1 转向相同。

本例说明：行星轮系可以用少数几个齿轮得到很大的传动比，因此比定轴轮系结构紧凑、轻便得多。但传动比大时，效率很低，且反行程（轮 1 为主动件时）将发生自锁，这是其缺点。这种行星轮系可在仪表中用来测量高转速转动或作为精密的微调机构。

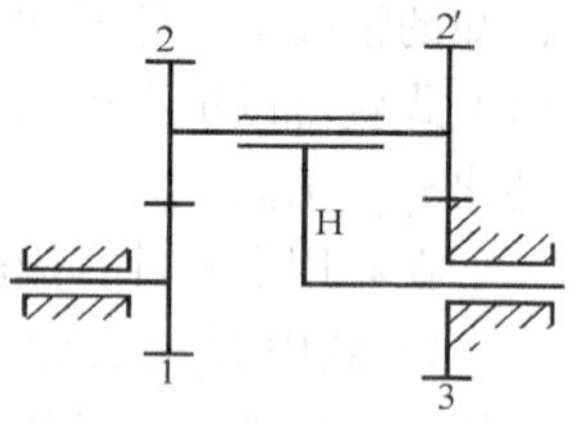

图 7-11 行星轮系减速器

例 7-2 在上例中，若齿轮 1 的齿数为 $z_1=99$，而其他齿轮的齿数不变，求传动比 i_{H1}。

解 由式（7-3）得

$$i_{H1}=\frac{1}{i_{1H}}=\frac{1}{1-i_{13}^{H}}=\frac{1}{1-(-1)^2\dfrac{z_2z_3}{z_1z_2'}}=\frac{1}{1-\dfrac{101\times 99}{99\times 100}}=-100$$

i_{H1}为负，说明行星架 H 与轮 1 的转向相反。

比较本例和上例可知，同一结构的行星轮系，其中一个齿轮的齿数变动了一个齿，而传动比变动了 100 倍；并且传动比的符号也改变了，由原来的轮 1 与行星架 H 同向转动变为反向转动，这是定轴轮系不可能实现的。

例 7-3 图 7-12 所示为马铃薯挖掘机的行星轮系。已知轮系中的中心轮 1 和行星轮 3 的齿数 $z_1=z_3$，及行星架 H 的转速 n_H，求行星轮 3 的转速 $n_3=?$

解 由于轮 1 为固定轮，即 $n_1=0$，则由式（7-3）得

$$i_{3H}=1-i_{31}^{H}=1-\frac{z_1}{z_3}=1-1=0$$

即 $n_3=0$

这说明行星轮 3 不转动，而与固定于其上的铁锨一起只作平动，这样可以减少对马铃薯的损伤，有利于马铃薯的挖掘工作。

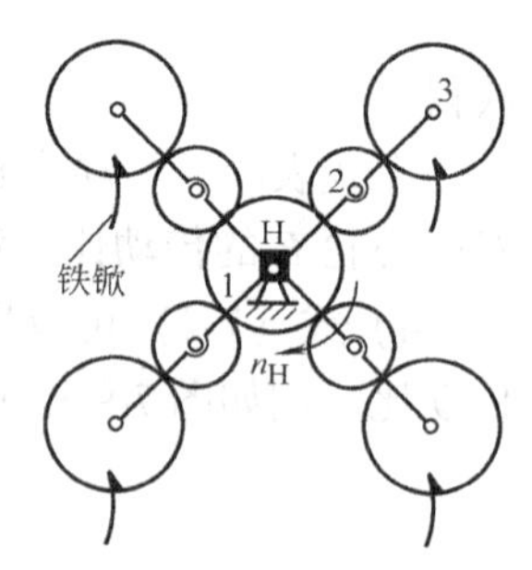

图 7-12 马铃薯挖掘机轮系

例 7-4 在图 7-13 所示的差动轮系中，已知各轮的齿数为：$z_1=48$，$z_2=48$，$z_2'=18$，$z_3=$

24，又，$n_1=250\text{r/min}$，$n_3=100\text{r/min}$，转向如图所示。试求行星架 H 转速 n_H 的大小及方向。

解　这是一个由锥齿轮组成的周转轮系。先计算其转化机构的传动比。

$$i_{13}^{H}=\frac{n_1^H}{n_3^H}=\frac{n_1-n_H}{n_3-n_H}=-\frac{z_2z_3}{z_1z_2'}=-\frac{48\times24}{48\times18}=-\frac{4}{3}$$

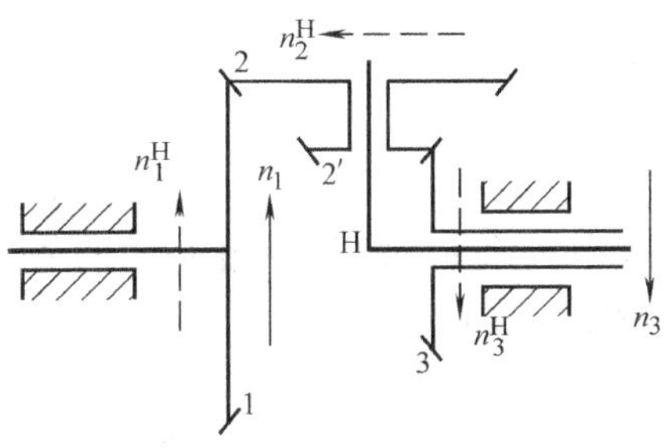

图 7-13　空间差动轮系

式中，齿数比前的“－”号表示在该轮系的转化机构中，齿轮 1，3 的转向相反，它是通过图中用虚线箭头所表示的 n_1^H、n_2^H、n_3^H 的方向（转化机构中各轮的转向）确定的。

将已知的 n_1、n_3 值代入上式。由于 n_1 和 n_3 的实际转向相反，因此一个取正值，另一个取负值。今取 n_1 为正，n_3 为负，则由上式得

$$\frac{n_1-n_H}{n_3-n_H}=\frac{250-n_H}{-100-n_H}=-\frac{4}{3}$$

解该式可得

$$n_H=\frac{350}{7}=50\text{r/min}$$

计算结果为正，表明行星架 H 的转向与齿轮 1 的转向相同，与齿轮 3 的转向相反。

对于由锥齿轮所组成的周转轮系，在计算其传动比时应注意以下两点：

1）转化机构的传动比，大小按定轴轮系传动比公式计算，其正负号则根据在转化机构中用箭头表示的结果来确定，而不能按外啮合的对数来确定。

2）由于行星轮的角速度矢量与行星架的角速度矢量不平行，所以不能用代数法相加减，即 $\omega_2^H\neq\omega_2-\omega_H$，$i_{12}^H\neq\dfrac{\omega_1-\omega_H}{\omega_2-\omega_H}$。对于轴线与行星架轴线不平行的齿轮之间的角速度比，或这些齿轮与行星架之间的角速度比，需要利用图解解析法来求解。即利用角速度合成的原理，画出角速度多边形，其中代表各个角速度的矢量应垂直于转动平面，方向按右手法则确定；然后用解析法求解该角速度多边形，便可得到所要求的精确解。现以下面的例子来说明具体求解方法。

例 7-5　在图 7-14 所示的锥齿轮行星轮系中，设已知两轮的几何尺寸和行星架 H 的角速度 ω_H，试求 ω_2 和 ω_2^H。

解　首先建立角速度矢量方程 $\boldsymbol{\omega}_2=\boldsymbol{\omega}_H+\boldsymbol{\omega}_2^H$，适当选取线段长 $\overline{pb}$ 表示 $\boldsymbol{\omega}_H$ 的大小，因为 $\boldsymbol{\omega}_2/\!/OA$，$\boldsymbol{\omega}_H/\!/OO_H$，$\boldsymbol{\omega}_2^H/\!/OB$，故可作出角速度矢量三角形 $\triangle pba$，如图 7-14b 所示。在三角形 $\triangle pba$ 中，由正弦

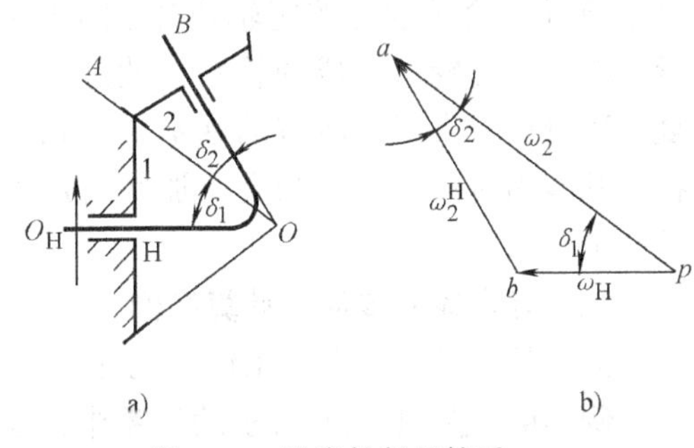

图 7-14　锥齿轮行星轮系

定理可求得

$$\omega_2 = \frac{\sin(\delta_1 + \delta_2)}{\sin\delta_2}\omega_H$$

$$\omega_2^H = \frac{\sin\delta_1}{\sin\delta_2}\omega_H$$

式中 δ_1 和 δ_2 分别为两锥齿轮的节圆锥角。另外，也可以选定角速度比例尺，用图解法求得 ω_2 和 ω_2^H。

第四节　复合轮系的传动比

一、复合轮系传动比的计算方法

如前所述，在实际机械中，除了广泛应用单一的定轴轮系和单一的周转轮系外，还大量用到由定轴轮系与周转轮系组成的复合轮系，或由几个单一的基本周转轮系组合而成的复合轮系。

在计算复合轮系传动比时，既不能将整个轮系作为定轴轮系来处理，也不能将整个轮系作为单一的周转轮系，而对其采用转化机构的办法来解决。因为若将整个机构加上一个（$-\omega_H$）的公共角速度后，虽然原来的周转轮系部分可以转化为一个定轴轮系，但同时却使原来的定轴轮系部分转化成了周转轮系，问题仍得不到解决。即使是对于由几个单一的周转轮系组合而成的复合轮系，由于各周转轮系中行星架的角速度不同，也无法加上一个公共的角速度（$-\omega_H$）将整个轮系转化为定轴轮系。

对于复合轮系，计算其传动比的正确方法是：首先要正确地区分开轮系中包含的各基本轮系，再利用前两节的有关公式分别写出各基本轮系的传动比计算式，并找出各基本轮系之间联接构件的运动关系式，最后将上述传动比计算式及联接构件关系式联立求解，就可求出复合轮系的传动比。这里最为关键的是正确区分各个基本轮系。所谓基本轮系，指的是单一的定轴轮系或单一的周转轮系。在划分基本轮系时，首先要找出各个单一的周转轮系。具体方法是：先找行星轮，即找出那些几何轴线是绕其他几何轴线转动的齿轮；找到行星轮后，支承行星轮的构件即为行星架；而几何轴线与行星架重合且直接与行星轮相啮合的定轴齿轮就是中心轮。这一由行星轮、行星架、中心轮所组成的轮系，就是一个基本的周转轮系。重复上述过程，直至将所有的基本周转轮系都一一找出。区分出各个基本周转轮系后，剩余的那些由定轴齿轮所组成的部分就是定轴轮系。

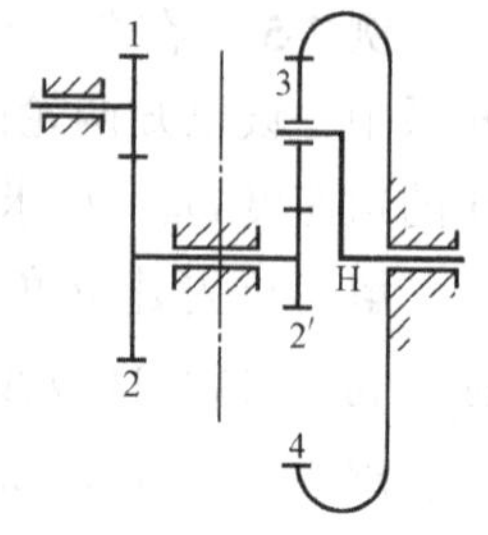

图 7-15　复合轮系

二、复合轮系传动比计算实例

为了具体说明复合轮系传动比计算的方法，下面举例说明。

例 7-6　在图 7-15 所示的轮系中，设已知各轮的齿数为 z_1

$=20$，$z_2=40$，$z_2'=20$，$z_4=80$。试求该轮系的传动比 i_{1H}。

解　这是一个复合轮系。首先将各个基本轮系区分开来。从图中可以看出：齿轮 3 的几何轴线不固定，它是一个行星轮，支承该行星轮的构件 H 即为行星架，而与行星轮 3 相啮合的定轴齿轮 2′和 4 为中心轮。因此，齿轮 2′、3、4 和行星架 H 组成了一个基本周转轮系，它是一个行星轮系。剩余的由定轴齿轮 1、2 所组成的轮系为一定轴轮系。

下面分别列出各基本轮系传动比的计算式。

对于行星轮系，有

$$i_{2'H}=\frac{n_{2'}}{n_H}=1-i_{2'4}^{H}=1-\left(-\frac{z_4}{z_{2'}}\right)=1+\frac{80}{20}=5$$

对于定轴轮系，有

$$i_{12}=\frac{n_1}{n_2}=-\frac{z_2}{z_1}=-\frac{40}{20}=-2$$

定轴轮系和行星轮系是通过双联齿轮 2—2′相联接的，由于 $n_2=n_{2'}$，故可得

$$i_{1H}=i_{12}\cdot i_{2'H}=\frac{n_1}{n_2}\cdot\frac{n_{2'}}{n_H}=\frac{n_1}{n_H}=-2\times5=-10$$

负号表明轮 1 和构件 H 的转向相反。

例 7-7　图 7-16a 所示为一电动卷扬机减速器的运动简图。已知各齿轮的齿数为 $z_1=24$，$z_2=48$，$z_{2'}=30$，$z_3=90$，$z_{3'}=22$，$z_4=40$，$z_5=102$，试求传动比 i_{15}。又若 $n_1=1450\text{r/min}$，求卷筒的转速 n_5。

解　这是一个比较复杂的轮系。首先区分出各个基本轮系。从图中可以看出：双联齿轮 2—2′的几何轴线不固定，而是随着内齿轮 5 的转动绕中心轴线运动，因此它是一个双联行星轮。支承该行星轮的齿轮 5 即为行星架 H，而与齿轮 2、2′分别啮合的定轴齿轮 1 和 3 即为中心轮。齿轮 1、2—2′、3、5（H）组成了一个如图 b 所示的差动轮系。剩余的定轴齿轮 3′、4、5 组成一个如图 c 所示的定轴轮系，该定轴轮系将差动轮系中的行星架 5 和中心轮 3 封闭起来构成封闭式差动轮系。

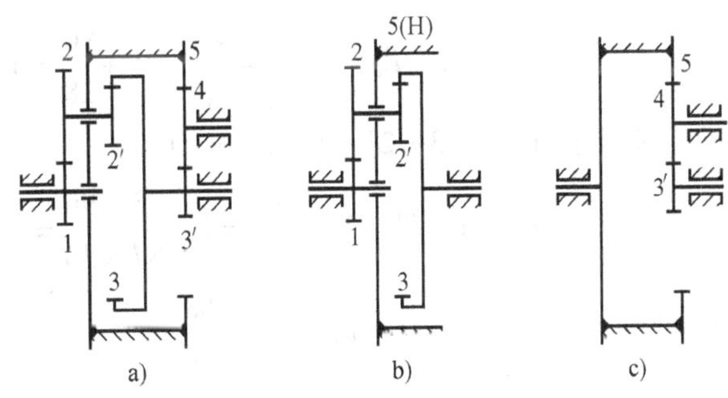

图 7-16　电动卷扬机的减速器

由式（7-2）可得差动轮系传动比

$$i_{13}^{5(H)}=\frac{n_1-n_5}{n_3-n_5}=-\frac{z_2z_3}{z_1z_{2'}}=-\frac{48\times90}{24\times30}=-6$$

即

$$\frac{n_1-n_5}{n_3-n_5}=-6 \qquad (a)$$

定轴轮系传动比为

$$i_{3'5}=\frac{n_{3'}}{n_5}=-\frac{z_5}{z_{3'}}=-\frac{102}{22}=-\frac{51}{11}$$

即

$$n_{3'}=-\frac{51}{11}n_5$$

由于齿轮3和3′为一双联齿轮，故

$$n_3=n_{3'}=-\frac{51}{11}n_5 \tag{b}$$

将式（b）代入（a）式得

$$i_{15}=\frac{n_1}{n_5}=34.82$$

$$n_5=\frac{n_1}{i_{15}}=\frac{1450}{32.14}\approx 41.64\text{r/min}$$

正号表明齿轮1和齿轮5转向相同。

例7-8 图7-17所示为一3K型的周转轮系，已知各齿轮的齿数为$z_1=18$，$z_2=36$，$z_{2'}=33$，$z_3=87$，$z_4=90$。试求传动比i_{13}。

解 图示轮系可看成是由星行轮系1、2、4、H与星行轮系3、2′—2、4、H复合组成。

对星行轮系1—2—4—H有

$$i_{1H}=1-i_{14}^{H}=1-\left(-\frac{z_4}{z_1}\right)=1+\frac{90}{18}=6$$

对于行星轮系3—2′—2—4—H有

$$i_{3H}=1-i_{34}^{H}=1-\frac{z_{2'}z_4}{z_3z_2}=1-\frac{33\times 90}{87\times 36}=\frac{3}{58}$$

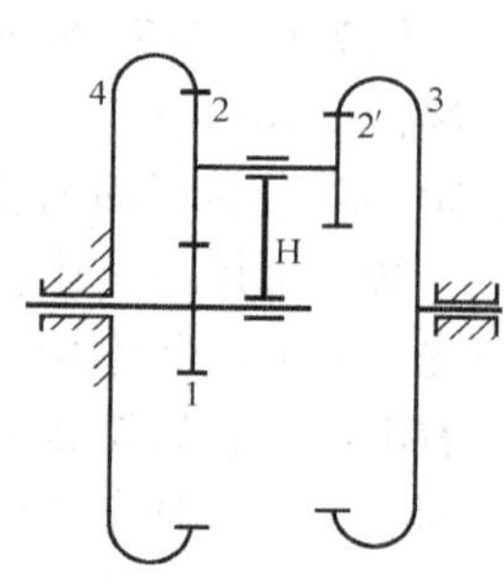

图7-17 3K型周转轮系

则

$$i_{H3}=\frac{1}{i_{3H}}=\frac{58}{3}$$

所以

$$i_{13}=\frac{\omega_1}{\omega_3}=\frac{\omega_1}{\omega_H}\cdot\frac{\omega_H}{\omega_3}=i_{1H}\cdot i_{H3}=6\times\frac{58}{3}=116$$

传动比为正，表明轮1和轮3的转向相同。

第五节 周转轮系各轮齿数的确定

周转轮系是一种共轴式（即输入轴线与输出轴线重合）的传动装置，并且又采用了几个完全相同的行星轮均匀地分布在中心轮之间。因此，在设计周转轮系时，对各轮的齿数以及行星轮数的确定是一个非常重要的内容。周转轮系各轮齿数和行星轮数的确定必须满足四个基本条件，即传动比条件、同心条件、装配条件，以及邻接条件，这样装配起来才能按给定的传动比正常运转。周转轮系的类型很多，各类周转轮系满足上述四个基本条件的关系式不尽相同。下面以图 7-18 所示的 2K—H 型行星轮系为例，简要说明如下：

1. 传动比条件

传动比条件是指所设计的行星轮系必须能实现给定的传动比 i_{1H}。对于图 7-18 所示的行星轮系，其各轮齿数的选择可根据行星轮系传动比的计算式（7-3）来确定。

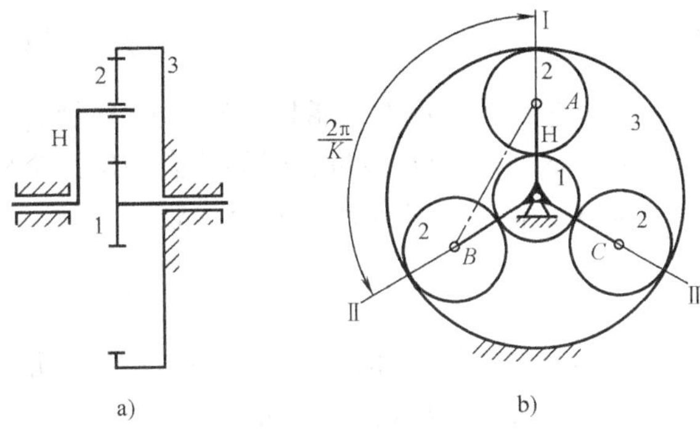

图 7-18　齿数与行星轮数的确定

由于　$i_{1H}=1-i_{13}^{H}=1+\frac{z_3}{z_1}$

所以　$\frac{z_3}{z_1}=i_{1H}-1$

从而可得

$$z_3=z_1(i_{1H}-1) \tag{a}$$

2. 同心条件

同心条件是指行星架的回转轴线与中心轮的轴线相重合的条件。在图 7-18 所示的行星轮系中，中心轮 1 和行星轮 2 组成外啮合，中心轮 3 与行星轮 2 组成内啮合，同心条件是要求这两组传动的中心距必须相等，即 $a_{12}=a_{23}$。如果齿轮均采用标准齿轮，且三轮的模数相同，则应有

$$\frac{m(z_1+z_2)}{2}=\frac{m(z_3-z_2)}{2}$$

即

$$z_2=\frac{z_3-z_1}{2}$$

该式表明：两中心轮的齿数应同为奇数或偶数。将式（a）代入上式，可得

$$z_2=\frac{z_3-z_1}{2}=\frac{z_1(i_{1H}-2)}{2} \tag{b}$$

3. 装配条件

在行星轮系中采用多个行星轮均匀地分布在两个中心轮之间，其作用是为了改善轮系的受力，以提高轮系的承载能力。在设计行星轮系时，其行星轮数以及各轮齿数必须正确地选择，否则将装配不起来。因为当一个行星轮装好以后，两个中心轮的相对位置便确定了，而且均匀分布的各行星轮的中心位置也确定了。所以在一般情况下，其余行星轮的轮齿就有可能不能同时插入内外两个中心轮的齿槽中，即可能无法装配起来。对于所研究的行星轮系，其装配条件可按下述方法求得：

如图 7-18b 所示，设 K 为均匀分布的行星轮个数，则相邻两个行星轮 A 和 B 所夹

的中心角为 $2\pi/K$。现将第一个行星轮在位置Ⅰ装入，然后沿逆时针方向使行星架转过 $\varphi_H=2\pi/K$ 到达位置Ⅱ。这时中心轮 1 转过角度 φ_1。

因为
$$i_{1H}=\frac{\omega_1}{\omega_H}=\frac{\varphi_1}{\varphi_H}=\frac{\varphi_1}{2\pi/K}$$

所以
$$\varphi_1=\frac{2\pi}{K}i_{1H}$$

如果这时在位置Ⅰ又能装入第二个行星轮，则这时中心轮 1 在位置Ⅰ的轮齿相位应与它回转 φ_1 角之前在该位置时的轮齿相位完全相同，也就是说角 φ_1 必须刚好是 N 个轮齿（即 N 个齿距）所对的中心角，故

$$\varphi_1=N\frac{2\pi}{z_1}$$

式中 $2\pi/z_1$ 为齿轮 1 的一个齿距所对的中心角，N 为正整数。

由以上两式以及式（a）可得

$$N=\frac{z_1}{K}i_{1H}=\frac{z_1+z_3}{K} \tag{c}$$

当行星轮的个数和两中心轮的齿数满足上式的条件时，就可在位置Ⅰ装入第二个行星轮。同理，当第二个行星轮转到位置Ⅱ时，又可以在位置Ⅰ装入第三个行星轮，其余以此类推。

上式表明，该行星轮系两中心轮的齿数之和应为行星轮数的整数倍。这就是图示行星轮系的装配条件。

4. 邻接条件

邻接条件是指两个相邻的行星轮的齿顶不能相互碰撞。由图 7-18b 可知，应使两行星轮的中心距 $\overline{AB}$ 大于两行星轮齿顶圆半径之和，即

$$\overline{AB}>2r_{a2}$$

其中

$$\overline{AB}=2(r_1+r_2)\sin\frac{\pi}{K}=m(z_1+z_2)\sin\frac{\pi}{k}$$
$$2r_{a2}=2(r_2+h_a^*m)=m(z_2+2h_a^*)$$

将上两式带入邻接条件式中可得

$$(z_1+z_2)\sin\frac{\pi}{K}>z_2+2h_a^*$$

式中 h_a^* 为齿顶高系数。将上式整理后得到满足邻接条件的关系式为

$$\frac{z_2+2h_a^*}{z_1+z_2}<\sin\frac{\pi}{K} \tag{7-4}$$

为了设计时便于选择各轮的齿数，通常又将前面的（a）、（b）、（c）三式合并成一个总的配齿公式，即

$$z_1 : z_2 : z_3 : N = z_1 : \frac{z_1(i_{1H}-2)}{2} : z_1(i_{1H}-1) : \frac{z_1 i_{1H}}{K} \tag{7-5}$$

确定齿数时，应根据上式选定 z_1 和 K。所选择的值应使 N、z_2 和 z_3 均为正整数。然后将各轮齿数及行星轮数代入式（7-4）验算是否满足邻接条件。如果不满足，则应减少行星轮数或增加齿轮的齿数。因为由式（b）和式（7-4）得

$$\frac{(i_{1H}-2)+4\dfrac{h_a^*}{z_1}}{2+(i_{1H}-2)} < \sin\frac{\pi}{K}$$

当 i_{1H}和 h_a^* 一定时，减少 K 将使上式右边值增大，而增大 z_1 可使左边的值减小。

例 7-9　如图 7-18 所示的行星轮系，设已给定传动比 $i_{1H}=6$，行星轮的个数 $K=3$，$h_a^*=1$，试选取各轮齿数 z_1、z_2、z_3。

解　由式（7-5）得

$$z_1 : z_2 : z_3 : N = z_1 : \frac{z_1(6-2)}{2} : z_1(6-1) : \frac{z_1 \times 6}{3} = z_1 : 2z_1 : 5z_1 : 2z_1$$

由上式可知，当轮 1 的齿数确定后，上式中的各项均为正整数。现取 $z_1=20$，则 $z_2=2z_1=40$，$z_3=5z_1=100$。

验算邻接条件，由式（7-4）得

$$\frac{z_2+2h_a^*}{z_1+z_2} = \frac{40+2\times1}{20+40} = 0.7 < \sin\frac{\pi}{K} = \sin\frac{180°}{3} = 0.866$$

上式的结果表明所选的齿数与行星轮数满足邻接条件。

第六节　轮系的功用

在机械中广泛地应用了各种轮系，其功能可概括如下。

1. 实现较远距离的传动

如图 7-19 所示，当输入轴与输出轴的距离较远而传动比又不大时，若只用一对齿轮传动时，两齿轮的尺寸较大，从而导致传动的外廓尺寸很大，如图中点划线所示，这是很不合理的。若用一系列较小的齿轮将两轴联接起来，并保证两轴之间传动比和转向关系不变，如图中实线所示，这样既可减小传动的尺寸，也减小了传动机构质量。

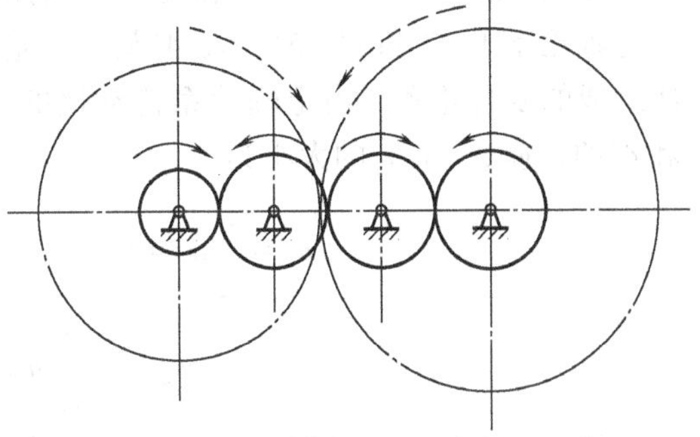

图 7-19　较远距离的传动

2. 实现大传动比传动

当两轴之间需要较大的传动比时，如

果只用一对齿轮传动，由于两轮齿数相差悬殊而使小齿轮易于损坏，同时两轮的尺寸相差较大，导致外廓尺寸庞大，如图 7-20 点划线所示。所以一对齿轮的传动比一般不大于 5 ~ 7。在需要较大传动比时，可利用定轴轮系的多级传动来实现，如图中实线所示。

图 7-21 所示为三对蜗杆蜗轮组成的实现大传动比的空间定轴轮系。蜗杆 1 为输入件，蜗轮 4 为输出件，蜗轮 4 空套在蜗杆轴 1 上。三个蜗杆均为双头左旋蜗杆，三个蜗轮的齿数均为 40。则由式（7-1）得其传动比 i_{14} 的大小为

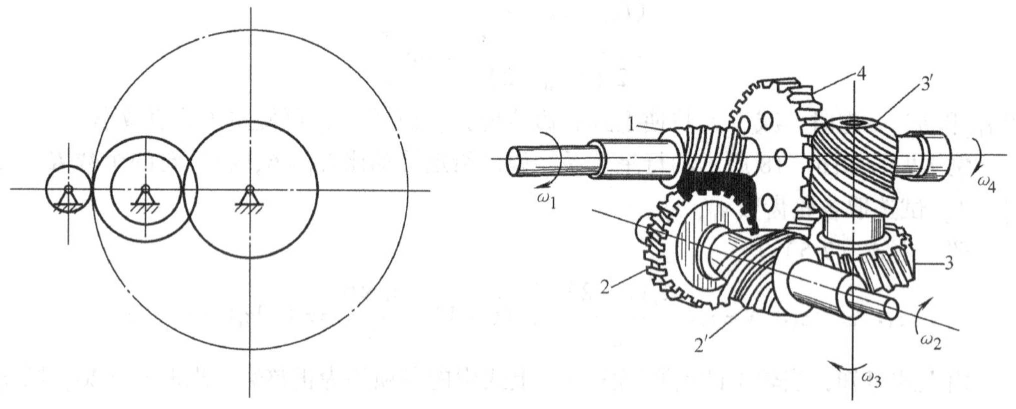

图 7-20　实现较大传动比的传动　　　图 7-21　大传动比传动的定轴轮系

$$i_{14}=\frac{z_2z_3z_4}{z_1z_{2'}z_{3'}}=\frac{40\times40\times40}{2\times2\times2}=8000$$

用画箭头的方法可知 1 和 4 的转动方向相同。该轮系结构简单，但获得的传动比却很大。

要获得更大传动比还可以用周转轮系或复合轮系，如例 7-1 的行星轮系。图 7-22 所示的减速器是利用复合轮系实现大传动比的一个实例。其中 1 和 5 均为单头的右旋蜗杆，其余各轮齿数为：$z_1'=101$，$z_2=99$，$z_{2'}=z_4$，$z_{4'}=100$，$z_{5'}=100$。运动由蜗杆 1 输入，由行星架 H 输出。这是一个有两个定轴轮系 1、2 和 1′、5′、5、4′及一个差动轮系 2′、3、4、H 组成的复合轮系。由定轴轮系传动比的计算式可得蜗轮 2 和 4′的转速 n_2 和 n_4'的大小为

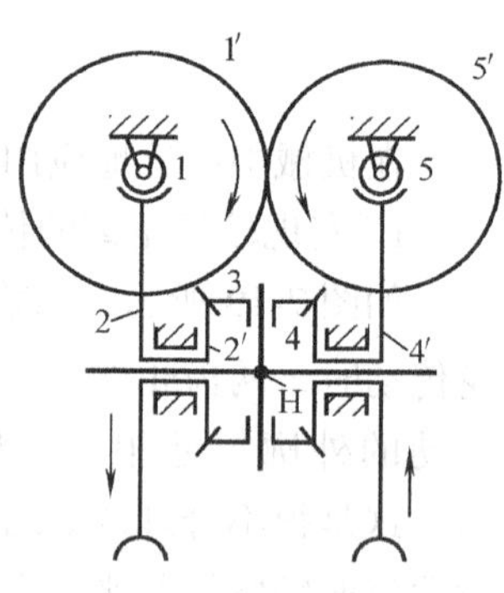

图 7-22　大传动比减速器

$$n_2=\frac{z_1}{z_2}n_1=n_{2'}$$

$$n_{4'}=\frac{z_{1'}z_5}{z_{5'}z_{4'}}n_{1'}=\frac{z_{1'}z_5}{z_{5'}z_{4'}}n_1=n_4$$

用画箭头的方法可知，n_2 和 $n_{4'}$的方向相反。

又由差动轮系 2′、3、4、H 得

$$i_{2'4}^{H}=\frac{n_{2'}-n_H}{n_4-n_H}=\frac{n_2-n_H}{n_{4'}-n_H}=-\frac{z_4}{z_{2'}}=-1$$

将 n_2 和 $n_{4'}$代入上式并整理后得

$$i_{1H}=\frac{n_1}{n_H}=\frac{2}{\dfrac{z_1}{z_2}-\dfrac{z_{1'}z_5}{z_{5'}z_{4'}}}=\frac{2}{\dfrac{1}{99}-\dfrac{101\times1}{100\times100}}=1\ 980\ 000$$

上式表明蜗杆 1 转 1980 000r 时，行星架 H 转 1r。若蜗杆 1 以 $n_1=1375\text{r/min}$ 的转速转动，则行星架转一周所需要的时间 $t=\dfrac{1\ 980\ 000}{1\ 375\times60}=24\text{h}$。

3. 实现变速和换向传动

图 7-23 所示为龙门刨床工作台的变速换向机构。J、K 为电磁制动器，它们可分别制动构件 A 和 3。运动由轴 Ⅰ 输入轴 B 输出。当用 J 制动 A 时，齿轮 5 固定不动，输入轴的齿轮 1 通过齿轮 2 推动双联齿轮 3—3′，齿轮 3′使齿轮 4 在齿轮 5 上滚动，从而带动输出轴 B。因这时齿轮 1、2、3 的几何轴线固定不动，所以它们和机架组成一个定轴轮系；而齿轮 4 一方面绕其几何轴线转动，同时其轴心又绕 B 的几何轴线转动，所以齿轮 5、4、3′和行星架 B 组成一个行星轮系。这个行星轮系和定轴轮系是通过双联齿轮 3 和 3′联系在一起的，且 $n_3=n_{3'}$。由此可知，这个复合轮系是由一个定轴轮系和一个行星轮系串联而成的。

在定轴轮系 1、2、3 中

$$i_{13}=\frac{n_1}{n_3}=-\frac{z_3}{z_1}$$

在行星轮系 3′、4、5、B 中

$$i_{3'B}=1-i_{3'5}^{B}=1-(-1)^1\frac{z_5}{z_{3'}}=1+\frac{z_5}{z_{3'}}$$

由以上两式可得

$$i_{1B}=i_{13}i_{3'B}=-\frac{z_3}{z_1}\left(1+\frac{z_5}{z_{3'}}\right)$$

由于 $i_{1B}<0$，故输出轴 B 与数入轴 Ⅰ 的转向相反。

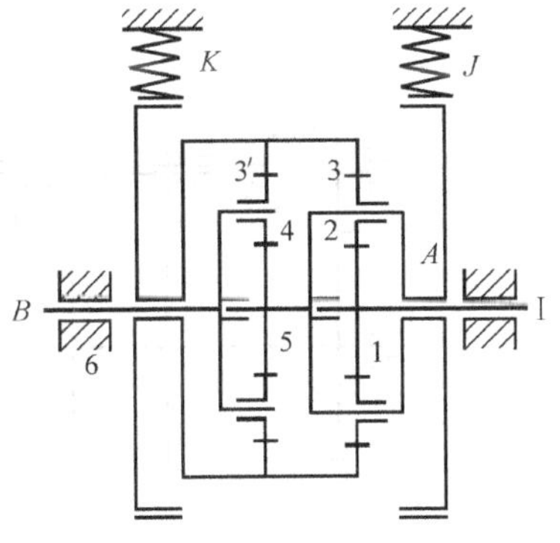

图 7-23　龙门刨床工作台的变速换向机构

当用制动器 K 制动双联齿轮 3—3′时，运动经齿轮 1、2、5、4 传给输出轴 B。这时，齿轮 2 和 4 的几何轴线绕 B 的几何轴线（与齿轮 1、5 的几何轴线重合）转动。由图可知，齿轮 1、2、3 和行星架 A 及齿轮 5、4、3′和行星架 B 分别组成两个行星轮系，这两个轮系是通过行星架 A 和齿轮 5 联接起来，且 $n_5=n_A$。所以，这是一个由两个行星轮系串联而成的复合轮系。

由行星轮系 1、2、3、A 可得

$$i_{1A}=1-i_{13}^{A}=1-(-1)^{1}\frac{z_3}{z_1}=1+\frac{z_3}{z_1}$$

同理，由行星轮系5、4、3′、B可得

$$i_{5B}=1-i_{53'}^{B}=1-(-1)^{1}\frac{z_{3'}}{z_5}=1+\frac{z_{3'}}{z_5}$$

因为$n_5=n_A$，故得

$$i_{1B}=i_{15}\cdot i_{5B}=i_{1A}\cdot i_{5B}=\left(1+\frac{z_3}{z_1}\right)\left(1+\frac{z_{3'}}{z_5}\right)$$

由上式可知$i_{1B}>0$，表明输出轴B与输入轴Ⅰ的转向相同。又因

$$(z_3/z_1)(1+z_5/z_{3'})<(1+z_3/z_1)(1+z_{3'}/z_5)$$

故制动A时为空行程，制动3—3′为工作行程。

图7-24所示为一汽车变速器传动图。主轴Ⅰ由发动机驱动，通过齿轮1、2、3、4、5、6、7、8及离合器A、B的不同组合，从动轴Ⅱ可得到三挡不同的前进转速和一挡倒车转速。

4. 实现分路传动

利用轮系可以使一个主动轴的输入运动同时带动若干个从动轴输出运动。如图7-25所示，定轴轮系把轴Ⅰ的输入运动，通过一系列齿轮传动，分为从动轴Ⅱ、Ⅲ、Ⅳ三个输出运动。

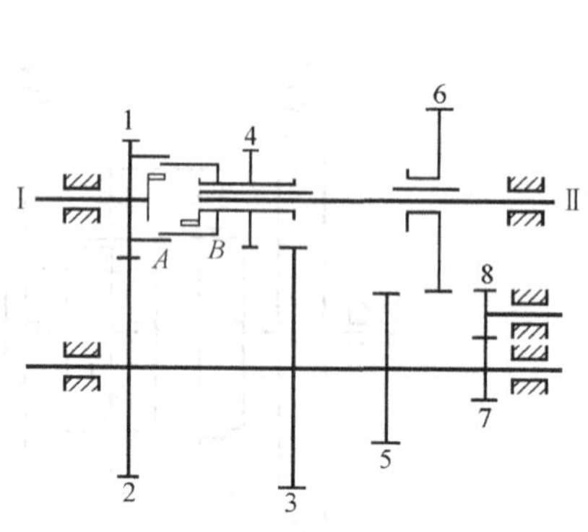

图7-24　汽车变速器传动图

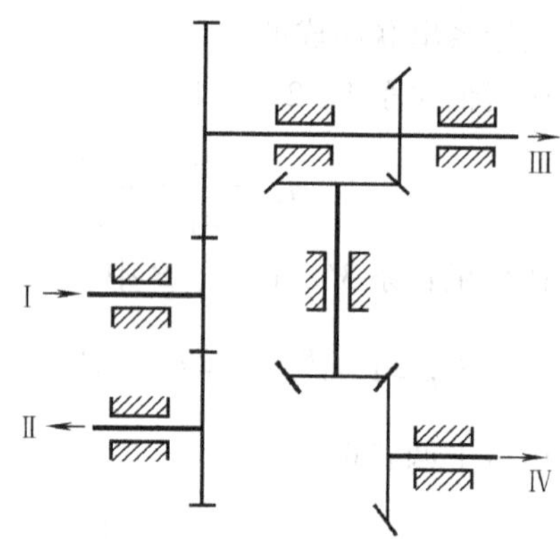

图7-25　分路传动的定轴轮系

5. 实现运动的合成

对于差动轮系，当给定两个基本构件的运动时，第三个基本构件的运动随之就确定了。因此，输出构件的运动是两个输入构件运动的合成。如例7-4的差动轮系，当给定中心轮1和3的转动，就可以合成输出行星架H的转动。

6. 实现运动的分解

差动轮系不仅可以实现运动的合成，还可以实现运动的分解，即将一个基本构件的

输入运动，依据附加条件，分解成另两个基本构件的运动，汽车后桥的差速器即为其应用的典型实例。现以该差速器为例来说明。

图 7-26 所示为装在汽车后桥上的差动轮系（常称为差速器）。发动机由变速器通过传动轴驱动齿轮 5，齿轮 4 上固连着行星架 H，行星架支撑着行星轮 2。所以，齿轮 1、2、3 及行星架 H 组成了一个差动轮系。其中 $z_1 = z_3$，根据式（7-2）有

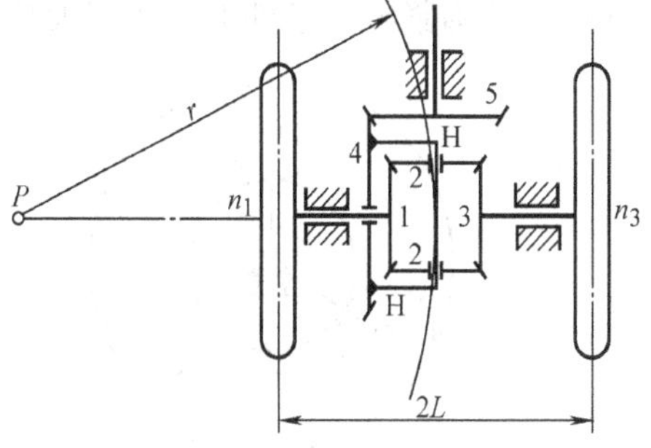

图 7-26　汽车差速器简图

$$i_{13}^{H} = \frac{n_1 - n_H}{n_3 - n_H} = -\frac{z_3}{z_1} = -1$$

则

$$n_4 = n_H = \frac{n_1 + n_3}{2} \tag{a}$$

汽车两后轮的直径相等，且行驶时车轮相对地面不能打滑。当汽车直线行驶时，其两后轮行驶的路程相等，所以两轮的转速应相等。因此，由上式可得 $n_1 = n_3 = n_4$，这表明轮 1 和轮 3 之间没有相对运动，轮 2 不绕自己的轴线转动。这时轮 1、2、3 如一个整体，随齿轮 4 一起转动。而当汽车转弯时，由于两后轮行驶的路程不相等，所以两后轮的转速也应不相等，即 $n_1 \neq n_3$。在外圈行驶的车轮经历的路程长，而在内圈行驶的车轮经历的路程短，所以外圈车轮的转速应比内圈车轮的转速要高，即轮系中的齿轮 1 和齿轮 3 之间产生了相对运动，轮系这时起到差速器的作用。至于两轮转速差的大小，与它们之间的距离以及转弯处的半径 r 有关。

若汽车如图 7-26 所示绕 P 点向左转弯行驶时，汽车的两前轮在转向机构的作用下，使其轴线与两后轮的轴线汇交于点 P，这时整个汽车可看作是绕着点 P 转动，如图 7-27 所示。在不发生打滑和 n_4 不变的条件下，两后轮的转速应与弯道半径成正比，由图可得

$$\frac{n_1}{n_3} = \frac{r - L}{r + L} \tag{b}$$

解（a）、（b）两式可得

$$n_1 = \frac{r - L}{r} n_4 \quad 和 \quad n_3 = \frac{r + L}{r} n_4$$

7. 实现大功率传动

在周转轮系中，常采用多个行星轮的结构形式，各行星轮均匀地分布在中心轮四周，如图 7-28 所示的行星轮系。这样，载荷由多对齿轮承受，可大大提高承载能力；又因多个行星轮均匀分布，可使行星轮因公转所产生的离

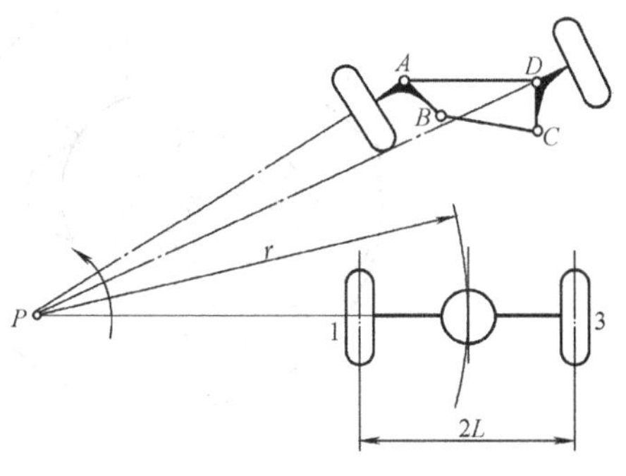

图 7-27　汽车转向机构

心惯性力和各齿廓啮合处的径向分力得以平衡，可大大改善机构的受力状况。此外，采用内啮合又有效地利用了空间，加之其输入轴与输出轴共轴线，故可减小径向尺寸。因此可在结构紧凑的条件下，实现大功率传动。

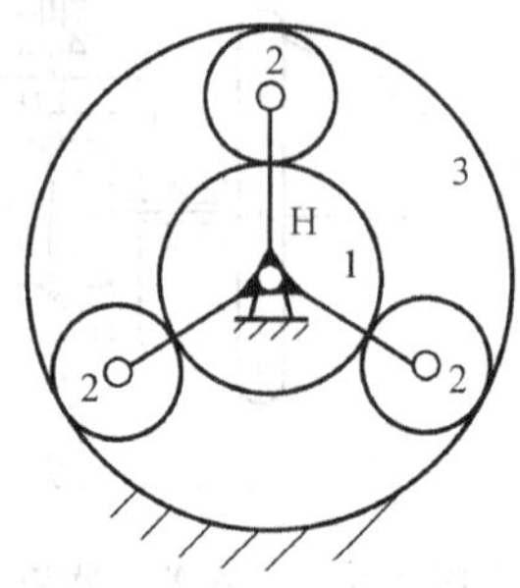

图 7-28　有多个行星轮的行星轮系

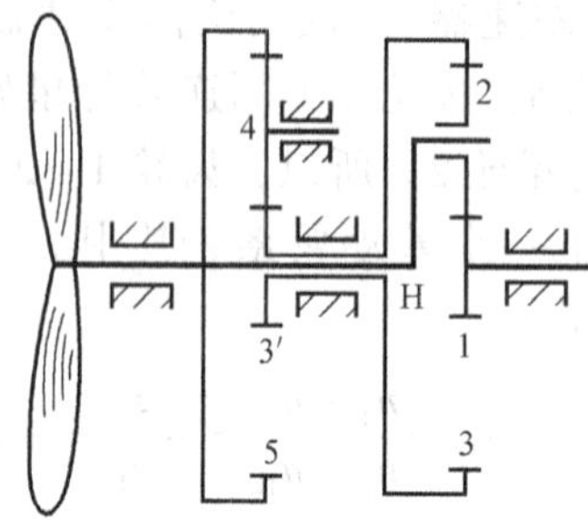

图 7-29　螺旋浆发动机减速器

图 7-29 所示为某涡轮螺旋浆发动机主减速器传动简图。该减速器由一差动轮系和一定轴轮系组成。动力由中心轮 1 输入后，经行星架 H 和内齿轮 3 分两路输往螺旋浆。由于功率分路传递，且差动轮系采用多个行星轮（图中只画出了一个）均匀分布承担载荷，从而使整个装置在体积小、质量小的情况下，实现大功率传动。该减速器的外部尺寸仅有 0.5m 左右，而传递的功率可达 2850kW。

8. 行星轮复杂轨迹运动的应用

在周转轮系中，由于行星轮既作自转又作公转，其上任一点的轨迹都是形状和性质不同的曲线。如图 7-30a 所示的内啮合行星轮系中，令行星轮 1 的节圆半径为 r_1'，中心轮 2 的节圆半径为 r_2'，当 $r_1' = \frac{1}{2} r_2'$时，行星轮 1 节圆上任一点 P 的轨迹是一条过圆心 O_H 的直线；O_1 点的轨迹是一个圆；点 C 和 D 轨迹分别为椭圆 e_C 和 e_D。在图 7-30b 所示的内啮合行星轮系中，$r_1' = 0.4 r_2'$，行星轮 1 上的$\overline{K_1 P} = 0.5 r_1'$。当行星架 H 回转一周时，点 K_1 的运动轨迹是一条连续的、以 O_2 为对称中心的五叶长幅内摆线。所以在纺织

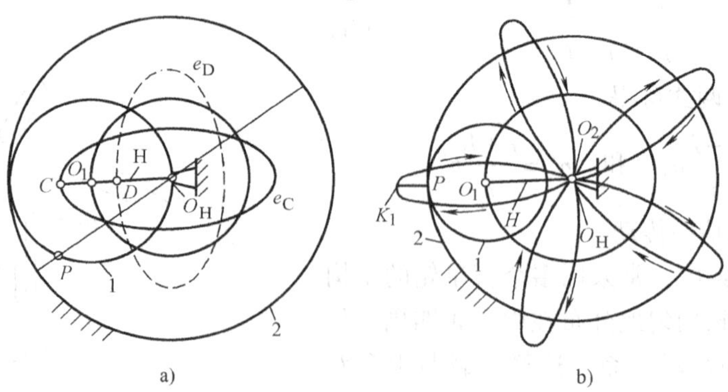

图 7-30　行星轮的轨迹曲线

机械中常利用这种方式产生的曲线来构成各种美丽的图案。在加工各种摆线液压泵和摆线齿轮的机床中，也常利用它来自动切削出所需的摆线齿廓。

第七节　其他类型的行星传动简介

一、渐开线少齿差行星传动

1. 渐开线少齿差行星传动的结构和传动比

图 7-31 所示为渐开线少齿差行星传动的结构简图。其中，齿轮 1 为固定的中心内齿轮，齿轮 2 为行星轮，运动由行星架 H 输入，通过等角速比机构由轴 V 输出。它与前述各种行星轮系的不同之处在于，它输出的是行星轮的绝对运动，而不是中心轮或行星架的绝对运动。由于中心轮与行星轮的齿廓均为渐开线，且齿数差很少（一般为 1 ~4），故称为少齿差行星传动。又因其只有一个中心轮、一个行星架和一个带输出机构的输出轴 V，故又称为 K—H—V 行星轮系。

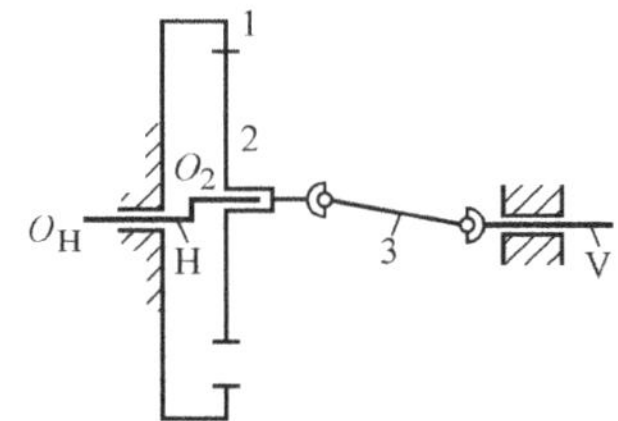

图 7-31　少齿差行星传动

这种行星传动机构的传动比可用式（7-3）求出：

$$i_{HV}=i_{H2}=\frac{n_H}{n_2}=\frac{1}{\dfrac{n_2}{n_H}}=\frac{1}{i_{2H}}=\frac{1}{1-i_{21}^H}=\frac{1}{1-\dfrac{z_1}{z_2}}=-\frac{z_2}{z_1-z_2} \tag{7-6}$$

上式表明：当齿数差（z_1-z_2）很小时，传动比 i_{HV} 可以很大；当 $z_1-z_2=1$ 时，称为一齿差行星传动，其传动比 $i_{HV}=-z_2$，“$-$”号表示其输出轴与输入轴转向相反。

2. 等角速比机构

由于行星轮 2 除自转外还有随行星架 H 的公转运动，故其中心 O_2 不可能固定在一点。为了将行星轮的运动不变地传递给具有固定回转轴线的输出轴 V，需要在二者间安装一个能实现等角速比传动的输出机构。这种机构可以是双万向联轴器、十字槽联轴器及孔销输出机构等。但双万向联轴器的轴向尺寸较大，而十字槽联轴器的效率低，所以目前用得最为广泛的是如图 7-32 所示的双盘孔销式输出机构。图中 O_2、O_3 分别为行星轮 2 和输出轴圆盘的中心。在输出轴圆盘上，沿半径为 ρ 的圆周上均匀分布有若干个圆柱销（一般为 6 ~12 个），其中心为 B。为了改善工作条件，在这些圆柱销的外边套有半径为 r_x 的滚动销套。将这些带有销套的圆柱销插入行星轮幅板上中心为 A、半径为 r_K 的销孔内。若设计时取行星架的偏距 $e=r_K-r_x$，则 O_2，O_3，A，B 将构成平行四边形 O_2ABO_3。由于在运动过程中，位于行星轮上的 O_2A 和位于输出轴圆盘上的 O_3B 始终保持平行，故输出轴 V 将始终与行星轮 2 等速同向转动。

3. 渐开线少齿差行星传动的主要优、缺点

主要优点是：1）传动比大（一级减速传动比可达 100，二级减速传动比可达 10 000 以上）；2）结构简单紧凑，体积小，质量小；3）运转平稳；4）加工装配及维修

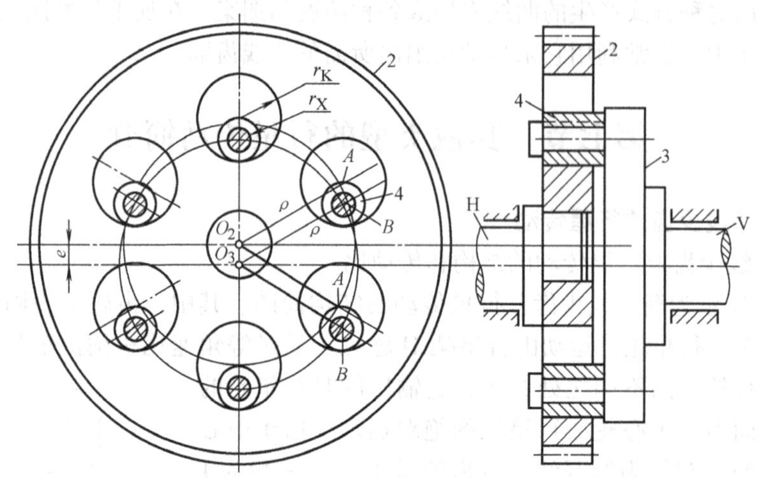

图 7-32　双盘孔销式输出机构

2—星行轮　3—输出圆盘　4—销套　V—输出轴　H—行星架轴

方便；5）传动效率高（可达 0.85 ~ 0.91）。

由于具有以上优点，渐开线少齿差行星传动被广泛用于冶金机械、食品工业、石油化工、起重运输及仪表制造等行业。

主要缺点是：由于齿数差很少，又是内啮合传动，容易产生非啮合区齿廓重叠干涉现象。为避免产生齿廓重叠干涉，一般需采用啮合角很大的正传动（当齿数差为 1 时，$\alpha' = 54° \sim 56°$），从而导致轴承压力增大。加之还需要一个输出机构，故使传递的功率受到一定限制，一般用于中、小功率传动。

二、摆线针轮行星传动

1. 摆线针轮行星传动的结构

图 7-33 所示为摆线针轮行星传动的示意图。其中，1 为针轮，2 为摆线行星轮，H 为行星架，3 为输出机构。运动由行星架 H 输入，通过输出机构 3 由轴 V 输出。同渐开线一齿差行星传动一样，摆线针轮行星传动也是一种 K—H—V 型一齿差行星传动。两者的区别仅在于：在摆线针轮传动中，行星轮的齿廓曲线不是渐开线，而是变态外摆线；中心内齿轮采用了针齿，又称为针轮。摆线针轮行星传动即因此而得名。

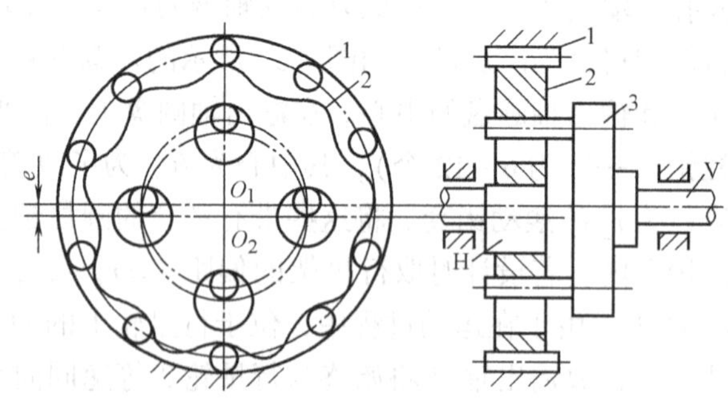

图 7-33　摆线针轮行星传动

1—针轮　2—摆线星行轮　3—输出圆盘

V—输出轴　H—行星架

2. 摆线针轮行星传动的传动比

同渐开线少齿差行星传动一样，其传动比为

$$i_{HV}=i_{H2}=\frac{n_H}{n_2}=-\frac{z_2}{z_1-z_2} \tag{7-7}$$

由于 $z_1-z_2=1$，故 $i_{HV}=-z_2$，即利用摆线针轮行星传动可获得大传动比。

3. 摆线针轮行星传动的主要优、缺点

摆线针轮行星传动的主要优点是：1）传动比大（一级减速传动比为 9～115，多级可获得更大减速比）；2）结构紧凑，体积小，质量小；3）传动效率高（一般可达 0.9～0.95）；4）传动平稳、承载能力高（理论上有近半数的齿同时处于啮合状态）；5）工作可靠，使用寿命长；6）与渐开线少齿差行星传动相比，无齿顶相碰和齿廓重叠干涉的问题。

由于以上优点，摆线针轮行星传动日益受到世界各国的重视，在军工、矿山、冶金、造船、化工等工业部门，以其多方面的优点取代了一些笨重庞大的传动装置。

其主要缺点是：加工工艺复杂，制造成本较高，必须用专用的机床和刀具来加工其摆线轮。

三、谐波齿轮传动

1. 谐波齿轮传动的结构和工作原理

谐波传动是建立在弹性变形理论基础上的一种新型传动，它的出现为机械传动技术带来了重大突破。图 7-34 所示为谐波齿轮传动的示意图。它由三个主要构件所组成，即具有内齿的刚轮 1、具有外齿的柔轮 2 和波发生器 H。这三个构件和前述的少齿差行星传动中的中心内齿轮 1、行星轮 2 和行星架 H 相当。通常波发生器为主动件，而刚轮和柔轮之一为从动件，另一个为固定件。

当波发生器装入柔轮内孔时，由于前者的总长度略大于后者的内孔直径，故柔轮变为椭圆形，于是在椭圆的长轴两端产生了柔轮与刚轮轮齿的两个局部啮合区；同时在椭圆短轴两端，两轮轮齿则完全脱开。至于其余各处，则视柔轮回转方向的不同，或处于啮入状态，或处于啮出状态。当波发生器连续转动时，柔轮长短轴的位置不断变化，从而使轮齿的啮合处和脱开处也随之不断变化，于是在柔轮与刚轮之间就产生了相对位移，从而传递运动。

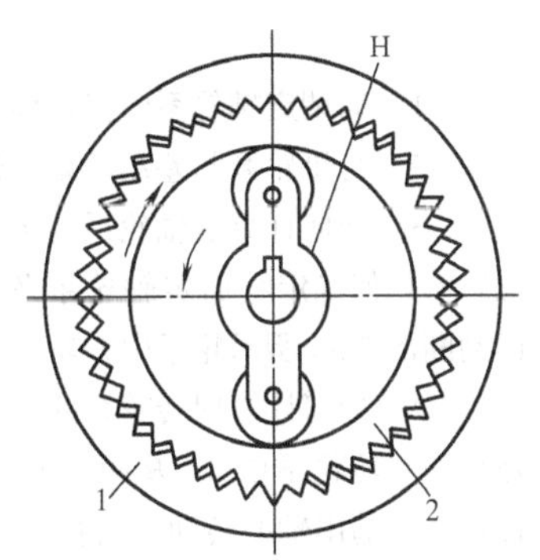

图 7-34　谐波齿轮传动

1—刚轮　2—揉轮　H—波发生器

在波发生器转动一周期间，柔轮上一点变形的循环次数与波发生器上的凸起部位数是一致的，称为波数。常用的有两波和三波两种。为了有利于柔轮的力平衡和防止轮齿干涉，刚轮和柔轮的齿数差应等于波发生器波数（即波发生器上的滚轮数）的整倍数，通常取为等于波数。

2. 谐波齿轮传动的传动比

由于在谐波齿轮传动过程中，柔轮与刚轮的啮合过程与行星齿轮传动类似，故其传动比可按周转轮系传动比的计算方法求得。

当刚轮 1 固定、波发生器 H 主动、柔轮 2 从动时，其传动比可计算如下：

$$i_{H2}=\frac{n_H}{n_2}=-\frac{z_2}{z_1-z_2}=-\frac{d_2}{d_1-d_2} \tag{7-8}$$

式中 z_1、d_1 和 z_2、d_2 分别为刚轮和柔轮的齿数和分度圆直径。上式与渐开线少齿差行星传动的传动比计算式完全相同。主从动件转向相反。

当柔轮 2 固定，波发生器 H 主动、刚轮 1 从动时，其传动比为

$$i_{H1}=\frac{n_H}{n_1}=\frac{z_1}{z_1-z_2}=\frac{d_1}{d_1-d_2} \tag{7-9}$$

此时，主从动件转向相同。

3. 谐波齿轮传动的优、缺点

谐波齿轮传动具有以下明显优点：1）传动比大、范围宽（一级传动传动比范围为 50～500，多级传动的传动比可达 2500～10 000 000）；2）在传动比很大的情况下，仍具有较高的效率（单级传动可达 0.69～0.96）；3）结构简单、体积小、质量小（与一般齿轮减速器相比，零件可减少约 50%。体积可减小 20%～50%）；4）同时啮合的轮齿对数多，齿面相对滑动速度低，加之多齿啮合的平均效应，使其承载能力强；5）传动平稳，运动精度高；6）可实现密封空间的运动传递。

其主要缺点是：柔轮易发生疲劳损坏，起动转矩大。

近年来谐波齿轮传动技术发展十分迅速，应用日益广泛，在机械制造、冶金、发电设备、矿山、造船及国防工业中（如宇航技术、雷达装置等）都得到了应用。

思考题与练习题

7-1 何谓定轴轮系？何谓周转轮系？它们各有什么特点？

7-2 行星轮系与差动轮系有何区别？如何判断？

7-3 如何计算定轴轮系的传动比？传动比的符号代表什么意思？如何确定平面定轴轮系及空间定轴轮系传动比的符号？试判断图 7-35 所示轮系中各轮的转向。

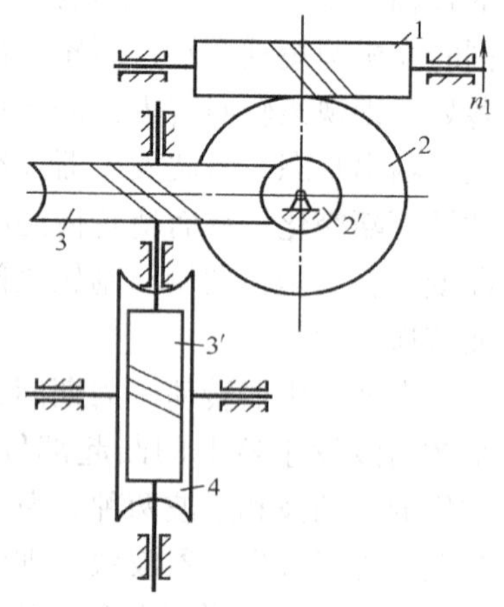

图 7-35 题 7-3 图

7-4 如何计算周转轮系的传动比？何谓“转化机构”？i_{AB}^{H} 是否是周转轮系中 A、B 两轮的传动比？为什么？如何确定周转轮系中输出轴的转动方向？

7-5 如何求复合轮系传动比？试说明求解步骤。

7-6 如何从复合轮系中区别哪些构件组成一个周转轮系，哪些构件组成一个定轴轮系？

7-7 在空间齿轮组成的周转轮系中，能否应用转化机构法求传动比？它需要什么条件？

7-8 图 7-36 所示为一时钟的轮系。S、M、H 分别表示秒针、分针、时针。图中括号内数字表示该轮的齿数。假设齿轮

2 和齿轮 4 的模数相等，试求齿轮 2、4、1′的齿数。

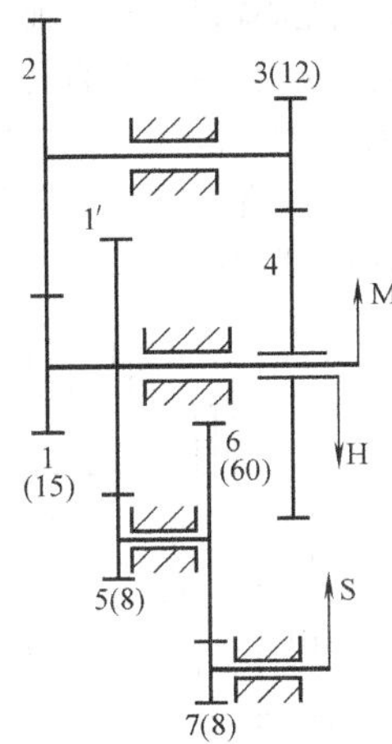

图 7-36　题 7-8 图

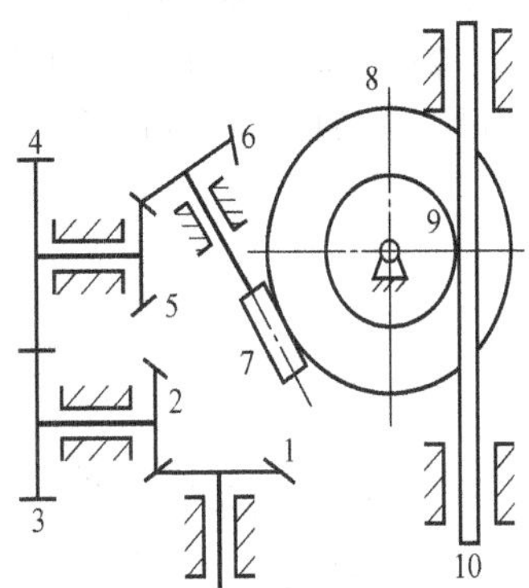

图 7-37　题 7-9 图

7-9　在图 7-37 所示轮系中，已知各轮的齿数为 $z_1=60$，$z_2=48$，$z_3=80$，$z_4=120$，$z_5=60$，$z_6=40$，$z_7=2$（左旋），$z_8=80$，$z_9=65$，模数 $m_9=5\mathrm{mm}$，齿轮 1 的转速为 240 r/min，求齿轮 9 的转速及齿条 10 的速度大小和方向。

7-10　在图 7-38 所示轮系中，已知各齿轮的齿数 $z_1=20$，$z_2=26$，$z_3=44$，$z_4=38$；螺旋 5 是单头左旋螺杆，螺旋 6 为单头右旋螺杆，它们的螺距分别为 $p_5=3\mathrm{mm}$，$p_6=2.5\mathrm{mm}$。螺旋 6 旋入螺旋 5 中，而螺旋 5 则旋入机架中。轮 1 和轮 2 都装在手轮轴上。试问，当手轮旋转一周时，x 和 y 改变多少？方向如何？

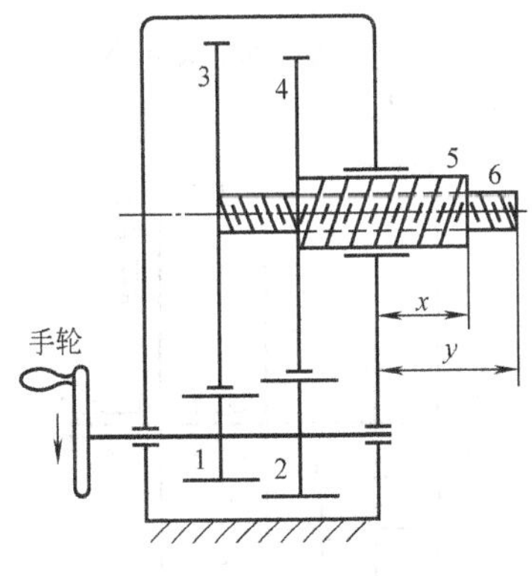

图 7-38　题 7-10 图

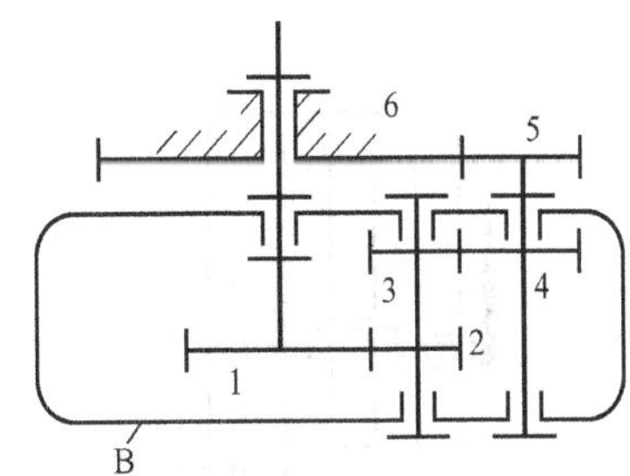

图 7-39　题 7-11 图

7-11　用于自动化照明灯具上的一传动装置如图 7-39 所示。已知输入轴转速 $n_1=19.5$ r/min，各齿轮齿数为 $z_1=60$，$z_2=z_3=30$，$z_4=z_5=40$，$z_6=120$。试求箱体 B 的转速。

7-12　在图 7-40 所示的坦克车复式差速器中，已知 $z_1=z_5$，$z_3=z_4$。当用制动器 T（或 T'）制动齿轮 3（或齿轮 4）时，要求坦克能立即向右（或向左）急转弯，这时右后轴 I（或左后轴 V）的转速为零。试求该差速器各个齿轮齿数之间应满足的条件。

7-13　在图7-41所示车削球面轴瓦的专用设备中，齿轮1连在固定心轴上，而主轴H则空套在芯轴上。当电动机驱动主轴旋转时，齿轮3一方面随主轴作公转，同时又相对主轴作自转。通过螺旋机构和滑块摇杆机构使刀架绕点O摆动，同时刀架又随主轴转动，因此刀尖便车出轴瓦的球面内孔。设已知$z_1=z_{2'}=25$，$z_2=z_3=100$，丝杠为右旋螺纹，其螺距$p=4\text{mm}$，问主轴按图示箭头方向回转一周时，轮3向哪个方向相对于主轴转多少周？滑块向上还是向下移动多少距离？

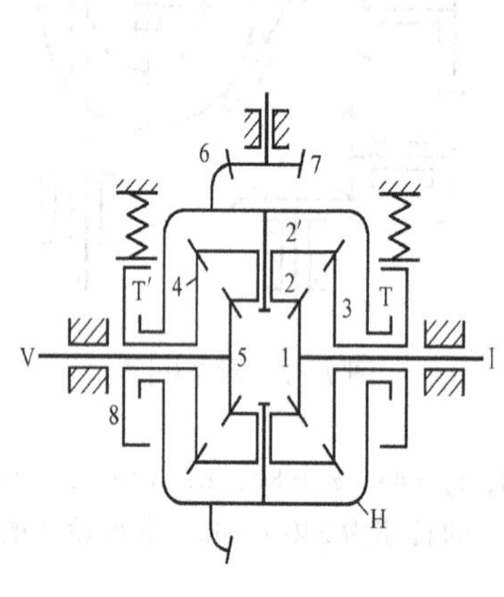

图7-40　题7-12图

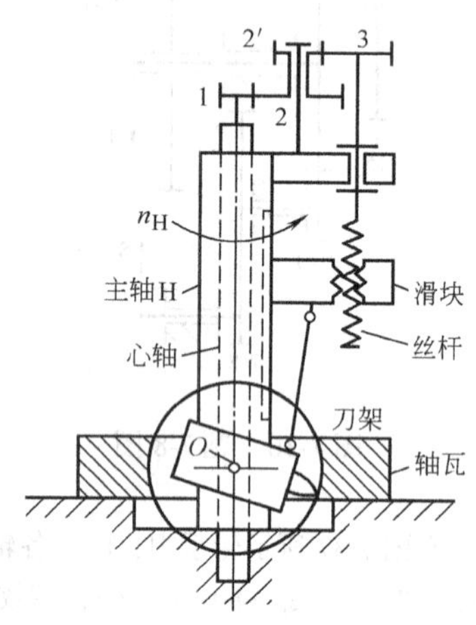

图7-41　题7-13图

7-14　在图7-42所示的脚踏车里程表机构中，C为车轮轴，已知$z_1=17$，$z_3=23$，$z_4=19$，$z_{4'}=20$，$z_5=24$。设轮胎受压变形后使28英吋车轮的有效直径约为0.7m，当车行1km时，表上指针恰好转一周。试确定齿轮2的齿数z_2。

7-15　图7-43所示为纺织机中的差动轮系，设$z_1=30$，$z_2=25$，$z_3=z_4=24$，$z_5=18$，$z_6=121$，$n_1=48\sim200\text{r/min}$，$n_H=316\text{r/min}$，试求卷线轮的转速$n_6$的大小和方向。

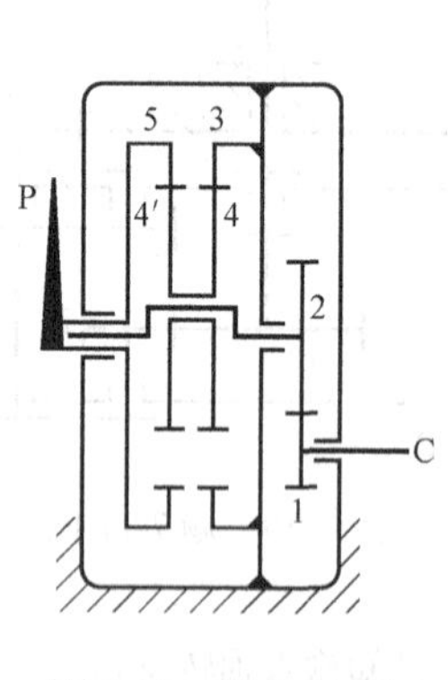

图7-42　题7-14图

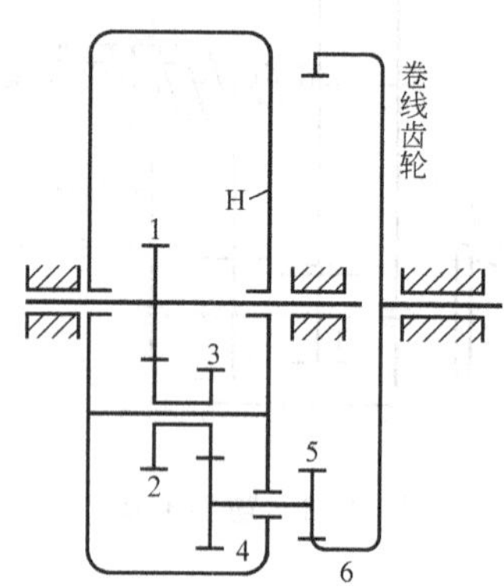

图7-43　题7-15图

7-16　图7-44示为粗纺机中的差动轮系。已知$z_1=60$，$z_2=64$，$z_3=45$，$z_4=30$，$n_1=400\text{r/min}$，

$n_H = 40 \sim 140r/min$。求 n_4 的大小和方向。

7-17　在图 7-45 所示的复合轮系中，已知 $z_1 = z_{1'} = 30$，$z_2 = 20$，$z_3 = 70$，$z_4 = 21$，$z_5 = 72$ 。求传动比 i_{1H}。

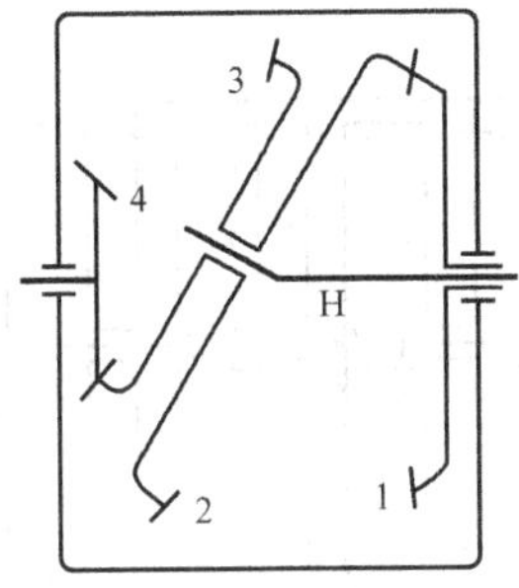

图 7-44　题 7-16 图

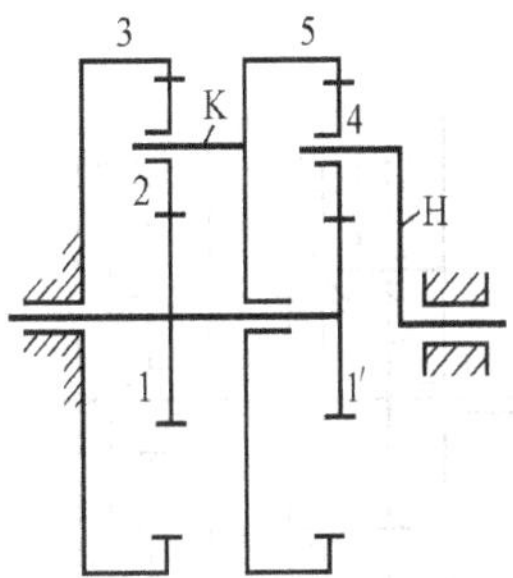

图 7-45　题 7-17 图

7-18　在图 7-46 所示传送带的行星减速器中，已知 $z_1 = 10$，$z_2 = 32$，$z_{2'} = 30$，$z_3 = 74$，$z_4 = 72$，电动机的转速为 1450r/min。求输出轴的转速 n_4 的大小和方向。

7-19　图 7-47 所示为一数控自动换刀镗床的刀库转位装置。齿轮 4 与刀库联接成一体，内齿轮 3 与机架固联，各轮齿数为：$z_1 = 24$，$z_2 = z_{2'} = 28$，$z_3 = 80$，$z_4 = 78$（变位齿轮）。试计算液压马达与刀库的转速关系。

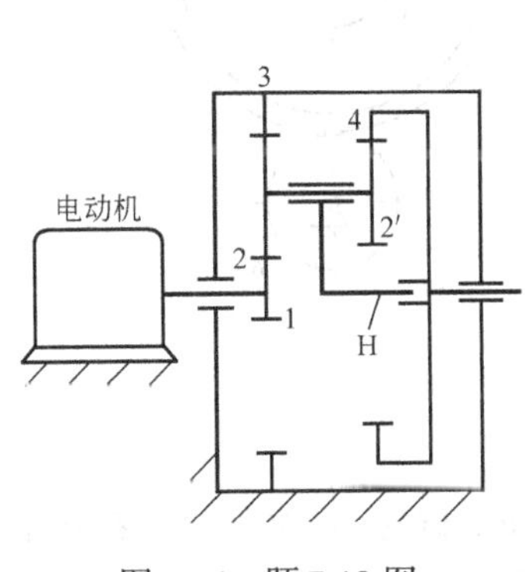

图 7-46　题 7-18 图

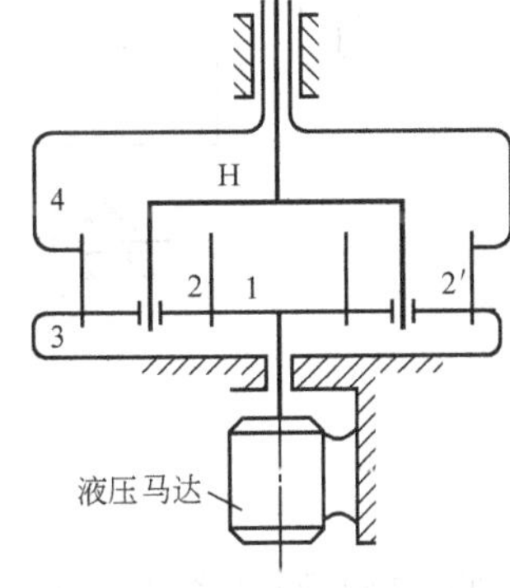

图 7-47　题 7-19 图

7-20　在图 7-48 所示的变速器中，已知齿轮 1、1′、6 的齿数均为 28，齿轮 3、5、3′的齿数均为 80，齿轮 2、4、7 的齿数均为 26。当鼓轮 *A*、*B*、*C* 分别被制动时，求传动比 i_{1H}。

7-21　在图 7-49 所示的洛普霍夫减速器中，已知齿轮 1、4、7 的齿数均为 101，齿轮 2、3、5、6、8、9 的齿数均为 100，齿轮 2′、5′、8′均为 99。求传动比 i_{AB}。

7-22　在图 7-50 所示操舵装置的周转轮系中，已知齿数 $z_1 = z_4$。

1）自动操舵时，制动舵轮 A，这时复式电动机开动，执行电动机再通过行星轮系 1—2—3—4—5 及一些其他机构进行操舵，求传动比 i_{15}；

2）手动操舵时，用控制杆锁住复式电动机，故轮 1 不动。这时松开舵轮 A，并用它通过行星轮系 4—3—2—1—5 及一些其他机构进行操舵，求传动比 i_{45}。

7-23　在图 7-51 所示门式起重机的旋转机构中，已知电动机的转速为 1440r/min，各轮齿数 $z_1=1$（右旋蜗杆），$z_2=40$，$z_3=15$，$z_4=180$。试确定该起重机机房平台 H 的转速 n_H 的大小和方向。

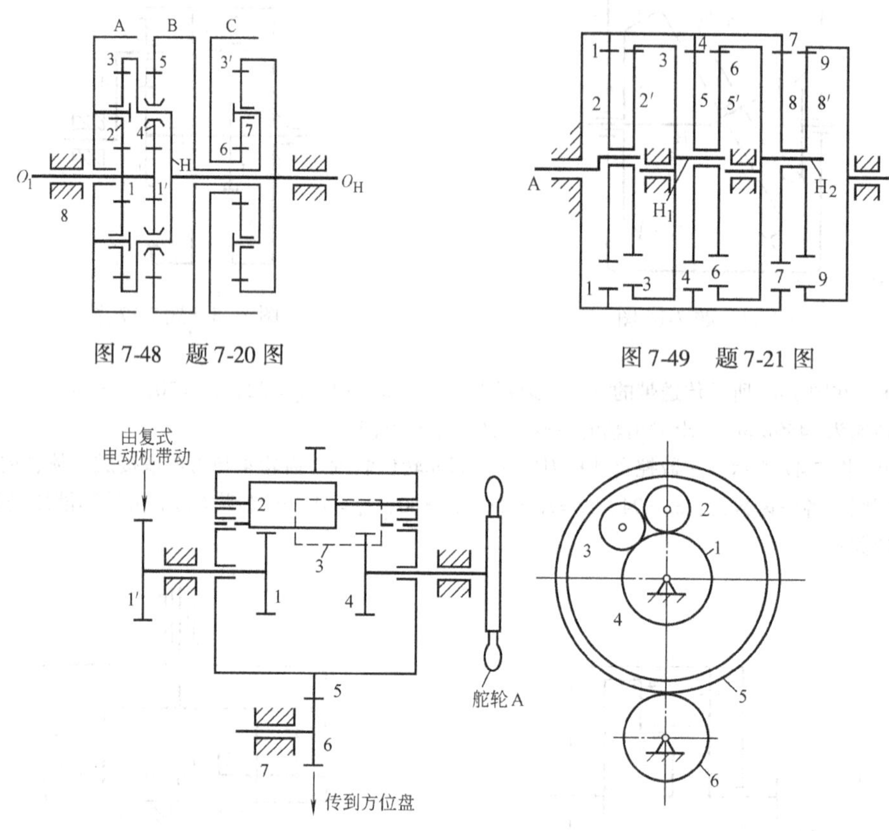

图 7-48　题 7-20 图　　图 7-49　题 7-21 图

图 7-50　题 7-22 图

7-24　在图 7-52 所示的线球缠绕机机构中，S 为线球，P 为链轮。已知 $z_1=1$（右旋蜗杆），$z_2=20$，$z_{2'}=60$，$z_3=12$，轴角 $\Sigma=45°$及 $n_1=1440$r/min 和 $n_p=150$r/min。求 n_S。

7-25　图所 7-53 所示为一电动卷扬机简图，所有齿轮均为标准齿轮，模数 $m=4$mm，各轮齿数为 $z_1=24$，$z_2=z_{2'}=18$，$z_3=z_{3'}=21$，$z_4=63$，$z_5=18$，$z_6=z_{6'}=18$。试求：

1）齿轮 7 的齿数 z_7；

2）传动比 i_{17}

7-26　在图 7-54 所示的减速装置中，齿轮 1 联于电动机的轴上。已知各轮的齿数为 $z_1=z_2=20$，$z_3=60$，$z_4=90$，$z_5=210$；电动机额定转速为 $n_d=1440$r/min，求轴 B 的转速 n_B 及其回转方向。（提示：这是含有复合行星架的周转轮系，要应用两次转化机构法。）

7-27　设计如图 7-55 所示的行星轮系，给定 $i_{1H}=3.6$，行星轮数 $K=3$。试确定各轮的齿数 z_1、z_2、z_3。

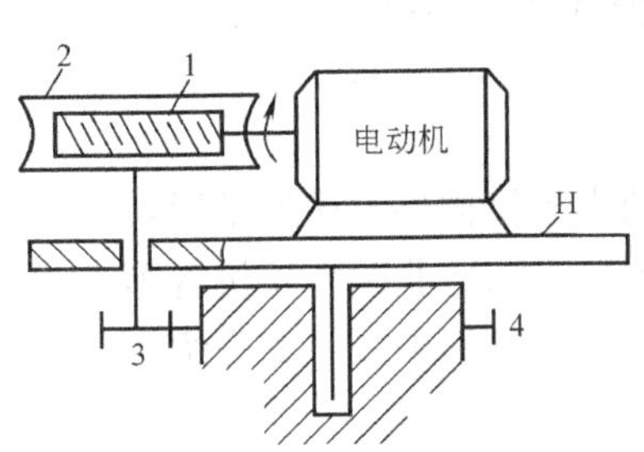

图 7-51　题 7-23 图

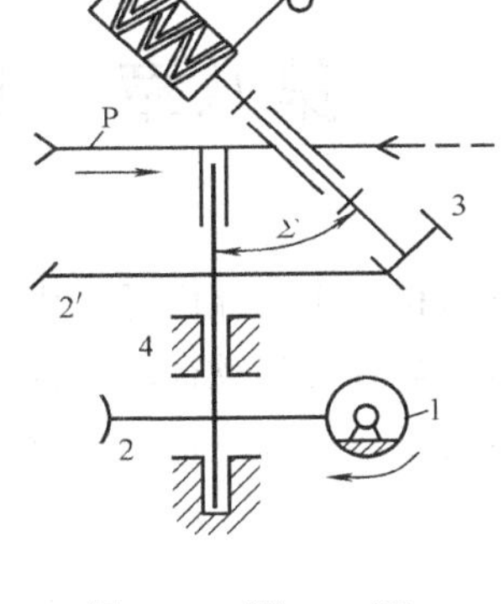

图 7-52　题 7-24 图

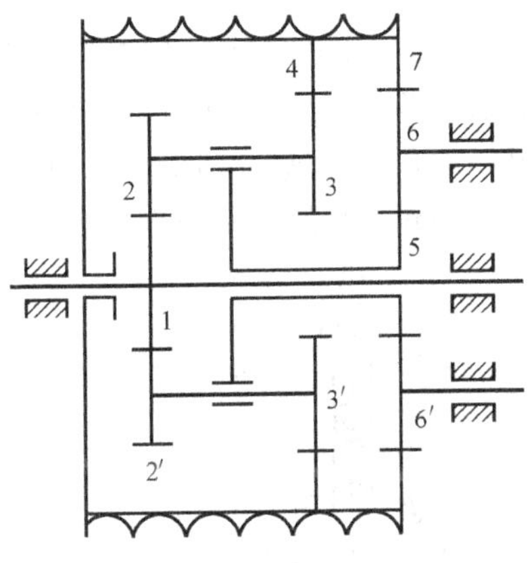

图 7-53　题 7-25 图

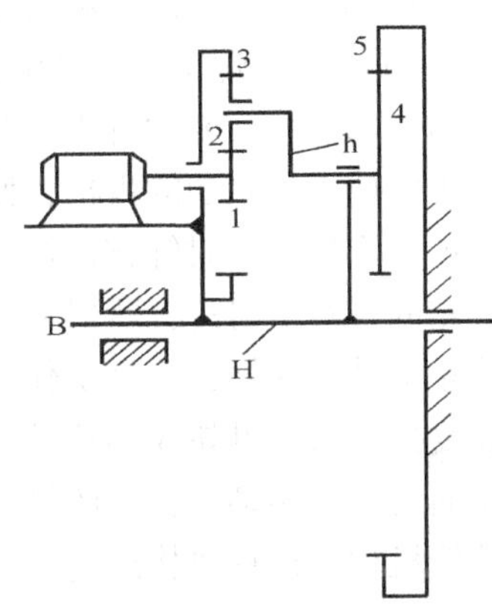

图 7-54　题 7-26 图

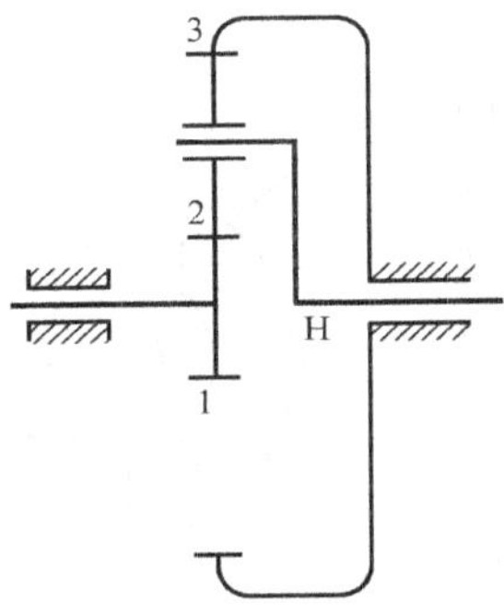

图 7-55　题 7-27 图

第八章　其他常用机构及其设计

在许多机器中，除广泛采用前面各章所介绍的常用机构外，还经常用到其他类型的一些机构，如各类间歇运动机构、万向联轴器、螺旋机构、非圆齿轮机构等。本章将对这些机构的工作原理、运动特点、应用情况及设计要点分别予以简要介绍。

第一节　棘轮机构

一、棘轮机构的工作原理和类型

如图 8-1a 所示，棘轮机构是由棘轮、棘爪及机架等所组成。主动杆 1 空套在与棘轮 3 固连的从动轴上。驱动棘爪 4 与杆 1 用转动副 A 相联。当杆 1 逆时针方向摆动时，驱动棘爪 4 便插入棘轮 3 的齿槽，使棘轮跟着转过一个角度。这时止回棘爪 5 在棘轮的齿背上滑过。当杆 1 顺时针方向摆动时，棘爪 5 阻止棘轮发生顺时针方向转动，同时棘爪 4 在棘轮的齿背上滑过，所以此时棘轮静止不动。这样，当杆 1 作连续的往复摆动时，棘轮 3 和从动轴便作单向的间歇转动。杆 1 的摆动可由凸轮机构、连杆机构或电磁装置等得到。

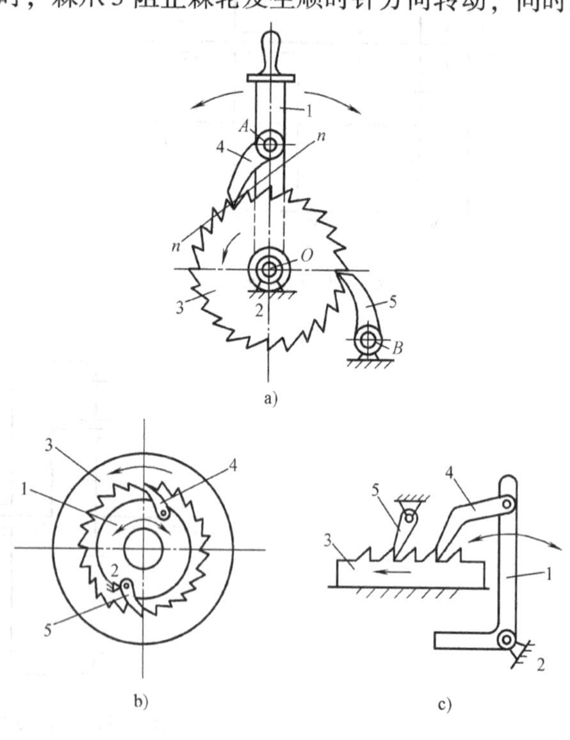

图 8-1　轮齿式棘轮机构

1—主动件　2—机架　3—从动件　4—主动棘爪　5—止动棘爪

按照结构特点，常用的棘轮机构有下列两大类：

1. 轮齿式棘轮机构

轮齿式棘轮机构有外啮合（图 8-1a）、内啮合（图 8-1b）两种形式。当棘轮的直径为无穷大时，变为棘条（图 8-1c），此时棘轮的单向转动变为棘条的单向移动。

根据棘轮的运动又可分为：

（1）单向式棘轮机构（图 8-1）　它的特点是主动杆向一个方向摆动时，棘轮沿同方向转过某一角度；而主动杆反向摆动时，棘轮静止不动。图 8-2 为双动式棘轮机构，构，当摇杆往复摆动时，都能使棘轮沿单一方向转动。

单向式棘轮采用的是不对称齿形，常用的有锯齿形齿（图 8-3a）、直线形三角齿（图 8-3b）及圆弧形三角齿（图 8-3c）。

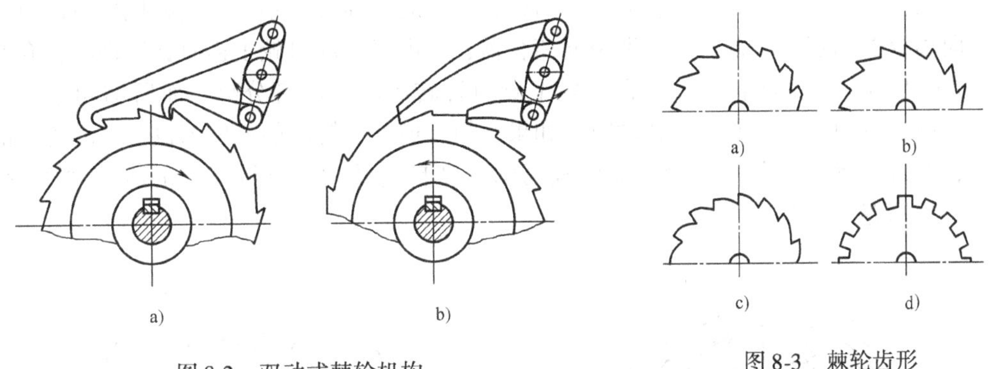

图 8-2　双动式棘轮机构

图 8-3　棘轮齿形

（2）双向式棘轮机构（图 8-4）　它的特点是当棘爪处在图示位置 *B* 时，棘轮可获得逆时针单向间歇运动；而当把棘爪绕其轴销 *A* 翻转到双点划线所示位置 *B′*时，棘轮即可获得顺时针单向间歇运动。

双向式棘轮机构的棘轮一般采用矩形齿（图 8-3d）。

2. 摩擦式棘轮机构

图 8-5 所示为摩擦式棘轮机构，它的工作原理与轮齿式棘轮机构相同，只不过用偏心扇形块代替棘爪，用摩擦轮代替棘轮。当杆 1 逆时针方向摆动时，扇形块 2 楔紧摩擦轮 3 成为一体，使轮 3 也一同逆时针方向转动，这时止回扇形块 4 打滑；当杆 1 顺时针方向转动时，扇形块 2 在轮 3 上打滑，这时，扇形块 4 楔紧，防止轮 3 倒转。这样当杆 1 作连续反复摆动时，轮 3 便得到单向的间歇运动。

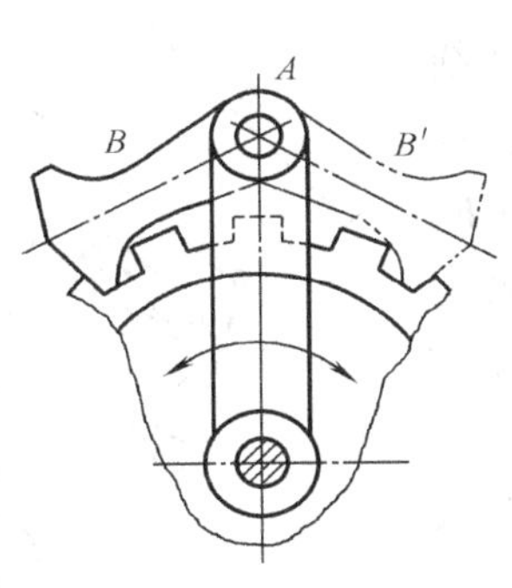

图 8 4　双向式棘轮机构

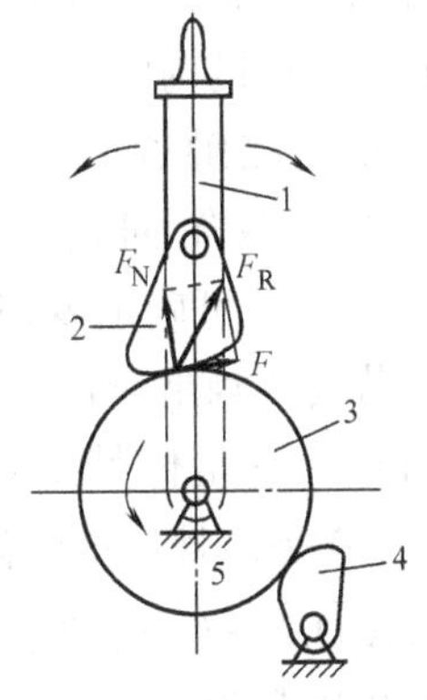

图 8-5　摩擦式棘轮机构

1—主动杆　2—主动扇形块　3—摩擦轮
4—止动扇形块　5—机架

图 8-6 所示的单向离合器，可看作是内接摩擦式棘轮机构。此机构由星轮 1、套筒 2、弹簧顶杆 3 及滚柱 4 等组成。若星轮 1 为主动件，则当其逆时针回转时，滚柱借摩擦力而滚向楔形空隙的小端，并将套筒楔紧，使其随星轮一同回转；而当星轮顺时针回转时，滚柱被滚到空隙的大端，而将套筒松开，这时套筒静止不动。这种机构可同时用作单向离合器和超越离合器。所谓单向离合器，是说当主动星轮 1 逆时针转动时，套筒 2 与星轮 1 结合在一起转动，而在星轮 1 顺时针转动时，两者分离。而所谓超越离合器，是说当主动星轮 1 逆时针转动时，如果套筒 2 逆时针转动的速度超过了主动轮 1 的转速，两者便将自动分离，套筒 2 以较高的速度自由转动。自行车上的所谓“飞轮”也是一种超越离合器（图 8-7）。

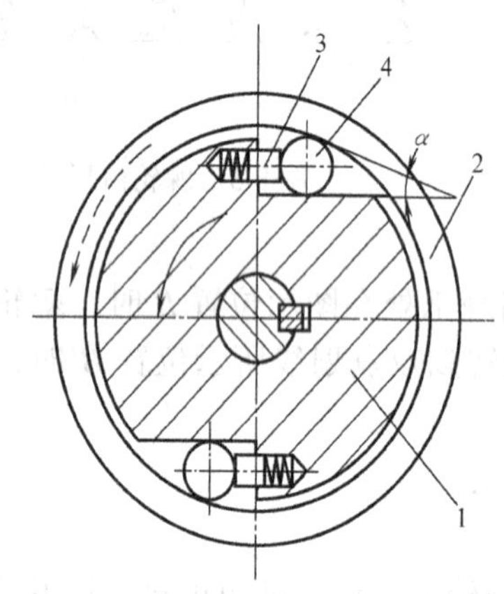

图 8-6　超越离合器

1—星轮　2—套筒　3—弹簧顶杆　4—滚柱

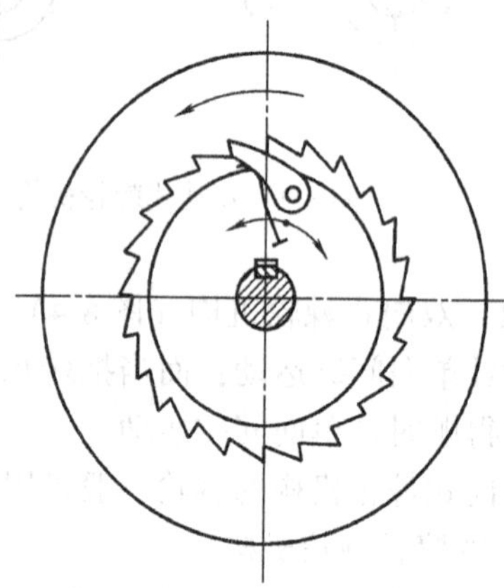

图 8-7　自行车中的超越离合器

二、棘爪自动啮紧棘轮齿根的条件

为保证棘轮机构能正常工作，在传动中必须使棘爪能自动啮紧棘轮的齿根不滑脱。在图 8-8 所示的棘轮机构中，为使棘爪所受的力最小，必须使棘轮和棘爪的接触点 P 与棘爪回转中心 O_1 的连线 PO_1 垂直于 P 和棘轮回转中心 O_2 的连线 PO_2，即 $\angle O_1PO_2=90°$，由此可确定棘齿加在棘爪上的正压力 $\boldsymbol{F}_{\mathrm{N}}$ 和摩擦力 $\boldsymbol{F}$。若要使棘爪能自动啮紧棘轮齿根，必须使力 $\boldsymbol{F}_{\mathrm{N}}$ 对 O_1 的力矩（它是使棘爪转入齿根的力矩）大于 $\boldsymbol{F}$ 对 O_1 的力矩（它是使棘爪从棘齿上滑脱的力矩）。

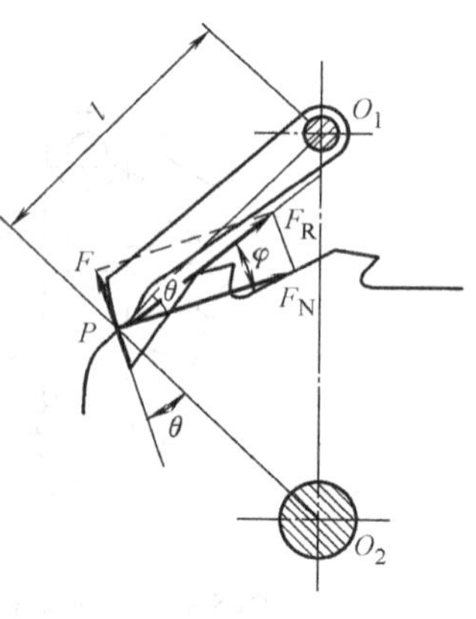

图 8-8　棘爪的受力分析

设棘爪长度 $\overline{O_1P}=l$，棘轮齿面倾斜角为 θ，棘爪与棘轮接触面的摩擦因数为 f，摩擦角为 φ，则

$$F_{\mathrm{N}}l\sin\theta > Fl\cos\theta \tag{8-1}$$

用 $F=F_{\mathrm{N}}f$、$f=\tan\varphi$ 带入上式得

$$\tan\theta > \tan\varphi$$

$$\theta > \varphi \tag{8-2}$$

故棘爪自动啮紧棘轮齿根的条件为：棘轮对棘爪的总反力 $\boldsymbol{F}_{R}$ 的作用线必须通过两回转中心之间的连线。

对于图 8-5 所示的摩擦式棘轮机构，同样也应该满足自动楔紧条件，也就是必须使作用在扇形块上的正压力 $\boldsymbol{F}_{N}$ 与摩擦力 $\boldsymbol{F}$ 的合力 $\boldsymbol{F}_{R}$ 的作用线通过两回转中心之间的连线。

对于图 8-9 中的滚柱式摩擦棘轮机构，当主动构件 1 顺时针方向转动时，滚柱 2 处于楔紧状态，并分别与构件 1、3 在点 A、B 接触。2 所受的正压力 $\boldsymbol{F}_{NA}$ 和 $\boldsymbol{F}_{NB}$ 使 2 有被挤出的趋势，而构件 1 和 3 对 2 的摩擦力 $\boldsymbol{F}_{A}$ 和 $\boldsymbol{F}_{B}$ 与 2 的运动趋势相反。设滚柱在 A 和 B 接触处的公法线夹角为楔紧角 α，滚柱半径为 r_C，那么，为了使滚柱楔紧在构件 1 和 3 的狭窄缝隙中不被挤出，则必须使 $\boldsymbol{F}_{A}$ 对点 B 的力矩大于 $\boldsymbol{F}_{NA}$ 对点 B 的力矩，即

$$F_A(r_C + r_C\cos\alpha) > F_{NA} r_C \sin\alpha$$

将 $F_A = F_{NA}f$、$f = \tan\varphi$ 代入上式，经整理得

$$\varphi > \frac{\alpha}{2} \text{或} 2\varphi > \alpha \tag{8-3}$$

由上式可知，楔紧角 α 应小于两倍的摩擦角，但 α 也不能选择得太小，否则滚柱不易退出楔紧状态。

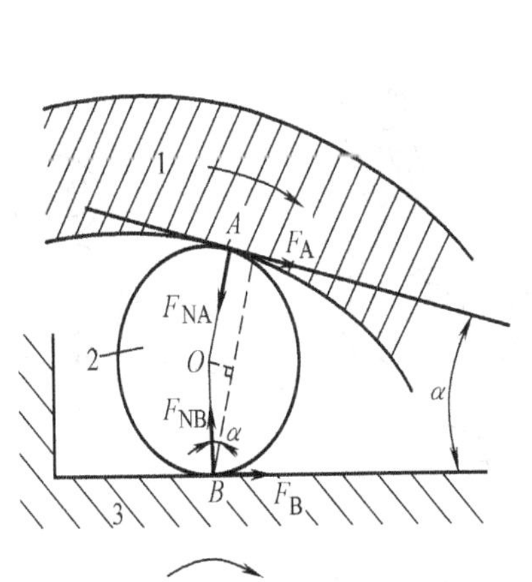

图 8-9　滚柱的受力分析

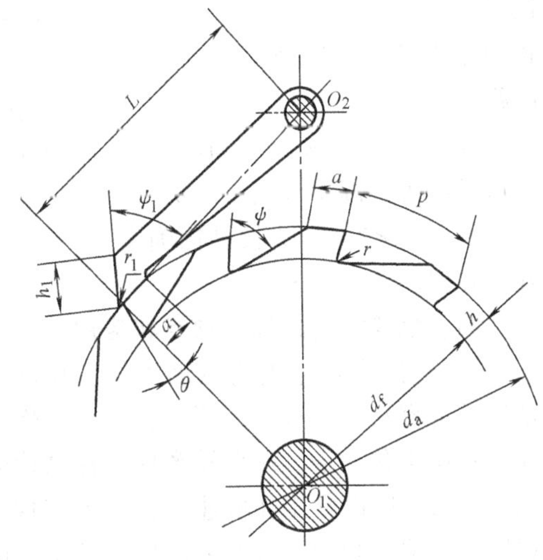

图 8-10　几何尺寸计算

三、几何尺寸计算

（1）齿面倾斜角 θ　如图 8-10 所示，当 $f=0.15\sim0.2$ 时，根据式（8-2），齿面倾斜角 θ 通常取 $10°\sim15°$。

（2）模数 m 的选择　与齿轮一样，棘轮也以模数 m 来衡量其棘齿大小，m 的标准值见表 8-1。

表 8-1　棘轮机构部分尺寸

<table>
<tr><td rowspan="4">棘轮</td><td>模数 m</td><td>0.6</td><td>0.8</td><td>1</td><td>1.25</td><td>1.5</td><td>2</td><td>2.5</td><td>3</td><td>4</td><td>5</td><td>6</td><td>8</td><td>10</td><td>12</td><td>14</td><td>16</td></tr>
<tr><td>齿高 h</td><td>0.8</td><td>1.0</td><td>1.2</td><td>1.5</td><td>1.8</td><td>2.0</td><td>2.5</td><td>3.0</td><td>3.5</td><td>4</td><td colspan="6">0.75m</td></tr>
<tr><td>齿顶弦齿厚 a</td><td colspan="7">（1.2~1.5）m</td><td colspan="9">m</td></tr>
<tr><td>齿槽夹角 ψ</td><td colspan="3">55°</td><td colspan="13">60°</td></tr>
<tr><td rowspan="5">棘爪</td><td>齿根角半径 r</td><td colspan="3">0.3</td><td colspan="4">0.5</td><td colspan="3">1.0</td><td colspan="6">1.5</td></tr>
<tr><td>工作面边长 h_1</td><td colspan="3">3</td><td colspan="2">4</td><td colspan="3">5</td><td></td><td colspan="2">6</td><td>8</td><td>10</td><td>12</td><td colspan="2">14</td></tr>
<tr><td>非工作面边长 a_1</td><td colspan="7"></td><td colspan="3">2　3</td><td colspan="2">4</td><td colspan="2">6</td><td colspan="2">8</td></tr>
<tr><td>爪尖圆角半径 r_1</td><td colspan="3">0.4</td><td colspan="4">0.8</td><td colspan="3">1.5</td><td colspan="6">2</td></tr>
<tr><td>齿形角 ψ_1</td><td colspan="3">50°</td><td colspan="4">55°</td><td colspan="9">60°</td></tr>
</table>

（3）齿数 z 的选择　根据棘轮所要求的最小转角应大于等于齿距角 $\frac{2\pi}{z}$ 选定，当载荷较大时，取 $z=6\sim30$，在轻载的进给机构中，取 $z\leqslant250$。

（4）主要几何尺寸　如图 8-10 所示，棘轮的主要尺寸如下：

顶圆直径
$$d_a=mz \tag{8-4}$$

根圆直径
$$d_f=d_a-2h \tag{8-5}$$

式中 h 为齿高（见表 8-1）

齿距
$$p=\pi m \tag{8-6}$$

齿宽 b
$$b=(1\sim4)m \tag{8-7}$$

棘爪长度 L　$m\geqslant3$ 时，$L=2p$，

$m<3$ 时，L 按结构确定。

其余几何尺寸见表 8-1。

四、棘轮机构的优、缺点和应用

1）轮齿式棘轮机构运动可靠，从动棘轮的转角容易实现有级的调节，但在工作过程中有噪声和冲击，棘齿易磨损，在高速时尤其严重，所以常用在低速、轻载下实现间歇运动。图 8-11 所示的牛头刨床工作台的横向进给机构中，通过齿轮传动 1、2，曲柄摇杆机构 2、3、4，棘轮机构 4、5、7 来

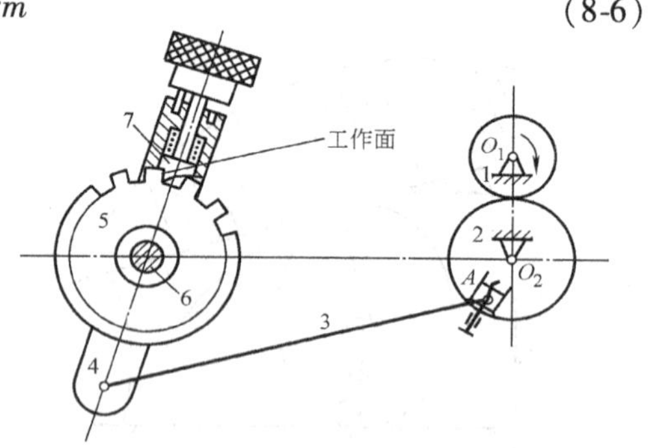

图 8-11　牛头刨床工作台横向进给机构
1、2—齿轮　3—连杆　4—摇杆
5—棘轮　6—丝杠　7—棘爪

使与棘轮固联的丝杠6作间歇转动，从而使牛头刨床工作台实现横向间歇进给。若要改变工作台横向进给的大小，可改变曲柄长度$\overline{O_2A}$的大小来实现。当棘爪7处于图示状态时，棘轮5沿逆时针方向作单向间歇进给。若将棘爪7拔出绕本身轴线转180°再放下，由于棘爪工作面的改变，因而棘轮将改为沿顺时针方向单向进给。

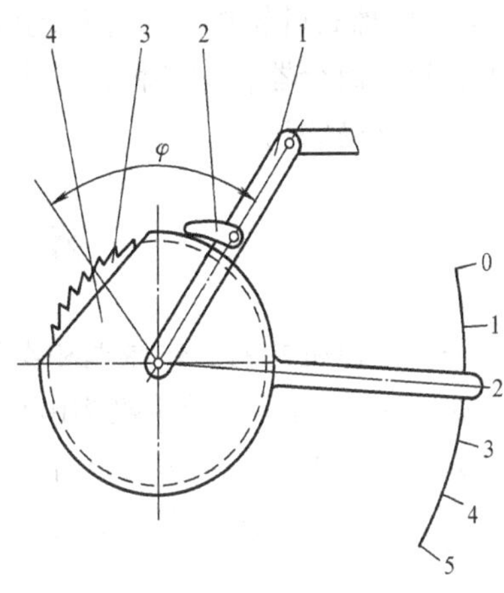

图 8-12　棘轮转角调节装置

1—摇杆　2—棘爪　3—棘轮　4—棘轮罩

为改变棘轮每次转过角度的大小，还可采用图8-12所示的方法，即在棘轮外加装一个棘轮罩4，用以遮盖摇杆摆角范围内的一部分棘齿。这样，当摇杆逆时针摆动时，棘爪先在罩上滑动，然后才嵌入棘轮的齿间来推动棘轮转动。被罩遮住的齿越多，则棘轮每次转过的角度就越小。

2）棘轮机构可用于转位、分度、计数等场合。图8-13所示为棘轮机构用作冲床工作台的自动转位机构。在此机构中，转盘式工作台与棘轮固联，*ABCD*为一空间四杆机构。当滑块*D*（即冲头）上升时摇杆*AB*顺时针摆动，并通过棘爪带动棘轮和工作台顺时针转位。当冲头下降进行冲压时，摇杆逆时针摆动，则棘爪在棘轮上滑动，工作台不动。

3）棘轮机构还常用于实现快速超越运动及在起重、绞盘等机械装置中用于使提升的重物能停止在任何位置上，以防止由于停电等造成事故。如图8-14所示为防止起重机中提升卷筒反转的附加保险机构。

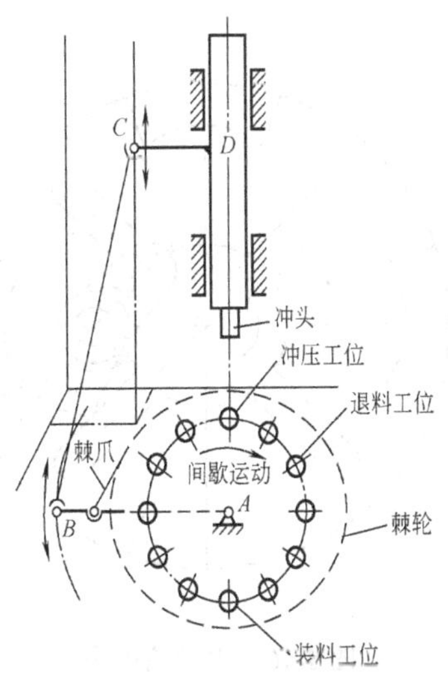

图 8-13　冲床工作台自动转位机构

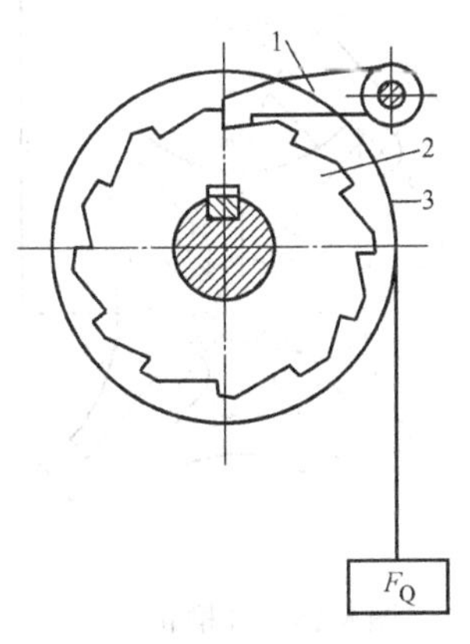

图 8-14　制动用棘轮机构

1—棘爪　2—棘轮　3—卷筒

4）摩擦式棘轮机构传递运动较平稳，无噪声，从动构件的转角可作无级调节，常用来做超越离合器，在各种机械中实现进给或传递运动。但运动准确性差，不宜用于运动精度要求高的场合。

第二节 槽轮机构

一、槽轮机构的工作原理和类型

如图 8-15 所示，槽轮机构由具有圆销的主动拨盘 1、具有径向槽的槽轮 2 以及机架所组成。拨盘 1 以等角速度 ω_1 作连续回转，当拨盘上的圆销 A 未进入槽轮的径向槽时，由于槽轮的内凹锁住弧$\overset{\frown}{nn}$被拨盘 1 的外凸锁住弧$\overset{\frown}{mm'}$卡住，故槽轮不动。图示为圆销 A 刚进入槽轮径向槽时的位置，此时锁住弧$\overset{\frown}{nn}$也刚被松开。此后，槽轮受圆销 A 的驱使而转动。当圆销 A 在另一边离开径向槽时，锁住弧$\overset{\frown}{nn}$又被卡住，槽轮又静止不动。直至圆销 A 再次进入槽轮的另一个径向槽时，又重复上述运动。所以槽轮作时动时停的间歇运动。

平面槽轮机构有两种形式：一种是外槽轮机构，如图 8-15 所示，其槽轮上径向槽的开口是自圆心向外，主动构件与槽轮转向相反；另一种是内槽轮机构，如图 8-16 所示，其槽轮上径向槽的开口是向着圆心的，主动构件与槽轮的转向相同。这两种槽轮机构都用于传递平行轴的运动。

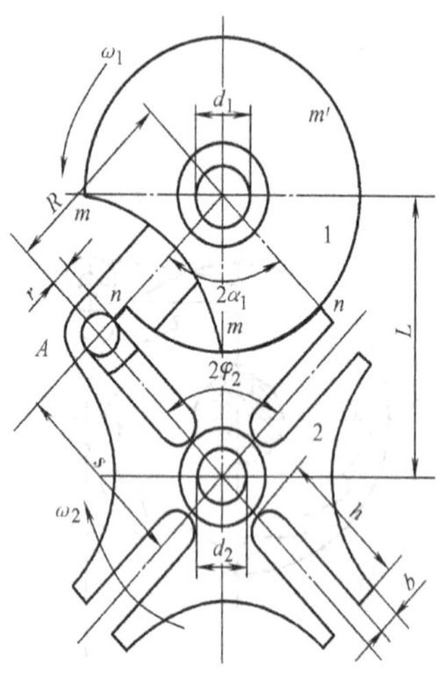

图 8-15 外槽轮机构

1—拨盘 2—槽轮

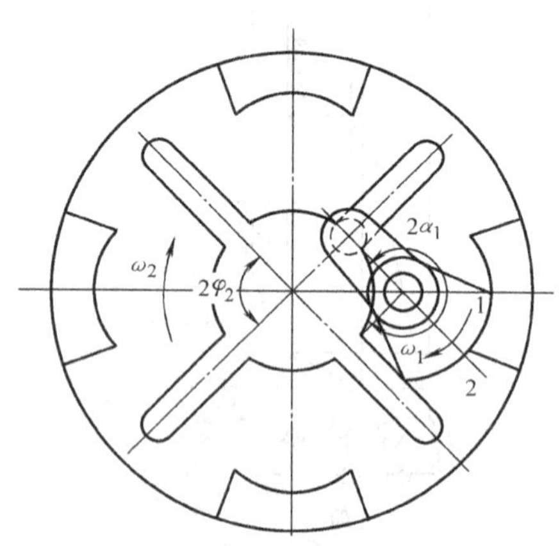

图 8-16 内槽轮机构

1—拨盘 2—槽轮

图 8-17 所示为球面槽轮机构，它是用于传递两垂直相交轴间的间歇运动机构。从动槽轮 2 呈半球形，主动拨轮 1 的轴线及拨销 3 的轴线均通过球心。当构件 1 连续转动时，槽轮 2 得到间歇转动。

二、槽轮机构的运动特性

1. 槽轮机构的运动系数

在图 8-15 所示的外槽轮机构中，当主动拨盘 1 回转一周时，槽轮 2 的运动时间 t_d 与主动拨盘转一周的总时间 t 之比，称为槽轮机构的运动系数，并以 K 表示，即

$$K=\frac{t_d}{t} \tag{8-8}$$

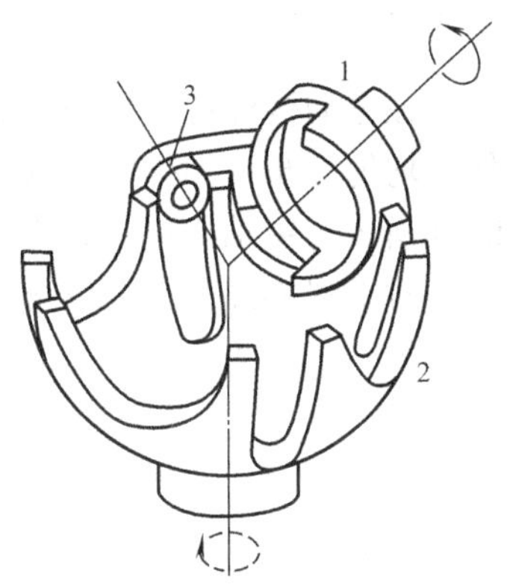

图 8-17　球面槽轮机构
1—拨盘　2—拨销　3—槽轮

因为拨盘 1 一般为等速回转，所以时间可以用拨盘转角来表示。对于图 8-15 所示的单圆销外槽轮机构，时间 t_d 与 t 所对应的拨盘转角分别为 $2\alpha_1$ 与 2π。另外，为了避免圆销 A 与径向槽发生刚性冲击，圆销开始进入或脱出径向槽的瞬时，其线速度方向应沿着径向槽的中心线。于是由图 8-15 可知，$2\alpha_1=\pi-2\varphi_2$。其中 $2\varphi_2$ 为槽轮相邻两径向槽之间所夹的角。如设槽轮有 z 个均布槽，则 $2\varphi_2=2\pi/z$，将上述关系代入式（8-8）得外槽轮机构的运动系数为

$$K=\frac{t_d}{t}=\frac{2\alpha_1}{2\pi}=\frac{\pi-2\varphi_2}{2\pi}=\frac{\pi-(2\pi/z)}{2\pi}=\frac{1}{2}-\frac{1}{z} \tag{8-9}$$

因为运动系数 K 应大于零，所以由上式可知外槽轮机构的槽数 z 应大于等于 3。又由上式可知，运动系数 K 总小于 0.5，故这种单圆销槽轮机构槽轮的运动时间总小于其静止时间。

如果在拨盘 1 上均匀分布 n 个圆销，则当拨盘转动一周时，槽轮将被拨动 n 次，故运动系数是单圆销的 n 倍，即

$$K=n\left(\frac{1}{2}-\frac{1}{z}\right) \tag{8-10}$$

又因 K 值应小于 1，即

$$n\left(\frac{1}{2}-\frac{1}{z}\right)<1$$

由此得

$$n<\frac{2z}{z-2} \tag{8-11}$$

而由此式可得槽数与圆销数的关系如表 8-2。

表 8-2 槽轮机构的槽数与销数

槽数 z	3	4，5	≥6
圆销数 n	1～5	1～3	1～2

在主动构件每一周的转动周期内，如果要使槽轮每次停歇的时间不相等，则圆销应作不均匀分布；如果要使槽轮每次运动时间不相等，则应使圆销的回转半径不相等。图 8-18 所示为主动构件每转内槽轮每次停歇和运动时间均不相等的槽轮机构。

对于图 8-16 所示的内槽轮机构，其运动系数为

$$K=\frac{t_d}{t}=\frac{2\alpha_1}{2\pi}=\frac{\pi+2\varphi_2}{2\pi}=\frac{\pi+(2\pi/z)}{2\pi}=\frac{1}{2}+\frac{1}{z} \tag{8-12}$$

同理，因 K 值应小于 1，于是得内槽轮机构径向槽数目 z 也至少为 3。

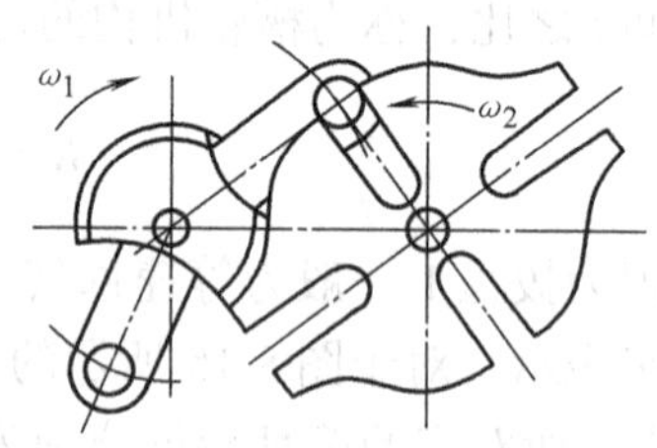

图 8-18 非均布圆销的槽轮机构

内槽轮机构槽数与圆销数的关系式同理可推出

$$n<\frac{2z}{z+2}$$

当槽数 $z>2$ 时，n 总小于 2，所以内槽轮机构只可以用一个圆销。

2. 槽轮机构的运动特性

图 8-19 所示为外槽轮机构在运动过程中的任一位置。设拨盘的位置角用 α 来表示，而槽轮的位置角用 φ 来表示。并规定 α 和 φ 在圆销进入区为负，在圆销离开区为正，即 α 和 φ 的变化区间分别为：$-\alpha_1\leqslant\alpha\leqslant\alpha_1$ 和 $-\varphi_2\leqslant\varphi\leqslant\varphi_2$。

从图中可以看出，圆销的回转半径 R 是不变的，而在圆销推动槽轮运动的过程中，圆销至槽轮的回转轴心的距离 r_x 却是变化的。在图示位置时，由几何关系可得

$$R\sin\alpha=r_x\sin\varphi$$

$$R\cos\alpha+r_x\cos\varphi=L$$

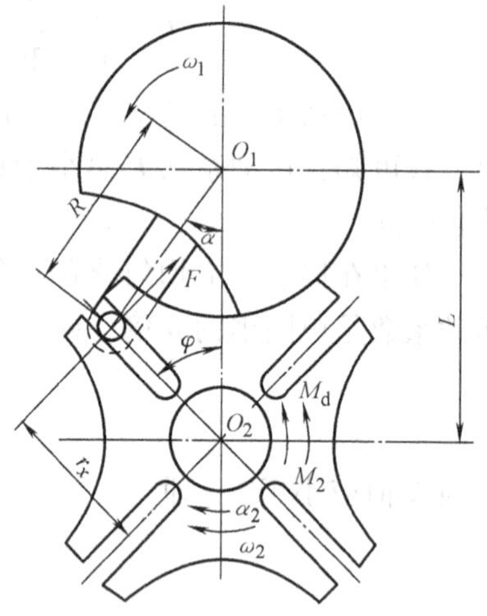

图 8-19 槽轮机构

消去以上两式的 r_x，并令 $R/L=\lambda$，可得

$$\tan\varphi=\frac{\lambda\sin\alpha}{1-\lambda\cos\alpha} \tag{8-13}$$

将上式对时间 t 求一阶和二阶导数，并令 $\mathrm{d}\varphi/\mathrm{d}t=\omega_2$，$\mathrm{d}^2\varphi/\mathrm{d}t^2=\alpha_2$，则得

$$\omega_2=\frac{\lambda(\cos\alpha-\lambda)}{1-2\lambda\cos\alpha+\lambda^2}\omega_1 \tag{8-14}$$

$$\alpha_2 = \frac{\lambda(\lambda^2 - 1)\sin\alpha}{(1 - 2\lambda\cos\alpha + \lambda^2)^2}\omega_1^2 \tag{8-15}$$

又由图 8-15 可见，$\lambda = R/L = \sin(\pi/z)$，将其代入式（8-14）和（8-15）可知，当拨盘的角速度 ω_1 一定时，槽轮的角速度及角加速度的变化取决于槽轮的槽数 z。

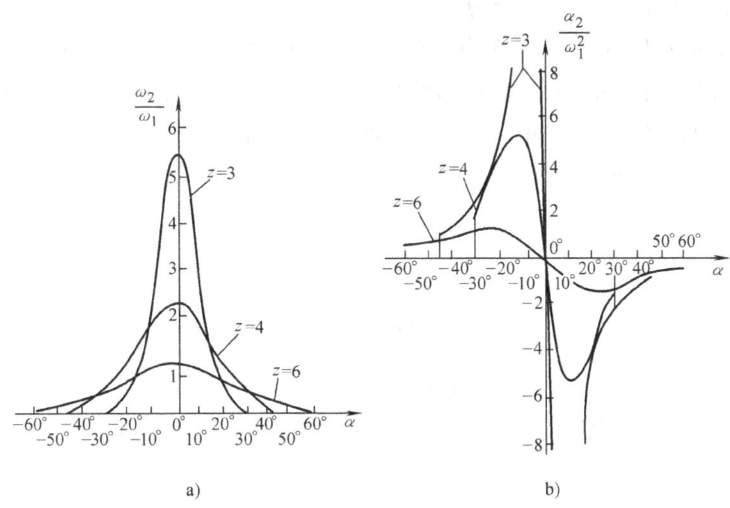

图 8-20　外槽轮机构的运动线图

a）角速度　b）角加速度

图 8-20 给出了槽数 $z=3$、4、6 时的外槽轮机构的角速度和角加速度变化曲线。由图可看出，槽轮运动的角速度和角加速度的最大值随槽数 z 的增加而减小。此外，当圆销开始进入和离开径向槽时，由于角加速度存在突变，故此两瞬时有柔性冲击。而且槽轮的槽数 z 愈少，柔性冲击愈大。在机构运转速度较高，或槽轮轴系惯性较大的情况下，就显得更为突出。

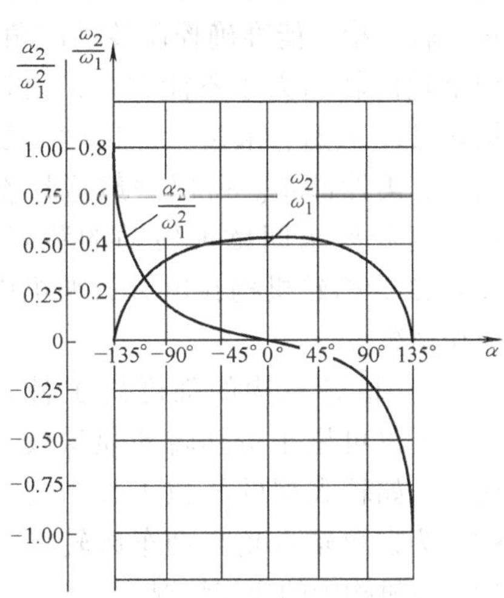

图 8-21　内槽轮机构的运动线图

用上述同样方法，可获得内槽轮机构中槽轮 2 的转角 φ、角速度 ω_2 和角加速度 α_2 方程，分别如下

$$\tan\varphi = \frac{\lambda\sin\alpha}{1 + \lambda\cos\alpha} \tag{8-16}$$

$$\omega_2 = \frac{\lambda(\cos\alpha + \lambda)}{1 + 2\lambda\cos\alpha + \lambda^2}\omega_1 \tag{8-17}$$

$$\alpha_2 = \frac{\lambda(\lambda^2 - 1)\sin\alpha}{(1 + 2\lambda\cos\alpha + \lambda^2)^2}\omega_1^2 \tag{8-18}$$

图 8-21 给出了槽数 $z=4$ 时的内槽轮机构的角速度和角加速度变化曲线。由图可见，当圆销开始进入和离开径向槽时，和外槽轮机构一样，也有角加速度突变，且其值与外槽轮相等。但当 $|\alpha|\to 0$ 时，角加速度数值迅速下降并趋于零。可见，内槽轮机构的动力性能比外槽轮机构好得多。

三、槽轮机构的几何尺寸计算

在机械中最常用的是径向槽均匀分布的外槽轮机构。对于这种机构，在设计计算时，首先应根据工作要求确定槽轮的槽数 z 和主动拨盘的圆销数 n；再按受力情况和实际机械所允许的安装空间尺寸，确定中心距 L 和圆销半径 r；最后可按图 8-15 所示的几何关系，可由下列各式求出其他尺寸

$$R=L\sin\varphi_2=L\sin\frac{\pi}{z} \tag{8-19}$$

$$s=L\cos\varphi_2=L\cos\frac{\pi}{z} \tag{8-20}$$

$$h\geqslant s-(L-R-r) \tag{8-21}$$

拨盘的直径 d_1 及槽轮的直径 d_2 受以下条件限制

$$d_1\leqslant 2(L-s) \tag{8-22}$$

$$d_2<2(L-R-r) \tag{8-23}$$

锁住弧的半径大小，根据槽轮轮叶齿顶厚度 b 来确定，通常取 $b=3\sim10$mm。

四、槽轮机构的优缺点和应用

1）槽轮机构结构简单，工作可靠。图 8-22 为自动机中的自动传送链装置。

2）与棘轮机构相比，由于槽轮机构在进入和脱离啮合时没有刚性冲击，运动较平稳，能准确控制转动的角度。但槽轮的转角大小不能调节，而且在槽轮转动的始、末位置加速度突变较大，有柔性冲击。所以一般应用在转速不高和要求间歇地转动的装置中。图 8-23 为槽轮机构在电影放映机中的应用情况。

3）槽轮机构的强度高于棘轮机构，所以可用于带动转动惯量较大的构件，如较大型的转位工作台等。图 8-24 为在单轴六角自动车床转塔刀架的转位机构中的应用情况。

4）在实际应用中，常常需要槽轮

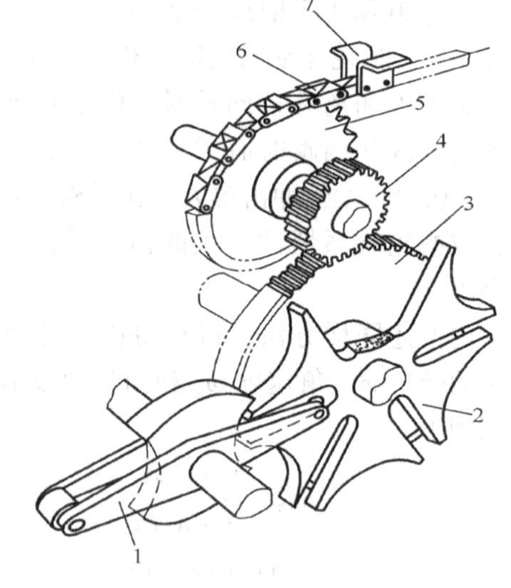

图 8-22　自动传送链装置

1—拨盘　2—槽轮　3、4—齿轮　5—链轮　6—链条　7—料斗

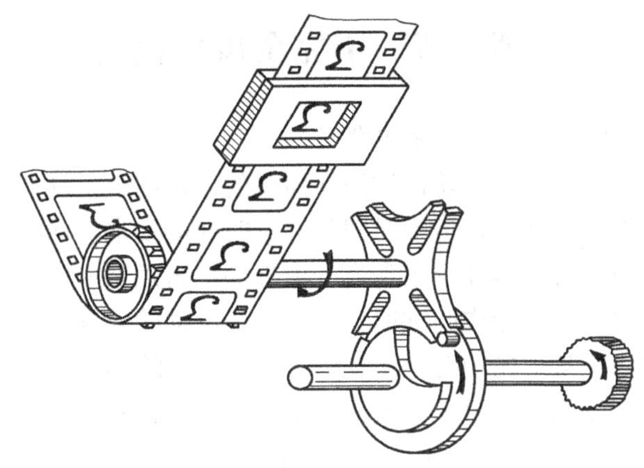

图 8-23 间歇送片机构

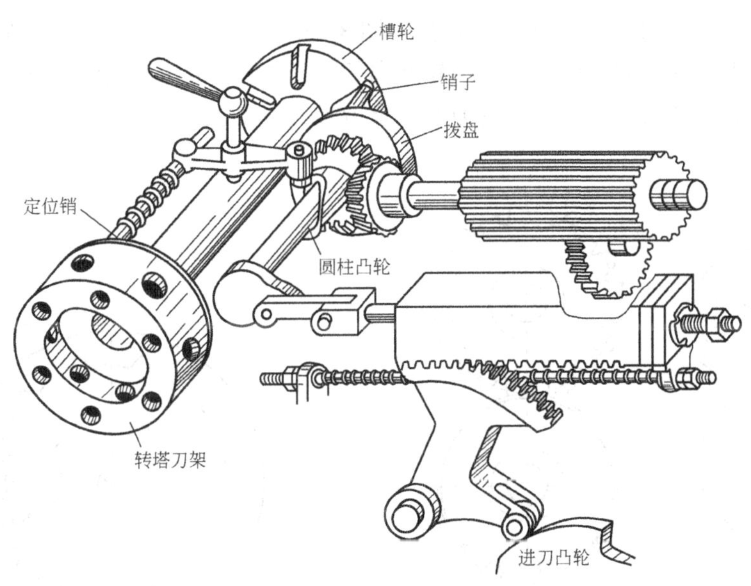

图 8-24 车床转塔刀架的转位机构

轴转角大于或小于$\frac{2\pi}{z}$，这样可在槽轮轴与输出轴之间增加一级传动，如图 8-22 所示。如果是减速齿轮传动，则输出轴每次转角小于$\frac{2\pi}{z}$；如果是增速齿轮传动，则输出轴每次转角大于$\frac{2\pi}{z}$，改变齿轮的传动比就可以改变输出轴的转角。同时，增加一级齿轮传动还可以使槽轮转位所产生的冲击主要由中间轴吸收，使运转更平稳。

第三节　不完全齿轮机构

一、不完全齿轮机构的工作原理和类型

不完全齿轮机构是由普通齿轮机构演变而成的一种间歇运动机构。即在主动轮上只做出一个或一部分轮齿，并根据运动时间与停歇时间的要求，而在从动轮上做出与主动轮轮齿相啮合的轮齿，且每隔几个正常齿就出现一个齿顶做成锁住凹弧的厚齿。当主动轮作连续回转运动时，从动轮作间歇回转运动。在从动轮停歇期内，两轮轮缘各有锁住弧起定位作用，以防止从动轮的游动。在图 8-25a 所示的不完全齿轮机构中，主动轮 1 上只有 1 个轮齿，从动轮 2 上由 8 个齿，故主动轮转 1 转时，从动轮只转 1/8 转。在图 8-25b 所示的不完全齿轮机构中，主动轮 1 上有 4 个齿，从动轮 2 的圆周上具有四个运动段和四个停歇段，每段上有 4 个齿与主动轮轮齿啮合。主动轮转 1 转，从动轮转 1/4 转。

不完全齿轮机构的类型有：外啮合（图 8-25a、b）、内啮合（图 8-26）。与普通齿轮一样，外啮合的不完全齿轮机构两轮转向相反，内啮合的不完全齿轮机构两轮转向相同。当轮 2 的直径为无穷大时，变为不完全齿条（图 8-30），这时轮 2 的转动变为齿条的移动。

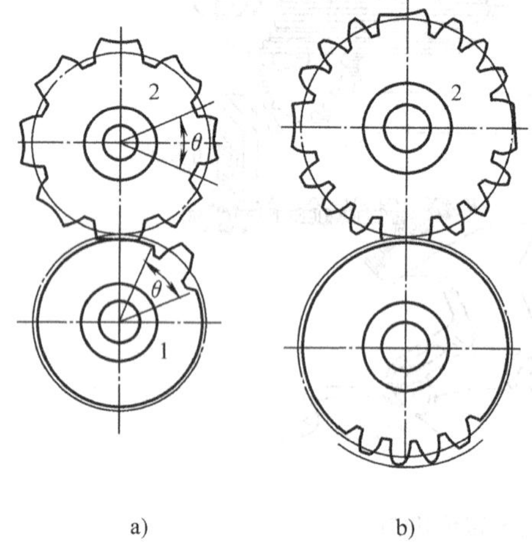

图 8-25　外啮合不完全齿轮机构

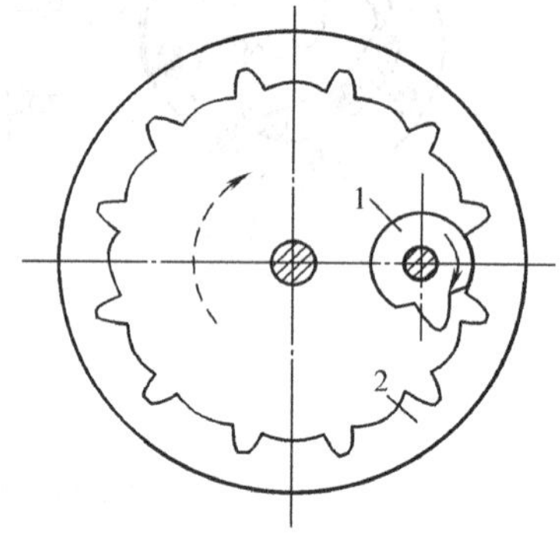

图 8-26　内啮合不完全齿轮机构

二、不完全齿轮机构的运动特点

不完全齿轮机构的从动轮每次转动后，厚齿都必须停在两齿侧与中心线对称的位置，如图 8-27 所示。这样当主动轮的首齿顺时针方向再次转入和厚齿右齿侧啮合时，可能出现从动轮厚齿右侧轮齿的齿顶与主动轮的首齿齿顶发生干涉。为此，必须降低主动轮的齿高，即把虚线所示的正常齿高降低到不发生干涉的实际齿高。此外，为了使从

动轮转位后停在原先的预定位置，主动轮末齿的齿高也必须作相应的修正。而首末两齿外的中间各齿则保持正常齿高。

从运动特性看，不完全齿轮机构在从动轮运动时间的中间段与普通齿轮一样，作定传动比传动，但在进入和脱出啮合时有速度突变，存在刚性冲击。为了改善不完全齿轮机构的这一缺点，可以在两轮上加装一对瞬心线附加杆 K 和 L，如图 8-28 所示。附加杆的作用是主动轮在首齿进入啮合前，K、L 先进入啮合，让从动轮由静止状态逐渐加速到正常速度 ω_2，然后首齿和后续各齿在啮合线上进入啮合，从动轮保持等速转动。同理，也可以在从动轮终止运动前，借助另一对瞬心线附加杆，来使得从动轮转速由 ω_2 逐渐减小，就可以避免脱离啮合时产生冲击。

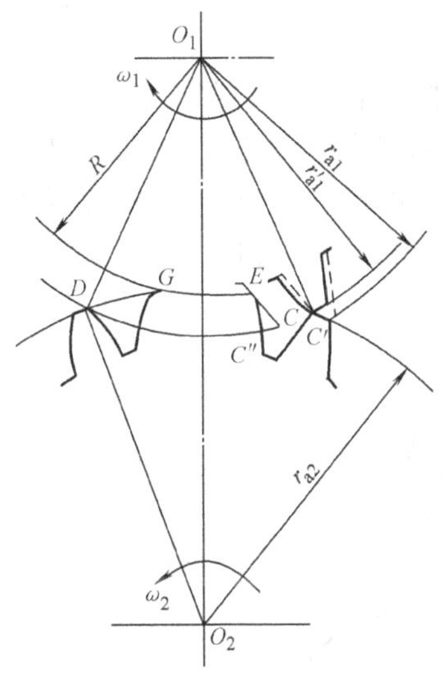

图 8-27　不完全齿轮首末齿齿高

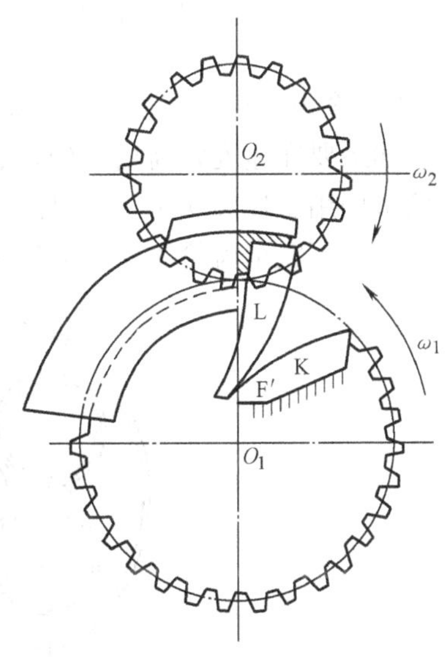

图 8-28　带瞬心线附加杆的不完全齿轮机构

三、不完全齿轮机构的优、缺点和应用

1）不完全齿轮机构结构简单，制造方便，可以实现等速转位。

2）在一个运动周期内，从动轮的动停时间和从动轮每次转过的角度，可以不受机构结构的限制，根据需要设计，故其使用适应性好。图 8-29 所示为专用靠模铣床中的不完全齿轮机构，用于铣削乒乓拍周缘。当两个不完全齿轮分别与齿轮啮合时，即可使工件轴获得正反两种不同转向的间歇转动，进而按工艺要求完成乒乓球拍周缘的加工任务。图 8-30 所示为插秧机的秧箱移行机构，该机构由与摆杆固连的棘爪 1、棘轮 2、与棘轮固连的不完全齿轮 3、上下齿条 4（秧箱）组成，当构件 1 顺时针方向摆动时，2、3 不动，秧箱 4 停歇，这时秧爪（图中未画出）取秧；当取秧完毕，构件 1 逆时针方向摆动，2 与 3 一起逆时针方向转动，3 与上齿条啮合，使 4 向左移动，即秧箱向左移动。当秧箱移到终止位置（如图示位置），轮 3 与下齿条 4 啮合，使秧箱自动换向向右移动。

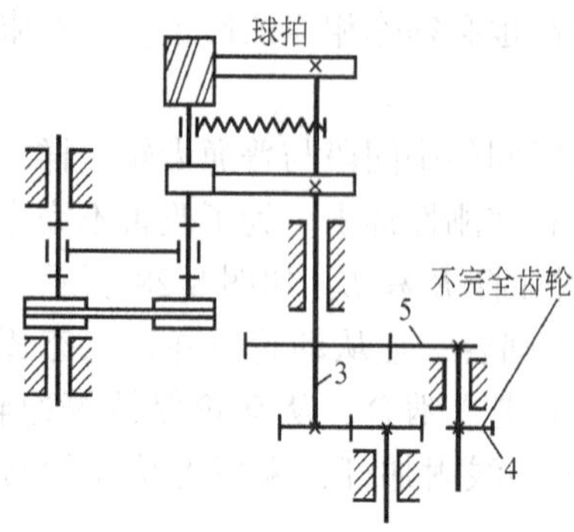

图 8-29　专用靠模铣床中的不完全齿轮机构

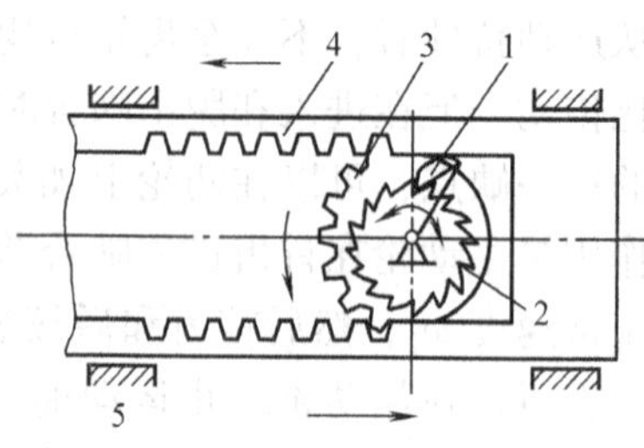

图 8-30　插秧机秧箱移行机构

3）不完全齿轮机构在从动轮起动瞬间会产生刚性冲击，所以它只能用于低速轻载的场合。如果要在速度较高场合使用，则必须安装瞬心线附加杆，如图 8-31 所示为不完全齿轮机构用于蜂窝煤饼压制机的工作台间歇转位的传动。为了减轻工作台间歇起动时的冲击，在不完全齿轮 3 和 6 上加装了一对瞬心线附加杆 4 和 5。

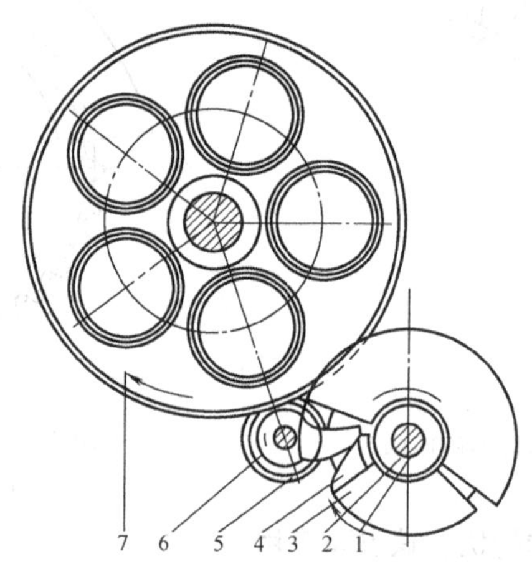

图 8-31　蜂窝煤成形机工作台间歇转位机构

1—轴　2—轴套　3、6—不完全齿轮

4、5—瞬心线附加杆　7—工作台

第四节　凸轮式间歇运动机构

一、凸轮式间歇运动机构的工作原理和类型

如图 8-32 所示，凸轮式间歇运动机构是由凸轮 1、转盘 2 及机架所组成。转盘 2 端面上固定有周向均布的若干滚子 3。当凸轮转过曲线槽对应的角度 β 时，凸轮曲线槽推

动滚子，使从动转盘转过相邻两滚子所夹的中心角 $2\pi/z$，其中 z 为滚子数；当凸轮继续转过其余角度（$2\pi-\beta$）时，转盘静止不动，并靠凸轮的棱边继续定位。这样，当凸轮连续地或周期地转动时，就可得到转盘的间歇转动，从而实现交错轴间的分度运动。

凸轮式间歇运动机构一般有两种形式：圆柱凸轮间歇运动机构（图 8-32）和蜗杆凸轮间歇运动机构（又称圆弧面凸轮间歇运动机构（图 8-33））。

圆柱凸轮间歇运动机构的凸轮呈圆柱形状，滚子均匀分布在转盘的端面上。

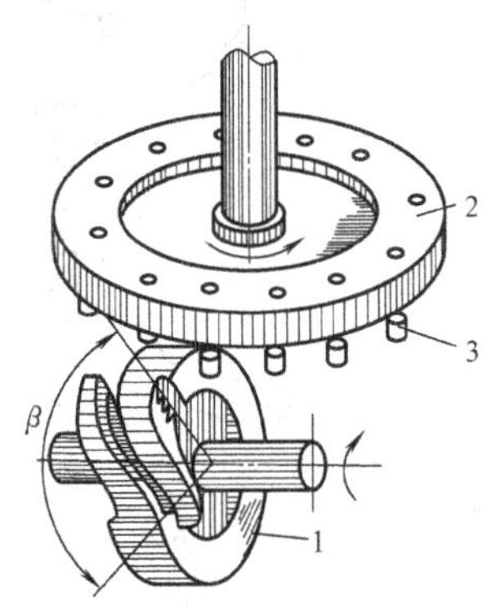

图 8-32　圆柱凸轮间歇运动机构

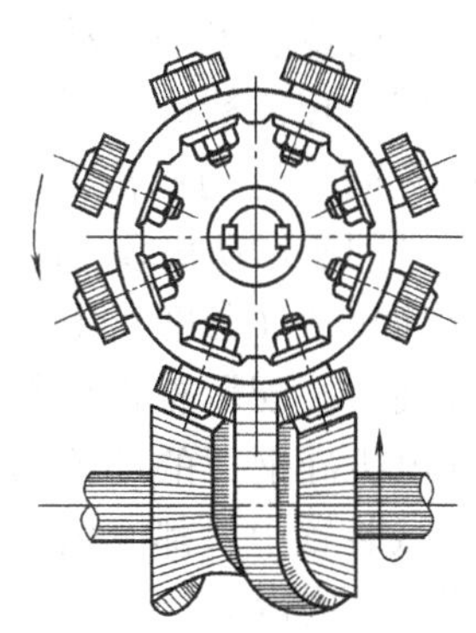

图 8-33　蜗杆凸轮间歇运动机构

蜗杆凸轮间歇运动机构的主动轮 1 为一圆弧面蜗杆式凸轮，从动轮 2 为一沿圆周径向均布许多圆柱销的圆盘，与蜗杆相似。圆弧面凸轮相当于一个单头蜗杆，只不过有一段是平行于凸轮轴端面的圆弧线，它对应于从动转盘的停歇阶段，其余曲线段则根据从动盘按正弦加速度运动规律转动来设计，以保证高速转位时工作平稳。为了减小摩擦，从动盘柱销上套装了滚动轴承。为了提高精度，凸轮的凸棱两侧做成梯形，以便利用调整中心距的办法来消除滚子与凸棱两侧间的游隙，所以其转位精度可达 0.5°。

二、凸轮式间歇运动机构的运动特点

凸轮式间歇运动机构实际上是摆动从动件圆柱凸轮机构，其转盘相当于许许多多的摆动从动件，摆杆长度为滚子中心所在圆周的半径，最大摆角为 $\frac{2\pi}{z}$。圆柱凸轮间歇运动机构中的圆柱凸轮与普通圆柱凸轮一样，只不过普通圆柱凸轮为使摆动从动件摆回原处，曲线槽必须是封闭的，而凸轮式间歇运动机构中的凸轮为使转盘向一个方向间歇地转动，曲线槽必须是开口的。

设凸轮转一周所需的时间为 T，那么转盘的转动时间为

$$t_d=\frac{\beta}{2\pi}T \tag{8-24}$$

静止时间为

$$t_j=T-t_d=\left(1-\frac{\beta}{2\pi}\right)T \tag{8-25}$$

由上式可以看出，在不改变凸轮转速的情况下，只要改变凸轮曲线槽所对应的角度 β，就可以改变转盘的转动时间与静止时间。

三、凸轮式间歇运动机构的优、缺点和应用

棘轮机构、槽轮机构、不完全齿轮机构是常用的间歇运动机构，由于它们的结构、运动和动力条件的限制，一般只能用于低速的场合。而凸轮式间歇运动机构则可以合理地选择转盘的运动规律，使得机构传动平稳，动力性能较好，冲击振动较小，而且转盘转位精确，不需专门的定位装置，特别是蜗杆凸轮间歇运动机构，在保证正确设计、制造的前提下，其间歇运动次数 1min 可达千次以上，因而主要用于高速转位（分度）中。但是凸轮加工较复杂，精度要求较高，装配调整也比较困难，因而经济成本也较高。在电机硅钢片的冲槽机、拉链嵌齿机、火柴包装机等机械装置中，都应用了凸轮式间歇运动机构来实现高速的分度运动。

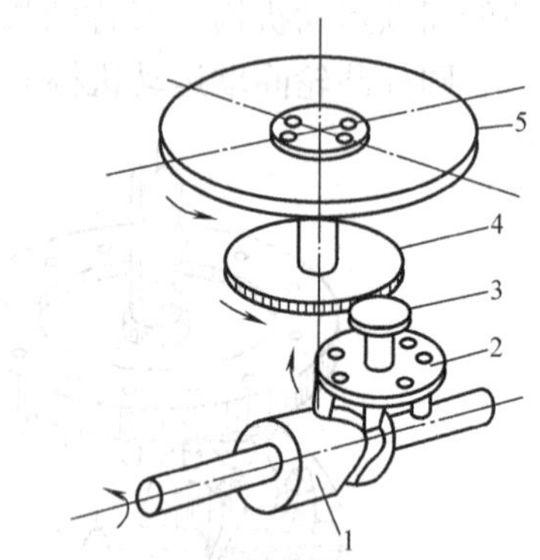

图 8-34　钻孔攻螺纹机的转位机构

1—圆柱凸轮　2—转盘

3、4—齿轮　5—工作台

图 8-34 所示为凸轮式间歇运动机构用于钻孔攻螺纹机的转位运动。运动由变速箱传给圆柱凸轮 1，经转盘 2 及与 2 固连的齿轮 3，传到齿轮 4，使与 4 固连的工作台 5 获得间歇的转位。

第五节　万向联轴器

一、单万向联轴器

单万向联轴器用来传递两相交轴之间的运动和动力。图 8-35 所示为单万向联轴器的结构简图。主动轴 I 和从动轴 II 端部带有叉，两叉与十字头组成转动副 A、B，十字头的中心 O 与两轴轴线的交点重合。两轴间的夹角为 α。

由图可见，当轴 I 转一周时，轴 II 也必然转一周，但是两轴的瞬时角速度比因位置不同而变化，因此引起附加动载荷。

轴 II 转动时角速度变化情况可以用图 8-36 所示的两个特殊位置进行分析。图 8-36a 是主动轴 I 的叉面转到图样平面时，从动轴 II 的叉面垂直于图样平面。设轴 I 的角速度为 ω_1，而轴 II 的角速度为 ω_2'，并取十字头上的 A 点作为两轴的公共点。当将 A 点看成轴 1 上的一点时，其速度为

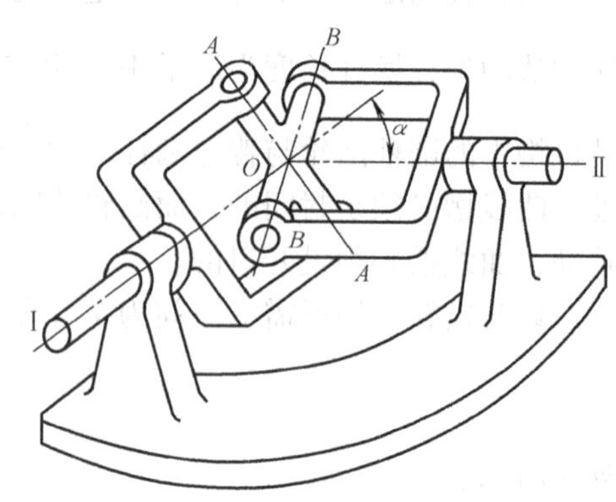

图 8-35　单万向联轴器

$$v_{A_1} = \omega_1 r$$

而将 A 点看成轴 2 上的一点时，其速度为

$$v_{A_2}=\omega_2' r\cos\alpha$$

显然，轴 1 上的 A 点与轴 2 上的 A 点速度相等，即 $v_{A_1}=v_{A_2}$，所以

$$\omega_1 r=\omega_2' r\cos\alpha$$

即

$$\omega_2'=\frac{\omega_1}{\cos\alpha} \tag{8-26}$$

当两轴转过 90°，如图 8-36b 所示。此时主动轴Ⅰ的叉面垂直于图样平面，而从动轴Ⅱ的叉面转到图样平面上。设轴 2 在此位置时的角速度为 ω_2''，取十字头上 B 点为两轴的公共点。同理可得

$$\omega_2''=\omega_1\cos\alpha \tag{8-27}$$

若轴Ⅰ再继续转过 90°时，则两轴的叉面又恢复到图 8-35a 的位置。由此可见，当轴Ⅰ每转过 90°将交替出现图 a 和图 b 的图形。因此，轴 1 以等角速度 ω_1 回转时，轴Ⅱ的角速度将在下列范围内作周期性变化，即

$$\omega_1\cos\alpha\leqslant\omega_2\leqslant\frac{\omega_1}{\cos\alpha} \tag{8-28}$$

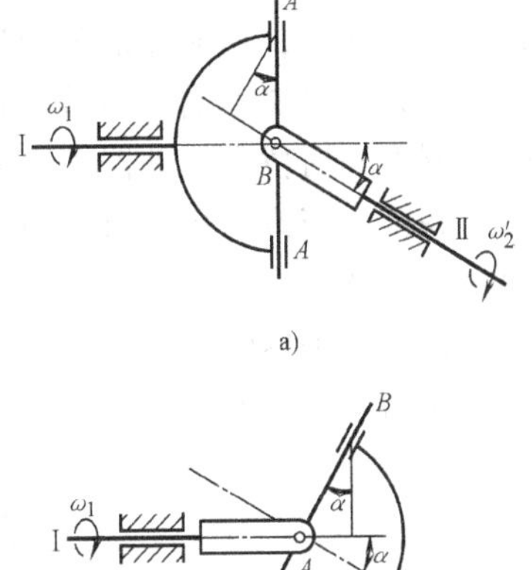

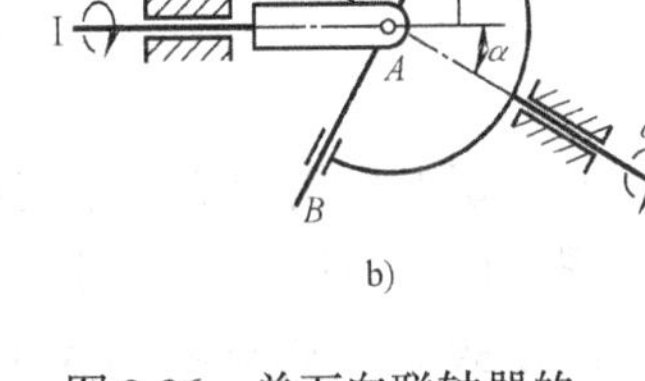

图 8-36　单万向联轴器的特殊机构位置

可见角速度 ω_2 变化剧烈的程度与两轴的夹角 α 有关，α 愈大，ω_2 变化也愈大，产生的动载荷也愈大。故用单万向联轴器时，α 角一般不超过 35°～45°。

二、双万向联轴器

由以上分析可知，单个的万向联轴器存在着上述缺点，所以在机器中很少单个使用。实际应用中，常用双万向联轴器，即由两个单万向联轴器串联而成，如图 8-37 所示。当主动轴Ⅰ等角速度旋转时，带动中间轴 C 作变角速度旋转，利用对应关系，再由中间轴 C 带动从动轴Ⅱ以与轴Ⅰ相等的角速度旋转。

要使双万向联轴器的主、从动轴实现同步转动，即角速比恒等于 1，必须满足下列两个条件：

1）中间轴两端的叉面必须位于同一平面内；

2）中间轴与主、从动轴之间的轴间火角必须相等，即 $\alpha_1=\alpha_3$。

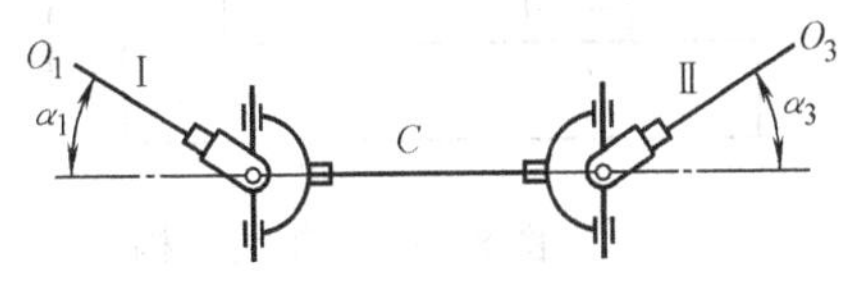

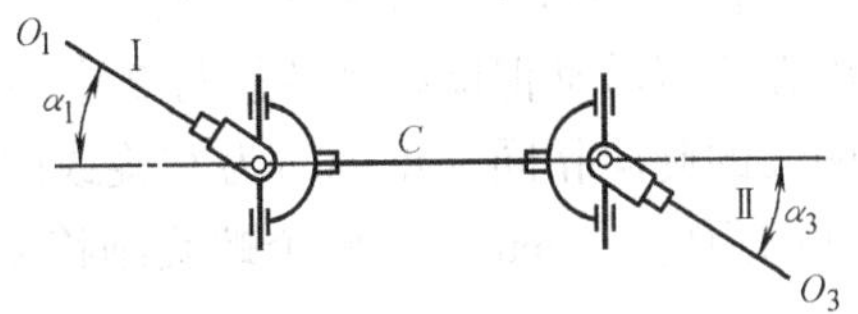

图 8-37　双万向联轴器

三、万向联轴器的特点和应用

单万向联轴器的特点是：当两轴夹角变化时仍可继续工作，而只影响其瞬时角速比的大小。双万向联轴器常用来传递平行轴或相交轴的转动，它的特点是：当两轴间的夹角变化时，不但可以继续工作，而且在满足上述两条件的情况下，还能保证等角速比，因此在机械中得到广泛的应用。例如图 8-38 中在汽车变速器 1 和后桥主传动器 3 之间用双万向联轴器 2 联接，当汽车行驶时，由于道路的不平会引起变速器输出轴和后桥输入轴相对位置的变化，这时联轴器的中间轴与它们的倾角虽然也有相应的变动，但是传动并不中断，汽车仍能继续行驶。

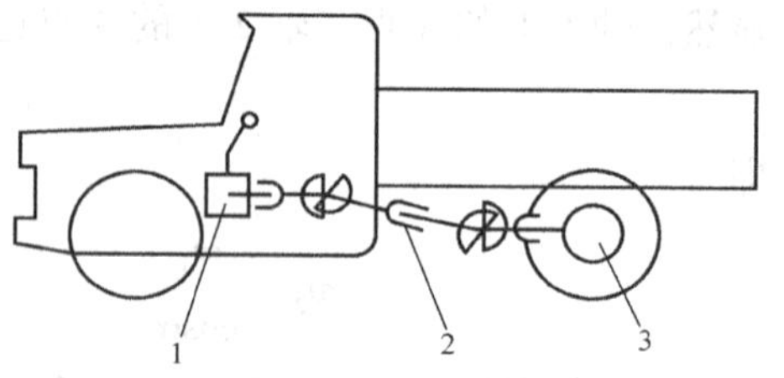

图 8-38 双万向联轴器在汽车驱动系统中的应用

1—变速器 2—双万向联轴器 3—后桥

第六节 螺 旋 机 构

一、螺旋机构的工作原理和类型

螺旋机构由螺杆、螺母和机架组成。一般情况下，它是将旋转运动转换为直线运动。图 8-39 所示螺旋机构为单螺旋机构，当螺杆 1 转过角 φ 时，螺母 2 将在螺杆的轴向移动一距离 s（mm），其值为：

$$s = l\frac{\varphi}{2\pi} \tag{8-29}$$

其中 l 为螺旋的导程（mm）。

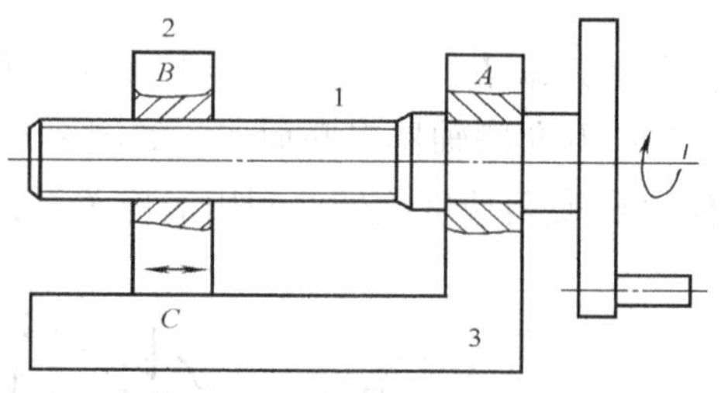

图 8-39 单螺旋机构

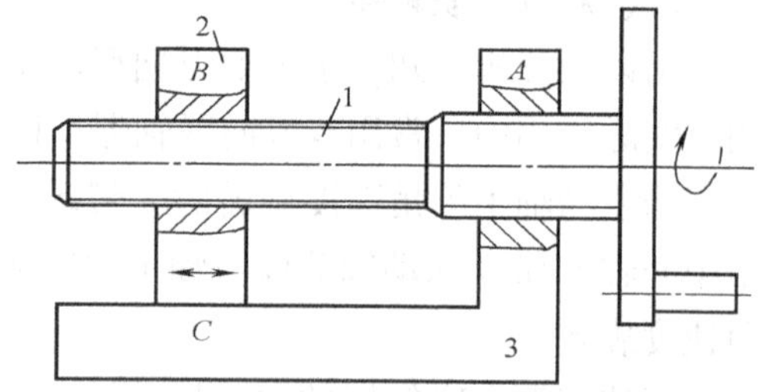

图 8-40 双螺旋机构

在图 8-40 所示的螺旋机构中，螺杆 1 的 A 段螺旋在固定的螺母中转动，而 B 段螺旋在不能转动但能移动的螺母 2 中转动。设 A、B 段的螺旋导程分别为 l_A、l_B，如果这两段的旋向相同（即同时为左旋或同时为右旋），则当螺杆 1 转过角 φ 时，螺母 2 的移动的距离 s（mm）为两个螺旋副移动量之差，即

$$s = (l_A - l_B)\frac{\varphi}{2\pi} \tag{8-30}$$

由式可知，当 l_A 与 l_B 相差很小时，位移 s 可以很小，这种螺旋机构称为差动螺旋机构。若图 8-40 中两段螺旋的螺纹旋向相反，则螺母 2 的位移为

$$s=(l_A+l_B)\frac{\varphi}{2\pi} \tag{8-31}$$

这种螺旋机构称为复式螺旋机构。由上式可见,这种螺旋机构可以使螺母 2 产生较快的移动。

按螺杆与螺母之间的摩擦状态,螺旋机构又可分为滑动螺旋机构和滚动螺旋机构。滑动螺旋机构中的螺杆与螺母的螺旋面直接接触,摩擦状态为滑动摩擦。滚动螺旋机构是在螺杆与螺母的螺旋滚道间有滚动体,如图 8-41 所示。当螺杆或螺母转动时,滚动体在螺旋滚道内滚动,使螺杆和螺母间为滚动摩擦,提高了传动效率和传动精度。滚动螺旋机构按其滚动体的循环方式不同,分为外循环和内循环两种形式,如图 8-41a、b 所示。

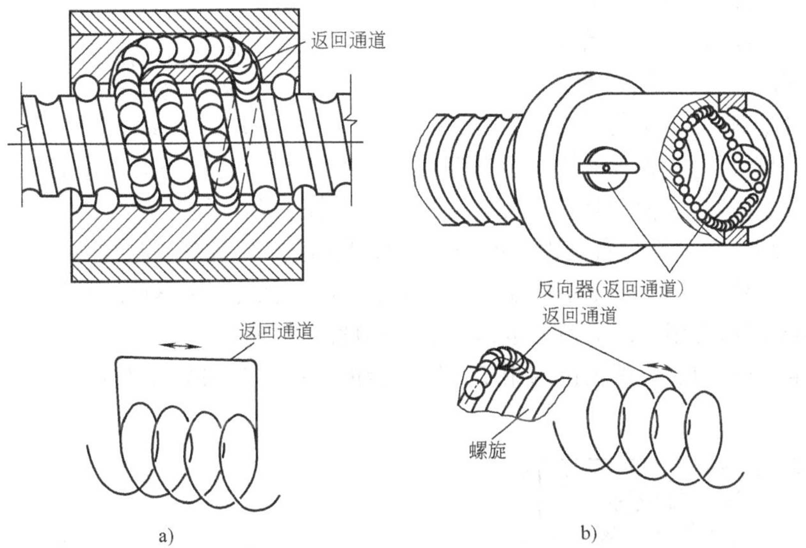

图 8-41　滚动螺旋机构及滚动体的循环方式

a）外循环滚道　b）内循环滚道

所谓外循环是指滚珠在回程时，脱离螺杆的滚道，而在螺旋滚道外进行循环。所谓内循环是指滚珠在循环过程中始终和螺杆接触，内螺母上开有侧孔，孔内装有反向器将相邻的滚道联通，滚珠越过螺纹顶部进入相邻滚道，形成封闭回路。因此一个循环回路里只有一圈滚珠，设置有一个反向器。一个螺母常装配 2～4 个反向器，这些反向器均匀分布在圆周上。外循环螺母只需前后各设置一个反向器。

二、螺旋的螺纹导程角、导程和头数

根据不同的工作要求，有的要求螺旋机构具有自锁性；有的则要求它起微动作用，即具有较大的减速比（如机床的进给丝杠），以便简化传动系统；有的则要求它传递较大的功率或较快的运动。为了满足不同的工作要求，螺旋机构应选用不同的几何参数。对于前两种情况，宜选用单头螺纹，使螺纹具有较小的导程或导程角。但当螺纹导程角

很小时，其效率将很低。故对于要求传递大的功率或快速运动的螺旋机构（如螺旋压力机），则采用具有较大导程角的多头螺纹。不过，应当指出，在传动精度要求高时，因多头螺纹的加工精度不易得到保证，所以采用多头螺旋并不一定适宜。

三、螺旋机构的特点和应用

螺旋机构的主要优点是结构简单，制造方便，它能将旋转运动变换为直线运动，运动准确性高，降速比大，可传递很大的轴向力，工作平稳、无噪声，有自锁作用。它的主要缺点是效率低，特别是具有自锁性的螺旋机构的效率将低于50%。因此，螺旋机构常用于起重机、压力机以及功率不大的进给系统和微调装置中。

另外，螺旋机构在反行程时若不自锁，即当导程角大于当量摩擦角时，它还可以将直线运动转换为旋转运动。在某些操纵机构、工具、玩具及武器等机构中，就利用了螺旋机构的这一特性。图8-42所示的新型螺钉旋具（螺丝刀）就是一个典型的应用实例。推进手柄4（螺母），可使旋具杆3旋转。由于旋具杆上有左旋、右旋螺旋槽各一条，手柄中也相应地装有左旋、右旋螺母各一个，通过拨动操纵纽5向左或向右可分别使左旋或右旋螺母起作用，从而只需推动手柄4就可完成拧紧或拧松螺钉的动作。

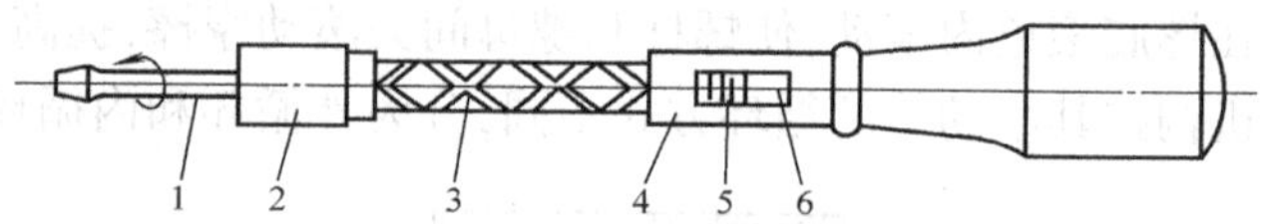

图8-42　新型螺钉旋具的螺旋机构
1—刀头　2—旋具座　3—旋具杆　4—手柄
5—操纵钮　6—螺母

图8-43所示为用于调节镗刀进刀量的差动螺旋机构。

图8-44所示为复式螺旋机构用于车辆联接的实例。它可以使车钩 E 和 F 较快地靠近或离开。

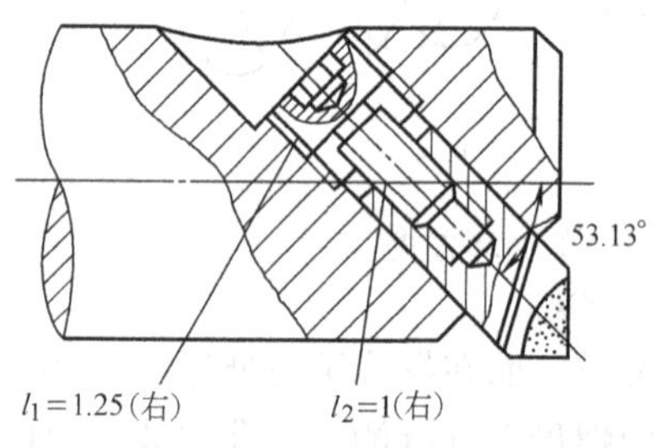

图8-43　调节镗刀进给量的螺旋机构

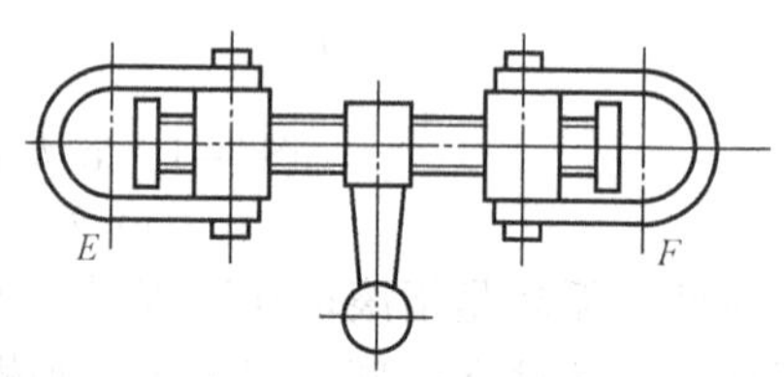

图8-44　车辆联接装置中的螺旋机构

第七节　非圆齿轮机构

一、非圆齿轮机构的工作原理和类型

机械中广泛应用的圆形齿轮机构的节线为圆，因而可实现定传动比传动。如果一对

齿轮的啮合节线为非圆形的曲线，则传动比必是变化的。这便是非圆齿轮传动，其中的齿轮为非圆齿轮。

如图 8-45 所示，η_1 和 η_2 是一对非圆齿轮的节线，当两轮啮合传动时，η_1 和 η_2 作无滑动的纯滚动。其切点 P 即为瞬时啮合节点，位于两轮的连心线 O_1O_2 上，这时两轮的瞬时传动比为

$$i_{12}=\frac{\omega_1}{\omega_2}=\frac{\mathrm{d}\varphi_1}{\mathrm{d}\varphi_2}=\frac{\overline{O_2P}}{\overline{O_1P}}=\frac{r_2}{r_1} \tag{8-32}$$

式中 r_1、r_2 为两轮啮合节点的瞬时向径，φ_1 和 φ_2 为两轮的瞬时转角。

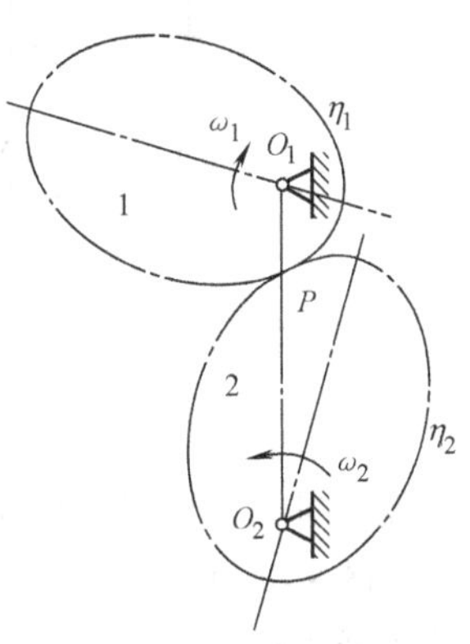

图 8-45　非圆齿轮机构

要使一对非圆齿轮能实现连续转动，两轮的节线首先应符合下列纯滚动条件：

1）啮合节点 P 必须在两轮回转中心连线上，即

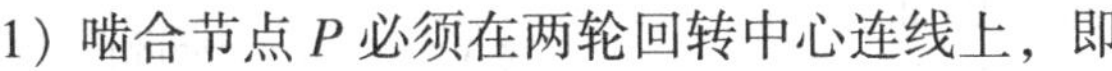

$$A=r_1+r_2$$

式中　A 为两轮的回转中心距。

2）在任意时间间隔内，两轮节线啮合转过的弧长必须相等

即
$$r_1\mathrm{d}\varphi_1=r_2\mathrm{d}\varphi_2$$

由以上两个条件可知，每当小齿轮转过一周，大齿轮节线 η_2 上与小齿轮节线 η_1 的周长相对应的下一段弧长上各点的向径应周期性地与上一段的重复。因此，节线 η_2 应当是由周期性重复，长度等于小齿轮节线 η_1 周长，并且全等的曲线段所组成。非圆齿轮的齿数也应是整数。

按节线形状的不同，非圆齿轮机构的形式有很多种，最常用的是椭圆齿轮，如图 8-46 所示，其节线为一对大小相等的椭圆。此外还有节线为偏心圆（图 8-47a）、卵形曲线（图 8-47b）及叶形曲线（图 8-47c）等的非圆齿轮机构。

二、非圆齿轮机构的特点和应用

非圆齿轮机构的特点是传动比按一定规律变化，利用这一特点。可改进机构传动的运动和动力性能。非圆齿轮机构常用于机床、印刷机械、纺织机械、自动机、仪表等行业。

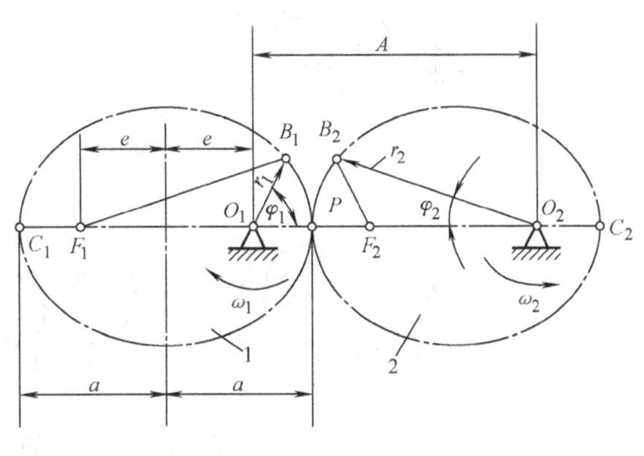

图 8-46　椭圆齿轮机构

图 8-48 所示为卧式压力机中采用的椭圆齿轮机构带动曲柄滑块机构的运动简图（图中虚线为滑块的速度线图），该机构使压力机的空回行程时间缩短，而工作行程时间增长。这不仅使机构具有急回作用，以节省空回

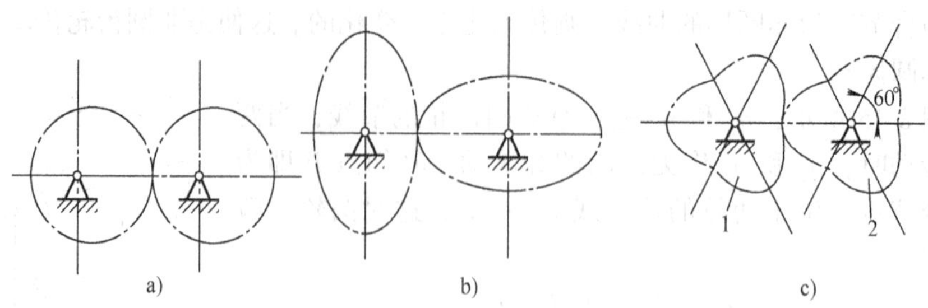

图 8-47　几种常用的节曲线形状

行程的时间，而且可使工作行程时的速度比较均匀，以改善机器的受力情况。

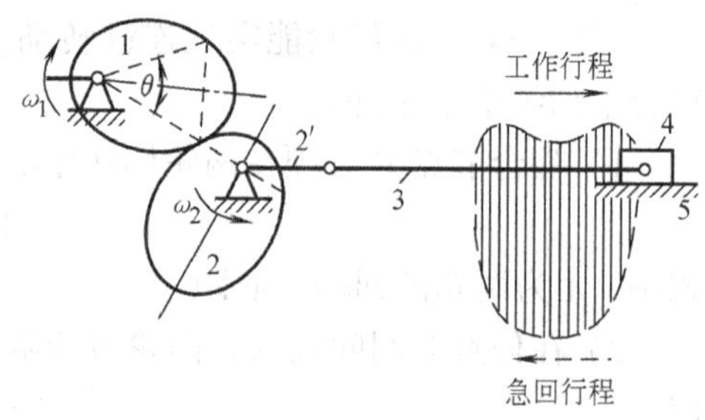

图 8-48　卧式压力机中的椭圆齿轮机构

图 8-49 所示为在滚筒式平板印刷机的自动送纸机构中采用的非圆齿轮机构。利用椭圆齿轮机构，可使纸张送到印刷滚筒的前面时，送进速度最小，以便对纸张的位置进行校准、对位和避免将纸张压皱。而当纸张送进滚筒后，纸张的送进速度则近似等于印刷滚筒的圆周速度。

非圆齿轮机构也常用于流量计等仪器中，图 8-50 所示为卵形非圆齿轮在水表中的应用。

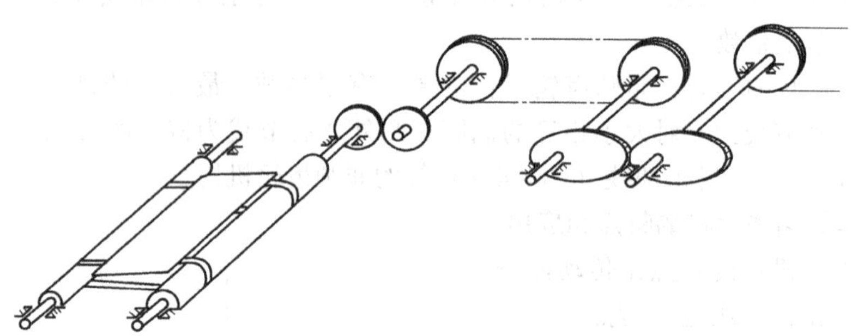

图 8-49　自动送纸机构中的非圆齿轮机构

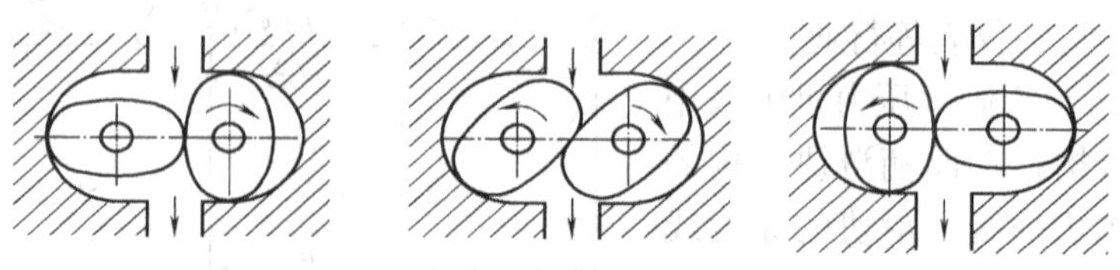

图 8-50　水表中的非圆齿轮机构

思考题与练习题

8-1　棘轮机构有几种类型，它们分别有什么特点？适用于什么场合？

8-2　调节棘轮转角常用的方法有哪些？

8-3　内槽轮机构和外槽轮机构相比有何优点？

8-4　槽轮机构的槽数 z 和圆销数 n 的关系如何？

8-5　何谓槽轮机构的运动系数 K？为什么 K 要大于零而小于1？

8-6　常用的间歇运动机构有哪些？试从各自的工作特点、运动和动力性能分析它们各适用于什么场合？

8-7　双万向联轴器满足传动比恒为1的条件是什么？

8-8　画出一种原动件为往复摆动、从动件为单向间歇运动机构的简图。

8-9　试设计两种原动件为连续转动、从动件为单向间歇转动的机构，并绘出简图。

8-10　设计一外啮合棘轮机构，已知棘轮的模数 $m=10\text{mm}$，棘轮所要求的最小转角为12°，试求：

1）棘轮的 z、d_a、d_f、p；

2）棘爪的长度 L。

8-11　某牛头刨床送进丝杠的导程为6mm，要求设计一棘轮机构，使每次送进量可在0.2～1.2mm之间作有级调节（共6级），设棘轮机构的棘爪由一曲柄摇杆机构的摇杆来推动。试绘出机构运动简图，并作必要的计算和说明。

8-12　在转塔车床的六角头外槽轮机构中，已知槽轮的槽数 $z=6$，槽轮静止时间 $t_j=\frac{5}{6}\text{s}$，运动时间是静止时间的2倍，求：

1）槽轮机构的运动系数 K；

2）圆销数 n。

8-13　某装配自动线上有一工作台，工作台要求有6个工位，每个工位在工作台静止时间 $t_j=10\text{s}$ 内完成装配工序。当采用槽轮机构时，试求：

1）该机构的运动系数 K；

2）装圆销的主动构件（拨盘）的转动角速度 ω；

3）槽轮的转位时间 t_d。

8-14　牛头刨床工作台的横向进给螺杆的导程 $l=3\text{mm}$，与螺杆固联的棘轮齿数 $z=40$，试问棘轮的最小转动角 φ 是多少？该牛头刨床的最小进给量 s 是多少？

8-15　图8-51所示为一机床上带动溜板2在导轨3上移动的螺旋机构。螺杆1上有两段旋向均为右旋的螺纹，A 段的导程 $l_A=1\text{mm}$，B 段的导程 $l_B=0.75\text{mm}$。试求当手轮按 K 向顺时针转动一周时，溜板2相对于导轨3移动的方向及距离大小。若将 A 段螺纹的旋向改为左旋，而 B 段的旋向及其他参数不变，试问结果又将如何？

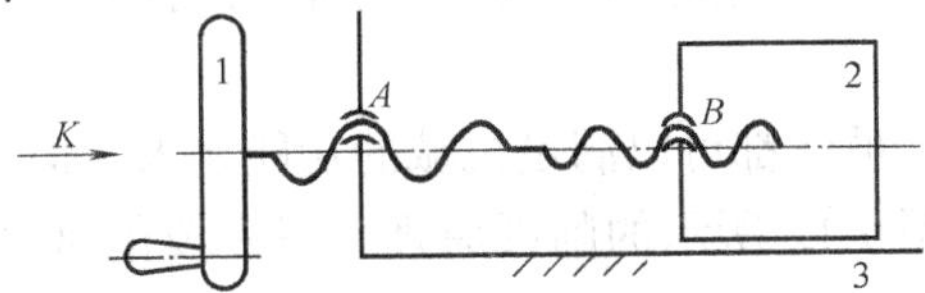

图8-51　螺旋机构

第九章　机械运动方案的设计

机械运动方案设计是机械系统总体方案设计的核心，也是整个机械设计工作的基础。机械运动方案设计的好坏，对机械能否完成预期的工作任务、工作质量的优劣以及产品在国际市场上的竞争能力，都起着决定性的作用。

第一节　执行机构的运动规律与工艺动作

一、功能原理的构思与选择

任何一部机械的设计都是为了实现某种预期的功能要求，包括工艺要求和使用要求。所谓功能原理设计，就是根据机械实现的功能，考虑选择何种工作原理来实现这一功能要求。功能原理设计是机械运动方案设计的第一步，也是十分重要的一步。实现某种预期功能要求，可以采用多种不同的工作原理。选择的工作原理不同，所设计的机械在工作性能、工作品质和适用场合等方面就会有很大差异。功能原理设计的任务，就是根据机械预期实现的功能要求，构思出所有可能的功能原理，加以分析比较，并根据使用要求和工艺要求，从中选择出既能很好地满足功能要求、工艺动作又简单的工作原理。

例如，要设计一“分纸”装置，要求在一叠纸中分出一张纸。既可以采用削纸原理，利用削纸杆的切向力将纸分出，如图 9-1a 所示；也可以采用滚纸原理，利用滚辊的摩擦力将纸送出，如图 9-1b 所示；或采用吸纸原理，利用负压吸力将纸吸起，如图 9-1c 所示；还可以采用抓纸原理，利用负压将纸掀起再用爪子抓取纸张，如图 9-1d 所示。

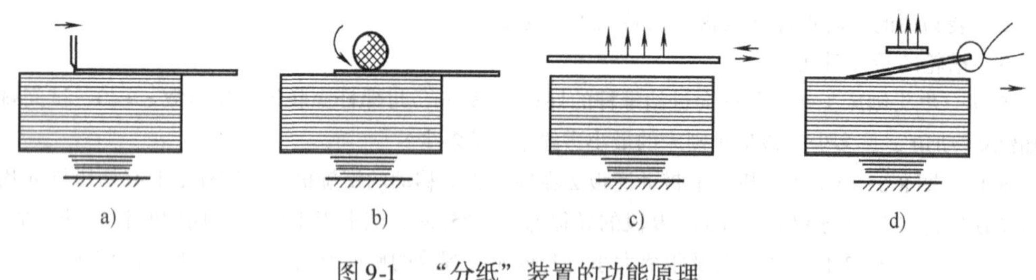

图 9-1　“分纸”装置的功能原理

a）削纸　b）滚纸　c）吸纸　d）抓纸

上述几种工作原理，虽然都可以满足机械的功能要求，但工作原理不同，所需的运动规律也不相同。采用图 9-1a 所示的削纸原理，只需要削纸杆的往复运动，运动规律简单，但这种原理只适用于有一定厚度的纸张；采用图 9-1b 所示的滚纸原理，仅需要摩擦轮的滚动，运动规律简单，但必须有一定压紧力，才有可能引起下面的纸张运动；采用图 9-1c、d 所示的气吸原理，必须具有附加的气源。

再比如螺栓的螺纹可以车削、套螺纹，也可以搓螺纹。这几种不同的螺纹加工原理适用于不同的场合，满足不同的加工需要，执行机构的运动方案也各不相同。

在进行机械的功能原理设计时，一定要根据使用场合和使用要求，对各种可能采用的功能原理认真加以分析比较，从中选出既能很好地满足机械预期的功能要求，工艺动作又可简便实现的工作原理。

二、工艺过程和运动规律设计

1. 工艺过程设计的原则

机械的工艺过程设计是为了满足机械的功能原理。为了达到这一要求，机械的工艺过程设计应遵循以下原则：

(1) 工序集中原则　工序集中原则是指工件在一个工位上，经一次定位装夹，采用多刀、多面、多个执行构件运动同时完成加工工序，以达到工件的工艺要求。其优点是：可以减少中间辅助环节，如产品的输送、定位、装卸次数；使执行上述动作的机构得以简化；提高生产率、保证加工精度及质量。其缺点是工艺通用性差，机械的结构较复杂，执行构件多而集中不便调整。例如图 9-2 所示的自动订书机就采用了多刀、多面、多个执行构件同时完成加工工序。

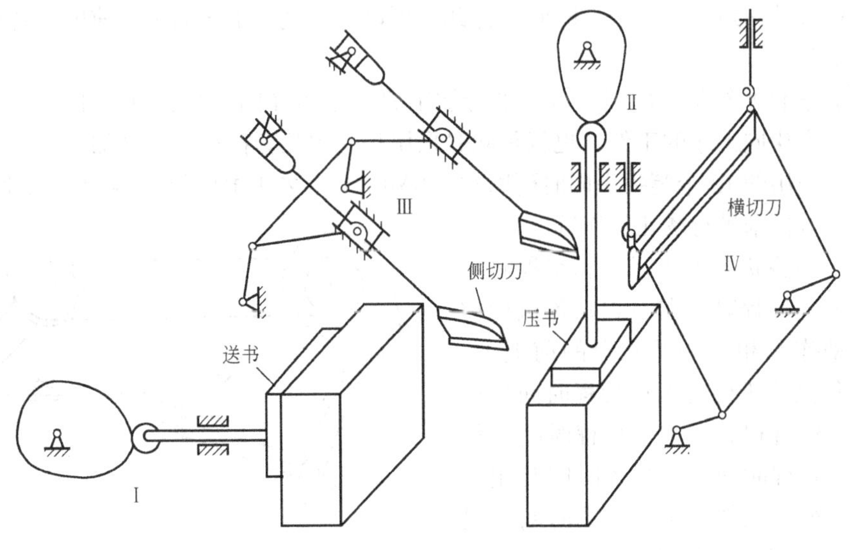

图 9-2　自动订书机工艺过程

(2) 工序分散原则　工序分散原则是将工件的加工工艺过程分解为若干工序，并分别在各个工位上用不同的执行机构进行加工，以达到工件的工艺要求。由于工序分散了，执行机构完成每一个工序的动作较为简单，也就比较容易实现。但若各工序加工时间不相等，则要做好工序时间平衡问题，以便同步加工。如图 9-3 所示，链条装配工艺过程可分解为送内片、装套筒、装滚子、装内片、装销轴、装外片、冲头铆接等工序，然后每一道工序分别配置简单的执行机构来完成相应的工艺动作。

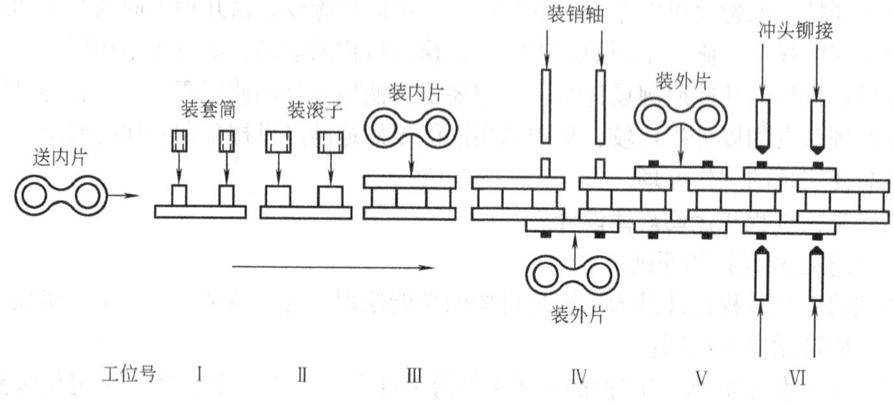

图 9-3　链条装配工艺过程

(3) 平衡工序节拍原则　平衡工序节拍原则即遵循各工序的工艺时间相等的原则。对于多工位自动机，工作循环的时间节拍有严格要求。一般将各工位加工时间最长的一道工序的工作循环作为自动机的时间节拍。为了提高其生产率，我们应尽量设法缩短加工时间最长的一道工序的工作时间。为此，可以提高这一工序的工艺速度或者把这一工序再分解等。

(4) 多件平行加工原则　多件平行加工原则是指在同一台自动机上或某工位上同时加工几个相同工序的工件，也就是同时采用相同的几套执行机构来加工多个工件。例如制笔厂采用的 12 个笔尖头同时研磨法，GY4—1 型多头电脑绣花缝纫机采用 12 套相同的执行机构来进行绣花工作等。

(5) 减少机械工作行程和空程时间　设计工艺过程时，在不妨碍各执行构件正常动作和相互协调配合的前提下，尽量使各执行机构的工作行程时间尽量重叠、工作行程时间与空行程时间互相重叠、空行程时间与空行程时间互相重叠，从而缩短工件加工循环的时间以提高机械的生产率。如图 9-4 所示的打印机，当送料器在送料时，打印头就可以向下打印，即送料的工作行程与打印的工作行程适当进行重叠，只要保证打印头在打到工件前把工件送到位，而不必等工件到位后打印头才开始动作。而在打印头完成打印工艺后空回时，送料器也同时退回原处，准备第二次推料。即它们的空回时间也互相重叠。这样就可以大大缩短在工件上打印的循环时

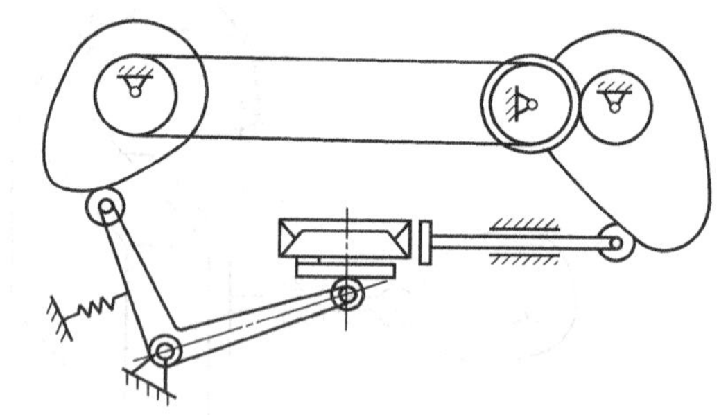

图 9-4　自动打印机示意图

间，从而明显地提高了打印机的工作效率。

2. 按工艺过程要求确定运动规律

1）运动规律或工艺过程的选择应尽可能简单，这样才能保证将来设计出来的机构也简单、实用、可靠。例如要设计一个分选不同直径的钢珠的装置，为了避免设计各种钢珠的测量动作，设计者在进行运动规律设计时，避开了传统的设计思路，让钢珠也参与到运动规律设计中去，使钢珠沿着两个斜放的不等距棒条滚动，当钢珠沿棒条移动时，小一些的钢珠由于棒条夹不住而靠自重先行落下，大一些的钢珠可多移动一段距离。钢珠落下的先后次序与其直径大小成比例，如图9-5所示。这一设计成功地达到了钢珠尺寸分级的目的，是一个构思巧妙的设计。设计者只需设计一个输送钢珠的动作即可。

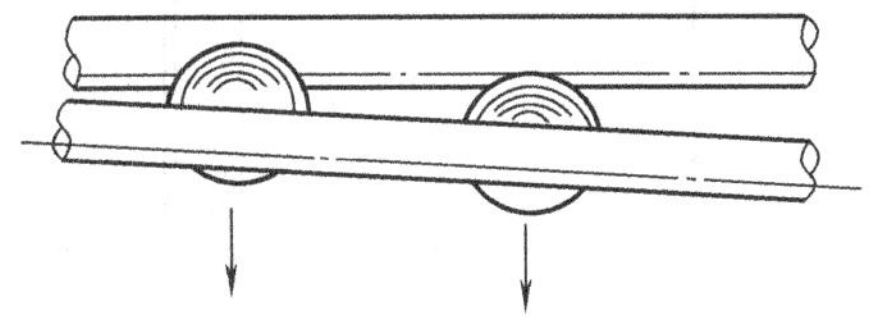

图9-5　钢珠尺寸分选示意图

2）把复杂的运动规律进行分解。实现一个复杂的工艺过程，往往需要多种动作，而任何复杂的动作总是由一些最基本的运动合成的。因此，运动规律设计通常是对工艺方法和工艺动作进行分析，把其分解成若干个基本动作，工艺动作分解的方法不同，所形成的运动方案也不相同。

例如，要设计一台加工平面或成形表面的机床，可以选择刀具与工件之间相对往复移动的工作原理。为了确定该机床的运动方案，需要依据其工作原理对工艺过程进行分解。一种分解方法是让工件作纵向往复移动，刀具作间歇的横向送进运动，即切削时刀具静止不动，而不切削时刀具作横向进给。工艺动作的这种分解方法，就得到了龙门刨床的运动方案，它适用于加工大尺寸的工件。工艺过程的另一种分解方法是让刀具作纵向往复移动，工件作间歇的横向送进运动，即刀具在工作行程中工件静止不动，而刀具在空回行程中工件作横向送进。工艺动作的这种分解方法，就得到了牛头刨床的运动方案，它适用于加工中、小尺寸的工件。

再比如，要求设计一个计算机的绘图机，使其能按照计算机发出的指令绘制出各种平面曲线。绘制复杂平面曲线的工艺动作可以有不同的分解方法。一种方法是让绘图纸固定不动，而绘图笔作 x，y 两个方向的移动，从而在绘图纸上绘制出复杂的平面曲线。工艺动作的这种分解方法，就得到了如图9-6a所示的小型绘图机的运动方案。工艺动作的另一种分解方法是让绘图笔作 x 方向的移动，而让绘图纸绕在卷筒上绕 x 轴作往复转动，从而在绘图纸上绘制出复杂的平面曲线。工艺动作的这种分解方法，就得到了如图9-6b所示的大型绘图机的运动方案。

从对以上几个例子的分析中可以看出：在完成了机械的功能原理设计、选定了机械的工作原理后，对工艺方法和工艺动作的分析就成了运动规律设计和运动方案选择的前提。实现同一个工艺动作，可以分解成各种简单运动。工艺动作分解的方法不同，所得到的运动规律和运动方案也大不相同，它们在很大程度上决定了机械的特点、性能和复杂程度。在进行运动规律设计和运动方案选择时，应综合考虑各方面的因素，根据实际

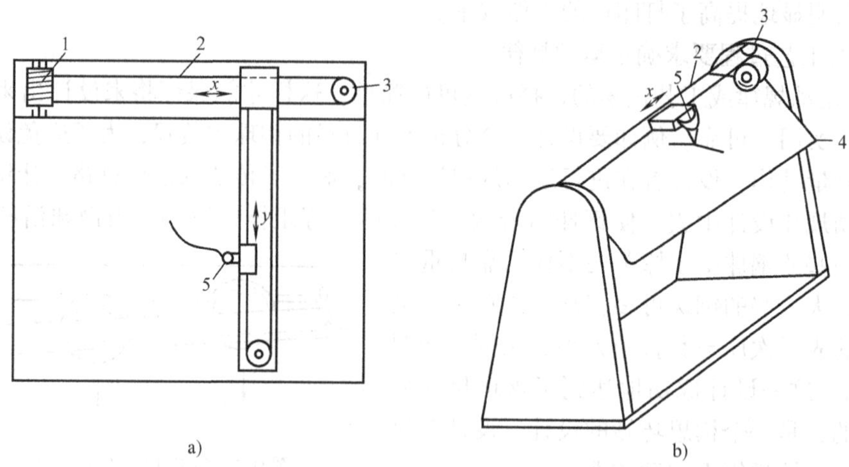

图 9-6　绘图机工艺动作分解
1—主动轮　2—钢丝　3—从动轮　4—绘图纸　5—绘图笔

情况对各种运动规律和运动方案加以认真分析和比较，从中选择出最佳方案。

此外，在确定运动规律时，不但要注意工艺动作本身的形式，还要注意其变化规律的特点，即运转过程中速度和加速度变化的要求。这些要求，有些是工艺过程本身提出来的（如机床的走刀要近似匀速以保证加工工件的表面质量）；有些是从动力学的观点提出来的（为了减小机械运转过程中的动载荷等）。认真地分析和确定工艺动作的运动规律，对保证工艺质量、减小设备尺寸和重量以及降低功率消耗等，都具有重要的意义。机械运动规律设计和运动方案选择所涉及的问题很多，设计者只有在认真总结实践经验的基础上综合运用多方面的知识，才能拟定出比较合理的运动规律和选择出较为优秀的运动方案。在拟定和评价各种运动规律和运动方案时，应同时考虑到机械的工作性能、适应性、可靠性、经济性及先进性等多方面的因素。

第二节　机 构 选 型

所谓机构的选型，是指利用发散思维的方法，将前人创造发明出的数以千计的各种机构按照运动特性或动作功能进行分类，然后根据设计对象中执行构件所需的运动特性或动作功能进行搜索、选择、比较和评价，选出执行机构的合适形式。

一、机构选型的方法

1. 按照执行机构所需的运动特性进行机构选型

这种方法是从具有相同运动特性的机构中，按照执行机构所需的运动特性进行搜寻。当有多种机构均可满足要求时，则对初选的机构型式进行分析比较，从中选择出较优的机构。表 9-1 列出了常见运动特性及其所对应的机构举例。

表 9-1 常用运动特性及其对应机构

执行构件运动特点		实现运动特性的机构举例
连续转动	匀速转动	齿轮机构（含轮系）、平行四边形机构、摩擦传动机构、挠性传动机构、双万向联轴器等
	变速转动	非圆齿轮机构、双曲柄机构、转动导杆机构、组合机构、单万向联轴器等
往复运动	往复移动	曲柄滑块机构、正弦机构、正切机构、移动导杆机构、直动从动件凸轮机构、齿轮齿条机构、螺旋机构、楔块机构、气动、液压机构等
	往复摆动	曲柄摇杆机构、曲柄摇块机构、双摇块机构、摆动导杆机构、摆动从动件凸轮机构、某些组合机构等
间歇运动	间歇转动	棘轮机构、槽轮机构、凸轮式间歇运动机构、不完全齿轮机构、某些组合机构
	间歇摆动	特殊形式的连杆机构、摆动从动件凸轮机构、齿轮-连杆组合机构、利用连杆曲线圆弧段或直线段组成的多杆机构等
	间歇移动	棘条机构、从动件作间歇往复移动的凸轮机构、单向间歇运动机构与往复移动机构的串联式组合机构、气动、液压机构、移动杆有停歇的斜面机构等
预定轨迹	直线轨迹	连杆近似直线机构、八杆精确直线机构、某些组合机构等
	曲线轨迹	铰链四杆机构、利用连杆曲线实现预定轨迹的多杆机构、凸轮-连杆组合机构、齿轮-连杆组合机构、行星轮系、行星轮系与连杆组合机构等

2. 按执行机构的功用选择机构

有的机械执行机构的功用明确，如夹紧、定位、制动、导向等功用。因此，可按照执行机构实现的功用，参考已有的相关机构结构，或以此为借鉴，从中得到启发，开阔思路，在已有机构型式的基础上组合创新出新的机构。

3. 按不同的动力源形式选择机构

选择合适的动力源，有利于简化机构结构和改善机械性能。在进行机构选型时，应充分考虑工作要求、生产条件和动力源情况。当有气、液源时，常采用液压和气动机构，这样既可以简化机构结构，省去许多电动机、传动机构或转换运动的机构，又有利于操作、调节速度和减振。特别是对于具有多个执行机构的工程机械、自动生产线或自动机等，更应优先考虑这些因素。例如，为了使执行构件 K 作等速往复直线运动，既可以如同 9-7a 所示的那样采用电动机作为动力源，也可以如图 9-7b 所示的那样采用往复式液压缸作为动力源。由图中可以看出，若采用图 9-7a 所示的方案，不仅需要单独的电动机和传动机构（图中未示出）驱动原动件，而且还需要采用连杆机构把转动变为执行构件的等速往复移动；而采用图 9-7b 所示的液压驱动方案，不仅可以用一个动力源驱动多个执行构件，而且机构简单、结构紧凑、体积小，反向时运转平稳、易于调节移动速度。

4. 按先易后难选择机构

因为每种基本功能均可由多种机构形式来实现，而且每种运动转换还可以匹配多种机构组合或组合机构。所以在选择机构时，应尽可能先选择最简单的基本机构来满足机

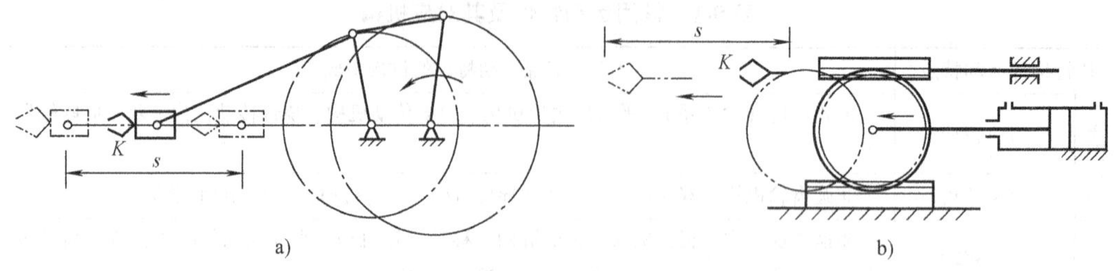

图 9-7　动力源形式的选择

a）机械传动　b）液压传动

构的运动特性要求，如若不行，再选择机构组合，最后选择组合机构。

二、机构选型的原则

1）满足执行构件所需的运动要求，包括运动形式、运动规律或运动轨迹方面的要求，是执行机构选型时首先要考虑的最基本因素。

2）机构选型必须满足机构运动精度的要求。例如，对运动速度和运动时间要求很高时，就不宜选用液压和气压传动的机构；对传动比要求精确时，就不宜选用摩擦传动机构。

3）使执行系统具有良好的传力条件和动力特性。在进行执行机构选型时，应注意选用具有最大传动角、最大增力系数和效率较高的机构，这样可减小主动轴上的力矩和原动机的功率及机构的尺寸和重量。机构中若有虚约束，则要求提高加工和装配精度，否则将会产生很大的附加内应力，甚至会产生楔紧现象而使运动发生困难。因此，在进行执行机构选型时，应尽量避免采用虚约束。若为了改善受力状况、增加机构刚度或减小机构质量而必须引入虚约束时，则必须注意结构、尺寸等方面设计的合理性，必要时还需增加均载装置等辅助装置。对于机械中高速运转的机构，如果作往复运动或平面复杂运动的构件惯性质量较大，或转动构件上有较大的偏心质量，则在机构形式设计时，应考虑进行平衡设计，以减小机械运转中的动载荷，使构件和机构达到最佳平衡状态。否则会引起很大振动，甚至破坏机械的正常工作条件。

4）使机械具有调节某些运动参数的能力。在某些机械的运转过程中，有些运动参数（如行程）需要经常调节；而在另一些机械中，虽然不需要在运转过程中调节运动参数，但为于安装调试方便，也需要机构中有调整环节。在这些情况下，进行执行机构选型时，要考虑使机构具有调节功能。机构运动参数的调节，在不同情况下有不同的方法。一般来说，可通过选择和设计具有两个自由度的机构来实现。两自由度的机构具有两个原动件，可将其中一个作为主原动件输入主运动（即驱动机构实现工艺动作所要求的运动），而将另一个作为调节原动件，当调整到需要位置后，使其固定不动，则整个机构就成为具有一个自由度的系统。在主原动件的驱动下，机构即可正常工作。

5）机构选型必须考虑整机的总体布局。要求总体布局合理、紧凑、机械的输出端尽量靠近输入端，以简化传动机构。

6）使用单位提出的生产工艺要求、生产车间的条件、使用维护要求等，均对机构选型和组合安排有很大影响，所以必须予以认真考虑。

7）保证机械的安全运转。在进行机构选型时，必须考虑机械的安全运转问题，以防止发生机械损坏或出现生产和人身事故的可能性。例如，为了防止机械因过载而损坏，可采用具有过载保护作用的带传动或摩擦传动机构；又如，为了防止起重机械的起吊部分在重物作用下自行倒转，可在运动链中设置具有自锁功能的机构（如蜗杆蜗轮机构）。

三、机构选型的评价

在进行机构选型时，由于执行构件实现同一工艺动作的机构往往有好几种，它涉及整个机械质量的优劣，故需进行评价择优，评价主要考虑以下三个方面：

（1）机构功能的质量 虽然几种执行机构都能实现所要求的功能，但其质量还是有差别的。这些差别表现在运动规律的满足程度、运动误差大小、机构的传力性能、动力特性好坏、效率高低、机构所占空间大小、对给定工况的适应程度等。在择优时要综合考虑上述情况的差别。

（2）机构结构的合理性 考虑机构结构的简单程度、传动链是否最短、原动机选择是否合理等。

（3）机构的经济性 经济性包括制造时的经济性和运转时的经济性。前者要求结构简单、易于制造和装配、成本低廉等；后者要求机械效率高、耗能少、工作可靠、便于维护等。

第三节 机构的创新设计

现代设计方法的一个重要特征在于它的创新性。创新设计方法是工程设计方法的重要组成部分，它贯穿于工程技术设计的全过程。随着现代科技的发展，以及国际间经济竞争的日趋激烈，在工程技术设计和产品生产中，大力倡导并推广创新设计方法，显得尤为重要，同时也是提高产品设计水平，增强产品竞争能力的根本措施和手段。

在进行机构运动方案设计时，先从常用机构中选择一种功能和原理与工作要求相近的机构，然后在此基础上重新构造机构的形式，称为机构的构型创新设计。从思维法则看，机构构型的创造性方法主要有扩展法、组合法。而从机械学这个较为专业的角度来看，主要有以下的常用方法：

一、充分利用现有机构的运动和结构特点创新机构

利用现有机构，充分考虑、认识、挖掘现有机构的运动特点，各构件相对运动的关系及特殊构件的形状等，发挥现有机构的潜力，可创新设计出新的机构。

如图 9-8 所示的双摇杆机构，利用构件 BC 整周转动来带动摇杆 AB 的来回摆动，使风扇在高速转动的同时来回摆动。这种机构是利用连杆和摇杆的运动特点构成风扇的

摇头机构。

如图 9-9 所示的铰链四杆机构，利用连杆 BC 的导引运动来实现汽车发动机罩壳的开启、关闭的两个位置。其中弹簧的位置、弹簧的刚度要使罩壳在开启时能处于力平衡状态，在关闭时能有一定锁紧力。这种机构是利用连杆的导引运动特性构成的罩壳启、闭机构。

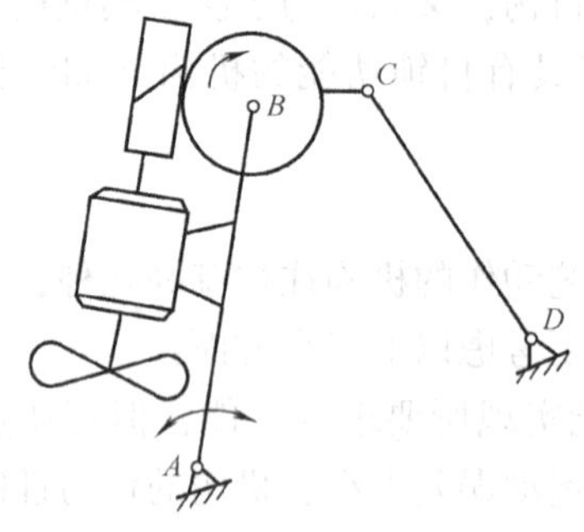

图 9-8　风扇摇头机构

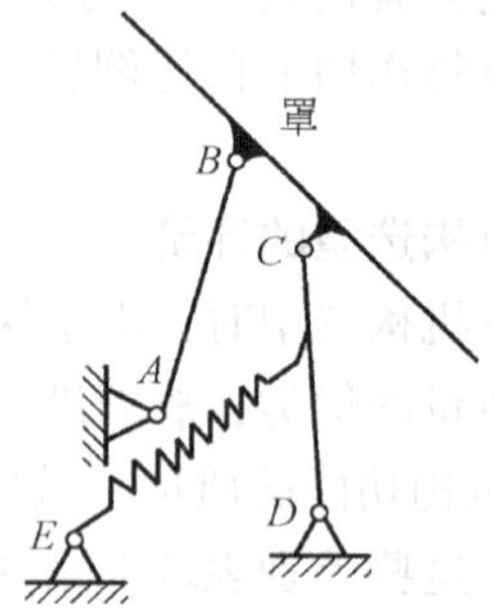

图 9-9　汽车发动机罩壳的开闭机构

如图 9-10 所示的摄影平台升降机构为一平行四边形机构，它利用了连杆作平移运动的特性保证摄影机始终平稳地作上下运动。

如图 9-11 所示的车门开闭机构为一反平行四边形机构，它利用反平行四边形机构运动时两曲柄转向相反的运动特点，使两扇车门同时打开或关闭。

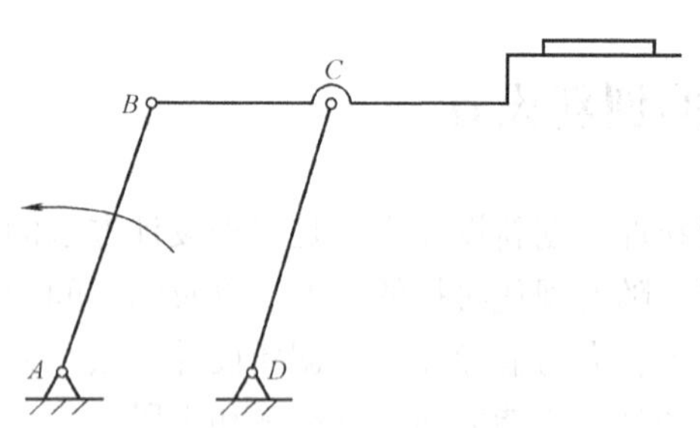

图 9-10　摄影平台升降机构

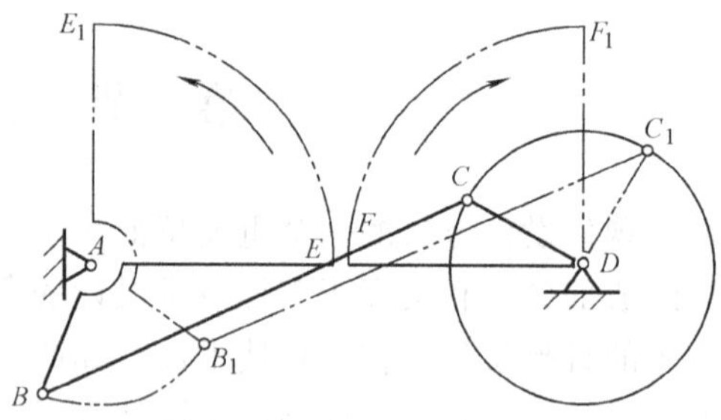

图 9-11　车门开闭机构

二、应用现有原理创新机构

1. 叠加杆组法

根据平面机构的组成原理，如果在一个现有机构的基础上再叠加一个或几个杆组后，又可以形成新的机构来满足运动转换或实现某种所要求的功能。例如带有液压或气动元件的杆组称为杆组源。把带有液压元件的有源杆组 1-2-3 与机架 12 组成摆动液压缸机构。然后再把有源杆组 4-5-6 和 7-8-9 依次连接到运动构件 3 和 6 上，最后把杆组 10-11 分别连接到构件 9 和 6 上，就构成了挖掘机的挖土机构（图 9-12），它可以使挖斗完成复杂的挖掘采土工作。

2. 运动倒置

所谓运动倒置就是机架变换。四杆机构经过运动倒置能生成不同功能的机构，这一点已为大家所熟知。定轴齿轮机构经过运动倒置后可生成行星齿轮机构（见图9-13），从而增加了行星轮上不同点所输出的轨迹的种类。这是运动倒置的典型实例。用运动倒置的观点研究现有机构，发现其内在联系，并由此使机构发生变异，是机构创新构型的方法之一。

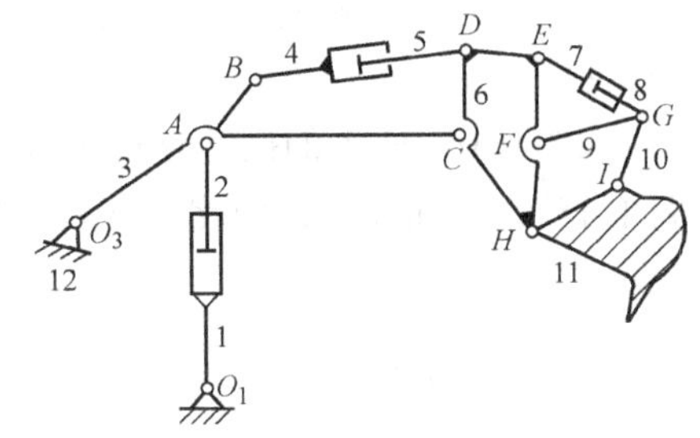

图 9-12　挖掘机挖土机构

例如，已知人类在正常步行时，脚跟相对于腰部的轨迹如图 9-14 所示，现要设计一两足步行脚机构，并要求该机构的外形与人脚相似。要实现图示的运动轨迹，最简单的单自由度机构是四杆机构。从连杆曲线图谱中，可找到能实现类似轨迹的四杆机构，但其外形与人的脚相去甚远，不宜采用。单自由度机构中，除四杆机构外，最简单的是六杆机构。图 9-15 所示为选用六杆运动链（称为瓦特链）作为两足步行脚机构时，以不同构件为机架所得到的三种机构方案。

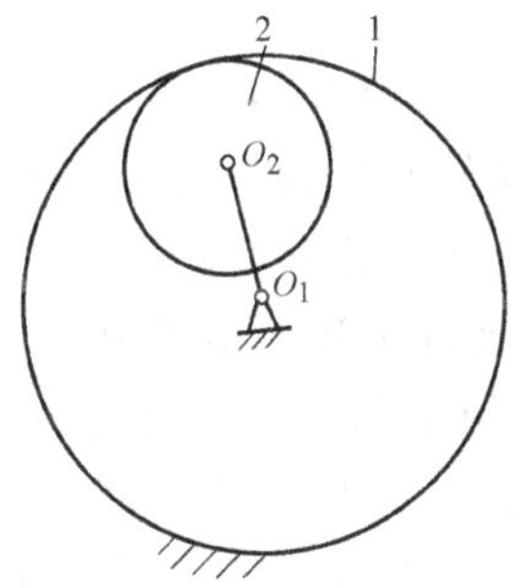

图 9-13　行星轮系

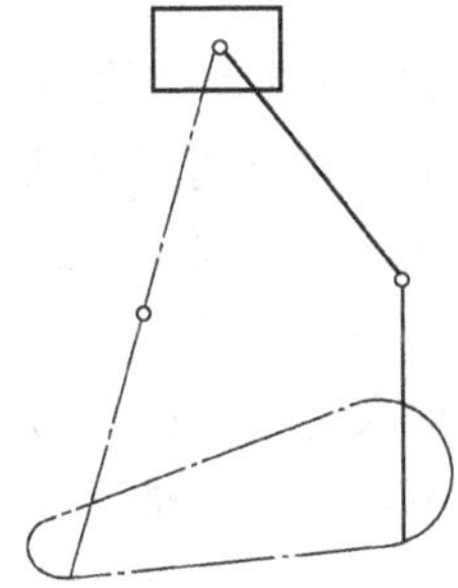
图 9-14　脚跟相对于腰部的轨迹

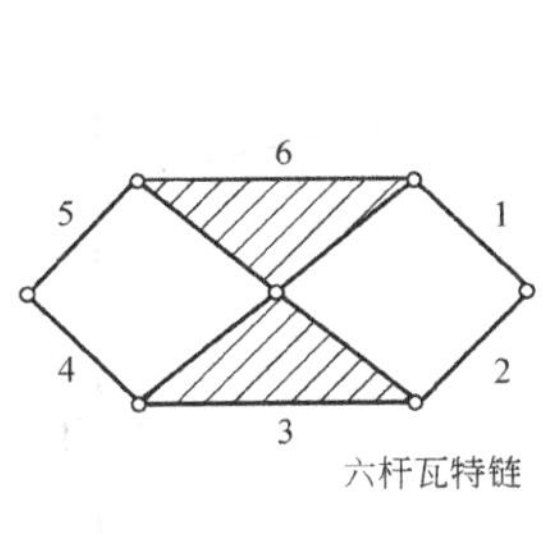

a)

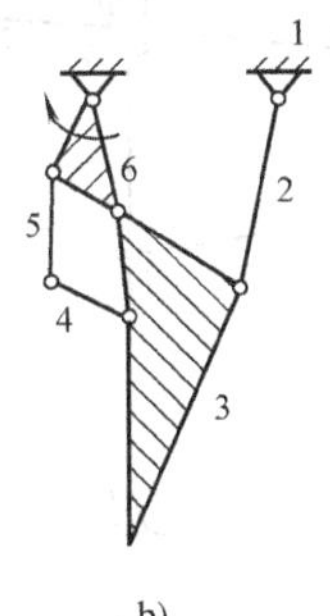

b)

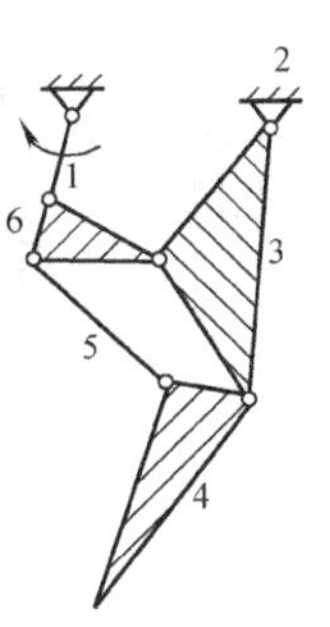

c)

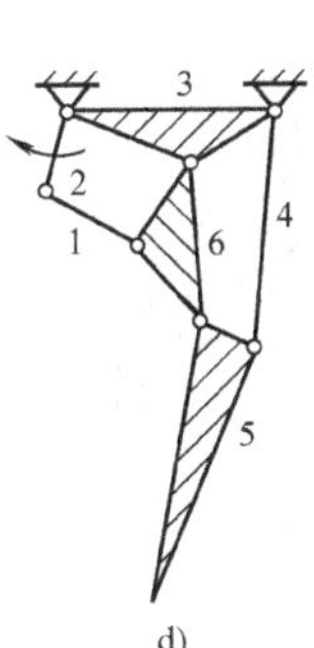

d)

图 9-15　六杆运动链及演化的六杆机构

3. 运动副变异法

运动副是机构运动变换的主要元素。通过运动副变异生成新的机构形式是机构创新的途径之一。运动副变异通常有：运动副的同性异形演化；机构中运动副变异后，输出构件的运动不变；机构运动副变异后，输出构件运动产生变化，但改善了机构的结构或工作性能。

如图 9-16a 所示的摆动导杆机构，通过运动副的变异，即把组成移动副两元素的包容面与被包容面互换，演化为 9-16b 所示的摇块机构，两机构对应构件的运动特性保持不变。

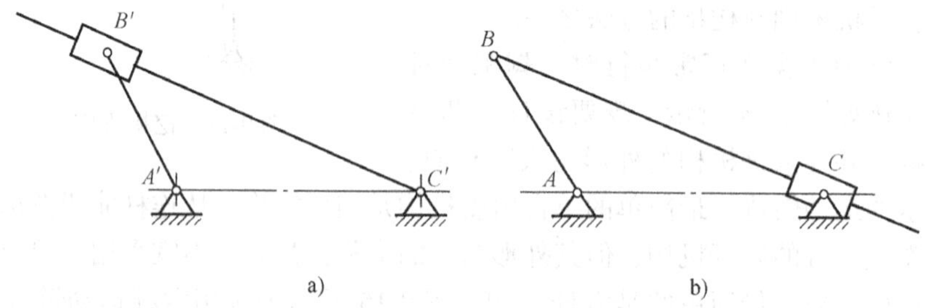

图 9-16 摆动导杆机构变异为摇块机构

图 9-17a 中的移动凸轮与直动推杆组成的平面高副变异为图 9-17b 所示的圆柱凸轮与直动推杆组成的空间高副机构。把作直线移动的原动件改变为作旋转运动的原动件，同样可以实现推杆所要求的运动。这样就可以选择普通电动机作为驱动源。

图 9-18 所示的手套自动加工机的传动机构，当原动件 1 连续等速转动时，可使输出构件 5 获得大行程的往复移动。但在图 9-18a 中，滑块 4 与导杆 3 组成的移动副位于机构上方，不仅润滑困难且容易污染产品。为此，通过运动副变异得到改进后的机构如图 9-18b 所示。虽然两个机构的运动特性略有不同，但解决了润滑与产品被污染的问题。

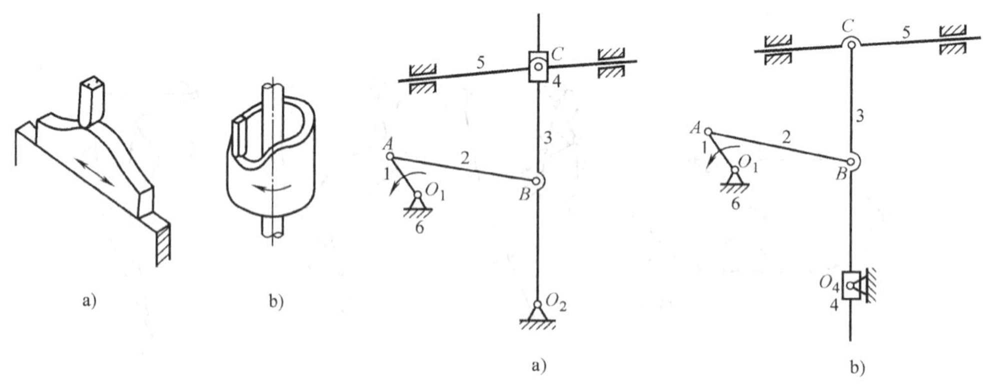

图 9-17 移动凸轮变异为圆柱凸轮

图 9-18 手套自动加工机

4. 机构组合法

基本机构毕竟只能实现有限的功能和运动要求。对于更复杂的功能和运动要求，则常采用将几种基本机构用适当方式组合起来，来实现基本机构不易实现的运动或动力特性。

机构的组合是发明创造新机构的重要途径之一。常用的组合方式有串联、并联、反馈和复合式组合等。

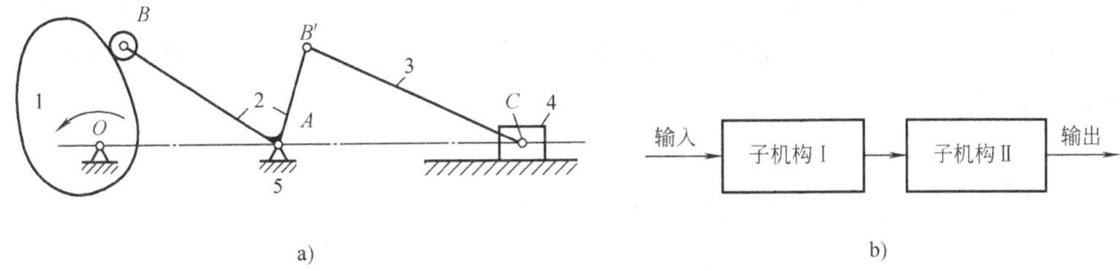

图 9-19 串联式组合机构

(1) 串联式组合 在机构组合系统中，若前一级子机构的输出构件即为后一级子机构的输入构件，则这种组合方式称为串联式组合。图 9-19a 所示的机构就是这种组合方式的一个例子。图中，构件 1、2、5 组成凸轮机构（子机构 Ⅰ）。构件 2、3、4、5 组成曲柄滑块机构（子机构 Ⅱ）。构件 2 是凸轮机构的从动件，同时又是曲柄滑块机构的主动件。这种组合方式可用图 9-19b 所示的框图来表示。

(2) 并联式组合 在机构组合系统中，若几个子机构共用同一个输入构件，而它们的输出运动又同时输入给一个多自由度的子机构，从而形成一个自由度为 1 的机构系统，则这种组合方式称为并联式组合。图 9-20a 所示的双色胶版印刷机中的接纸机构就是这种组合方式的一个实例。图中，凸轮 1、1′为一个构件，当其转动时，同时带动四杆机构 *ABCD*（子机构 Ⅰ）和四杆机构 *GHKM*（子机构 Ⅱ）运动。而这两个四杆机构的输出运动又同时传给五杆机构 *DEFNM*（子机构 Ⅲ），从而使其连杆 9 上的 *P* 点描绘出一条工作所要求的运动轨

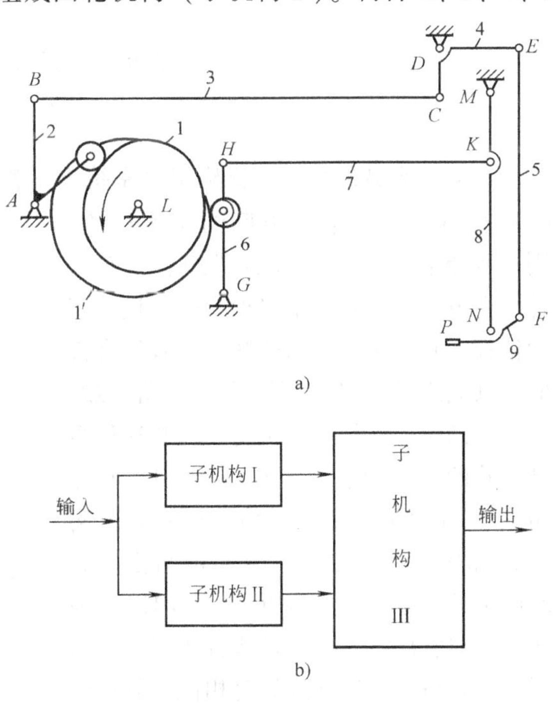

图 9-20 并联式组合机构
a) 机构 b) 框图

迹。图 9-20b 所示为这种组合方式的框图。

（3）反馈式组合　在机构组合系统中，若其多自由度子机构的一个输入运动是通过单自由度子机构从该多自由度子机构的输出构件回授的，则这种组合方式称为反馈式组合。图 9-21a 所示的精密滚齿机中的分度校正机构就是这种组合方式的一个实例。图中，蜗杆 2 除了可绕本身的轴线转动外，还可以沿轴向移动，它和蜗轮 3 组成一个自由度为 2 的蜗杆蜗轮机构（子机构Ⅰ）；凸轮 3′和推杆 4 组成自由度为 1 的直动滚子从动件盘形凸轮机构（子机构Ⅱ）。其中，蜗杆 2 为主动件，凸轮 3′和蜗轮 3 为一个构件。蜗杆 2 的一个输入运动（沿轴线方向的移动）就是通过凸轮机构从蜗轮 3 回授的。图 9-21b 是这种组合方式的框图。

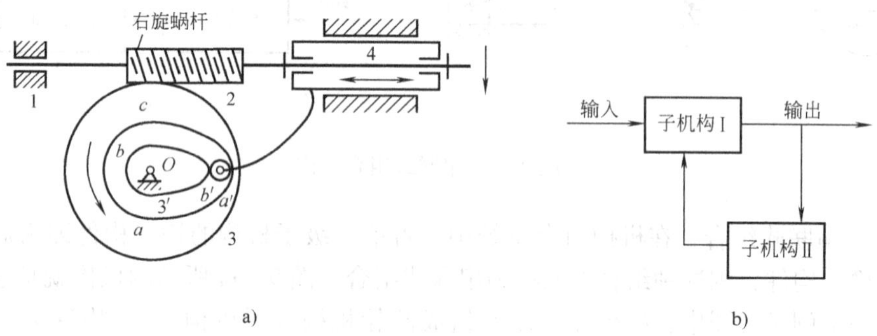

图 9-21　反馈式组合机构

a）机构　b）框图

（4）复合式组合　在机构组合系统中，若由一个或几个串联的基本机构去封闭一个具有两个或多个自由度的基本机构，则这种组合方式称为复合式组合，在这种组合方式中，各基本机构有机联接，互相依存，它与串联式组合和并联式组合都既有共同之处，又有不同之处。图 9-22a 所示的凸轮—连杆组合机构，就是这种组合方式的一个例子，其中，构件 1、4、5 组成自由度为 1 的凸轮机构（子机构Ⅰ），构件 1、2、3、4、5 组成自由度为 2 的五杆机构（子机构Ⅱ）。当构件 1 为主动件时，C 点的运动是构件 1 和构件 4 运动的合成。与串联式组合相比，其相同之处在于子机构Ⅰ和子机构Ⅱ的组成关系也是串联关系；不同的是，子机构Ⅱ的输

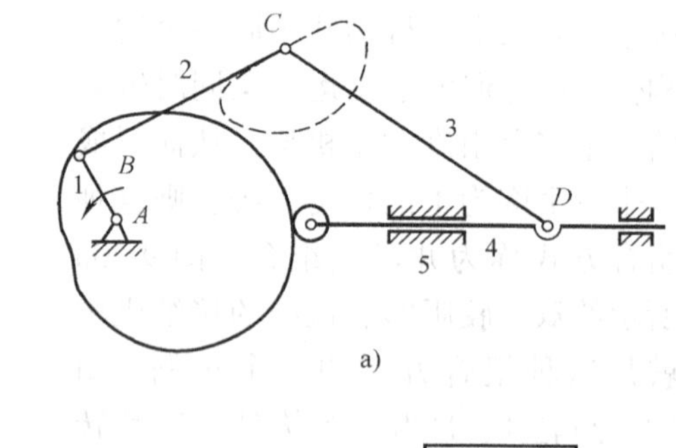

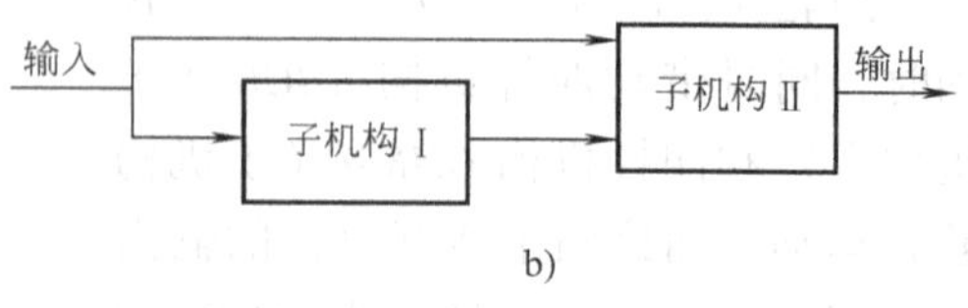

图 9-22　复合式组合机构

a）机构　b）框图

入运动并不完全是子机构Ⅰ的输出运动。与并联式组合相比，其相同之处在于 C 点的输出运动也是两个输入运动的合成；不同的是，这两个输入运动一个来自子机构Ⅰ，而另一个来自主动件。这种组合方式的框图如图 9-22b 所示。

三、利用两构件相对运动关系设计新机构

利用两构件相对运动关系来完成独特的动作过程，这是机构创新设计的一种新思路。

如图 9-23 所示的铰链四杆机构，利用摇杆和连杆的特殊形状和运动关系，得到一个分送工件的机构。图中，在实线位置上将一个圆柱形工件接住；在位置Ⅰ上将圆柱形工件送出，并且挡住料斗内其余工件，在位置Ⅱ上将圆柱工件送到滑板处滑下。这一构思是将铰链四杆机构中的连杆的运动功能与摇杆的运动功能两者有机地组合起来达到分送工件的作用。这是用简单的机构完成较为复杂的动作过程，其构思思路很有参考价值。

图 9-24 所示为一种新型的抓斗机构。它的基本机构是周转轮系 1—2—3。1、2 为齿轮，3 为转臂。转臂 3 扩展为左侧爪，齿轮 2 扩展为抓斗的右侧爪，配上对称的两边连杆 4、5 可使左右两侧爪对称动作，绳索 6 则控制两侧爪的开或闭。这一新型抓斗机构应用了简单的周转轮系，并将齿轮 2 和转臂 3 的构形和功能加以扩展，利用两构件的运动关系巧妙地实现了抓斗的开闭，既简单又实用。

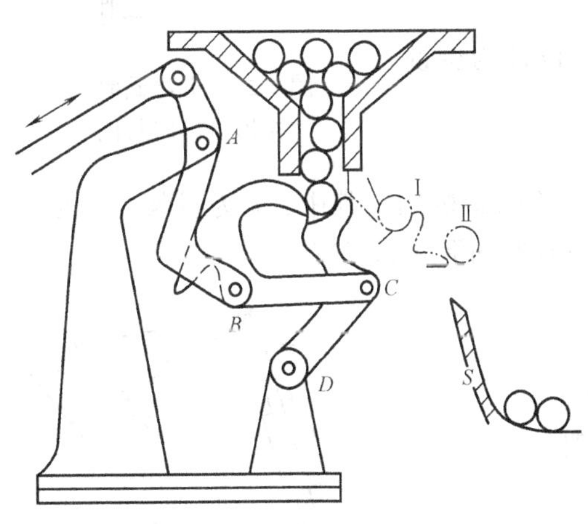

图 9-23 分送工件的铰链四杆机构

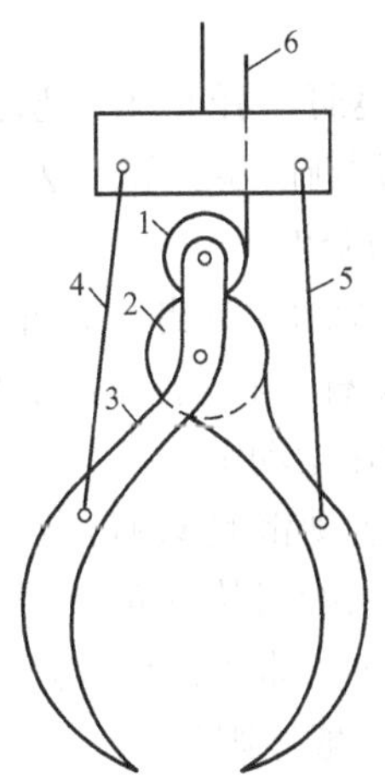

图 9-24 新型抓斗机构

四、应用成形固定构件实现复杂的动作过程

在轻工业生产过程中，如糖果、饼干、香烟、香皂等的包裹和颗粒状、液体状食品的制袋充填等工艺动作都比较复杂。为避免机械中机构形式过多，结构太复杂，往往采用一些特殊形状的固定模板来完成某些工艺动作。

图 9-25 所示为一种通过象鼻成形器折弯成形的充填封口切断机示意图。平张卷筒薄膜 1 经导辊至象鼻成形器口，它实际上是一个呈象鼻形状的固定模板，薄膜通过模板被折弯呈圆筒状，然后借助于等速回转的纵封辊 4 加压热合并连续向下牵引，形成连续的圆筒状。物料由料斗 3 落入已封底的袋筒内。经不等速回转的横封辊 5，将该袋筒的上口封合，再经回转切刀 7 切断后排出机外。其袋型为对接纵缝三面封口的扁平型。象鼻成形器使制袋机构大为简化，其构思方法可推广至其他类似的工艺动作过程。

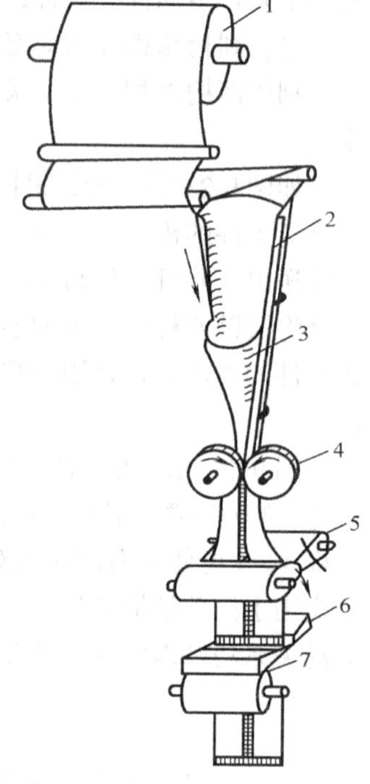

图 9-25　折弯成形式充填封口切断机

五、通过机构类型创新和变异设计新机构

在机构构思和设计时要凭空构想出一个能达到预期动作要求的新机构，往往非常困难。采用机构类型创新和变异的创新设计方法，则是借鉴现有机构的运动链类型，进行类型创新或变异创造来得到新的机构类型，满足新的设计要求。这种方法的基本思路是：将原始机构用机构运动简图表示，通过释放原动件、机架，将机构运动简图转化为一般化运动链，然后将该机构的功能所赋予的约束条件，演化出众多的再生运动链与相应的新机构。

下面以越野摩托车尾部悬挂装置的创新设计为例说明机构类型创新的步骤和方法。

1. 原始机构

图 9-26 所示为越野摩托车尾部悬挂装置的原始机构。其中，1 为机架，2 为支承臂，3 为摆动杆，4 为浮动杆，5、6 分别为吸震器的活塞和气缸。

2. 一般化运动链

一般化运动链是只有连杆和转动副的运动链，根据原始机构它的一个一般化运动链如图 9-27 所示。将原始机构简图抽象为一般化运动链的一般原则为：

1）所有“非连杆”转化为连杆，所有“非转动副”转化为转动副。

2）机构的自由度应保持不变。

3）各构件与运动副的邻接应保持不变。

4）固定杆的约束予以解除，使机构成为一般化运动链。

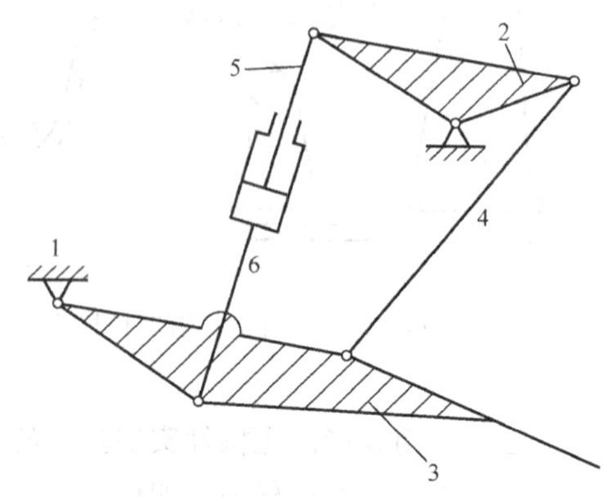

图 9-26　越野摩托车尾挂原始机构

对于本例有两种具有 6 杆、7 个运动副的一般化运动链，如图 9-28 所示。

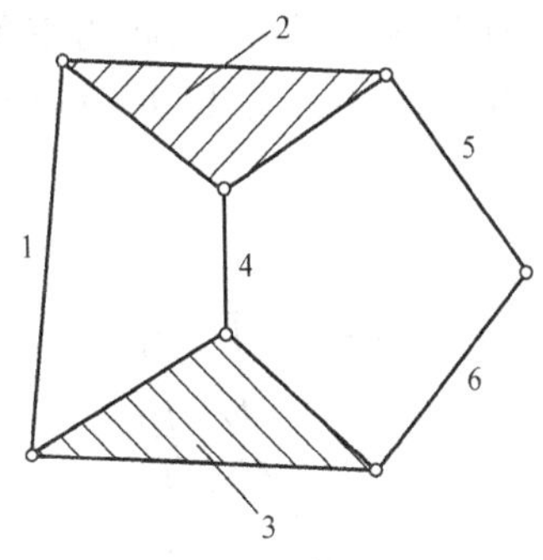

图 9-27　一般化运动链

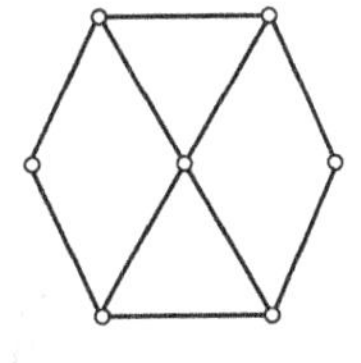
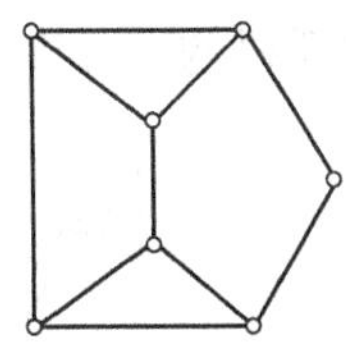

图 9-28　6 杆、7 个运动副一般化运动链

3. 设计约束

为对新机构类型创新提供依据，对尾部悬挂装置定出以下几个设计约束：

1）必须有一固定件作为机架。

2）必须有一吸震器。

3）必须有一安装后轮的摆动杆。

4）固定件、吸震器和摆动杆必须是不同的构件。

4. 具有固定杆的特殊运动链

若固定杆表示为 G_r，吸震器表示为 S_s—S_s，摆动杆表示为 S_w。

根据设计约束，对图 9-28 所示的两套运动链，参照有关理论算法，可得出图 9-29 的具有固定杆的特殊运动链的 10 种类型。从这 10 种类型中，根据设计约束可以寻求合适的新机构。

5. 新机构

对于实际设计问题，其约束是多变的。对于本例的悬挂装置，如果没有实际约束，则图 9-29 的所有类型是可行的。

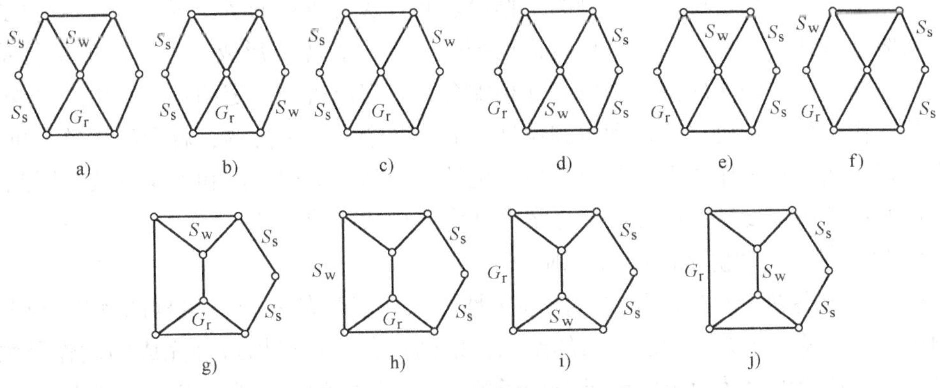

图 9-29　特殊运动链类型

若我们再定义该机构创新的约束条件为：摆杆与固定件相连。按此约束条件，图 9-29 中能够满足设计要求的可行方案只有 6 个，即图 9-29a、b、d、f、h、i 这 6 种合适的新机构，如图 9-30 所示。

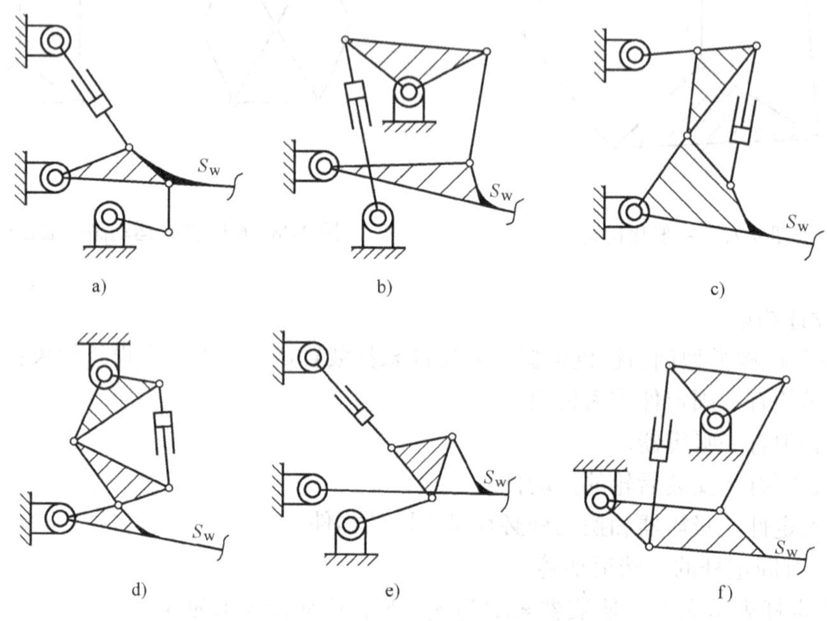

图 9-30　运动链合适的新机构

第四节　执行机构的运动协调设计和运动循环图

一、执行机构的运动协调设计

根据生产工艺要求确定了机械的工作原理和各执行机构的运动规律及各执行机构的形式及驱动方式后，还必须将各执行机构统一于一个整体，形成一个完整的执行系统，使这些机构以一定的次序协调动作，互相配合，以完成机械预定的功能和生产过程。这方面的工作称为执行机构的运动协调设计。如果各个动作不协调，就会破坏整个机械的工作过程，达不到工作要求，甚至会损坏机件和产品，造成生产和人身事故。因此，执行机构的运动协调设计是机械系统方案设计中不可缺少的一环。

1. 执行机构运动协调设计的原则

（1）满足各执行机构动作先后的顺序性要求　机械的各执行机构的动作过程和先后顺序，必须符合工艺过程所提出的要求，以确保各执行机构最终完成的动作及物质、能量、信息传递的总体效果能满足设计任务书中所规定的功能要求和技术要求。

以图 9-31 所示的粉料压片机为例。它由上冲头（六杆肘杆机构）、下冲头（双凸轮机构)、料筛传送机构（凸轮连杆机构）所组成。料筛由传送机构把它送至上、下冲头之间，通过上、下冲头加压把粉料压成有一定紧密度的药片。根据生产工艺路线方案，此粉料压片机必须实现以下5个工艺动作（图9-32）：

1）移动料斗至模具的型腔上方，准备将粉料装入型腔，同时将已经成形的药片推出；

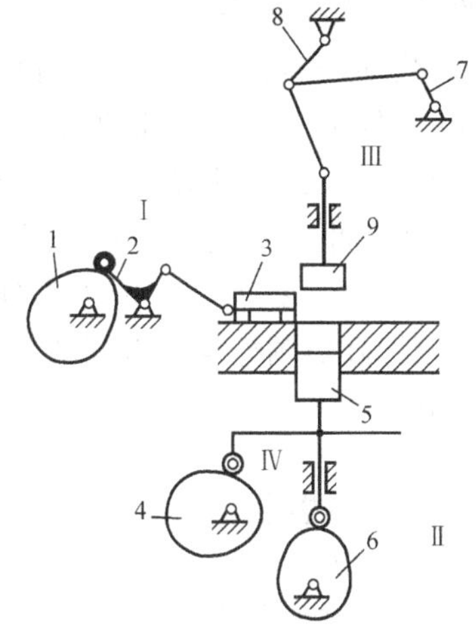

图9-31　粉料压片机

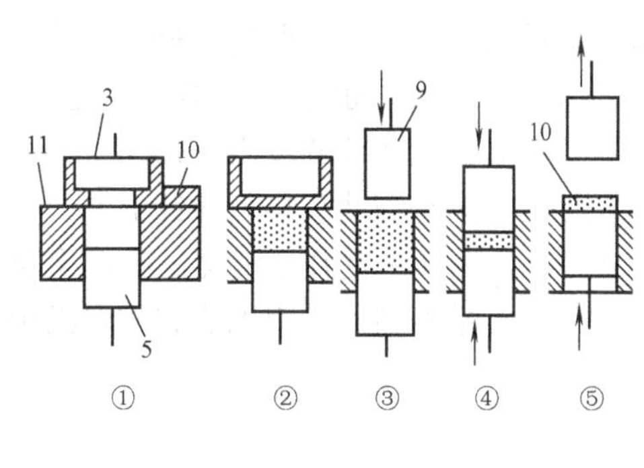

图9-32　粉料压片工艺

2）料斗振动，将料斗内粉料筛入型腔；

3）下冲头下沉至一定深度，以防止上冲头向下压制时将型腔内粉料扑出；

4）上冲头向下，下冲头向上，将粉料加压并保压一定时间，使药片成形较好；

5）上冲头快速退出，下冲附着将成形工件（药片）推出型腔，完成压片工艺过程。

这5个工艺动作如图9-32所示。机械各执行机构的动作过程和先后次序就要按此进行，否则无法实现机械的粉料压片工艺。

(2) 满足各执行机构动作在时间上的同步性要求　为了保证各执行机构的动作能够以一定的先后顺序进行，而且整个机械能够周而复始地循环工作，必须使各执行机构的运动循环时间间隔相同，或按工艺要求成一定倍数关系。上述粉料压片机在设计时，5个工艺动作的循环时间间隔相等。

(3) 满足各执行机构在空间布置上的协调性要求　为了使执行系统能够完成预期的工作任务，除了应保证各执行构件动作顺序和时间间隔上的协调配合外，还应考虑它们在空间位置上的协调一致。对于有位置制约的机械，必须进行各执行机构在空间位置上的协调设计，以保证在运动过程中各执行机构之间及机构与周围环境之间不发生干涉。

在粉料压片机中，执行构件3、9的两个运动轨迹是相交的，故在安排两执行构件的运动时，不仅要注意到时间上的协调，还要注意到空间位置上的协调，即空间同步化。又如图 9-33 所示的饼干包装机的折边机构，左右两个折边执行构件的运动轨迹交于 M 点，如果空间同步化设计得不好，左右两个执行构件就会在运动空间产生干涉，而使两折边执行构件因碰撞而损坏。解决办法是将左右两折边机构的位移曲线加以改变，如时间上的错位等。

（4）满足各执行机构操作上的协同性要求　当两个或两个以上的执行机构同时作用于同一操作对象完成同一动作时，各执行机构间的运动必须协同一致。

图 9-34 所示为一纸板冲孔机构，它在完成这一工艺动作时，要求由两个执行机构组合运动来实现。一是曲柄摇杆机构中摇杆（打击钣）的上下摆动，带动安装在它上面的滑块（冲头）也作上下摆动，类似锤子的敲击动作；二是电磁铁动作，装有衔铁的曲柄在电磁铁断续的吸力作用下往复摆动，带动滑块（冲头）沿打击钣上的导路作往复移动。只有当冲头移至冲针上方，同时冲头又随打击钣下摆时，才能敲击到冲针，完成冲孔这一工艺动作。显然，这两个机构的运动必须精确协调配合，否则就会产生空冲，即冲头敲不到冲针而无法完成在纸板上冲孔的要求。

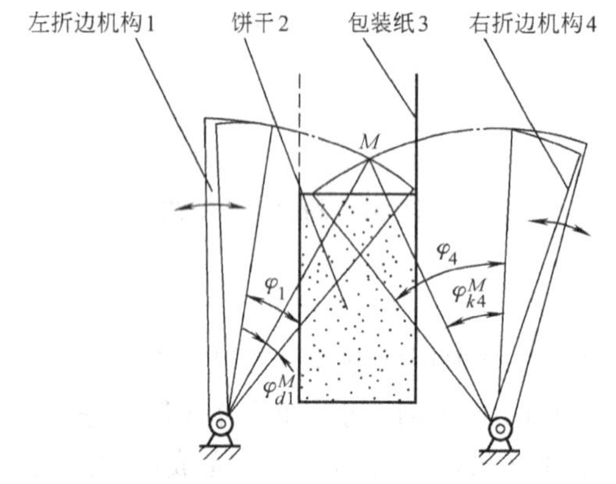

图 9-33　折边机构运动协调

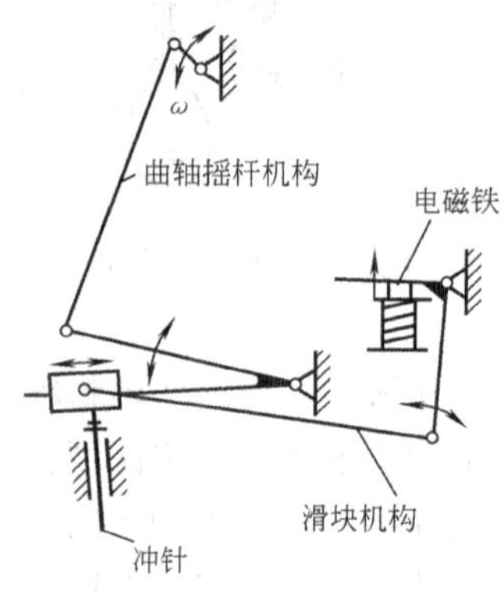

图 9-34　纸板冲孔机构

（5）各执行机构的布置要有利于系统的能量协调和效率的提高　在进行各执行机构的运动协调设计时，不仅要考虑系统实现的运动和完成的工艺动作，还要考虑功率流向、能量分配和机械效率。例如，当系统中包含有多个低速大功率执行机构时，宜采用多个运动链并行的连接方式；当系统中具有几个功率不大、效率均较高的执行机构时，采用串联方式比较合适。

2. 执行机构运动协调设计的步骤

（1）确定机械的工作循环周期　根据设计任务书中所定的机械理论生产率，确定机械的工作循环周期。机械的工作循环周期即机械的运动循环周期，它是指一个产品生产的整个工艺过程所需要的总时间，用 T 表示。

（2）确定机械在一个运动循环中各执行构件的各个行程段及其所需时间　根据机械生产工艺过程，分别确定各个执行构件的工作行程段、空回行程段和可能具有的若干个停歇段。确定各执行构件在每个行程段所需花费的时间以及对应于原动件（主轴或分配轴）的转角。

（3）确定各执行构件动作间的协调配合关系　根据机械生产过程对工艺动作先后顺序和配合关系的要求，协调各执行构件各行程段的配合关系。此时，不仅要考虑动作的先后顺序，还应考虑各执行机构在时间上和空间上的协调性，即不仅要保证各执行机构在时间上按一定顺序协调配合，而且要保证在运动过程中不会产生空间上的相互干涉。

二、机械运动循环图

用来描述各执行构件运动间相互协调配合的图，称为机械的运动循环图。由于机械在主轴或分配轴转动一周或若干周内完成一个运动循环，故运动循环图常以主轴或分配轴的转角为坐标来编制。通常选取机械中某一主要的执行构件作为参考件，取其有代表性的特征位置作为起始位置（通常以生产工艺的起始点作为运动循环的起始点），由此来确定其他执行构件的运动相对于该主要执行构件的先后次序和配合关系。

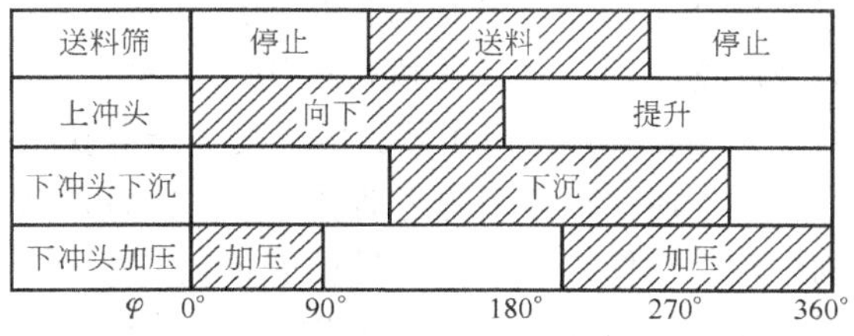

图 9-35　直线式运动循环图

1. 运动循环图的形式

（1）直线式运动循环图（即矩形运动循环图）　图 9-35 所示为干粉压片机的直线运动循环图，其横坐标表示上冲头机构中曲柄转角 φ。这种运动循环图将运动循环的各运动区段的时间和顺序按比例绘在直线坐标轴上。其特点是：能清楚地表示整个运动循环内各执行机构的执行构件行程之间的相互顺序和时间（或转角）的关系，并且绘制比较简单，但执行构件的运动规律无法显示，因而直观性较差。

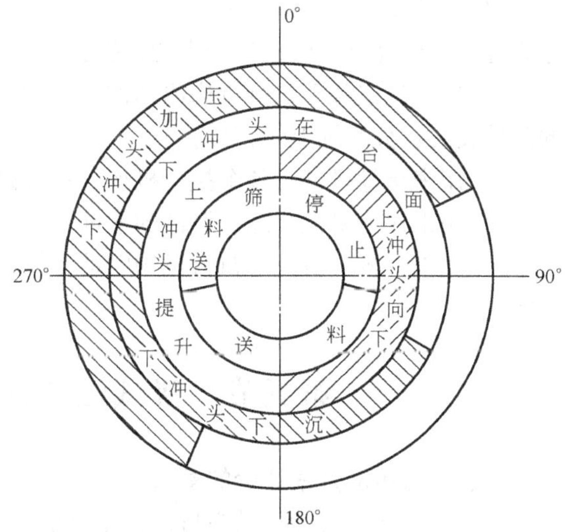

图 9-36　圆周式运动循环图

（2）圆周式运动循环图　图 9-36 所示为干粉料压片机的圆周式运动循环图。它以上冲头机构中的曲柄作为定标构件，曲柄每转一周为一个运动循环。这种运动循环图将运动循环的各运动区段的时间和顺序按比例绘在圆形坐标上。其特点是：直观性较强。因为机器的运动循环通常是在分配轴转一转的过程中完成。所以通过它能直接看出各个执行机构原动件在分配轴上所处的相位，因而便于凸轮机构的设计、安装、调试。但是，当同心圆太多时，看起来不很清楚。

(3) 直角坐标式运动循环图　图9-37所示为干粉料压片机的直角坐标式运动循环图。图中横坐标是定标构件——曲柄的运动转角φ，纵坐标表示上冲头、下冲头、料筛的运动位移。这种运动循环图将运动循环的各运动区段的时间和顺序按比例绘在直角坐标轴上。实际上它就是执行构件的位移线图，但为了简单起见通常将工作行程、空回行程、停歇区段分别用上升、下降和水平的直线来表示。其特点是能清楚地看出各执行机构的运动状态及起讫时间，并且各执行机构的位移情况及相互关系一目了然，因而便于指导执行机构的几何尺寸设计。

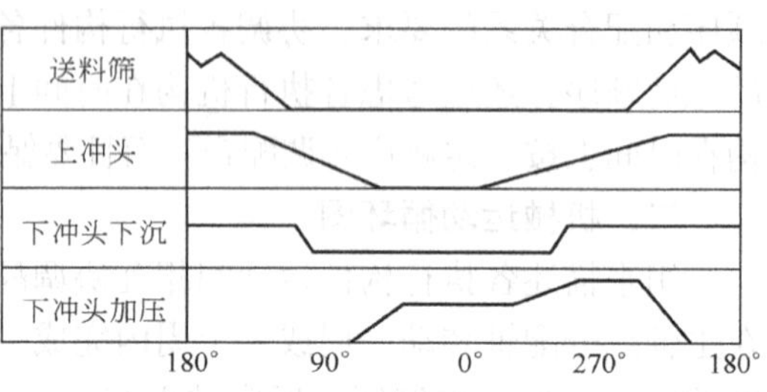

图9-37　直角坐标式运动循环图

在上述三种类型的运动循环图中，直角坐标式运动循环图不仅能表示出这些执行机构中构件动作的先后，而且还能描述它们的运动规律及运动上的配合关系，直观性最强，比其他两种运动循环图更能反映执行机构的运动特征，所以在设计机器时，通常优先采用直角坐标式运动循环图。

2. 运动循环图的功用

1) 运动循环图反映了机械的生产节奏，因此可用来核算机械的生产率，并可用来作为分析、研究提高机械生产率的依据；

2) 用来确定各个执行机构原动件在主轴上的相位；或者控制各个执行机构原动件的凸轮安装在分配轴上的相位；

3) 用来指导机械中各个执行机构的具体设计；

4) 用来作为机械装配、调试的依据；

5) 用来分析、研究各执行机构的动作能否紧密配合、机械的工艺动作过程能否顺利实现。

第五节　机械运动方案的评价与决策

一、机械运动方案评价的意义

机械运动方案设计的最终目标，是寻求一种既能实现预期功能要求，又性能优良、价格低廉的设计方案。

如前所述，实现同一功能，可以采用不同的工作原理，从而构思出不同的设计方案；采用同一工作原理，工艺动作分解的方法不同，也会产生出不同的设计方案；采用相同的工艺动作分解方法，选用的机构形式不同，又会形成不同的设计方案。因此，机械运动方案设计是一个多解性问题。面对多种设计方案，设计者必须分析比较各方案的性能优劣、价值高低，经过科学评价和决策才能获得最满意的方案。机械运动方案设计的过程，就是一个先通过分析、综合，使待选方案数目由少变多，再通过评价、决策，使待选方案数目由多变少，最后获得满意方案的过程。

通过创造性构思产生多个待选方案，再以科学的评价和决策优选出最佳的设计方案，而不是主观地确定一个设计方案，通过校核来确定其可行性，是现代设计方法与传统设计方法的重要区别之一。如何通过科学评价和决策来确定最满意的方案，是机械运动方案设计阶段的一个重要任务。

二、机械运动方案的评价体系和评价方法

1. 评价指标

机械运动方案评价的指标应由所设计机械的具体要求加以确定。一般来说，评价指标应包括以下 5 个方面：

（1）机械功能的实现质量　由于机械运动方案是根据功能选择机构并加以组合、创新而成的，理论上说，所有方案都能基本上满足机械的功能要求，然而各方案在实现功能的质量上还是有差别的。如实现运动规律或运动轨迹、实现工艺动作的准确性、工作的稳定性、适应性和扩展性等。

（2）机械的工作性能　机械在满足功能要求的条件下，还应具有良好的工作性能。如运动的平稳性、传力性能及承载能力等。

（3）机械的动力性能　如冲击、振动、噪声及耐磨性等。

（4）机械的经济性　经济性包括设计工作量的大小，制造成本，维修难易及能耗大小等。

（5）机械结构的合理性　结构的合理性包括结构的复杂程度、尺寸及重量大小等。

2. 评价体系

根据上述评价指标，即可着手建立一个评价体系。所谓评价体系，就是通过一定范围内的专家咨询，确定评价指标及其评定方法。需要指出的是，对于不同的设计任务，应根据具体情况，拟定不同的评价体系。例如，对于重载的机械，应对其承载能力一项给予较大的重视；对于加速度较大的机械，应对其振动、噪声和可靠性给予较大的重视；至于适用范围这一项，对于通用机械，适用范围广些为好，而对于某些专用机械，则只需完成设计目标所要求的功能即可，不必要求其有很广的适用范围。因此，针对具体设计任务，科学地选取评价指标和建立评价体系是一项十分细致和复杂的工作，也是设计者面临的重要问题。只有建立科学的评价体系，才可以避免个人决定的主观片面性，减少盲目性，从而提高设计的质量和效率。

3. 评价方法

机械运动方案的评价方法很多，下面仅介绍其中常用的几种评价方法：

（1）专家计分评价法　在进行计分评价时，首先应建立评价质量指标体系，即应根据被评价对象的特点，确定用哪些指标来衡量各方案的优劣。其次，为每个指标确定评分的分值，各分值是根据所设计机械的具体要求和各指标的重要程度来确定的，各指标分值的和应为 100。第三，专家评分，一般采用 5 级相对评分制，即用 0、0.25、

0.5、0.75、1分别表示在某指标方面为很差、差、一般、较好、很好。最后，计算各方案得分，将各专家对某方案某指标的评分进行平均，将各指标的得分相加，即得该方案的总分。根据各方案的总分高低，即可排出各方案的优劣次序，从中选出最佳方案。

（2）系统工程评价法　将整个机械运动方案作为一个系统，从整体上评价方案适合总的功能要求的情况，以便从多种方案中科学地选择最佳方案。

（3）模糊综合评价法　评分法采用的评分标准是将评价项目按优劣程度分成区段，用代表其区段的离散数值来表达评价值。而模糊评价法的评分标准是将定性评价中使用的模糊概念，如“不好”、“不太好”、“较好”、“好”、“很好”等用［0，1］区间内的连续数值来表达评价值，使得评价值更趋精确、合理，评价结果更为准确。此方法的使用日趋普遍。

4. 评价结果的处理——再设计

评价结果为设计者的决策提供了依据，但究竟选择哪种方案，还取决于设计者的决策思想。在通常情况下，评价值最高的方案为整体最优方案，但最终是否选择这一方案，还需依设计问题的具体情况由设计者作出决策。例如，在实际工作中，有时为了满足某些特殊的要求，并不一定选择总评价值最高的方案，而是选择总评价值稍低、但某些评价项目评价值较高的方案。

若以理想的评价分值为100，则评价分值低于60的方案，一般认为较差，应予以剔除；对于评价分值高于80的方案，只要其各项评价指标都较为均衡，则认为可以采用；对于评价分值在60~80之间的方案，则需作具体分析：有的方案缺点严重且难以改进，则应放弃；有的方案可以找出薄弱环节加以改进，从而使其成为较好的方案。

每次评价结束，获得的入选方案数目不仅与待评方案本身的质量有关，也与所建立的评价体系是否适当有关。对于入选方案，应根据入选方案数目的多少和评价体系是否合理等，作出如表9-2所示的处理。

表9-2　评价结果处理

入选方案数	设计阶段	评价准则	结果处理
1	最后阶段	合理	已得到最佳方案，设计结束
		可改进	重新决定评价准则，再作评价
	中间阶段	合理	评价结束，转入下一设计阶段
多于1	最后阶段	合理	增加评价项目或提高评价要求再作评价
	中间阶段	需改进	若入选方案太多，按上述方法改进准则再作评价
		合理	将入选方案排序，转入下一设计阶段
0	任何阶段	可改进	放宽评价要求，再作评价
		合理	待评设计方案质量不高需重新设计

对于质量不高的待评方案的处理将是再设计。再设计使设计过程产生循环。传统的设计是在每个设计阶段找到一个可行设计方案后，即转入下一阶段作进一步的设计，直

至得到最终方案，这种设计称为直线链式的设计。现代设计则在每个设计阶段都将得到一组待选方案群，它们均为可行方案，经过评价后，淘汰不符合设计准则的方案。若有入选方案，则可转入下一设计阶段，否则将回到上一设计阶段、甚至更前面的设计阶段进行再设计，这样就形成了设计过程的动态设计循环链，它是现代设计的特点。

在进行再设计前，需对失败的设计进行分析，以决定从哪个阶段开始再设计。例如，在执行机构的选型设计阶段，在方案评价后，经过对原待选方案的分析，再设计可能只需从机构的选型设计阶段开始，但也可能需要重新进行运动规律设计，甚至于重新进行功能原理方案设计。

同时还存在着这种可能性：当机械运动方案评价顺利通过后，在进行传动系统方案设计和原动机选择的过程中，甚至在机械运动方案、传动系统、原动机、控制系统综合成机械系统的总体方案的过程中，由于种种原因，还有可能返回到机械运动方案设计阶段，修改方案或重构方案进行再设计。设计—评价—再设计—再评价……直至得到最终的最佳总体方案，这就是整个的设计过程。

第六节　机械运动方案设计举例

一、冲压式蜂窝煤成形机

1. 冲压式蜂窝煤成形机的功能和设计要求

冲压式蜂窝煤成型机的功能是将具有一定湿度并含适量粘土的粉煤料加入转盘的模筒，经冲头冲压制成圆柱形带蜂窝孔的煤饼。型煤的直径 × 高度 = 120mm × 80mm。其功能原理为机械加压，其功能分解与前述粉料压片机相似。设计要求和原始数据如下：

1）蜂窝煤成形机的生产能力：30 次/min。

2）图 9-38 表示模筒转盘 1、滑梁 2、冲头 3、扫屑刷 4、脱模盘 5 的相互位置情况。实际上冲头与脱模盘都与上下移动的滑梁连成一体，当滑梁下冲时冲头将粉煤冲压成蜂窝煤、脱模盘将已压成的蜂窝煤脱模。在滑梁上升过程中扫屑刷将刷除冲头和脱模盘上粘着的粉煤。模筒转盘上均布了模筒，转盘的间歇运动使加料后的模筒进入冲压位置、成形后的模筒进入脱模位置、空的模筒进入加料位置。

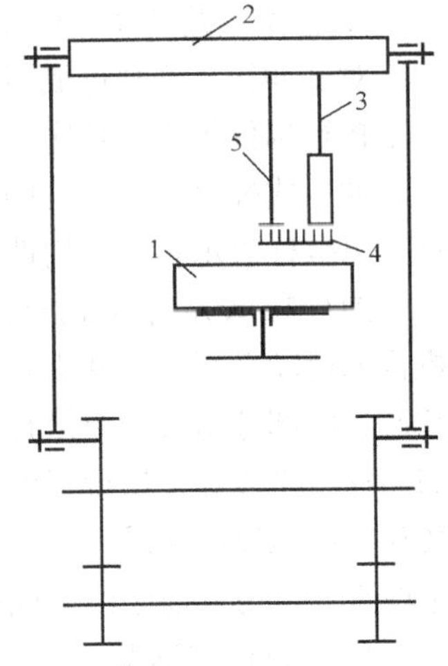

图 9-38　冲压式蜂窝煤成形机各工作部件位置示意图
1—模筒转盘　2—滑梁　3—冲头　4—扫屑刷　5—脱模盘

3）为了改善蜂窝煤冲压成形的质量，希望冲压机构在冲压后有一保压时间。

4）由于同时冲两只煤饼时的冲头压力较大，最大可达 50kN，其压力变化近似认为在冲程的一半进入冲压，压力呈线性变化，由零值至最大值。因此，希望冲压机构具有增力功能，以减小机器的速度波动、减小原动机的功率。

5）驱动电动机目前采用 Y180L—8，其功率 $P=11\mathrm{kW}$，转速 $n=730\mathrm{r/min}$；

6）机械运动方案应力求简单。

2. 工作原理和工艺动作分解

为了实现蜂窝煤冲压成形的功能目标，冲压式蜂窝煤成形机必须完成 6 个工艺动作：

（1）粉煤加料　粉煤经加湿、搅拌后靠重力落入模腔。

（2）冲头将蜂窝煤压制成形　利用带冲针的冲头往复运动，将位于多工位工作盘模筒中的混合料压实成形，冲针刚性固结于冲头，用以穿孔。

（3）脱模　要求脱模盘上下往复运动，将已冲压成形的煤饼压下去而脱离模筒。一般可以将它与冲头一起固结在上下往复移动的滑梁上。

（4）模筒转盘（多工位工作盘）的间歇运动　以完成冲压、脱模、加料三个工位的转换。

（5）冲头和出煤盘的积屑的扫屑运动　冲头每次退出（上移）工作盘后，扫煤刷在冲头下面扫过，作清除煤屑的扫屑运动。要求这一动作在冲头、脱模盘向上运动过程中完成。

（6）卸煤及输送　将冲压成形的煤饼脱模后落在输送带上送出成品。

以上 6 个动作，加料和输送的动作比较简单，暂时不予考虑，冲压和脱模可以用一个机构来完成。因此，冲压式蜂窝煤成形机运动方案设计重点考虑冲压和脱模机构、扫屑机构和模筒转盘的间歇转动机构的选型和设计问题。

3. 根据工艺动作顺序和协调要求拟定运动循环图

对于冲压式蜂窝煤成型机运动循环图主要是确定冲压和脱模盘、扫屑刷、模筒转盘三个执行构件的先后顺序、相位，以利对各执行机构的设计、装配和调试。

冲压式蜂窝煤成形机的冲压机构为主机构，以它的主动件的零位角为横坐标的起点，纵坐标表示各执行构件的位移起讫位置。

图 9-39 表示冲压式蜂窝煤成形机三个执行机构的运动循环图。冲头和脱模盘都由工作行程和回程两部分组成。模筒转盘的工作行程在冲头的回程后半段和工作行程的前半段完成，使间歇转动在冲压以前完成。扫屑刷要求在冲头回程后半段至工作行程前半段完成扫屑动作。

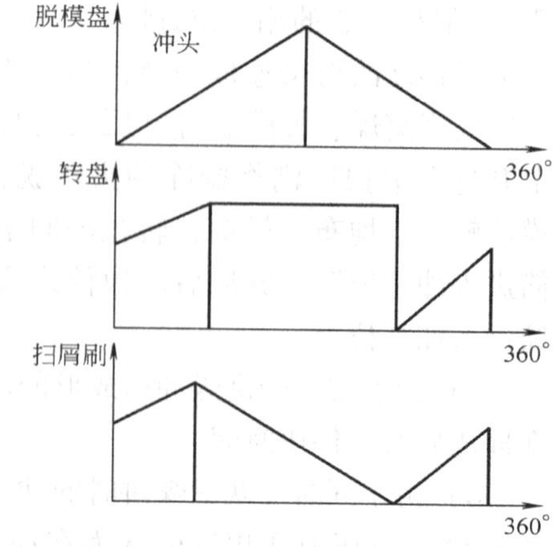

图 9-39　冲压式蜂窝煤成形机运动循环图

4. 执行机构选型

根据冲头和脱模盘、扫屑刷这三个执行构件动作要求和结构特点，再加上运煤和加料机构，可以选择如表 9-3 所示的常用的机构，这一表格又可称为机构的形态学矩阵。

表 9-3　蜂窝煤成形机可选的执行机构

执行机构	运动形态	机构选型		
冲头和脱模盘机构	转动—往复移动	对心曲柄滑块机构	偏置曲柄滑块机构	六杆冲压机构
扫屑刷机构	转动—往复移动	附加曲柄滑块机构	固定移动凸轮移动从动件机构	
模筒转盘间歇运动机构	转动—单向间歇运动	槽轮机构	不完全齿轮机构	凸轮式间歇运动机构
加料机构		齿轮传动机构		
运煤机构		传送带机构		

图 9-40a 表示附加滑块摇杆机构，利用滑梁的上下移动使摇杆 OB 上的扫屑刷摆动扫除冲头和脱模盘底下的粉煤屑。图 9-40b 表示固定移动凸轮利用滑梁上下移动使带有扫屑刷的移动从动件顶出，从而扫除残留在冲头和脱模盘底下的粉煤屑。

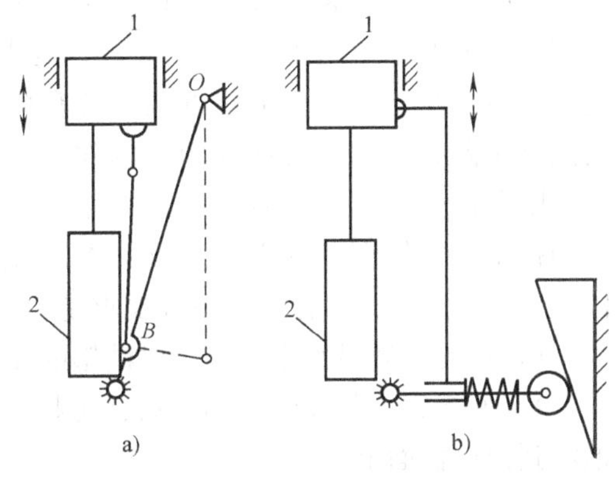

图 9-40　两种机构运动形式比较

5. 机械运动方案的选择和评定

根据表 9-3 所示的三个执行构件的机构形态矩阵，可以求出冲压式蜂窝煤成形机的机械运动方案数为

$$N = 3 \times 2 \times 3 = 18$$

现在可以按给定条件、各机构的相容性和尽量使机构简单等等来选择方案；也可按有关的综合评价方法来对机械运动方案进行评估优选。我们选定的比较简单的方案为：冲压机构为对心曲柄滑块机构，模筒转盘机构为槽轮机构，扫屑机构为固定凸轮移动从动件机构。再考虑加料、运煤机构的选定，则可全面设计出冲压式蜂窝煤成形机的机械运动方案。

6. 机械传动系统的速比和变速机构

根据选定的驱动电动机的转速和冲压式蜂窝煤成形机的生产能力。它们的机械传动系统的总速比为：

$$i_{总} = \frac{n_{电动机}}{n_{执行主轴}} = \frac{730}{30} = 24.333$$

机械传动系统的第一级采用带传动，其速比为 4.866；第二级采用直齿圆柱齿轮传动，其传动比为 5。

7. 画出机械运动方案简图

按已选定的三个执行机构的形式所组成的机械运动方案，画出它的机械运动示意图。如图 9-41 所示，其中包括了机械传动系统和三个执行机构的组成。如果再加上加料机构和传送机构，那就成了一台完整的冲压式蜂窝煤成形机运动方案图。

对机械传动系统和执行机构的尺度计算略。

8. 进行冲压式蜂窝煤成形机的飞轮设计

由于冲压成形机械的负载特性是短期的重载和长期的近乎空载在一个机械运动循环内交替出现，为了减小冲压式蜂窝煤成形机的速度波动和选择较小功率的驱动电动机，应按此机械的负载变化情况来设计飞轮，具体的设计步骤略。

二、圆盘印刷机

1. 圆盘印刷机的功能和设计要求

圆盘印刷机的生产任务是印刷各种表格、单据、账册、商标等 8 开以下的印刷品。由于该机适用于各种中、小型印刷厂，故要求结构简单、使用方便、便于维修、价格低廉。圆盘印刷机的功能是在做有文字、表格或图案的铜锌平板上用墨辊刷上油墨，然后在铜锌板上覆盖白纸，再用压印板压上，使铜锌板上的文字、图表完全印到白纸上。因此，对圆盘机的设计要求是：

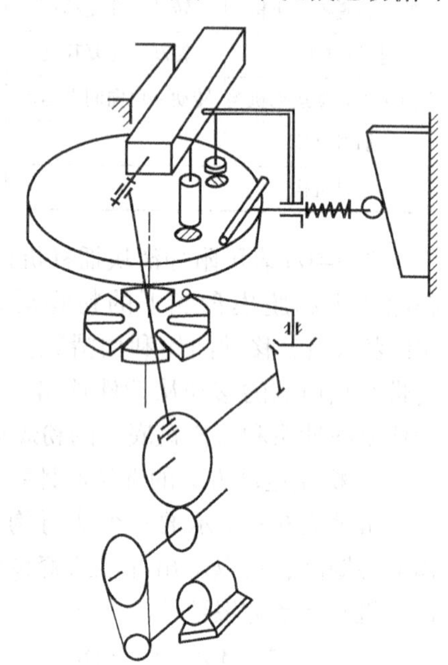

图 9-41　冲压式蜂窝煤成形机运动方案示意图

1）首先要满足给墨辊均匀供油墨的要求；

2）使墨辊均匀地蘸上油墨后，再将油墨均匀地涂到铜锌板面上；

3）为了提高工作效率，当墨辊开始退出铜锌板面时，压印板就要起动。在墨辊退出铜锌板面后，放在白纸上的压印板慢慢压上铜锌板面。此时，墨辊回到原来的起始位置。

2. 工作原理和工艺动作分解

为了实现圆盘印刷机的功能，可以有以下两种工作方式：一是铜锌板固定，纸张由印头带动与之贴合以完成印刷；二是纸张固定，铜锌板由印头带动与之贴合以完成印刷。这两种不同的工作方式，它们的工艺动作过程是有区别的。下面以前一种工作方式为例说明工艺动作分解情况。对于简易式圆盘印刷机，它的放纸与取纸均用手工完成。根据其设计要求，参见图 9-42，工艺动作可分解为：

1）设置一墨盘 2，先将油墨定量输送至墨盘，令墨盘作间歇转动，使墨辊 1 蘸墨时能均匀地得到供墨；

2）由墨辊沿墨盘和铜锌板面 4 上下运动，完成蘸墨和在铜锌板面上的均匀刷墨；

3）放有白纸的压印板（印头）3 绕一固定点 D 来回摆动，其工作行程终点使白纸与涂有油墨的铜锌板压合，完成印刷工艺。当空回行程时便可取出成品。

为了使墨辊均匀刷墨，要求在刷墨时墨辊尽可能等速运动。

3. 根据工艺动作顺序和协调要求拟定运动循环图

根据工艺动作分析，圆盘印刷机具有三个执行构件——墨盘、墨辊和印头。拟定圆盘印刷机运动循环图的目的是确定墨盘、墨辊和印头动作的先后顺序、相位，以利对各执行机构进行设计、装配和调试。

在拟定运动循环图时，要确定一个主要执行构件，以它的主动件每转一周完成一个运动循环。圆盘印刷机是以印头的执行机构的主动件的某一零位角为横坐标的起点，纵坐标表示执行件的位移情况。在运动循环图上表示的位移曲线主要表达出运动的起讫位置，而不必准确表示出各执行构件的运动规律。

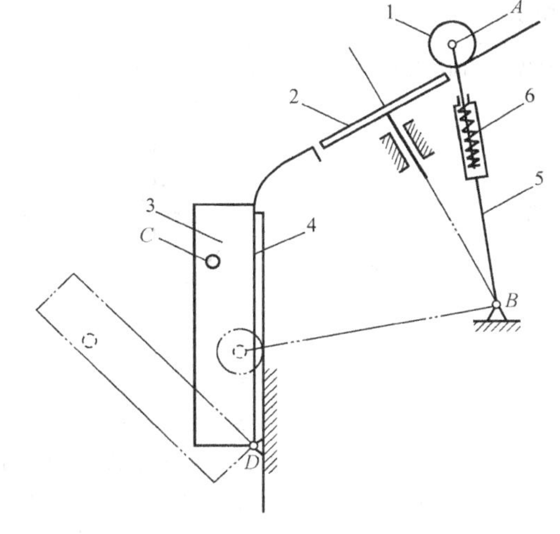

图 9-42　圆盘印刷机工艺过程示意图
1—墨辊　2—墨盘　3—压印板
4—铜锌板　5—摆杆　6—弹簧

图 9-43 为圆盘印刷机的运动循环图。印头的摆动具有工作行程和空回行程。墨辊摆动的工作行程是在印头回程中完成的。墨盘在墨辊工作行程后半段开始作间歇转动一次，至墨辊回程的前半段完成转动，接着墨盘停顿，一直至第二次间歇运动开始。

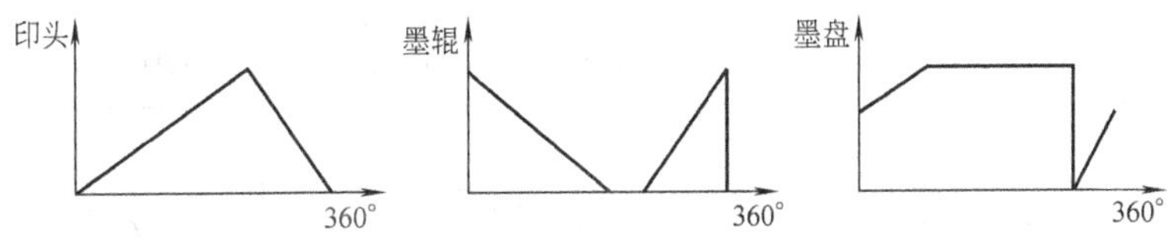

图 9-43　圆盘印刷机运动循环图

拟定运动循环图时，为了提高生产率，可使各执行构件的动作起讫位置在不影响相互动作协调和干扰的前提下进行重叠安排。

4. 执行机构选型

根据三个执行构件——墨盘、墨辊和印头的动作要求，一般可以选择一些常用的、合适的机构。

对于印头执行机构，根据其急回特性和执行构件作往复摆动的要求，一般可选择表 9-4 所示的 5 种机构。设计者也可根据需要另行构思和设计其他机构。

对于墨辊执行机构，为了简化机构，保证墨辊能紧贴墨盘面和铜锌板面滚动，故将操纵墨辊的执行构件设计成长度能伸缩的弹性构件。一般可选择表 9-5 所示的三种机构。

对于墨盘机构，可选择表 9-6 所示的能实现间歇运动的 4 种机构。在特殊情况下还可以利用连杆曲线的圆弧段或直线段来实现间歇运动。对于速度较低的圆盘印刷机一般可采用棘轮机构或槽轮机构。

表 9-4 印头执行机构

序号	1	2	3	4	5
名称	曲柄摇杆机构	摆动导杆机构	凸轮机构	组合机构	六杆机构
简图		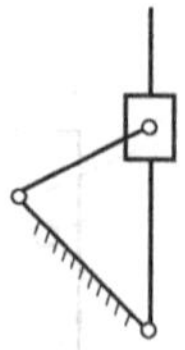	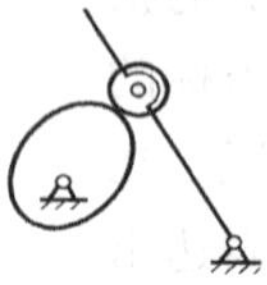	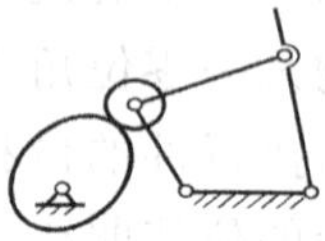	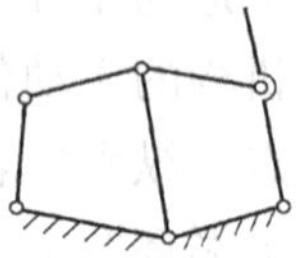
特点	结构简单，设计计算方便，有急回特性，运动可靠	结构简单，设计计算方便，有急回特性，运动可靠，移动副中摩擦有影响	结构简单，设计计算方便，可有瞬时停歇，易磨损	结构比较简单，可产生瞬时停歇，高副处易磨损	机构比较复杂，可产生瞬时停歇

表 9-5 墨辊执行机构

序号	1	2	3
名称	曲柄摇杆加固定凸轮机构	摆动导杆加固定凸轮机构	六杆机构加固定凸轮机构
简图	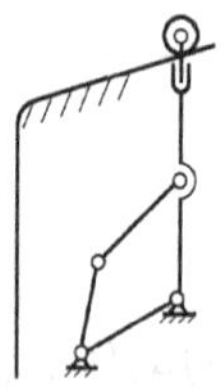		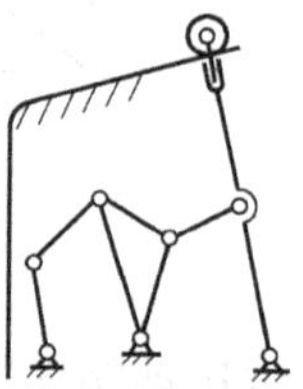
特点	结构简单，设计计算方便，但墨辊刷墨速度不一定均匀	结构简单，设计计算方便，墨辊刷墨速度难以均匀	结构比较复杂，设计也较难，但可设法使墨辊速度尽量均匀

表 9-6 墨盘执行机构

序号	1	2	3	4
名称	棘轮机构	槽轮机构	不完全齿轮机构	凸轮式间歇运动机构
特点	结构简单，适合于低速，但需附加曲柄摇杆机构	结构简单，适合于低速，槽轮转角大小不能调节	结构比前两种机构复杂，具有瞬心线附加杆，可减小冲击	凸轮形状复杂，制造较难，可用于高速场合

5. 机械运动方案的选择和评定

从以上印头执行机构、墨辊执行机构以及墨盘执行机构可以选择的种类数目考虑，在一般情况下，根据排列组合原理，圆盘印刷机的机械运动方案数目为：

$$N = 5 \times 3 \times 4 = 60$$

从60种机械运动方案中，根据给定条件、各机构的相容性、要求机构尽可能简单等来选择方案，如果印头不要求有瞬时停歇的保压阶段、墨辊刷墨速度不考虑速度均匀，其运动方案有以下几种：

1）曲柄摇杆机构—曲柄摇杆机构加固定凸轮机构—棘轮机构

2）曲柄摇杆机构—摆动导杆机构加固定凸轮机构—棘轮机构

3）摆动导杆机构—曲柄摇杆机构加固定凸轮机构—棘轮机构

4）摆动导杆机构—摆动导杆机构加固定凸轮机构—棘轮机构

这4种方案，再加上间歇运动机构改为槽轮机构，也有4种方案，加起来有8种方案。从结构简单、摩擦情况良好考虑，在8种方案中可选择第一种方案。

图9-44为拟定的圆盘印刷机运动方案示意图。其中印头机构为曲柄摇杆机构 *EFCD*；墨辊机构为曲柄摇杆机构 *EMNA* 加固定凸轮机构（其中杆10分成两段，用弹簧9相连，再通过转动副和墨辊相连，相当于一个以固定导路为凸轮廓线的固定凸轮机构）；墨盘机构为棘轮机构4，加上曲柄摇杆机构 *EGHK* 推动棘爪，由于墨盘和曲柄摇杆机构不在同一运动平面，故在棘轮机构和曲柄摇杆机构间加一对锥齿轮5连接，如图所示。因为需在一个运动循环中，上述三个曲柄摇杆机构的曲柄都回转一周，故曲柄 *EF*、*EM* 和 *EG* 都固接在同一轴上。该轴通过一对外齿轮6和带传动机构7与电动机8相连。由此获得轴 *E* 所需要的转速。即该圆盘印刷机的运动循环周期可通过选用齿轮机构6和带传动机构7的传动比得到所希望的数值。

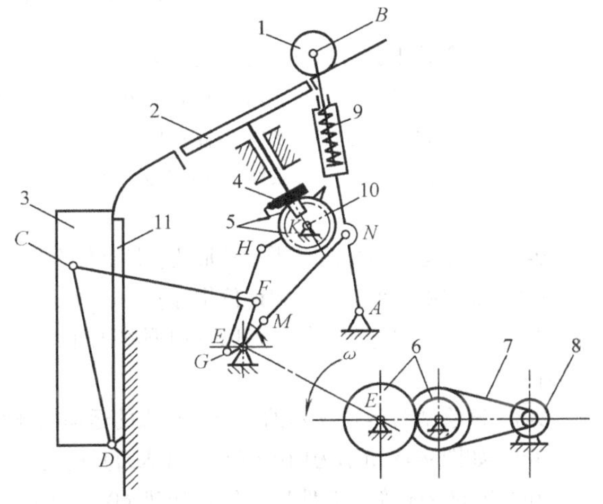

图9-44　圆盘印刷机运动方案示意图

1—墨辊　2—墨盘　3—压印板　4—棘轮机构　5—锥齿轮　6—齿轮　7—带传动　8—电动机　9—弹簧　10—摆杆　11—铜锌板

上述圆盘印刷机的运动方案的主要特点是结构简单、动作可靠、便于维修、价格低廉。但印头“瞬时停歇”的保压要求没有满足。

如果要求印头有瞬时停歇的保压阶段、墨辊刷墨速度要考虑尽量均匀，在机械速度不高的情况下，各执行机构可选择如下：

1）印头机构——采用表9-4中的第4、5两种机构。

2）墨辊机构——采用表9-5中的第3种机构。

3）墨盘机构——采用表 9-6 中的第 1、2 两种机构。

因此，此时机械运动方案有 4 种，可以采用前述的机械运动方案评定方法来评价选优。

该机构的传动系统计算和尺寸设计从略。

以上两例主要说明机械运动方案拟定的过程和思考方法。由于设计的具体要求不同，所以考虑的侧重点亦有所不同。从示例中可以体会到设计师必须熟悉各种机构的运动学和动力学特性，以及必要的专业知识和实践经验；并且在拟定之前还要进行调查研究、参考同类机器成功特点和查阅有关手册，特别是按运动形式分类的机构手册。然后在此基础上进行综合考虑、分析比较、抓主要矛盾、进行创造性活动，才能拟定出最佳的机械运动方案。

思考题与练习题

9-1　结合具体实例说明执行系统方案设计的一般步骤。

9-2　为什么实现同一功能可有不同的方案？试举例说明设计方案的多解性。

9-3　常用的选型方法有哪些？各有什么特点？

9-4　为什么要进行执行系统的协调设计？协调设计应遵循哪些原则？这些原则是基于什么设计观念？

9-5　机械运动循环图有哪几种形式？各有什么特点？

9-6　如何确定评价体系和评价指标？

9-7　为了实现打印功能，可以采用哪些工作原理？试观察各类打印设备，具体说明原理方案的多样性。

9-8　试绘制图 9-31 所示的粉料压片机的运动循环图，并配以说明。

9-9　如图 9-45 所示为四工位专用机床刀具的行程要求，已知：刀具顶端离开工件表面 65mm，快速移动送进 60mm 接近工件后，匀速送进 60mm（前 5mm 为刀具接近工件时的切入量，工件孔深 45mm，后 10mm 为刀具切出量），然后快速返回。行程速比系数 $K=2$。刀具匀速进给速度为 2mm/s，工件装卸时间不超过 10s。生产率为 72 件/小时。试绘制该四工位专用机床的运动循环图（直线式或直角坐标式）。

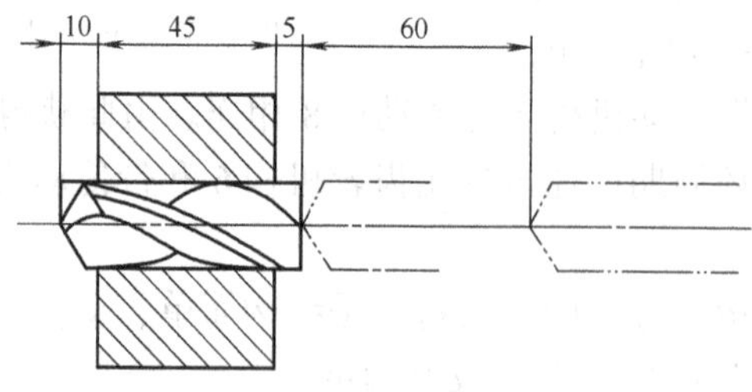

图 9-45　刀具行程要求示意图

9-10　在日常生活用具中，最常用的运动规律是转动（摆动）及移动。调查你周围的生活用具中，哪些使用了转动（摆动）运动规律，哪些使用了移动运动规律。

9-11　窗扇可以安装在连杆上,也可以安装在连架杆上,试提出窗户启闭机构的不同设计方案。

9-12　试构思一个机械运动方案,参见图 9-46。要求它能实现适合水面升降的浮动阶梯要求,即当因涨潮、落潮水面高低发生变化时,阶梯能上下伸缩,但其脚踏面始终保持水平。

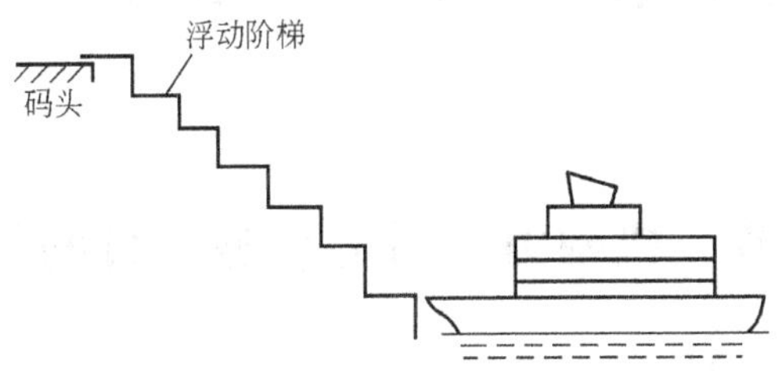

图 9-46　升降浮动阶梯示意图

9-13　若采用刀具与工件间的相对运动原理来加工平面或成形表面，试问有哪几种工艺动作分解方法？各得什么运动规律？并以此说明采用不同的工艺动作分解方法，可以得到不同的方案。

9-14　试设计一个原动件作转动、执行构件作精确直线运动的执行机构，执行构件的行程为 $H=20\text{mm}$。请举出四个以上的方案，并进行分析、评价，选择一个较佳的方案进行尺度综合。再设想一个作近似直线运动的机构，画出其轨迹，并指出 $H>20\text{mm}$ 的近似直线轨迹段。

第十章 平面机构的力分析

第一节 机构力分析的任务、目的和方法

一、作用在机械上的力

在机械运动过程中，机械中各构件将受到各种力的作用。这些力包括外部施加于机械上的原动力、工作阻力、重力、构件变速运动时产生的惯性力以及运动副中的反力等。根据这些力对机械运动影响的不同，可将它们分为两大类。

1. 驱动力

驱使机械产生运动的力统称为驱动力（主动力），如外部施加于机械上的原动力。驱动力的方向与受力点的速度方向相同或成锐角，其所做的功为正功，称为驱动功或输入功。机械中的原动力作用在机构的原动构件上，其他驱动力则可以作用在机械中任意构件上。

2. 阻力

阻止机械产生运动的力统称为阻力。阻力的方向与受力点的速度方向相反或成钝角，其功为负值。阻力又可分为有效阻力和有害阻力。

有效阻力，即工作阻力。它是机械在生产过程中为了改变工作物的外形、位置或状态等所受到的阻力，克服了这些阻力就完成了有效的工作。如机床中工件作用于刀具上的切削阻力，起重机所起重物的重力等均为有效阻力。克服有效阻力所完成的功称为有效功或输出功。

有害阻力，即机械在运转过程中所受到的非生产阻力。机械为了克服这类阻力所做的功是一种纯粹的浪费。如摩擦力、介质阻力等一般为有害阻力。克服有害阻力所作的功称为损失功。

当然，摩擦力和介质阻力在某些情况下也可能是有效阻力，甚至是驱动力。例如磨床砂轮受到工件给予的摩擦力，搅拌机叶轮所受到的被搅拌物质的阻力等均为有效阻力。而在带传动中，从动轮所受到的带的摩擦力则是一种驱动力。

此外，作用于构件质心上的重力，是一种大小和方向均不变化的力。当质心上升时为阻力，而当质心下降时则为驱动力。

二、机构力分析的任务和目的

由于作用在机械上的力，不仅是影响机械的运动和动力性能的重要参数，而且也是决定相应构件尺寸及结构形状等的重要依据。所以不论是设计新的机械，还是为了合理地使用现有的机械，都必须对机构的受力情况进行分析。机构力分析的任务，主要有以

下两部分内容：

（1）确定运动副中的反力 对于机构各零件的强度设计，决定运动副中的摩擦、磨损，确定机械的效率及其运转时所需的功率，研究机械的平衡及机械振动等一系列问题都必须已知机构的运动副反力。

（2）确定机构需加的平衡力（或平衡力矩） 所谓平衡力是指与作用在机械上的已知外力以及当该机械按给定规律运动时其各构件的惯性力相平衡的未知外力。机械平衡力的确定，对于设计新的机械及合理地使用现有机械，充分挖掘机械的生产潜力都是十分必要的。例如根据机械的生产负荷确定所需原动机的最小功率，或根据原动机的功率确定机械所能克服的最大生产阻力等问题，都需要求算机械的平衡力。

三、机构力分析的方法

在对机械进行力分析时，对于低速机械，由于惯性力的影响不大，故常略去不计。在不计惯性力的条件下，对机械进行的力分析称为机构的静力分析。但对于高速及重型机械，由于其某些构件的惯性力往往很大，有时甚至比机械所受的外力还大得多。所以，在进行力分析时就必须考虑惯性力的影响。不过，根据理论力学中所讲的达朗伯原理，此时如将惯性力视为一般外力加于产生该惯性力的构件上，就可将该机械视为处于静力平衡状态，而仍可采用静力学方法对其进行受力分析。这样的力分析称为机构的动态静力分析。

在对机械进行动态静力分析时，当然需要求出各构件的惯性力。然而，如果是进行新机械的设计，那末在进行力分析之前，机构各构件的结构尺寸、质量和转动惯量等参数一般都尚未确定，因而也就无法确定其惯性力。在此情况下，一般是先根据设计条件和经验或者在对机构进行静力分析的基础上，初步给出各构件的结构尺寸，并定出它们的质量和转动惯量等参数，而据此进行动态静力分析。并根据所求出的各力对各构件进行强度验算；再根据验算的结果对构件的结构尺寸进行修正；然后，再视需要，重复上述动态静力分析、强度验算和修正尺寸的过程，直至合理地定出各构件的结构尺寸为止。

此外，在对机械进行动态静力分析时，我们仍假定其原动件作等速运动，而且在很多情况下可不计重力和摩擦力，以便使问题简化。当然，这样的假定会产生一定的误差，但对于绝大多数实际问题的解决是影响不大的，因而是允许的。

机构动态静力分析的方法也有图解法和解析法两种，本章将分别予以介绍。

第二节 构件惯性力的确定

构件惯性力的确定有如下两种方法。

一、一般力学方法

在机械运动过程中，其各构件产生的惯性力，不仅与各构件的质量 m_i，转动惯量 J_{si}，质心 S_i 的加速度 a_{Si}及构件的角加速度 α_i 等有关，且与构件的运动形式有关。现以

图 10-1 所示的曲柄滑块机构为例，来说明各构件惯性力的确定方法。

(1) 作平面复杂运动的构件　对于作平面复杂运动的构件（如连杆 BC），同时具有惯性力 $\boldsymbol{F}_{I2}$ 和惯性力偶矩 $\boldsymbol{M}_{I2}$，即

$$F_{I2}=-m_2a_{S2},M_{I2}=-J_{S_2}\alpha_2 \tag{10-1}$$

也可将其再简化为一个大小等于 $\boldsymbol{F}_{I2}$，而作用线偏离质心 S_2 一距离 l_{h2} 的总惯性力 F'_{I2}，

$$l_{h2}=\frac{M_{I2}}{F_{I2}} \tag{10-2}$$

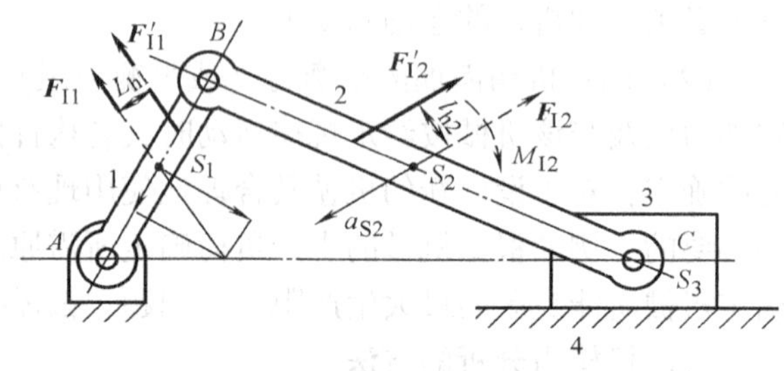

图 10-1　构件惯性力的确定

$\boldsymbol{F}'_{I2}$ 对质心 S_2 之矩的方向与 α_2 的方向相反。

(2) 作平面移动的构件　如滑块 3，当其作变速移动时，仅有一个加在质心 S_3 上的惯性力 F_{I3}，大小为 $F_{I3}=-m_3a_{S_3}$。

(3) 绕定轴转动的构件　如曲柄 1，若其轴线不通过质心，当构件为变速转动时，其上作用有惯性力 $\boldsymbol{F}_{I1}$ 和惯性力偶矩 $\boldsymbol{M}_{I1}$，分别为：$F_{I1}=-m_1a_{S1}$，$M_{I1}=-J_{S_1}\alpha_1$，或简化为一个总惯性力 F'_{I1}；如果回转轴线通过构件质心，则只有惯性力偶矩 $\boldsymbol{M}_{I1}$。

二、质量代换法

由上所述可见，在用一般力学方法确定构件惯性力时，必须预先求出该构件的质心加速度及角加速度，其计算较繁复。为简化起见，我们可设想把构件的质量，按一定的条件，用集中于构件上某几个选定点上的集中质量代替，这样，只要求出这些集中质量的惯性力就可以了，而无需求惯性力偶矩，从而可以简化机构力的分析。这种按一定条件将构件的质量假想地用集中于若干选定点上的集中质量来代换的方法称为质量代换法。这些选定的点称为代换点。而假想集中于这些代换点上的集中质量称为代换质量。

质量代换法不但可用来计算惯性力，还可用于机构在机架上的平衡和惯性轮设计等方面。

质量代换法必须满足下列代换条件：

1）集中在各代换点的质量总和应等于原构件的质量，即代换前后构件的质量不变。

2）集中在各代换点的质量的总质心和原构件的质心相重合，即代换前后构件的质心位置不变。

3）集中在各代换点的质量对质心轴的转动惯量总和等于原构件对该轴的转动惯量，即代换前后构件对质心轴的转动惯量不变。

由上所述，凡满足前两个代换条件的代换，其惯性力不变，这种代换的原构件和代换系统的静力效应完全相同，故称为静代换；凡满足上述三个代换条件的代换，其惯性力和惯性力偶矩都不变，这种代换的原构件和代换系统的动力效应完全相同，故称为动

代换。

在工程计算中，最常见的质量代换是用两个或三个代换质量。下面只讨论应用较多的两质量代换。

1. 动代换

如图 10-2a、b 所示，设选定运动副中心 B 为一个代换点，并以质心 S 为原点，以 BS 方向为 x 轴，则点 B 的坐标 $x_B=-b$ 为已知。若选取另一代换点 K，其坐标为 $x_K=k$，于是根据动代换必须满足的三个条件可得

$$\left.\begin{aligned} &m_B+m_K=m\\ &m_B(-b)+m_K k=0\\ &m_B(-b)^2+m_K k^2=J_S \end{aligned}\right\} \tag{10-3}$$

上式中 m_B、m_K、k 为三个未知量，可解出如下

$$\left.\begin{aligned} &k=\frac{J_S}{mb}\\ &m_B=\frac{mk}{b+k}\\ &m_K=\frac{mb}{b+k} \end{aligned}\right\} \tag{10-4}$$

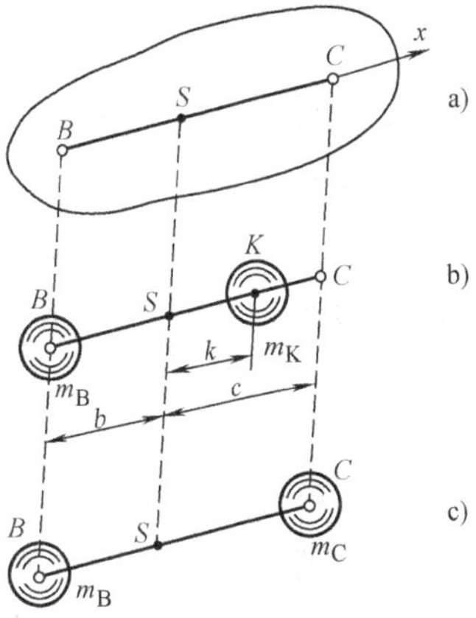

图 10-2　动代换与静代换

由 $k=\dfrac{J_S}{mb}$，根据理论力学可知，点 K 即为以构件上点 B 为悬点时的摆动中心。由此可知，当代换点 B 选定后，另一代换点 K 的位置也随之而定。故动代换时不能同时任选两个代换点。

2. 静代换

如图 10-2c 所示，设选定运动副中心 B 和 C 为两个代换点，仍以质心 S 为原点，以 BS 方向为 x 轴，则 B、C 两点的坐标分别为 $x_B=-b$，$x_C=c$ 均为已知。根据静代换必须满足的两个条件可得

$$\left.\begin{aligned} &m_B+m_C=m\\ &m_B(-b)+m_C c=0 \end{aligned}\right\} \tag{10-5}$$

解上式得

$$\left.\begin{aligned} &m_B=\frac{mc}{b+c}\\ &m_C=\frac{mb}{b+c} \end{aligned}\right\} \tag{10-6}$$

因静代换不满足代换的第三个条件，故在代换后，构件的惯性力偶矩会产生一定的误差，但此误差能为一般工程计算所接受。因其使用上的简便性，更常为工程上所采

纳。

第三节　运动副中摩擦力的确定

机械运转时，移动副、转动副产生滑动摩擦，平面高副则产生滚动摩擦或兼有滚动摩擦和滑动摩擦。滚动摩擦的性质在“理论力学”中已有论述，其摩擦力比滑动摩擦力小得多，故在机构力分析中常忽略不计。下面仅对移动副和转动副中的摩擦力作进一步讨论。

一、移动副中的摩擦力

1. 平面摩擦

如图 10-3 所示，滑块 1 与平面 2 组成移动副。在外力 $\boldsymbol{F}$ 作用下滑块等速向左移动。将力 $\boldsymbol{F}$ 分解为切向力 $\boldsymbol{F}_t$ 和法向力 $\boldsymbol{F}_n$，由图可知

$$\tan\beta = \frac{F_t}{F_n} \tag{10-7}$$

式中力的单位为 N。

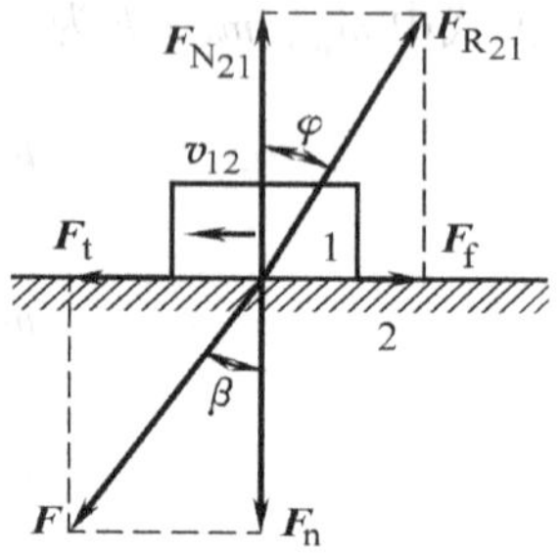

移动副中的反作用力 $\boldsymbol{F}_{R_{21}}$ 也可以分解为两个分力：法向反力 $\boldsymbol{F}_{N21}$ 和摩擦力 $\boldsymbol{F}_f$，其中 $F_{N_{21}}$ 与 F_n 大小相等方向相反。$F_{R_{21}}$ 称为总反力。根据库仑定律，摩擦力 F_f 的大小为

$$F_f = fF_{N_{21}} \tag{10-8}$$

其方向与相对滑动速度 $\boldsymbol{v}_{12}$ 方向相反，式中 f 为滑动摩擦因数。由图 10-3 可得

图 10-3　移动副中的摩擦力

$$\tan\varphi = \frac{F_f}{F_{N_{21}}} = \frac{fF_{N_{21}}}{F_{N_{21}}} = f \tag{10-9}$$

式中　φ 为摩擦角，它是总反力 $\boldsymbol{F}_{R_{21}}$ 与法向反力 $\boldsymbol{F}_{N_{21}}$ 之间的夹角。当运动副的滑动摩擦因数 f 已知时，由摩擦角 φ 可确定总反力 $\boldsymbol{F}_{R_{21}}$ 的方向，该方向总是与相对速度 $\boldsymbol{v}_{12}$ 的方向成钝角（$90° + \varphi$）。

由式（10-7）、（10-9）及 $F_{N_{21}} = F_n$，可得摩擦力的大小为

$$F_f = F_t \frac{\tan\varphi}{\tan\beta} \tag{10-10}$$

分析上式：1）当 $\beta > \varphi$ 时，$F_t > F_f$，滑块 1 作加速运动；

2）当 $\beta = \varphi$ 时，$F_t = F_f$，若滑块 1 原来是运动的，则它将作等速运动；若滑块 1 原来是静止的，则它仍保持静止；

3）当 $\beta < \varphi$ 时，$F_t < F_f$，若滑块 1 原来是运动的，它将作减速运动直至静止不动；若滑块 1 原来是静止不动的，则无论驱动力 F 多大都不能使滑块运动，这种现象称为自锁。

2. 槽面摩擦

如图 10-4a 所示，楔形滑块 1 与槽形角为 2θ 的槽面 2 接触，$\boldsymbol{F}_Q$ 为滑块所受铅垂方向的力。若滑块在水平驱动力 F 的作用下沿槽面等速滑动（图 10-4b），则滑块的两楔形面同时受正压力 $F_{N_{21}}$ 与摩擦力 F_f 的作用。取滑块为示力体，按力系的平衡条件，并借助于图 10-4c，有

$$2F_{N_{21}}\sin\theta - F_Q = 0 \tag{10-11}$$

及

$$F - 2F_f = F - 2fF_{N_{21}} = 0 \tag{10-12}$$

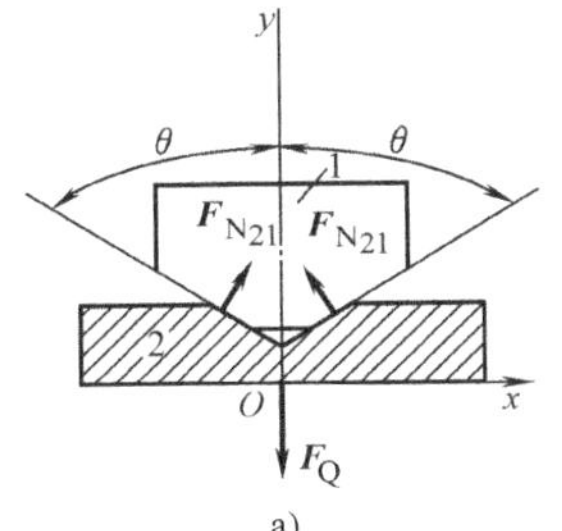

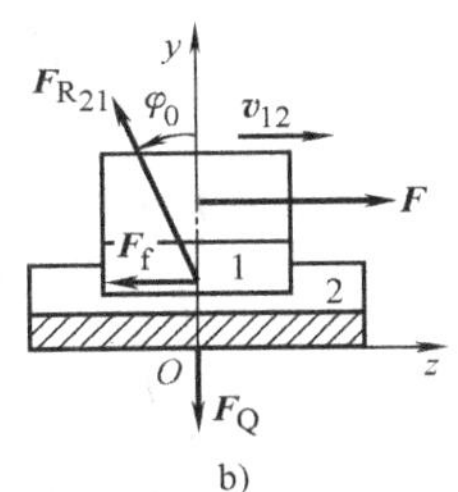

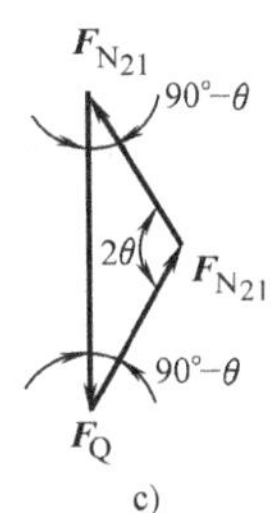

图 10-4　槽面摩擦

解式（10-11）、式（10-12）得

$$F_f = \frac{f}{2\sin\theta}F_Q = \frac{1}{2}f_vF_Q$$

或

$$F = f_vF_Q$$

式中

$$f_v = \frac{f}{\sin\theta} \tag{10-13}$$

f_v 称为当量摩擦因数，其值恒大于 f。

由以上分析可知，当引入当量摩擦因数 f_v 后，不论移动副两元素的几何形状怎样，均可将其视为平面摩擦问题计算，只是不同情况下采用的当量摩擦因数不同。

例 10-1　图 10-5 所示为万向摇臂钻的摇臂滑套与立轴所构成的移动副。已知滑套长度 l 和滑套与立轴的摩擦因数 f。若要求摇臂在其自重 $\boldsymbol{F}_G$ 的作用下不能自动下滑，求其质心 S 与立轴轴线间的距离 h。

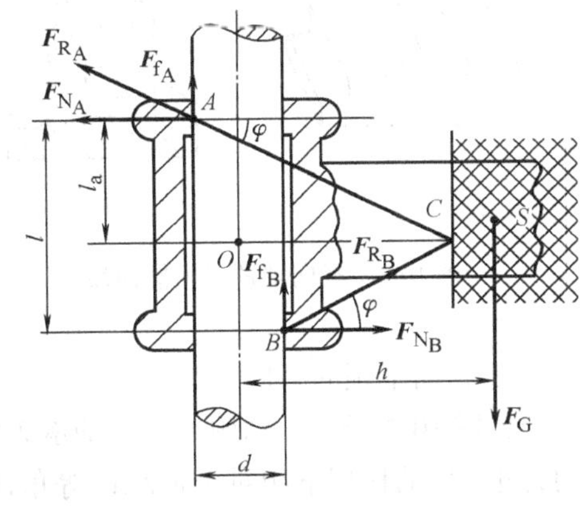

图 10-5　摇臂滑套受力分析

解　如图所示，在自重 $\boldsymbol{F}_G$ 的作用下，滑套倾斜，使其与立轴在 A、B 处接触，其正压力和摩擦力分别为 $\boldsymbol{F}_{N_A}$、$\boldsymbol{F}_{N_B}$ 和 $\boldsymbol{F}_{f_A}$、$\boldsymbol{F}_{f_B}$。

以摇臂为研究对象，根据平衡条件得

$$F_{N_A}=F_{N_B}=F_N$$

所以
$$F_{f_A}=fF_{N_A}=fF_{N_B}=F_{f_B}=F_f=fF_N \tag{a}$$

有 $\sum M_O=0$

$$F_G h=F_{N_A}l_a+F_{N_B}(l-l_a)+\frac{d}{2}F_{f_B}-\frac{d}{2}F_{f_A}$$

所以
$$F_G h=F_N l \tag{b}$$

摇臂不自动下滑的条件为

$$F_G<2F_f \tag{c}$$

将式（a）、式（b）代入式（c）

$$\frac{F_N l}{h}<2fF_N$$

所以
$$h>\frac{l}{2f}=\frac{l}{2\tan\varphi}$$

式中　φ 为摩擦角。该式表示摇臂质心 S 应位于两总反力 $\boldsymbol{F}_{R_A}$、$\boldsymbol{F}_{R_B}$ 交点 C 的右边，即图中阴影区域。

二、转动副中的摩擦

转动副中轴与轴承接触的轴段为轴颈。根据轴上所受载荷方向的不同，可将轴颈分为两类：

1）径向轴颈。承受半径方向的外力 $\boldsymbol{F}_r$，如图 10-6a 所示。

2）止推轴颈。承受轴线方向的外力 $\boldsymbol{F}_a$，如图 10-6b 所示。

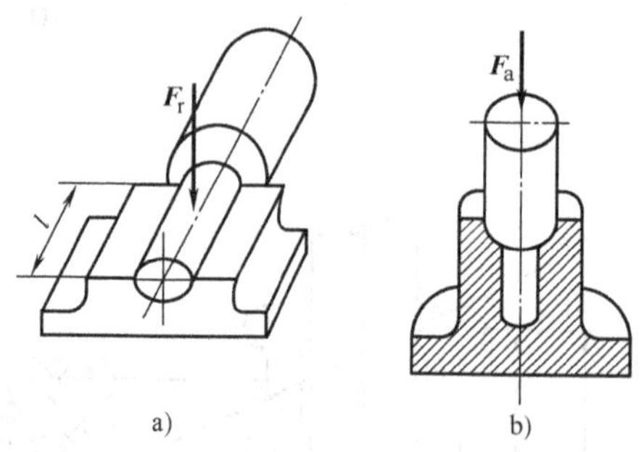

图 10-6　径向轴颈与止推轴颈

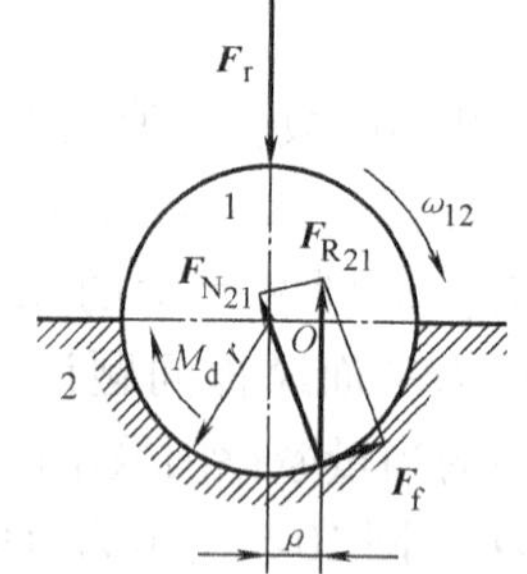

图 10-7　径向轴颈受力分析

1. 径向轴颈的摩擦

如图 10-7 所示，轴颈 1 置于轴承 2 中，$\boldsymbol{F}_r$ 为作用在轴颈上的径向载荷。轴颈在驱动力矩 $\boldsymbol{M}_d$ 的作用下相对于轴承以等角速度 $\boldsymbol{\omega}_{12}$ 转动。设轴颈与轴承之间存在间隙，则两者之间形成线接触。法向反力为 $F_{N_{21}}$，摩擦力为 $\boldsymbol{F}_f$，其大小为 $F_f=fF_{N_{21}}$。根据平衡条件，总反力 $\boldsymbol{F}_{R21}$ 与力 $\boldsymbol{F}_r$ 大小相等、方向相反，且构成一阻力偶 $\boldsymbol{M}_f$ 与 $\boldsymbol{M}_d$ 相平衡。由图 10-7 可知

$$M_f = F_{R21}\rho = F_f r$$

式中　ρ 为力 $\boldsymbol{F}_{R21}$ 与 $\boldsymbol{F}_r$ 作用线之间的距离。由此可得

$$\rho = \frac{F_f r}{F_{R21}} = \frac{fF_{N21}}{\sqrt{F_{N21}+F_f^2}} r = \frac{f}{\sqrt{1+f^2}} r = f_v r \tag{10-14}$$

式中　f_v 为径向轴颈转动副的当量摩擦因数，$f_v = \dfrac{f}{\sqrt{1+f^2}}$。

如果轴颈与轴承间没有间隙，则二者形成面接触，f_v 可分为以下两种情况：

1）非磨合轴颈。轴颈与轴承的接触面间没有磨损或磨损极小，其 $f_v = \dfrac{\pi}{2}f = 1.57f$。

2）磨合轴颈。在运转一段时间后接触面间磨损，接触状况良好，取 $f_v = \dfrac{4}{\pi}f = 1.27f$。

式（10-14）表明，ρ 的值只决定于轴颈半径 r 和当量摩擦因数 f_v。当外载荷 $\boldsymbol{F}_r$ 的方向改变时，总反力 $\boldsymbol{F}_{R21}$ 的方向也随之改变。但无论 $\boldsymbol{F}_r$ 的方向如何，$\boldsymbol{F}_{R21}$ 与轴心 O 的距离 ρ 总是不变的，即 $\boldsymbol{F}_{R21}$ 总是与以轴心 O 为圆心、以 ρ 为半径的圆相切（图 10-8）。此圆称为摩擦圆，ρ 称为摩擦圆半径。利用摩擦圆可确定总反力作用线的位置。

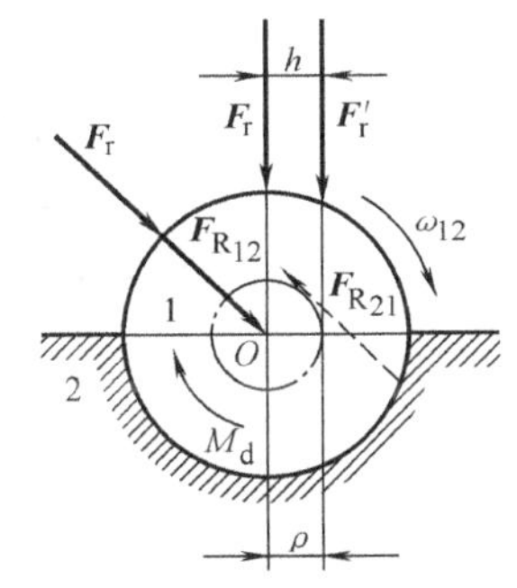

图 10-8　径向轴颈中的总反力

在作机构力分析时，当考虑转动副的摩擦时，可以根据以下三个方面确定转动副中的总反力：

1）$\boldsymbol{F}_{R21}$ 与轴颈 1 所受外载荷 $\boldsymbol{F}_r$ 大小相等、方向相反。

2）$\boldsymbol{F}_{R21}$ 与摩擦圆相切。

3）$\boldsymbol{F}_{R21}$ 对轴心 O 力矩的方向与相对角速度 ω_{12} 的方向相反。

根据力偶等效原理，可将驱动力矩 $\boldsymbol{M}_d$ 与外载荷 $\boldsymbol{F}_r$ 合成一个合力 $\boldsymbol{F}'_r$（图 10-8），使 $\boldsymbol{F}'_r$ 的大小仍等于 $\boldsymbol{F}_r$，其作用线偏移了一段距离 h，$h = \dfrac{M_d}{F_r}$。当 $h > \rho$ 时，$\boldsymbol{F}'_r$ 在摩擦圆外，轴颈作加速转动；当 $h = \rho$ 时，$\boldsymbol{F}'_r$ 与摩擦圆相切，轴颈作等速转动或静止不动；当 $h < \rho$ 时，$\boldsymbol{F}'_r$ 与摩擦圆相割，致使转动的轴颈作减速转动直至静止不动。如果轴颈原来就不动，则不论 $\boldsymbol{F}'_r$ 大小如何，轴颈都不能转动，即发生自锁现象。轴颈自锁的原理常用于一些偏心夹具中。

例 10-2　在图 10-9a 中，曲拐上的水平作用力 $F = 330\text{N}$，求在 $\boldsymbol{F}$ 作用下能驱动的最大垂直阻力 F_Q 及轴承 1 对轴颈 2 的总反力 $\boldsymbol{F}_{R12}$。设轴颈半径 $r = 10\text{mm}$，轴承 1 与轴

颈2间的当量摩擦因数$f_v=0.2$。

解 摩擦圆半径$\rho=0.2\times10=2\text{mm}$，轴颈2在$\boldsymbol{F}$力作用下相对轴承1作逆时针方向转动，如图中$\omega_{21}$所示，故摩擦力矩$\boldsymbol{M}_f$（$=F_{R_{12}}\rho$）的方向应是顺时针方向。又因轴颈2是在$\boldsymbol{F}_{R_{12}}$、$\boldsymbol{F}_Q$、$\boldsymbol{F}$三力作用下处于平衡状态，即三力应汇交于一点$C$，故可知$\boldsymbol{F}_{R_{12}}$在左上方与摩擦圆相切。取力比例尺$\mu_F=16.5\ \text{N/mm}$，作力三角形，如图10-9b所示，得$F_Q=305.3\ \text{N}$，$F_{R_{12}}=461.4\text{N}$。

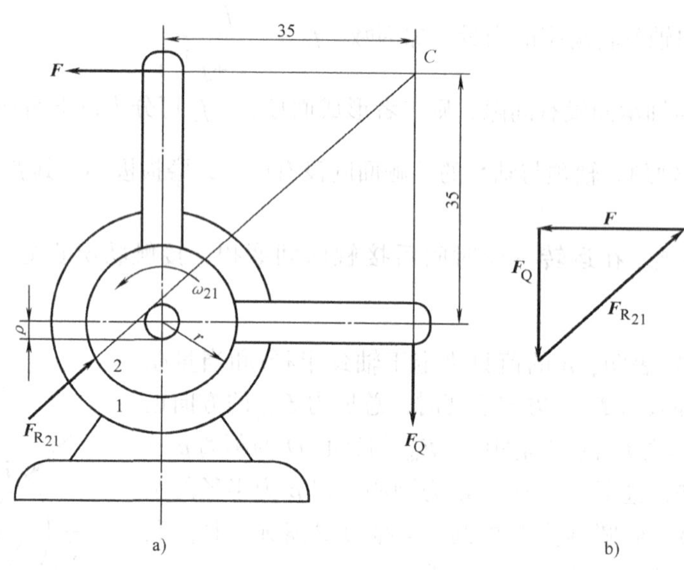

图10-9 例10-2图

例10-3 在图10-10所示的偏心夹具中，已知轴颈O的半径r_0、当量摩擦因数f_v、偏心距e、偏心圆盘1的半径r_1以及它与工件2之间的摩擦因数f，求不加力F仍能夹紧工件的楔紧角β。

解 轴颈O的当量摩擦圆半径$\rho=r_0f_v$。

偏心圆盘与工件之间的摩擦角$\varphi=\arctan f$。

当偏心圆盘松开时，它的转动方向为逆时针方向，因此反力$\boldsymbol{F}_{R_{21}}$的方向应向左上方。对偏心圆盘的轴颈而言，$\boldsymbol{F}_{R_{21}}$即相当于载荷$\boldsymbol{F}'_r$。若$\boldsymbol{F}_{R_{21}}$与轴颈O的摩擦圆相割或相切，则该机构均发生自锁。因此得

$$e\sin(\beta-\varphi)-r_1\sin\varphi\leqslant\rho$$

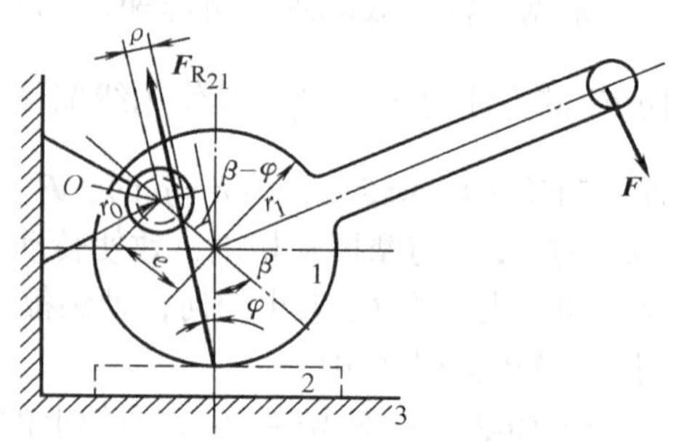

图10-10 偏心夹具受力分析

则
$$\beta \leqslant \arcsin\left(\frac{r_1\sin\varphi+\rho}{e}\right)+\varphi$$

2. 止推轴颈的摩擦

止推轴颈与轴承也构成转动副，它们的接触面可以是任意的旋转体表面，如球面、圆锥面等。但常见的接触面是一个或数个圆环面，如图 10-11 所示。

止推轴颈与轴承间摩擦力矩的大小取决于接触面上压力强度的分布。

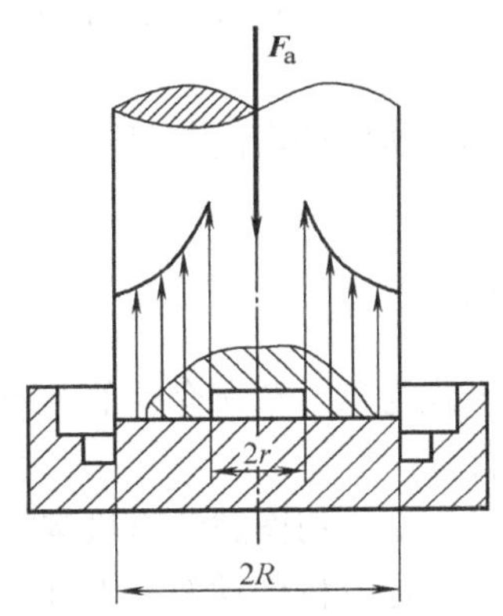

图 10-11　止推轴颈的摩擦

在图 10-11 中，设 $\boldsymbol{F}_a$ 为轴向载荷，r 和 R 分别为圆环面的内、外圆半径，f 为摩擦因数，则力矩 $\boldsymbol{M}_f$ 的大小为

$$M_f = fF_a\rho'$$

式中　ρ'称为止推轴颈的当量摩擦半径。

对于非磨合轴颈，由于其磨损很少，通常假定压强 p 等于常数，这样有

$$\rho' = \frac{2}{3}\left(\frac{R^3-r^3}{R^2-r^2}\right) \tag{10-15}$$

对于磨合轴颈，压强 p 不认为是常数。半径大处，相对滑动速度大，磨损快，因而压强小；反之，半径小处压强大。近似认为压强与半径乘积为常数，则

$$\rho' = \frac{1}{2}(R+r) \tag{10-16}$$

第四节　不考虑摩擦时机构的力分析

当机构各构件的惯性力确定后，即可根据机构所受的已知外力（包括惯性力）来确定各运动副中的反力和需加于该机构上的平衡力。但是，如前所述，运动副中的反力对于整个机构来说是内力，所以不能就整个机构进行分析计算，而必须将机构分解为若干构件组，然后逐个进行分析，求出各运动副中的反力和所需加的平衡力。然而，这样分解成的每一个构件组都必须是静定的，即必须保证能以刚体静力学的方法将构件组中的所有的未知力确定出来。下面我们先来介绍构件组的静定条件，然后再介绍用机构动态静力分析的步骤和方法。

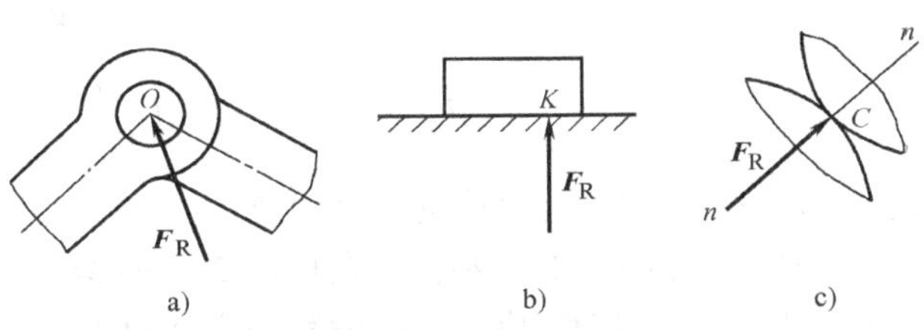

图 10-12　不考虑摩擦时运动副中的总反力
a）转动副　b）移动副　c）高副

一、构件组的静定条件

如图 10-12 所示，当不考虑摩擦时，转动副中的总反力 $\boldsymbol{F}_R$ 应通过转动副的中心 O，即

反力 $\boldsymbol{F}_{\mathrm{R}}$ 的作用点为已知，而其大小及方向未知；移动副中的总反力 $\boldsymbol{F}_{\mathrm{R}}$ 应与移动副两元素的接触面垂直，即反力 $\boldsymbol{F}_{\mathrm{R}}$ 的方向为已知，而其大小和作用点未知；高副两元素间之反力 $\boldsymbol{F}_{\mathrm{R}}$ 应通过接触点 C，并沿两运动副元素的公法线方向，即反力 $\boldsymbol{F}_{\mathrm{R}}$ 的作用点和方向均为已知，仅大小为未知。所以，如构件组中共有 p_{L} 个低副和 p_{H} 个高副，则共有 $2p_{\mathrm{L}}+p_{\mathrm{H}}$ 个力的未知数。如该构件组共有 n 个构件，因对于每个构件都可列出 3 个独立的力平衡方程式，故有 $3n$ 个独立的力平衡方程式。因此构件组的静定条件为

$$3n=2p_{\mathrm{L}}+p_{\mathrm{H}} \tag{10-17}$$

如果所含的高副都经过低代，上式可改写为

$$3n=2p_{\mathrm{L}}$$

即

$$p_{\mathrm{L}}=\frac{3}{2}n \tag{10-18}$$

上式与第二章所介绍的“基本杆组”的条件相同。因此，各级基本杆组都符合静定条件。

二、用图解法作机构的动态静力分析

进行机构动态静力分析的步骤：首先求出各构件的惯性力，并把它们视为外力加于产生这些惯性力的构件上；然后再根据静定条件将机构分解为若干个构件组和平衡力作用的构件。而进行力分析的顺序一般是先由离平衡力作用的构件最远的构件组（即外力全部为已知的构件组）开始，逐步推算到平衡力作用的构件。下面举一例来具体说明。

例 10-4 在图 10-13a 所示的颚式破碎机中，已知各构件的尺寸、重力及其对本身质心轴的转动惯量，以及矿石加于活动颚板 2 上的压力 $\boldsymbol{F}_{\mathrm{r}}$。设构件 1 以等角速度 ω_1 转动，方向如图，其重力可忽略不计，求作用在其上点 E 沿已知方向 xx 的平衡力 $\boldsymbol{F}_{\mathrm{b}}$ 以及各运动副中的反力。

解 （1）作机构的运动简图、速度多边形及加速度多边形　用选定的长度比例尺 μ_{L}、速度比例尺 μ_{v} 及加速度比例尺 μ_{a} 作机构图、速度多边形及加速度多边形，如图 10-13a、b、c 所示。

（2）确定各构件的惯性力和惯性力矩　作用在构件 2 上的惯性力和惯性力偶矩为

$$F_{\mathrm{I2}}=-m_2a_{S_2}=-\frac{F_{G_2}}{g}\mu_{\mathrm{a}}\,\overline{p's_2'}$$

$$M_{\mathrm{I2}}=-J_{S_2}\alpha_2=-J_{S_2}\frac{a_{\mathrm{CB}}^{t}}{l_{\mathrm{CB}}}=-J_{S_2}\frac{\mu_{\mathrm{a}}\,\overline{c''c'}}{l_{\mathrm{CB}}}$$

式中　l_{CB} 为 B、C 两点之间的实际距离。

将通过质心 S_2 的 $\boldsymbol{F}_{\mathrm{I2}}$ 和作用在构件 2 上的 $\boldsymbol{M}_{\mathrm{I2}}$ 合并为一个总惯性力 $\boldsymbol{F}'_{\mathrm{I2}}$，它的大小和方向仍为 $\boldsymbol{F}_{\mathrm{I2}}$，但作用线从 S_2 偏移一实际距离 h_{I2}，其值为：

$$h_{\mathrm{I2}}=\frac{M_{\mathrm{I2}}}{F_{\mathrm{I2}}}$$

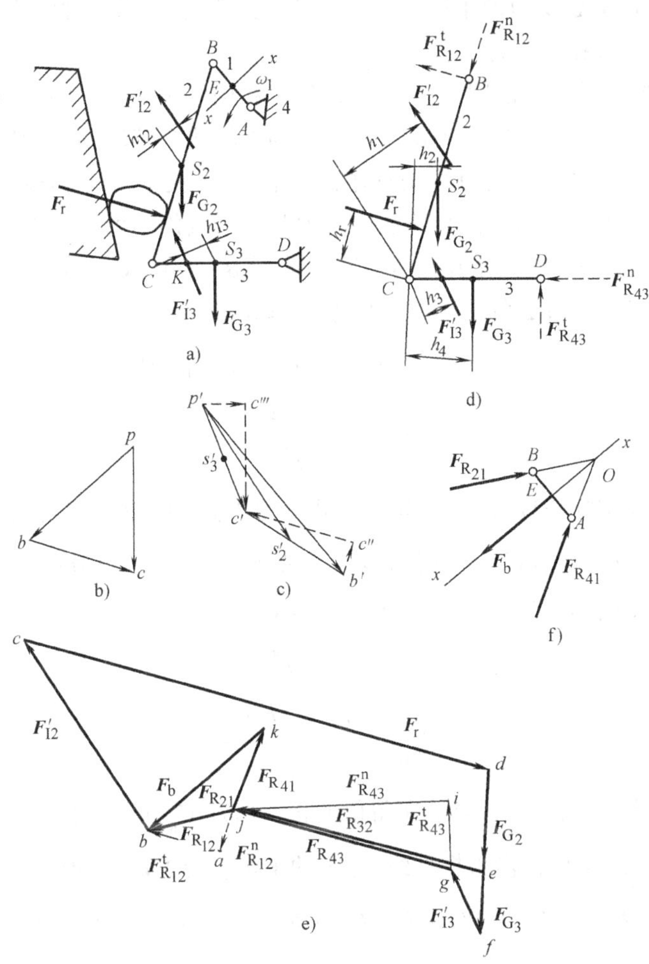

图 10-13　颚式破碎机运动及受力分析
a）机构图　b）速度多边形　c）加速度多边形　d）杆组传动体的力分析　e）力多边形

同样，对于构件 3 有

$$F_{I3} = -m_3 a_{S_3} = -\frac{F_{G3}}{g}\mu_a \overline{p's'_3}$$

$$M_{I3} = -J_{S_3}\alpha_3 = -J_{S_3}\frac{a_C^t}{l_{CD}} = -J_{S_3}\frac{\mu_a \overline{c'''c'}}{l_{CD}}$$

及
$$h_{I3} = \frac{M_{I3}}{F_{I3}}$$

将上述计算所得的总惯性力 $\boldsymbol{F}'_{I2}$ 和 $\boldsymbol{F}'_{I3}$ 视同其他外力一样分别加在相应的构件 2 和 3 上。

（3）确定各运动副反力及平衡力　从已知生产阻力 $\boldsymbol{F}_r$ 作用的构件 2 开始，按杆组逐步求解运动副反力和平衡力。

1）求杆组 2、3 各运动副中的反力。构件 2 和构件 3 上给定的外力都是已知的，但当分别将它们作为示力体考虑其平衡时，由于构件的两个转动副中的反力共有 4 个未知量，故不可解。又若将该两反力沿构件轴线（法向）及垂直于轴线（切向）分解时，则两切向分力虽然可以求出，但是两法向分力共线，故仍不可解。因此，此时可取整个杆组为示力体，如图 13-13d 所示，其外部运动副 B、D 中反力分别分解为法向和切向两个分力。当先考虑构件 2 的平衡时，由 $\sum \boldsymbol{M}_C = 0$ 得

$$F_{G_2}h_2 + F_r h_r - F'_{I2}h_1 - F^t_{R_{12}} l_{CB} = 0$$

所以

$$F^t_{R_{12}} = \frac{F_{G_2}h_2 + F_r h_r - F'_{I2}h_1}{l_{CB}}$$

式中的各尺寸均为实际长度（m）。如果上式等号右边为正值，则表示假定的 $\boldsymbol{F}^t_{R_{12}}$ 的指向是对的；反之，如果是负值，则表示 $\boldsymbol{F}^t_{R_{12}}$ 的真实指向与图示相反。

同理，当考虑构件 3 的平衡时，由 $\sum \boldsymbol{M}_C = 0$ 得

$$F_{G_3}h_4 - F'_{I3}h_3 - F^t_{R_{43}} l_{CD} = 0$$

所以

$$F^t_{R_{43}} = \frac{F_{G_3}h_4 - F'I_3h_3}{l_{CD}}$$

式中的各尺寸均为实际长度（m）。所得值的正、负及 $\boldsymbol{F}^t_{R_{43}}$ 的方向同上述 $\boldsymbol{F}^t_{R_{12}}$ 的规定。

当 $\boldsymbol{F}^t_{R_{12}}$ 和 $\boldsymbol{F}^t_{R_{43}}$ 求出后，再根据杆组 2、3 的平衡，由 $\sum \boldsymbol{F} = 0$ 得

$$\boldsymbol{F}^n_{R_{12}} + \boldsymbol{F}^t_{R_{12}} + \boldsymbol{F}'_{I2} + \boldsymbol{F}_r + \boldsymbol{F}_{G_2} + \boldsymbol{F}_{G_3} + \boldsymbol{F}'_{I3} + \boldsymbol{F}^t_{R_{43}} + \boldsymbol{F}^n_{R_{43}} = 0$$

上式中只有 $\boldsymbol{F}^n_{R_{12}}$ 和 $\boldsymbol{F}^n_{R_{43}}$ 的大小为未知，故可用选定的力比例尺 $\mu_F \left(\frac{N}{mm}\right)$ 作力多边形将其求出（将同一构件的力放在一起，便于求运动副反力）。如图 10-13e 所示，得

$$F_{R_{12}} = \mu_F \overline{jb} \text{和} F_{R_{43}} = \mu_F \overline{gj}$$

又由构件 2 的平衡条件 $\sum F = F_{R_{12}} + F'_{I2} + F_r + F_{G2} + F_{R_{32}} = 0$，知矢量 $\overline{ej}$ 代表反力 $F_{R_{32}}$，其大小为 $F_{R_{32}} = \mu_F \overline{ej}$。

2）求作用在构件 1 上的平衡力和运动副中的反力。因 $\boldsymbol{F}_{R_{21}} = -\boldsymbol{F}_{R_{12}}$，故 $\boldsymbol{F}_{R_{21}}$ 为已知。当考虑构件 1 的平衡时，由 $\sum \boldsymbol{F} = 0$ 得 $\boldsymbol{F}_b + \boldsymbol{F}_{R_{21}} + \boldsymbol{F}_{R_{41}} = 0$，因该三力应汇交于一点，故如图 13-13f 所示，反作用力 $\boldsymbol{F}_{R_{41}}$ 的作用线应通过点 A 及直线 xx 与 $\boldsymbol{F}_{R_{21}}$ 的交点 O。这样，在上式中只有力 $\boldsymbol{F}_b$ 和 $\boldsymbol{F}_{R_{41}}$ 的大小为未知，故可作力多边形将它们求出。如图 13-13e 所示，$\boldsymbol{F}_b$ 和 $\boldsymbol{F}_{R_{41}}$ 的大小分别为 $F_b = \mu_F \overline{kb}$ 和 $F_{R_{41}} = \mu_F \overline{jk}$。平衡力 $\boldsymbol{F}_b$ 的指向与 ω_1 一致。

三、用解析法作机构的动态静力分析

在实际工作中，机构力分析的精度一般可低于机构运动分析的精度。因此，在一般情况下，用图解法进行机构的动态静力分析已能满足需要。不过，图解法虽有形象直观和易于掌握等优点，但毕竟其精度不高，而且图解过程也相当繁琐，所以随着对机构力分析精度要求的提高和计算机技术的发展，机构动态静力分析的解析方法也随之发展起来。

机构动态静力分析的解析方法也有多种，而其共同特点都是根据力的平衡条件列出机构所受各力（包括已知的和待求的）之间的关系式，然后求解。常用的解析方法有矢量方程解析法、复数法和矩阵法等，下面仅介绍矢量方程解析法。

机构力分析中的矢量分析方法与上述机构运动分析中的矢量分析方法极为相似，从数学的观点来说二者没有什么实质性的区别，所不同者，只是它们根据不同的研究内容和原理来建立矢量方程。一个是从运动学观点来建立矢量方程式；一个是根据力的平衡条件来建立矢量方程式。所以在进行机构运动分析时的矢量关系式在此同样有效，此外再补充下列的关系式。

在图 10-14 中，设力 $\boldsymbol{F}$ 为刚体上 A 点的作用力，当该力对刚体上任意一点 O 取矩时，则

$$\boldsymbol{M}_0=\boldsymbol{r}\times\boldsymbol{F},\ M_0=rF\sin\alpha$$

而 $\boldsymbol{r}\cdot\boldsymbol{F}=rF\cos(90°-\alpha)=rF\sin\alpha$，所以力矩 $\boldsymbol{M}_0$ 的大小可写为

$$\boldsymbol{M}_0=\boldsymbol{r}^{\mathrm{t}}\cdot\boldsymbol{F} \tag{10-19}$$

现以图 10-15 所示的四杆机构为例，对其受力分析讨论如下。设力 $\boldsymbol{F}$ 为作用于构件 2 上 E 点的已知外力（包括惯性力），$\boldsymbol{M}_{\mathrm{r}}$ 为作用于构件 3 上的已知生产阻力矩。现在需要确定各运动副中的反力以及需要加于主动构件 1 上的平衡力矩 $\boldsymbol{M}_{\mathrm{b}}$。

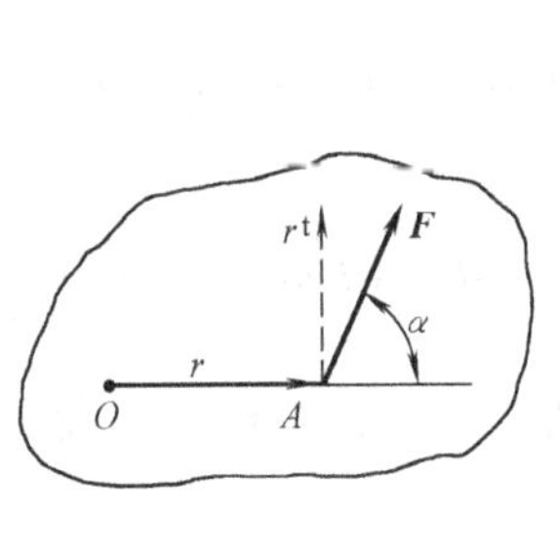

图　10-14

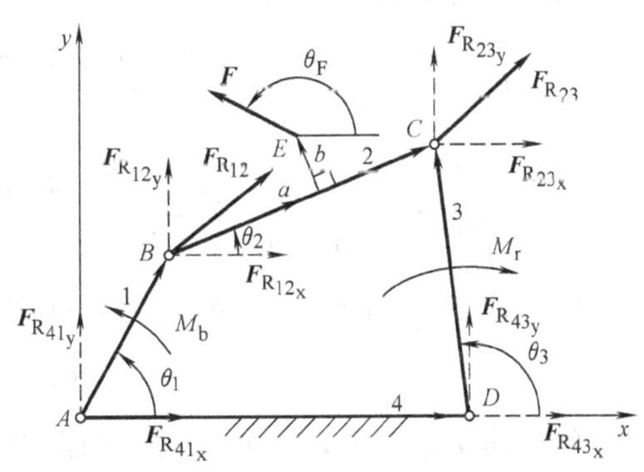

图 10-15　四杆机构受力分析数学模型

首先建立一个直角坐标系，并将各构件的杆矢量及方位角示出，如图 10-15 所示。然后再设各运动副中的反力为

$$\boldsymbol{F}_{\mathrm{R_A}}=\boldsymbol{F}_{\mathrm{R41}}=-\boldsymbol{F}_{\mathrm{R14}}=F_{\mathrm{R41_x}}\boldsymbol{i}+F_{\mathrm{R41_y}}\boldsymbol{j}$$

$$\boldsymbol{F}_{\mathrm{R_B}}=\boldsymbol{F}_{\mathrm{R12}}=-\boldsymbol{F}_{\mathrm{R21}}=F_{\mathrm{R12_x}}\boldsymbol{i}+F_{\mathrm{R12_y}}\boldsymbol{j}$$

$$\boldsymbol{F}_{\mathrm{R_C}}=\boldsymbol{F}_{\mathrm{R23}}=-\boldsymbol{F}_{\mathrm{R32}}=F_{\mathrm{R23_x}}\boldsymbol{i}+F_{\mathrm{R23_y}}\boldsymbol{j}$$

$$\boldsymbol{F}_{\mathrm{R_D}}=\boldsymbol{F}_{\mathrm{R34}}=-\boldsymbol{F}_{\mathrm{R43}}=F_{\mathrm{R34_x}}\boldsymbol{i}+F_{\mathrm{R34_y}}\boldsymbol{j}$$

在进行力分析时，一般是先求出运动副反力，然后求平衡力或平衡力矩。又在求运动副反力时，应当正确地拟订求解步骤，其关键是判断出“首解运动副”，也就是先求出“首解副”中的反力。“首解副”中的反力一旦求出，其他运动副中的反力也就不难求出了。而机构中“首解运动副”的条件应当是：组成该运动副的两个构件上所作用的外力和外力矩均为已知。因此，在图示的四杆机构中，运动副 C 应为“首解副”。现对该机构的受力分析进行如下：

（1）求 $\boldsymbol{F}_{\mathrm{R_C}}$（即 F_{R23} 或 F_{R32}） 取构件 3 为示力体，并将该构件上的诸力对 D 点取矩（规定力矩的方向逆时针者为正，顺时针者为负），则根据 $\sum \boldsymbol{M}_{\mathrm{D}}=0$，得

$$\boldsymbol{l}_3^{\mathrm{t}}\cdot\boldsymbol{F}_{\mathrm{R23}}-M_{\mathrm{r}}=l_3\boldsymbol{e}_3^{\mathrm{t}}\cdot(F_{\mathrm{R23_x}}\boldsymbol{i}+F_{\mathrm{R23_y}}\boldsymbol{j})-M_{\mathrm{r}}=-l_3F_{\mathrm{R23_x}}\sin\theta_3+l_3F_{\mathrm{R23_y}}\cos\theta_3-M_{\mathrm{r}}=0 \quad \text{(a)}$$

同理，取构件 2 为示力体，并将诸力对 B 点取矩，则根据 $\sum \boldsymbol{F}_{\mathrm{B}}=0$，得

$$\begin{aligned}\boldsymbol{l}_2^{\mathrm{t}}\cdot\boldsymbol{F}_{\mathrm{R32}}+(\boldsymbol{a}^{\mathrm{t}}+\boldsymbol{b}^{\mathrm{t}})\cdot\boldsymbol{F}&=-l_2\boldsymbol{e}_2^{\mathrm{t}}\cdot(F_{\mathrm{R23_x}}\boldsymbol{i}+R_{\mathrm{R23_y}}\boldsymbol{j})+(a\boldsymbol{e}_{\mathrm{a}}^{\mathrm{t}}+b\boldsymbol{e}_{\mathrm{b}}^{\mathrm{t}})\cdot\boldsymbol{F}\\&=l_2F_{\mathrm{R23_x}}\sin\theta_2-l_2F_{\mathrm{R23_y}}\cos\theta_2-aF\sin(\theta_2-\theta_{\mathrm{F}})-\\&\quad bF\cos(\theta_2-\theta_{\mathrm{F}})=0\end{aligned} \quad \text{(b)}$$

由式（a）、（b）可得

$$F_{\mathrm{R23_x}}=\frac{1}{\sin(\theta_2-\theta_3)}\left\{\frac{M_{\mathrm{r}}\cos\theta_2}{l_3}+\frac{F\cos\theta_3}{l_2}[a\sin(\theta_2-\theta_{\mathrm{F}})+b\cos(\theta_2-\theta_{\mathrm{F}})]\right\}$$

$$F_{\mathrm{R23_y}}=\frac{1}{\sin(\theta_2-\theta_3)}\left\{\frac{M_{\mathrm{r}}\sin\theta_2}{l_3}+\frac{F\sin\theta_3}{l_2}[a\sin(\theta_2-\theta_{\mathrm{F}})+b\cos(\theta_2-\theta_{\mathrm{F}})]\right\}$$

（2）求 $\boldsymbol{F}_{\mathrm{R_D}}$（即 $\boldsymbol{F}_{\mathrm{R43}}$ 或 $\boldsymbol{F}_{\mathrm{R34}}$） 根据构件 3 上诸力平衡条件 $\sum\boldsymbol{F}=0$，得

$$\boldsymbol{F}_{\mathrm{R43}}=-\boldsymbol{F}_{\mathrm{R23}}$$

（3）求 $\boldsymbol{F}_{\mathrm{R_B}}$（即 $\boldsymbol{F}_{\mathrm{R12}}$ 或 $\boldsymbol{F}_{\mathrm{R21}}$） 根据构件 2 上诸力平衡条件 $\sum\boldsymbol{F}=0$，得

$$\boldsymbol{F}_{\mathrm{R12}}+\boldsymbol{F}_{\mathrm{R32}}+\boldsymbol{F}=0$$

分别用 $\boldsymbol{i}$ 及 $\boldsymbol{j}$ 点积上式，可求得

$$F_{\mathrm{R12_x}}=F_{\mathrm{R23_x}}-F\cos\theta_{\mathrm{F}},\quad F_{\mathrm{R12_y}}=F_{\mathrm{R23_y}}-F\sin\theta_{\mathrm{F}}$$

$$\boldsymbol{F}_{\mathrm{R12}}=F_{\mathrm{R12_x}}\boldsymbol{i}+F_{\mathrm{R12_y}}\boldsymbol{j}$$

（4）求 $\boldsymbol{F}_{R_A}$（即 $\boldsymbol{F}_{R_{14}}$ 或 $\boldsymbol{F}_{R_{41}}$） 根据构件 1 上诸力平衡条件 $\sum \boldsymbol{F}=0$，得

$$\boldsymbol{F}_{R_{41}}=\boldsymbol{F}_{R_{12}}$$

而

$$\begin{aligned} M_b &= \boldsymbol{l}_1^t \cdot \boldsymbol{F}_{R_{21}} = l_1 \boldsymbol{e}_1^t \cdot (F_{R_{21}}\boldsymbol{i} + F_{R_{21}}\boldsymbol{j}) \\ &= -l_1 F_{R_{21_x}} \sin\theta_1 + l_1 F_{R_{21_y}} \cos\theta_1 \end{aligned}$$

至此，该机构的受力分析已进行完毕，上述方法不难推广应用于其他平面连杆机构中。

第五节 考虑摩擦时机构的力分析

掌握了对运动副中的摩擦进行分析的方法后，就不难在考虑摩擦的各种条件下对机构进行力分析了，下面举例加以说明。

例 10-5 图 10-16a 所示为曲柄滑块机构。曲柄 1 上作用着驱动力矩 $\boldsymbol{M}_d$，已知机构的尺寸，摩擦角 φ 及转动副 A、B、C 处虚线所示的摩擦圆。若不计各构件的重力和惯性力，试求机械处于图示位置时，滑块能克服的生产阻力 F_r。

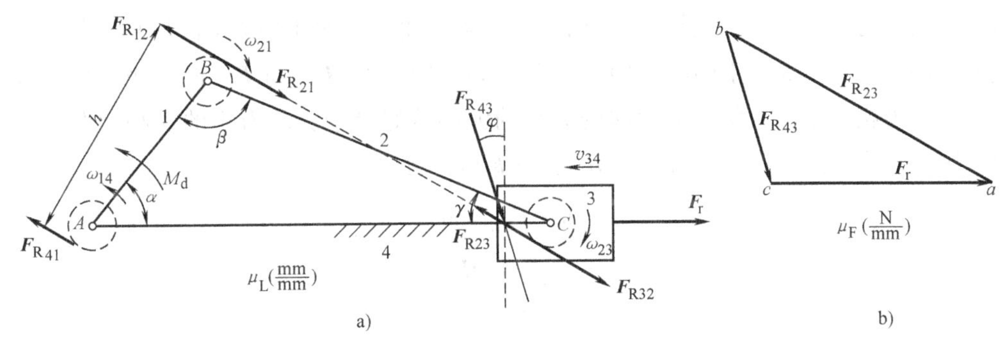

图 10-16 曲柄滑块机构受力分析

a）机构及受力 b）力三角形

解 1）取比例尺 μ_L（m/mm），准确绘出给定的机构运动简图，如图 10-16a 所示。

2）根据已知驱动力矩 M_d 的方向，分析在图示位置机构中各构件的运动情况。曲柄 1 在驱动力矩 $\boldsymbol{M}_d$ 的作用下逆时针转动，$\omega_1=\omega_{14}$，夹角 α 将逐渐增大；曲柄 1 与连杆 2 的夹角 β 将减小；而连杆 2 与机架 4 的夹角 γ 将增大；滑块 3 向左运动。

3）分析连杆 2 的受力情况。连杆 2 为二力杆，只受 $\boldsymbol{F}_{R_{12}}$ 与 $\boldsymbol{F}_{R_{32}}$ 两个力，且为受拉杆。如果不考虑转动副摩擦，两个力应在转动副 BC 中心的连线上。当考虑转动副摩擦时，$\boldsymbol{F}_{R_{12}}$ 与 $\boldsymbol{F}_{R_{32}}$ 应分别与转动副 B、C 两点处的摩擦圆相切，且两个力在一条直线上。由于 $\boldsymbol{F}_{R_{12}}$、$\boldsymbol{F}_{R_{32}}$ 切于摩擦圆后产生的摩擦力矩是阻止连杆 2 相对于曲柄 1 和滑块 3 的运

动，即 $\boldsymbol{F}_{R_{12}}$、$\boldsymbol{F}_{R_{32}}$产生的摩擦阻力矩方向应分别与 ω_{21}、ω_{23}的方向相反，因此需首先来分析 ω_{21}和 ω_{23}的运动趋势（注意 $\boldsymbol{F}_{R_{12}}$、$\boldsymbol{F}_{R_{32}}$与 ω_{21}、ω_{23}下标相反）。

确定 $\boldsymbol{F}_{R_{12}}$在转动副 B 处的方向。由于连杆 2 与曲柄 1 的夹角 β 逐渐减小，故连杆 2 相对曲柄 1 的角速度 ω_{21}应为顺时针方向；$\boldsymbol{F}_{R_{12}}$为拉力，且切于摩擦圆后产生的摩擦力矩阻止 ω_{21}的运动，故 $\boldsymbol{F}_{R_{12}}$的大致方向应向左上方且切于转动副 B 处摩擦圆的上方。

确定 $\boldsymbol{F}_{R_{32}}$在转动副 C 处的方向。在 $\boldsymbol{M}_d$ 的驱动下，连杆 2 与滑块 3 的夹角 γ 逐渐增大，故连杆 2 相对滑块 3 的角速度 ω_{23}应为顺时针方向；$\boldsymbol{F}_{R_{32}}$为拉力，它切于摩擦圆且由此产生的摩擦力矩阻止 ω_{23}的运动，故 $\boldsymbol{F}_{R_{32}}$的大致方向为向右下方且切于转动副 C 处摩擦圆的下方。

又由于 $\boldsymbol{F}_{R_{12}}$、$\boldsymbol{F}_{R_{32}}$为一对大小相等、方向相反，作用于同一直线的两个力，因此，它们的作用线是转动副 B、C 处摩擦圆的一条内公切线，如图 10-16a 所示。至此，准确地确定了 $\boldsymbol{F}_{R_{12}}$、$\boldsymbol{F}_{R_{32}}$的作用方向。

4）分析曲柄 1 受力情况，由驱动力矩 $\boldsymbol{M}_d$ 得到 $\boldsymbol{F}_{R_{21}}$的大小。由 $\boldsymbol{F}_{R_{12}}$可得到 $\boldsymbol{F}_{R_{21}}$的方向。由于曲柄 1 与机架 4 之间的夹角 α 在驱动力矩 $\boldsymbol{M}_d$ 的作用下逐步增加，故曲柄 1 相对于机架 4 的角速度 ω_{14}为逆时针方向，机架 4 对曲柄 1 的作用力 $\boldsymbol{F}_{R_{41}}$应切于转动副 A 点的摩擦圆，且由此产生的摩擦阻力矩阻止 ω_{14}的变化，$\boldsymbol{F}_{R_{41}}$与 $\boldsymbol{F}_{R_{21}}$的大小相等，方向相反，二力相互平行，所形成力偶的力矩的大小恰好等于驱动力矩的大小，但方向相反。因此，当从图中得到力臂长度 $H=\mu_L \cdot h$ 后，可得到：

$$H \cdot F_{R_{21}} = M_d$$

$$F_{R_{21}} = \frac{M_d}{H}$$

5）分析滑块 3 的受力情况，求出工作阻力 $\boldsymbol{F}_r$ 的大小。滑块 3 受三个力，三力应汇交于一点，其合力为零，矢量方程式为

$$\boldsymbol{F}_{R_{23}} + \boldsymbol{F}_{R_{43}} + \boldsymbol{F}_r = 0$$

式中，$\boldsymbol{F}_{R_{23}}$的大小及方向，可由 $\boldsymbol{F}_{R_{12}} = -\boldsymbol{F}_{R_{21}}$，$\boldsymbol{F}_{R_{12}} = -\boldsymbol{F}_{R_{32}}$，$\boldsymbol{F}_{R_{23}} = -\boldsymbol{F}_{R_{32}}$得到。滑块 3 相对于机架 4 向左运动，$\boldsymbol{F}_{R_{43}}$将阻止$\boldsymbol{v}_{34}$的运动，与相对速度$\boldsymbol{v}_{34}$形成（$90° + \varphi$）的钝角，且方向向右下方。三个力形成封闭的矢量三角形。按一定比例尺 μ_F（N/mm）绘出的矢量三角形如图 10-16b 所示。由此可得到滑块 3 上的工作阻力。

$$F_r = \mu_F \cdot \overline{ca}$$

思考题与练习题

10-1 何谓质量代换法？进行质量代换的目的何在？动代换和静代换各应满足什么条件？各有何优缺点？静代换的两代换点与构件质心不在一直线上可以吗？

10-2　何谓摩擦角？移动副中总反力是如何确定的？

10-3　何谓当量摩擦因数及当量摩擦角？引入它们的目的是什么？

10-4　何谓摩擦圆？摩擦圆的大小与哪些因素有关？

10-5　在转动副中，无论什么情况，总反力始终与摩擦圆相切的论断正确否？为什么？

10-6　非磨合的止推轴颈与磨合的止推轴颈其轴端的摩擦力矩的计算公式有何不同？为什么？工作中为何常采用空心的轴端？

10-7　构件组的静定条件是什么？基本杆组都是静定杆组吗？

10-8　在图 10-17 所示的机构中，已知：$x=250\text{mm}$，$y=200\text{mm}$，$l_{AS2}=128\text{mm}$，$\boldsymbol{F}$ 为驱动力，$\boldsymbol{F}_r$ 为有效阻力。$m_1=m_3=2.75\text{kg}$，$m_2=4.59\text{kg}$，$J_{S2}=0.012\text{kg}\cdot\text{m}^2$，又原动件 3 以等速 $v=5\text{m/s}$ 向下移动，试确定作用在各构件上的惯性力。

10-9　图 10-18 所示为一曲柄滑块机构的三个位置，$\boldsymbol{F}$ 为作用在活塞上的力，转动副 A 及 B 上所画的虚线小圆为摩擦圆，试决定在此三个位置时作用在连杆 AB 上的作用力的真实方向（构件重力及惯性力略去不计）。

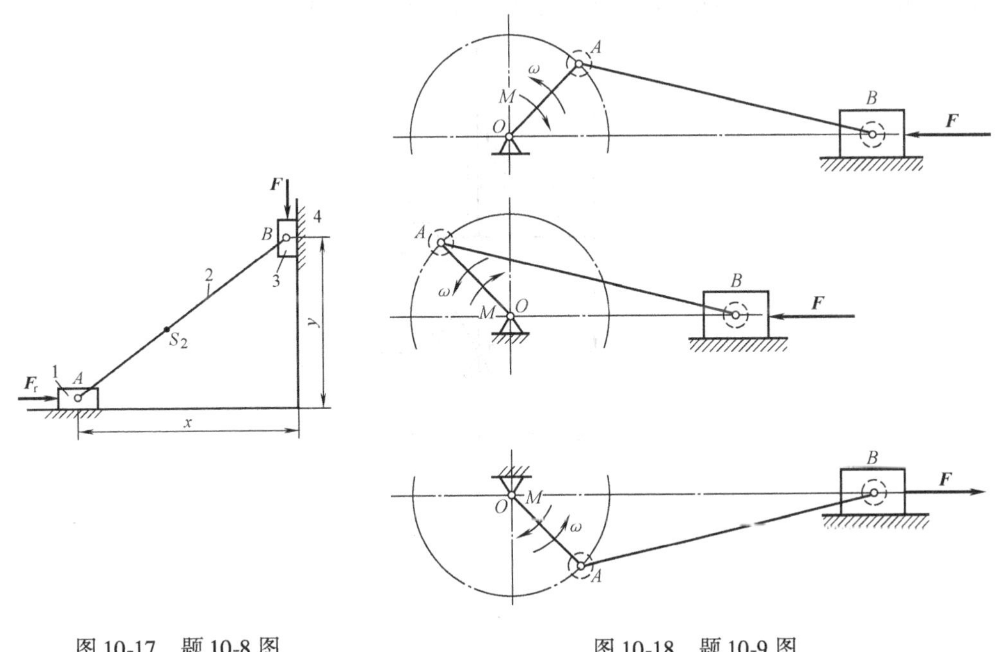

图 10-17　题 10-8 图　　　　图 10-18　题 10-9 图

10-10　在图 10-19 所示的正切机构中，已知 $h=500\text{mm}$，$l=100\text{mm}$，$\omega_1=10\text{rad/s}$（为常数），构件 3 的重力 $\boldsymbol{F}_{G3}=10\text{N}$，质心在其轴线上，生产阻力 $F_r=100\text{N}$，其余构件的重力和惯性力均略去不计。试求当 $\varphi=60°$时，需加在构件 1 上的平衡力矩 M_b。

10-11　在图 10-20 所示的凸轮机构中，已知各构件的尺寸，生产阻力 $\boldsymbol{F}_r$ 的大小及方向，以及凸轮和推杆的总惯性力 $\boldsymbol{F}'_{I1}$ 及 $\boldsymbol{F}'_{I2}$，试用图解法求各运动副中的反力，和需加于凸轮轴上的平衡力偶矩 $\boldsymbol{M}_b$。

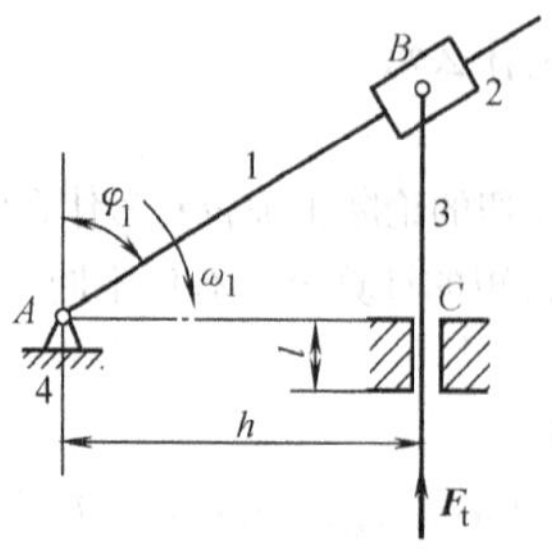

图 10-19　题 10-10 图

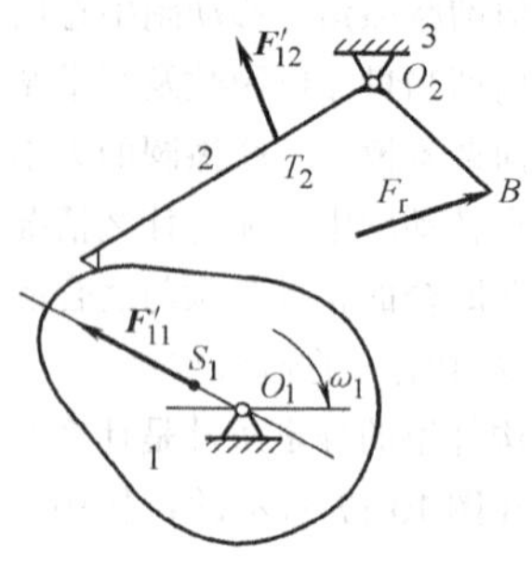

图 10-20　题 10-11 图

10-12　在图 10-21 所示的正切机构中，已知 $l_{AB}=100\text{mm}$，$h_1=120\text{mm}$，$h_2=80\text{mm}$，$\omega_1=10\text{rad/s}$（为常数），滑块 2 和构件 3 的重力分别为 $F_{G2}=40\text{N}$ 和 $F_{G3}=100\text{N}$，质心 S_2 和 S_3 的位置如图所示，加于构件 3 上的生产阻力 $F_r=400\text{N}$，构件 1 的重力和惯性力略去不计。试用解析法求机构在 $\varphi_1=60°$、150°、220°位置时各运动副的反力和需加于构件 1 上的平衡力偶矩 $\boldsymbol{M}_b$。

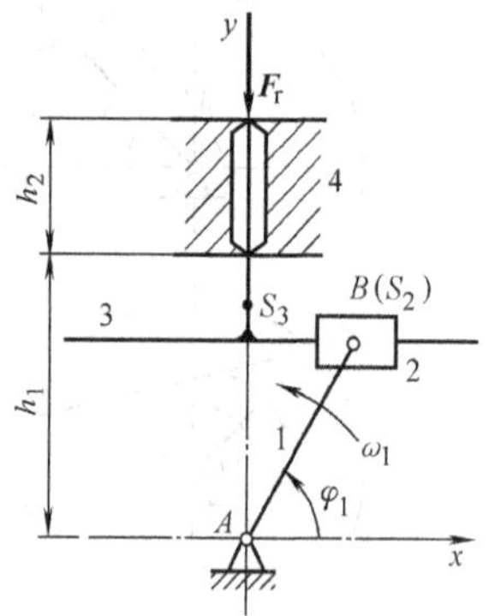

图 10-21　题 10-12 图

第十一章　机 械 效 率

前面我们仅研究了机构中的力和力的计算方法。本章中将进一步研究机构组成的机械在这些力的作用下所作的功和这些功与机械运动的关系，以及衡量机械对能量的有效利用程度的方法。

第一节　机械运动的功能关系

一、机械的运动和功能关系

由能量守恒定律知，当机械运动时，在任一时间间隔，作用在其上的力所作的功与机械动能增量的关系为

$$W_d - W_r - W_f = E - E_0 = \Delta E \tag{11-1}$$

式中，W_d、W_r、W_f 分别为输入功、输出功和损耗功，E、E_0 分别为时间间隔终止时刻和初始时刻的动能，ΔE 为该时间间隔的动能增量。

二、机械运转的三个阶段

当机械运动时，从机械开始运动到停止运动所经历的时间间隔称为机械运转的全时期。由于机械所有运动构件的运动规律都是由原动件的运动规律所决定的，因此上述的全周期也就是机械原动件运动的全周期。如图 11-1 所示为机械主轴的角速度 ω 随时间 t 变化的曲线。机械运动的全周期可分为三个阶段，即起动阶段、稳定运转阶段和停车阶段。

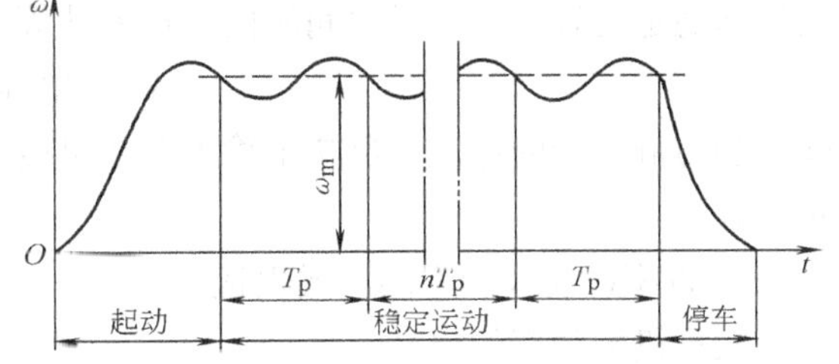

图 11-1　机械运转的三个阶段

1. 起动阶段

在起动阶段，机械原动件的角速度 ω 由零逐渐上升，直到正常运转的平均角速度 ω_m 为止。在这一阶段机械的输入功 W_d 大于阻抗功（输出功 W_r 和损耗功 W_f 之和），机械的动能增加，即

$$W_d - W_r - W_f = \Delta E > 0$$

2. 稳定运转阶段

在这一阶段，原动件的平均角速度 ω_m 保持稳定，即为一个常数。但在通常情况下，原动件的角速度 ω 是周期性波动的，即 $\omega \neq$ 常数，而在一个周期始末的角速度 ω 是相等的，因而机械具有的功能关系也是相等的，即

$$W_d - W_r - W_f = \Delta E = 0$$

上述这种稳定运转称为周期性稳定运转（如活塞式压缩机等）。而另一些机械如鼓风机、车床主轴等，其原动机的角速度 ω 恒定不变，即 ω = 常数，称这种稳定运转为等速稳定运转。

3. 停车阶段

在机械停止运转的过程中，一般已撤去驱动力，故输入功 $W_d=0$。当阻抗功逐渐将机械的动能消耗尽时，机械便停止运转。这一阶段的功能关系为

$$W_d - W_r - W_f = \Delta E < 0$$

在一般情况下，停车阶段的工作阻力也不再作用。为缩短停车时间，一些机械安装了制动装置。

起动阶段和停车阶段统称为机械运转的过渡阶段。多数机械是在稳定运转阶段工作的，但也有一些机械，如起重机等，其工作过程却有相当一部分是在过渡阶段进行的。

第二节　机械效率和自锁

一、机械效率的表达形式

作用在机械上的力可分为驱动力、生产阻力和有害力三种。它们所作的功分别为输入功 W_d、输出功 W_r 和损耗功 W_f。根据前节所述，在周期性稳定运转的一个运动循环，或等速稳定运转的任一时间间隔内，输入功等于输出功与损失功之和，即

$$W_d = W_r + W_f \tag{11-2}$$

输出功与输入功的比值，反映了输入功在机械中有效利用程度，称为机械效率，通常用 η 表示。

1. 效率以功或功率的形式表达

根据机械效率的定义

$$\eta = \frac{W_r}{W_d} = \frac{W_d - W_f}{W_d} = 1 - \frac{W_f}{W_d} \tag{11-3}$$

将式（11-2）和式（11-3）分别除以做功的时间，则得

$$P_d = P_r + P_f \tag{11-4}$$

$$\eta = \frac{P_r}{P_d} = \frac{P_d - P_f}{P_d} = 1 - \frac{P_f}{P_d} \tag{11-5}$$

式中　P_d、P_r、P_f 分别为输入功率、输出功率和损耗功率。

因为损耗功 W_f 或损耗功率 P_f 不可能为零，所以由式（11-3）及式（11-5）可知机械的效率总是小于 1 的。且 W_f 或 P_f 越大，机械的效率就越低。因此在设计机械时，为了使其具有较高的机械效率，应尽量减小机械中的损耗，主要是减小摩擦损耗。

2. 效率以力或力矩的形式表达

机械效率也可以用力或力矩之比的形式来表达。图 11-2 所示为一机械传动装置示意图。设 F 为驱动力。F_r 为生产阻力，v_{F_d}和 v_{F_r}分别为 F_d 和 F_r 的作用点沿该力作用线方向的速度，根据式（11-5）可得

$$\eta=\frac{P_r}{P_d}=\frac{F_r v_{F_r}}{F_d v_{F_d}} \tag{11-6}$$

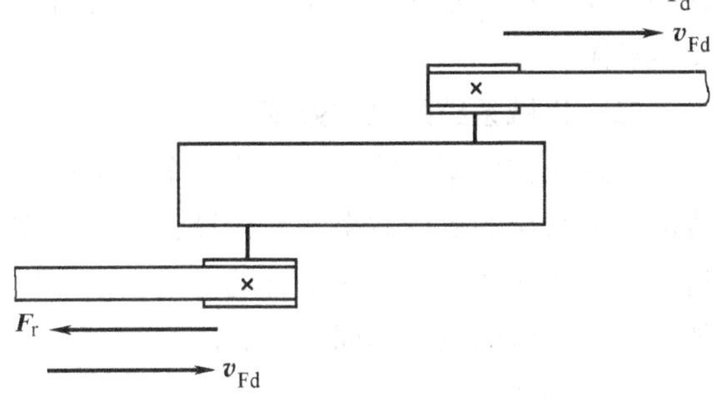

图 11-2　机械传动装置示意图

假设在该机械中不存在摩擦，此机械称为理想机械。这时为了克服同样的生产阻力 F_r，其所需的驱动力称为理想驱动力 F_{d_0}，此力必定小于实际驱动力 F_d。对于理想机械有

$$\eta_0=\frac{F_r v_{F_r}}{F_{d_0} v_{F_d}}=1$$

故

$$F_r v_{F_r}=F_{d_0} v_{F_d} \tag{11-7}$$

将式（11-7）代入式（11-6）得

$$\eta=\frac{F_r v_{F_r}}{F_d v_{F_d}}=\frac{F_{d_0} v_{F_d}}{F_d v_{F_d}}=\frac{F_{d_0}}{F_d} \tag{11-8}$$

此式表明，机械效率亦等于在克服同样生产阻力 F_r 的情况下，理想驱动力 F_{d_0}与实际驱动力 F_d 之比值。

同理，机械效率也可以用力矩之比的形式表达，即

$$\eta=\frac{M_{d_0}}{M_d} \tag{11-9}$$

式中 M_{d_0}和 M_d 分别表示为了克服同样的生产阻力所需的理想驱动力矩和实际驱动力矩。

从另一个角度讲，同样的驱动力 F_d，理想机械所能克服的生产阻力 F_{r_0}必大于实际机械所能克服的生产阻力 F_r，对于理想机械有：

$$\eta_0=\frac{F_{r_0} v_{F_r}}{F_d v_{F_d}}=1$$

故

$$F_{r_0} v_{F_r}=F_d v_{F_d} \tag{11-10}$$

将式（11-10）代入式（11-6）得

$$\eta=\frac{F_r v_{F_r}}{F_d v_{F_d}}=\frac{F_r v_{F_r}}{F_{r_0} v_{F_r}}=\frac{F_r}{F_{r_0}} \tag{11-11}$$

同理，有下式成立：

$$\eta = \frac{M_r}{M_{r_0}} \tag{11-12}$$

式中　M_r 和 M_{r_0} 分别表示在同样驱动力的情况下，机械所能克服的实际生产阻力矩和理想生产阻力矩。

二、机械系统的机械效率

上述机械效率计算主要是指一个机构或一台机器的效率。对于由许多机构或机器组成的机械系统的机械效率及其计算，可以根据组成系统的各个机构或机器的效率计算求得。若干机构或机器连接组合的方式一般有串联、并联和混联三种，故机械系统的机械效率也有相应的三种不同计算方法。

1. 串联机组

图 11-3 所示为由 k 台机器串联组成的机械系统。设系统的输入功率为 P_d，各台机器的效率分别为 η_1，η_2，η_3，…，η_k，P_k 为系统的输出功率，则系统的总效率 η 为

$$\eta = \frac{P_k}{P_d} = \frac{P_1}{P_d} \cdot \frac{P_2}{P_1} \cdot \frac{P_3}{P_2} \cdots \frac{P_k}{P_{k-1}} = \eta_1 \cdot \eta_2 \cdot \eta_3 \cdots \eta_k \tag{11-13}$$

此式表明，串联系统的总效率等于组成该系统的各个机器的效率的连乘积。由于 η_1，η_2，η_3，…，η_k 均小于 1，故串联的级数越多，系统的效率越低。

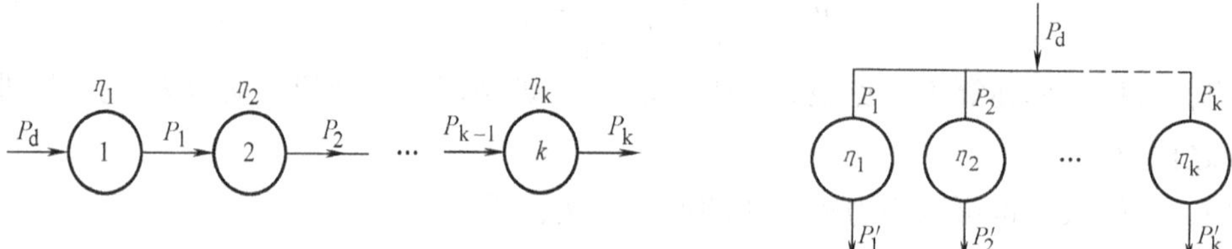

图 11-3　串联机组　　　　图 11-4　并联机组

2. 并联机组

图 11-4 所示为由 k 台机器并联组成的机械系统。设各个机器的输入功率分别为 P_1，P_2，…，P_k，而输出功率分别为 P_1'，P_2'，…，P_k'。因总输入功率为

$$P_d = P_1 + P_2 + \cdots + P_k$$

总输出功率为

$$P_r = P_1' + P_2' + \cdots + P_k' = P_1\eta_1 + P_2\eta_2 + \cdots + P_k\eta_k$$

所以总效率为

$$\eta = \frac{P_r}{P_d} = \frac{P_1\eta_1 + P_2\eta_2 + \cdots + P_k\eta_k}{P_1 + P_2 + \cdots + P_k} \tag{11-14}$$

上式表明，并联系统的总效率 η 不仅与各机器的效率有关，而且也与各机器所传递的

功率有关。设 η_{max} 和 η_{min} 为各个机器的效率中的最大值和最小值，则 $\eta_{min} < \eta < \eta_{max}$。

若各台机器的输入功率相等，即 $P_1 = P_2 = \cdots = P_k$，则

$$\eta = \frac{P_1\eta_1 + P_2\eta_2 + \cdots + P_k\eta_k}{P_1 + P_2 + \cdots + P_k} = \frac{(\eta_1 + \eta_2 + \cdots + \eta_k)P_1}{kP_1} = \frac{(\eta_1 + \eta_2 + \cdots + \eta_k)}{k} \tag{11-15}$$

上式表明，当并联系统中各台机器的输入功率相等时，其总效率等于各台机器效率的平均值。

若各台机器的效率均相等，即 $\eta_1 = \eta_2 = \eta_3 = \cdots = \eta_k$，则

$$\eta = \frac{P_1\eta_1 + P_2\eta_2 + \cdots + P_k\eta_k}{P_1 + P_2 + \cdots + P_k} = \frac{\eta_1(P_1 + P_2 + \cdots + P_k)}{P_1 + P_2 + \cdots + P_k} = \eta_1(= \eta_2 = \eta_3 = \cdots = \eta_k) \tag{11-16}$$

上式表明，当并联系统中各台机器的效率均相等时，其总效率等于任一台机器的效率。

3. 混联机组

图 11-5 所示为兼有串联和并联的混联式机械系统，其总效率的求法按其具体组合方式而定。可先将输入功至输出功的路线弄清，然后分别计算出总的输入功率 $\sum P_d$ 和总的数出功率 $\sum P_r$，则系统的总效率为

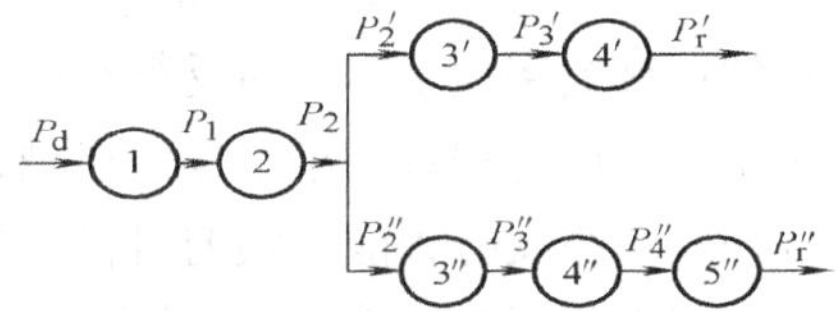

图 11-5　混联机组

$$\eta = \frac{\sum P_r}{\sum P_d} \tag{11-17}$$

例 11-1　在图 11-5 所示的机械传动装置中，设各传动机构的效率分别为 $\eta_1 = \eta_2 = 0.98$，$\eta_3' = \eta_4' = 0.96$，$\eta_3'' = \eta_4'' = 0.94$，$\eta_5'' = 0.42$，并已知输出功率分别为 $P_r' = 5\text{kW}$，$P_r'' = 0.2\text{kW}$。求该机械传动装置的机械效率。

解　由于机构 1、2 和 3′、4′为串联，故

$$P_d' = P_r'/(\eta_1\eta_2\eta_3'\eta_4') = 5/(0.98^2 \times 0.96^2)\text{kW} = 5.649\text{kW}$$

而机构 1、2 与 3″、4″、5″也为串联，故

$$P_d'' = P_r''/(\eta_1\eta_2\eta_3''\eta_4''\eta_5'') = 5/(0.98^2 \times 0.94^2 \times 0.42)\text{kW} = 0.561\text{kW}$$

所以机械的总效率为

$$\eta = \sum P_r / \sum P_d = (5 + 0.2)/(5.649 + 0.561) = 0.837$$

三、机械的自锁

在第十章介绍运动副中摩擦时，我们曾经从力的观点研究过机构的自锁问题，现在

我们再从效率的观点来研究机械的自锁问题，讨论机械发生自锁的条件。

1. 机械的正行程和反行程

在讨论自锁条件前先说明一下机械的行程。我们将驱动力作用在原动件上，使运动自原动件向从动件传递时，称为正行程；反之，当将正行程的生产阻力作为驱动力作用到原来的从动件上，使运动自正行程时的从动件向原动件传递时，称为反行程。因此，正、反行程的原动件和从动件正好互相对调。对于由两个构件组成一个运动副的最简单的机械，如斜面、杠杆等，其原动件和从动件是同一构件，所以该构件向某一指定方向运动时为正行程，向相反方向运动时便为反行程。

2. 机械的自锁条件

当机械发生自锁时，无论驱动力有多大都不能使机械沿驱动力方向产生运动，即此时驱动力所作的功总小于或等于由它所产生的摩擦阻力所作的功。由式（11-3）知，此时机械的效率小于或等于零，即

$$\eta \leqslant 0 \tag{11-18}$$

故也可以借助于机械效率的计算式来判断机械是否发生自锁和分析自锁产生的条件。但应注意此时 η 已没有通常效率的意义。当 $\eta \leqslant 0$ 时，其绝对值的大小表示机械的自锁程度。当 $\eta = 0$ 时，机械处于临界自锁状态；当 $\eta < 0$ 时，其绝对值越大，表明自锁越可靠。

机械正行程的效率 η 和反行程的效率 η' 一般不相等。在设计机械时，应使其正行程的机械效率大于零，而反行程的效率则根据使用场合既可以使其大于零，也可以使其小于零。反行程效率小于零的机械在反行程中会发生自锁，因而可以防止机械自行倒转或松脱。在反行程能自锁的机械，称为自锁机械，它常用于各种夹具、螺栓联接、楔联接、起重装置和压榨机等机械上。但自锁机械在正行程中效率一般较低，因此在传递动力时，只宜用于传递功率较小的场合。对于传递功率较大的机械，常采用其他装置来防止倒转或松脱，以不致影响其正行程的机械效率。

四、提高机械效率的途径

由前面的分析可知，机械运转过程中影响其效率的主要原因为机械中的损耗，而损耗主要是由摩擦引起的。因此，为提高机械的效率就必须采取措施减小机械中的摩擦。一般从三个方面加以考虑，即设计方面、制造方面和使用维护方面。在设计方面主要采取以下措施：

1）尽量简化机械传动系统，采用最简单的机构来满足工作要求，使功率传递通过的运动副的数目越少越好。

2）选择合适的运动副形式。如转动副易保证运动副元素的配合精度，效率高；移动副不易保证配合精度，效率较低且容易发生自锁或楔紧。

3）在满足强度、刚度等要求的情况下，不要盲目增大构件尺寸。如轴颈尺寸增加时会使该轴颈的摩擦增加，机械易发生自锁。

4）设法减小运动副中的摩擦。如在传递力的场合尽量选用矩形螺纹或牙形半角小

的三角螺纹；用平面摩擦代替槽面摩擦；利用滚动摩擦代替滑动摩擦。选用适当的润滑剂及润滑装置进行润滑，合理选用运动副元素的材料等。

5）减小机械中因惯性力所引起的动载荷，可提高机械效率。特别是在机械设计阶段应考虑其平衡问题。

第三节　瞬时效率计算及自锁分析示例

以上论述了机械的效率和自锁问题，下面举例说明瞬时效率的计算和自锁条件。

一、斜面机构的效率与自锁

如图 11-6 所示，滑块 1 置于一升角为 λ 的斜面 2 上，作用于滑块 1 上的铅直载荷（包括滑块的自重）为 $\boldsymbol{F}_r$，今欲求当滑块等速上升与等速下降时，水平力 $\boldsymbol{F}_d$ 的大小、该斜面的效率及其自锁条件。

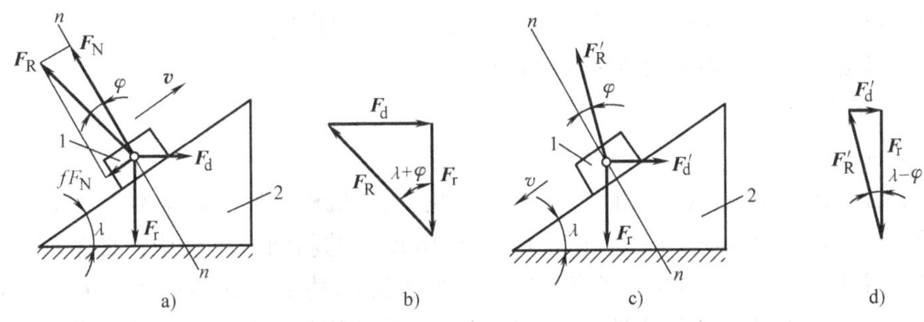

图 11-6　斜面机构受力分析

a）正行程受力　b）正行程力三角形　c）反行程受力　d）反行程力三角形

1. 滑块上升（正行程）

如图 11-6a 所示，当滑块 1 沿斜面以等速上升时，$\boldsymbol{F}_d$ 为驱动力，$\boldsymbol{F}_r$ 为生产阻力。因斜面 2 加于滑块 1 的总反力 $\boldsymbol{F}_R$ 的方向应与 1 相对于 2 的运动方向成角 $\frac{\pi}{2}+\varphi$，所以 $\boldsymbol{F}_R$ 与 $\boldsymbol{F}_r$ 的夹角为 $\lambda+\varphi$。由滑块的受力平衡条件，得 $\boldsymbol{F}_r+\boldsymbol{F}_R+\boldsymbol{F}_d=0$。按该式作力多边形（图 11-6b），可推得所需水平驱动力为

$$F_d = F_r \tan(\lambda+\varphi) \tag{11-19}$$

如果 1、2 之间没有摩擦，则 $\varphi=0$，可得理想的水平驱动力为

$$F_{d_0} = F_r \tan\lambda$$

根据式（11-8）可得滑块上升时斜面的效率

$$\eta = \frac{F_{d_0}}{F_d} = \frac{\tan\lambda}{\tan(\lambda+\varphi)} \tag{11-20}$$

通常要求正行程不自锁，即要求 $\eta>0$，由上式可推得 $\lambda<\left(\frac{\pi}{2}-\varphi\right)$。

2. 滑块下滑（反行程）

如图 11-6c 所示，设力 $\boldsymbol{F}_d$ 减小到 $\boldsymbol{F}_d'$ 时，滑块 1 沿斜面以等速下滑，这时 $\boldsymbol{F}_r$ 为驱动力，F_d' 为生产阻力。由于滑块运动方向改变，所以总反力 $\boldsymbol{F}_R'$ 与 $\boldsymbol{F}_r$ 的夹角变为 $\lambda-\varphi$。由滑块的受力平衡条件得 $\boldsymbol{F}_r+\boldsymbol{F}_R'+\boldsymbol{F}_d'=0$。按该式作力多边形（图 11-6d），可得

$$F_d'=F_r\tan(\lambda-\varphi) \tag{11-21}$$

同上面一样，当 1、2 之间没有摩擦时，$\varphi=0$，可得理想的生产阻力为

$$F_{d_0}'=F_r\tan\lambda$$

所以滑块下滑时斜面的效率为

$$\eta'=\frac{F_d'}{F_{d_0}'}=\frac{\tan(\lambda-\varphi)}{\tan\lambda} \tag{11-22}$$

通常要求反行程具有自锁功能，即要求 $\eta'\leqslant 0$，可推得自锁条件为 $\lambda\leqslant\varphi$。

二、螺旋机构和蜗杆传动的效率与自锁

（一）螺旋机构

1. 矩形螺纹

图 11-7a 所示为一螺纹升角为 λ 的矩形螺纹螺旋机构，所受轴向载荷为 $\boldsymbol{F}_r$。现将螺纹中径（d_2）圆柱面展开，可得相当于图 11-7b 所示的斜面滑块机构，拧紧或拧松螺母便相当于滑块（螺母）沿斜面等速上升或等速下降的情况。在前面关于斜面机构讨论的基础上，很容易推得拧紧或拧松螺母时的力矩及螺旋机构的效率与自锁的有关公式。

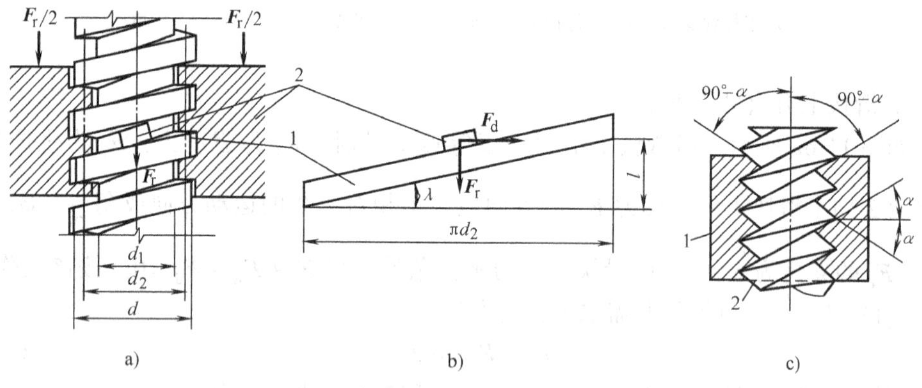

图 11-7　螺旋机构受力分析

拧紧螺母时所需的驱动力矩：

$$M_d=F_d\frac{d_2}{2}=F_r\frac{d_2}{2}\tan(\lambda+\varphi) \tag{11-23}$$

拧紧螺母时该机构的效率：

$$\eta=\frac{M_{d_0}}{M_d}=\frac{\tan\lambda}{\tan(\lambda+\varphi)} \tag{11-24}$$

拧松螺母时所需的平衡力矩：

$$M_d'=F_d'\frac{d_2}{2}=F_r\frac{d_2}{2}\tan(\lambda-\varphi) \tag{11-25}$$

拧松螺母时该机构的效率：

$$\eta'=\frac{M_d'}{M_{d_0}'}=\frac{\tan(\lambda-\varphi)}{\tan\lambda} \tag{11-26}$$

式中 M_d' 也就是最小的防松力矩。按自锁条件 $\eta'\leqslant 0$，由式（11-26）可推得：

$$\lambda\leqslant\varphi \tag{11-27}$$

2. 三角形螺纹

如图 11-7c 所示，三角形螺纹与矩形螺纹相比，其不同点仅是矩形螺纹相当于平滑块与斜平面的作用，而三角形螺纹相当于楔形滑块与斜楔形槽面的作用。因此，参照第十章楔形滑块摩擦的特点，只需用当量摩擦角 φ_v 代替式（11-23）～（11-27）中的摩擦角 φ，便可得到三角形螺纹的各个对应公式。

由图 11-7c 得楔形槽的半夹角近似地等于 $90°-\alpha$，其中 α 为三角形螺纹得牙型半角。因此

$$f_v=\frac{f}{\sin\theta}=\frac{f}{\sin(90°-\alpha)}=\frac{f}{\cos\alpha}$$

$$\varphi_v=\arctan f_v=\arctan\left(\frac{f}{\cos\alpha}\right) \tag{11-28}$$

因 $\varphi_v>\varphi$，故在同等负载条件下，三角形螺纹的摩擦力大，自锁性能更好，常用作联接螺纹，矩形螺纹则常用作传动螺纹。

（二）蜗杆传动

蜗杆蜗轮啮合齿间的力的作用和效率的求法与三角形螺纹的螺旋相同，其自锁条件也是一样。蜗杆相当于螺杆，蜗轮相当于螺母。当蜗杆主动时为正行程，其转矩产生的圆周力垂直于蜗杆的轴线，它相当于上述的力 $\boldsymbol{F}_d$；而蜗轮上阻力矩所产生的圆周力平行于蜗杆轴线，相当于上述的力 $\boldsymbol{F}_r$。此时蜗轮在与蜗杆接触点处的线速度方向与力 $\boldsymbol{F}_r$ 的方向相反，所以这种情况相当于通常的拧紧螺母，即应用式（11-23）和（11-24），但用 φ_v 代替 φ。反之，当蜗轮主动时，就相当于拧松螺母，即应用式（11-25）、式（11-26）和式（11-27），同样地用 φ_v 代替 φ。

三、其他机构分析举例

例 11-2 在图 11-8a 所示的缓冲器中，已知各楔块间的摩擦因数 f 及弹簧的压力 $\boldsymbol{F}_r$，试求当楔块 2、3 被等速推开及等速恢复原位时力 $\boldsymbol{F}_d$ 的大小和该缓冲器的效率。

又，为了使它能正常工作，则应如何选择楔块的楔角 α。

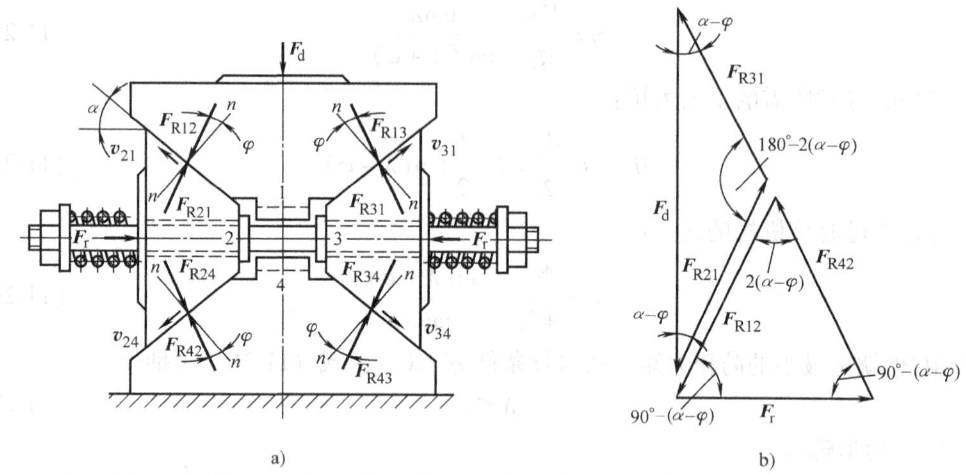

图 11-8　例 11-2 图

解　缓冲器工作时有正、反两个行程，应分别讨论。

1. 正行程

在力 F_d 的作用下楔块 1 下移，楔块 2、3 被等速推开。此时 F_d 为驱动力，F_r 为生产阻力。

首先确定各楔块间的相对运动方向，标出 v_{21}、v_{31}、v_{24} 和 v_{34} 的方向，并按移动副总反力作用线的确定原则作出各总反力 F_{R12}、F_{R13}、F_{R42} 和 F_{R43} 的方向如图 11-8a 所示，图中 $\varphi=\arctan f$。

分别取楔块 2、1 为分离体，按 $\sum F=0$ 有以下两矢量式：

楔块 2，　$F_r+F_{R42}+F_{R12}=0$

楔块 1，　$F_{R21}+F_{R31}+F_d=0$

由此作力多边形，如图 11-8b 所示。由图可得

$$F_d=F_r\cot(\alpha-\varphi)$$

理想驱动力为

$$F_{d_0}=F_r\cot\alpha$$

故正行程的机械效率为

$$\eta=\frac{F_{d_0}}{F_d}=\frac{\tan(\alpha-\varphi)}{\tan\alpha}$$

2. 反行程

在 F_r 力作用下，楔块 2、3 等速恢复原位，楔块 1 上升。此时 F_r 为驱动力，F_d' 为生产阻力。

因正反行程接触面保持不变，而各构件的相对运动方向与正行程相反，即总反力方

向应在正行程时相对于接触面公法线的对称位置。故上述力关系式中以“$-\varphi$”代替“φ”后可得反行程时力关系式

$$F_d' = F_r\cot(\alpha+\varphi)$$

即
$$F_r = F_d'\tan(\alpha+\varphi)$$

理想驱动力
$$F_{r_0} = F_d'\tan\alpha$$

故反行程的机械效率为

$$\eta' = \frac{F_{r_0}}{F_r} = \frac{\tan\alpha}{\tan(\alpha+\varphi)}$$

3. 楔角 α 的选择

为了使缓冲器能正常工作，其正、反都不应自锁。

应
$$\eta = \frac{\tan(\alpha-\varphi)}{\tan\alpha} > 0$$

和
$$\eta' = \frac{\tan\alpha}{\tan(\alpha+\varphi)} > 0$$

即 $\tan(\alpha-\varphi)>0$ 和 $\tan(\alpha+\varphi)>0$，可得

$$\varphi < \alpha < (90° - \varphi)$$

例 11-3　在图 11-9a 所示的摆动推杆盘形凸轮机构中，已知各构件的尺寸及机构的位置，各转动副处的摩擦圆如图中的虚线小圆，凸轮高副处的摩擦角为 φ，凸轮 1 沿逆时针方向回转，$\boldsymbol{F}_r$ 为作用在推杆 2 上的工作阻力。各构件的重力及惯性力均略而不计，求：

1）各运动副中的总反力；

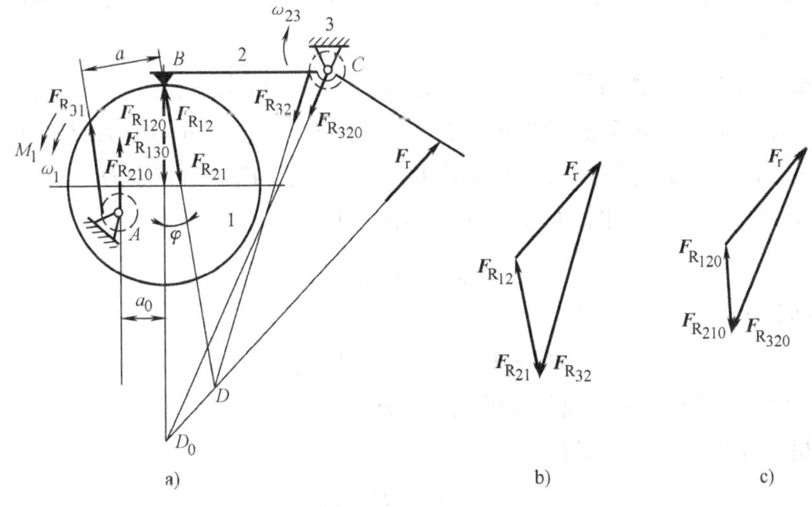

图 11-9　例 11-3 图

2）需施加于凸轮 1 上的驱动力矩；

3）机构在图示位置的机械效率 η。

解 选取长度比例尺 μ_L（m/mm）作机构运动简图。

1. 求各运动副中的总反力

先确定各运动副中总反力的方向。如图 11-9a 所示，根据运动情况和力的平衡条件，在高副接触点 B 处的相对速度 $v_{B_2B_1}$ 的方向为向右，总反力 $\boldsymbol{F}_{R_{12}}$ 的方向与 $v_{B_2B_1}$ 成 $90° + \varphi$ 角。在转动副 C 处，构件 2 相对于 3 的角速度 ω_{23} 为顺时针方向，故总反力 $\boldsymbol{F}_{R_{32}}$ 应切于运动副 C 处的摩擦圆，且对 C 之矩的方向应与 ω_{23} 的方向相反，同时构件 2 受有 $\boldsymbol{F}_{R_{12}}$、$\boldsymbol{F}_{R_{32}}$ 及 $\boldsymbol{F}_r$ 三个力，应汇交于一点 D，由此可确定出 $\boldsymbol{F}_{R_{32}}$ 的方向线；在转动副 A 处，构件 1 相对于构件 3 的角速度 ω_1 为逆时针，故总反力 $\boldsymbol{F}_{R_{31}}$ 应切于运动副 A 处的摩擦圆，且对 A 之矩的方向与 ω_1 方向相反，同时与 $\boldsymbol{F}_{R_{21}}$ 组成一力偶又与驱动力矩 M_1 相平衡，由此可定出 $F_{R_{31}}$ 的方向。

再求各运动副处的总反力大小。构件 2 在力 $\boldsymbol{F}_{R_{12}}$、$\boldsymbol{F}_{R_{32}}$ 和 $\boldsymbol{F}_r$ 的作用下平衡，即

$$\boldsymbol{F}_{R_{12}} + \boldsymbol{F}_{R_{32}} + \boldsymbol{F}_r = 0$$

而

$$\boldsymbol{F}_{R_{21}} = -\boldsymbol{F}_{R_{12}} = -\boldsymbol{F}_{R_{31}}$$

根据上式，选取力比例尺 μ_F（N/mm），作力多边形如图 4-9b 所示。由图得 $F_{R_{32}} = \overline{F}_{R_{32}}\mu_F$，$F_{R_{12}} = \overline{F}_{R_{12}}\mu_F$，其中 $\overline{F}_{R_{32}}$ 和 $\overline{F}_{R_{12}}$ 均为力多边形中各对应力的图上长度。

2. 求需施加于凸轮 1 上的驱动力矩 M_1

由凸轮 1 的平衡条件可得

$$M_1 = F_{R_{21}}\mu_L a = \mu_F \overline{F}_{R_{21}}\mu_L a$$

式中 $\overline{F}_{R_{21}}$ 为力多边形中力 $\boldsymbol{F}_{R_{21}}$ 的图上长度，a 为 $\boldsymbol{F}_{R_{31}}$ 与 $\boldsymbol{F}_{R_{21}}$ 两方向线上的图上距离。

3. 求机械效率 η

为求机械效率，可利用效率的力矩表达形式。为此应求理想状态下施加于凸轮 1 的理想驱动力矩 M_{10}，在不考虑摩擦的情况下，即 $f=0$，$\varphi=0$，$\rho=0$，故 $\boldsymbol{F}_{R_{120}}$ 应沿接触点 B 处的法线方向，而 $\boldsymbol{F}_{R_{320}}$ 应通过转动副中心 C 且与 $\boldsymbol{F}_r$、$\boldsymbol{F}_{R_{120}}$ 相交于 D_0 点。于是可取同样比例尺 μ_F 作力多边形如图 11-9c 所示。由图可得 $\boldsymbol{F}_{R_{21_0}}$ 的大小为

$$F_{R_{210}} = \mu_F \overline{F}_{R_{210}}$$

再由凸轮 1 的力平衡条件可得

$$M_{10} = F_{R_{210}}\mu_L a_0 = \mu_F \overline{F}_{R_{210}}\mu_L a_0$$

式中 a_0 为 $\boldsymbol{F}_{R_{210}}$ 与 $\boldsymbol{F}_{R_{310}}$ 两方向线上的图上距离。

故该机构在图示位置的机械效率为

$$\eta = \frac{M_{1_0}}{M_1} = \frac{\overline{F}_{R_{210}} a_0}{\overline{F}_{R_{21}} a}$$

例 11-4　如图 11-10a 所示的夹紧机构中，构件的尺寸如图所示，各转动副的轴颈直径均为 $d=16\text{mm}$，当量摩擦因数 $f_v=0.1$，楔块斜角 $\alpha=6°$，滑动摩擦因数 $f=0.1$，若不计各构件的重力。试求：

1）所需夹紧力为 $F_r=1000\text{N}$ 时，所需作用力 $\boldsymbol{F}_d$ 的大小；

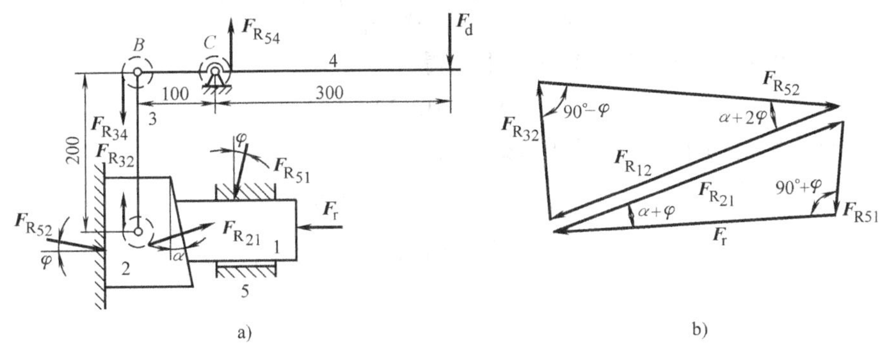

图 11-10　例 11-4 图

2）该夹紧机构在夹紧时的机械效率 η；

3）该夹紧机构能正常工作的条件。

解　1. 求作用力 $\boldsymbol{F}_d$ 的大小

先确定各运动副处总反力的作用线。由已知条件可求得各摩擦圆的半径 $\rho=f_v\dfrac{d}{2}=0.1\times\dfrac{16}{2}=0.8\text{mm}$，各摩擦角为 $\varphi=\arctan f=\arctan 0.1=5.711°$。作出摩擦圆如图 11-10a 中的虚线小圆。分析各构件在驱动力 $\boldsymbol{F}_d$ 作用下的运动情况，可作出各运动副处总反力 $\boldsymbol{F}_{R51}$，$\boldsymbol{F}_{R21}(\boldsymbol{F}_{R12})$，$\boldsymbol{F}_{R52}$，$\boldsymbol{F}_{R32}$，$\boldsymbol{F}_{R34}$，$\boldsymbol{F}_{R54}$ 的作用线如图 11-10a 所示。

然后，分别取楔块 1、2 和杠杆 4 为分离体，列出各构件的平衡条件：

楔块 1，　　$\boldsymbol{F}_r+\boldsymbol{F}_{R51}+\boldsymbol{F}_{R21}=0$

楔块 2，　　$\boldsymbol{F}_{R12}+\boldsymbol{F}_{R52}+\boldsymbol{F}_{R32}=0$

杠杆 4，　　$F_{R34}(100+2\rho)-F_d(300-\rho)=0$

根据上述方程式可作出力多边形如图 11-10b 所示。

由正弦定理得

$$F_r=\frac{F_{R21}\sin[90°-(\alpha+2\varphi)]}{\sin(90°+\varphi)}=\frac{F_{R21}\cos(\alpha+2\varphi)}{\cos\varphi}$$

及

$$F_{R32}=\frac{F_{R12}\sin(\alpha+2\varphi)}{\sin(90°-\varphi)}=\frac{F_{R12}\sin(\alpha+2\varphi)}{\cos\varphi}$$

因 $|\boldsymbol{F}_{R_{21}}| = |\boldsymbol{F}_{R_{12}}|$，所以可得

$$F_{R_{32}} = F_r \tan(\alpha + 2\varphi)$$

又构件 3 为二力杆，故 $|\boldsymbol{F}_{R_{32}}| = |\boldsymbol{F}_{R_{23}}| = |\boldsymbol{F}_{R_{43}}| = |\boldsymbol{F}_{R_{34}}|$，由此得

$$F_d = \frac{F_{R_{34}}(100 + 2\rho)}{300 - \rho} = \frac{100 + 2\rho}{300 - \rho} F_r \tan(\alpha + 2\varphi) \tag{a}$$

将 $\alpha = 6°$，$\rho = 0.8\text{mm}$，$\varphi = 5.711°$代入上式得

$$F_d = 107.3\text{N}$$

2. 求该夹紧机构在夹紧时的机械效率 η

在理想状态下，$f = 0$，$\varphi = 0$，$\rho = 0$，故理想驱动力为

$$F_{d_0} = \frac{1}{3} F_r \tan\alpha = \frac{1}{3} \times 1000 \times \tan 6° \text{N} = 35.03\text{N}$$

机械效率

$$\eta = \frac{F_{d_0}}{F_d} = \frac{35.03}{107.3} = 0.326$$

3. 夹紧机构能正常工作的条件

要使机构正常工作，应使机构在驱动力 $\boldsymbol{F}_d$ 作用下（正行程）不发生自锁，而在反行程，即夹紧力 $\boldsymbol{F}_r$ 为驱动力时应自锁。

正行程的效率

$$\eta = \frac{F_{d_0}}{F_d} = \frac{300 - \rho}{3(100 + 2\rho)} \frac{\tan\alpha}{\tan(\alpha + 2\varphi)}$$

由 $\eta > 0$，得 $\alpha < 90° - 2\varphi$。

在反行程时，阻力为 $\boldsymbol{F}_d'$，驱动力为 $\boldsymbol{F}_r$，由式（a）可得

$$F_d' = \frac{100 - 2\rho}{300 + \rho} F_r \tan(\alpha - 2\varphi) \tag{b}$$

令 $f = 0$，$\varphi = 0$，$\rho = 0$，故理想驱动力为

$$F_{d_0}' = \frac{1}{3} F_r \tan\alpha$$

反行程机械效率为

$$\eta' = \frac{F_d'}{F_{d_0}'} = \frac{3(100 - 2\rho)}{300 + \rho} \frac{\tan(\alpha - 2\varphi)}{\tan\alpha}$$

要求此行程自锁，即 $\eta' \leqslant 0$，由此可得 $\alpha \leqslant 2\varphi$。

综合正行程不自锁的条件 $\alpha <（90° - 2\varphi）$ 和反行程自锁条件 $\alpha \leqslant 2\varphi$，可得机构正常工作的条件为

$$\alpha \leqslant 2\varphi$$

思考题与练习题

11-1 一般机械运转过程分为哪三个阶段？在这三个阶段中，输入功、输出功、损耗功、动能及速度之间的关系各有什么特点？

11-2 对于变速稳定运转的机器，为何要按整个运动循环来计算其效率？而对于匀速稳定运转的机器，为何可以瞬时效率代替其效率？

11-3 自锁机械根本不能运动，这种说法对否？

11-4 如何从机械效率的观点去解释机械的自锁现象？从效率的观点分析，机械发生自锁的条件是什么？

11-5 串联机组和并联机组的机械效率各具有什么特点？由此启示，我们在设计机械传动系统时，应注意什么问题？

11-6 在图 11-11 所示的平面滑块机构中，若已知驱动力 $\boldsymbol{F}_d$ 和生产阻力 $\boldsymbol{F}_r$ 的作用方向和作用点 A 和 B（设此时滑块不会发生侧倾），以及滑块 1 的运动方向。运动副中的摩擦因数 f 和力 $\boldsymbol{F}_r$ 的大小均已确定。试求驱动力 $\boldsymbol{F}_d$ 的大小、此机构所组成的机器的机械效率 η 和机械自锁的条件。

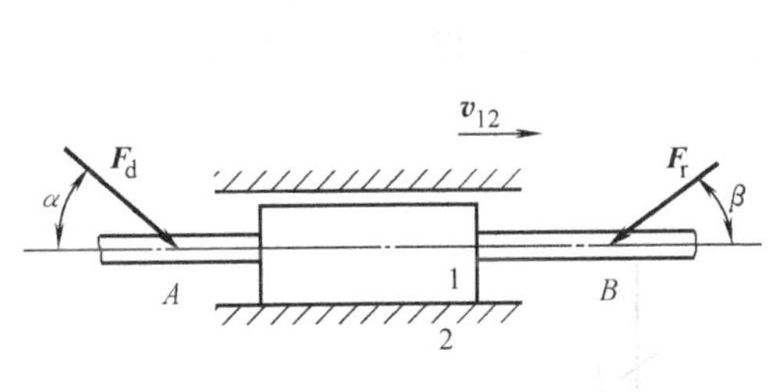

图 11-11 题 11-6 图

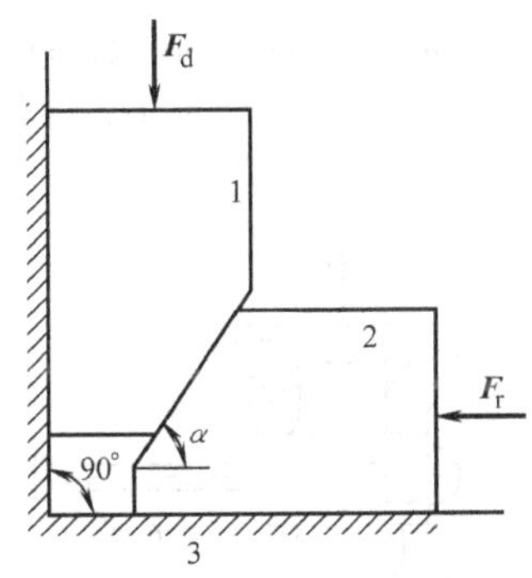

图 11-12 题 11-7 图

11-7 如图 11-12 所示斜面传动中，$\boldsymbol{F}_d$ 为主动力，$\boldsymbol{F}_r$ 为生产阻力，设各接触面之间的摩擦角 $\varphi = 10°$。试求：

1）力 $\boldsymbol{F}_d$ 与 $\boldsymbol{F}_r$ 之间的关系式，并求当 $\alpha = 75°$，$F_r = 100\text{N}$ 时所需的主动力 F_d；

2）该装置的机械效率 η；

3）斜面机构在力 $\boldsymbol{F}_d$ 作用下不自锁、而在力 $\boldsymbol{F}_r$ 作用下能自锁时 α 角的取值范围（α 角为锐角）。

11-8 图 11-13 所示为一斜面块压榨机，在力 $\boldsymbol{F}_d$ 作用下将物体 4 压紧，$\boldsymbol{F}_r$ 为被压榨物体 4 对滑块 3 的反作用力。λ 为滑块 2 上斜面的升程角。设各摩擦面的摩擦因数均为 f。求力 $\boldsymbol{F}_d$ 和 $\boldsymbol{F}_r$ 的关系和该压榨机的效率。又为了在不继续加力 $\boldsymbol{F}_d$ 时被压物体不致松开，升角 λ 的值应为若干？

11-9 图 11-14 所示为一减振器，已知力 $\boldsymbol{F}_d$、δ 角和各接触面的摩擦因数 f，求：

1）$\boldsymbol{F}_d$ 为驱动力时的力 $\boldsymbol{F}_r$ 和机械效率 η；

2）机械的自锁条件。

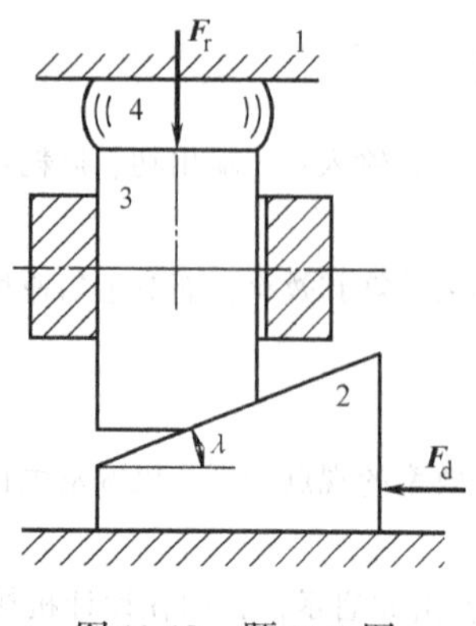

图 11-13　题 11-8 图

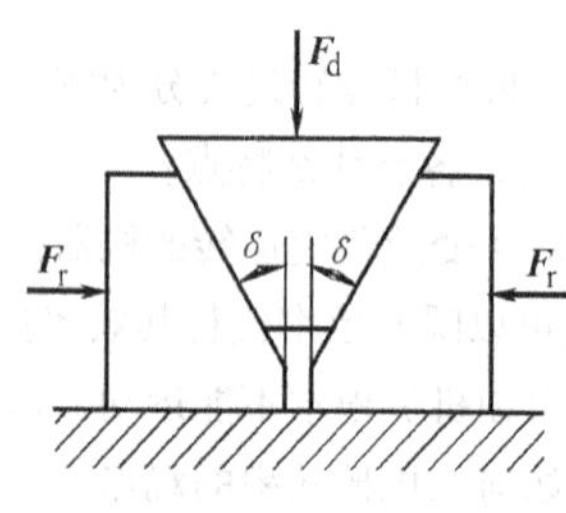

图 11-14　题 11-9 图

11-10　如图 11-15 所示的矩形螺纹千斤顶中，已知螺纹的外径 $d=24\text{mm}$，小径 $d_1=20\text{mm}$，螺距 $p=4\text{mm}$；顶头环形摩擦面的外直径 $d_W=50\text{mm}$，内直径 $d_N=42\text{mm}$，手柄长度 $l=300\text{mm}$；设全部摩擦面的摩擦因数均为 $f=0.1$。求该千斤顶的效率。又若 $F_d=100\text{N}$，求能举升的重力 $\boldsymbol{F}_r$ 为多少？

11-11　图 11-16 所示的双滑块机构中，滑块 1 在驱动力 $\boldsymbol{F}_d$ 作用下等速运动。设已知各转动副中轴颈半径 $r=10\text{mm}$，当量摩擦因数 $f_v=0.1$，移动副中的滑动摩擦因数 $f=0.077$，$l_{AB}=200\text{mm}$。各构件的重力略而不计。当 $F_d=500\text{N}$ 时，试求所能克服的生产阻力 $\boldsymbol{F}_r$ 的大小以及该机构在此瞬时位置的效率 η。

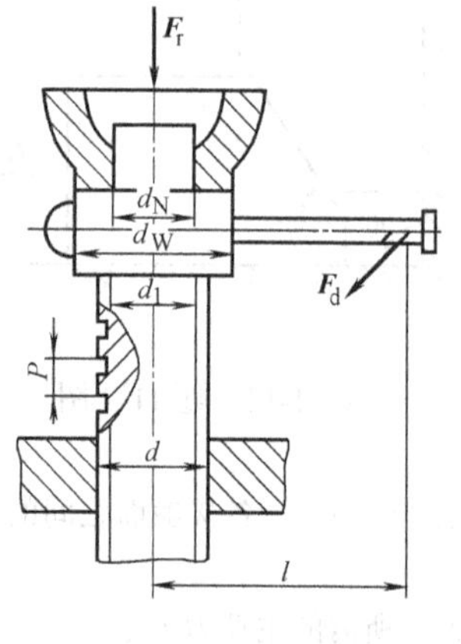

图 11-15　题 11-10 图

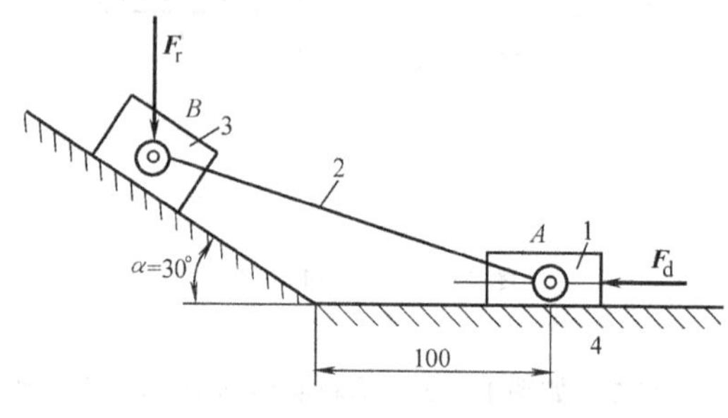

图 11-16　题 11-11 图

11-12　在图 11-17 所示的锁紧机构中，已知机构尺寸 l、b、d、a、α、β、δ 及各接触面间的摩擦因数均为 $f=0.2$。试求当工作面处需夹紧力 $\boldsymbol{F}_r$ 时，在杠杆上需加的力 $\boldsymbol{F}_d$、该机构的机械效率及自锁条件。

11-13　图 11-18 所示为一带式运输机，由电动机 1 经平带传动及一个两级齿轮减速器带动运输带 8。设已知运输带 8 所需的曳引力 $F_r=5500\text{N}$，运输速度 $v=1.2\text{m/s}$。平带传动（包括轴承）的效率 $\eta_1=0.95$，每对齿轮（包括轴承）的效率 $\eta_2=0.97$，运输带 8 的机械效率 $\eta_3=0.92$。试求该系统的总效率 η 及电动机所需的功率。

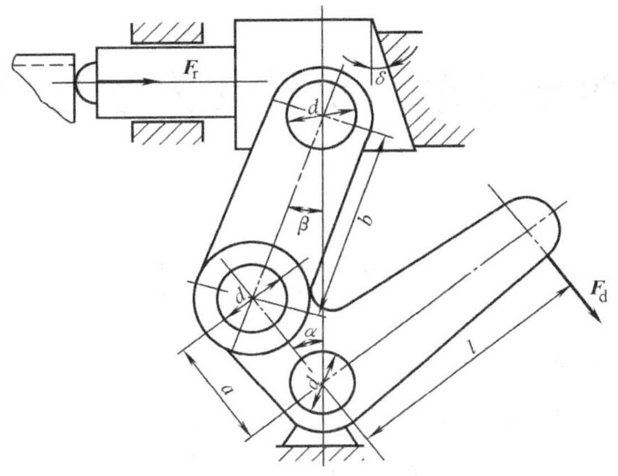

图 11-17 题 11-12 图

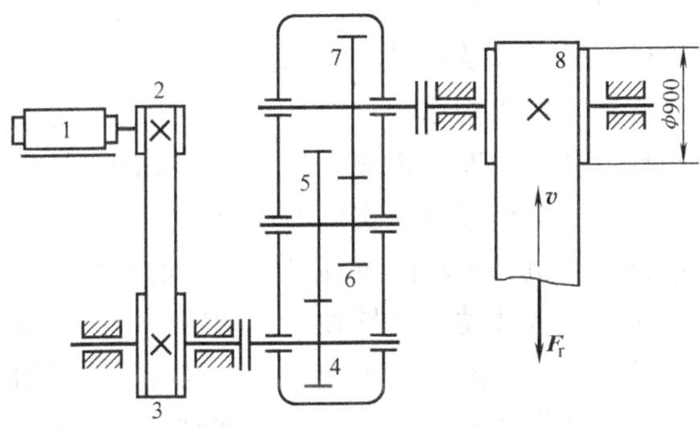

图 11-18 题 11-13 图

11-14 如图 11-19 所示，电动机通过 V 带传动及锥齿轮、圆柱齿轮传动带动两个工作机 A 和 B。设每对齿轮的效率 $\eta_1=0.97$（包括轴承的效率），带传动的效率 $\eta_3=0.92$，工作机 A、B 的功率分别为 $P_A=5\text{kW}$、$P_B=1\text{kW}$，效率分别为 $\eta_A=0.8$、$\eta_B=0.5$，试求所需电动机的功率。

11-15 在图 11-20 所示的滚柱传动机构中，已知其局部效率为 $\eta_{1,2}=0.95$，$\eta_{3,4}=\eta_{5,6}=\eta_{7,8}=\eta_{9,10}=0.93$，求该机构所组成的机器的总机械效率 η。

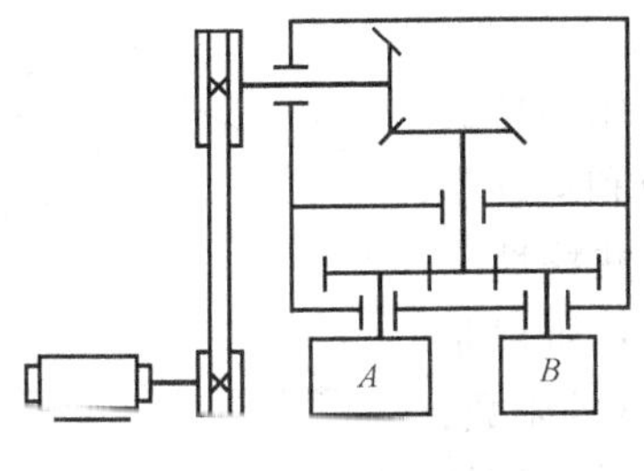

图 11-19 题 11-14 图

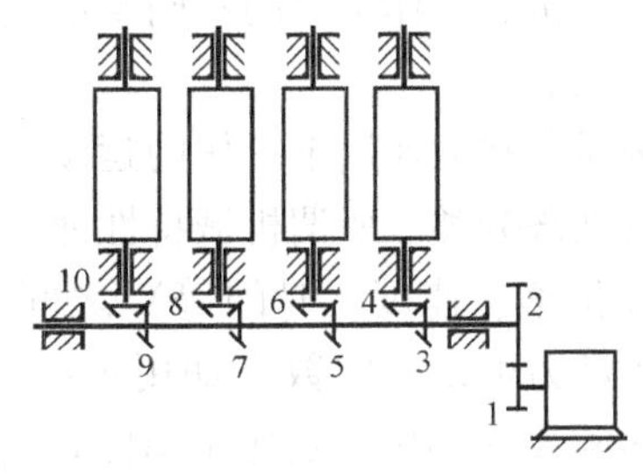

图 11-20 题 11-15 图

第十二章 机械动力学基础

第一节 概 述

一、本章研究的内容及目的

前面我们在研究机构的运动分析及力分析时，都假定其原动件的运动规律是已知的，而且一般假设原动件作等速运动。然而实际上机构原动件的运动规律是由各构件的质量、转动惯量和作用于其上的驱动力与阻抗力等因素决定的，因而在一般情况下，原动件的速度和加速度是随时间而变化的。因此，为了对机构进行精确的运动分析和力分析，譬如说为了研究机械运转过程及其平稳性和确定各构件在运动过程中所产生的实际惯性力的大小，就需要首先确定机构原动件的真实运动规律。这对于机械设计，特别是高速、重载、高精度和高自动化程度的机械，是十分重要的。所以，本章研究的主要问题之一，就是研究在外力作用下机械的真实运动规律。

此外，由第十一章介绍的机械运转的过程可知，在通常情况下，机械在稳定运转阶段会出现速度波动，而这种速度波动，会导致在运动副中产生附加的动压力，并引起机械的振动，从而降低机械的寿命、效率和工作质量。这就需要对机械运转速度的波动及其调节的方法加以研究，以便设法将机械运转速度波动的程度限制在许可的范围之内。所以，研究机械运转速度的波动及其调节的方法，乃是本章另一个主要的研究内容。

上面提出的两方面问题，概括了本章研究的主要内容及目的。

二、作用在机械上的驱动力和生产阻力

在研究上述问题时，必须知道作用在机械上的力及其变化规律。当构件的重力以及运动副中的摩擦力等可以忽略不计时，则作用在机械上的力将只有原动机发出的驱动力和执行构件完成有用功时所承受的生产阻力。这两种力是确定机构运动特性的基本力。它们随着机械工作情况的不同及所使用的原动机的不同是多种多样的。

为研究在力作用下机械的运动，我们可以把作用力按其机械特性来分类。所谓机械特性通常是指力或力矩和运动学参数（位移、速度、时间等）之间的关系。按机械特性来分，驱动力可以是常数（如用重锤作为驱动件时）；可以是位移的函数（如用弹簧作驱动件时）；还可以是速度的函数，如一般交流异步电动机的驱动力就是转速的函数，其机械特性曲线如图 12-1 所示。

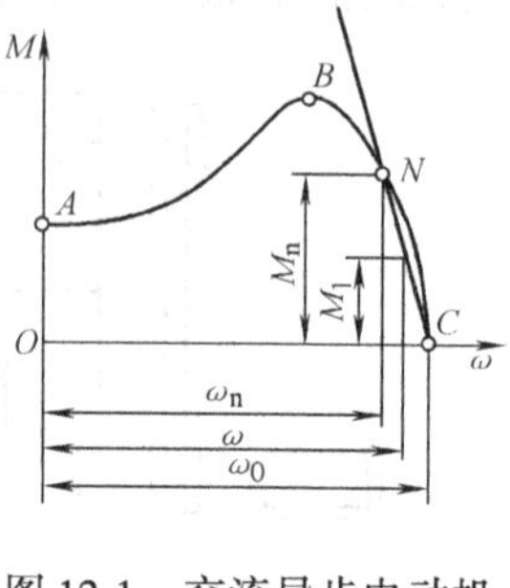

图 12-1 交流异步电动机的机械特性曲线

当用解析法研究机械在外力作用下的运动时，原动机发出的驱动力必须以解析式表达。为了简化计算，常将原动机的机械特性曲线用简单的代数多项式来近似地表示。如图 12-1 所示的交流异步电动机的机械特性曲线的 BC 部分，就常近似地以通过 N 点和 C 点的直线代替。N 点的转矩 M_n 为电动机的额定转矩，它所对应的角速度 ω_n 为电动机的额定角速度。C 点对应的角速度 ω_0 为同步角速度，这时电动机的转矩为零。而直线上任意一点所确定的驱动力矩 M_d，可用式（12-1）表示

$$M_d = M_n(\omega_0 - \omega)/(\omega_0 - \omega_n) \tag{12-1}$$

式中，M_n、ω_n、ω_0 可由电动机产品目录中查出。

除上述表达形式外，电动机的机械特性还可用其他形式近似表示，如抛物线形式等。对于其他类型的电动机也可用类似方法近似地写出其特性曲线方程。

至于机械执行构件所承受的生产阻力的变化规律，则取决于机械工艺过程的特点。按机械特性来分，生产阻力可以是常数（如起重机、车床等），可以是执行构件位置的函数（如曲柄压力机、活塞式压缩机等），可以是执行构件速度的函数（如鼓风机、离心泵等），也可以是时间的函数（如揉面机、球磨机等）。

驱动力和生产阻力的确定，涉及许多专业知识，已不属于本课程的范围。本章在讨论机械在外力作用下的运动问题时，认为外力是已知的。

第二节　机械等效动力学模型

一、等效动力学模型的建立

在平面机构中，只要知道了原动件的运动参数，就可确定该机构中各构件的运动。因此，要求解某机械的真实运动，只须求出其原动件的运动规律。

机械的运动，取决于作用在该机械中的力和力矩以及组成该机械的各构件的质量和转动惯量。为了研究其运动规律，比较简单的方法就是根据动能定理建立其运动方程式。如某机械在某一瞬时动能的增量为 dE，在该瞬时内作用于该机械的各外力所作的微功之和为 dW，于是根据动能定理，可列出该机械的运动方程

$$\mathrm{d}E = \mathrm{d}W \tag{12-2}$$

式（12-2）的计算涉及作用在机械上的力和力矩，以及众多的运动参数，直接应用它作机械的动力学研究将极为不便。但是，对于平面单自由度机械来说，由于描述它的运动规律只需要一个广义坐标，当其中某一构件的运动确定后，整个机械的运动也就确定，此时可以将整个机械的运动问题化为它的某一构件的运动问题来研究。为此，我们引用等效力和等效力矩以及等效质量和等效转动惯量的概念，以便建立单自由度机械的等效动力学模型。这个模型取为一个与机架以低副相联的构件。显然它亦是单自由度

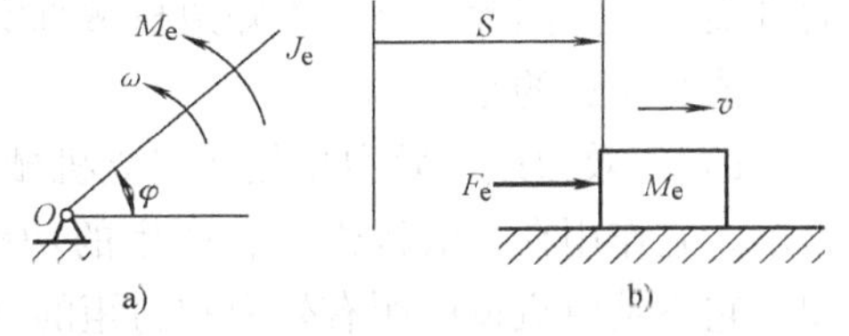

图 12-2　单自由度机械的等效动力学模型

的，该构件称为等效构件，如图 12-2 所示。通常总是选择根据其位置便于进行机械运动分析的构件为等效构件（如机械的原动件）。等效构件所具有的假想的质量或转动惯量称为等效质量或等效转动惯量，以 m_e 或 J_e 表示。等效质量所集中的点称为等效点。作用在等效构件上的假想力或力矩称为等效力或等效力矩，以 F_e 或 M_e 表示。等效力的作用点称为等效点。

等效替代的条件是必须使机械的运动不因这种替代而改变：任一瞬时，①等效构件所具有的动能应等于原机械所有运动构件所具有的动能之和；②等效力或等效力矩所作的瞬时功或所产生的瞬时功率应等于原机械所有被替代的外力和外力矩所作的瞬时功或所产生的瞬时功率之和。

二、等效力与等效力矩

根据上述等效动力学模型的等效条件 2）有

$$F_e v = \sum_{i=1}^{n} F_i v_i \cos\theta_i + \sum_{i=1}^{n} M_i \omega_i$$

$$M_e \omega = \sum_{i=1}^{n} F_i v_i \cos\theta_i + \sum_{i=1}^{n} M_i \omega_i$$

于是

$$F_e = \sum_{i=1}^{n} F_i \left(\frac{v_i}{v}\right)\cos\theta_i + \sum_{i=1}^{n} M_i \left(\frac{\omega_i}{v}\right) \tag{12-3}$$

$$M_e = \sum_{i=1}^{n} F_i \left(\frac{v_i}{\omega}\right)\cos\theta_i + \sum_{i=1}^{n} M_i \left(\frac{\omega_i}{\omega}\right) \tag{12-4}$$

式中，F_e、v 为等效力及等效力作用点的速度；M_e、ω 为等效力矩及等效构件的角速度；F_i、v_i 为作用在原机械中第 i 个构件上的外力及力作用点处的速度；M_i、ω_i 为作用在原机械中第 i 个构件上的外力矩及该构件的角速度；θ_i 为力 F_i 与速度 v_i 之间的夹角。

由式（12-3）及式（12-4）可知：

1）等效力及等效力矩与作用在原机械中的外力和外力矩以及速度比有关。由于外力和外力矩可以是常数、机械位置的函数、速度的函数、时间的函数，而速度比只取决于结构尺寸和机械的位置，不是常数就是机械位置的函数。所以等效力或等效力矩便可能是常数或几个变量的函数。

2）式中各个速度比与各活动构件的真实速度无关，只取决于结构尺寸与机械的位置。可用任意比例尺所画的速度多边形中的相当线段之比来表示，而不必知道各个速度的真实数值。因此，可在不知道机械真实运动的情况下求出等效力 F_e 或等效方矩 M_e。

值得注意的是：

1）等效力或等效力矩是在建立机械的等效动力学模型时引入的一个假想力或假想力矩。它作用在等效构件上，产生的功率等于原机械中所有外力和力矩产生的功率之和。它不是原机械中所有外力和力矩的合力或合力矩。

2）通常总是按已知的驱动力和阻力分别求出其等效驱动力 F_{ed} 或等效驱动力矩 M_{ed}

和等效阻力 F_{er}或等效阻力矩 M_{er}。前者的方向与等效点的速度（或等效构件的角速度）方向相同；而后者的方向与等效点的速度（或等效构件的角速度）方向相反。构件的重力视质心的升降有时是阻力，有时是驱动力，所以，可以把机械原动件的重力与驱动力合在一起，把机械执行构件的重力与生产阻力合在一起，分别求其等效力或等效力矩。

此时机械的等效力或等效力矩为

$$F_e = F_{ed} - F_{er} \tag{12-5}$$

$$M_e = M_{ed} - M_{er} \tag{12-6}$$

3）若将机械各构件的重力和等效构件角速度 $\omega = \omega_m =$ 常数时的各构件惯性力及惯性力矩与驱动力或生产阻力合在一起来求其等效力或等效力矩，则所得值便与机构的动态静力分析中的平衡力或平衡力矩大小相等而方向相反。

例 12-1　在图 12-3a 所示的内燃机推动发电机的机组中，已知机构的尺寸和位置，重力 $\boldsymbol{F}_{G2}$和 $\boldsymbol{F}_{G3}$，齿轮 5、6、7 和 8 的齿数 z_5、z_6、z_7 和 z_8，以及气体加于活塞上的压力 $\boldsymbol{F}_3$ 和发电机的阻力矩 M_8。设不计其余各构件的重力，求换算到构件 1 上的等效驱动力矩 M_{ed}、等效阻力矩 M_{er}和等效力矩 M_e。

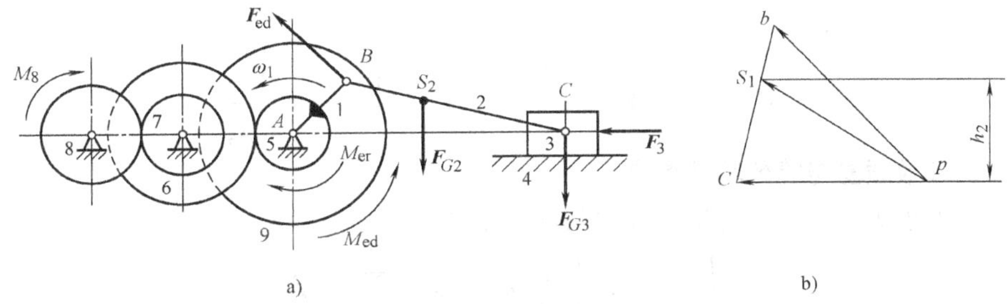

图 12-3　例 12-1 图

解　1. 求等效驱动力矩 M_{ed}

在本题中，我们将重力 $\boldsymbol{F}_{G2}$和 $\boldsymbol{F}_{G3}$与驱动力一并考虑。设 $\boldsymbol{F}_{ed}$是作用在点 B 且垂直于 AB 的等效驱动力，如图 12-3b 所示。任意假定曲柄 1 的角速度 ω_1，用任意比例尺作曲柄滑块机构 ABC 的速度多边形 $pbcs_2$，故由式（12-3）得

$$\begin{aligned} F_{ed} &= \sum_{i=1}^{n} F_i\left(\frac{v_i}{v}\right)\cos\theta_i + \sum_{i=1}^{n} M_i\left(\frac{\omega_i}{v}\right) \\ &= F_3\left(\frac{\overline{pc}}{\overline{pb}}\right) + F_{G2}\left(\frac{\overline{ps_2}}{\overline{pb}}\right)\cos\theta_2 + F_{G3}\left(\frac{\overline{pc}}{\overline{pb}}\right)\cos 90^\circ \\ &= F_3\left(\frac{\overline{pc}}{\overline{pb}}\right) - F_{G2}\left(\frac{h_2}{\overline{pb}}\right) = \frac{F_3\,\overline{pc} - F_{G2}h_2}{\overline{pb}} \end{aligned}$$

$$M_{ed} = F_{ed}l_{AB} = \frac{F_3\,\overline{pc} - F_{G2}h_2}{\overline{pb}}l_{AB}$$

或
$$M_{ed}=\sum_{i=1}^{n}F_i\left(\frac{v_i}{\omega}\right)\cos\theta_i+\sum_{i=1}^{n}M_i\left(\frac{\omega_i}{\omega}\right)$$
$$=F_3\left(\frac{\overline{pc}}{\overline{pb}}\right)l_{AB}+F_{G2}\left(\frac{\overline{ps_2}}{\overline{pb}}\right)l_{AB}\cos\theta_2+F_{G3}\left(\frac{\overline{pc}}{\overline{pb}}\right)l_{AB}\cos 90°$$
$$=F_3\left(\frac{\overline{pc}}{\overline{pb}}\right)l_{AB}-F_{G2}\left(\frac{h_2}{\overline{pb}}\right)l_{AB}=\frac{F_3\,\overline{pc}-F_{G2}h_2}{\overline{pb}}l_{AB}$$

其方向与 ω_1 相一致。

2. 求等效阻力矩 M_{er}

由于等效构件与阻力作用的构件间是齿轮机构，它们的速度比为常数，故由式（12-4）得

$$M_{er}=\sum_{i=1}^{n}F_i\left(\frac{v_i}{\omega}\right)\cos\theta_i+\sum_{i=1}^{n}M_i\left(\frac{\omega_i}{\omega}\right)=M_8\frac{\omega_8}{\omega_1}=M_8\frac{\omega_8}{\omega_5}=M_8\frac{z_5z_7}{z_6z_8}$$

其方向与 ω_1 相反。

3. 求等效力矩 M_e

由式（12-6）得

$$M_e=M_{ed}-M_{er}=\left(\frac{F_3\,\overline{pc}-F_{G2}h_2}{\overline{pb}}\right)l_{AB}-M_8\frac{z_5z_7}{z_6z_8}$$

三、等效质量与等效转动惯量

根据上述等效动力学模型的等效条件 1)，有

$$\frac{1}{2}m_ev^2=\frac{1}{2}\sum_{i=1}^{n}m_iv_{si}^2+\frac{1}{2}\sum_{i=1}^{n}J_{si}\omega_i^2$$
$$\frac{1}{2}J_e\omega^2=\frac{1}{2}\sum_{i=1}^{n}m_iv_{si}^2+\frac{1}{2}\sum_{i=1}^{n}J_{si}\omega_i^2$$

于是
$$m_e=\sum_{i=1}^{n}m_i\left(\frac{v_{si}}{v}\right)^2+\sum_{i=1}^{n}J_{si}\left(\frac{\omega_i}{v}\right)^2 \tag{12-7}$$
$$J_e=\sum_{i=1}^{n}m_i\left(\frac{v_{si}}{\omega}\right)^2+\sum_{i=1}^{n}J_{si}\left(\frac{\omega_i}{\omega}\right)^2 \tag{12-8}$$

式中，m_e、v 为等效质量及等效点的速度；J_e、ω 为等效转动惯量及等效构件的角速度；m_i 或 J_{si}为第 i 个构件的质量及其对质心轴的转动惯量；ω_i、v_{si}为第 i 个构件的角速度及其质心的速度。

由式（12-7）及式（12-8）可知：

1）等效质量或等效转动惯量与原机械中各活动构件的质量与转动惯量以及各速度比的平方有关。当机械中各活动构件的质量与转动惯量给定后，各活动构件的质量和转动惯量为定值。同时，各速度比只取决于结构尺寸和机械的位置。所以等效质量或等效转动惯量总是正值，且只是机构位置的函数。通常等效质量或等效转动惯量可能是常数

也可能是原机械位置的周期函数，其变化周期对应于一个运动循环。

2）式中各个速度比与各活动构件的真实速度无关，只取决于结构尺寸与位置。可用任意比例尺所画的速度多边形中的相当线段之比来表示，而不必知道各个速度的真实数值。因此，可在不知道机械真实运动的情况下求出等效质量 m_e 或等效转动惯量 J_e。

同样值得注意的是：

等效质量或等效转动惯量是在建立机械等效动力学模型时引入的等效构件所具有的一个假想的集中质量或转动惯量。它使等效构件在运动过程的每一瞬时所具有的动能都等于原机械中所有活动构件在同一瞬时所具有的动能之和，而不是机械中所有活动构件的质量或转动惯量的总和。所以在力分析中不能用等效质量或等效转动惯量来确定总惯性力或总惯性力矩。

例 12-2　在前例的机组中（图 12-3a），已知齿轮 5、6、7、8 和惯性轮 9 的转动惯量 J_5、J_6、J_7、J_8、和 J_9，各轮的齿数 z_5、z_6、z_7 和 z_8，曲柄 1 对于轴 A 的转动惯量 J_{1A}，连杆 2 对其质心 S_2 的转动惯量 J_{S_2}，连杆 2 的质量 m_2 和活塞 3 的质量 m_3，机构的位置和各构件的尺寸 l_{AB}、l_{BC}和 l_{BS2}。求该机组所有运动构件的质量和转动惯量换算到曲柄销 B 点的等效质量 m_e 和换算到曲柄 1 的等效转动惯量 J_e。

解　如图 12-3b 所示，用任意比例尺作该机组的曲柄滑块机构 ABC 的速度多边形 $pbcs_2$。由式（12-7）得换算到曲柄销 B 点的等效质量为：

$$
\begin{aligned}
m_e = & \sum_{i=1}^{n} m_i\left(\frac{v_{si}}{v}\right)^2 + \sum_{i=1}^{n} J_{si}\left(\frac{\omega_i}{v}\right)^2 = (J_{1A} + J_5 + J_9)\left(\frac{\omega_1}{v_B}\right)^2 + (J_6 + J_7)\left(\frac{\omega_6}{v_B}\right)^2 \\
& + J_8\left(\frac{\omega_8}{v_B}\right)^2 + m^2\left(\frac{v_{S_2}}{v_B}\right)^2 + J_{S_2}\left(\frac{\omega_2}{v_B}\right)^2 + m_3\left(\frac{v_C}{v_B}\right)^2 \\
= & (J_{1A} + J_5 + J_9)\left(\frac{1}{l_{AB}}\right)^2 + (J_6 + J_7)\left(\frac{i_{61}}{l_{AB}}\right)^2 + J_8\left(\frac{i_{81}}{l_{AB}}\right)^2 \\
& + m_2\left(\frac{\overline{ps_2}}{\overline{pb}}\right)^2 + J_{3_2}\left(\frac{\overline{bc}}{l_{BC}\overline{pb}}\right)^2 + m^3\left(\frac{\overline{pc}}{\overline{pb}}\right)^2
\end{aligned}
$$

式中，$i_{61} = \dfrac{\omega_6}{\omega_1} = \dfrac{\omega_6}{\omega_5} = -\dfrac{z_5}{z_6}$；$i_{81} = \dfrac{\omega_8}{\omega_1} = \dfrac{\omega_8}{\omega_5} = \dfrac{z_5 z_7}{z_6 z_8}$

由式（12-8）得换算到曲柄 1 的等效转动惯量为：

$$
\begin{aligned}
J_e = & \sum_{i=1}^{n} m_i\left(\frac{v_{si}}{\omega}\right)^2 + \sum_{i=1}^{n} J_{si}\left(\frac{\omega_i}{\omega}\right)^2 = (J_{1A} + J_5 + J_9)\left(\frac{\omega_1}{\omega_1}\right)^2 + (J_6 + J_7)\left(\frac{\omega_6}{\omega_1}\right)^2 \\
& + J_8\left(\frac{\omega_8}{\omega_1}\right)^2 + m^2\left(\frac{v_{S_2}}{\omega_1}\right)^2 + J_{S_2}\left(\frac{\omega_2}{\omega_1}\right)^2 + m_3\left(\frac{v_C}{\omega_1}\right)^2 \\
= & (J_{1A} + J_5 + J_9) + (J_6 + J_7)i_{61}^2 + J_8 i_{81}^2 \\
& + m_2\left(\frac{l_{AB}\overline{ps_2}}{\overline{pb}}\right)^2 + J_{S_2}\left(\frac{l_{AB}\overline{bc}}{l_{BC}\overline{pb}}\right)^2 + m_3\left(\frac{l_{AB}\overline{pc}}{\overline{pb}}\right)^2
\end{aligned}
$$

也可采用下述方法求解换算到曲柄 1 的等效转动惯量：

$$\begin{aligned} J_e &= m_e l_{AB}^2 = (J_{1A}+J_5+J_9)+(J_6+J_7)i_{61}^2+J_8 i_{81}^2 \\ &\quad + m_2\left(\frac{l_{AB}\overline{ps_2}}{\overline{pb}}\right)^2 + J_{S_2}\left(\frac{l_{AB}\overline{bc}}{l_{BC}\overline{pb}}\right)^2 + m_3\left(\frac{l_{AB}\overline{pc}}{\overline{pb}}\right)^2 \\ &= J_F + J_O + J_V \end{aligned}$$

式中，$J_F = J_9$（为惯性轮的等效转动惯量，其值恒定不变）；

$J_O = J_{1A}+J_5+$（J_6+J_7）$i_{61}^2+J_8 i_{81}^2$（为等效构件 1 及与它有定传动比的各构件 5、6、7 及 8 的等效转动惯量，它的值也恒定不变）；

$J_V = m_2\left(\frac{l_{AB}\overline{ps_2}}{\overline{pb}}\right)^2 + J_{S_2}\left(\frac{l_{AB}\overline{bc}}{l_{BC}\overline{pb}}\right)^2 + m^3\left(\frac{l_{AB}\overline{pc}}{\overline{pb}}\right)^2$（为该机组其余构件即与等效构件 1 有变传动比的各构件的等效转动惯量，其值是机构位置的函数）。

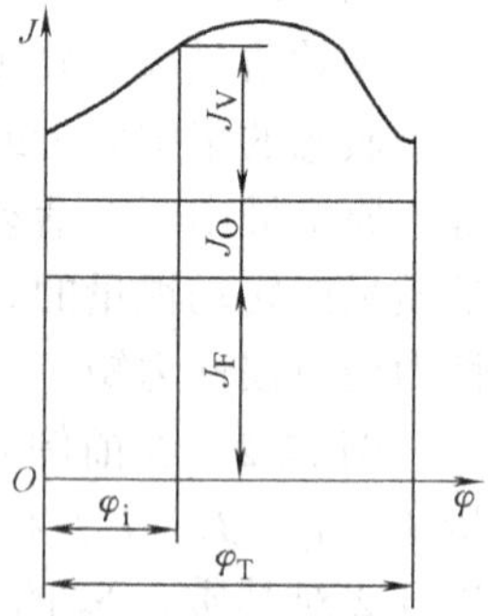

图 12-4　等效转动惯量 J_e 的变化曲线

图 12-4 所示为一个运动循环中该机组的等效转动惯量 J_e 随等效构件 1 的转角 φ 而变化的曲线。

第三节　机械的运动方程及其求解

一、机械的运动方程

求解机械的真实运动规律，首先必须列出机械的运动方程。如上所述，由于平面单自由度机械的动力特性等价于其等效动力学模型，为此，研究机械的运动规律问题就简化为研究等效构件的运动规律问题。

以图 12-2a 所示的等效动力学模型为例，根据动能定理，其微分形式的运动方程为

$$\mathrm{d}\left(\frac{1}{2}J_e\omega_2\right) = M_e\mathrm{d}\varphi \tag{12-9}$$

将上式积分即可得积分形式的运动方程

$$\frac{1}{2}J_e\omega^2 - \frac{1}{2}J_{e0}\omega_0^2 = \int_{\varphi_0}^{\varphi} M_e\mathrm{d}\varphi \tag{12-10}$$

式中，φ_0、ω_0 和 φ、ω 为等效构件的转角和角速度的初始值和末了值；J_{e0}、J_e 为等效构件的转角为 φ_0、φ 时的等效转动惯量。

式（12-9）和式（12-10）均为能量形式的运动方程。此外，还可从式（12-9）导出力矩形式的运动方程 $\frac{\mathrm{d}\left(\frac{1}{2J_e}\omega^2\right)}{\mathrm{d}\varphi} = M_e$

即
$$J_e\frac{\mathrm{d}\left(\frac{1}{2}\omega^2\right)}{\mathrm{d}\varphi}+\frac{1}{2}\omega_2\frac{\mathrm{d}J_e}{\mathrm{d}\varphi}=M_e$$

整理，得
$$J_e\frac{\mathrm{d}\omega}{\mathrm{d}t}+\frac{1}{2}\omega_2\frac{\mathrm{d}J_e}{\mathrm{d}\varphi}=M_e \tag{12-11}$$

同理，若等效构件为滑块时，可得各种形式的运动方程。

微分形式的动能方程
$$\mathrm{d}\left(\frac{1}{2}m_e v^2\right)=F_e\mathrm{d}s \tag{12-12}$$

积分形式的动能方程
$$\frac{1}{2}m_e v^2-\frac{1}{2}m_{e0}v_0^2=\int_{s0}^{s}F_e\mathrm{d}s \tag{12-13}$$

式中，s_0、v_0 和 s、v 分别为等效构件的位移和速度的初始值和末了值；m_{e0}、m_e 为等效构件的位移为 s_0、s 时的等效质量。

力形式的运动方程
$$m_e\frac{\mathrm{d}v}{\mathrm{d}t}+\frac{1}{2}v^2\frac{\mathrm{d}m_e}{\mathrm{d}s}=F_e \tag{12-14}$$

二、运动方程的求解

一般来说，等效转动惯量可能是常数也可能是机械原动件位置的函数；而等效力矩或是机械原动件位置的函数，或是速度的函数。因此，运动方程的求解可根据不同的情况采用图解法、解析法及数值计算法。

1. 等效力矩和等效转动惯量均为常数

由于等效转动惯量为常数，则$\frac{\mathrm{d}J_e}{\mathrm{d}\varphi}=0$，式（12-11）可写成
$$J_e\frac{\mathrm{d}\omega}{\mathrm{d}t}=M_e \tag{12-15}$$

或
$$\frac{\mathrm{d}\omega}{\mathrm{d}t}=\frac{M_e}{J_e}=\alpha \quad （为常数）$$

解之，得：$\omega=\omega_0+\alpha t \quad \varphi=\varphi_0+\omega t+\frac{1}{2}\alpha t^2$

式中，φ_0、ω_0 为等效构件起始位置的角位移和角速度；α 为等效构件的角加速度。

这类问题常见于恒定载荷作用的齿轮传动或机械制动过程中。

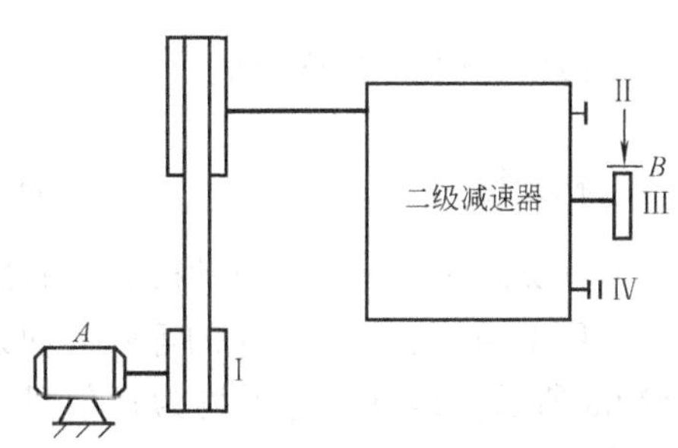

图 12-5　例 12-3 图

例 12-3　图 12-5 所示为某机械的传动系统。它由电动机 A 驱动，经由一带传动和二级齿轮减速器将动力传至输出轴Ⅳ，其制动器 B 安装

在轴Ⅲ上。已知电动机的转速为1420r/min，轴间传动比分别为 $i_{12}=2.5$、$i_{23}=4.5$、$i_{34}=3$；各轴系的转动惯量（单位 kgm²）分别为 $J_1=0.15$、$J_2=0.5$、$J_3=0.24$、$J_4=0.3$，制动器 B 的转动惯量 $J_B=0.15$；当切断电动机的电源后，要求在不到2s 的时间内使该传动系统停止运转。所需的制动力矩 M_r 为多大？

解 选取制动器 B 所在轴系为等效构件，其角速度 ω_3 为

$$\omega_3=\frac{\omega_1}{i_{12}i_{23}}=\frac{2\pi n_1}{60}\cdot\frac{1}{i_{12}i_{23}}=\frac{2\pi\times1420}{60}\times\frac{1}{2.5\times4.5}\ \text{rad/s}=13.218\ \text{rad/s}$$

由式（12-8）求得其等效转动惯量

$$\begin{aligned}J_e&=J_1\left(\frac{\omega_1}{\omega_3}\right)^2+J_2\left(\frac{\omega_2}{\omega_3}\right)^2+(J_3+J_B)\left(\frac{\omega_3}{\omega_3}\right)^2+J_4\left(\frac{\omega_4}{\omega_3}\right)^2\\&=0.15\times(2.5\times4.5)^2+0.5\times4.5^2+0.24+0.15+0.3\times(1/3)^2\ \text{kgm}^2\\&=29.533\ \text{kgm}^2\end{aligned}$$

等效构件的角加速度 α 为

$$\alpha=\frac{0-\omega_3}{t}=\frac{-13.218}{2}\ \text{rad/s}^2=-6.609\ \text{rad/s}^2$$

所需制动力矩 $M_r=J_e\alpha=29.533\times(-6.609)\ \text{Nm}=-195.183\ \text{Nm}$

本题中，若将制动器 B 安装在轴Ⅱ上，结果又会如何？该系统制动器的安装位置是否恰当？

2. 等效力矩是速度的函数，等效转动惯量是常数

由式（12-15）分离变量后得 $\mathrm{d}t=\dfrac{J_e}{M_e(\omega)}\mathrm{d}\omega$

积分得

$$t=t_0+J_e\int_{\omega_0}^{\omega}\frac{1}{M_e(\omega)}\mathrm{d}\omega \tag{12-16}$$

式中，ω_0 为等效构件起始位置的角速度。

由上式解出 $\omega=\omega(t)$ 以后，即可以求得角加速度 $\alpha=\mathrm{d}\omega/\mathrm{d}t$。

欲求 $\varphi=\varphi(t)$ 时，可利用关系式 $\mathrm{d}\varphi=\omega\mathrm{d}t$，积分得 $\varphi=\varphi_0+\int_0^l\omega(t)\mathrm{d}t$

或由式(12-15)变换成

$$\mathrm{d}\varphi=\frac{J_e\omega}{M_e(\omega)}\mathrm{d}\omega$$

积分得

$$\varphi=\varphi_0+J_e\int_{\omega_0}^{\omega}\frac{\omega}{M_e(\omega)}\mathrm{d}\omega$$

这类问题常见于用电动机驱动的鼓风机、搅拌机、离心泵之类的机械。

例12-4 已知某机械的等效驱动力矩 $M_{ed}=a-b\omega$，等效阻抗力矩 M_{er} 为常数，如图12-6a 所示，其中，a、b 均为正值且为常数。若该机械的等效转动惯量 J_e 也为常数，试求该机械的运动规律。

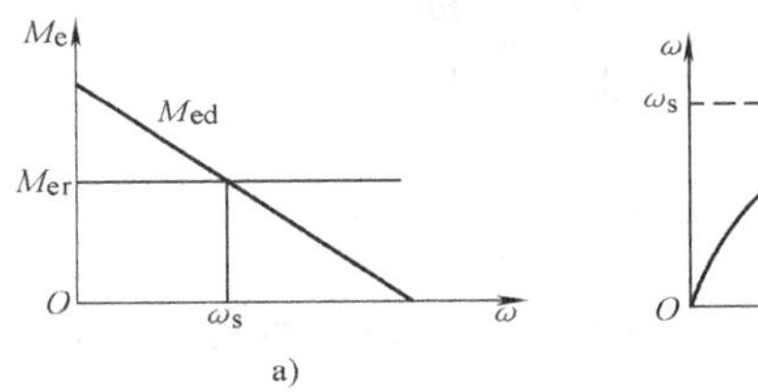

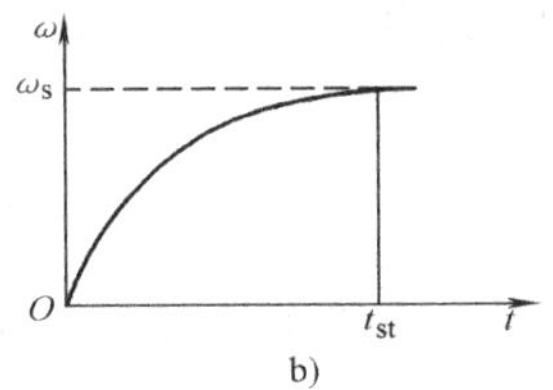

图 12-6　例 12-4 图

解　该机械从静止开始起动，随着转速的上升，驱动力矩下降。当驱动力矩与阻抗力矩相等时，该机械进入稳定运转阶段，且是等速运转。设这时等效构件对应的转速为 ω_s，则 $M_{ed}=a-b\omega_s=M_{er}$，于是得

$$\omega_s=\frac{a-M_{er}}{b}$$

对于该机械，确定运动规律的主要目的是探讨它的起动过程。由上式可知

$$b=\frac{a-M_{er}}{\omega_s}$$

于是，等效力矩：

$$M_e=M_{ed}-M_{er}=(a-M_{er})\left(1-\frac{\omega}{\omega_s}\right)$$

由式（12-16）得

$$t=J_e\int_0^{\omega}\frac{1}{(a-M_{er})\left(1-\frac{\omega}{\omega_s}\right)}\mathrm{d}\omega$$

解得

$$\omega=\omega_s\left(1-e^{-\frac{a-M_{er}}{J_e\omega_s}t}\right)$$

该机械的运动曲线如图 12-6b 所示，反映了机械的起动过程。当 $t\to\infty$ 时，$\omega\to\omega_s$，即机械由起动到稳定运转是一个无限趋近的过程。为了判断起动时间的长短，一般认为当机械的运转速度达到 ω_s 的某一百分比，如 95% 时，机械即进入稳定运转阶段，相应所需的时间 t_{st} 即为起动时间。

由 $\frac{\omega}{\omega_s}=1-e^{-\frac{a-M_{er}}{J_e\omega_s}t_{st}}=0.95$，得　$t_{st}\approx\frac{3J_e\omega_s}{a-M_{er}}$

起动过程的角加速度为：　$\alpha=\frac{\mathrm{d}\omega}{\mathrm{d}t}=\frac{a-M_{er}}{J_e}e^{-\frac{a-M_{er}}{J_e\omega_s}t}$

3. 等效力矩和等效转动惯量均为机构位置的函数

这类问题采用积分形式的运动方程求解较为方便，式（12-10）经变换得

$$\omega=\sqrt{\frac{2}{J_e}\int_{\varphi_0}^{\varphi}M_e\mathrm{d}\varphi+\frac{J_{e0}}{J_e}\omega_0^2}$$

等效构件的角加速度 $\alpha = \frac{d\omega}{dt} = \omega \frac{d\omega}{d\varphi}$

机械运动时间 $t = t_0 + \int_{\varphi_0}^{\varphi} \frac{1}{\omega(\varphi)} d\varphi$

当等效力矩不是一个简单的可积函数表达式，甚至不能以解析式表达时，可采用数值解法求解。

这类问题常见于内燃机驱动的含有连杆机构的机械系统等场合。

4. 等效力矩是机构位置和速度的函数，等效转动惯量是机构位置的函数

这类问题常见于电动机驱动的冲床、刨床、插床等含有连杆机构的机械。在这些机械中，电动机的驱动力矩是速度的函数，而工作机的工作阻力则为机构位置的函数，因而等效力矩是机构位置和速度的函数；等效转动惯量由于该机械中含有速度比不为常数的构件，成为机构位置的函数。

这种情况可按式（12-9）列出其运动方程式

$$d\left[\frac{1}{2}J_e(\varphi)\omega^2\right] = M_e(\varphi,\omega)d\varphi$$

这是一个非线性微分方程,通常难以求出其解析解。下面介绍一种简单的数值解法。

首先,我们来构造一个适宜于数值解的迭代计算公式。为此,将一个运动循环的转角 φ 进行 n 等分,每份 $\Delta\varphi = \varphi_{i+1} - \varphi_i (i=0,1,2,\cdots,n)$,并将上式展开:

$$\frac{1}{2}\omega^2 dJ_e(\varphi) + J_e(\varphi)\omega d\omega = M_e(\varphi,\omega)d\varphi \tag{12-17}$$

用差分代替微分：

$$d\varphi = \Delta\varphi = \varphi_{i+1} - \varphi_i,$$

$$d\omega = \Delta\omega = \omega_{i+1} - \omega_i = \omega(\varphi_{i+1}) - \omega(\varphi_i),$$

$$dJ_e(\varphi) = \Delta J_e(\varphi) = J_{e,i+1} - J_{e,i} = J_e(\varphi_{i+1}) - J_e(\varphi_i)$$

代入式(12-17)得

$$\frac{1}{2}\omega_i^2(J_{e,i+1} - J_{e,i}) + J_{e,i}\,\omega_i(\omega_{i+1} - \omega_i) = M_e(\varphi_i,\omega_i)\Delta\varphi$$

整理得

$$\omega_{i+1} = \frac{M_e(\varphi_i,\omega_i)}{J_{e,i}\,\omega_i}\Delta\varphi + \frac{3J_{e,i} - J_{e,i+1}}{2J_{e,i}}\omega_i$$

采用上式进行迭代计算时，首先须选定初值 ω_0，然后按一定的转角步长 $\Delta\varphi$ 计算出一个运动循环中各等分点的 ω_i，最后进行收敛判别，即应使一个运动循环的终值 ω_n 和初值 ω_0 相等。否则，应重新选定 ω_0 重复上述运算，直至收敛。

用数值解法求解机械运动方程时，通常都要构造一个迭代计算公式，迭代算式的不同，决定了其计算工作量以及计算结果的精度的不同。究竟选用何种方法，读者可参考有关的书籍。例如，用四阶龙格——库塔法求解此类方程，就可得到较高精度的数值解。

第四节　机械周期性速度波动的调节方法和设计指标

一、周期性速度波动产生的原因

在第十一章中我们知道，继起动阶段之后，机械进入稳定运转阶段。通常这时机械主轴的角速度是围绕某一平均角速度 ω_m 作周期性波动，即所谓周期性变速稳定运转。下面以等效力矩和等效转动惯量为机构位置函数的情况为例分析其原因。

通常，作用在机械上的驱动力矩和阻抗力矩是机械主轴的转角 φ 的周期性函数，因而其等效驱动力矩 M_{ed} 与等效阻抗力矩 M_{er} 必然也是等效构件转角 φ 的周期性函数。由于等效转动惯量 J_e 也是等效构件转角 φ 的周期性函数，所以必然能找到它们的公共周期角 φ_T（即一个运动循环所对应的转角）。例如，某机械中若 M_{ed} 的变化周期角为 4π，M_{er} 的变化周期角是 3π，J_e 的变化周期角为 2π，则其公共周期角为 12π，在该公共周期角的始末，等效力矩与等效转动惯量的值均应分别相同。

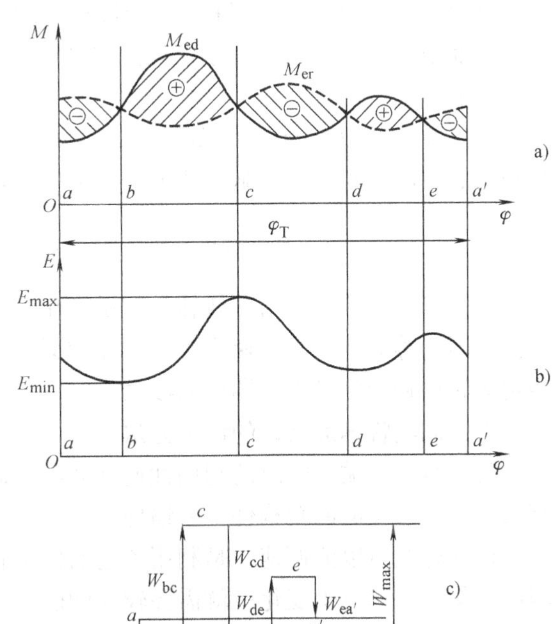

图 12-7　等效力矩、动能的变化曲线及能量指示图

如图 12-7a 所示为某一机械在稳定运转过程中，其等效构件在一个周期角 φ_T 中所受等效驱动力矩 $M_{ed}(\varphi)$ 与等效阻抗力矩 $M_{er}(\varphi)$ 的变化曲线，其比例尺分别为 μ_M(N · m/mm)，μ_φ(rad/mm)。在等效构件回转过 φ 角时（设起始位置为 φ_a），其驱动功与阻抗功分别为

$$W_d(\varphi) = \int_{\varphi_\alpha}^{\varphi} M_{ed}(\varphi)\mathrm{d}\varphi \tag{12-18}$$

$$W_r(\varphi) = \int_{\varphi_\alpha}^{\varphi} M_{er}(\varphi)\mathrm{d}\varphi \tag{12-19}$$

机械动能的增量为

$$\begin{aligned}\Delta E &= E(\varphi) - E(\varphi_a) = W_d(\varphi) - W_r(\varphi) = \int_{\varphi_0}^{\varphi}[M_{ed}(\varphi) - M_{er}(\varphi)]\mathrm{d}\varphi \\ &= \frac{1}{2}J_e(\varphi)\omega^2(\varphi) - \frac{1}{2}J_{ea}\omega_a^2\end{aligned} \tag{12-20}$$

由上式计算得到的机械动能 $E(\varphi)$ 的变化曲线如图 12-7b 所示。

分析图 12-7a 可以看出，当机械运转在 bc 段时，由于力矩 $M_{ed}>M_{er}$，因而驱动功大于阻抗功，其差值为正，在图中以“+”号标识，称之为盈功（等于 bc 段 M_{ed}、M_{er} 两曲线所包围的面积），这时机械的动能增加，等效构件的角速度因动能的增加而上升；反之，当机械运转在 cd 段时，由于 $M_{ed}<M_{er}$，因而驱动功小于阻抗功，其差值为负，在图中以“-”号标识，称之为亏功（等于 cd 段 M_{ed}、M_{er} 两曲线所包围的面积），这时机械的动能减小，等效构件的角速度因动能的减少而下降。显然，在周期角 φ_T 内的任一区段，由于驱动功与阻抗功并不相等，而等效转动惯量又不能正好发生相应的变化，因而引起机械的动能发生变化，使机械的运转角速度产生波动。这就是机械产生速度波动的原因。

如果在等效力矩 M_e 和等效转动惯量 J_e 变化的公共周期内，即图中对应于等效构件转角由 φ_a 到 $\varphi_{a'}$ 的一段，驱动功等于阻抗功，则机械动能的增量等于零，即

$$\int_{\varphi_a}^{\varphi_{a'}}[M_{ed}(\varphi)-M_{er}(\varphi)]\mathrm{d}\varphi=\frac{1}{2}J_{ea'}\omega_{a'}^2-\frac{1}{2}J_{ea}\omega_a^2=0$$

于是经过等效力矩与等效转动惯量变化的一个公共周期，机械的动能又恢复到原来的值，因而等效构件的角速度也将恢复到原来的数值。由此可知，等效构件的角速度在稳定运转过程中将呈现周期性的波动。

二、周期性速度波动的调节方法

为了减少机械运转时的周期性速度波动，通常所采用的方法是在机械中安装一个具有很大转动惯量的回转构件——惯性轮。

惯性轮之所以能调速，是利用了它的储能作用。由于惯性轮具有很大的转动惯量，因而要使其转速发生变化，就需要较大的能量。当机械出现盈功时，惯性轮可以以动能的形式将多余的能量吸收储存起来，从而使主轴的角速度上升的幅度减小；而当机械出现亏功时，惯性轮又可将其储存的能量释放，以弥补能量的不足，从而使主轴的角速度下降的幅度减小。因此在盈亏功相对有限的条件下，惯性轮的速度波动幅度不会很大，也就使机械的速度波动得到了限制。

在这一过程中，惯性轮实质上是一个能量储存器，它以动能的形式自发地按需要把能量储存或释放出来。由于惯性轮的转动惯量相当大，其角速度的微小升降即可调节机械较大的能量增减，这就是惯性轮的调速原理。惯性玩具小汽车就利用了惯性轮的这种功能。

此外，一些机械（如锻压机械、破碎机、冲压机、轧钢机等）在一个工作周期中，工作时间很短，而峰值载荷很大，但在工艺上对运转不均匀程度要求不高。如安装惯性轮后，可以利用惯性轮在机械非工作时间所储存的动能来克服其尖峰载荷，从而可以选用功率较小的原动机来拖动，进而达到减少投资及降低能耗的目的。较新的应用研究有：利用惯性轮在汽车制动时吸收能量和在汽车起动时释放能量以节能；为太阳能及风能发电装置充当能量平衡器（储能器）等。所以机械安装惯性轮后不仅可以调速，而

且可以降低能耗。

三、周期性速度波动调节的设计指标

为了对机械稳定运转过程中出现的周期性速度波动进行分析并设计惯性轮，首先应确定设计指标。

图 12-8 所示为在一个周期内等效构件角速度的变化曲线，其平均角速度 ω_m 在工程实际中常用其算术平均值来表示，即

$$\omega_m = (\omega_{max} + \omega_{min})/2 \tag{12-21}$$

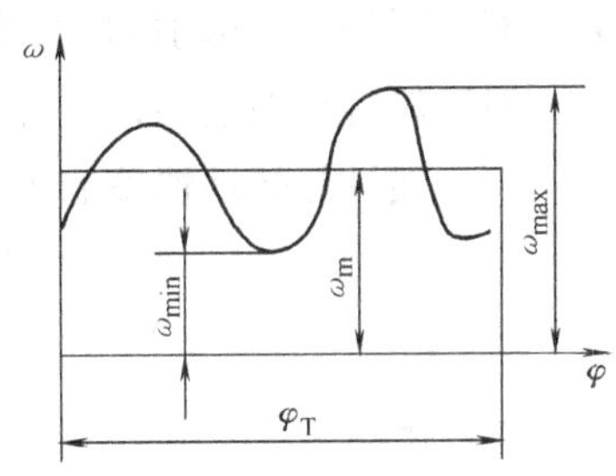

图 12-8　描述周期性速度波动的参数

机械速度波动的程度不能仅用速度变化的幅度($\omega_{max} - \omega_{min}$)来表示。这是因为当($\omega_{max} - \omega_{min}$)一定时，对低速机械和对高速机械其变化的相对百分比显然是不同的。因此，平均角速度 ω_m 也是一个重要指标。综合考虑这两方面的因素，可以用机械运转速度不均匀系数来表示机械速度波动的程度。其定义为角速度波动的幅度($\omega_{max} - \omega_{min}$)与平均角速度 ω_m 之比，即

$$\delta = (\omega_{max} - \omega_{min})/\omega_m \tag{12-22}$$

若已知 ω_m 和 δ，根据式(12-21)、(12-22)即得

$$\omega_{max} = \omega_m(1 + \delta/2) \tag{12-23}$$

$$\omega_{min} = \omega_m(1 - \delta/2) \tag{12-24}$$

$$\omega_{max}^2 - \omega_{min}^2 = 2\delta\omega_m^2 \tag{12-25}$$

不同类型的机械，对速度不均匀系数 δ 大小的要求是不同的。表 12-1 中列出了一些常用机械速度不均匀系数的许用值 [δ]，供设计时参考。

表 12-1　常用机械运转速度不均匀系数的许用值 [δ]

机械的名称	[δ]	机械的名称	[δ]
破碎机	1/5 ~ 1/20	纺纱机	1/60 ~ 1/100
冲、剪、锻床	1/7 ~ 1/20	船用发动机	1/20 ~ 1/150
泵	1/5 ~ 1/30	压缩机	1/50 ~ 1/100
轧钢机	1/10 ~ 1/25	内燃机	1/80 ~ 1/150
农业机械	1/5 ~ 1/50	直流发电机	1/100 ~ 1/200
织布、印刷、制粉机	1/10 ~ 1/50	交流发电机	1/200 ~ 1/300
金属切削机床	1/20 ~ 1/50	航空发动机	< 1/200
汽车、拖拉机	1/20 ~ 1/60	汽轮发电机	< 1/200

为使所设计机械在运转过程中速度波动程度限制在许可范围内，应满足如下条件：

$$\delta \leqslant [\delta] \tag{12-26}$$

第五节　惯性轮设计

惯性轮的设计，首先需要根据机械的调速要求，选择适当的速度不均匀系数的许用值［δ］来计算其转动惯量并确定安装位置，然后再设计其结构。

惯性轮转动惯量的计算方法很多，下面介绍一种近似的简易计算法。

一、惯性轮转动惯量的近似计算——简易计算法

由例 12-2 可知，机械的等效转动惯量 J_e 一般由常量 J_O 和变量 J_V 两部分组成，即 $J_e = J_O + J_V$。当在等效构件上安装了一转动惯量为 J_F 的惯性轮后，机械的等效转动惯量 $J_e = J_F + J_O + J_V$。由于一般 $J_V \ll J_F$，所以在近似计算中可略去不计，即认为机械的等效转动惯量 $J_e = J_F + J_O$。

由式（12-20）可得机械在任一位置的动能

$$E(\varphi) = \frac{1}{2}(J_F + J_O)\omega^2(\varphi) = E(\varphi_a) + \int_{\varphi_a}^{\varphi}[M_{ed}(\varphi) - M_{er}(\varphi)]d\varphi$$

令

$$W(\varphi) = \int_{\varphi_a}^{\varphi}[M_{ed}(\varphi) - M_{er}(\varphi)]d\varphi$$

它是系统的等效力矩在所研究的区间$[\varphi_a,\varphi]$内所作的功。显然,当等效力矩所作的功最大时,系统具有的动能最大,此时对应的等效构件的角速度亦最大;当等效力矩所作的功最小时,系统具有的动能最小,对应的等效构件的角速度亦最小。即

$$E_{max} = \frac{1}{2}(J_F + J_O)\omega_{max}^2 = E(\varphi_a) + W_{max}$$

$$E_{min} = \frac{1}{2}(J_F + J_O)\omega_{min}^2 = E(\varphi_a) + W_{min}$$

两式相减,得:

$$\frac{1}{2}(J_F + J_O)(\omega_{max}^2 - \omega_{min}^2) = W_{max} - W_{min} = [W] \tag{12-27}$$

式中,$W_{max} - W_{min} = [W]$,称为最大盈亏功。

由图 12-7b 可见,在 b 点处机械出现动能最小值,而在 c 点处出现动能最大值。故在$[\varphi_b,\varphi_c]$内将出现最大盈亏功

$$[W] = \int_{\varphi_b}^{\varphi_c}[M_{ed}(\varphi) - M_{er}(\varphi)]d\varphi$$

将式(12-25)代入式(12-27),解得:

$$J_F = \frac{[W]}{\omega_m^2[\delta]} - J_O \tag{12-28}$$

如果 $J_O \ll J_F$,则 J_O 也可以忽略不计,于是上式可近似写为

$$J_F = \frac{[W]}{\omega_m^2[\delta]} \tag{12-29}$$

又如果上式中的平均角速度 ω_m 用平均转速 n(r/min)代换,则有

$$J_F = \frac{900[W]}{\pi^2 n^2[\delta]} \tag{12-30}$$

为计算惯性轮的转动惯量，关键是要求出最大盈亏功［W］。对一些比较简单的情况，机械最大动能 E_{max} 和最小动能 E_{min} 出现的位置可直接由 $M_e-\varphi$ 图中看出，对于较复杂的情况，则可借助于所谓能量指示图来确定。现以图 12-7c 为例加以说明，如图所示，取任意点 a 作起点，按一定比例用向量线段依次表示相应位置 M_{ed} 与 M_{er} 之间所包围面积 W_{ab}、W_{bc}、W_{cd}、W_{de} 和 $W_{ea'}$ 的大小和正负，盈功为正其箭头向上，亏功为负箭头向下。由于在一个循环的起始位置与终了位置处的动能相等，所以能量指示图的首尾应在同一水平线上，即形成封闭的台阶形折线。由图中明显看出位置点 b 处动能最小，位置点 c 处动能最大，而图中折线的最高点和最低点的距离就代表了最大盈亏功［W］的大小。

分析式（12-28）、式（12-29）或式（12-30）可知：

1）当［W］与 ω_m 一定时，如［δ］取值很小，则惯性轮的转动惯量就需很大。所以，过分追求机械运转速度的均匀性，将会使惯性轮过于笨重。

2）由于 J_F 不可能为无穷大，而［W］与 ω_m 又都是有限值，所以［δ］不可能为零，即安装惯性轮后机械运转的速度仍有周期波动，只是波动的幅度减小了而已。

3）当［W］与［δ］一定时，J_F 与 ω_m 的平方值成反比，所以为减小惯性轮的转动惯量，最好将惯性轮安装在机械的高速轴上。当然，在实际设计中还必须考虑安装惯性轮的轴的刚性和结构上的可能性等。

例 12-5　在一台用电动机作原动机的剪床中，电动机的转速为 $n_m=1500$r/min。已知折算到电动机轴上的等效阻力矩 M_{er} 的曲线如图 12-9 所示，电动机的驱动力矩为常数，机械系统本身各构件的转动惯量均忽略不计。当要求该系统的速度不均匀系数为［δ］=0.05 时，求安装在电机轴上的惯性轮所需的转动惯量 J_F。

解　取电动机轴为等效构件。

1. 求等效驱动力矩 M_{ed}

图中只给出了等效阻力矩 M_{er} 的变化曲线，并知道电动机的驱动力矩为常数，但不知其具体数值。根据一个周期内等效驱动力矩 M_{ed} 所做功等于等效阻力矩 M_{er} 所消耗功的原则可得

$$\begin{aligned} M_{ed} &= \frac{\int_0^{\varphi_T} M_{er}\mathrm{d}\varphi}{\varphi_T} \\ &= \frac{200\times 2\pi+(1600-200)\times\frac{\pi}{4}+\frac{1}{2}\times(1600-200)\times\frac{\pi}{4}}{2\pi}\mathrm{N\cdot m} \\ &= 462.5\mathrm{N\cdot m} \end{aligned}$$

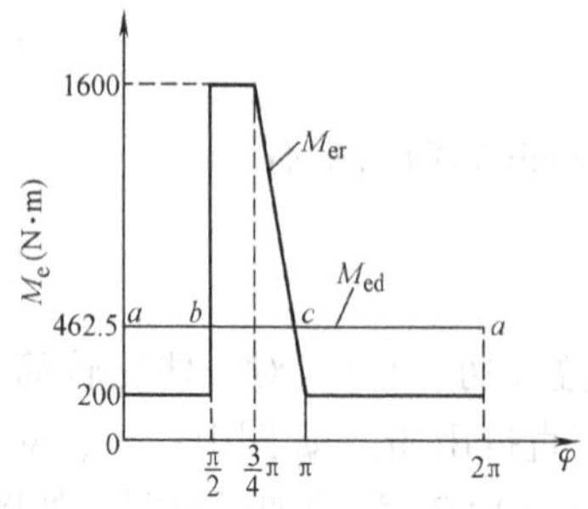

图 12-9 等效力矩曲线

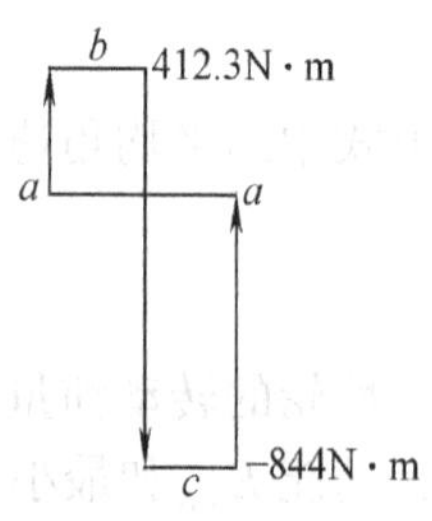

图 12-10 能量指示图

2. 求最大盈亏功 [*W*]

在图中画出等效驱动力矩 $M_{ed}=462.5$ Nm 的直线，它与 M_{er} 曲线之间所夹的各单元面积所对应的盈功或亏功分别为：

$$W_{ab}=(462.5-200)\times\frac{\pi}{2}\ \text{Nm}=412.3\ \text{N}\cdot\text{m}$$

$$W_{bc}=(1600-426.5)\times\frac{\pi}{4}+\frac{1}{2}\times(1600-462.5)\times\frac{1600-462.5}{1600-200}\times\frac{\pi}{4}\ \text{Nm}=-1256.3\ \text{N}\cdot\text{m}$$

$$W_{ca}=\frac{1}{2}\times(462.5-200)\times\left(1-\frac{1600-462.5}{1600-200}\right)\times\frac{\pi}{4}+(462.5-200)\times\pi\ \text{Nm}=844\ \text{N}\cdot\text{m}$$

根据上述结果绘出能量指示图 12-10，可得

$$[W]=W_{max}-W_{min}=412.3-(-844)\ \text{Nm}=1256.3\ \text{N}\cdot\text{m}$$

3. 由式(12-30)可得惯性轮的转动惯量为

$$J_F=\frac{900[W]}{\pi^2n^2[\delta]}=\frac{900\times1256.3}{\pi^2\times1500^2\times0.05}\ \text{kgm}^2=1.018\ \text{kg}\cdot\text{m}^2$$

由此例可知，已知 M_{ed} 的规律或 M_{er} 的规律，总可以运用在一个周期内等效驱动力矩所做的功应等于等效阻力矩所消耗的功（输人功等于输出功）的原则，求出未知的另一个常数力矩。

例 12-6 图 12-11a 所示为冲床运动简图，在 $h=19$ mm 厚钢板上冲压直径 $d=17$mm 的孔。材料剪切弹性模数 $G=3.1\times10^8\text{N/m}^2$。冲孔力 $F=\pi dhG$，冲孔 20 个/min，且实际冲孔所需时间为冲孔时间间隔的 1/5。驱动电动机转速为 1200r/min。试求：

1）若不加惯性轮，电动机所需功率？

2）若加惯性轮，并设运转不均匀系数 $\delta=0.1$，则电动机功率应为多少？

3）惯性轮转动惯量应为多少？

解 首先由题意绘出图 12-11b）所示的一个工作周期工作阻力（冲孔力）的变化规律。

1）由题意知，冲压 20 次/min，即冲压间隔 $T=60/20=3\text{s}$；而实际冲孔时间 $t_1=$

(1/5) $\times T=0.6\text{s}$；最大剪切力 $F=\pi dhG=\pi\times0.017\times0.019\times3.1\times10^{8}\ \text{N}=314568\ \text{N}$；由于 F 的变化曲线近似为三角形，故冲压时阻力所做功为

$$W_{\text{r}}=\frac{1}{2}Fh=\frac{1}{2}\times314568\times0.019\ \text{Nm}=2988\ \text{Nm}$$

无惯性轮时电动机所需功率

$$P_{\text{m}}=\frac{W_{\text{r}}}{1000t_1}=\frac{2988}{1000\times0.6}\ \text{kW}=4.98\ \text{kW}$$

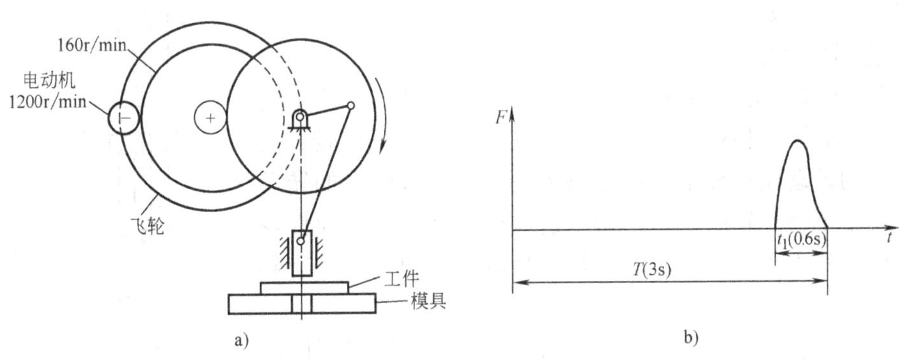

图 12-11　例 12-6 图

2）根据在一个周期内等效驱动力矩所做的功应等于等效阻力矩所消耗的功（输入功等于输出功）的原则，安装惯性轮时电动机所需功率

$$P=\frac{W_{\text{r}}}{1000T}=\frac{2988}{1000\times3}\ \text{kW}=0.996\ \text{kW}$$

3）惯性轮转动惯量

冲孔时电动机提供的能量应为　$W=1000Pt_1=(1000\times0.996\times0.6)\ \text{J}=597.6\text{J}$

故惯性轮应能释放出的能量(即最大盈亏功$[W]$)为 $[W]=2988-597.6\ \text{J}=2390.4\ \text{J}$

惯性轮转动惯量为：

$$J_{\text{F}}=\frac{900[W]}{\pi^2n^2[\delta]}=\frac{900\times2390.4}{\pi^2\times160^2\times0.1}\ \text{kgm}^2=85.15\ \text{kgm}^2$$

从计算结果可以看出，安装惯性轮可大大减少电动机的功率，但所需惯性轮转动惯量较大，惯性轮会很笨重。

二、惯性轮的结构设计

求得惯性轮的转动惯量以后，就可以进而设计其结构。但应注意，在以上讨论惯性轮转动惯量的求法时，都假设惯性轮是装在等效构件上。如果它是装在某一构件 x 上，则此时惯性轮的转动惯量 J_{Fx} 和用上述方法求出的惯性轮转动惯量 J_{F} 的关系为

$$\frac{1}{2}J_{\text{Fx}}\omega_{\text{x}}^2=\frac{1}{2}J_{\text{F}}\omega^2 \tag{12-31}$$

式中 ω_x 为实际安装惯性轮的构件 x 的角速度。

由上式可知，角速度 ω_x 愈大，则惯性轮的转动惯量 J_{Fx} 愈小，所以从减少惯性轮的重量来看，把它装在速度高的轴上是有利的。又由上式可知，要使转动惯量 J_{Fx} 是常数，则必须使传动比 ω/ω_x 也是常数，这就要求把惯性轮装在机械的主轴上或与机械主轴有定传动比的回转构件上。

惯性轮的安装位置和转动惯量确定后，便可确定其有关结构和尺寸。惯性轮按构造可分为轮形和盘形两种。其尺寸的确定方法分述如下。

1. 轮形惯性轮

如图 12-12 所示，这种惯性轮一般用于大型机械中。它由轮缘 A、轮毂 B 和轮辐 C 三部分组成。因与轮缘比较，轮辐及轮毂的转动惯量较小，故常略去不计，即取轮缘的转动惯量代表整个惯性轮的转动惯量。这样简化将使实际惯性轮的转动惯量稍大于要求的转动惯量，从调速的角度看是有利的。

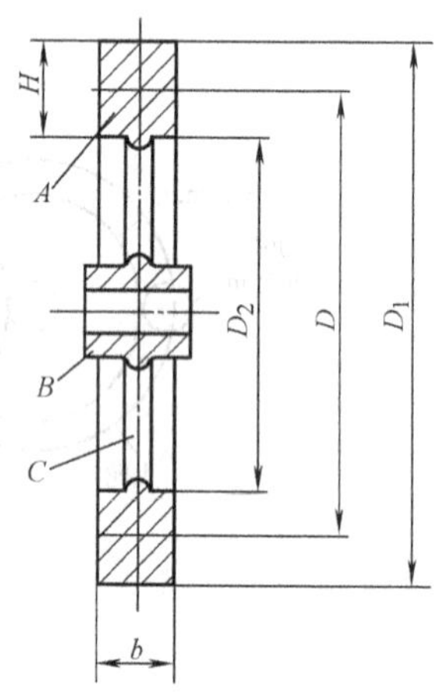

图 12-12　轮形飞轮

设 m_A 为轮缘的质量，D_1、D_2 和 D 分别为轮缘的外径、内径与平均直径，则轮缘转动惯量近似为

$$J_F = \frac{m_A}{2}\left(\frac{D_1^2 + D_2^2}{4}\right) \approx \frac{m_A D^2}{4}$$

或

$$m_A D^2 = 4J_F \tag{12-32}$$

式中，$m_A D^2$ 称为惯性轮的转动惯量或惯性轮特性，其单位为 kgm^2。

由上式可知，当选定惯性轮轮缘的平均直径 D 后，即可求出惯性轮轮缘的质量 m_A。至于平均直径 D 的选择，一方面需考虑惯性轮在机械中的安装空间，另一方面还需使其圆周速度小于工程上所规定的安全值，以免轮缘因离心力过大而破裂。

又设轮缘的宽度为 b，轮缘的厚度为 H，材料的密度为 γ（kg/m^3），则

$$m_A = \pi DHb\gamma$$

于是

$$Hb = \frac{m_A}{\pi D\gamma} \tag{12-33}$$

式中　D、H 及 b 的单位为 m。当惯性轮的材料及比值 H/b 选定后，由上式即可求得轮缘的横剖面尺寸 H 和 b。对于较小的惯性轮，其 $H/b \approx 2$；而对于较大的惯性轮，其 $H/b \approx 1.5$。

2. 盘形惯性轮

盘形惯性轮基本上为一带轴的实心金属圆盘，这种惯性轮一般都比较小。设 m、D_1 及 b 分别为其质量、外直径及宽度，则整个惯性轮的转动惯量为

$$J_F = \frac{m}{2}\left(\frac{D_1}{2}\right)^2 = \left(\frac{mD_1^2}{8}\right)$$

则
$$mD_1^2 = 8J_F \tag{12-34}$$

同样，当选定 D_1 和算出 m 后，便可根据惯性轮的材料算出宽度 b。

由 $m = \dfrac{\pi D_1^2}{4} b\gamma$，有

$$b = \frac{4m}{\pi D_1^2 \gamma} \tag{12-35}$$

第六节　机械非周期性速度波动的调节方法

在机械运转过程中，如果等效力矩 $M_e = M_{ed} - M_{er}$ 的变化是非周期性的，则机械运转的速度将出现非周期性的波动，从而破坏机械的稳定运转状态。若长时间内 $M_{ed} > M_{er}$，则机械将越转越快，甚至可能会出现"飞车"现象，从而使机械遭到破坏；反之，若 $M_{ed} < M_{er}$，则机械又会越转越慢，最后将停止不动。为了避免以上两种情况的发生，必须对这种非周期性的速度波动进行调节，以使机械重新恢复稳定运转。为此就需要设法使等效驱动力矩与等效工作阻力矩恢复平衡关系。由于非周期性速度波动的发生原因是驱动力的功在稳定运动的一个循环内大于（或小于）阻力的功，而不是两者的平均值相等，故利用设置惯性轮的方法已不能达到调节速度的目的。

机械作非周期性速度波动是由于机械运转的平衡条件受到了破坏，要调节非周期性速度波动，就是要建立新的平衡条件。对于某些机械来说，由于其特殊的机械特性，使其具有能够自动地调节非周期性速度波动的能力（称为机械的自调性）。下面就来简单地讨论一下机械的自调性及其条件。

设某机械的机械特性如图 12-13a 所示。等效驱动力矩 M_{ed} 与等效阻抗力矩 M_{er} 曲线的交点 s 为稳定运转的工作点，相应的角速度 ω_s 是稳定运转的角速度。此时，等效驱动力矩与等效阻抗力矩相等。该机械的机械特性曲线具有下降的特性，即

$$\frac{dM_{ed}}{d\omega} < \frac{dM_{er}}{d\omega} \tag{12-36}$$

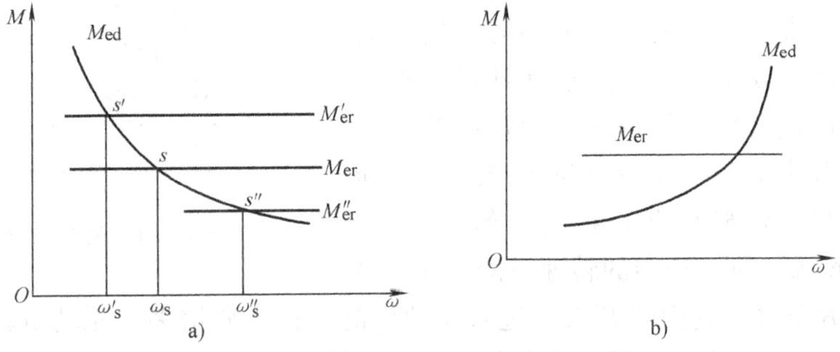

图 12-13　具有下降、上升特性的机械特性曲线

这样的机械本身就具有自调性。因为当机械由于某种原因而使载荷或角速度发生变化，例如 M_{er}突然增大至 M'_{er}，这时，$M_{ed} < M'_{er}$，机械的稳定运转速度 ω_s 将下降，由于机械具有下降的特性，随着转速下降，机械的等效驱动力矩将上升，直至等于等效阻抗力矩 M'_{er}，机械将在新的工作点 s'处作稳定运转；反之，若 M_{er}突然减小至 M''_{er}，此时，$M_{ed} > M''_{er}$而使 ω_s 上升，但是随着转速上升，机械的等效驱动力矩将下降，当 ω 上升至 ω''_s，M_{ed}与 M''_{er}又达到了平衡，于是机械在新的稳定工作点 s''恢复稳定运转。显然，利用自调性进行调节的机械，对应于不同的载荷，就有不同的稳定工作点，其运转速度 ω_s 将随着载荷的变化而变化。

选用电动机作为原动机的机械，就具有这种自调性。如图 12-1 所示，当电动机的转速由于 $M_{ed} < M_{er}$而下降时，其所产生的驱动力矩将增大；反之，当因 $M_{ed} > M_{er}$导致电动机转速上升时，其所产生的驱动力矩将减小，所以可使 M_{ed}与 M_{er}自动地重新达到平衡。

如图 12-13b 所示，若系统的机械特性曲线具有上升的特性，即

$$\frac{dM_{ed}}{d\omega} > \frac{dM_{er}}{d\omega} \tag{12-37}$$

则系统将不具有自调性。此时，若系统的平衡条件遭受破坏，将会导致速度波动向单一方向持续发展，所以这样的系统是不能正常工作的。例如原动机为蒸汽机、汽轮机或内燃机等的机械。

为了使机械能够正常地工作，系统必须具有调节非周期性速度波动的能力。如果机械没有自调性，或者依靠自调性进行调节不能满足其工作要求，则必须在机械内安装一个专门的调节装置——调速器。这是一种自动调节装置，它的种类极多。按执行机构分类，主要有机械式的、气动式的、机械气动式的、液压式的、电液和电子等形式的。下面仅简单地介绍机械式的离心式调速器的工作原理。

图 12-14 所示为一离心式调速器，机械的原动机的主轴通过某种传动装置与调速器主轴相联。当机械的工作载荷减小时，其运转速度将上升，从而离心式调速器的主轴转速也随之升高，其上的重球 A 在增大了的离心力作用下而张开，带动套筒 B 上升，再通过连杆机构将阀门 C 关小，使进入原动机的工作介质减少，导致原动机输出的驱动力减小而与工作载荷重新建立平衡条件，使机械获得稳定运转。反之，若工作载荷增大，则调速器的转速下降，重球 A 收拢，套筒 B 下降，阀门 C 开大，进入原动机的工作介质增多，原动机输出的驱动力增大，再次与工作载荷保持平衡而使机械稳定运转。

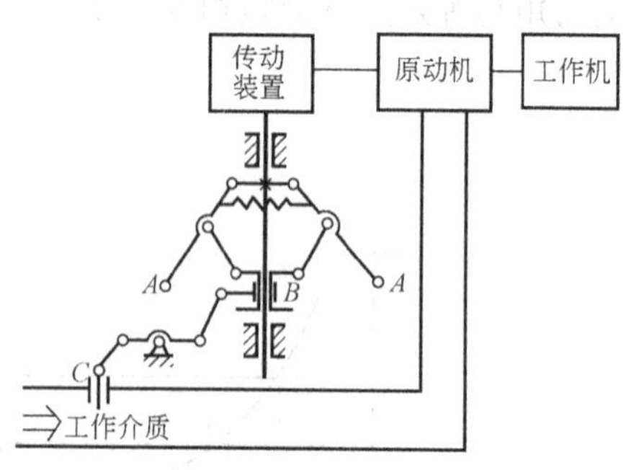

图 12-14　离心式调速器

液压调速器具有良好的稳定性和高的静态调节精度，但结构工艺复杂，成本高。如大功率柴油机多用液压调速器。电子调速器具有很高的静态和动态调节精度，易实现多功能、远距离和自动化控制及多机组同步并联运行。电子调节系统由各类传感器把采集到的各种信号转换成电信号输入计算机，经计算机处理后发出指令，由执行机构完成控制任务。如在航空电源车、自动化电站、低噪声电站、高精度的柴油发电机组和大功率船用柴油机等中就采用了电子调速器。有关调速器更深入的研究及设计等问题，已超出本课程的范围，这里就不再讨论了。

思考题与练习题

12-1　什么叫等效力（力矩）、等效质量（转动惯量）？确定它们的等效条件是什么？

12-2　当机械的真实运动尚不知道时，能否求得等效力（力矩）和等效质量（转动惯量）？

12-3　机械的运动方程的表达形式有哪几种？常用于什么场合？

12-4　试用机械的运动方程导出机械作等速稳定运转的条件。

12-5　何谓机械的一个运动循环的周期？

12-6　在什么情况下机械才会作周期性速度波动？速度波动有何危害？如何调节？

12-7　惯性轮为什么可以调速？能否利用惯性轮来调节非周期性速度波动，为什么？

12-8　为什么说在锻压等设备中安装惯性轮，可以起到节能的作用？

12-9　什么是机械运转的平均角速度和速度不均匀系数？机械运转速度不均匀系数的选取是否愈小愈好？

12-10　机械安装了惯性轮以后能否得到绝对匀速运转？为了减小惯性轮的质量，惯性轮应安装在机械的高速轴上还是低速轴上？

12-11　何谓机械的自调性？其条件是什么？

12-12　离心式调速器的工作原理是什么？

12-13　图 12-15 所示铰链四杆机构。已知 $l_1=100$ mm，$l_2=390$ mm，$l_3=200$ mm，$l_4=250$ mm，若阻力矩 $M_3=100$ N · m。试求：当 $\varphi=\pi/2$、π 时，加于构件 1 上的等效阻力矩 M_{er}。

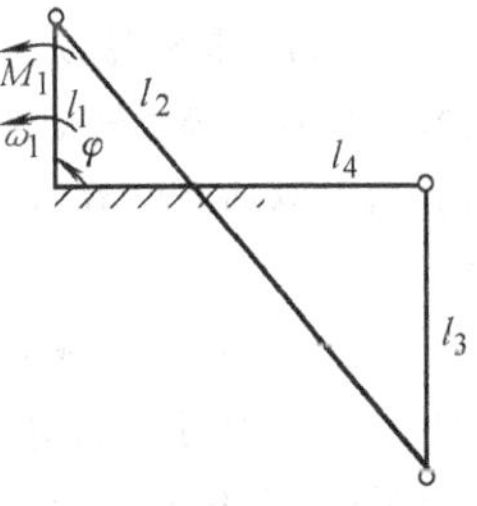

图 12-15　题 12-13 图

12-14　图 12-16 所示为一机械主轴在一个稳定运动循环内的等效阻抗力矩 M_{er} 的变化线图，设其等效驱动力矩 M_{ed} 为常数，试求该等效驱动力矩 M_{ed}。

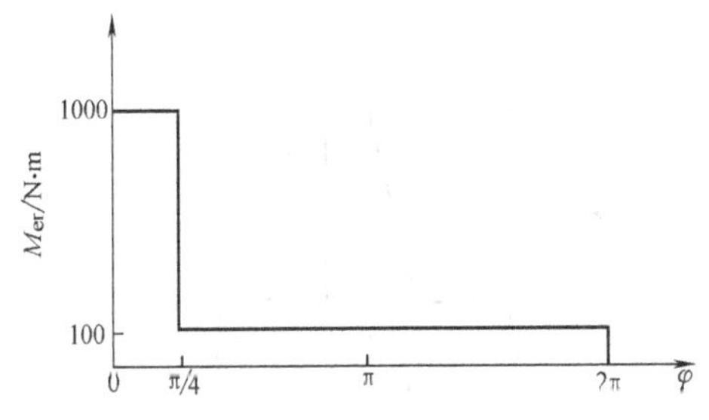

图 12-16　题 12-14 图

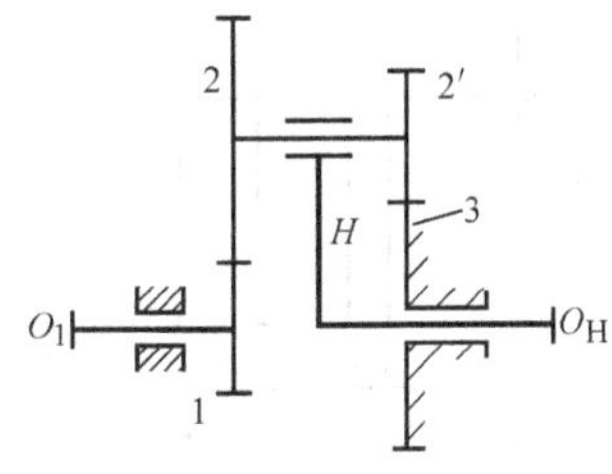

图 12-17　题 12-15 图

12-15 图 12-17 所示的行星轮系中，已知各轮的齿数 $z_1 = z_{2'} = 20$，$z_2 = z_3 = 40$；各构件的质心均在其相对回转轴线上，且 $J_1 = 0.01\ \mathrm{kgm}^2$，$J_2 = 0.04\ \mathrm{kgm}^2$，$J_{2'} = 0.01\ \mathrm{kg.m}^2$，$J_H = 0.18\ \mathrm{kgm}^2$；行星轮的质量 $m_2 = 2\ \mathrm{kg}$，$m_{2'} = 4\ \mathrm{kg}$，模数 $m = 10\ \mathrm{mm}$，作用在行星架 H 上的力矩 $M_H = 60\ \mathrm{N \cdot m}$。求换算到轮 1 的轴 O_1 上的等效力矩 M 以及换算到轴 O_1 上的等效转动惯量 J_e。

12-16 某机器在稳定运转阶段的一个运动周期中，其主轴等效驱动力矩 M_{ed} 和等效阻抗力矩 M_{er} 曲线和两曲线所围成的各块面积的数值（单位为 J）如图 12-18 所示。设主轴的等效转动惯量为常数，试求最大盈亏功 ΔW_{max}。

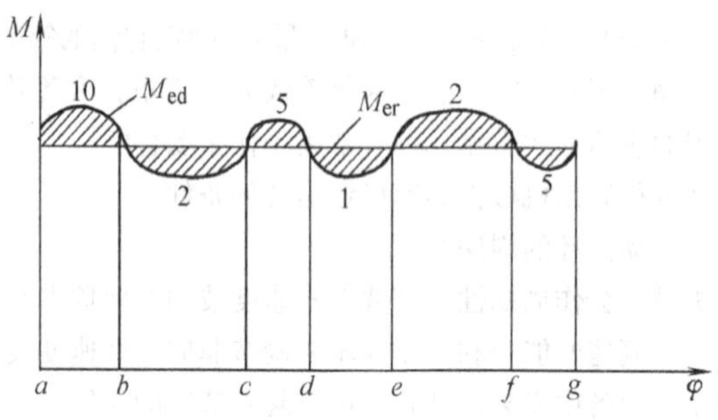

图 12-18 题 12-16 图

12-17 某机械以其主轴为等效构件。已知主轴稳定运转一个周期的等效阻抗力矩变化规律如图 12-19 所示。等效转动惯量 $J_e = 0.5\ \mathrm{kg \cdot m^2}$，平均角速度 $\omega_m = 40\ \mathrm{rad/s}$，等效驱动力矩为常数。试求：1）等效驱动力矩 M_{ed}；2）最大盈亏功 [W]；3）ω_{max} 与 ω_{min} 的位置和大小；4）运转速度不均匀系数 δ。

12-18 在某机械系统中，取其主轴为等效构件，平均转速 $n_m = 1000\mathrm{r/min}$，等效阻力矩 M_{er}（φ）如图 12-20 所示。设等效驱动力矩 M_{ed} 为常数，且除惯性轮以外其他构件的转动惯量均可略去不计，求保证速度不均匀系数 δ 不超过 0.04 时，安装在主轴上的惯性轮转动惯量 J_F。设该机械由电动机驱动，所需平均功率多大？如希望把此惯性轮转动惯量减小 1/2，而保持原来的 δ 值，则应如何考虑？

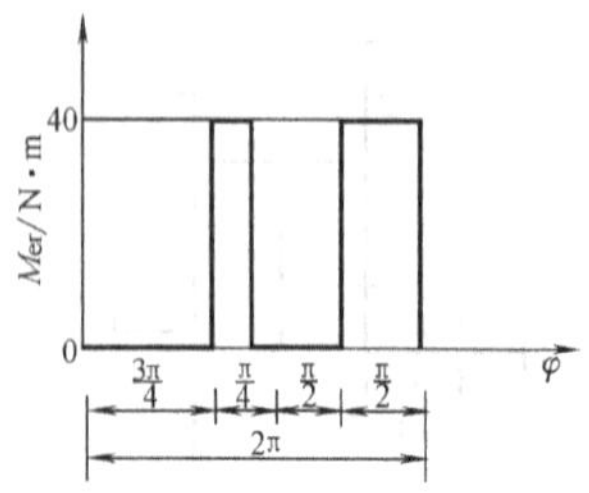

图 12-19 题 12-17 图

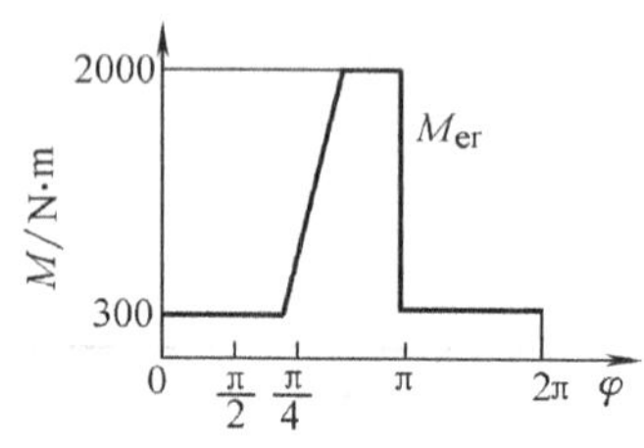

图 12-20 题 12-18 图

12-19　某机械换算到主轴上的等效阻抗力矩 M_{er}（φ）在一个工作循环中的变化规律如图 12-21 所示。设等效驱动力矩 M_{ed}为常数，主轴平均转速 $n_m=300\text{r/min}$。速度不均匀系数 $\delta\leqslant0.05$，机械中其他构件的转动惯量均略去不计。求要装在主轴上的惯性轮转动惯量 J_F。

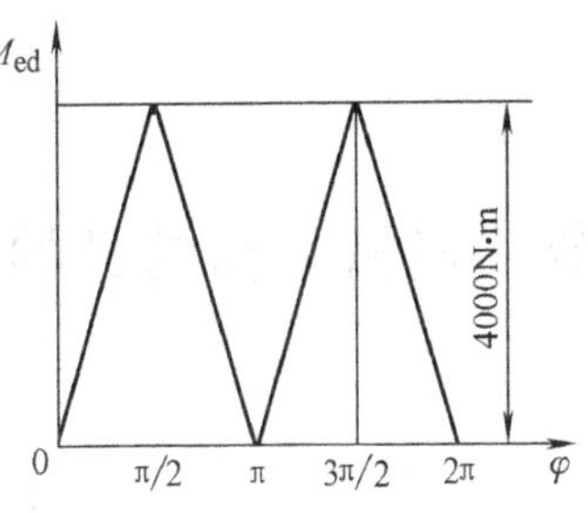

图 12-21　题 12-19 图

第十三章　机械的平衡

第一节　机械平衡的目的与分类

一、机械平衡的目的

机械在运转时，除了惯性主轴通过质心、且作等角速度的回转构件外，所有其他构件都将产生惯性力。如齿轮，凸轮，带轮等回转构件，由于质量分布不均匀以及制造和安装误差等原因，往往使回转构件的质心偏离其回转轴线；还有平面复杂运动的构件，如连杆；往复直线运动的构件，如滑块；由于机构结构的不对称，也会产生惯性力或惯性力偶矩。构件产生的离心惯性力或惯性力偶矩将会在运动副中引起附加的动压力。这种附加的动压力不仅使运动副载荷增加，磨损加剧，效率降低，而且使构件承载能力下降，寿命缩短。同时，由于这种离心惯性力的方向是周期性变化的，使整个机械发生振动，其后果往往引起机械的工作精度和可靠性下降并造成零件的疲劳损坏和环境噪声污染。从而引起机架以及机架基础的受迫振动。当受迫振动的频率与机架或机架基础的固有频率相接近时，将产生共振而严重影响机器的正常工作，甚至危及厂房建筑的安全。

因此，完全或部分地平衡掉惯性力及惯性力偶，尽量减小惯性力和惯性力偶的有害影响，以改善机械的工作性能和工作环境，延长使用寿命，这是研究机械平衡的目的。随着机械速度和精度要求的提高，机械的平衡问题已经成为现代机械设计中的一个重要课题。

需说明的是，不平衡惯性力并非完全是有害的，有些机械正是利用构件的不平衡惯性力进行工作的，如砸夯机、按摩器、振动打桩机、振实机等。

二、机械平衡的分类

构件的运动形式不同，所产生的惯性力的平衡方法也不同。对于绕固定轴转动的回转构件（转子），可以就其本身加以平衡；对于作往复移动或平面运动的构件必须就整个机构进行研究。所以，机械的平衡问题分为转子的平衡和机构在机座上的平衡两类问题。

1. 转子的平衡

转子是绕定轴转动的构件。转子分为刚性转子和挠性转子两种，其中刚性转子又包括静平衡和动平衡两种情况。这种转子的不平衡是因为其质心位置不在回转轴线上，如果质心不与其回转中心重合，当回转件转动时，其偏心质量会产生离心惯性力，引起附加动载荷。对于这种不平衡转子，只需重新分布其质量，在构件上适当增加质量，或者去掉一部分质量，以便重新调整其质量的分布情况，使其在回转时该构件所产生的惯性力形成一平衡力系，即惯性力的合力为零。转子的平衡根据其工作转速与本身临界转速的比值的大小又分为以下两种：

（1）刚性转子的平衡　当转子的工作转速与其本身的一阶临界转速之比小于0.7时，这种工作状态下的转子为刚性转子。对于刚性转子可以不考虑其弹性变形，其惯性力的平衡用理论力学中力系平衡的原理解决。

（2）挠性转子的平衡　对于航空发动机、汽轮机、发电机等大型高速转子，其质量和跨度都很大，而且由于径向尺寸受到限制，使得这类转子日趋细长化，因而导致其临界转速降低，而工作转速又往往很高，当工作转速与一阶临界转速之比大于0.7时，转子的弹性变形明显增大，从而使离心惯性力大大增加，称这种工作状态下的转子为挠性转子。挠性转子的平衡问题比较复杂，本章主要介绍刚性转子平衡的原理和方法，对挠性转子的平衡问题仅作一简要介绍。

2. 机构的平衡

当机构中存在着作往复运动或平面复合运动的构件时，由于其质心总是在运动的，不论该构件的质量如何分布，都无法使构件质心的加速度在任一瞬时都为零，故不可能在该构件内部通过重新分布质量的方法平衡。但就整个机构而言，所有构件的合力和合力矩是作用在机座上的，故可就整个机构加以研究，使得机座所受的惯性力的合力和合力矩得到完全或部分的平衡，这类平衡问题称为机械在机座上的平衡。

第二节　刚性转子的平衡

由于转子结构不对称或制造误差、安装误差、材质不均匀等原因，都会导致其质心不在回转轴上。因此，在设计时就需依据其结构和质量分布等情况进行转子的平衡计算，使转子在工作时，其惯性力在理论上达到平衡。对于由制造及安装误差、材料不均等因素而导致的不平衡，必要时可用实验方法加以平衡。

刚性转子的平衡问题可分为静平衡及动平衡两种。

一、转子的平衡计算

1. 刚性转子的静平衡

对于轴向尺寸 b 比径向尺寸 d 小得多的回转构件（见图13-1），当轴向尺寸 b 与其最大径向尺寸 d 之比 $b/d<0.2$ 时（如齿轮、带轮、链轮、叶轮、螺旋桨、盘状凸轮、惯性轮等），其质量可近似地看作分布于同一垂直于轴线的平面内。如果其质心不在其回转轴线上，表示存在偏心质量，那么转子回转时将产生离心惯性力，从而在转动副中引起附加动压力，造成不同程度的周期性振动。这类转子的不平衡现象，在静止时就能表现出来，所以把实现这种平衡的措施称为刚性回转件的静平衡。

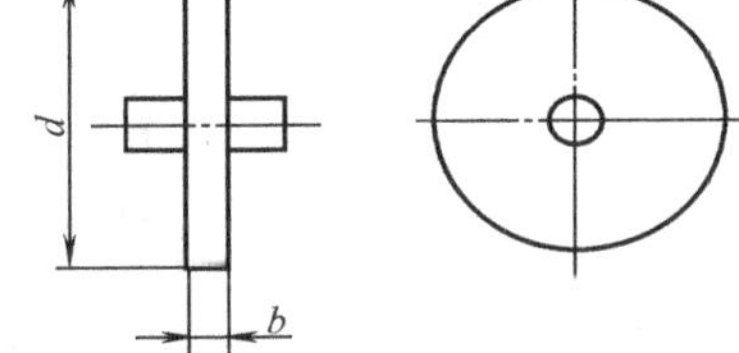

图13-1　轴向尺寸较小的回转构件

如图13-2a所示，一静不平衡转子有偏心质量

m_1、m_2 和 m_3，都位于同一回转平面内，它们的回转半径矢量分别为 $\boldsymbol{r}_1$、$\boldsymbol{r}_2$ 和 $\boldsymbol{r}_3$。当转子以角速度 ω 等速回转时，各偏心质量所产生的离心惯性力分别为 $\left.\begin{aligned}\boldsymbol{F}_1&=m_1\omega^2\boldsymbol{r}_1\\\boldsymbol{F}_2&=m_2\omega^2\boldsymbol{r}_2\\\boldsymbol{F}_3&=m_3\omega^2\boldsymbol{r}_3\end{aligned}\right\}$，则 $\boldsymbol{F}_1$、$\boldsymbol{F}_2$、$\boldsymbol{F}_3$ 为一平面汇交力系，其合力 $\sum_{i=1}^{3}\boldsymbol{F}_i\neq 0$，则转子不平衡。为平衡这些惯性力，可在转子上矢径 $\boldsymbol{r}_b$ 处加一平衡质量 m_b，使其产生的惯性力 $\boldsymbol{F}_b$ 满足

$$\boldsymbol{F}_b+\sum_{i=1}^{3}\boldsymbol{F}_i=0 \tag{13-1}$$

则达到静平衡的目的。上式可写为

$$m_b\omega^2\boldsymbol{r}_b+m_1\omega^2\boldsymbol{r}_1+m_2\omega^2\boldsymbol{r}_2+m_3\omega^2\boldsymbol{r}_3=0 \tag{13-2}$$

即

$$m_b\boldsymbol{r}_b+m_1\boldsymbol{r}_1+m_2\boldsymbol{r}_2+m_3\boldsymbol{r}_3=0 \tag{13-3}$$

式中各项称为质径积。它分别表达各个质量在同一平面、同一转速下产生的离心力的大小和方向。

因此，转子静平衡条件是：分布在该转子回转平面内的各偏心质量的质径积的矢量和为零。即

$$m_b\boldsymbol{r}_b+\sum m_i\boldsymbol{r}_i=0 \tag{13-4}$$

平衡质量 m_b 的质径积 $m_b\boldsymbol{r}_b$ 的大小和方位，可用图解法求得。如图 13-2b 所示，根据已知的质径积 $m_i\boldsymbol{r}_i$ 取质径积比例尺 $\mu_w=m_i\boldsymbol{r}_i/\boldsymbol{W}_i$（kg · mm/mm），按矢径 $\boldsymbol{r}_1$、$\boldsymbol{r}_2$ 和 $\boldsymbol{r}_3$ 的方向连续作矢量 $\boldsymbol{W}_1$、$\boldsymbol{W}_2$、$\boldsymbol{W}_3$ 分别代表质径积 $m_1\boldsymbol{r}_1$、$m_2\boldsymbol{r}_2$、$m_3\boldsymbol{r}_3$。封闭矢量 $\boldsymbol{W}_b$ 即表示平衡质量的质径积 $m_b\boldsymbol{r}_b$，因此可得

$$m_b\boldsymbol{r}_b=\mu_w\boldsymbol{W}_b \tag{13-5}$$

其方向与 $\boldsymbol{W}_b$ 指向相同。平衡质量 m_b 的值在根据转子结构选定 $\boldsymbol{r}_b$ 后即可随之确定。再在转子回转平面内作出向径 $\boldsymbol{r}_b$ 与 $\boldsymbol{W}_b$ 平行，以确定 m_b 的位置。

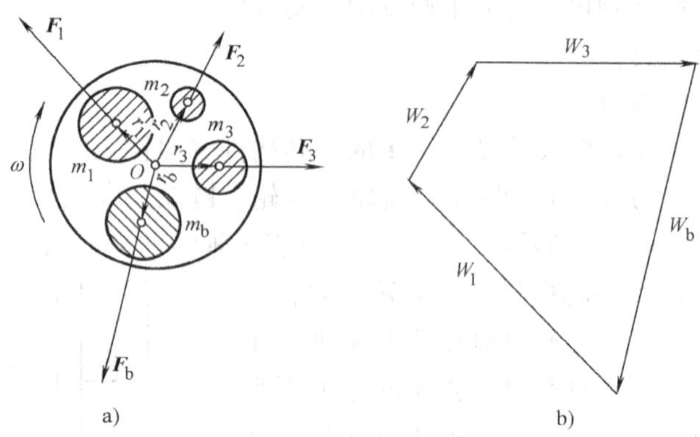

图 13-2　刚性转子的静平衡计算

有时，根据转子的结构条件也可在应加平衡质量的相反方向处，去掉一部分质量来使转子，得到平衡，并保证去掉部分的质径积为 $m_b\boldsymbol{r}_b$。

综上所述，对于一个静不平衡的转子，无论其具有多少个偏心质量，只需在同一平面内增加（或去掉）某一个平衡质量，并使 $m_b\boldsymbol{r}_b + m_i\boldsymbol{r}_i = 0$，即可使其处于静平衡状态。也就是说转子处于任意位置均可静止不动。

2. 转子的动平衡计算

对于轴向长度较大的回转体，如滚筒、电动机转子、多级汽轮机转子、多缸发动机曲轴、机床主轴等，都可以看作是偏心质量分布在几个不同平面内的转子。如图 13-3 所示的转子中，设不平衡质量 m_1、m_2 分布于相距 l 的两个回转面内，且 $m_1 = m_2$，$\boldsymbol{r}_1 = -\boldsymbol{r}_2$。该回转件的质心虽落在回转轴上，而且 $m_1\boldsymbol{r}_1 + m_2\boldsymbol{r}_2 = 0$，满足静平衡条件；但因 m_1、m_2 不在同一回转面内，当回转件转动时，在包含 m_1、m_2 和回转轴的平面内存在一个由离心力 F_1 和 F_2 组成的力偶，该力偶的方向随回转件的转动而周期性变化，所以回转件仍处于不平衡状态。

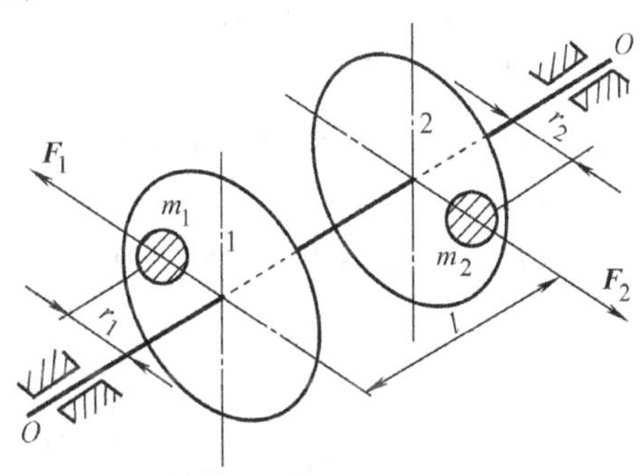

图 13-3　静平衡但动不平衡的转子

这种不平衡只有在转子运转时才能显示出来，故称其为动不平衡。要使之平衡，不仅要使各偏心质量的惯性力合力等于零（$\sum \boldsymbol{F}_i = 0$）；同时，这些惯性力所构成的合力偶也等于零（$\sum \boldsymbol{M}_i = 0$）。

如图 13-4 所示，若有一轴类回转构件的偏心质量 m_1、m_2、m_3 分别位于三个平行的回转平面 1、2、3 内，它们的矢径分别为 $\boldsymbol{r}_1$、$\boldsymbol{r}_2$ 和 $\boldsymbol{r}_3$。当此回转构件以等角速度 ω 回转时，各偏心质量产生的离心惯性力为

$$\left.\begin{aligned} \boldsymbol{F}_1 &= m_1\omega^2\boldsymbol{r}_1 \\ \boldsymbol{F}_2 &= m_2\omega^2\boldsymbol{r}_2 \\ \boldsymbol{F}_3 &= m_3\omega^2\boldsymbol{r}_3 \end{aligned}\right\} \tag{13-6}$$

这些惯性力将形成一个空间力系，故回转时既有不平衡惯性力又有不平衡惯性力偶。为了平衡这些惯性力及惯性力偶，选定两个平衡基面Ⅰ和Ⅱ，并根据理论力学中一个力可以分解为与其平行的两个分力的原理，把不在同一平面的惯性力 $\boldsymbol{F}_1$、$\boldsymbol{F}_2$、$\boldsymbol{F}_3$ 分别分解到平面Ⅰ和平面Ⅱ内。这样，就将原来空间力系的平衡问题，转化成两个平面汇交力系的平衡

问题。

由此可得

$$\left.\begin{aligned}
\boldsymbol{F}_{1\,\mathrm{I}} &= \frac{l_1}{l}\boldsymbol{F}_1 = \frac{l_1}{l}m_1\omega^2\boldsymbol{r}_1 \\
\boldsymbol{F}_{2\,\mathrm{I}} &= \frac{l_2}{l}\boldsymbol{F}_2 = \frac{l_2}{l}m_2\omega^2\boldsymbol{r}_2 \\
\boldsymbol{F}_{3\,\mathrm{I}} &= \frac{l_3}{l}\boldsymbol{F}_3 = \frac{l_3}{l}m_3\omega^2\boldsymbol{r}_3 \\
\boldsymbol{F}_{1\,\mathrm{II}} &= \frac{l-l_1}{l}\boldsymbol{F}_1 = \frac{l-l_1}{l}m_1\omega^2\boldsymbol{r}_1 \\
\boldsymbol{F}_{2\,\mathrm{II}} &= \frac{l-l_2}{l}\boldsymbol{F}_2 = \frac{l-l_2}{l}m_2\omega^2\boldsymbol{r}_2 \\
\boldsymbol{F}_{3\,\mathrm{II}} &= \frac{l-l_3}{l}\boldsymbol{F}_3 = \frac{l-l_3}{l}m_3\omega^2\boldsymbol{r}_3
\end{aligned}\right\} \tag{13-7}$$

对于平面Ⅰ和平面Ⅱ内力的平衡计算就可按照静平衡的计算方法求得所需平衡质量。

对于平面Ⅰ,由式(13-1)得

$$\boldsymbol{F}_{1\,\mathrm{I}} + \boldsymbol{F}_{2\,\mathrm{I}} + \boldsymbol{F}_{3\,\mathrm{I}} + \boldsymbol{F}_{\mathrm{I}} = 0 \tag{13-8}$$

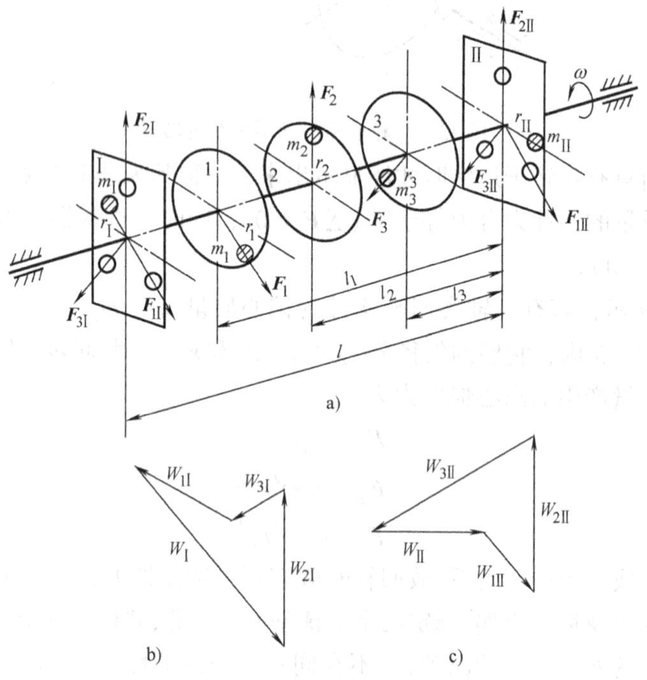

图 13-4　转子的动平衡计算

或由式(13-3)得

$$\frac{l_1}{l}m_1\boldsymbol{r}_1+\frac{l_2}{l}m_2\boldsymbol{r}_2+\frac{l_3}{l}m_3\boldsymbol{r}_3+m_{\mathrm{I}}\boldsymbol{r}_{\mathrm{I}}=0 \tag{13-9}$$

然后,选定比例尺μ_{W}并按向径$\boldsymbol{r}_1$、$\boldsymbol{r}_2$、$\boldsymbol{r}_3$的方向,连续作出代表质径积$\frac{l_1}{l}m_1\boldsymbol{r}_1$、$\frac{l_2}{l}m_2\boldsymbol{r}_2$、$\frac{l_3}{l}m_3\boldsymbol{r}_3$的向量$\boldsymbol{W}_{1\mathrm{I}}$、$\boldsymbol{W}_{2\mathrm{I}}$、$\boldsymbol{W}_{3\mathrm{I}}$。则封闭向量$\boldsymbol{W}_{\mathrm{I}}$即代表所求的平面Ⅰ中的平衡质径积,其值为$m_{\mathrm{I}}\boldsymbol{r}_{\mathrm{I}}=\mu_{\mathrm{W}}\boldsymbol{W}_{\mathrm{I}}$。如图13-4b所示。

用上述方法同样可作出平衡平面Ⅱ中的平衡质径积$m_{\mathrm{II}}\boldsymbol{r}_{\mathrm{II}}=\mu_{\mathrm{W}}\boldsymbol{W}_{\mathrm{II}}$(图13-4c所示)。

通过以上分析计算可以看出,无论转子在不同回转平面内有多少个偏心质量,只需选择在两个平衡平面内加平衡质量,便能使转子达到完全平衡。

静平衡应满足条件$\sum\boldsymbol{F}=0$;动平衡应满足的条件是$\sum\boldsymbol{F}=0$,$\sum\boldsymbol{M}=0$。因此,动平衡的转子一定是静平衡的。反之,静平衡的转子则不一定是动平衡的。

例13-1　在如图13-5a所示回转体中,有两个不平衡质量$m_1=10$ kg,$m_2=4$ kg,质心至回转轴的距离$r_1=30$ cm,$r_2=10$ cm,在两不平衡质量、两个平衡基面Ⅰ及Ⅱ和两支承A及B之间的尺寸为$l_1=l_3=l_4=12$ cm,$l_2=20$ cm,$L=56$ cm。试求:

1）当轴的转速$n=600$ r/min时，两支承A，B上的动反力。

2）两支承上的静反力。

3）应在两平衡基面Ⅰ，Ⅱ上加的平衡质量m_1，m_2及方位（取平衡质量质心至回转轴的距离$r_1=r_2=15$ cm）。

解（1）求动反力R_{Ad}及R_{Bd}　因动反力是由不平衡质量的惯性力引起的，故先须确定各不平衡质量的惯性力，即

$$\begin{aligned}F_1&=-m_1r_1\omega^2=-m_1r_1(2\pi n/60)^2\\&=-10\times0.3\times(2\pi\times600/60)^2\ \mathrm{N}=-11844\ \mathrm{N}\\F_2&=-m_2r_2\omega^2=-m_2r_2(2\pi n/60)^2\\&=-4\times0.1\times(2\pi\times600/60)^2\ \mathrm{N}=-1579\ \mathrm{N}\end{aligned}$$

其中　“$-$”表示惯性力与向心加速度方向相反。

将两惯性力示于图13-5b上,而在支承A,B上所引起的动反力为R_{Ad}及R_{Bd},其中R_{Ad}在x,y两方向上的分量R_{Adx}及R_{Ady}通过对B取矩求得,即

$$R_{\mathrm{Adx}}L+F_1\cos\theta_1(l_2+l_3)-F_2\cos\theta_2 l_4=0$$

$$R_{\mathrm{Ady}}L+F_1\sin\theta_1(l_2+l_3)-F_2\sin\theta_2 l_4=0$$

于是求得

$$\begin{aligned}R_{\mathrm{Adx}}&=[-F_1\cos\theta_1(l_2+l_3)+F_2\cos\theta_2 l_4]/L\\&=[1579\times12\times\cos225^\circ-11844\times(20+12)\times\cos60^\circ]/56\ \mathrm{N}=-3623\ \mathrm{N}\\R_{\mathrm{Ady}}&=[-F_1\sin\theta_1(l_2+l_3)+F_2\sin\theta_2 l_4]/L\\&=[1579\times12\times\sin225^\circ-11844\times(20+12)\times\sin60^\circ]/56\ \mathrm{N}=-6101\ \mathrm{N}\end{aligned}$$

故得 $$R_{Ad}=\sqrt{R_{Adx}^2+R_{Ady}^2}=\sqrt{(-3623)^2+(6101)^2}\ \text{N}=7096\ \text{N}$$

$$\theta_A=\arctan(R_{Ady}/R_{Adx})=\arctan(6101/3623)$$

所以 $$\theta_A=239°18'$$

同理,R_{Bd}的两个分量R_{Bdx}及R_{Bdy},通过对A取矩求得,即

$$R_{Bdx}L+F_1\cos\theta_1(L-l_2-l_3)+F_2\cos\theta_2(L+l_4)=0$$

$$R_{Bdy}L+F_1\sin\theta_1(L-l_2-l_3)+F_2\sin\theta_2(L+l_4)=0$$

解之得 $$R_{Bdx}=-3040\text{N}\qquad R_{Bdy}=-1182\text{N}$$

故求得 $$R_{Bd}=\sqrt{R_{Bdx}^2+R_{Bdy}^2}=3262\text{N}$$

$$\theta_B=\arctan(R_{Bdy}/R_{Bdx})$$

所以 $$\theta_B=248°45'$$

(2) 求静反力R_{Aj}及R_{Bj}　支承上的静反力是由各不平衡的重力引起的。当转子静止时,各重力向其轴上简化,如图13-5c所示。则沿轴向方向分别对B和A点取静力矩,则有

$$R_{Aj}L-G_1(l_2+l_3)+G_2l_4=0$$

$$R_{Bj}L-G_1(L-l_2-l_3)-G_2(L+l_4)=0$$

于是求得 $$R_{Aj}=[G_1(l_2+l_3)-G_2l_4]/L$$

$$=9.8[10\times(12+20)-4\times12]/56\ \text{N}=48\ \text{N}$$

$$R_{Bj}=[G_1(L-l_2-l_3)+G_2(L+l_4)]/L$$

$$=9.8[10\times24+4\times68]/56\ \text{N}=90\ \text{N}$$

至于该转子静止时的位置，则可根据此轴的周向静力矩平衡条件来确定。

(3) 求平衡质量m_{I}及m_{II}的大小及方位　两不平衡质量的质径积的大小分别为$m_1\boldsymbol{r}_1=300\text{kg}\cdot\text{cm}$和$m_2\boldsymbol{r}_2=40\text{kg}\cdot\text{cm}$,由转子的动平衡条件可得

平衡基面Ⅰ　$$m_{\text{I}}\boldsymbol{r}_{\text{I}}+(12/32)m_1\boldsymbol{r}_1+(56/32)m_2\boldsymbol{r}_2=0$$

平衡基面Ⅱ　$$m_{\text{II}}\boldsymbol{r}_{\text{II}}+(20/32)m_1\boldsymbol{r}_1-(24/32)m_2\boldsymbol{r}_2=0$$

上两式可用图解法或解析法求解。

图解法　取质径积比例$\mu_W=2\text{kg}\cdot\text{cm/mm}$,分别作上两式的质径积矢量多边形,如图13-5d、e所示,则封闭矢量$\boldsymbol{W}^{\text{I}}$及$\boldsymbol{W}^{\text{II}}$即分别代表平衡质量$m^{\text{I}}$和$m^{\text{II}}$的质径积,由图可得$m_{\text{I}}\boldsymbol{r}_{\text{I}}=\mu_W W^{\text{I}}=2\times24=48\ \text{kg}\cdot\text{cm}$

$$m_{\text{II}}\boldsymbol{r}_{\text{II}}=\mu_W W^{\text{II}}=2\times108.5=217\ \text{kg}\cdot\text{cm}$$

因$r_{\text{I}}=r_{\text{II}}=15\ \text{cm}$,故得平衡质量$m_1=3.2\ \text{kg}$,$m_1=14.47\ \text{kg}$,它们的方位角由图13-5d、e可得:$\theta_{\text{I}}=262°$,$\theta_{\text{II}}=238°$。

二、转子的平衡试验

转子经过上述平衡计算，并安装了所需要的平衡质量之后，只是从理论上达到了平衡。实际上由于制造误差、装配误差及材质不均匀以及轴承偏心等原因，一般达不到设

计要求。并且这种不平衡问题，仅靠在设计时采用计算方法是难以彻底解决的。因此，还需借助平衡实验设备，通过试验来解决，达到预定的平衡精度要求。

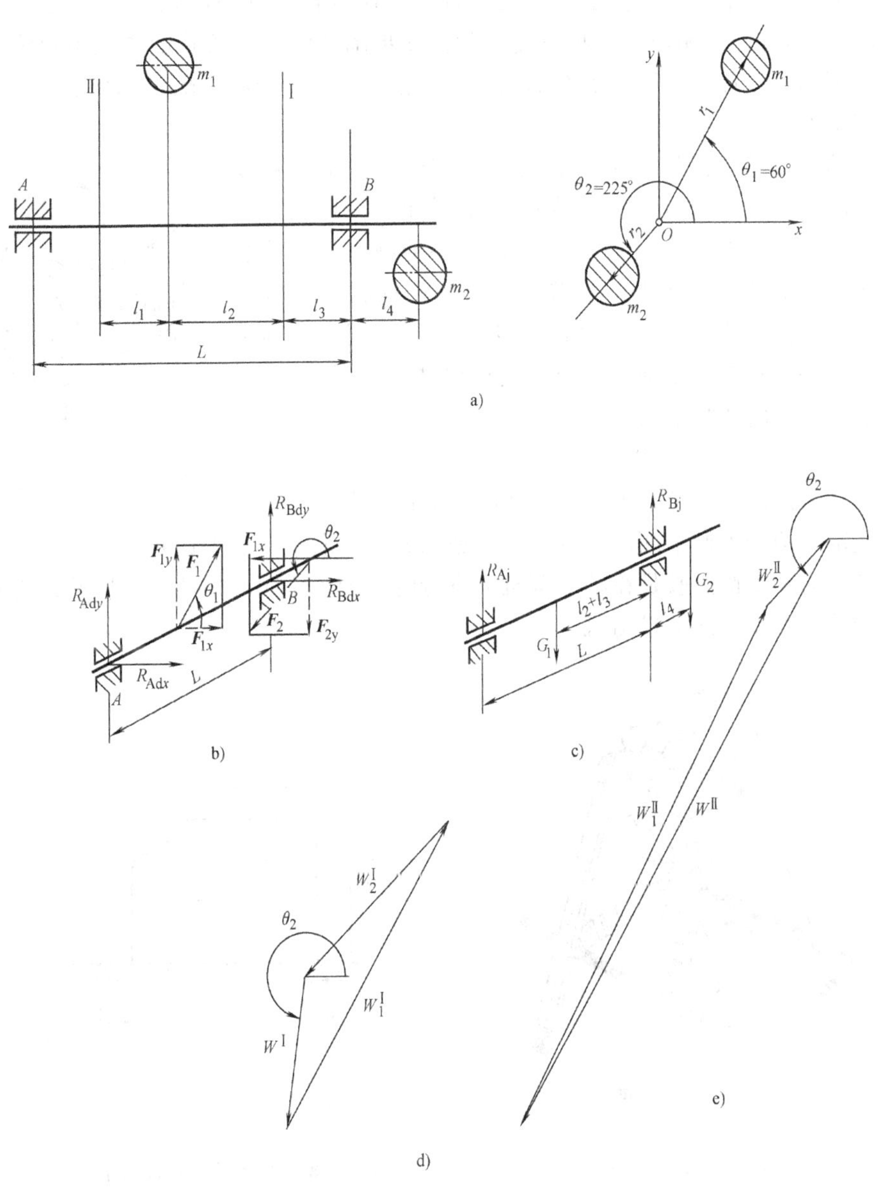

图 13-5

1. 转子的静平衡试验

静平衡试验就是设法使转子的质心与回转轴心相重合。图 13-6 所示是静平衡架的示意图，主要部分为水平安装的两条相互平行的钢制刀口形（或圆柱形）导轨。当被实验转子的轴的两端放在导轨上时，如果转子质量不平衡，其质心必偏离轴心，产生一个重力矩使转子在导轨上滚动，直至质心 S 落在轴线的铅垂下方时，转子才会停止滚动。为了使转子平衡，待转子停止滚动时，可在过转子轴心的铅垂线上方（即 S 的对称方向），试加一平衡质量，再重复试验，逐步调整所加平衡质量的大小及位置，直至转子以不同的位置放在导轨上而都能保持静止时，说明质心已落到轴线上，这时，转子就达到了静平衡。

这种刀口导轨式静平衡试验设备比较简单，平衡精度也比较高，但必须保证两导轨在同一水平面内，且相互平行，故调整比较困难。图 13-7 所示是另一种静平衡试验装置，叫做圆盘式静平衡架。实验时，将被平衡转子的轴颈支承在两对滚子上，进行平衡的方法与上述相同。这种平衡架优点是应用较为方便，但因滚子的摩擦阻力较大，平衡精度不如导轨式静平衡架高。

图 13-6　导轨式静平衡架

2. 转子的动平衡试验

由动平衡原理可知，轴向长度较大的回转件，只需在任意选定的两个平衡平面内，分别加一适当的平衡质量，就可达到平衡。

转子的动平衡试验是在动平衡机上进行的。为了说明动平衡机的原理，先介绍结构简单的单支点摆架式动平衡机。

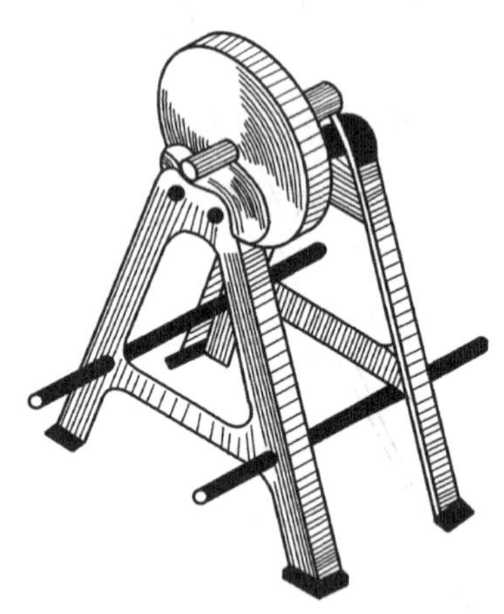
图 13-7　圆盘式静平衡架

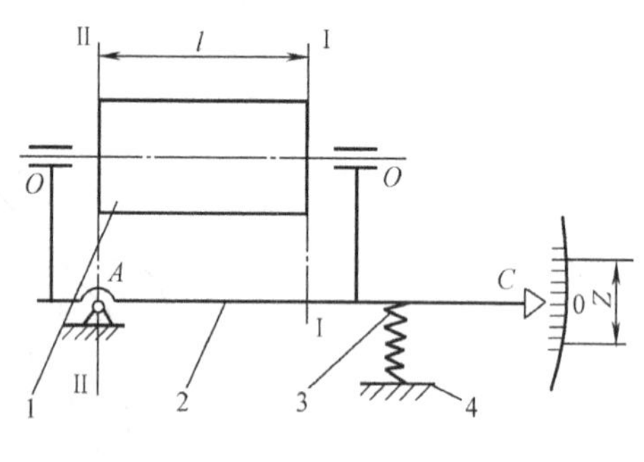

图 13-8　单支点摆架式动平衡机工作原理图

图 13-8 所示为摆架式动平衡机的原理简图。被平衡的转子 1 置于摆架 2 的支承上，摆架可绕水平轴 A 摆动，摆架的右端通过弹簧 3 与机架相联，静止时应保持水平。在转子上选定两个平衡基面 Ⅰ 和 Ⅱ，且使其中一个平衡基面（Ⅱ 面）通过摆架

的摆动支点 A。

由动平衡原理，可用两个假想的分别位于平面Ⅰ和平面Ⅱ上的偏心质量 m_{I} 和 m_{II} 来等效地代替被测转子的各偏心质量，m_{I} 和 m_{II} 的质径积为 $m_{\mathrm{I}}\boldsymbol{r}_{\mathrm{I}}$ 及 $m_{\mathrm{II}}\boldsymbol{r}_{\mathrm{II}}$。转子转动时，平面Ⅱ上的偏心质量所产生的离心惯性力对 A 点的力矩为零，不会影响摆架的振动，摆架的振动完全由平面Ⅰ上的偏心质量引起。根据强迫振动理论，摆架振动的振幅 Z_{I} 与偏心质量 m_{I} 的质径积成 $m_{\mathrm{I}}\boldsymbol{r}_{\mathrm{I}}$ 正比，即

$$\boldsymbol{Z}_{\mathrm{I}} = \mu m_{\mathrm{I}}\boldsymbol{r}_{\mathrm{I}} \tag{13-10}$$

式中的 μ 为比例常数，取决于系统的结构参数。μ 的数值可用下述方法求得：取一个类似的、经过动平衡校正的标准转子，在其Ⅰ面上加一已知质径积 m_0r_0，并测出其振幅 Z_0，将已知值 m_0r_0 和 Z_0 代入式（13-9），即可求出比例常数 μ。

当比例常数 μ 已知，振幅 Z_{I} 的值可用百分表或用振幅记录仪测得，便可由式（13-10）算出 $m_{\mathrm{I}}\boldsymbol{r}_{\mathrm{I}}$。

$m_{\mathrm{I}}\boldsymbol{r}_{\mathrm{I}}$ 的方向可用下述方法确定。

通过试验可知，当摆架摆到最高位置时，不平衡质量 m 并不在正上方，而是处在沿回转方向超前 α 角的位置。α 称为强迫振动相位差。

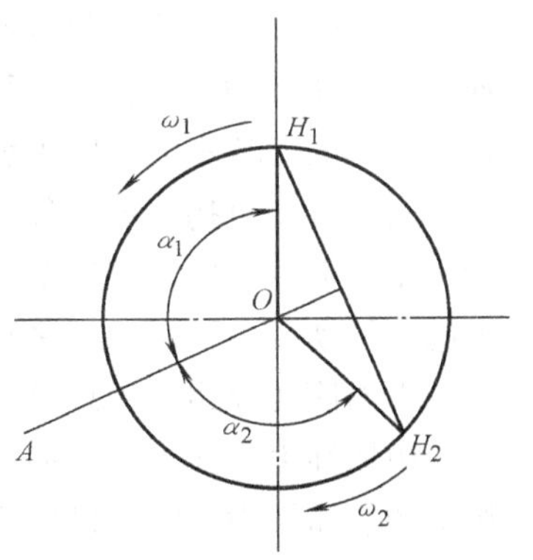

图 13-9 相位差的确定

相位差 α 可用图 13-9 所示方法测定。先将待平衡回转件正向转动，用一根划针从正上方逐渐接近试件外缘，至针尖刚刚触及试件即止。这样一来，针尖在外缘上画出一段短弧线，弧线中点 H_1 即为最高偏离点。以同样速度将试件反转，用划针记下反转时的最高偏离点 H_2。因两个方向的相位差 α_1 和 α_2 应相等，故连接 H_1 和 H_2 并作其垂直平分线，矢径 $\overrightarrow{OA}$ 即表示不平衡质径积 $m_{\mathrm{I}}\boldsymbol{r}_{\mathrm{I}}$ 的方位。

平衡基面Ⅱ内需加平衡质量的质径积，可将转子调头使转子的平衡基面Ⅰ通过摆架的摆动支点 A，用上述方法求得。

这种单支点摆架动平衡机结构简单，缺点是灵敏度和平衡精度较低。

现代的动平衡机大多采用电子测量技术测定转子的不平衡量。图 13-10 所示为一种电测动平衡机的原理示意图。它由驱动系统、试件的支承系统和不平衡量的测量系统三个主要部分组成。

其测试原理是，利用测振动传感器将拾得的振动信号，通过电子线路加以处理放大，最后显示出被测转子的不平衡质径积的大小和方位。

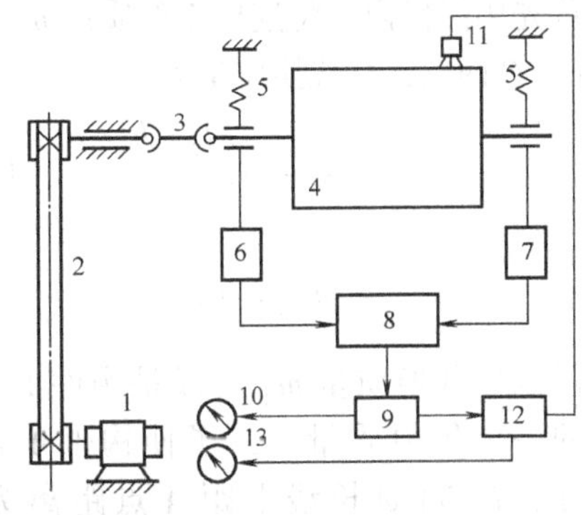

图 13-10 电测动平衡机的原理示意图

其驱动系统常采用变速电动机 1，经过一级带传动 2，通过双万向联轴器 3 来驱动试件 4。试件的支承系统是由支承座和弹簧 5 组成的一个弹性

系统，试件旋转时产生的不平衡惯性力使支承振动，支承系统能保证支承按一定方向振动，以便传感器6、7拾取振动信号。振动信号经传感器输入到测量装置中的运算电路8，经8处理后，把信号运算得到的不平衡质径积的大小，经放大器9放大后再指示在表头10上。而不平衡引起的振动相位信号，则与光电头11采集的基准信号同时输入鉴相器12中进行比较处理，然后在表头13中指示出此不平衡质径积的相位。

这类动平衡机灵敏度较高，能使试件达到相当高的平衡精度。它通常用于中小型转子的动平衡试验。

第三节　平面机构的平衡

除了转子不平衡引起机器的振动外，机构中作往复移动的滑块、作平面复合运动的连杆在高速运动时也将产生很大的惯性力，引起机器的强烈振动，这些构件的质心往往是在运动的，故不能像转子那样平衡，应考虑整个机构的平衡问题。

对于整个机构来说，各运动构件所产生的惯性力可以合成一个通过质心的总惯性力和一个总惯性力偶，且这个总惯性力和总惯性力偶由机座来承受。为了消除作用在机座上的附加动压力，必须设法平衡这个总惯性力和总惯性力偶。总惯性力偶的平衡比较复杂，下面简要介绍机构总惯性力平衡的的方法。

由惯性力公式 $\boldsymbol{F} = -m\boldsymbol{a}$（$m$ 为机构的总质量，$\boldsymbol{a}$ 为机构质心加速度）可知，欲使机构的总惯性力为零，机构质量 m 不能为零，只有使质心的加速度为零，即机构的质心应作等速直线运动或静止不动。机构的运动是周期性重复的，其质心不可能总是作等速直线运动，因此使惯性力为零，就是使机构的质心静止不动。所以，在对机构进行平衡时，就是要设法使机构的质心静止不动。

1. 铰链四杆机构的平衡

如图13-11所示的铰链四杆机构，设以 m_1、m_2、m_3 和 S_1、S_2、S_3 分别表示构件1、2、3的质量和质心，l_1、l_2、l_3 分别表示 AB、BC、CD 的长度。对机构进行平衡时，首先用静代换法将连杆2的质量 m_2 代换到 B、C 两点，其代换质量为

$$m_{2B} = m_2 \frac{l_2 - h_2}{l_2} \tag{13-11}$$

$$m_{2C} = m_2 \frac{h_2}{l_2} \tag{13-12}$$

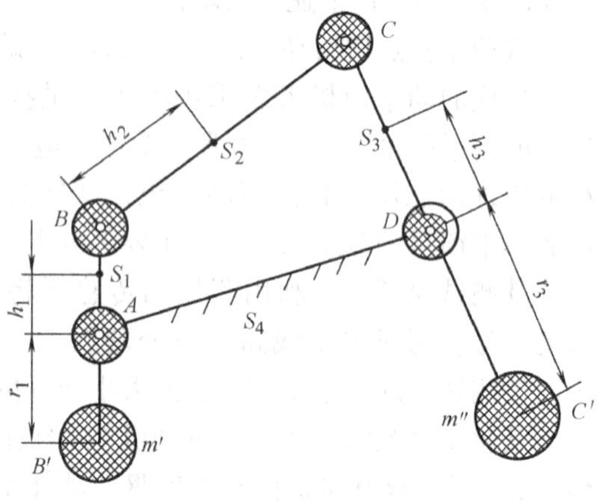

图13-11　铰链四杆机构的平衡

可以把代换质量 m_{2B} 看成是构件1上 B 点的一个集中质量。为了使构件1得到平衡，在 BA 延长线上距 A 点距离为 r_1 的 B' 处附加一个平衡质量 m'，使构件1上

的质心位于 A 点。因此，有 $m'=\frac{m_{2B}l_1+m_1h_1}{r_1}$。同样在构件 3 的 CD 延长线上距 D 点 r_3 的 C' 处也附加一个平衡质量 m''，使构件 3 上的质心位于 D 点，故有 $m''=\frac{m_{2C}l_3+m_3h_3}{r_3}$。

当机构上附加了平衡质量后，可以认为机构中活动构件的总质量分为两部分，分别集中在 A、D 两点，其大小为

$$m_A=m_1+m_{2B}+m' \tag{13-13}$$

$$m_D=m_3+m_{2C}+m'' \tag{13-14}$$

因为机构上的 A、D 两点是静止不动的，所以这两个集中质量也是静止的。且其质心一定在机架上。这样机构的总惯性力得到了平衡。

2. 曲柄滑块机构的平衡

如图 13-12 所示的曲柄滑块机构，将其中三个活动构件的质量按质量静代法分别代换到转动副 A、B、C 三个代换点上。即将曲柄 1 的质量 m_1 代换到 A、B 两点（m_{1A}、m_{B1}）；将连杆 2 的质量 m_2 代换到 B、C 两点（m_{2B}、m_{2C}）；将滑块 3 的质量 m_3 集中在 C 点。这样，三个集中的代换质量应为：$m_A=m_{1A}$，$m_B=m_{1B}+m_{2B}$，$m_C=m_{2C}+m_3$。其中 m_A 是静止不动的，无需平衡。m_B 是绕 A 点回转的质量，故可在曲柄的 BA 延长线上距 A 点 r_1 的 B' 处加以平衡质量 m' 来使之平衡，其条件为：$m'r_1=m_Br$。而 m_C 是作往复运动的，它所产生的惯性力 $F_C=m_Ca_C$。将由机构的运动分析得到的 C 点的加速度方程式，并用级数法展开，近似取 $a_C=\omega^2r\cos\varphi$，则 $F_C=m_C\omega^2r\cos\varphi$。在图 13-12 的坐标系中，$F_C$ 沿 x 轴方向，为了平衡 F_C，通常在曲柄上的 B' 处再加以平衡质量 m''，其所产生的惯性力为 $F''=m''\omega^2r_1$，它在 x、y 方向的分力为

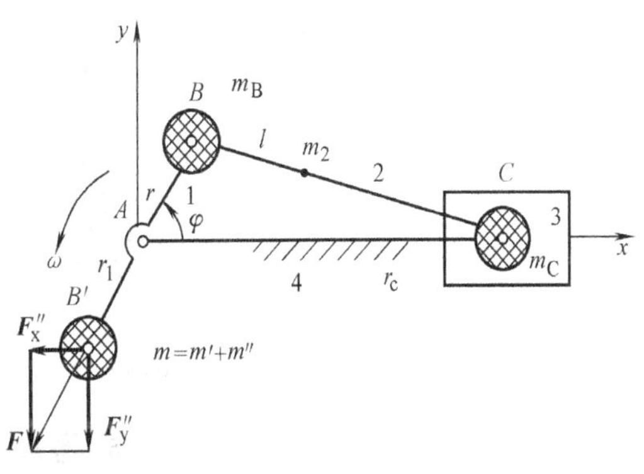

图 13-12　曲柄滑块机构的平衡

$$F''_x=m''\omega^2r_1\cos\varphi \tag{13-15}$$

$$F''_y=m''\omega^2r_1\sin\varphi \tag{13-16}$$

为了使 x、y 方向都不产生过大的惯性力，通常采用部分平衡 F_C 的方法，即取

$$m''r_1=km_Cr \tag{13-17}$$

k 称为平衡系数，通常取 $k=1/3\sim2/3$。

总之，曲柄滑块机构的部分平衡法，是在曲柄的另一端 B' 处附加一总平衡质量 m

$$m=m'+m''=(m_B+km_C)\frac{r}{r_1} \tag{13-18}$$

上述的平衡方法虽然只能部分平衡往复移动质量的惯性力，但因只需要在曲柄上附

加平衡质量，在结构上能够很方便的实现，故应用很广，如内燃机、蒸汽机、空气压缩机上都有应用。

对机构的平衡，除了上述的方法外，还利用对称机构或不完全对称机构进行平衡。如图 13-13 所示的机构，由于其构件的布置、尺寸和质量对称，所以机构在运动中的惯性力可得到完全平衡。如图 13-14 所示的机构中，当曲柄 AB 转动时，在某些位置，滑块 C 和 C'的加速度方向相反，故惯性力相互平衡。但由于运动规律不完全相同，所以只能部分平衡 C 和 C'惯性力。

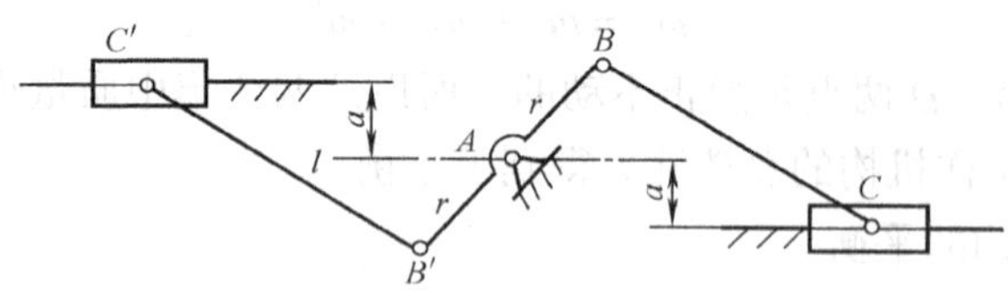

图 13-13 对称布置相同的机构

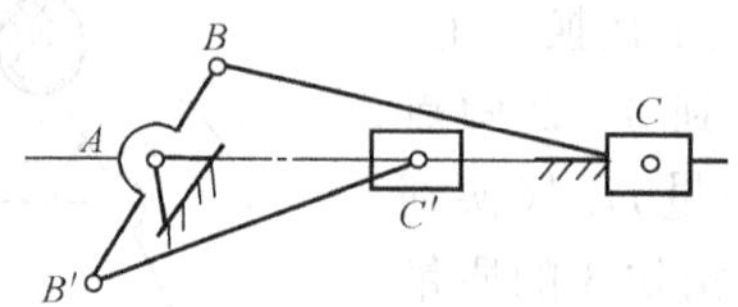

图 13-14 机构的部分平衡法

思考题与练习题

13-1 什么是静平衡？什么是动平衡？各至少需要几个平衡平面？

13-2 动平衡的构件一定是静平衡的，反之亦然。对吗？为什么？

13-3 为什么要进行平衡试验？

13-4 作平动或平面运动的构件，其惯性力为什么不能在其本身上平衡？

13-5 如图 13-15 所示，圆盘上有两个圆孔，其直径和位置为：$d_1 = 40$ mm，$d_2 = 50$ mm；$r_1 = 100$ mm，$r_2 = 140$ mm，$\alpha = 120°$，$D = 400$ mm，$t = 20$ mm。拟在圆盘上再制一圆孔使之达到静平衡，要求该孔的矢径 $r = 150$ mm。试求该孔的直径及方位角。

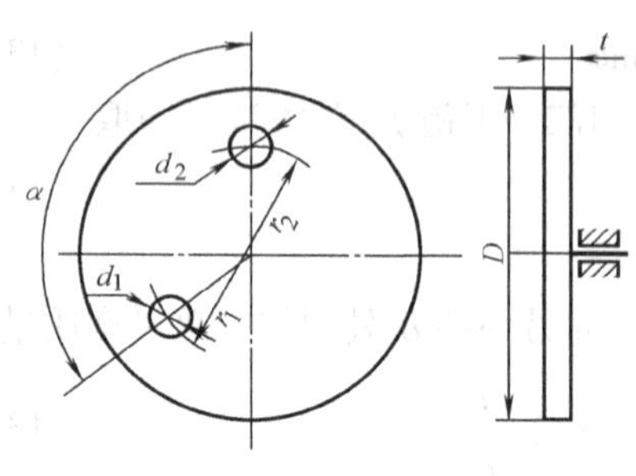

图 13-15 题 13-5 图

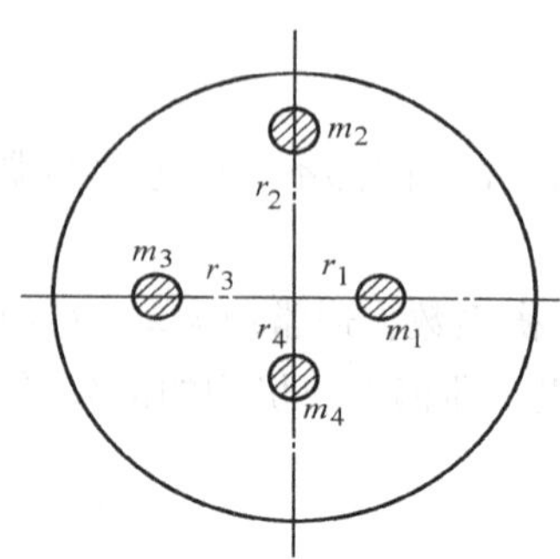

图 13-16 题 13-6 图

13-6　如图 13-6 所示盘形回转件上存在 4 个偏置质量，已知 $m_1=10$ kg，$m_2=14$ kg，$m_3=16$ kg，$m_4=10$ kg，$r_1=50$ mm，$r_2=100$ mm，$r_3=75$ mm，$r_4=50$ mm，设所有不平衡质量分布在同一回转面内，问应在什么方位上、加多大的平衡质径积才能达到平衡？

13-7　如图 13-17 所示的高速水泵的凸轮中，其凸轮由三个互相错开 120°的偏心轮所组成，每个偏心轮的质量为 4kg，其偏心距为 12.7mm。设在平面 A 和 B 上各加装一个平衡质量 m_A 和 m_B，使之达到平衡，其质心的回转半径均为 10mm，其尺寸如图。求 m_A 和 m_B 的大小和方位。

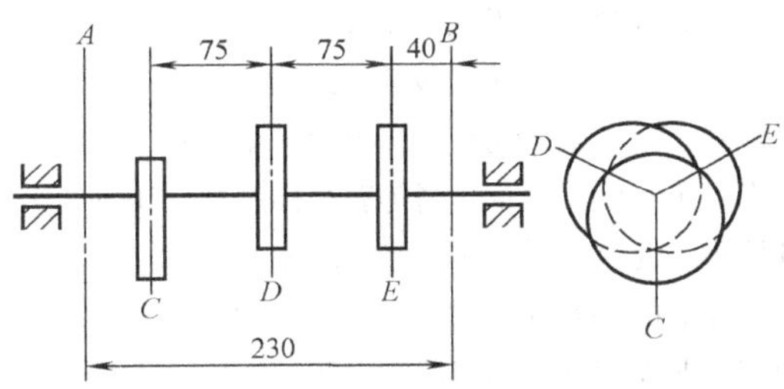

图 13-17　题 13-7 图

13-8　如图 13-18 所示，转鼓存在着空间分布的不平衡质量。已知：$m_1=10$kg，$m_2=15$kg，$m_3=20$kg，$m_4=10$kg，各不平衡质量的质心至回转轴线的距离 $r_1=50$mm，$r_2=40$mm，$r_3=60$mm，$r_4=50$mm，轴向距离 $l_{12}=l_{23}=l_{34}$，相位夹角 $\alpha_{12}=\alpha_{23}=\alpha_{34}=90°$。设向径 $r_{\mathrm{I}}=r_{\mathrm{II}}=100$mm，试求在校正平面 Ⅰ 和 Ⅱ 内需加的平衡质量 m_{I} 和 m_{II} 及其相位。

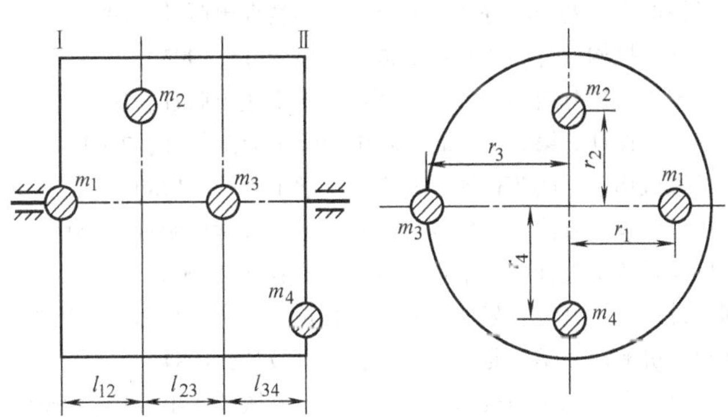

图 13-18　题 13-8 图

13-9　在图 13-19 所示的在图示的曲柄滑块机构中，已知各构件的尺寸为 $l_{AB}=100$mm，$l_{BC}=400$mm；连杆 2 的质量 $m_2=12$kg，质心在 s_2 处，$l_{BS2}=400/3$mm；滑块 3 的质量 $m_3=20$kg，质心在 C 点处；曲柄 1 的质心与 A 点重合。今欲利用附加质量法对该机构进行平衡。试问若对机构进行完全平衡和只平衡掉滑块 3 处往复惯性力的 50% 的部分平衡，各需加多大的平衡质量（取 $l_{BC'}=l_{AC''}=50$mm）及平衡质量各应加在什么地方？

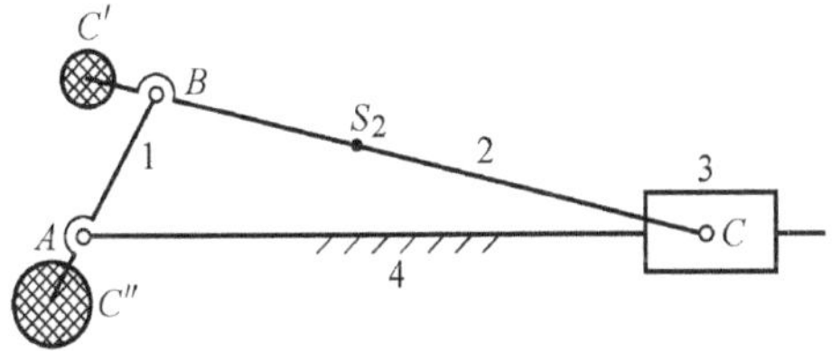

图 13-19　题 13-9 图

参考文献

1 李柱国．机械设计与理论．北京：科学出版社，2003
2 申永胜．机械原理．北京：清华大学出版社，1999
3 徐锦康．机械原理．北京：高等教育出版社，2001
4 傅祥志．机械原理．武汉：华中科技大学出版社，2000
5 郑文纬，吴克坚．机械原理．第7版．北京：高等教育出版社，1997
6 孙桓，陈作模．机械原理．第6版．北京：高等教育出版社，2001
7 邹慧君．机械系统设计原理．北京：科学出版社，2003
8 温诗铸，黎明．机械学科发展战略研究．北京：清华大学出版社，2003
9 赵卫军．机械原理．西安：西安交通大学出版社，2003
10 申永胜．机械原理辅导与习题．北京：清华大学出版社，1999
11 李方伟，孙怀安，李团结．机械原理辅导．西安：西安电子科技大学出版社，2001
12 谢进，万朝燕，杜立杰．机械原理．北京：高等教育出版社，2004
13 安子军．机械原理．北京：机械工业出版社，2003
14 （德）K. 洛克（Kurt Luck），K. -H. 莫德勒（Karl-Heinz Modler）编著．机械原理分析·综合·优化．孔建益译．影印版．北京：机械工业出版社，2003
15 弗罗洛夫主编．机械原理．刘作毅等译．北京：高等教育出版社，1997
16 曹惟庆，徐曾荫主编．机构设计．北京：机械工业出版社，1993
17 华大年，唐之伟主编．机构分析与设计．北京：纺织工业出版社，1985
18 尚久浩主编．自动机械设计．第2版．北京：中国轻工业出版社，2003
19 牧野洋著．自动机械机构学．胡茂松译．北京：科学出版社，1980
20 孙靖民主编．现代机械设计方法．哈尔滨：哈尔滨工业大学出版社，2003
21 饶振纲编著．行星齿轮传动设计．北京：化学工业出版社，2003
22 檀润华编著．创新设计——TRIZ：发明问题解决理论．北京：机械工业出版社，2002
23 唐锡宽，金德文编．机械动力学．北京：高等教育出版社，1984
24 彭国勋，肖正扬编著．自动机械的机构设计．北京：机械工业出版社，1990
25 机械工程手册电机工程手册编辑委员会．机械工程手册：第18篇　机构选型与运动设计．北京：机械工业出版社，1979
26 Suh C H，Radcliffe C W. Kinematics and Mechanisms Design. New York：John Wiley & Sons，1978

信息反馈表

尊敬的老师：

您好！感谢您多年来对机械工业出版社的支持和厚爱！为了进一步提高我社教材的出版质量，更好地为我国高等教育发展服务，欢迎您对我社的教材多提宝贵意见和建议。另外，如果您在教学中选用了《**机械原理**》（郑甲红等 主编），欢迎您提出修改建议和意见。

一、基本信息

姓名：________ 性别：________ 职称：________ 职务：________________

邮编：________ 地址：____

任教课程：______________ 电话：____ - ____________（H）____________（O）

电子邮件：____ 手机：____________

二、您对本书的意见和建议

（欢迎您指出本书的疏误之处）

三、您对我们的其他意见和建议

请与我们联系：

100037 机械工业出版社·高教分社 邓编辑 收

Tel：010—8837 9711，6831 1394（O），6899 7455（Fax）

E-mail：happyDHP@ sohu. com

http：//www. cmpbook. com

http：//www. cmpedu. com